Peer Schilperoord

Kulturpflanzen der Schweiz

Haupt
NATUR

Peer Schilperoord

Kulturpflanzen der Schweiz

Sortenvielfalt und historisches Erbe

Haupt Verlag

Sorten sind Momentaufnahmen einer Kulturpflanze, die sich laufend entwickelt.

Sorten sind lebendig gewordene Wünsche.

«Vielfalt ist für eine gesunde Ernährung zur Stärkung der Widerstandskraft ebenso wichtig wie Abwechslung. Auch wächst die Lebensfreude für den, der viele Gewächse sieht oder zieht und der mehr darüber weiss.»

Udelgard Körber-Grohne (1995)

Abb. Seite 2 Momentaufnahme einer Pfauen- oder Fächergerste aus Lumbrein (GR). Die rosarote Färbung der Ähren ist nur kurze Zeit zu beobachten. Sie verschwindet mit zunehmender Reife. Das Bild ist ein Symbol für den Wandel, für das Kommen und Gehen. Die Pflanze verwandelt sich, das Kulturpflanzenspektrum wandelt sich. Der Name Pfauen- bzw. Fächergerste bezieht sich auf das Spreizen der Grannen während der Kornfüllungsphase.

VORWORT

Vielfältig, vielförmig, vielseitig oder auch divers. Vielfältig sind unsere Beziehungen zur Natur. Die Natur ist vielfältig, und wir können die Natur auf vielfältige Art betrachten. Vielfalt vielfältig betrachten, das tönt kompliziert, ist es auch, es ist aber auch spannend. Vielfalt belebt.

Das Inventarisieren der Kulturpflanzen verschafft uns eine Übersicht darüber, was vorhanden ist. Gleichzeitig kann eine Einteilung nach dem Nutzen einer Kulturpflanze folgen. Ist sie Heilmittel, ist sie Nahrungsmittel, liefert sie Rohstoffe oder schmückt sie den Garten? Die Nahrungsmittel lassen sich einteilen in Wurzelgemüse, Blattgemüse, Stängelgemüse, Körner. Je nach Wunsch haben unsere Vorfahren das Wachstum der Pflanzen in die eine oder andere Richtung gelenkt.

Die Geschichte der Kulturpflanzen in der Schweiz ist wenig erforscht worden. Im Rahmen eines Interreg-II-Projektes des Kantons Graubünden mit dem Land Tirol und der Provinz Bozen hatte ich die Gelegenheit, die Ausstellung «Korn – Gran / Eine Ausstellung zu Ehren des Getreides» zu realisieren, das war im September 2001. Die Ausstellung hatte das Ziel, das Interesse am Bergackerbau zu wecken. Im Jahr 2004 konnte ich in Zusammenarbeit mit Andrea Heistinger die Ausstellung um einen Gemüseteil erweitern zur Ausstellung «Kulturpflanzen der Alpen», die anschliessend in Tirol, Südtirol und in der Schweiz unterwegs war. Auf diese Arbeit aufbauend war es möglich, tiefer in die Geschichte der Kulturpflanzen der Schweiz einzutauchen, Archive zu durchstöbern, Literatur zu recherchieren – immer in Hinblick auf die Kulturpflanzen, die in der Genbank der Schweiz erhalten geblieben sind, ausgenommen waren Beeren, Obst und Reben. Ab 2011 erschien die Schriftenreihe «Kulturpflanzen in der Schweiz».

Im Juli 2020 traf ich mich in Zürich auf einer Terrasse im Hauptbahnhof mit Martin Lind vom Haupt Verlag. Er kannte die Schriftenreihe über Kulturpflanzen in der Schweiz und hatte die Idee, dieses Thema für ein breiteres Publikum zugänglich zu machen. Dabei dachte er sowohl an Bauern und Agronominnen als auch an an Kultur-, Landwirtschafts- und Wirtschaftsgeschichte interessierte Personen. Das Thema hat zudem einen spannenden Biodiversitätsaspekt und kann auch Menschen begeistern, denen eine Ernährung mit traditionellen und einheimischen Lebensmitteln ein Anliegen ist.

All diese Gruppen haben etwas gemeinsam, was über ihre Berufe, ihre Stellung in der Gesellschaft hinausgeht. Es ist der direkte Bezug, der durch Hinschauen, durch Schmecken, kurzum durch Beobachten mit den Sinnen entsteht. Diese Beobachtungen und die Erlebnisse, die damit verbunden sind, auch das Reflektieren, haben eine Bedeutung für den Moment, für das persönliche Sein, manchmal auch für das persönliche Werden. Die Frage nach dem Nutzen einer Kulturpflanze, nach ihrer Geschichte oder nach der Bedeutung der Diversität kann man ergänzen mit ungewöhnlichen Fragen an die Kulturpflanze: Wie bist du, wer bist du? Ein Wissenschaftler würde vielleicht bei diesen Fragen anmerken: Ist das noch Wissenschaft oder kann das weg? Auf diese Fragen nach dem Wie und Wer braucht es keine direkte Antwort, man kann sie zur Abwechslung mal stellen, doch sie waren für mich eine Bereicherung. Henry Agard Wallace (1888–1965), ein bekannter amerikanischer Maiszüchter und Gründer der Firma Hi-Bred Corn Company, jetzt Pioneer, der ersten Firma, die Hybridsorten vermarktete, spricht 1921 diesen Aspekt an:

«Jedes Lebewesen, sei es eine Pflanze, ein Tier oder ein Mensch, hat seine eigene Individualität. Manche sind angenehm, manche abstossend, aber alle sind interessant für denjenigen, der versucht, sie zu verstehen. Fünfzehn Jahre lang habe ich versucht, Maispflanzen zu verstehen, bis die Individualität von Maispflanzen für mich fast so interessant war wie die Persönlichkeit von Tieren oder Menschen. Während ich hoffe, eines Tages eine Maissorte zu finden, die im mittleren Teil des Maisgürtels bessere Erträge bringt als die jetzigen Sorten, habe ich einen Grossteil meiner Zeit mit Maissorten verbracht, die eher interessant als praktisch sind.» (Brown 1983)

Das Buch ist in zwei Teile gegliedert, einen allgemeinen und einen speziellen Teil. Der allgemeine Teil gibt einen Überblick über die vielen Lebensprozesse, wo die Züchtung ansetzen kann. Die Züchtung kann das vorhandene Potenzial nutzen, wodurch die Kulturpflanze neue Regionen besiedeln und ihr Aussehen vollkommen ändern kann. Der allgemeine Teil befasst sich weiter mit historischen Ereignissen, die grossen Einfluss auf die Entwicklung der Kulturpflanzen in der Schweiz hatten. Die Geschichte der Genbanksammlung selbst und die Bedeutung der Sammlung schliessen den ersten Teil ab.

Der spezielle Teil befasst sich mit den in der schweizerischen Genbank enthaltenen Sorten und mit deren Geschichte. Sorten kommen und Sorten gehen, ja auch Kulturpflanzen kommen, haben ihren Höhepunkt, und manche werden dann nicht mehr angebaut.

INHALTSVERZEICHNIS

SPEZIELLER TEIL 77

EINLEITUNG

Es war ein magischer Moment, als zum ersten Mal in der Geschichte die Erde aufgerissen, Samen hineingelegt und zugedeckt wurden. Die Saat ist aufgegangen. Die Menschen wussten, dass die Samen keimen, die Keimpflanzen heranwachsen, gross werden, blühen und Frucht tragen. Und sie wussten, dass die heranwachsenden Pflanzen bis zur Ernte Pflege und Schutz brauchten. Wildpflanzen lieferten die Samen. Das Wort Agrikultur stammt ab vom lateinischen *ager* = Acker, Feld und *cultura*. *Cultura* hat mehrere Bedeutungen, es bedeutet «Pflege», aber auch «Ausbildung, Verehrung, Huldigung» und «Anbetung» bzw. «Kult».[1] Der erfolgreiche Anbau von Wildpflanzen ermöglichte das Sesshaftwerden. Die Ernte erlaubte es, Vorräte anzulegen, welche ausreichten, um sich das ganze Jahr hindurch vor Ort zu ernähren, zusammen mit dem, was die Jagd, die Fischerei und das Sammeln von Wildpflanzen zusätzlich brachten. Gesammelt und Vorräte angelegt hatten die Menschen schon seit vielen Jahrtausenden. Man kannte die Wildpflanzen durch und durch, trotzdem ist es ein gewaltiger Schritt, eine Revolution, vom Sammeln zum Anbauen und Kultivieren. Die Ursaat ist aufgegangen. Das Säen ist auch heute noch ein magischer Moment, wie man vielleicht selbst als Kind erlebt hat oder bei Kindern erleben kann, die zum ersten Mal bewusst einen Samen in die Erde legen. Grosse, kleine oder gar winzig kleine Samen werden der Erde übergeben in der Erwartung und Hoffnung, dass die Saat aufgeht.

Die erste Saat fand vor ca. 12 000 Jahren statt. Ein paar Jahrhunderte später domestizierten die Menschen die ersten Tiere. Es dauerte gut 1000 Jahre, bis aus den ursprünglichen Wildpflanzen Kulturpflanzen wurden. Kulturpflanzen haben grössere Samen, lassen ihre Samen bei der Ernte nicht fallen und die Samen keimen gleichmässiger. Die ersten bäuerlichen Gemeinschaften besiedelten die Schweiz vor gut 7000 Jahren, 5000 Jahre nach der ersten Saat im Orient. Die ältesten Funde von Kulturpflanzen in der Schweiz stammen aus dem 6. Jahrtausend v. Chr. Gerste, Einkorn, Emmer, Erbse und Lein ermöglichten die dauerhafte Besiedlung der Schweiz. Sie sind Teil des kulturellen Erbes der Schweiz, genauso wie historische Bauten, Gerätschaften, Schriftstücke, Literatur, Kunst, Wissenschaft oder Rezepte. Während sich historische Gegenstände nicht vermehren lassen, leben Kulturpflanzen von der Vermehrung, sie sind auf ihren wiederkehrenden Anbau angewiesen. Kulturpflanzen sieht man ihr Alter nicht an, dabei werden manche wie Gerste, Weizen und Erbse seit Jahrtausenden ununterbrochen angebaut. Viele weitere Kulturpflanzen kamen dazu. Die Geschichte der Kulturpflanzen von den Anfängen bis zur Gründung der Genbanken – auch eine Art von Vorratshaltung – hat, gemessen an ihrer Bedeutung für die Gesellschaft, bisher vergleichsweise wenig Aufmerksamkeit erhalten.

Eine Genbanksammlung ist vergleichbar mit einer Museumssammlung. Die Akzessionen (auch als Zugänge bezeichnet) sind nummeriert, beschrieben, fotogra-

---

1 Quelle: de.wiktionary.org, cultura.

fiert, analysiert und katalogisiert. Manche Stücke sind dauerhaft ausgestellt und kann man jederzeit besichtigen, wie Obstbäume, Rebstöcke und Beerensträucher. Viele Stücke sieht man nur alle 50 oder 60 Jahre, wenn sie angebaut werden, um ihre Keimfähigkeit sicherzustellen. Bei Museumsgegenständen ist es wichtig, ihren Kontext zu kennen: Wann ist ein Gebäude errichtet worden, wer war der Maler, wann lebte der Schriftsteller, für wen wurde gekocht? Wie haben die Arten sich entwickelt, seit sie die Schweiz erreichten, was ist aus ihnen geworden, was erhalten geblieben? Die Gestalt einer Kulturpflanze ändert sich, sie ist das Ergebnis der Anpassung an neue Standorte, an wechselnde natürliche Bedingungen, und nicht zuletzt ist sie das Ergebnis gesellschaftlicher Wünsche und technischer Innovationen. Jede Art hat ihre eigene Geschichte, in der sich die gesellschaftlichen Entwicklungen spiegeln.

Diesem Buch vorausgegangen ist die Schriftenreihe «Kulturpflanzen in der Schweiz». In dieser Reihe wurde die Geschichte von wirtschaftlich wichtigen und weniger wichtigen Acker- und Gemüsekulturen nachgezeichnet, und zwar von Weizen, Dinkel, Gerste, Roggen, Mais, Erbse, Flachs, Ackerbohne, Einkorn, Emmer, Hartweizen, Hafer, Buchweizen, Möhre, Beete, Pastinake und Hirse. Die Reihe umfasst 19 Hefte. Nicht behandelt wurden u.a. Linsen, Sonnenblume, Topinambur, Artischocke, Buschbohnen, Stangenbohnen, Spargeln, Rettich, Raps, Fenchel, Sellerie und Schwarzwurzel. Für das vorliegende Buch wurden zusätzlich Salat, Endivie, Chicorée und Tomate angeschaut. Ziel des Buches ist dabei nicht die umfassende Darstellung aller Kulturpflanzen oder deren Darstellung in all ihren Einzelheiten, sondern es geht um die grossen Linien, die sich an Beispielen erläutern lassen.

Die Erhaltung der natürlichen Vielfalt ist seit der Gründung des Schweizerischen Nationalparks 1914 zu einer grossen Herausforderung für die Gesellschaft geworden. Mit der Gründung des Nationalparks wurde eine grosse Region mit unterschiedlichsten Landschaften unter Schutz gestellt – Artenschutz durch Landschaftsschutz. 1914 war auch das Jahr, in dem eine Auslese aus einer Landsortenpopulation aus der Schweiz in den Vereinigten Staaten eintraf. Albert Volkart, Mitarbeiter der schweizerischen Samenuntersuchungsanstalt, hatte dem amerikanischen Konsul David F. Wilber Gerstenkörner übergeben. Sie stammten von Voremwald bei Eich, Kanton Luzern. Zwanzig Jahre später zeigte sich, wie wertvoll dieses Saatgut war und auch heute noch ist. Es spielte eine grosse Rolle bei der Rettung des Gerstenanbaus in den Vereinigten Staaten. Noch war aber nicht die Zeit gekommen, um die Erhaltung der Kulturpflanzen zur nationalen Aufgabe zu machen. Konsequent erhalten wird die Vielfalt erst seit den 1980er-Jahren, in der Zwischenzeit ist vieles verloren gegangen.

Ein Jahr vor der Gründung des Nationalparks wurde 1913 die erste Syntheseanlage für Stickstoffdünger in Oppau bei Ludwigshafen in Betrieb genommen. Seit dem Ende des Ersten Weltkrieges entwickeln sich die Kulturpflanzen in zwei grundverschiedene Richtungen. Die Kunstdüngersaat hat die Landwirtschaft, die Landschaft, die Gesellschaft radikal verwandelt. Mit der zweiten Saat – und dies kam einem revolutionären Schritt gleich – wollte sich die Menschheit unabhängig von den natürlichen Bedingungen machen. Das Motto in diesen Jahren war: Brot aus der Luft.

Die Entstehung dieses Buches ist zurückzuführen auf diese zweite Revolution. Sie hat zu einer Trennung im Sortenspektrum geführt. Auf der einen Seite die Landsorten, die verbesserten Landsorten und die damit verwandten, aus Kreuzungen hervorgegangenen modernen Sorten für die noch hauptsächlich biologisch wirtschaftende Landwirtschaft. Auf der anderen Seite die konventionellen, auf Kunstdünger angewiesenen Sorten, die nach dem Zweiten Weltkrieg weiter und weiter entwickelt wurden und ab 1950 die verbesserten Sorten aus der Zeit vor dem Zweiten Weltkrieg verdrängten.

Die Genbanksammlung ist nach und nach gewachsen. Die ältesten Sorten der Genbank stammen aus der Zeit um 1900. Die institutionelle Verankerung der Genbank in den 1980er-Jahren fällt einerseits zusammen mit der Überführung der Getreidesammlung von Zürich-Reckenholz nach Changins bei Nyon, und andererseits fällt sie zusammen mit der Zeit, in der die ersten Hybridsorten im gewerbsmässigen Gemüsebau die traditionellen samenfesten Sorten verdrängen. Ab 1980 wird das Zuchtmaterial der samenfesten Sorten in Changins eingelagert, gesichert, konserviert. Die Züchtung von Hybridsorten überstieg die finanziellen Möglichkeiten der schweizerischen Gemüsezüchter.

In den 1980er-Jahren begann ProSpecieRara mit der Sammlung noch vorhandener alter Sorten, egal ob sie wirtschaftlich von Bedeutung waren oder nicht. Die meisten Sorten gab es in den Hausgärten. Zu der Aufgabe der Erhaltung der Vielfalt der Kulturpflanzen kam noch eine weitere hinzu. Die Schweiz verabschiedete Ende der 1990er-Jahre einen Aktionsplan mit dem Ziel, die Erhaltung und langfristige Nutzung der pflanzengenetischen Ressourcen für Ernährung und Landwirtschaft sicherzustellen (Kleijer et al. 2012). Unter genetischen Ressourcen versteht der Gesetzgeber sowohl die Erhaltung der Kulturpflanzen als auch jene ihrer wilden Verwandten.

Seit 1999 sind viele Projekte realisiert worden, an denen sich der Bund, Stiftungen und Privatpersonen finanziell beteiligten. Die noch vorhandene Vielfalt wurde inventarisiert, beschrieben und ihre Erhaltung sichergestellt. Die erhobenen Daten sind in einer Datenbank zusammengetragen (PGREL-NIS).

Ab 1980 entstehen Zuchtprogramme speziell für die biologische und biologisch-dynamische Landwirtschaft. Die konventionellen Sorten hatten sich so weit entwickelt, dass sie sich mehr schlecht als recht für den biologischen Anbau eigneten.

7721. Die Vielfalt der Kulturpflanzen in der Genbank mit direktem Bezug zur Schweiz lässt sich in Zahlen ausdrücken. Eine Zahl allein kann zwar beeindrucken, weckt aber kein Verständnis für die Vielfalt. 7721 Muster in der Genbank haben einen direkten Bezug zur Schweiz. Was steckt hinter dieser Zahl? Was hat man erhalten? Sind Gruppen überproportional vertreten? Sind Gruppen unterrepräsentiert? Wer hat gesammelt?

Aktuell hat das Interesse an alten Sorten merklich zugenommen, auch in der konventionellen Züchtung. Der Grund dafür ist die sich entfaltende globale Klimakrise. Lang anhaltende zu nasse und zu trockene Perioden wechseln sich vermehrt ab. Die landwirtschaftliche Produktion ist angewiesen auf Sorten, die besser mit Trockenheit oder Nässe umgehen können. Deswegen ist man angewiesen auf die

genetischen Ressourcen sämtlicher Genbanken und Wildpflanzenbestände. Die Sammlung der Genbank ist sowohl eine Museumssammlung als auch eine Gebrauchssammlung, die Exponate können vermehrt werden.

Das Entstehen der Vielfalt verstehen. Vielfalt äussert sich in kleinen und in grossen Unterschieden. Manchmal sind die Unterschiede klein, überschaubar, gleitend wie zwischen der wilden Gerste und der Kulturgerste. Manchmal sind die Unterschiede so gross, dass man auf den ersten Blick nicht durchschaut, was passiert ist. Wissenschaftler haben lange nach dem wilden Vorfahren des Maises gesucht. Es gibt keine Wildpflanze, die Kolben bildet, lediglich der Kulturmais bildet Kolben. Für die Bewohner Mexikos war aber klar, dass der Wildmais nebenan wächst und Teosinte heisst. Die Frage war dann, wie man die Verwandlung von Teosinte zum Kulturmais verstehen kann.

Vielfalt erhalten. Die Kulturpflanzen sind durch Selektion entstanden und entwickeln sich weiter durch Selektion. Eine Sorte muss gepflegt werden, damit sie nicht ausartet. Ausarten heisst aber auch vielfältig werden. Die Pflanzen haben einen inneren Antrieb, vielfältig zu werden. Es gibt Mechanismen in der Pflanze, die die Vielfalt fördern. Die Geschichte der Kulturpflanzen ist demnach eine Geschichte des Eingrenzens, des Ausschliessens. Lässt man alle Kohlsorten vom Kohlrabi über Federkohl, Rosenkohl bis zum Romanesco nebeneinander abblühen, dann zeigen die Nachkommenschaften eine riesige Vielfalt an allen möglichen Formen und unmöglichen Zwischenformen. Für den Züchter und den Gemüsebauer ein Albtraum.

Abb. 1 Pflugspuren in Castaneda, Pian del Remit, Misox. 2800–1500 v. Chr., Jungsteinzeit. Die Pflugspuren entstehen, wenn mit einem Hakenpflug das Feld von links nach rechts, von oben nach unten und diagonal bearbeitet wird. Dabei ritzt die Spitze des Pfluges den ockerfarbigen Unterboden und es fällt dunkler, humoser Grund in die Rillen. Ausgrabungen 1978–1980. Archäologischer Dienst Graubünden

Wie schafft es die Natur, so vielfältig zu sein? Die wichtigsten Lebensabschnitte einer Pflanze sind: die Keimpflanze, die grüne Pflanze mit ihren Blättern, die Phase des Blühens und zum Schluss die Frucht- und Samenbildung. Diese vier Lebensphasen sind elementar. Wie organisiert sich die Pflanze?

Die Wissenschaft untersucht seit der zweiten Hälfte des 18. Jahrhunderts, wie die Pflanze ihre Lebensphasen durchläuft und wieso die Pflanze diese Phasen auf so vielseitige Art und Weise durchlaufen kann. Die beiden letzten Phasen – die Blüte-, Frucht- und Samenbildung – sind auffallend vielfältig. Beim Blühen werden die Pflanzen individuell, sie unterscheiden sich von anderen Pflanzen. Die genauere Betrachtung der sich entwickelnden Gestalt der einzelnen Pflanze – das Fachgebiet der Morphologie – wurde nach 1840 ergänzt mit der Betrachtung der Entwicklung des gesamten Pflanzenreiches. Entscheidend war die Bildung des Begriffspaares der Analogie und Homologie. Owen (1843), der sowohl ein vergleichender Anatom als auch ein Paläontologe war, definiert als Erster die Begriffe Analogie und Homologie. Analog sind Organe, die die gleiche Funktion ausüben, aber unterschiedlicher Herkunft sein können. Homolog sind Organe, die die gleiche Herkunft haben, aber unterschiedliche Funktionen ausüben können. Ein Beispiel: Eine Erbse ist in der Umgangssprache ein Samen. Die Umgangssprache bezieht sich auf die folgende Saat. Die Erbse ist auch in botanischem Sinn ein Samen. Für den Konsumenten ist eine Erbse vergleichbar mit dem Samen eines Weizens. Der Botaniker, der die evolutionäre Geschichte des Weizensamens kennt, spricht von einer einsamigen Frucht, weil drei Fruchtblätter miteinander verschmolzen sind und nur einen Samen umschliessen. Er kann aber durchaus dem Samencharakter des Weizenkornes zustimmen. Ein Weizen ist sowohl ein Samen als auch eine Frucht. Der Samencharakter ist das Übergeordnete. Bis Owen stand die praktische Blickrichtung und Klassifizierung an erster Stelle, Owen ergänzt die Blickrichtung, indem er die Herkunft – die Verwandtschaft der Organe, unabhängig von ihrer Funktion – mitberücksichtigt.

Die Lebensphasen sind das Umfassende, das Universelle. Wie die Pflanze sich organisiert und diese Phasen gestaltet, ist das Individuelle.

Eine unübliche, aber nicht weniger wertvolle Blickrichtung für unseren Bezug zu den Kulturpflanzen ist, dass wir die Vorstellungen, die Eindrücke, die wir von einer Pflanze haben, auf uns wirken lassen und reflektieren. Es ist wie eine zweite Ebene, auf der wir uns mit den Pflanzen beschäftigen können. In dem folgenden Beispiel geht es zunächst um eine genaue Beschreibung eines in jedem Jahr zu beobachtenden Phänomens.

Im Herbst lassen die Bäume ihre Blätter fallen. Das Leben hat sich aus den Blättern zurückgezogen. Der Baum hat das Blattgrün abgebaut und zurückgenommen. Der Blattverlust, der eigentlich kein Verlust ist, ist geplant. Die Bruchstelle, wo das Blatt abbrechen soll, ist vorbereitet. Eine trennende Gewebeschicht hat sich gebildet, die eine glatte Trennung ermöglicht. Die sogenannten Narben sind keine Narben, weil keine Verletzung vorliegt. Der Wind lässt die Blätter fallen und trägt sie weg. Der Baum wird kahl, wirkt leblos, die äussere Rinde besteht aus abgestorbenem Gewebe. Unter der Borke und in den Knospen ist das Leben zur Ruhe gekommen, hat eine Pause eingelegt.

Die beschriebenen Lebensprozesse kennen wir. Wechseln wir die Blickrichtung und nehmen die Beschreibung als Bild. Auch wir entwickeln uns, auch wir erleben in übertragenem Sinne Herbstphasen. Wir lassen los, nehmen die Essenz auf, lassen Entstandenes zurück, am besten vorbereitet, bevor etwas abgerissen wird. Wir legen eine Pause ein. Bevor es weitergeht und Entscheidungen anstehen, schlafen wir eine Nacht darüber oder warten so lange, bis etwas reif geworden ist. Was der Baum uns vormacht, können wir als Anregung nehmen. Der Bezug zur Natur wird dann intimer, innerlicher, poetischer auch. Der Vergleich des herbstlichen Baumes mit uns ist gehaltvoll, ist bedeutungsvoll, er sagt etwas über uns und über die Natur, wir sind Teil dieser Natur. Diese Erkenntnisebene, die gleichzeitig eine Erlebnisebene ist, ist nicht willkürlich. Wir können uns ja verständigen, wie wir uns auch über wissenschaftliche Erkenntnisse verständigen können.

AUFBAU DES BUCHES

Von der Vielfalt in den Wildpflanzen zur Vielfalt der Kulturpflanzen. Vielfalt gibt es und braucht es auf jeder Organisationsstufe der Pflanze, angefangen bei den einzelnen physiologischen Prozessen, bei der Bildung einzelner Stoffe über die Bildung von Zellen, Gewebe, Organen, Organkomplexen bis hin zur Gesamtgestalt. Dazu kommt, dass sich die Gestalt von der Keimung bis zur Samenbildung ständig wandelt. Jede Stufe kann verwandelt werden, jedes Gewebe betont oder reduziert werden, jeder physiologische Vorgang beschleunigt oder gehemmt werden. Das ist der Rahmen, den die Pflanze uns vorgibt.

Die Vielfalt entsteht in Wechselwirkung mit den Umgebungsbedingungen. Die Natur selektiert, die Organismen machen Angebote. Das Kapitel über die Selektion durch die Natur listet die Widrigkeiten auf, mit denen eine Pflanze sich auseinandersetzen muss, wenn der Mensch sie in neue Umgebungen bringt. Darauf folgt ein Kapitel über die Selektion durch den Menschen. Der Mensch hat Wünsche und Ansprüche und versucht, die Pflanze gemäss diesen Wünschen zu gestalten. Dazu gehören Anpassungen an eine sich verändernde Technik oder an sich verändernde Ernährungsgewohnheiten. Kapitel VIII fast zusammen und weist auf den Weg von den Mehrzwecksorten zu den Spezialsorten.

Kapitel IX befasst sich mit der sich ändernden natürlichen Bodenfruchtbarkeit und der Auswirkung von Kunstdünger auf das Sortenspektrum. Dieses Kapitel handelt von einer leisen und lauten Revolution.

Die Art der Befruchtung – ob Selbstbefruchtung oder Fremdbefruchtung – hat eine grosse Auswirkung auf das Sortiment einer Art. Bei Fremdbefruchtern muss für die Reinhaltung der Sorte darauf geachtet werden, dass keine anderen Sorten in der Nähe sind. Man spricht von Populationssorten. Bei Selbstbefruchtern musste der Züchter, um kreuzen zu können, einen grossen Aufwand treiben bei der Entfernung der Staubblätter. Die Reinhaltung von selbstbefruchtenden Sorten ist weniger aufwendig. Die Kartoffel hat ihre eigene, besondere Geschichte als vegetativ vermehrte Kulturpflanze.

Das daran anschliessende Kapitel dreht sich um die Frage, wie man Landsorten von konventionellen Sorten unterscheiden kann. Doch die Fragestellung greift zu kurz, sie ist zu polarisierend. Es wird stattdessen unterschieden zwischen Landsorte, veredelter Landsorte, Industriesorte, moderner Landsorte und Hydrokultursorte und allen möglichen Übergängen.

Gesellschaftliche Prozesse haben grossen Einfluss auf die Sortenentwicklung. So hat bspw. die Vertreibung der Hugenotten aus Frankreich den Gemüsebau wesentlich beeinflusst, ebenso wie die Trockenlegung von Mooren, der Bau von Strassen und Eisenbahnlinien oder Erster und Zweiter Weltkrieg.

Die letzten beiden Kapitel des ersten Teils befassen sich mit der Entstehungsgeschichte der Genbank und mit der Bedeutung der Genbank für die Züchtung.

Der zweite Teil handelt von den Sorten, die erhalten geblieben sind. Das Ziel der Ausführungen ist es, Zusammenhänge sichtbar zu machen und das Verständnis für die Pflanzen zu vertiefen.

ALLGEMEINER TEIL

I WO SETZT ZÜCHTUNG AN?

Wildpflanzen sind Generalisten, sie verfügen über das Potenzial, flexibel zu reagieren und sich äusseren Bedingungen anzupassen. Auch die allerersten Kulturpflanzen waren noch Generalisten. Nehmen wir als Beispiel die Beete. Die Wilde Beete wächst an der Küste an der Sturmflutlinie, man findet sie an den Küsten des Mittelmeeres, des Atlantiks, der Nord- und der Ostsee. Sie wurde bereits vor ihrer Kultivierung gesammelt und gegessen. Die Menschen assen die verdickte Rübe, am besten gekocht, und die Blätter. Je nach Standort, ob Mittelmeerküste oder Atlantik- und Nordseeküste, ist die natürliche Selektion eine andere, das führt zu unterschiedlichen Beständen. Auch innerhalb einer Population unterscheiden sich die Pflanzen in vielen Merkmalen, wie zum Beispiel im Zuckergehalt, in der Farbe der Wurzel und der Blattstiele, in ihren Grössen und in der Lebensdauer der Pflanze. Die Pflanze reagiert sehr schnell auf Änderungen in ihrer Umgebung. Bereits die Eiablage des Kohlweisslings auf Kohlblätter wird von der Pflanze wahrgenommen. Sie reagiert darauf mit dem Freisetzen von Duftstoffen. Die Verletzung eines Blattes führt zu einer Änderung der Gewebeflüssigkeit bis in die entferntesten Teile der Pflanze. Es werden ebenfalls Duftstoffe freigesetzt. Wir kennen das vom Schneiden von Zwiebeln und Raffeln von Rettichen. Die Wurzeln, die Wurzelhaare reagieren auf Stoffwechselprozesse in der Rhizosphäre. Der Abbau von Chitin aus den Hüllen verstorbener Insekten wirkt anregend auf das Wachstum der Pflanze.

Die Züchtung hat zu Sorten geführt, die einheitlich sind und gewisse Eigenschaften betonen. Die Züchtung kann auf vielen Ebenen ansetzen, fangen wir bei der Gestalt an.

Abb. 2 Keimpflanzen der Wilden Beete *(Beta vulgaris)* an der Sturmflutlinie. Die Beete besiedelt nur einen schmalen Streifen an den Küsten Norwegens bis zu den Küsten des Mittelmeers. Die Sturmflutlinie ist reich an organischen Stoffen. Vlieland, 16.08.2023

A ENTWICKLUNGSSTADIEN – LEBENSZYKLUS

Die Pflanze durchläuft von der Keimung bis zur Samenbildung eine Reihe von Entwicklungsstadien. Das erste Stadium ist die Kräftigungs- oder Erstarkungsphase: Die Pflanze keimt, sie muss Wurzeln schlagen, sich etablieren, Blatt folgt auf Blatt, jedes neue Blatt grösser als das vorangegangene. Die zweite Phase ist die des anhaltenden vegetativen Wachstums, der vegetativen Vermehrung, der Konsolidierung. Die Pflanze bildet weiterhin Blatt nach Blatt, diese müssen aber nicht unbedingt grösser sein. Sie bedeckt den Boden, bildet Seitensprosse, ergreift den Raum. Jetzt legen manche Pflanzen eine Ruhepause ein. Diese ist in Westeuropa oft bedingt durch den Winter. Mit der Blüte schliesst die Pflanze die vegetative Phase ab. Die Blüte ist Endstation und Neubeginn gleichzeitig. Die Pflanze bildet in den Staubbeuteln Pollenkörner und in den Fruchtblättern Samenanlagen. Nach der Befruchtung ist die Samenbildung das vierte und letzte Stadium im Lebenszyklus einer Pflanze, ausser sie ist mehrjährig. Der Samen kombiniert eine äussere, harte Schale mit dem inneren, embryonalen Keim – harte Schale, weicher Kern. Der Samen kapselt sich von der Umgebung ab, verabschiedet sich von der Pflanze. Mit der Ausbreitung der Samen fängt ein neuer Zyklus an.

Die Pflanze und somit auch die Züchter haben die Möglichkeit, die Dauer der einzelnen Entwicklungsstadien zu variieren. Als Mais zum ersten Mal nördlich der Alpen angebaut wurde, wuchsen und wuchsen und wuchsen die Pflanzen, sie wurden 3 bis 5 m hoch, sie bildeten aber keine oder wenn, dann zu spät, Fahnen und Kolben. Der Blühimpuls kam zu spät. Mit Herkünften aus Nordamerika wurde das Problem behoben, die vegetative Phase konnte verkürzt werden. Bei anderen Pflanzen verzögert man gerne den Blühimpuls, damit sie mehr Blattmasse produzieren. Kopfsalate sollten möglichst lange im Kopfstadium bleiben und nicht zu früh zur Blüte schreiten. Die Möhre soll das Rosettenstadium im ersten Jahr beibehalten und erst für die Samenproduktion im zweiten Jahr schiessen.

B PRIMÄRE UND SEKUNDÄRE MORPHOGENESE

Mit der Unterscheidung der vier Entwicklungsstadien hat man das Gestaltungspotenzial der Pflanze teils erfasst. Schaut man auf jedes einzelne Stadium, dann kann man drei Phasen der Organbildung erkennen. Die erste Phase der Organbildung (Organogenese) nennt man die primäre Morphogenese. Während dieser Phase wird die Grundstruktur der Organe veranlagt. Bekommt das Blatt einen Stiel oder nicht, wird die Blattscheibe ganz und gefiedert sein. Darauf folgt die Phase der Gewebedifferenzierung, das ist die Phase der sekundären Morphogenese. In dieser Phase erreichen die Organe ihre endgültige Gestalt. Die Proportionen werden festgelegt: Wie stark strecken sich die Blattstiele, wie gross werden die Spreiten, bleibt die Sprossachse kurz? Das dritte und letzte Stadium ist die Phase der Aushärtung, die mit der Stabilität und Dauerhaftigkeit der Pflanze und ihrer Organe zusammenhängt. Man kann diese Phase auch als Reifephase bezeichnen. Die Rübe der Zuckerrübe, die so lange wie möglich auf dem Feld stehen sollte, wird mit der Zeit härter und härter. Mit jedem Tag auf dem Feld steigt aber noch der Zuckergehalt. Für die Nutzung als Gemüse eignet sie sich dann nicht mehr, dafür ist sie zu alt, zu hart. Am anderen Ende der Skala stehen die frühreifen Randen, sie sind am wenigsten süss, sie sind zart und werden geerntet, lange bevor sie verholzen.

Der Gaumen selektiert mit, Beispiel Salate: Jugendliche Blätter sind zart, doch mit zunehmendem Alter werden die Blätter grüner, härter und manchmal auch bitterer. Wenn das Gewebe möglichst zart bleiben soll, versucht man das Verhärten hinauszuschieben. Beim Bindesalat, bei dem man die Blätter zusammenbindet, ergrünen die Blätter langsamer. Beim Kopfsalat erreicht man den gleichen Effekt durch die Förderung der Kopfbildung. Sorten, die lange zart bleiben, bekommen oft den Zusatz Butter, Wachs oder eben auch zart. Zum Beispiel gibt oder gab es die Bohnensorten 'Berner Butter' und 'Wachs-Rheingold', die Salatsorte 'Hohlblättriger Butter', die Rettichsorte 'Riesenbutter', die Kürbissorte 'Golden Butter'.

C PHYSIOLOGISCHE PROZESSE

Fassen wir zusammen: Die Vielfalt der Wild- und der Kulturformen beruht auf folgenden drei Fähigkeiten: (1) die Dauer einzelner *Stadien* zu ändern, (2) einzelne *Organe* hervorzuheben und (3) einzelne *physiologische Prozesse* zu variieren, sei es in der gesamten Pflanze, in einzelnen Organen oder gar in einzelnen Gewebe und Zelltypen. Ein anschauliches Beispiel für die differenzierte Betonung einzelner Prozesse ist die Farbenvielfalt der Maiskörner in einem Maiskolben. Solche farbenfrohen Kolben gab es von Anfang an, heute werden sie als Ziermais verkauft. Ein anderes Beispiel: Die Bildung von Bitterstoffen lässt sich, wie die neuen Zichoriensorten zeigen, reduzieren. Der Gehalt an primären Pflanzenstoffen, an Fetten, Kohlehydraten und Eiweiss ist

Abb. 3 Maiskolben, Fest der Farben. Gessner (1555–1565) und Ziermais 2024. Jedes Korn in Gessners Kolben hat eine andere Farbe als das Nachbarkorn, ja sogar die Körner selbst sind nicht gleichmässig gefärbt. Gessner Historia plantarum – Universitätsbibliothek Erlangen-Nürnberg, MS 2386. 2, S. 507

variabel. Die Süsse kann von Natur aus zu einer Kulturpflanze gehören. Das ist der Fall bei der Zwiebel und bei der Rande. Die aus der Wüste stammende Zwiebel und die an der Küste wachsende Beete haben beide die gleiche Herausforderung: die Aufnahme und Speicherung von Feuchtigkeit unter erschwerten Bedingungen. Eine Möglichkeit dazu ist die Erhöhung des Zuckergehalts im Zellgewebe, um so den osmotischen Druck zu erhöhen.

D MEHRJÄHRIGKEIT UND HOLZBILDUNG

Wildpflanzen können ein- bis mehrjährig sein. Ein extremes Beispiel ist der Wildkohl. In der Regel wird angegeben, dass der Kohl ein- bis zweijährig ist. Aber er kann auch mehrjährig sein, strauchartig werden, Holz bilden und jedes Jahr blühen. Beim Kohl können die unterschiedlichen Stängelabschnitte, bis zum Blütenstand, fruchtartig werden. Der Ewige Kohl, eine Sorte aus dem Süden Englands, wächst Jahr um Jahr, wird strauchartig, verzichtet aber auf das Blühen. Die jungen Sprossen und Blätter sind essbar.

Abb. 4 Wildkohl blühend, mehrjährig, *Brassica macrocarpa* var. *depranensis*. Isola di Brissago, 04.04.2017

E VERLUSTMUTATIONEN

Verlustmutationen spielen in der Entwicklung der Kulturpflanzen eine grosse Rolle. Ein gutes Beispiel liefern die Zuckererbsen. Junge, noch wachsende Erbsen sind immer süss, erst mit der Reife verlieren sie den süssen Geschmack und werden mehlig. Bei Zuckererbsen findet die Umwandlung von Zucker in Stärke kaum noch statt. Die Samen der Zuckererbsen schrumpfen bei der Reife unregelmässig, sie bekommen Dellen und bleiben beim Kochen hart. Beim Zuckermais wird ebenfalls die natürliche Umwandlung von löslichem Zucker in Stärke gehemmt, auch die Maiskörner schrumpfen.

Ein weiteres Beispiel für eine Verlustmutation ist die Entstehung der Kefe. Die Hülse der Erbse ist mehrschichtig und die innere Schicht, die Pergamentschicht, zäh und faserig. Diese Schicht verleiht der Hülse zur Reifezeit ihre Spannkraft, die reifen Hülsen springen auf einmal auf und schleudern die Samen weg. Bei der Kefe fehlt diese Schicht, die Hülse bleibt länger zart und kann dadurch länger als Gemüse verwendet werden. Die reifen Hülsen umklammern die Samen, der Schleudermechanismus funktioniert nicht mehr.

In den letzten 20 Jahren ist die Regulierung der Gene ein zentrales Forschungsfeld geworden. Mithilfe der Regulierungsmechanismen bestimmt die Pflanze, wann und wo ein Gen aktiviert oder deaktiviert wird. Eine Änderung im Regulierungsmechanismus kann dazu führen, dass während Generationen verborgene Eigenschaften plötzlich auftauchen oder aber Eigenschaften scheinbar verloren gehen, obwohl die entsprechenden Gene noch intakt sind.

Abb. 5 Reife Erbsenhülse *(Pisum sativum)*, Palerbse mit Pergamentschicht, das Fruchtblatt bildet dank der Pergamentschicht einen Hohlraum, die Samen sind nicht sichtbar.

Abb. 6 Kefe mit einer Hülse ohne Pergamentschicht, das Fruchtblatt umschliesst die Samen.

F MIKROKLIMA

Die Pflanze ist bestrebt, ein Gleichgewicht herzustellen zwischen den äusseren Bedingungen und ihren Bedürfnissen. Sie können sich den äusseren klimatischen Bedingungen anpassen, indem sie ihr eigenes Mikroklima selbst kreieren. Es ist ein aktiver Prozess, der durch die Züchtung, wenn die Pflanzen in eine neue Umgebung kommen, unterstützt werden kann. So begünstigt eine dichte kompakte Ähre in einem feuchten Klima die Bildung von Pilzen an der Ähre. Eine lockere Ähre hingegen trocknet schneller ab und ist weniger anfällig für Pilzkrankheiten. In einer trockenen Umgebung schützt Behaarung vor Austrocknung, der Luftaustausch an der Blattoberfläche wird durch die Behaarung reduziert. In einer Umgebung mit höherer Luftfeuchtigkeit kann die Behaarung zum Problem werden, dort braucht es Sorten mit reduzierter Behaarung. Eine leichte Behaarung kann ein mechanisches Hindernis sein für Blattläuse, die auf Salat Viruskrankheiten übertragen können.

G SYMBIOSEN

Die Wechselwirkungen zwischen der Pflanze und den Bodenlebewesen ist ein noch weitgehend unbekanntes Kapitel. Die Bedeutung der Wurzelpilze (Mykorrhizen) für das Pflanzenwachstum wird immer besser verstanden. Auch Bakterien gehen Symbiosen ein mit der Pflanze und leben in der Pflanze. Die Rolle von stickstoffbindenden Bakterien in Pflanzen ist bekannt. Man kann die Bedeutung der Bodenflora und -fauna für die Pflanzen vergleichen mit der Bedeutung der Darmflora für den Menschen; diese ist wichtig für die Gesundheit des Menschen, für das Wohlbefinden, für das Fühlen, für das Denken. Wird die Darmflora durch Antibiotika gestört, muss sie nach der Behandlung wieder hergestellt werden.

H EROBERN UND ANPASSEN

Die Vielfalt der Pflanzen lässt sich nur zum Teil zurückführen auf ihre Fähigkeit zur Anpassung. Lange vor der Anpassung der Pflanzen an die Umgebungsbedingungen kam die Eroberung des Festlandes durch die Pflanzen. Die ersten Landpflanzen waren Lebermoose. Sie waren in der Lage, dank ihrer Sporenbildung das Land zu besiedeln. Sporen sind so leicht wie Blütenstaub und lassen sich vom Wind über weite Strecken ausbreiten. Die Sporen keimen an geeigneten Stellen, sie sind nicht – anders als die Pollenkörner, die für ihre Keimung eine Narbe brauchen – auf andere, bereits anwesende Pflanzen angewiesen. Zusammen mit den Moosen änderten die Lebermoose die unwirtliche Umwelt radikal durch die Bildung von Humus. Farne, Bärlappgewächse, Schachtelhalme und die Moosfarne konnten dank ihrer Fähigkeit der Bildung stabiler Sprossachsen stärker in die Höhe bzw. in die Tiefe wachsen. Die Wurzel- und die Sprossachsenbildung ermöglichten das Hineinwachsen in die Erde und das Hinaufwachsen in die Luft. Neue Lebensräume wurden erobert. Die Entstehung des sekundären Dickenwachstums und die Bildung von

Knospen ermöglichte es den Pflanzen, noch stärker den ober- und unterirdischen Raum zu besiedeln.

Die mit dem sekundären Wachstum und der Knospenbildung auftretende grösste Innovation war die Samenbildung. Zur Ausbreitung durch Sporen, wie sie bei Moosen und Farnen Standard ist, kam die Ausbreitung durch Samen. Wie eine einzelne Spore reicht ein Samen für die Ausbreitung der Art aus.

Eine letzte grosse Erneuerung finden wir bei den Blütenpflanzen (Angiospermen), und zwar im Übergang vom Baum zum Kraut. Die allerersten bedecktsamigen Pflanzen waren Sträucher. Die Möglichkeit, innerhalb eines Jahres schon in krautigem Zustand zu blühen und Samen zu bilden (und nicht erst nach einigen Jahren), schuf die Möglichkeit, rasch neue Flächen zu besiedeln, neue Nischen zu ergreifen.

Die grossen Schritte in der Evolution lassen sich nicht interpretieren im Sinne einer Anpassung an eine Umgebung. Die Pflanze hat die Fähigkeit, durch Innovationen Standorte zu erobern. Klar, die Pflanze muss der aktuellen Umgebung angepasst sein, sonst kann sie nicht existieren. Vielfalt hat eine Komponente, die unabhängig ist von den äusseren Bedingungen und die ihren Ursprung in der Pflanze selbst hat.

I DER NICHT SO FRUCHTBARE HALBMOND UND EMANZIPATION

Die wilden Verwandten unserer Kulturpflanzen sind oft Pflanzen, die mit extremen Verhältnissen umgehen können. So sind die Verwandten von Weizen (*Triticum* sp.), Gerste *(Hordeum vulgare)*, Erbse *(Pisum sativum)* und Flachs *(Linum usitatissimum)* in den Waldsteppen des fruchtbaren Halbmondes zu Hause. Im Sommer ist es zu trocken, die Einjährigen sterben ab. Westeuropa und insbesondere die Atlantikküste sind fruchtbarer, sogar im Winter können an der Küste Gräser weiterwachsen. Die Reservestoffe der Weizen- und Gerstenkörner und des Flachssamens machen es möglich, dass die keimende Pflanze sich schneller etablieren kann als ohne Reservestoffe. Der Embryo der Weizenpflanze macht knapp 2,5 % der gesamten Kornmasse aus. Um die 90 % stehen dem keimenden Embryo für das erste Wachstum zur Verfügung. Wurzelbildung und Blattbildung gehen deutlich schneller vonstatten als bei Pflanzen mit winzigen Samen. Grosssamige Arten sind besser in der Lage, eine beschränkte Vegetationszeit optimal zu nutzen; sie haben sich sozusagen emanzipiert. Der Mensch macht es ähnlich, er hat sich nicht an unwirtliche Lebensbedingungen angepasst, sondern sich durch das Anlegen von Vorräten, durch die Anfertigung von Kleidung von den äusseren Bedingungen unabhängig gemacht. Der nicht so fruchtbare Halbmond ist dort ein Paradies, wo die Wasserversorgung das ganze Jahr gewährleistet ist. Dann wird der Halbmond zum Garten Eden.

J GESCHENKTE KULTURPFLANZEN

Es gibt einige wenige Kulturpflanzen, die wie ein Geschenk an die Menschheit wirken. Von den meisten Kulturpflanzen sind die wilden Verwandten, aus denen sie hervorgegangen sind, bekannt. Beim Brotweizen *(Triticum aestivum)* ist das nicht der Fall, es gibt keinen wilden Brotweizen. Er ist hervorgegangen aus einer Kreuzung einer Kulturpflanze mit einem Wildgras. Die Eltern des Brotweizens sind das Wildgras *Aegilops tauschii*, auf Deutsch Tauschs Walchgras, und *Triticum turgidum*, Hartweizen. Die Voraussetzung für die Entstehung des Brotweizens war die Züchtung des freidreschenden Hartweizens, danach erst konnte der Brotweizen in den Hartweizenfeldern durch Kreuzungen mit *Aegilops tauschii*, der in der Nähe wächst, entstehen. Der Brotweizen enthält den Chromosomensatz des Hartweizens und jene von *Ae. tauschii*. Das Geschenk wurde dankbar angenommen.

Es gibt eine zweite lebenswichtige Kulturpflanze, die man aufgrund ihrer Entstehungsgeschichte als ein Geschenk bezeichnen kann: den Mais *(Zea mays)*. Die Wildform des Maises heisst Teosinte (*Zea mays* subsp. *parviglumis*). Die Teosinte ist per se schon ein Rätsel, ein Wunder, weil sie sowohl Rispen als auch Ähren bildet. Die Teosinte ist, salopp gesagt, wie ein Hafer mit Dinkelähren in den Blattachseln, wobei die Rispenblüten keine Körner und die Ährenblüten keine Staubblätter bilden. Die Bewohner Mexikos haben zwar die jungen süssen Sprossen der Teosinte als Gemüse gegessen, aber nicht die Körner. Die Früchte der Teosinte sehen aus wie Nüsschen, die Schale ist steinhart. Nagetiere und Vögel haben sich auf das Knacken dieser Nüsschen spezialisiert. Die Mexikaner haben diese Nüsse nicht geknackt. Man geht heute davon aus, dass bei einem einmaligen Ereignis die nussartigen Früchte der Teosinte ihren Nusscharakter verloren haben. Die Körner steckten halbwegs nackt in kleinen, unansehnlichen Kolben, die von grossen Hüllblättern umschlossen waren. In diesem Zustand waren sie leicht zu verarbeiten. Der Name Teosinte stammt von den Nahuátl-Indigenen, dort bedeutet Teosinte «Korn der Götter». Sie nannten die Teosinte «madre de maíz», Mutter des Maises.

K DAS RÄTSEL DER FAMILIEN

Die grossen Gruppen des Pflanzenreiches – die Moose, die Farne, die Nackt- und Bedecktsamigen – zeigen die erfolgreiche, emanzipatorische Gestaltungskraft der Pflanze in ihrer Auseinandersetzung mit äusseren Umgebungsfaktoren. Diese Gestaltungskraft finden wir auf einer anderen Ebene auch innerhalb der Blütenpflanzen. Bleiben wir bei den wichtigsten Kulturpflanzen, dann finden wir dort Vertreter der Gräser, der Zwiebelgewächse, der Mohngewächse, der Knöterichgewächse (Buchweizen und Rhabarber), der Fuchsschwanzgewächse (Beete, Spinat, Guter Heinrich), der Hülsenfrüchte (Erbsen, Bohnen), der Kohl-, Flachs- und Nachtschattengewächse (Kartoffel, Tomate), der Doldengewächse (Möhre, Fenchel, Petersilie) und der Korbblütler (Salat, Endivie). Jede Familie, ja jedes Geschlecht, jede Art einer Familie hat eigene spezifische Qualitäten, eigene Düfte, Geschmäcke, Formen. Diese innere Qualität sollte bei der Beschreibung der Vielfalt mitberücksichtigt, mitgedacht werden, auch wenn vieles noch rätselhaft ist. Im Grunde genommen sind die Pflanzenfamilien ein grosses Rätsel. Die Wissenschaft beschreibt immer detaillierter, wie die Pflanzen es schaffen zu existieren. Das ist eine halbe Erklärung und löst das Rätsel nicht. Eine Charakterisierung der Familien lässt uns anders auf die Beete, auf die Gerste, auf den Mais, auf die Zwiebel schauen. Sie kommen uns dadurch näher. Kulturpflanzen versorgen uns nicht nur mit Eiweiss, Fett, Kohlehydraten, Vitaminen und Spurenelementen, wir setzen uns mit ihnen in der Verdauung auch auseinander und erfahren in der Auseinandersetzung Anregungen. Nachfolgend ein Beispiel, um die Richtung anzugeben (Schilperoord 2020, Zitat D. Schmidt): Wenn man sich auf das Getreide einlässt und nachspürt, was angeregt wird, dann kann es sein, dass man ausser dem Sättigungsgefühl bemerkt, dass das Getreide die Entfaltung des menschlichen Ich unterstützt: «Ich empfinde, ich will, ich bin klar, ich will sehen und schauen, ich will individuell begegnen.» Jede Getreideart bringt noch eine eigene Richtung mit. Beim Hafer ist nachgewiesen, dass er eine aufhellende Wirkung hat, das Nervensystem wird angeregt (Miedaner 2014). Jede Pflanzenfamilie, jede Kulturpflanzenart hat die Fähigkeit, den Menschen in einer bestimmten Richtung anzuregen.

Abb. 7 Brotweizenähren *(Triticum aestivum)*, die geschenkte Kulturpflanze. Zwei verschiedene Sorten und Entwicklungsstadien. Links blühend, rechts verblüht, die gefüllten Körner spreizen die Ährchen.

Abb. 8 Teosinte, Wildmais (*Zea mays* subsp. *parviglumis*). Rechts Mitte: zwei Körner zwischen steinharten nussartigen Früchten. Die Körner sind 3 mm gross.

II SELEKTION DURCH DIE NATUR

Die Anforderungen an die Kulturpflanzen sind vielfältig. Schauen wir die natürlichen Faktoren am Beispiel des Getreides an.

A AUSFRIEREN

Das Ausfrieren oder Auswintern von Getreide beruht auf der mechanischen Zerstörung der Pflanze durch das wechselweise Frieren und Auftauen des Bodens. Die obere Bodenschicht dehnt sich beim Frieren, die Pflanzen werden dadurch angehoben. Teile des Wurzelsystems werden dadurch von der Pflanze getrennt. Die geschädigten Pflanzen können im Frühling weder Wasser noch Nährstoffe aufnehmen, sie liegen auf dem Boden auf und sind nicht mehr mit dem Boden verbunden. In den Bergen ist dank der lang anhaltenden, schützenden Schneedecke das Ausfrieren weniger ein Problem als in tieferen Lagen.

B ERSTICKEN

Winterroggen kann, wenn die Schneedecke zu lange liegt, unter dem Schnee ersticken, verfaulen. Dieser Prozess kann durch den Schneeschimmelpilz (*Typhula* sp.) beschleunigt werden. Moderne Sorten überleben in der Regel keine Schneedecke, die länger als 100 Tage anhält. Der Anbau von Schlafkorn war eine Möglichkeit, um anfällige Sorten, die bei einer früheren Saat zugrunde gehen würden, doch noch anzubauen. Die Saat des Schlafkorns erfolgt so spät, dass es vor Wintereinbruch nicht mehr aufläuft, sondern erst im Frühjahr beim Ausapern. So vermeiden die Pflanzen das Ersticken und den Befall durch Schneeschimmel.

Abb. 9 Schneeschimmel (*Typhula* sp.). Dauert die Schneedecke länger als 100 Tage, wird es für viele moderne Roggensorten schwierig. Die Blätter faulen weg, und sogar das Herz der bestockten Pflanze kann absterben. Die Pflanze auf dem Bild hat zwar die Blätter verloren, wird aber neu austreiben.

C VERSCHIMMELN

Pilze sind wichtig für den Abbau organischer Substanz, für die Humusbildung, für die Erschliessung von Nährstoffen für die Pflanze. Sie können aber auch zu Problemen führen. Pflanzen, die befallen werden von Mehltau, Rost oder Fusarien, liefern weniger Ertrag, was zu finanziellen Einbussen führt. Es ist dann üblich zu sagen, dass die Pflanzen krank geworden sind. Dem Krankwerden von Pflanzen kann man vorbeugen, indem man auf eine Sorte ausweicht, die an die jeweiligen Bedingungen angepasst ist; man kann auch die Bedingungen, unter denen die kränkelnde Sorte aufgewachsen ist, ändern, um die Pflanzen zu stärken. Häufig ist eine Pflanzenkrankheit aber auch die Folge einer inadäquaten Behandlung – die Ursache des Krankwerdens liegt dann nicht in der Pflanze selbst, sondern in der Art und Weise, wie man sie behandelt hat. Pflanzenschutzmittel schützen oft in erster Linie den Ertrag und sind somit Ertragsschutzmittel.

Dazu ein Beispiel: der Schwarzrost *(Puccinia graminis)*. Der Schwarzrost ist ein Pilz, der sich im Frühling auf den jungen Blättern der Berberitze *(Berberis vulgaris)* entwickelt. Danach bildet er Sporen und infiziert Roggen, Gerste und auch Weidegräser. Bei infizierten Pflanzen platzt die Haut auf, kurze, orangebraune Streifen bilden sich. In einer nächsten Phase werden diese schwarz, deswegen der Name Schwarzrost. Der Lebenszyklus des Schwarzrostes schliesst sich, wenn Sporen von abgestorbenen Gräsern und Getreideresten im Frühling die austreibenden Blätter der Berberitze befallen.

Eine Beobachtung von Erwin Mayer (1954) zeigt für das Drau- und Mölltal in Kärnten, wie entscheidend die Sortenwahl sein kann.

> «Die Talfelder dieses Abschnittes sind ausgesprochene Getreiderostlagen. Die Erträge leiden ausserordentlich durch den Rostbefall und fast alle dort geprüften Zuchtsorten versagen daher in dieser Gegend vollständig. Nur die einheimischen Landsorten, sofern das Saatgut immer wieder von den Bergbauern gezogen wird, halten dem Rost einigermassen stand.»

In den Vereinigten Staaten war der Befall in den 1930er-Jahren so stark, dass der Anbau von Gerste bedroht war. Die Farmer, die die Gerste in Nordamerika eingeführt hatten, hatten ihre Sorten aus Gegenden in Europa, wo die Sorten sich nicht mit Schwarzrost auseinandergesetzt hatten. Es waren Sorten aus der Schweiz, die schlussendlich den Anbau retteten. Das amerikanische Sortiment ist jetzt resistenter, weil Resistenzen eingekreuzt wurden.

Abb. 10 Blatt einer Berberitze *(Berberis vulgaris)* mit Sporenbechern des Schwarzrostes *(Puccinia graminis)*. In diesem Stadium sind die Sporen reif und können Getreide und Weidegräser befallen. Die Sporen werden bei feuchtem Wetter freigesetzt.

D VERUNKRAUTEN

Die Verunkrautung der Felder ist ein Dauerproblem. Beim Getreide können wüchsige Sorten mit überhängenden Blättern dabei helfen, das Unkraut in der Anfangsphase zu unterdrücken. In den Landsortenpopulationen haben solche Typen gegenüber kürzeren, weniger üppigen Standortgenossen einen Vorteil. Kurze Typen mit aufrecht stehenden Stängelblättern sind im Nachteil. Im Reinbestand auf schweren Böden haben sie einen Vorteil, weil sie standfester sind. Dieser Vorteil währt so lange, als der Unkrautdruck gering ist.

Die Verbesserung der Saatgutreinigung mithilfe von handbetriebenen Windfegen brachte im 19. Jahrhundert einen wesentlichen Fortschritt bei der Unkrautbekämpfung. Auch bei der Herstellung von Getreidepuppen, die am Feldrand aufgestellt werden, bleiben weniger Unkrautsamen auf dem Feld zurück. Einen echten Rückschritt stellen die modernen Mähdrescher dar. Sie vergrössern die Unkrautproblematik, indem sie die Unkrautsamen mit dem Druschabgang auf das frisch geerntete Feld gleichmässig verteilen.

E VERDURSTEN

In manchen Gegenden der Schweiz ist für die Pflanzen die Gefahr zu verdursten gross. In den inneralpinen Trockentälern und auf durchlässigen Böden entwickelten sich Sorten, die mit Trockenheit und Dürre besser umgehen können. Gerstensorten, die besser mit Trockenheit umgehen können, bilden in Zusammenarbeit mit Bakterien, die im Bereich der Wurzelhaare angesiedelt sind, bei Trockenheit längere Wurzelhaare.

Vom Mais ist bekannt, dass jene Sorten, die bei der Keimung nur eine Wurzel bilden und nicht drei oder mehr, besser mit Trockenheit in der ersten Lebensphase umgehen können als jene mit mehreren Wurzeln. Die erste Wurzel ist zwar keine Pfahlwurzel wie bei der Möhre, benimmt sich aber genauso und strebt in die Tiefe. Ein trockener Boden regt die Einlagerung von Lignin, von Holzfasern, in der Wurzelspitze an, wodurch diese leichter in den Boden eindringen kann.[2] Die nachfolgenden Keimwurzeln des Maises bleiben mehr an der Oberfläche. Viele moderne Maissorten, die unter idealen Bedingungen für ideale Bedingungen gezüchtet worden sind, bilden mehrere Keimwurzeln und bringen maximale Erträge. Sind die Bedingungen nicht optimal, können diese dann von der Pflanze nicht ausgeglichen werden und sind die Ertragseinbussen grösser.

2 Pflanzenforschung.de, 09.10.2023 (Gerste) und 02.09.2024 (Mais).

Abb. 11 Zwei Maiskeimlinge (*Zea mays* subsp. *mays*), einer in Vorder- und Hinteransicht. Diese Keimlinge bilden zunächst nur eine Wurzel am Samen aus. Das ist typisch für Pflanzen, die als Keimlinge über eine grössere Trockenheitsresistenz verfügen. Die Wurzelhaare sind schematisch angedeutet. Das Aquarell entstand um 1800. © Goethe und Schiller Archiv, GSA_26LIV, 8 Blatt 1636

Abb. 12 Sattelmückenlarven *(Haplodiplosis equestris)* an Weizen. Nur selten ist ein Befall mit Sattelmücken schädigend. Dafür muss das Entwicklungsstadium des Getreides mit dem Moment der Eiablage durch die Mücken zusammenpassen und die Mücken müssen in sehr hoher Zahl anwesend sein.

F GEFRESSEN WERDEN

Insekten können erhebliche Schäden anrichten, wie ein Beispiel von Erwin Mayr (1928) zeigt.

> «Das Saalfeldner Becken ist das Hauptgetreidegebiet des Pinzgaues. Es überwog früher hier der Sommerungenanbau, doch wird schon seit 30 Jahren kein Sommerweizen mehr gebaut, da die Getreidehalmfliege (Chlorops taeniopus) in solcher Menge auftritt, dass sie die Bestände von Sommerweizen ganz vernichten würde. [...] Dieser Schädling breitet sich vom Saalfeldner Becken langsam in die Nebentäler hinein aus, besonders steigt er in das östlich gelegene Urslautal hinauf, in dem im Jahre 1925 durch ihn alle Sommerweizenbestände vollständig vernichtet wurden.»

Pammer und Ranninger (1928) stellten fest, dass später reifende ausländische Sommerweizensorten, die zur Massenwüchsigkeit neigen, aufgrund ihres ungleichen und mangelhaften Schossens stärker von der Halmfliege befallen waren als die einheimischen frühen Sorten. Das Schädlingsproblem kann umgangen werden, wenn der Entwicklungszyklus des Schädlings nicht zusammenfällt mit dem empfindlichen Stadium einer Sorte.

Bitterstoffe können eine frasshemmende Wirkung entfalten. Züchtet man diese weg, dann sind die Kulturpflanzen einer erhöhten Gefahr ausgesetzt, befallen und gefressen zu werden. Stören die Bitterstoffe in der Küche, dann kann man durch die Art der Zubereitung den Gehalt an Bitterstoffen reduzieren.

G DAUER DER VEGETATIONSZEIT

Die Besiedlung der Schweiz ist von den Haupttälern ausgegangen. Das Unterengadin wurde um 2200 v. Chr. besiedelt. Mit steigender Höhe nehmen die Vegetationszeit und die Zahl der möglichen Kulturen ab. Je kürzer die zur Verfügung stehende Vegetationszeit, desto grösser ist der Bedarf an frühreifen Sorten. In der Landschaft Davos befanden sich die Äcker in den Hängen, die sich schneller erwärmen als die Talsohle. In der Talsohle sammelt sich die kalte Luft. Eine Karte der Landschaft Davos von Rikli (1909) zeigt, wo die Äcker angelegt waren. Der Anbau in Grenzlagen führte dazu, dass dort frühreife Sorten entstanden. In der Samenbank finden sich sehr frühreife Gersten- und Roggensorten. Der Bedarf an frühen Sorten ist aber auch im Tal gegeben, wo man froh war, nach dem Winter das allererste Gemüse beziehen zu können, oder man nach der Hauptfrucht noch eine zweite Frucht anbauen wollte.

Abb. 13 Kartenausschnitt der Landschaft Davos (Rikli, 1909). Rot markiert sind die Kartoffeläcker, die ursprünglich Getreideäcker waren. In der Bildlegende heisst es: «Aecker von Kartoffeln. Gerste, Roggen (letzterer fast nur noch im Monstein gebaut und wie der Ackerbau überhaupt aus dem obern Teil der Landschaft nicht aus klimatischen, sondern wirtschaftlichen Gründen fast verschwunden). Höchste Aecker in der Rieberalp bis 1790 m.» https://doi.org/10.3931/e-rara-96258

III SELEKTION DURCH DEN MENSCHEN

Der erste Schritt in Richtung Kulturpflanze erfolgt mit der Saat und der Ernte. Der Anbau fördert automatisch die gleichzeitige Keimung der Samen. Samen mit längerer Keimruhe, die später keimen, verschwinden mit der Zeit aus der Population. Der Tatarische Buchweizen *(Fagopyrum tataricum)* keimt sehr ungleichmässig und steht auf einer tieferen Stufe der Züchtung als der Gewöhnliche Buchweizen *(Fagopyrum esculentum)*, der schnell und gleichmässig aufläuft.

Das schnelle und gleichmässige Auflaufen der Saat wird heute mit technischen Mitteln perfektioniert. Bei der Saatgutaufbereitung ist es zum Beispiel bei den Doldengewächsen üblich, die Samen in einer Klimakammer vorzukeimen. Dann wird die Keimung unterbrochen und werden die Samen pilliert. Das Feld läuft schneller durch das Vorkeimen auf, den Keimpflanzen stehen die Nährstoffe direkt zur Verfügung und der pillierte Samen kann exakt gesät werden

A DER BAUER UND DIE BÄUERIN SELEKTIEREN

Es war üblich, Saatgut nur von den besten Parzellen zu beziehen, die Parzellen konnten auch mal im Nachbardorf oder im Nachbartal liegen. Während der Ernte mit Sichel oder auch kurz vor der Ernte gibt es die Möglichkeit, einzelne Ähren auszulesen und so gewisse Typen zu bevorzugen. Sehr aufwendig war die Einzelkornauslese, wie sie Karl Hager für das Bündner Oberland beschrieben hat. Dort wurde an Winterabenden das Saatgetreide am Tisch von den Bäuerinnen ausgelesen:

> «Die Behandlung des Saatgutes, der jungen Pflanzungen, dann der Sichelschnitt und endlich das Brotbacken sind wesentlich Arbeiten der Frauen und Töchter. Wenn die Äcker von Unkraut sorgfältig gesäubert waren, so gibt auch das Saatgut in der Auswahl geringere Arbeit. Manche Hausfrauen lesen auf dem Tisch Körnchen um Körnchen aus, um das Beste für die zukünftige Saat sich vorzubehalten. Vielfach ist es wieder die Bemühung der Hausfrau, die günstigsten Plätze und Mulden an den Berghängen und Tallehnen für die heiklere Weizensaat oder für die Flachsäcker auszukundschaften, zu wählen und zu bestimmen.»

B FLURORDNUNG

Die Flurordnung hatte Auswirkungen darauf, welche Sorten angebaut wurden und welche nicht. Im Bündner Oberland hat der freie Weidegang den Anbau von Wintergetreide praktisch verunmöglicht, wie Eugen Paravicini 1928 feststellte:

> «Auch wirtschaftliche Momente verunmöglichen den Anbau des Wintergetreides, so z. B. in den Bündner Bergen, wo im Herbst und Frühjahr der freie Weidegang herrscht, während dem die schossende Wintersaat abgefressen würde. Für das Einzäunen der Felder fehlt vielfach das Holz. Der freie Weidegang wird deshalb schon seit langem als das Krebsübel der bündnerischen Landwirtschaft betrachtet, und ihre Ablösbarkeit ist schon durch Kantonsverfassung von 1854 gesichert worden, aber die Geltendmachung dieses Rechtes ist infolge der Güterzerstücklung unmöglich.»

C FRÜHREIFE – SPÄTREIFE

Die Vegetationsdauer ist ein wichtiges Selektionskriterium. Im Angebot sind in der Regel frühe, mittelfrühe und späte Sorten. Je länger die Vegetationszeit einer Sorte dauert, je mehr Assimilate sich bilden, desto höher der Ertrag. Stehen die Kulturen sehr lange auf dem Feld, dann ist bei einem nassen Herbst auf lehmigen Böden die Ernte von Kartoffeln oder Zuckerrüben mit schweren Erntemaschinen nicht möglich. Auf solchen Böden steigt das Risiko, die Ernte nicht mehr rechtzeitig einzubringen; hier lohnt es sich, auf frühreifere, weniger ertragreiche Sorten umzustellen.

Frühreife Sorten können, wenn sie als Primeur als erste Sorte auf den Markt kommen, teurer verkauft werden als spätere Sorten. Zudem ist es wichtig, während der ganzen Vegetationszeit Gemüse anzubieten. Demzufolge reicht das Sortenspektrum von frühen über mittelfrühe und mittelspäte bis hin zu späten Sorten.

D ÄCKER – GÄRTEN

Der Acker ausserhalb der Siedlung und der Garten nahe beim Haus sind zwei unterschiedliche Biotope. Arbeitstechnisch waren die Unterschiede nicht so gross, denn der Anbau von Feldfrüchten war arbeitsintensiv, ja fast gartenmässig. Mit der Zeit wurden die Unterschiede grösser, das Düngungsniveau in den Gärten war höher als auf den Äckern. Es entwickelten sich Sorten für den feldmässigen und für den gartenmässigen Anbau, so geschehen bei der Erbse. Die Felderbsen waren kleiner und ausreichend standfest, sie lieferten die Körner; die grossen Gartenerbsen brauchten ein Gerüst oder Stecken, um sie vor dem Umfallen zu bewahren, und dienten auch als Gemüselieferant. Salat war eine typische Gartenpflanze. Eine Zwischenstellung nahmen die Kohlgärten, die Mohngärten und die Kartoffelgärten ein. Heute ist der Erwerbsgemüsebau ackermässig organisiert und die Nährstoffversorgung auf den Gemüseäckern so intensiv wie in den Gärten.

E GEMÜSE UND KÖRNERFRÜCHTE – STADT UND LAND

Entscheidend für die Anpassung einer Sorte an die Umgebungsbedingungen ist, ob die Sorte dort, wo sie angebaut wird, auch Saatgut liefern kann. Für Körnerfrüchte wie die Hülsenfrüchte und Halmfrüchte ist das eine Selbstverständlichkeit und immer möglich. Getreide- und Körnerleguminosensorten waren in der Regel lokale Sorten, die Produzenten wussten aus Erfahrung, welche Äcker oder Gegenden gutes Saatgut liefern. Beim Gemüse ist die Frage nicht eindeutig zu beantworten, hier hängt es davon ab, ob die Samenträger vor Ort zur Samenreife kommen können und ob genügend Platz vorhanden ist, um bei Fremdbefruchtern aus einer sehr grossen Menge an Einzelpflanzen die richtigen Samenträger auszuwählen und überwintern zu lassen. Bei Selbstbefruchtern wie Salat oder Tomate ist es einfacher, Saatgut selbst zu produzieren.

Ein wichtiger Faktor, der die Züchtung begünstigt, ist die Nähe zu einer grossen Stadt. Plinius der Ältere (23–79 n. Chr.), der eine enzyklopädische Arbeit über Kulturpflanzen verfasste, beschrieb 9 Kohlsorten, die jeweils nach einer speziellen Region benannt waren. Es gab u. a. Tritianer, Kumaner und Pompejaner. Das deutet darauf hin, dass je nach Region eine besondere Varietät bevorzugt und gezüchtet wurde. Grosse Kohlfelder in Stadtnähe bieten die Chance, aus einer riesigen Zahl von Pflanzen die allerbesten auszulesen und als Samenträger für die Saatgutproduktion zu verwenden; hier ist Massenselektion wichtig. Ebenso wichtig ist die Isolation der auserlesenen Pflanzen, diese ergibt sich, sobald nur eine Sorte weit und breit vermehrt wird.

Die Nähe zur Stadt war generell wichtig für die Entwicklung von Gemüsesorten. Die süssen Erbsen wären ohne die Nachfrage durch die zahlungskräftige städtische Bevölkerung vermutlich nicht ausgelesen und vermehrt worden.

Der Handel mit Gemüsesämereien dürfte so alt sein wie der Gemüsebau selbst. Gewisse Regionen in Europa sind prädestiniert für die Züchtung wärmeliebender Sorten. Die Umgebung von Mailand in der Po-Ebene war so eine bedeutende Region. In der Schweiz war die Region am Genfersee für die Produktion von Gemüsesämereien vorbestimmt, und auch die warmen Lagen im Mittelland eignen sich gut. Aber auch in kühleren Gegenden hat die Nähe zu einer Grossstadt, wie Paris, Brüssel, Stuttgart oder Amsterdam, die Gemüsezüchtung stimuliert.

F SICHEL UND MÄHDRESCHER – ERNTETECHNIK

Die Technik hat einen grossen Einfluss auf das Aussehen von Sorten. So setzte der Übergang von der Ernte mit Sichel oder Sense zur Ernte mit Mähdrescher einen speziellen Sortentyp voraus. Die Handernte kann zwei Wochen vor der vollkommenen Reife des Getreides stattfinden. Das Getreide reift gebündelt in Garben und Puppen oder auf Gestellen nach, um anschliessend im Spätherbst oder Winter mit einem Stecken oder Dreschflegel gedroschen zu werden. Es gab die Gewohnheit, reife Roggengarben an die Stallwand zu schlagen, um dann die ausgefallenen Körner als Saatgut zu nehmen. Dieses Vorgehen und das Dreschen mit dem Dreschflegel selektiert auf Pflanzen, bei denen die Körner leicht aus den Ähren fallen.

Für die Ernte mit dem Mähdrescher muss das Getreide vollkommen reif sein, die Ernte muss in der Todreife erfolgen. Mit der Nagelprobe bestimmt man, wie reif die Körner sind. Dazu drückt man mit dem Fingernagel das Korn ein – ist das Korn bereits so hart, dass kein Abdruck zu sehen ist, dann ist das Korn reif. Bei der Ernte mit dem Mähdrescher besteht die Gefahr, dass die Körner durch die mechanischen Erschütterungen der Haspel und des Mähbalkens vor dem Mähbalken aus den Ähren fallen und nicht den Weg in die Dreschmaschine finden. Das veranlasste die Züchter, auf festen Kornsitz bei Roggen und Weizen zu selektionieren.

Eine ähnliche Entwicklung spielte sich bei Zwiebeln ab: Die mechanisierte Ernte und Reinigung der Zwiebeln führte zu Zwiebelsorten mit einer festeren äusseren trockenen Schale, die die inneren weichen Schalen besser vor mechanischen Schädigungen schützen.

Die Ernte mit der Sichel hatte, obwohl arbeitsintensiv, auch Vorteile. In Randregionen wie im Puschlav konnte der Buchweizen als Zweitfrucht angebaut werden, weil das Getreide mit der Sichel ein bis zwei Wochen früher als mit dem Mähdrescher geerntet und abtransportiert werden konnte. Dadurch konnte der Buchweizen früher gesät werden, und dank der Sichelernte des Buchweizens konnte er vor dem ersten Schneefall eingefahren werden. Mit dem Mähdrescher wäre der Anbau von zwei Kulturen nicht möglich gewesen.

Ein interessantes Beispiel ist die Mechanisierung der Ernte beim Rosenkohl. Die arbeitsintensive Ernte des Rosenkohls führte dazu, dass das Gemüse mit der Zeit fast unerschwinglich war. Das änderte sich in den 1980er-Jahren mit der Einführung einer Rosenkohlpflückmaschine. Damit die Maschine zuverlässig arbeitet, braucht es Pflanzen mit einem grösseren Abstand zwischen den einzelnen Rosenköhlchen. Die dicht gepackten traditionellen Sorten eignen sich nicht für die maschinelle Entfernung der Röschen vom Strunk. Die für die maschinelle Ernte gezüchteten F-1-Hybriden mit grösserer Distanz zwischen den einzelnen Rosen führte im Gewerbsgemüsebau zu einer sehr schnellen Umstellung von Populationssorten auf Hybridsorten.

G VOM TREIBBEET ZUM GLASHAUS ZUR PFLANZENFABRIK

Die Landwirtschaft macht den Menschen unabhängiger von der Natur. Dieses Streben nach Unabhängigkeit äussert sich auch in Techniken, die die Vegetationszeit verlängern. So streute man in schneereichen Gegenden Asche auf den Schnee, damit dieser schneller schmilzt und die Äcker zwei Wochen früher aper wurden. Die Erfindung des Treibbeetes, bei dem eine Schicht Pferdemist die darüber liegende Schicht Gartenerde erwärmt, erlaubte es, früher zu säen und das Wachstum voranzutreiben. Mit dem Gewächshaus hat man die Möglichkeit, Gemüse das ganze Jahr über und unabhängig von Klima und Boden zu produzieren.

Die Orangerien des 16. Jahrhunderts waren die ersten Gewächshäuser. Sie dienten zunächst im Winter als Schutz für empfindliche Arten aus wärmeren Gegenden. Die Gärtner der französischen Könige wollten die Herrschenden aber auch im Winter mit frischem Gemüse beliefern. Die kommerzielle Nutzung der gläsernen Strukturen begann in der zweiten Hälfte des 17. Jahrhunderts in Holland. Die wohlhabende Nation und die natürlichen Gegebenheiten vor Ort stimulierten die Weiterentwicklung des Gemüsebaus. Amateure, reiche Händler und Wissenschaftler experimentierten auf den Landgütern, bald folgten auch professionelle Gemüsebauern. Auch in Frankreich wurden die Treibhäuser und die Infrastruktur den Bedürfnissen des kommerziellen Anbaus angepasst. Im 18. und 19. Jahrhundert wuchs die Bedeutung der Treibhäuser und Frühbeete nochmals, Konstruktionen aus Eisen und Glas vereinfachten den Bau. Heute gibt es Betriebe, die 100 oder 200 ha unter Glas haben.

Im 19. Jahrhundert entstehen Sorten, die sich speziell für das Treibbeet eignen, und im 20. Jahrhundert, als das Zeitalter der Gewächshäuser anbricht, ändert sich das Spektrum ein weiteres Mal. Verbunden damit ist der Wunsch, sämtliche Umgebungsbedingungen für das Wachsen, Blühen und Reifen der Pflanzen zu regulieren, unabhängig vom Boden (bodenlos), von Jahreszeit und Wetter. Die Wechselwirkung Pflanze-Boden-Tageslicht-Luftfeuchtigkeit ist ersetzt worden durch die Wechselwirkung Pflanze - Nährstofflösung - Beleuchtung - Lüftung. Die Gewächshauslandwirtschaft steht am Anfang ihrer Entwicklung. Es ist der Weg zur Entwicklung von Sorten, Hydrokultursorten, die unter standardisierten Bedingungen überall heranwachsen können.

H ROHSTOFFSORTEN

Anforderungen an die Nutzung prägen die Sortenwahl. Das früheste Beispiel dafür ist der Wechsel vom Öllein zum Faserlein in der Steinzeit. Lange Zeit wurden die grösseren Ölleinsamen als Saatgut aus dem Mittelmeerraum importiert. Mit den Samen kamen jeweils exotische Unkräuter mit. Das hörte um 3500 v. Chr. auf, statt Öllein war jetzt Faserlein gefragt, der kleinere Samen hat. Ein anderes Beispiel aus der jüngeren Vergangenheit ist die Entstehung der Zuckerrübe. Als die Zufuhr des Rohrzuckers durch die Kontinentalsperre 1806 unterbunden wurde, bot sich die Entwicklung der Zuckerrübe durch Franz Carl Achard als Alternative an. Mit Zucker aus der Zuckerrübe war man unabhängig von dem Rohrzucker aus den britischen Kolonien; Zuchtziel war eine möglichst hohe Zuckerausbeute.

I VON MEHRZWECKSORTEN ZU SPEZIALSORTEN

Eine grosse Linie in der Geschichte der Kulturpflanzen ist der Weg von den ursprünglich auf unterschiedliche Weise benutzten kultivierten Wildpflanzen zu einer weitgefächerten Vielfalt an spezialisierten Formen. So sind zum Beispiel aus der Beete mehrere Kulturpflanzen hervorgegangen, und zwar Mangold, Rande, Futterrübe und Zuckerrübe. Der Mangold lässt sich wiederum unterteilen in Schnittmangold, Stiel- und Blattmangold. Im 16. Jahrhundert kommen die unterschiedlichen Farbtypen auf, die sich wunderbar in den Schlossgärten präsentierten, sich aber auch auf dem Teller gut machen. Die Rande, die ursprünglich länglich war, wird weiter gezüchtet und es entstehen kürzere, konische bis zylindrische Formen. Am Ende dieser Entwicklung treten in der zweiten Hälfte des 18. Jahrhunderts die ersten kugeligen Formen auf. Die Zuckerrübe ist die erste Kulturpflanze, die mit wissenschaftlicher Akribie und grossem Aufwand durch Franz Carl Achard gezüchtet wurde. Hervorgegangen ist sie aus einer nicht zu süssen Futterrübe. Im Ergebnis entstanden in Deutschland die ersten Zuckerfabriken. Die fortschreitende Arbeitsteilung führte zu einer Spezialisierung der Tätigkeitsfelder, der Mensch entwickelte sich vom Generalisten zum Spezialisten. Auch im Sortenspektrum der Kulturpflanzen sehen wir eine Auffächerung des Spektrums und die Entstehung von Spezialsorten, die den Wünschen der Spezialisten entsprechen.

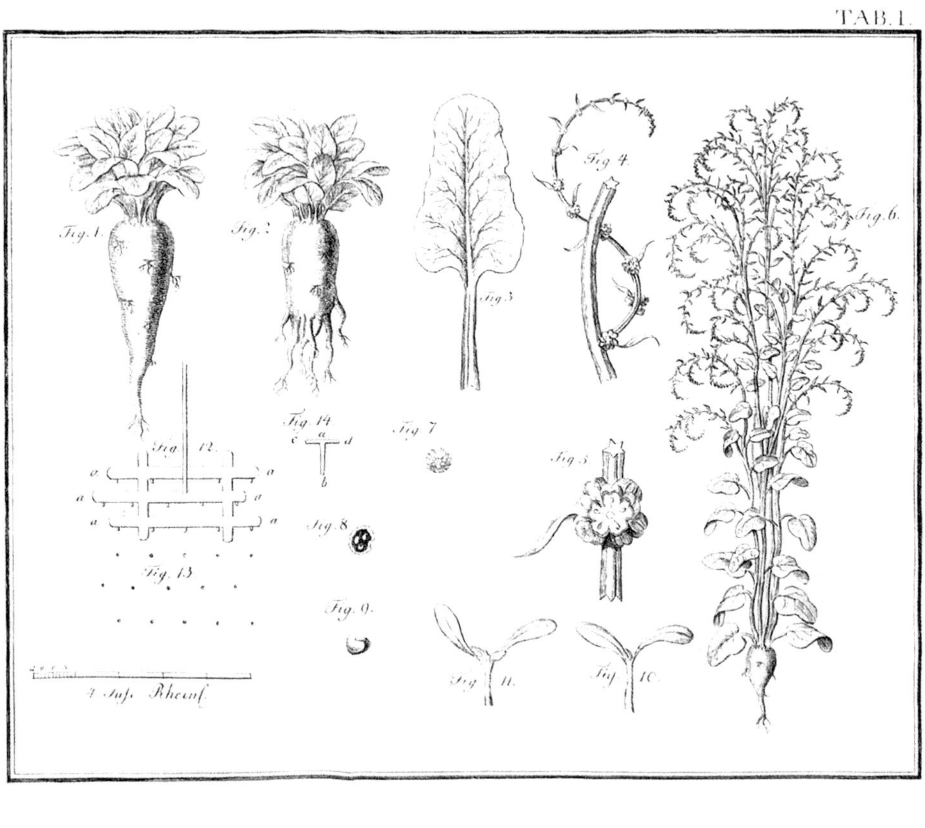

J INNERE QUALITÄT

Es wird viel Werbung gemacht für Sorten mit einem erhöhten Gehalt an besonders wertvollen Inhaltsstoffen. Die Ernährungswissenschaft ist sich jedoch einig, dass es bei einer abwechslungsreichen Ernährung mit ausreichend Gemüse und Obst keine Sorten mit besonders erhöhten Gehalten an einzelnen Inhaltsstoffen braucht. Wichtig sind die Vielfalt und die schonende Verarbeitung der Lebensmittel.

Darüber hinaus gibt es einen anderen Ansatz, der nicht direkt auf die Inhaltsstoffe schaut: Die Pflanze kann – im Gegensatz zu uns Menschen – aus anorganischer Substanz mithilfe von Licht organische Substanz bilden. Je besser die Pflanze dazu in der Lage ist, je vollkommener sie fremde Substanz in eigene Substanz umwandeln kann, desto höher ist die Qualität. Die Anbaubedingungen sollten so sein, dass die Pflanze in ihrem Wachstum unterstützt wird. Die Gefahr bei einer Überdüngung ist, dass die Pflanze nicht alles in eigene Substanz verwandeln kann. Das kann dazu führen, dass ein Produkt schneller fault, zu wenig Aroma entwickelt und nicht die volle innere Reife erreicht, obwohl es erntereif ist. Solche Lebensmittel können dazu führen, dass der Mensch über die Ernährung nicht die optimalen Anregungen erfährt (Schilperoord 2020).

Abb. 14 Franz Carl Achard, 1809. Abb. aus «Die europäische Zuckerfabrikation aus Runkelrüben in Verbindung mit der Bereitung des Brandweins, des Rums, des Essigs und eines Coffee-Surrogats aus ihren Abfällen», sie zeigt verschiedene Entwicklungsstadien der Beete und links ein Gerät, mit dem mehrere Saatlöcher für die einzeln zu legenden Früchte auf einmal gemacht werden. https://doi.org/10.3931/e-rara-20905

IV EINE LEISE UND EINE LAUTE REVOLUTION

A WANDEL ALS TRADITION

Das Sortenspektrum bewegt sich zwischen dem Festhalten an Altbewährtem und dem Impuls, Neues zu wagen. Sorten sind Momentaufnahmen einer Kulturpflanze, die sich laufend entwickelt. Der Wandel gehört zum Sortenspektrum – Sorten kommen, Sorten gehen. Es hat zwei Entwicklungen gegeben, die das Sortenspektrum seit der Neuzeit verändert haben. Die erste Entwicklung hat sich allmählich vollzogen, sie steht noch im Sinne der Tradition und fängt an mit der Förderung der Leguminosen. Es ist eine sanfte Revolution, die durch den gezielten Einsatz der Leguminosen zur Verbesserung der Bodenfruchtbarkeit führte.

Die zweite Entwicklung hat sich rasant vollzogen. Das Jahr 1913 ist der Beginn eines Bruchs mit der traditionellen landwirtschaftlichen Praxis. In diesem Jahr wurde die erste Syntheseanlage für Stickstoffdünger in Oppau bei Ludwigshafen in Betrieb genommen. Vorausgegangen war die Entdeckung des Minimumgesetzes durch Carl Sprengel (1787–1859), das Justus von Liebig (1803–1873) erweitert und popularisiert hat. Dieses Gesetz lautet: «Die Höhe des Ertrages hängt von der Ressource ab, welche in geringster Menge vorliegt.» Zu den Ressourcen zählen Nährstoffe wie Kohlendioxid, Salze und Wasser, aber auch nicht stoffliche Faktoren wie Licht und Wärme. Nach 1913 konnten die Landwirte ihre Böden mit künstlich hergestellten Stickstoffverbindungen düngen. Die Bedeutung der natürlichen Bodenfruchtbarkeit für den Ertrag tritt zurück. Anspruchsvolle Kulturen können von nun an auch auf ärmeren Böden angebaut werden. Die nachfolgenden Jahrzehnte sind geprägt durch eine kontinuierliche Anpassung der Kulturpflanzen an Stickstoffgaben, die beliebig erhöht werden können. Hand in Hand mit den Stickstoffdüngern wurden Fungizide, Insektizide und Herbizide entwickelt, um das Ertragspotenzial ausschöpfen zu können.

Das Gesetz des Minimums erhielt eine wesentliche Ergänzung durch Ernst Haeckel (1834–1919). Er definierte 1866 den Begriff Ökologie: «Unter Oecologie verstehen wir die gesamte Wissenschaft von den Beziehungen des Organismus zur umgebenden Aussenwelt, wohin wir im weiteren Sinne alle ‹Existenz-Bedingungen› rechnen können. Diese sind teils organischer, teils anorganischer Natur.»

Man müsste also das Gesetz des Minimums ergänzen um das Gesetz des Maximums, bei dem

Abb. 15 Detail einer Ackerbohnenpflanze. Fuchs, 1542. Es ist eine der ersten Abbildungen mit den für Leguminosen charakteristischen Wurzelknöllchen. © ÖNB Wien: Codex 11121, 133

der Ertrag eine gewisse Höhe nicht überschreiten soll, ohne dass zugrunde liegende Ökosystem zu schädigen oder gar zu zerstören. Eine zu erwartende Schädigung des Ökosystems nachzuweisen, ist ein schwieriges Unterfangen, wenn es um Schäden geht, die erst nach Jahren oder Jahrzehnten sichtbar werden.

B STEIGERUNG DER NATÜRLICHEN BODENFRUCHTBARKEIT – WURZELKNÖLLCHEN

Die natürliche Bodenfruchtbarkeit hat in den letzten 200 Jahren zugenommen. Das begann im 19. Jahrhundert mit der Förderung der Schmetterlingsblütler, deren Förderung revolutionär war. Man wusste bereits damals um die düngende Wirkung der Leguminosen als Vorfrucht, hatte jedoch noch keine exakten Zahlen. Leguminosen können bis zu 150 kg Stickstoff pro ha und Jahr mithilfe von Knöllchenbakterien in den Boden einbringen. Diese Bakterien wurden 1901 von Beijerinck entdeckt und beschrieben. Im 18. Jahrhundert fing man an, die übliche natürliche Berasung der Äcker zu ersetzen durch die gezielte Ansaat der Wiesen mit dafür entwickelten Wiesenmischungen. Die Wiese gilt als die Mutter des Ackers. Die gezielte Verbesserung der Bodenfruchtbarkeit war die leise Revolution. Sie wirkte sich positiv auf die Erträge der Äcker aus. Dazu kam die verbesserte Behandlung von Mist und Jauche. Infolgedessen änderte sich das Sortenspektrum, die akribische Buchführung der Stoffkreisläufe auf den Gutsbetrieben beschleunigte den Prozess.

Die ursprünglichen Getreidefelder waren recht uneinheitlich mit längeren und kürzeren, mit früheren und späteren Pflanzen. Beim Weizen gab es unterschiedlich gefärbte Ähren und solche mit oder ohne Grannen. Aus dieser bunten Mischung wurden in der zweiten Hälfte des 19. Jahrhunderts an den gerade gegründeten landwirtschaftlichen Schulen und um die Jahrhundertwende in den Versuchsanstalten und in den Strafanstalten die ertragreichsten Linien herausgelesen. So entstanden reine Liniensorten, die man gut voneinander unterscheiden konnte. Die Felder wurden einheitlicher, uniformer.

Die Verbesserung der natürlichen Bodenfruchtbarkeit hat zur Folge, dass man heute auf biologisch bewirtschafteten Höfen nur bedingt alte Landsorten anbauen kann, denn sie sind zu wenig standfest, das gilt insbesondere für die Gerste. Die Landsorten haben sich zwar unter biologischen Bedingungen entwickelt, doch heute hat auch der moderne, biologisch bewirtschaftete Hof eine deutlich höhere Bodenfruchtbarkeit als noch vor 100 Jahren. Das lässt sich an der veränderten Zusammensetzung der Begleitflora feststellen (Braun-Blanquet 1970). Die früher für Getreide typische Begleitflora gibt es kaum noch; in ursprünglicher Schönheit kann man die Getreideflora bewundern im Sortengarten Erschmatt. Die Begleitflora auf den Äckern hat sich verändert von der bunten mageren Getreideflora zur stickstoffliebenden üppigen Hackfruchtflora, die typisch ist für den Kartoffel-, Zuckerrüben- und Maisanbau, sie ist auch typisch für den Gemüsegarten. Das Besondere der ursprünglichen Getreideflora ist ihre Anspruchslosigkeit. Sie wächst, blüht und bildet Samen auf Böden, wo die Arten der Hackfruchtflora keine Chance haben. Steigert sich das Nährstoffniveau, dann wird die ursprüngliche Getreideflora von der Hackfruchtflora überwuchert und verdrängt. Die Arten der Getreideflora landeten auf der Roten Liste der gefährdeten Arten.

Rechte Seite, im Uhrzeigersinn von links oben:

Abb. 17 Acker-Schwarzkümmel *(Nigella arvensis)*. Eine seltene Ackerpflanze, die sich nur auf nährstoffarmen Äckern halten kann. Erschmatt, 31.07.2024

Abb. 18 Acker-Rittersporn *(Consolida regalis)*. Erschmatt, 31.07.2021

Abb. 19 Gemeines Leinkraut *(Linaria vulgaris)* und Acker-Wachtelweizen *(Melampyrum arvense)* wachsen oft auch auf nährstoffarmen Böschungen in der Nähe von Getreidefeldern. Erschmatt, 31.07.2021

Abb. 16 Roggenfelder, Sorte Cadi, auf Ackerterrassen in Erschmatt. In diesen mässig gedüngten, lichten Feldern überlebt die ursprünglich weitverbreitete Ackerbegleitflora. Erschmatt, 31.07.2021

C KÜNSTLICHE FRUCHTBARKEIT – BROT AUS LUFT – DIE AMMONIAKSYNTHESE

Die zweite Revolution fing mit der industriellen Produktion des Kunstdüngers ab 1913 an. Wie kam es dazu? A. Hermann schrieb 1965 rückblickend:

> «Ende des vergangenen Jahrhunderts tauchte als immer drängendere Zukunftssorge das ‹Weizenproblem› auf; die Erzeugung von Nahrungsmitteln konnte mit der raschen Vermehrung der Menschheit nicht mehr Schritt halten. Die Pflanzen, direkt oder indirekt Grundlage der menschlichen Ernährung, können bekanntlich mit Ausnahme des Kohlenstoffs die zu ihrem Aufbau notwendigen anderen Elemente, vor allem den Stickstoff, nur in gebundener Form aus dem Boden entnehmen. Das ‹Weizenproblem› war so im wesentlichen ein ‹Stickstoffproblem›, denn die grossen Lager von Chilesalpeter drohten bei dem ausserordentlich steil ansteigenden Bedarf in absehbarer Frist zu erschöpfen.»

Mit der befürchteten Hungersnot war keine weltweite Hungersnot gemeint, sondern eine europäische. Die Befürchtung einer Hungersnot hatte bei einigen Befürwortern einen rassistischen Hintergrund. Hermann: «Naturgemäss richtete sich die Aufmerksamkeit der Chemiker auf die Synthese von Stickstoffverbindungen aus dem Luftstickstoff. Eine ernste Warnung sprach 1898 Sir William Crookes aus: «Die Bindung des Stickstoffes ist eine Frage einer nicht allzu fernen

Zukunft. Wenn wir nicht mit Sicherheit auf sie rechnen können, wird die grosse kaukasische Rasse aufhören, die erste in der Welt zu sein, und wird durch Rassen, für die das Weizenbrot nicht lebensnotwendig ist, aus dem Dasein verdrängt werden.»

Unter dem Motto «Brot aus Luft» bemühten sich zahlreiche Chemiker, die Stickstofffrage zu lösen. Der erste Durchbruch erfolgte 1908, als Fritz Haber sein Verfahren zur Herstellung von Ammoniak aus Wasserstoff und Stickstoff patentieren liess. Die erste Syntheseanlage wurde 1913 in Oppau bei Ludwigshafen in Betrieb genommen und produzierte bald 20 t Stickstoff täglich. Da Salpeter besser von den Pflanzen aufgenommen wird als Ammoniak, wurde das Ammoniak durch Oxidation zu Salpeter weiterverarbeitet. Die Ammoniaksynthese erhielt durch den Ausbruch des Ersten Weltkrieges einen enormen Aufschwung. Nochmals Hermann:

> «Nach dem Ausbruch des Weltkrieges 1914 wurde bald offenbar, dass gerade der Salpetererzeugung wehrwirtschaftlich eine Schlüsselstellung zukam. [...] Bereits im Herbst 1914 verfügte Deutschland über keinerlei Salpeterreserven mehr, und nur die Erbeutung von riesigen Lagern von Chilesalpeter in Antwerpen ermöglichte die Weitererzeugung von Munition bis zum Frühjahr 1915. [...] (es wurde) innerhalb weniger Monate eine Salpeterindustrie aufgebaut. Im April konnten bereits über 1000 t Salpeter erzeugt werden, 1917 schon etwa 13 000 t monatlich.»

Crookes zwiespältig begründetes Anliegen, einer Hungersnot vorbeugen zu müssen, und die Anstrengungen dazu führten zur beschleunigten Munitionsproduktion.

Der benötigte Wasserstoff für die Ammoniaksynthese kann von Methan oder Kohle stammen. Stickstoff und H_2 werden bei Temperaturen von 400–500 °C und Drücken von 150–250 bar mithilfe eines Eisenkatalysators in NH_3 umgewandelt. Bei der Produktion von einer Tonne NH_3 entstehen zwei Tonnen CO_2. Der Prozess braucht sehr viel Energie: je nach Ausgangsstoff für den Wasserstoff zwischen 8 MWh/t NH_3 auf der Basis von CH_4 und 13,5 MWh/t auf der Basis von Kohle als Wasserstoffquelle.[3] Ammoniak ist der Ausgangsstoff für Ammoniumnitrat, Ammoniumsulfat, Kaliumnitrat, Natriumnitrat, Harnstoff und Salpeter. Der gesamte Energiebedarf von der Produktion bis zur Ausbringung des Kunstdüngers für eine Tonne Kunstdünger braucht die Energiemenge, die in zwei Tonnen Erdöl enthalten ist (Eckhard et al. 1996).[4] Leguminosen schaffen das gratis.

3 Wissenschaftliche Dienste, Deutscher Bundestag, WD 8 – 3000 – 088/18.

4 de.wikipedia.org, Mineraldünger, 16.01.2024.

Mithilfe des Kunstdüngers liessen sich die Erträge steigern. Die Folge: Es brauchte ein neues Sortenspektrum. Die verbesserten Landsorten wurden über ihre Leistungsgrenzen hinaus gedüngt, die Bestände waren zu wenig standfest, Lagerung wurde zum Problem. Bei der darauffolgenden Entwicklung der konventionellen Sorten gab es über Jahrzehnte hinweg ein gegenseitiges Hochschaukeln zwischen Produzenten und Züchtern. Die neuen Getreidesorten waren standfester. Die gesteigerte Standfestigkeit reichte dann bald nicht mehr aus, weil die Landwirte auf maximale Erträge setzten und mit erhöhten Düngergaben die verbesserte Standfestigkeit ausreizten. Dadurch entstand die Nachfrage nach noch standfesteren Sorten, das führte auch zum Einsatz von Halmverkürzern (CCC = Chlorcholinchlorid). Diese hemmen das Streckungswachstum und führen zu kürzeren, standfesteren Beständen. Rein äusserlich wirken die konventionellen Getreidefelder blockartig erstarrt.

Die Landwirte steigern bei konventionellen Sorten über die Düngung die Wüchsigkeit; ohne diese Düngung bleiben die Sorten zu kurz. Das lässt sich beobachten an modernen konventionellen Sorten, die es unter biologischen Bedingungen kaum schaffen, ihre Ähren ausreichend aus dem Blattbereich herauszuschieben. Die eigene Wüchsigkeit der Pflanzen ist zu gering. Nur mithilfe des Kunstdüngers gelingt es den Pflanzen, ihre Ähren vollkommen aus dem Blattbereich herauszuschieben. Die Architektur der Pflanzen ist heute eine vollkommen andere, das letzte Halmstück wurde weggezüchtet, die Ähren sind eine Stufe tiefer angesetzt.

Die unterschiedlichen Bedingungen der biologischen Landwirtschaft und der Kunstdünger-Landwirtschaft führten – nachdem jahrzehntelang ausschliesslich für die Kunstdüngerwirtschaft gezüchtet wurde – ab 1980 zu einer Züchtung speziell für die biologische Landwirtschaft. Es wurde offensichtlich, dass sich viele konventionelle Sorten nicht für den biologischen Anbau eigneten. Die Bestände sind dort weniger dicht, die Halme bewegen sich mehr im Wind, die Felder wirken nicht erstarrt.

Abb. 20 Gerstensortenversuch, links: Quench – eine konventionelle Sorte, die ihre Ähren kaum schieben kann; rechts: eine neue Sorte, die aus einer Kreuzung von Quench mit einer Landsorte aus Ardez hervorgegangen ist und den Verhältnissen besser angepasst ist. Bergün, 1370 m ü. M., 18.08.2020

Abb. 21 Seeland, Buschbohnen *(Phaseolus vulgaris)*, Winterweizen, Mais. Vorbildlich konventionell bewirtschaftete Weizenfelder wirken blockartig. 13.07.2022

V POPULATIONS-, LINIEN- UND HYBRIDSORTEN

Für das Verständnis der Vielfalt der einzelnen Kulturarten ist es wichtig zu wissen, wie die Befruchtungsverhältnisse sind: Liegt hauptsächlich Fremdbefruchtung oder hauptsächlich Selbstbefruchtung vor? Die Natur macht immer Ausnahmen, sie ist nicht pedantisch, eine hundertprozentige Fremd- oder Selbstbefruchtungsrate gibt es nicht.

A FREMDBEFRUCHTUNG – SELBSTBEFRUCHTUNG

Es gibt Kulturpflanzen, die selbstbefruchtend sind, und solche, die fremdbefruchtend sind. Fremdbestäuber sind Roggen, Mais, Kohl, Chicorée, selbstbefruchtend Endivie, Salat, Möhre, Beete, Erbse, Mohn, Gerste, Einkorn, Emmer, Weizen, Dinkel, Hafer, Hirse und Reis. An den Getreidearten kann man gut ablesen, ob sie selbst- oder fremdbefruchtend sind. Die selbstbefruchtenden Arten haben kleinere Pollensäcke, sie bilden weniger Blütenstaub, es reicht, wenn der Blütenstaub die Narbe der eigenen Blüte erreicht. Die fremdbefruchtenden Arten haben grosse Pollensäcke und bilden viel Blütenstaub, sie sind darauf angewiesen, dass der Blütenstaub mithilfe des Windes die Narben anderer Pflanzen erreicht.

Für die Züchtung fremdbestäubender Sorten braucht es, wie wir beim Kohl gesehen haben, mehr Platz, um sicherzustellen, dass es keine unerwünschten Einkreuzungen gibt. Selbstbefruchtende Sorten lassen sich nach einer Fremdbefruchtung durch eine konsequente Einzelpflanzenauslese über einige Generationen vereinheitlichen. Die im Sortiment angebotenen Weizen- und Gerstensorten sind Liniensorten, die Felder sehen nicht nur gleichmässig aus, sie sind es auch, sie sind uniformiert. Die fremdbestäubenden Arten lassen sich nicht in dem gleichen Ausmass vereinheitlichen. Ein Roggenfeld zeigt mehr Variation als ein Weizenfeld. Eine Kohlparzelle zeigt mehr Variation als ein Salatbeet.

Als die Auslesezüchtung bei den Fremd- und Selbstbefruchtern keine Verbesserungen mehr brachte, begann man Anfang des 20. Jahrhunderts, Sorten zu kreuzen. Albert Volkart führte 1917 die Kreuzungszüchtung, die auf den Mendelschen Regeln aufbaut, nach dem Beispiel schwedischer Züchter in der Schweiz ein (Schilperoord 2006a; Volkart 1928).

B SAMENFESTE SORTEN – HYBRIDSORTEN

Die Geschichte der Landsorten geht mit dem Aufkommen der industriellen Landwirtschaft und der Erfindung des stickstoffhaltigen Kunstdüngers zu Ende. Der Übergang von samenfesten Sorten zu Hybridsorten in den 1980er-Jahren ist ein weiterer Schritt, der zu einer Marginalisierung der klassischen Gemüsesorten geführt hat. Samenfest heisst, dass man die Samen ernten kann, und wenn man sie als Saatgut verwendet, bekommt man wieder die ursprüngliche Sorte; die Nachkommen sehen aus wie die Eltern. Bei Hybridsorten kann man die Pflanzen ebenfalls bis zur Samenreife bringen und ernten. Verwendet man diese Samen aber als Saatgut, dann hat man nachher eine bunte Vielfalt mit guten, mittelmässigen und schlechten Pflanzen. Man erntet weniger marktfähige Ware.

Bei der Kreuzung zweier Sorten oder Elternlinien ist die erste Generation, die F1, uniform und oft ertragreicher als die Elterngeneration. Das Saatgut aus der Kreuzung wird als Hybridsaatgut verkauft. Ein grosser Vorteil der Hybriden für den Feldgemüsebau ist, dass eine Parzelle gleichmässig erntereif wird und auf einen Schlag geerntet werden kann, es braucht für die Ernte nicht mehrere Durchgänge. Ein weiterer Vorteil ist der grössere Anteil an marktfähiger Ware, es gibt weniger Ausschuss.

Die erste Hybridsorte war eine Maishybride, die 1922 in Amerika verkauft wurde (Brown 1983). Die Hybridzüchtung in der Schweiz startete 1946 in Oerlikon. Im Jahr 1955 wurde der erste schweizerische Hybridmais, Orla 266, in das Richtsortiment des Saatzuchtverbandes aufgenommen. An der Züchtung beteiligten sich die Forschungsanstalten in Oerlikon und in Lausanne. Der Name Orla weist auf die beiden Forschungsanstalten Or (Oerlikon) und la (Lausanne) hin.

Um 1980 liess die Nachfrage nach den traditionellen samenfesten Populationssorten für den Gemüsebau abrupt nach. Die samenfesten Sorten konnten nicht mithalten mit den neuen ausländischen F1-Hybriden. Die Forschungsanstalten und die privaten Gemüsezüchter hatten nicht die finanziellen Mittel für eine eigene Hybridzüchtung. Die Gemüsezüchtung an den Forschungsanstalten, die bereits auf einige wenige Sorten (Kohl, Lauch, Zwiebeln) beschränkt war, wurde in den 1990er-Jahren vollends aufgegeben.

Abb. 22 Zwei Kolben der ersten Hybridsorte der Schweiz, Orla 266. In der Mitte ein Kolben des Rheintaler Maises, eine der Elternlinien von Orla. Getreidearchiv

VI LANDSORTE – VEREDELTE LANDSORTE – INDUSTRIESORTE – MODERNE LANDSORTE – HYDROKULTURSORTE

Das Bild der guten alten Landsorten kann zu falschen Erwartungen führen. Es ist nicht möglich, im allgemeinen Sinne von *der* (Getreide-)Landsorte zu sprechen und auch nicht von *der* konventionellen Sorte. Getreidelandsorten waren Populationssorten, mit Pflanzen mit unterschiedlichen Eigenschaften, in Bezug auf Frühreife, Krankheitsanfälligkeit, Gestalt. Populationssorten reagieren auf äussere Umstände. Mal ist die eine Form besser, mal die andere. Mal ist die eine Form im Bestand mehr vertreten, mal die andere. Ihre Anpassung an von Jahr zu Jahr wechselnde Bedingungen war eine wichtige Errungenschaft und ermöglichte sichere, aber nicht maximale Erträge. Es sind keine Gersten- oder Weizenpopulationssorten erhalten geblieben. Von den Populationssorten des Mittellandes blieben die besten Linien erhalten, solche, die über drei Jahre an mehreren Standorten geprüft waren und gut abschnitten. Aus diesen Linien gingen die veredelten Landsorten der ersten Hälfte des 20. Jahrhunderts hervor. Sie waren anpassungsfähig, sie waren nicht immer spitze, konnten aber auf unterschiedliche Bedingungen reagieren, heute würde man sagen, sie waren resilient, robust.

Es sind auch keine Populationssorten aus dem Berggebiet erhalten geblieben. Die einzelnen Ähren, die in der Periode 1942–1963 im Berggebiet gesammelt wurden, wurden einmal nachgebaut, nicht um die besten Linien auszulesen, sondern um eine Palette von verschiedenen Linien zu erhalten, die für eine zukünftige Züchtung von Interesse sein könnte.

A ANBAUEIGNUNG VON LANDSORTEN UND ALTEN SORTEN

Das Hauptproblem der Landsorten und der veredelten Landsorten, die mangelnde Standfestigkeit, haben wir bereits angesprochen – nur ein kleiner Prozentsatz ist für heutige Verhältnisse standfest genug. Eine von ihnen ist die alte Sorte Sur En (bei Ardez), die neben der guten Standfestigkeit und einigen Resistenzen auch noch eine gute Backqualität aufweist. Die Sorte wurde 1963 gesammelt. Man kann sie sowohl im Herbst als auch im Frühling säen, sie wird in Graubünden im Berggebiet angebaut.

Für die ursprünglichen Getreidearten Einkorn und Emmer gibt es Zuchtprogramme, um sie an die aktuellen Bedingungen der biologischen Landwirtschaft anzupassen; die neuen Zuchtsorten sind standfester und ertragreicher.

B MODERNE LANDSORTEN

Die Diskussion über Landsorten und konventionelle Sorten wird oft verzerrt durch eine einseitige Sicht auf konventionelle Sorten. Man denkt dabei an Sorten grosser multinationaler Konzerne, die nicht nur die ertragreichsten Sorten verkaufen wollen, sondern ein Gesamtpaket inkl. Pflanzenschutzmitteln. Das Ziel der schweizerischen Brotgetreidezüchtung nach dem Zweiten Weltkrieg was es, Sorten zu züchten mit ausgezeichneten Backeigenschaften. Die Schweiz strebt einen hohen Selbstversorgungsgrad an beim Brotgetreide. Brotgetreidesorten mit höheren Erträgen, aber nicht so guten Backeigenschaften wurden nicht gezüchtet. An der Sommerweizenzüchtung in der Schweiz nach dem Zweiten Weltkrieg lässt sich zeigen, dass auch ohne Rückgriff auf einheimische Landsorten konventionelle Sorten gezüchtet werden können, die auch unter erschwerten Bedingungen eine gute Wüchsigkeit zeigen. Man hatte vor dem Krieg gute Erfahrungen gemacht mit kanadischen Sommerweizensorten und baute das Zuchtprogramm auf diese auf. Eine Besonderheit des Zuchtprogramms Anfang der 1980er-Jahre war die Auslese von anspruchslosen Pflanzen als Basis für die weitere Züchtung. Wie ist man vorgegangen? Man baute die Ausgangspopulation in Cazis im Domleschg an.[5] Die Bedingungen für die Pflanzen dort waren ungünstig, der Krankheitsdruck war hoch und die Parzellen sahen kümmerlich aus. Das war auch so gewollt. Nur jene Pflanzen, die zwei Ähren bildeten und gesund waren, wurden selektioniert. Die überwiegende Mehrzahl der Pflanzen schaffte nur eine Ähre. So erhielt man Pflanzen, die ein kräftiges Wurzelwerk bilden und auch dann noch, wenn es für die anderen Pflanzen zu trocken wird, einen Ertrag bringen. Die vorselektierten Pflanzen wurden anschliessend weiter getestet, und so erhielt man moderne Sorten, die die Anspruchslosigkeit alter Sorten besitzen. Moderne konventionelle Sorten können Eigenschaften von Landsorten haben. Die aktuell gezüchteten biologischen Sorten kann man als moderne Landsorten bezeichnen.

C VEGETATIV VERMEHRTE SORTEN

Die Kartoffel ist eine vegetativ vermehrte Kulturpflanze. Mit der Zeit treten Mutationen auf, die sich bemerkbar machen in der Farbe der Schale – und schon hat die Kartoffel einen neuen Namen. Es kann auch sein, dass die Staubblätter verkümmern, die Blüte oder Früchte vorzeitig abfallen. Ein grosses Problem war die Häufung von Viren, die den Ertrag herabsetzen. Mithilfe von Gewebekulturen kann heute virusfreies Pflanzgut hergestellt werden, und mit einer geschlechtlichen Vermehrung können Missbildungen und der Verlust der Fruchtbildung behoben werden. Die Kartoffel zeigt exemplarisch, dass Eigenschaften verloren gehen können, wenn sie nicht gebraucht werden, man spricht dann von einer Verkümmerung.

5 Persönliche Mitteilung Philipp Streckeisen, Getreidezüchter.

D HYDROKULTURSORTEN

Man könnte meinen, dass die konventionelle Landwirtschaft – konsequent weitergedacht – zur Hydrokultur führen müsste. Doch das ist meiner Meinung nach nicht der Fall. Die Hydrokultur läutet ein ganz neues Kapitel in der Geschichte der Kulturpflanzen ein, sämtliche Bedingungen sind frei wählbar. Hydrokultur ist eine Technik, die noch am Anfang ihrer Entwicklung steht. Die Kosten für die Infrastruktur sind hoch und aus wirtschaftlichen Überlegungen kann die innere Qualität darunter leiden. Entwickelt man die Hydrokultursorten nur unter klimatisierten Bedingungen (also nicht im Freien), dann wird die genetische Variation abnehmen. Trotz hoher Erträge kann eine Degeneration stattfinden, die sich darin äussern könnte, dass solche Sorten immer eine klinisch sterile Umgebung brauchen und nicht mehr auf den Feldern angebaut werden können.

Was bedeutet das für die Qualität? Es droht eine Standardisierung der angebotenen Ware! Denn: Die anregende Wechselwirkung der Pflanze mit Wind, Wetter und Boden sowie mit anderen Organismen fällt weg. Diese Wechselwirkungen sind aber wichtig, sie machen sich qualitativ bemerkbar im Aroma, in der Konsistenz. Beim Wein spricht man in diesem Zusammenhang von terroir. Ziel muss es also sein, die Hydrokultursorten so zu entwickeln, dass sie an jene der besten Freilandsorten herankommen.

Es gibt bereits Weizensorten für die Hydrokultur, «space wheat» genannt, weil sie versuchsweise für den extraterrestrischen Anbau entwickelt wurden. Sie heissen offiziell USU-Apogee, englisch für Apogäum, und USU-Perigee, englisch für Perigäum. Das Apogäum ist der entfernteste Punkt eines Himmelskörpers von der Erde, das Perigäum ist der der Erde am nächsten liegende Punkt. Diese zwergwüchsigen Sorten der Jahrtausendwende werden 40–50 cm hoch, sie schieben ihre Ähren bereits nach 23 Tagen, die Ernte erfolgt nach 60 Tagen, die Pflanzen sollen sich nicht bestocken. Sie sind angepasst an eine permanente Beleuchtung und versagen beim Anbau im Freien.

E KULTURPFLANZEN BRECHEN AUS

Kulturpflanzen können auch verwildern, wie dies bei Reis in den Vereinigten Staaten der Fall ist. Flughafer ist ein verwilderter Kulturhafer, und der Strandkohl an den Nordseeküsten ist ein verwilderter Kulturkohl. Kohlpflanzen im Mittelmeerraum haben sich wiederholt mit Wildkohl gekreuzt. Es gibt in den Entstehungsgebieten einer Kulturpflanze immer die Möglichkeit, dass die Kulturpflanze sich mit Wildpflanzen kreuzt, wie dies gar bei der Gerste der Fall ist. Gerste (*Hordeum vulgare* subsp. *vulgare*) und Wildgerste (*Hordeum vulgare* subsp. *spontaneum*) sind beide ausgeprägte Selbstbefruchter (Liu et al. 2024). Die Wildpflanzenpopulation enthält Kulturpflanzen-DNA.

VII HISTORISCHE EREIGNISSE – POLITISCHE MASSNAHMEN

Historische Ereignisse und politische Entscheide haben einen grossen Einfluss auf das Sortenspektrum. Die Vertreibung der Hugenotten aus Frankreich hat den Gemüsebau gefördert. Die Gewässerkorrekturen und die Kultivierung der neu erschlossenen Gebiete schufen Agrarräume, die nach neuestem Stand der Technik eingerichtet wurden. Mit dem Ausbau der Passstrassen und später mit der Anlage der Eisenbahnlinien verschwand der arbeitsintensive Ackerbau aus den Grenzlagen.
Der Erste und der Zweite Weltkrieg haben dazu beigetragen, dass gewisse Kulturpflanzen in der Schweiz weiterhin gezüchtet werden. Die insbesondere im Zweiten Weltkrieg angestrebte Selbstversorgung ist heute noch ein wichtiges Argument für die Regulierung des Brotgetreidemarktes.
Gemüse kann billiger im Ausland als in der Schweiz produziert werden; der Schutz des inländischen Marktes ist ein ständiger Kampf gegen billigen Import aus dem Ausland. In der Vergangenheit war die Sicherstellung der Schweiz als Produktionsstandort für Gemüse die Voraussetzung für die Erhaltung der Forschung und Züchtung auf diesem Gebiet.

A VERTREIBUNG DER HUGENOTTEN

Der Gemüsebau in der Schweiz hat durch den Zuzug der Hugenotten im 16. und 17. Jahrhundert einen entscheidenden Impuls erhalten (siehe Kapitel über Kohl). Die Hugenotten (französische Protestanten) waren in Frankreich vom katholischen Klerus und dem französischen König unterdrückt und verfolgt worden und schliesslich ausgewandert. Die Auswanderung in Richtung Genf erfolgte in zwei Wellen, die erste Welle von 1540 bis 1590, die zweite, grössere Welle von 1680 bis 1690; um 1685 erreichte sie ihren Höhepunkt (de.wikipedia.org, 29.04.2019). Unter den Flüchtenden waren erfahrene Gemüsebauer und Züchter aus dem Rhonetal und dem benachbarten Pays de Gex, der bekannteste Agronom seiner Zeit, Olivier de Serres (1539–1619), war ebenfalls ein Hugenotte. Einige Sorten der Genbank gehen auf diese Zeit zurück.

B GEWÄSSERKORREKTUREN UND INPOLDERUNGEN

Die Bürger von Genf stellten den Hugenotten das Überschwemmungsgebiet von Rhône und Arve zur Verfügung, Plainpalais genannt. Plainpalais stammt vom *plana palus*, lateinisch für «sumpfige Ebene» (HLS = Historisches Lexikon der Schweiz). Die Neuzugezogenen machten das Gebiet urbar. Sie bauten Dämme und richteten Bewässerungssysteme ein. Aus dem Plainpalais wurde ein Gemüsegarten. Die Nähe zur Grossstadt sicherte die Nachfrage, das milde Klima erleichterte das Überwintern der Samenträger, die Beschaffenheit des Bodens war ideal für den Gemüsebau. Das Saatgut

fand weit über die Region hinaus Abnehmer. Die neue Fläche war rationell zu bewirtschaften nach dem neuesten Stand der Technik.

Die erste Juragewässerkorrektion (1868–1891) schuf die Voraussetzungen, um im grossen Stil das Grosse Moos urbar zu machen. Die trockengelegten Moore waren ideal für den Gemüsebau. Wieder konnten die Flächen nach dem neuesten technischen Stand eingerichtet und bewirtschaftet werden. Es entstand der Gemüsegarten der Schweiz.

Der Gemüsebau in der Umgebung von Paris hat profitiert von der Entwässerung von Riedgebieten. Die Bezeichnung *maraîchère* für Gemüseproduzent geht zurück auf *marais*, was «Ried, Sumpf, Moor» bedeutet. Das Wort entstand im 18. Jahrhundert, als die Riedfelder nach und nach trockengelegt und urbar gemacht wurden. Später entstanden hier grosse Gemüsebetriebe. In den Niederlanden setzte diese Entwicklung früher ein. Der erste See – der Beemster in der Provinz Nordholland – war im Jahr 1658 eingepoldert worden. Die Einrichtung der Polder, die Bewässerung und Entwässerung, die Nutzung der landwirtschaftlichen Flächen – alles konnte im Hinblick auf eine rationelle Landwirtschaft geplant werden. Heute hat die Dachorganisation Seed Valley in dieser Gegend ihren Sitz, zu ihr gehören 35 Firmen mit rund 3500 Mitarbeitenden, darunter Zuchtfirmen, Firmen, die Samen vorbehandeln, Research- und Development-Abteilungen, Technologiefirmen und Firmen für Gewächshaustechnik. Einige Firmen züchten sowohl für die biologische als auch für die konventionelle Landwirtschaft.

Abb. 23 Diplome des Gemüsezüchterverbandes aus Genf aus dem Jahr 1945. Unten steht: «Nous cultivons les champs que nous saurons défendre». Übersetzt: «Wir kultivieren die Felder, die wir zu verteidigen wissen.» Dumonthay, 1978

Abb. 24 Möhrenfeld, Jäten von Hand, Mittagspause. Seeland, 13.07.2022

VIII DIE SAMMLUNG DER NATIONALEN GENBANK PGREL

In der schweizerischen Genbank befinden sich momentan 48 588 Muster, davon haben 7721 Muster einen direkten Bezug zur Schweiz (Stand 13.11.2023). Der Bestand wird laufend erweitert. Bei den 7721 Mustern, Akzessionen (Zugänge) genannt, handelt es sich um Pflanzen, die entweder in der Schweiz gezüchtet worden sind, oder um Sorten, die nicht mehr erhältlich sind, aber über eine längere Zeit im Anbau standen und von wirtschaftlicher Bedeutung waren. Von jedem Muster kann es zusätzliche Multiplikate geben, diese dienen der Sicherung des Genbankmaterials.

Die Verteilung der Muster auf die einzelnen Kulturpflanzenarten ist dabei sehr unterschiedlich. Auch bedeutet der Begriff Muster je nach Kulturart etwas anderes. Bei den Kartoffeln bspw. ist der Begriff Muster identisch mit der Sorte. Beim Getreide zählt man zu den Mustern Zuchtsorten und auch Linien von Populationssorten.

Kategorie	**Anzahl Muster**
Obst	3636
Ackerpflanzen	1989
Gemüse	876
Futterpflanzen	368
Beeren	298
Reben	158
Aroma- und Medizinalpflanzen	194
Wildpflanzen verwandt mit Kulturpflanzen	143
Kartoffeln	59
Total	**7721**

Auffallend ist die hohe Zahl beim Obst, das heisst, die Genbanksammlung ist obstlastig. Äpfel mit 1207 und Birnen mit 1093 machen die Mehrzahl der 3636 Obstmuster aus. Dabei handelt es sich um Zugänge, die nicht unbedingt einer Sorte entsprechen müssen. Die Zahl der Obstmuster ist so hoch, weil zur Zeit der gezielten Sammlung ab 1980 in den Gärten noch viele Obstbäume vorhanden waren und gesammelt werden konnten. Andererseits lassen sich die Sorten schwierig bestimmen, weil sie je nach Standort unterschiedlich aussehen können, zur Sicherheit hat man dann ein Muster in die Genbank aufgenommen. Mithilfe genetischer Analysen kann man jetzt Duplikate erkennen und entfernen. Neben den Äpfel- und Birnenakzessionen sind Aprikosen, Feigen, Kastanien, Kirschen, Mandeln, Quitten, Pfirsiche, Pflaumen, Speierlinge und Wallnussbäume in der Genbanksammlung enthalten.

Die hohe Zahl an Mustern bei den Ackerkulturen (2100) hängt mit der Sammlung zwischen 1940 und 1964 zusammen. In den 1950er- und Anfang der 1960er-Jahre wurden im Wallis und in Graubünden viele Weizen- und Gerstenähren gesammelt. Die Felder hatten jedoch keine einheitlichen Bestände, sie zeigten ein grösseres Spektrum an Formen, Farben und weiteren Eigenschaften. Die Ährennachkommenschaften wurden geprüft, einzelne Linien ausgelesen und in die Genbank eingelagert.

Die ältesten Weizen-, Dinkel- und Gerstenmuster gehen zurück auf Pflanzen, die um die Jahrhundertwende bis 1930 aus Landsortenpopulationen ausgelesen wurden. Es war ein Glücksfall, dass Siegfried Wagner in den 1930er-Jahren eine Monografie über Dinkel plante.

Kategorie	Anzahl Muster	
Gerste	781	
Weizen	504	(inkl. Emmer 2, Hartweizen 1 und Rauweizen 1)
Dinkel	301	
Mais	312	
Kartoffeln	59	
Sojabohne	37	(aus einem Zuchtprogramm)
Mohn	32	(Zierformen)
Roggen	34	
Ackerbohnen	20	
Hafer	14	
Buchweizen	2	
Flachs	2	
Total	**2100**	

Er hat Dinkelähren in der Schweiz, in Deutschland, in den Ardennen, im Vorarlberg und in Asturien gesammelt, so entstand die bedeutendste Dinkelsammlung.

An dritter Stelle steht das Gemüse. Hier ist die Artenvielfalt um einiges grösser als bei den Ackerkulturen. Die Arten sind nach ihrer Familienzugehörigkeit angeordnet.

Auffallend ist die starke Vertretung von Erbsen, Bohnen und Feuerbohnen. Ihr Saatgut lässt sich leicht im eigenen Gemüsegarten vermehren, die meisten Sorten stammen aus Hausgärten.

Kategorie	Anzahl Muster
Lauch	29
Zwiebel	21
Schalotte	3
Schnittmangold	4
Stielmangold	26
Randen	19
Spinat	14
Wirsing	15
Rosenkohl	10
Kohlrabi	10
Rotkohl	10
Weisskohl	8
Blumenkohl	7
Broccoli	5
Spitzkohl	3

Kategorie	Anzahl Muster
Federkohl	2
Kopfsalat	44
Lattich	23
Spargelsalat	18
Schnittsalat	17
Salatzichorie	38
Cardy	3
Artischocke	0
Karotte	22
Fenchel	18
Sellerie	11
Pastinake	4
Blatt-Petersilie	2
Erbse	50
Buschbohne	110

Kategorie	Anzahl Muster
Stangenbohne	81
Feuerbohne	16
Speiserübe	27
Radieschen	8
Rettich	4
Steckrübe	5
Tomate	56
Gurke	27
Aubergine	17
Paprika	14
Zucchini	7
Gartenkürbis	2
Neuseeländer Spinat	1
Nüsslisalat	44
Total	**876**

A DIE GESCHICHTE DER SAMMLUNG

Die Entstehung und Entwicklung der nationalen Samenbank in Changins ist eng verknüpft mit der Geschichte zur Förderung des Pflanzenbaus in der Schweiz durch die Eidgenossenschaft. Wahlen und Bohlens schreiben 1939: «Auf 1. Januar 1878 wurde in Zürich die von Dr. Friedrich Gottlieb Stebler (1852–1932) privat betriebene Samenuntersuchungsanstalt vom Bund übernommen und als Zweiganstalt der Eidgenössischen Technischen Hochschule dem Departement des Innern zugeteilt.»

Die Samenuntersuchungsanstalt hatte die Aufgabe, die Qualität des Handelssaatgutes zu kontrollieren und zu regulieren. Warum war das nötig?

Der Rückgang des Getreidebaus in der zweiten Hälfte des 19. Jahrhunderts hatte sich auf die Saatgutqualität ausgewirkt, wie Albert Näf (1871–1950) feststellte. Näf war Rektor der landwirtschaftlichen Schule in Brugg (1906–1915). Er fasste (1943) die Entwicklungen wie folgt zusammen:

> «[...] Wie sich diese Abkehr vom Ackerbau für unser Land ausgewirkt hat, ist daraus ersichtlich, daß der schweizerische Getreidebau um das Jahr 1845 herum den Brotbedarf unseres Volkes für 290–295 Tage im Jahr zu decken vermochte. In den siebziger Jahren reichte er nur noch für 157 Tage, in den neunziger Jahren für 70 Tage, und vor dem Weltkrieg 1914–1918 vermochte die Eigenproduktion nicht einmal mehr dem Brotverbrauch von zwei Monaten zu genügen. Ähnlich war es bei andern Produkten des Ackerbaues bestellt. [...]
>
> Nach Überlieferungen war man schon in früheren Zeiten bestrebt, dem ‹Ausarten› der Getreidesorten nach Möglichkeit vorzubeugen. Dies geschah durch Saatgutwechsel, der jedoch mit Unsicherheit verbunden war. Es soll damals üblich gewesen sein, Ährenauslese zu treiben, woraus Getreidebestände hervorgingen, deren Ertrag als Erneuerungssaatgut gelten konnte. Auch hinsichtlich der Reinheit des Saatgutes war es damals gut bestellt, weil mit der Sichel geschnitten wurde, wobei die notwendige Beseitigung des Unkrautes leicht möglich war.
>
> Mit dem wirtschaftlichen Niedergang des Getreidebaues und der Änderung der Erntemethoden (Schnitt mit Sense und Maschine) verschwand die früher übliche Sorgfalt zur Gewinnung von Saatgut. Diese rückläufige Bewegung war offensichtlich, und die nachteiligen Folgen blieben nicht aus.»

Diese Entwicklung führte zur Gründung der Samenuntersuchungsanstalt durch Friedrich Gottlieb Stebler (1852–1935), die der Bund 1878 übernahm. Dazu Wahlen und Bohlens (1939): «Auf 1. Januar 1898 wurde sie dem Eidg. Landwirtschaftsdepartement unterstellt, und im gleichen Jahr übernahm der Bund die vom Kanton Waadt errichtete Samenkontrollstation in Lausanne-Mont-Calme. Innerhalb dieses Zeitraumes erfolgte auch die Gründung, oder Übernahme, der agrikulturchemischen und übrigen Untersuchungs- und Versuchsanstalten des Bundes.»

Im gleichen Jahr 1898 wurde die Züchtung landwirtschaftlicher Kulturpflanzen von der Versuchsanstalt Lausanne-Mont-Calme unter der Leitung von Gustave Martinet (1861–1928) aufgenommen. Martinet war von 1898 bis 1925 Direktor der Anstalt. Die Anstalt in Lausanne beschäftigte sich mit Getreide und zudem mit der Züchtung von Kleearten, Gräsern und Rüben. Sie baute auf den

Abb. 25 Gustave Martinet (1861–1928), Direktor der Forschungsanstalt Mont-Calme in Lausanne

Abb. 26 Albert Volkart (1873–1953), Direktor der Forschungsanstalt in Zürich-Oerlikon

Züchtungsbemühungen und Sortenprüfungen der landwirtschaftlichen Schulen in der zweiten Hälfte des 19. Jahrhunderts auf. Zu der Züchtung in Lausanne kam 1907 die Züchtung an der eidgenössischen Anstalt in Zürich-Oerlikon. Hier wurde Albert Volkart (1873–1951) beauftragt, die Zuchtarbeiten an Getreide für das Gebiet der deutschen Schweiz zu koordinieren.

Die Entwicklungen beim Gemüse verliefen ähnlich wie bei den Ackerkulturen, mit dem Unterschied, dass der Gemüsebau keinen Rückgang kannte. Ein fester Bestandteil der Arbeit der Fachschulen für Gartenbau waren Gemüse-Sortenprüfungen, ab 1887 in Châtelaine (Kantonale Gartenbauschule) und ab 1908 an der interkantonalen Obst-, Wein- und Gartenbauschule in Wädenswil (heute ZHAW). Es gab vom Anfang an eine enge Zusammenarbeit mit den Gemüseproduzenten, von denen einige selbst Gemüse züchteten und Erhaltungszüchtung betrieben.

B DIE VORGESCHICHTE BEIM GETREIDE

Albert Volkart gibt 1912 einen Überblick über die Hintergründe der Entwicklungen in der Landwirtschaft, die zur Gründung der Forschungsanstalten führte.

> «Boden und Klima sind also für den Getreidebau im grössten Teile unseres Landes nicht günstig, und es ist deshalb leicht verständlich, dass in der Schweiz schon sehr frühzeitig Klagen über den Rückgang des Getreidebaues laut wurden. Sowie die Rechtszustände einen regelmässigen Handelsverkehr zuliessen, sowie der Kaufmann sicher sein konnte, seine Handelsgüter ungefährdet an ihren Bestimmungsort zu bringen, war auch die Grundlage für eine starke Getreidezufuhr aus dem Auslande nach der Schweiz gegeben. Die regenreichen, nach Norden sich öffnenden Alpentäler waren die ersten Gegenden der Schweiz, die ihren früher noch sehr ansehnlichen Getreidebau aufgaben. Der Rückgang des Getreidebaues setzte hier schon im 15. und 16. Jahrhundert stark ein. [...]
>
> Eine entschiedene Besserung trat erst ein [...] um die Mitte des 18. Jahrhunderts, in der Zeit der Gründung der bernischen ökonomischen Gesellschaft, der noch andere derartige Gesellschaften in unserem Lande zur Seite standen und die mit vielen ökonomischen Sozietäten von Deutschland und Österreich,

mit französischen Akademien und auch mit der berühmten Society of Arts in England in regem Gedankenaustausche stand. [...] Mit diesen Bestrebungen zur Hebung der Technik des Landbaues hat die Ökonomische Gesellschaft ausserordentlich viel Gutes gestiftet und grosse Erfolge erzielt. Wurde doch damals der Rotklee, die Luzerne, die Esparsette, überhaupt der Futterbau im Felde in Verbindung mit der Sommerstallfütterung eingeführt. Und diese Ausdehnung des Futterbaues hat den Getreidebau nicht etwa zurückgedrängt, sondern ihn im Gegenteil mächtig gefördert. Von einem Rückgang des Getreidebaues war damals, mit Ausnahme der eigentlichen Berggegenden, wenig zu spüren.
Ein so plötzlicher und nachhaltiger Fortschritt der Landwirtschaft wie damals ist vielleicht später nie mehr eingetreten. Die Behörden haben sich auch später nie mehr so gründlich und ausschliesslich mit dem Wohle der Landwirtschaft beschäftigt wie dazumal. Die Sorge um Industrie und Gewerbe trat wieder in den Vordergrund, und als in den vierziger Jahren des vorigen Jahrhunderts unser Bundesstaat gegründet und eine einheitliche Zollgesetzgebung für die ganze Schweiz eingeführt wurde, da herrschten die Grundsätze des Freihandels vor. Sie führten zu der bekannten Bestimmung in der Bundesverfassung, dass die zum notwendigen Lebensbedarf erforderlichen Gegenstände bei der Erhebung der Zölle möglichst wenig zu belasten seien. [...]
So kam, was kommen musste. Sowie die Verkehrswege sich vervollkommneten wurde unser Land mit ausländischer Brotfrucht überschwemmt. Jeder neue Schienenstrang wurde zu einem neuen Kanal, durch den der fremde Weizen sich über unser Land ergoss. [...] Am anschaulichsten lässt sich dieses Wachstum der Getreideeinfuhr aus dem Auslande an den Zahlen erkennen, die wir erhalten, wenn wir berechnen, wie viel Getreide und Hülsenfrüchte auf den Kopf der Bevölkerung eingeführt wurden.
Es betrug diese Menge in den Jahren 1851–1860 58,8 kg.; 1861/70 73,0 kg.; 1871/80 115,8 kg.; 1881/90 140,7 kg.; 1891/1900 176,1 kg.; 1900/10 185,3 kg. [...]
Von den fünfziger Jahren an sanken infolgedessen die Getreidepreise, die bis dahin im Durchschnitt längerer Zeiträume seit dem 16. Jahrhundert auf annähernd gleicher Höhe geblieben waren fast ununterbrochen, und da gleichzeitig die Produktionskosten stiegen, konnte der Getreidebau nicht mehr lohnen. Futterbau und Viehhaltung wurden zu weit einträglicheren Betriebszweigen. So wurde denn ein Acker um den andern unter einer grünen Rasendecke beerdigt, zum allergrössten Teile dauernd; nur wenige haben seither wieder ihre Auferstehung gefeiert.»

C GEBRAUCHSSAMMLUNGEN

An den Anstalten Mont-Calme bei Lausanne und Oerlikon (später Reckenholz) wurde an der Verbesserung von Sommer- und Wintergerste, Sommer- und Winterweizen, Winterkorn (Dinkel), Hafer, Sommer- und Winterroggen gearbeitet. In den 1930er-Jahren kam in Oerlikon der Mais hinzu. Beide Stellen arbeiteten eng zusammen mit landwirtschaftlichen Schulen, mit den landwirtschaftlichen Betrieben der Strafanstalten und mit einzelnen Landwirten. Schon bald wurde die Veredlung der Landsorten, die auf der Auslese der geeigneten Linien beruhte, ergänzt durch die Selektion von Nachkommen aus Kreuzungen. Die veredelten Landsorten wurden nicht sofort von den Kreuzungssorten verdrängt, bis Anfang der 1950er-Jahre wurden solche noch im offiziellen Getreidesortiment als anbauwürdig aufgelistet.

Lange Zeit waren die Sammlungen reine Gebrauchssammlungen und keine Genbanksammlungen. Was ist damit gemeint? In einer Gebrauchssammlung werden die Sorten und Linien von jenen Kulturpflanzen aufbewahrt, die züchterisch bearbeitet werden und interessante Eigenschaften aufweisen. Sobald aber ein Zuchtprogramm eingestellt wurde, wurde die dazugehörige Sammlung nicht mehr gepflegt und mit der Zeit aufgegeben. Die Zuchtprogramme für Gerste, Hafer und Roggen wurden aus wirtschaftlichen Gründen um 1930 eingestellt, weil es gute ausländische Sorten gab, die sich in der Schweiz bewährten. Sämtliche Zuchtsorten dieser Periode wären verloren gegangen, wenn es keinen Austausch mit dem Ausland gegeben hätte. Zum Glück hat Albert Volkart 1913 Gerstensorten in die USA geschickt: Argovia, Tivannes, Adliker und Sorten, die in den USA einen neuen Namen erhielten: Cartouch, Chevron und Console. Kurz vor dem Zweiten Weltkrieg wurden weitere Gerstensorten verschickt: Adliker No. 9, Buttenhardt, Thalheimer, Savogniner, Riedthof und Disentis Kloster. Ohne die Genbanksammlung in den Vereinigten Staaten wären diese Sorten verloren gegangen. Das Gleiche passierte mit dem Hafer. 1926 fanden zwei Hafersorten den Weg nach St. Petersburg in Russland und 1930 nochmals sieben. In St. Petersburg blieben diese Sorten trotz der Belagerung der Stadt während des Zweiten Weltkrieges und der Hungersnot erhalten. Im Jahr 2006 kehrten die beim USDA (United States Department of Agriculture) in Amerika gelagerten Sorten und 2012 die in Russland gelagerten Sorten in die Schweiz zurück. Bis in die 1930er-Jahre war die Sammlung eine Gebrauchssammlung und keine Erhaltungssammlung, das änderte sich schrittweise.

D VON DER GEBRAUCHS- ZUR GENBANKSAMMLUNG

Die erste Kulturart, die systematisch gesammelt wurde, war der Dinkel, und zwar von 1935 bis 1943. Siegfried Wagner wollte die Vielfalt des Dinkels in Westeuropa beschreiben. Seine Sammlung ist erhalten geblieben, einzelne Muster, die nicht mehr keimfähig waren, konnten aus den Vereinigten Staaten bezogen werden. Zur Monografie ist er wegen des Weltkrieges nicht gekommen. Erwin Mayr (1899–1969) erkannte bereits in den 1920er-Jahren die Bedeutung der genetischen Vielfalt und wie wichtig es ist, sie zu erhalten. Er hat die Vielfalt der Weizen-, Roggen- und Gerstensorten in den österreichischen Alpen beschrieben. Seine Sammlung von Populationssorten ist erhalten geblieben und in die österreichische Genbank integriert.

Abb. 27 Siegfried Wagner (1903–1982), Dinkelzüchter und Begründer der weltweit einzigartigen Dinkelsammlung, beim Beurteilen von Dinkelähren. Foto: Pfenninger, 21.04.1939, Getreidearchiv

Abb. 28 Gert Kleijer, erster Direktor der nationalen Genbank. Changins, 11.12.2000

Abb. 29 Die Direktorin der Genbank, Beate Schierscher, und der Fotograf Mario del Curto vor einer Aufnahme, die in der ältesten Genbank der Welt in St. Petersburg entstanden ist. Das Foto wurde anlässlich einer Ausstellung in Changins gezeigt. Die Aufnahme entstand, als Saatgut von alten schweizerischen Landsorten, die nur in St. Petersburg erhalten blieben, der schweizerischen Genbank übergeben wurden. Nyon, Changins, 13.09.2021

Es war in der Schweiz ein langer Weg von der Gebrauchssammlung zu einer Erhaltungssammlung. In den 50 Jahren wurde mehr gesammelt, als schlussendlich sichergestellt wurde. So wurde während des Zweiten Weltkrieges gezielt nach alten Sorten gesucht in Graubünden, Wallis, Tessin, St. Galler Rheintal und im Linthgebiet. Im Mittelland gab es bereits nichts mehr zu sammeln. Das erste Muster traf am 3. Mai 1943 ein. Insgesamt gab es für die Periode 1943–1945 231 Eingänge:

Bohnen	5
Buchweizen	1
Erbsen	2
Flachs	2
Gerste	99
Hafer	1
Hanf	2
Kartoffeln	21
Mais	28
Roggen	47
Weizen	33
Total	**231**

Den Grund für die Sammeltätigkeit lieferte Albert Volkart in einem Vortrag am 16. Mai 1942 über die Aufgaben der Pflanzenzüchtung in der Schweiz. Er erwähnt die Zuchtbestrebungen für die verschiedensten Kulturpflanzen und gab Beispiele für erhaltenswerte Landsorten, so für Kartoffeln, Zucker- und Runkelrüben, Kohlrüben, Gelbrüben, Klee- und Grasarten, Schmalzbohnen, Mohn, Rübsen, Raps, Lein und Hanf. Nach dem Zweiten Weltkrieg nahm das Interesse an der Erhaltung der genetischen Vielfalt ab. Erhalten blieben nur Muster von Weizen, Gerste und Mais. Die im Zweiten Weltkrieg gesammelten Muster aller anderen Kulturarten gingen verloren. Ein Grund für den Verlust dieser Vielfalt war die enge Verknüpfung der Sammlung mit den laufenden Zuchtprogrammen. Für Bohnen, Erbsen, Hanf, Kartoffeln gab es keine Zuchtprogramme.

Der Nachfolger von Wagner, Georg Popow, schickte 1970 die erhalten gebliebenen Muster zur Sicherung in die Vereinigten Staaten an das Landwirtschafts-Departement (USDA) und 1976 an die Forschungsanstalt für Landwirtschaft F.A.L. in Volkenrode (Braunschweig). In diesen Jahren war nicht sicher, ob das gesammelte und gesichtete Material zwecks Erhaltung der Keimfähigkeit regelmässig in der Schweiz angebaut werden konnte und überleben würde. 1983 wurden die Weizen- und Gerstensammlungen von Reckenholz der Versuchsanstalt Changins bei Nyon übergeben, 1988 folgte die Dinkellandsortensammlung. Die Geburtsstunde der schweizerischen Genbank ist die Fusion der Sammlung Reckenholz mit der Sammlung Changins.

E DIE KARTOFFELSAMMLUNG IN MARAN

Etwas oberhalb von Arosa in Maran auf 1850 m ü. M. gibt es seit 1932 einen alpinen Kartoffelgarten. Hier werden jedes Jahr Speisekartoffelsorten, die in der Schweiz eine bedeutende Rolle gespielt haben, angebaut. Warum dieser Aufwand und dazu noch in einer Höhe, wo gelegentlich mit Nachtfrösten zu rechnen ist? In dieser Höhenlage sind die Kartoffelpflanzen besser vor Viruskrankheiten, die durch Blattläuse übertragen werden, geschützt, denn hier kommen nur wenige Blattläuse vor. Blattläuse leben vom Saft der Pflanzen und übertragen Viren, wenn sie von der einen Pflanze zur nächsten Pflanze wechseln. Im Unterland, wo die Bedingungen für die Blattläuse gut sind, häufen sich mit der Zeit grössere Mengen Viren im Pflanzgut an, was zu Ertragsminderungen führt.

Die lokalen Kartoffelsorten, die während des Zweiten Weltkrieges gesammelt wurden, fanden aber keinen Eingang in die Sammlung; das Interesse an lokalen Sorten war nicht gegeben. Man wollte ertragsschwache lokale Sorten ersetzen durch ertragsstarke Zuchtsorten. Das änderte sich 40 Jahre später 1982, als ProSpecieRara gegründet wurde. ProSpecieRara ist eine nicht gewinnorientierte Stiftung mit dem Ziel, lokale Sorten zu sammeln, zu erhalten und zu nutzen. Auf den Äckern waren die lokalen Sorten bereits verschwunden, aber in einigen Hausgärten waren sie noch zu finden. Oft haben die Hausgärtnerinnen und Hausgärtner einen starken Bezug zu ihren Sorten und wird das Saatgut von der einen auf die nächste Generation weitergegeben.

Die Sammlung in Maran ist aus der Sammeltätigkeit von Agroscope mit 39 und ProSpecie Rara mit 76 Sorten hervorgegangen. Die Sammlung von PSR enthält auch alte Sorten aus Österreich und Deutschland. Ein Teil der Sorten wird zusätzlich in einer In-vitro-Sammlung in Changins erhalten. Die Erhaltung von Kartoffelknollen ist umständlich. Sie müssen jedes Jahr neu angebaut werden. Alternativ dazu kann man auch Gewebe in Nährstoffkügelchen einschliessen und längere Zeit aufbewahren.

Abb. 30 Gewebekügelchen für die In-vitro-Erhaltung von Kartoffelsorten. In dieser Form lassen sich die Kartoffeln leichter aufbewahren. Die Augen sind bereits veranlagt. Lê, Cong-Linh, Agroscope Changins

F DIE VORGESCHICHTE BEIM GEMÜSE

Der beim Getreide beschriebene Rückgang im 19. Jahrhundert hat beim Gemüse nicht stattgefunden. Im 19. Jahrhundert nimmt die marktwirtschaftliche Bedeutung des Gemüsebaus markant zu. Für die Produzenten ist die Wahl der richtigen Sorten entscheidend und dementsprechend werden die Sortenbeschreibungen und Sortenempfehlungen immer präziser. Die landwirtschaftlichen Schulen und Forschungseinrichtungen, die jetzt entstehen, untersuchen das Angebot und geben Empfehlungen ab. Eine wichtige Rolle spielten die Societé Genevoise d'horticulture (gegründet 1855), die Societé Vaudoise d'horticulture (gegründet 1844) und die erste Gartenbauschule der Schweiz, die École d'horticulture - Châtelaine (gegründet 1887) in Genf.

Die Gemüsezüchtung ist auf hohem Niveau. In Genf ist nach der Einwanderung der Hugenotten der Bezug zu Frankreich nie abgerissen. Viele Saisonnier, die in Planpalais arbeiteten, gründeten später zu Hause in Frankreich eigene Gemüsebetriebe und blieben im engen Austausch. Spätere Impulse kamen von der traditionsreichen Firma Vilmorin, die seit 1742 im Saatgutgeschäft tätig ist. Die Gemüsezüchtung um Genf war so stark verwurzelt und auf so hohem Niveau, dass die Konkurrenz aus Frankreich nicht zu einer Verdrängung führte, wie eine Anekdote aus dem Jahr 1896 verdeutlicht. Damals besuchte M. Henry Vilmorin die Ausstellung der Genfer Gemüsezüchter an der schweizerischen Landesausstellung. Henri Correvon (1854-1939), Botaniker und Gärtner aus Genf, schreibt dazu (Richter 1901):

> «Über Jahrhunderte hinweg haben sie jene Gemüsesorten angebaut und züchterisch bearbeitet, die heute der Stolz und Ruhm des Genfer Gemüsebaus sind. Ihre Samen wurden mit grösster Sorgfalt zu einer Zeit selektioniert als, unsere Nachbarn in Frankreich noch nicht über die grossen Vermehrungs flächen der Samenhändler verfügten. Die Saatguttütchen [...] wurden von Generation zu Generation weitergegeben und stellten die wichtigste Mitgift für den Sohn oder die Tochter dar, die das Haus weiterführte. [...]. Die uralten Sorten, die seit Jahrhunderten kultiviert werden und die dem Boden und dem Klima der Ebene von Plainpalais angepasst sind, das ausgezeichnete Gemüse, das im Gemüsesamenhandel unter Bezeichnungen wie ‚artichaut gros violet de Plainpalais' (grosse violette Artischocke von Plainpalais), silbrige Kardy von Plainpalais, ‚chou-fleur de Genève' (Genfer Blumenkohl), Genfer Kürbiss ohne Ranken (!), ‚laitue pommée Somoroz' (Somoroz-Kopfsalat), ‚haricot blanc de Plainpalais' (weisse Bohne von Plainpalais) usw. bekannt ist, beweisen, dass die alten Gärtner unserer Gemeinde mit Intelligenz und Ausdauer gearbeitet haben. Sie haben ihren Nachfahren Gemüse als Erbe hinterlassen, das so schön und zart ist, dass es in Europa einen besonderen Ruf geniesst. Herr Henry de Vilmorin, der die Ausstellung der Genfer Gemüsebauern [während der Schweizerischen Nationalausstellung] von 1896 besuchte, erklärte, ‹mehrere der hier vorgestellten Genfer Sorten sind den besten in Paris überlegen [...]› und bat Herrn Auguste Dufour, ihm Samen von mehreren unter ihnen zu beschaffen, um sie im französischen Handel in Verkehr zu setzen.»

G HANDELSGÄRTNEREIEN

Das 19. Jahrhundert ist das Jahrhundert der aufkommenden Handelsgärtnereien. Diese Gärtnereien, die auch Gemüsesamen verkaufen, hatten gute Beziehungen zu den einheimischen Samenproduzenten, einige produzieren auch selbst Samen. Um 1800 gab es in der Schweiz, im Gegensatz zu den Grossstädten in Frankreich, noch keine Läden, wo man Samen kaufen konnte, sondern der Samenhändler warf sich noch, wie vor 200 Jahren Johann Martin Mauser, einen Sack voller Samen über den Rücken und machte sich zusammen mit seiner Frau auf den Weg, diese zu verkaufen. Samen Mauser bezog 1889 das geschichtsträchtige Gasthaus zum Schwert bei der Rathausbrücke in Zürich. Samen aus aller Welt fanden den Weg in dieses vielbesuchte Samenhaus mitten in Zürich. 1922 legte die Firma einen Versuchs- und einen Schaugarten an. Die Sorten aus dem eigenen Zuchtprogramm bekamen das Kürzel Selma, was für Selektion Mauser steht. Samen Mauser hat heute keine eigene Saatgutproduktion mehr.

François Wyss gründete 1858 die Handelsgärtnerei François Wyss Söhne AG in Solothurn. Die Firma Rudolf Roggli Samen ging 1904 aus einer Dorfgärtnerei in Hilterfingen hervor. Die Firma macht sich insbesondere einen Namen durch ihre Stiefmütterchenzucht. 1928 wird die Züchtung von Gemüse ein Thema, als die für den Markt bestimmten Kohlrabis nach einem Spätfrost in Blüte schiessen, statt einen Kohlrabi zu bilden. Das Ziel war somit vorgegeben: eine kältetolerante, schossfeste Sorte. Die neuen Roggli-Sorten wurden auch im Ausland verkauft. Nach einer langen Phase des Wachstums wird die Samenzüchtung immer mehr eingeschränkt. 1998 werden noch Stiefmütterchen und Kohlrabisorten gezüchtet. 2010 wird die Kohlrabizüchtung eingestellt und die Sorten werden der Stiftung ProSpecieRara übergeben. Aktuell ist Sativa Rheinau für die Erhaltungszucht des Roggli-Sortiments zuständig.

Die Vielfalt der Sortennamen in den Katalogen lässt die tatsächliche Vielfalt grösser erscheinen, als sie ist. Samenproduzenten müssen bei der Saatgutproduktion selektieren. Es findet unweigerlich bei jeder Vermehrung eine Auslese statt. Oft ergänzen die Saatgutproduzenten den Sortennamen, sodass klar wird, wer selektioniert hat. Unterscheiden sich die Linien deutlich, dann bekommt die Linie einen eigenen Namen.

Liste der Samenhändler
(Angaben von Denise Gautier, PSR, Genf)

Im Kanton Genf:

François Comte, Carouge
Brassier, Carouge
Besson et Decroux, rue Vallin
Louis Bertrand, rue des Corps Saints. J. L. Dufournet
William Vatter, rue Rousseau
Richard Vatter, rue de Rive
Maison Vatter, Berne, Cours de Rive
Jean Lecerf, rue du Prince, André Mock
Grosjean, Chêne-Bougeries
Eric Schultesse, Chêne-Bougeries
Benjamin Vacheron, Bd Georges Favon
Maurice Berthod actuellement à Perly

Im Kanton Waadt:

Hermann Tschirren, Morges et Lausanne
Robert Weber, Lausanne
Auguste Vuagnaux, Morges
F. Rochat, Lausanne
Gloor, Place Chauderon, Lausanne
Roger Blank, Montreux
Wutrich, Yverdon

In der deutschsprachigen Schweiz:

Vatter, Bern
Altdorfer, Zürich
E. Muller, Zürich
Mauser, Zürich
Geisler, Zürich
F. Houbensak, Basel
François Wyss, Solothurn
Schweitzer, Thun
Glättli, Wallisellen Z. Hr
Rudolf Roggli, Hilterfingen

H DIE GEMÜSESAMMLUNG

In der Genbank sind verschiedene Akzessionen erhalten geblieben, die auf die Arbeit der Samenhändler zurückzuführen sind. Im Kanton Genf sind es Besson & Decroux, A. Grosjean, E. Beguin, J.-P. Dubouchet, Verdonnet und aus Montreux R. Blank. Die Firmen Vatter und Samen Mauser in der Deutschschweiz waren ebenfalls aktiv. Nehmen wir als Beispiel die Lauchzüchtung: Abbildung 31 zeigt ein grosses Feld von J.-P. Dubouchet mit seinen Samenträgern von Lauch. Mehr als zehn Lauchakzessionen der Genbank gehen auf Dubouchet zurück. Er beteiligte sich 1915 an einem Wettbewerb des Gemüseproduzentenvereins «Association des maraîchers». Ziel des Wettbewerbes war die Ernte von qualitativ hochstehendem Saatgut in ausreichenden Mengen.

Abb. 31 Lauchfeld in Croix-de-Rozon in der Gemeinde Bardonnex, mit dem Mont Salève im Hintergrund. Im Hinblick auf erwartete Engpässe bei der Gemüsesaatgut-Versorgung führte die Gemüseproduzentenvereinigung «Association des maraîchers» 1915 einen Samenträger-Wettbewerb durch. Dumonthay, 1973

I WELTKRIEGSSORTEN

Der Zweite Weltkrieg brachte die Notwendigkeit, die Nutzung der Anbauflächen zu intensivieren. Nach der Ernte von Wintergerste oder Frühkartoffeln sollte als Nachfrucht noch Kohl angebaut werden. Die vorhandene frühe und eher lockerköpfige Sorte Bergkabis eignete sich nicht, sie war nicht lagerfähig. Die Züchter kreuzten 1940 Bergkabis mit der alten dänischen Sorte Amager. Daraus entstand 1963 der Stückkabis ZEFA Rapid. Aufgrund der gleichen Überlegung wurde eine frühe Wirsingsorte angestrebt. Diesmal wurde Bergkabis mit der Wirzsorte Paradiesler gekreuzt und die Nachkommenschaft dieser Kreuzung nochmals mit Marcelin. Die neue Sorte ZEFA Pronto kam 1960 in den Handel (Kobel 1982). ZEFA ist ein Kürzel und steht für **Z**üchtung der **e**idgenössischen **F**orschungs**a**nstalt.

An die
Abteilung für Landwirtschaft im EVD

Bern

Dr.Wg/mch 071

Die früher vom Landwirtschaftlichen Verein ausbezahlten Prämien für die Erhaltung von schweizerischen Landsorten wurde von uns übernommen. Darf ich Sie bitten, für das Jahr 1961 folgende Prämien auszurichten:

Herrn Alex Abgottspon-Zurbriggen, Landwirt, Visp/VS für Vispertalerweizen	Fr. 10.-
Herrn J.M. Cavelti, sen. Schleuis/GR für Rispenhirse	" 10.-
Frau Caminada-Soler, Vrin/GR für Scandiala	Fr. 20.-
Herrn J.M. Cavelti, jun., Schleuis/GR für Mais	" 10.-
Herrn M. Henny, Misanenga/Obersaxen /GR für Tridig	" 20.-
Herrn A. Jost, Obergesteln / VS für S.Roggen, Gerste und Flachs	" 30.-
Herrn A. Buess-Lutter, Buus/BL für Emmer	" 10.-

Für Ihre Bemühungen im voraus bestens dankend, zeichnet

mit vorzüglicher Hochachtung

EIDG. LANDW. VERSUCHSANSTALT
ZUERICH-OERLIKON

Abb. 32 Prämienrechnung für die Erhaltung von gefährdeten Kulturpflanzen aus dem Jahr 1961 von Dr. Wagner. Getreidearchiv

Abb. 33 Rispenhirse *(Panicum miliaceum)* in einem Schaukasten der landwirtschaftlichen Schule Plantahof aus dem Jahr 1938. «Echte Hirse, Rispenhirse, Megl, Panicum miliaceum. Schleuis, Ernte 1938.» Im Jahr 1961 wurde die Sorte gemäss der Prämienabrechnung noch angebaut. Sie ist nicht erhalten geblieben.

J ON-FARM-ERHALTUNG 1935–1963

Das Konzept der On-farm-Erhaltung sieht vor, dass man lokale Sorten dort erhält, wo sie traditionsgemäss angebaut werden. Man möchte die Sorten erhalten, ihnen aber auch die Gelegenheit geben, sich vor Ort weiterzuentwickeln. Eine Landsorte in einer Genbank ist ihrer Entwicklungsmöglichkeiten beraubt. Die Genbank konserviert und macht die Sorte zur Konserve. Der Schweizerische Landwirtschaftliche Verein erkannte 1935 die Gefahr, dass die alten Landsorten am Verschwinden waren. Er verfasste am 23. November ein «Reglement für Massnahmen zur Erhaltung gefährdeter alter Landsorten von Kulturgewächsen aller Art». Die Begründung:

> «Trotzdem die alten Landsorten von Getreide, Hülsenfrüchten, Oel- und Gespinstpflanzen etc. zum grössten Teil aus wirtschaftlichen Erwägungen verdrängt worden sind, kommt denselben vom Standpunkt der Pflanzenzüchtung (Immunitätszüchtung) so grosse Bedeutung zu, dass es geboten ist, das vorhandene Material in geeigneter Weise zu erhalten. [...] Mit Landwirten, die gefährdete alte Landsorten anbauen und willens sind, dieses Material unverändert weiterzubauen, werden [...] Anbauverträge geschlossen. Als Entgelt wird jährlich vom Schweiz. Landw. Verein eine angemessene Vergütung zugesichert. Die Höhe derselben richtet sich nach der angebauten Fläche und den örtlichen Verhältnissen; sie beträgt im Minimum ca. Fr. 5.–, im Maximum Fr. 20.–.»

Bis 1961 zahlte der SLV jährlich Beiträge. Danach wurde die Auszahlung von der Eidgenössischen Landwirtschaftlichen Versuchsanstalt Zürich-Oerlikon übernommen. 1963 wurde das Programm, an dem sich sieben Landwirte mit neun Kulturen beteiligten, eingestellt. Aus diesem Programm erhalten blieben Weizen aus Visp (VS), Scandiala oder Pfauengerste aus Vrin (GR), Tridig, eine 4-zeilige Gerste aus Misanenga (Obersaxen, GR), Mais von Schluein (Schleuis, GR). Nicht erhalten blieben Sommerroggen, Sommergerste, Flachs von Obergesteln (VS) und Hirse aus Schluein (GR). Der Emmer aus Buus (BL) wurde in den 1960-Jahren noch von Peter Züblin gesammelt und gerettet (Jenny 1999).

On-farm-Erhaltung findet heute in veränderter Form in der In-situ-Erhaltung von Futterpflanzen statt. Über die ganze Schweiz verteilt wurden Flächen ausgewählt, auf denen einheimische Wiesenpflanzen, insbesondere Gräser und Klee, erhalten werden, und zwar durch Sicherstellung der Bewirtschaftung der ausgewählten Flächen.

Zeittafel Sortensammlung Ackerkulturen

1898–1940	Veredlungszucht bei Landsorten. Ab 1915 wird die Auslesezucht ersetzt durch die Kreuzungszucht. Erhaltung von Sorten und Stämmen.
1930	Maissortenversuche, Anfang der Maiszüchtung
1935–1942	Aufbau der Dinkelsammlung
1935–1962	On-farm-Erhaltung
1940–1964	Aufbau der Weizen-, Gerste- und Mais-Sammlung
1965–1970	Sichtung der Getreidesammlung am Reckenholz
1970	Sicherung der Sammlung Reckenholz als Duplikatsammlung in den USA
1976	Sicherung der Sammlung Reckenholz als Duplikatsammlung in Braunschweig
1983–1988	Eingliederung der Sammlung Reckenholz in der Sammlung Changins
2006–2012	Ergänzung der Sammlung mit in der Schweiz nicht erhalten gebliebenen Sorten aus den USA, Russland und Deutschland
2018	Sicherung der Genbanksammlung in Longyearbyen auf Svalbard, Spitzbergen

Zeittafel Sortensammlung Gemüsekulturen

1887/1908	Zusammenarbeit der Forschungsanstalten Châtelaine und der Gartenbauschule Wädenswil mit Gemüsesaatgutproduzenten
1980	Die ersten Gemüsesorten werden in der Genbank von Changins aufgenommen, Hybridsorten ersetzen nach und nach samenfeste Sorten
1982	Gründungsjahr von ProSpecieRara
1982	Züchtung samenfester Sorten (Randuja, Sativa, Zollinger)
1990–2010	Ende der Gemüsezüchtung durch Samenhändler wie Samen Mauser, François Wyss und zuletzt Rudolf Roggli Samen
1990	Ende der Gemüsezüchtung an den Forschungsanstalten

K AUSLÄNDISCHE GENBANKEN

Die wichtigsten Genbanken im Ausland entstanden einige Jahrzehnte früher. Die älteste Genbank der Welt ist jene in St. Petersburg in Russland. Nikolai Wawilow (1887–1943) gründete 1924 in St. Petersburg das Allunionsinstitut für angewandte Botanik, das Vavilov Institute of Plant Industry (VIR). Zwanzig Jahre später, 1945, wurde in Deutschland eine Genbank in Gatersleben eingerichtet. Diese Genbank befand sich ursprünglich in Tuttendorf bei Wien, wo sie 1943 als Kaiser-Wilhelm-Institut für Kulturpflanzenforschung gegründet worden war und später kriegsbedingt nach Gatersleben verlegt wurde. In den Vereinigten Staaten, wo die Sammlung als Gebrauchssammlungen in den 1890er-Jahren an verschiedenen Standorten in sogenannten Plant Introduction Stations ihre Anfänge hatte, wurde 1958 die National Seed Storage Laboratory (NSSL) in Fort Collins, Columbia gegründet, um die Sammlungen der einzelnen Stationen zu konsolidieren. Seit 1889 gibt es in den Vereinigten Staaten ein fortlaufend ergänztes Inventar von in die USA eingeführten Pflanzen. Die über die Staaten verteilten Sammlungen dienten in erster Linie der Prüfung der eingeführten Sorten, geschätzte 98 % der eingeführten Muster gingen verloren, weil sie entsorgt wurden oder weil irgendwann die Keimfähigkeit nicht mehr gegeben war.

IX BEDEUTUNG DER GENBANK

Der Austausch von Sorten kann unerwartete Folgen haben. Wie wichtig der Austausch sein kann, zeigt ein historisches Beispiel aus den 1930er-Jahren in Amerika mit Braugerste, wo der Zufall kräftig mitgespielt hat. Die letzten Analysen in Amerika von schweizerischem Genbankmaterial haben gezeigt, wie wichtig die Sammelfahrten in den Bergregionen in den 1950er- und 1960er-Jahren waren. Viele wertvolle Resistenzen sind erhalten geblieben. Die Züchtung für die biologische Landwirtschaft hat profitiert von der Beschreibung und Bewertung der Genbankmuster. Man weiss nicht, welche Schätze man möglicherweise gesammelt hat. Ein Beispiel beim Mais in Abschnitt D zeigt, welche unvorhersehbaren und überraschenden Eigenschaften Sorten haben können.

A SCHWARZROSTEPIDEMIE IN AMERIKA

Der Mittlere Westen Amerikas wurde 1935 von einer Schwarzrostepidemie heimgesucht. Der Schwarzrost *(Puccinia graminis)*, ein Pilz, befällt Stängel und Blätter der Gerste, die Wasserversorgung der Pflanze wird unterbrochen. Ein früher Befall führt zu verheerenden Verlusten. Der Pilz überwintert auf abgestorbenen Gräsern, vermehrt sich im Frühling auf Berberitze und infiziert anschliessend Gräser.

Der Landwirt Sam Lykken baute 1935 die Sommerbraugerstensorte Wisconsin 37 an. In seinem Feld richtete der Schwarzrost enorme Schäden an. Doch eine Pflanze fiel dem Landwirt auf, sie war kerngesund. Die Pflanze hatte 18 Samen, die er bei sich im Garten 1936 sorgfältig vermehrte. Sechs Jahre später, 1942, war es so weit und die Sorte Kindred – benannt nach dem Ort Kindred (North Dakota) – konnte kommerziell angebaut werden (Åberg 1946). Seitdem dominieren Kindred und Sorten, die davon abgeleitet sind, den Gerstenanbau. Kindred unterschied sich deutlich von Wisconsin 37, die Sorte konnte folglich keine Mutante sein, sondern es musste sich dabei um eine Beimengung handeln. Blieb die Frage, woher diese Beimengung stammen könnte. Dafür kamen einzig Nachkommen von der Sorte Peatland infrage. Peatland wurde 1926 als Sorte zugelassen. In der Sortenbeschreibung von Åberg heisst es über Peatland:

> «Geschichte – Peatland ist eine Auslese aus einer Landsortenpopulation aus der Schweiz, die 1914 eintraf. Albert Volkart, von der schweizerischen Samen Versuchsanstalt, hat das Saatgut dem amerikanischen Konsul David F. Wilber übergeben. Das Saatgut stammte von Voremwald bei Eich im Kanton Luzern. In der Schweiz war sie eingestuft worden als eine nicht verbesserte vierzeilige Sommergerste. In 1916 wurden einzelne Pflanzen selektioniert in St. Paul, Minnesota. […] Die Versuchsanstalt in Minnesota testete die Sorte und stellte fest, dass sie sich sehr gut für anmoorige Böden eignete, deswegen nannte man die Sorte Peatland (= Torfland, Moor). Die Sorte Chevron ist eine zweite Auslese aus dem gleichen Material. Weil sowohl Peatland als auch Chevron

resistent waren gegenüber Schwarzrost und auch weniger anfällig waren gegen Fusarium, wurde versucht weiteres Saatgut der Landsorte aus der Schweiz zu erhalten. Das gelang nicht, statt 6-zeilige kamen 2-zeilige Formen.»

Chevron und Peatland wurden in der Gerstenzüchtung in Wisconsin, North Dakota und Minnesota intensiv eingesetzt. Bereits 1933 wurde festgestellt, das Peatland über ein dominantes Gen gegen Schwarzrost verfügte. Das Resistenzgen von Kindred war eine Variante des Peatland Gens. Die Schwarzrostresistenz im Mittleren Westen stammt somit aus der Schweiz und wurde zum ersten Mal durch die Auslese von Sam Lykken kommerziell genutzt. Der Getreidezüchter Brian Steffenson (2010) schätzt, dass die Landwirte dank dieser Resistenz in den vergangenen 65 Jahren 100 Millionen Dollar verdienen konnten. Die Anbaufläche in der Region beträgt mehr als eine Million Hektar, damit ist diese Fläche so gross wie die gesamte landwirtschaftliche Nutzfläche der Schweiz. Steffenson hat daraufhin 74 Gerstenherkünfte des Schweizer Sortiments auf Schwarzrostresistenz überprüft. Er fand zwar weitere wichtige Resistenzen, aber die für Chevron typische Resistenz fand er nur noch in zwei Herkünften aus Surava (GR). Die Gerste von Voremwald bei Eich am Sempachersee, die Albert Volkart dem amerikanischen Konsul übergab, ist in der Schweiz nicht erhalten geblieben.

Abb. 34 Schwarzrost *(Puccinia graminis)* an Roggenhalmen. Der Schwarzrost lässt die Epidermis aufplatzen. Die Leitbündel werden unterbrochen, die Schäden können erheblich sein.

Abb. 35 Sommergerste Peatland. Die 6-zeilige Sommergerste hat eine gute Resistenz gegen Schwarzrost und eine mittlere gegen Netzflecken (*Helminthosporium teress* und *Fusarium* sp.). Diese Gerste rettete den Gerstenanbau in den 1930-Jahren in den USA. https://npgsweb.ars-grin.gov, PI 539109

B GOLDSTANDARD – WEITERE RESISTENZEN

Den Züchtern in Amerika war aufgefallen, dass Chevron auch gegenüber dem Pilz *Fusarium graminearum* Resistenzen besass. Ein Befall mit Fusarium reduziert das Korngewicht und beeinträchtigt die Bierqualität. Im Mittleren Westen der USA sind Fusarien erst seit 1993 ein Problem, in Westeuropa wurden sie in den letzten Jahrzehnten in der konventionellen Landwirtschaft ebenfalls zum Problem. Zwischen 1993 und 1997 verursachten Fusarien in Braugerste allein in North Dakota einen Schaden von 200 Millionen Dollar (U.S. Agriculture 1999). Heute betrachtet man Chevron als «Goldstandard» für Fusariumresistenz in 6-zeiliger Gerste (Steffenson 2010). Chevron verfügt zudem über eine weitere interessante Resistenz, und zwar gegen Netzflecken *(Pyrenophora teres)*. Netzflecken sind im Mittleren Westen kein Problem, deswegen läuft auch kein Zuchtprogramm, um diese Resistenz zu übertragen. In der Schweiz sieht das anders aus, hier können Netzflecken an im Ausland gezüchteten Sorten problematisch sein.

C SORTEN FÜR DIE BIOLOGISCHE LANDWIRTSCHAFT

Eine Züchtung speziell für die biologische Landwirtschaft gibt es seit gut 40 Jahren. Das Genbanksortiment ist für den relativ jungen Zweig der Biozüchtung von grossem Wert. Einige Sorten der Genbank werden wieder gepflegt und den heutigen Verhältnissen angepasst. Ein Pionier auf diesem Gebiet war Ilmar Randuja (1926–2024). Er startete 1959 mit der Züchtung von Gemüse in

Arlesheim, sein erstes Saatgut verkaufte er 1965. 1973 zog er mit seinen Sämereien nach Lengwil, wo er die Gärtnerei des Ekkarthofes gründete und aufbaute. Der Umzug von dem klimatisch verwöhnten Arlesheim nach Lengwil in ein merklich feuchteres und niederschlagreicheres Klima und mit einer um fast vier Wochen kürzeren Vegetationszeit begrenzte die Anbaumöglichkeiten. 1989 setzten Andreas Ellenberger und Amadeus Zschunke die Gemüsezüchtung fort. Unter der Leitung von Amadeus Zschunke wurde der Zuchtbetrieb in die Rheinau verlegt. Dort wurde 1999 die Sativa Rheinau gegründet.

Christine und Robert Zollinger starteten 1984 mit der Züchtung von verschiedenen Kräuter-, Gemüse- und Blumenarten. Die Firma zog 1991 von Thurgau nach Les Evouettes im Wallis, in der Nähe des Genfersees. Seit 2016 wird das Geschäft in zweiter Generation weitergeführt.

Die Firma Artha Samen in Münsingen (BE) gibt es seit 2008; Jürg Hädrich gründete die Firma. Artha Samen verbessert alte Sorten und züchtet neue Sorten.

Die Firma Getreidezüchtung Peter Kunz startete 1984 und ist inzwischen zu einem in der Schweiz bekannten Zuchtbetrieb für Ackerkulturen mit Ablegern u. a. in Deutschland geworden.

Die Firma DSP bietet seit mehreren Jahren Sorten an, die sich für den biologischen Anbau eignen. Delley Samen und Pflanzen AG (DSP AG) ist ein Entwicklungs- und Dienstleistungsunternehmen der Schweizer Saatgutbranche und gehört den Schweizerischen Saatgutproduzenten. DSP wirkt als Bindeglied zwischen Züchtung und Saatgutproduktion und ist aus der Eidgenössischen Getreidezüchtung an den Forschungsanstalten in Changins und Reckenholz hervorgegangen. Sie steht in einer Linie mit der Getreidezüchtung von Gustav Martinet und Albert Volkart am Anfang des 20. Jahrhunderts.

D MAIS AUS LUFT

Der amerikanische Agronom und Maiszüchter Walter Goldstein machte überraschende Entdeckungen, als er seine Zuchtlinien einem hohen Stress aussetzte (Goldstein et al. 2019). Goldstein arbeitete mit Inzuchtlinien von Mais mit dem Ziel, Hybridmaissorten für die biologische und biologisch-dynamische Landwirtschaft zu züchten. Für seine Linien nutzte er jene, die mit wenig Düngung und unter trockenen Bedingungen die besten Erträge lieferten. Solche Linien haben längere und dichter stehende Wurzelhaare, die Blätter trugen lange Trichome (Blatthaare), die Pflanzen verfügten über eine höhere Stresstoleranz und hatten einen höheren Stickstoffgehalt. Ein Teil dieses Stickstoffes stammte von Bakterien. Auf gut gedüngten Böden betrug der Anteil an mikrobiellem Stickstoff 30 %, auf leichten Böden gar 60 %. Goldstein konnte in der Pflanze Bakterienkolonien nachweisen, sie hatten sich dort angesiedelt. Die Bakterien befanden sich in Leitbündeln, Wurzelspitzen, Wurzel- und Blatthaaren, in Chloroplasten, in den Narben, Pollen, Kolben und Körnern. Diese Kolonien produzieren Nitrat aus Luftstickstoff. Die Bakterien gehörten verschiedenen Gattungen an: *Enterobacter*, *Pantoea*, *Pseudomonas*. Die Zusammensetzung der Sorten war abhängig von den Zuchtlinien. Diese Befunde sind eine Überraschung. Man weiss zwar seit Jahrzehnten, dass Bakterien in der Pflanze vorkommen und Kolonien bilden, aber dass sie auch zur Stickstoffversorgung im Mais beitragen, lässt auf weitere Überraschungen hoffen, die in den Genbanken schlummern. Statt Brot aus Luft, wie der Werbespruch für Kunstdünger lautete, soll es heissen: Mais aus Luft.

SPEZIELLER TEIL

Ein- und Zweikeimblättrige

Die Einkeimblättrigen, wozu die Gräser und die Zwiebelgewächse gehören, sind ursprünglich aus zweikeimblättrigen Pflanzen hervorgegangen. Die ersten bedecktsamigen Blütenpflanzen waren mehrjährig, vermutlich schnell wachsend und nur ein paar Meter hoch, sie hatten zwei Keimblätter. Sie kennen keine klare Differenzierung in Kelch- und Kronblätter, die Übergänge zwischen kelch- und kronblattähnlichen Blättern sind fliessend. Die Bestäubung erfolgt durch Insekten.

Die Einkeimblättrigen haben auf die Bildung eines Keimblattes verzichtet. Manchmal findet sich dieses zweite Keimblatt noch als Rudiment wie beim Weizen. Einkeimblättrige sind in der Regel krautig und bilden keine Pfahlwurzel. Die ersten Wurzeln, die Keimwurzeln, sind bereits Seitenwurzeln, die der Sprossachse entspringen. Der Verzicht auf ein Keimblatt und auf die Bildung einer Pfahlwurzel geht mit neuen Gestaltungsmöglichkeiten einher. Gräser und Zwiebelgewächse sind einzigartig in ihrer vegetativen Gestalt. Woran kann man das erkennen?

Das Keimblatt des Getreides hat bei den Gräsern kaum noch Blattcharakter. Es schaut bei der Keimung nicht aus der Erde raus, es ergrünt nicht, es hat die Aufgabe eines Verdauungsorgans. Die Spreite des Keimblattes bildet eine schildförmige Struktur, die sich zwischen dem Embryo und dem Mehlkörper des Getreidekorns befindet. Der Mehlkörper enthält Reservestoffe, die der Embryo bei der Keimung braucht. Die Reservestoffe, Stärke und Eiweiss, stehen nicht sofort zur Verfügung, sondern müssen mithilfe von Enzymen abgebaut und verflüssigt werden. Die benötigten Enzyme kommen aus dem Schildchen und der Aleuronschicht. Die Aleuronschicht ist eine Zellschicht, die sich zwischen der faserigen Schicht der Frucht- und Samenschale und dem Mehlkörper befindet. Das Gewebe des Mehlkörpers ist abgestorben, im Gegensatz zu den lebendigen Zellen der Aleuronschicht. Beim Getreide ist also von der ursprünglichen Gestalt des Keimblattes kaum noch etwas zu erkennen. Die Zwiebelgewächse gehen nicht so weit, nur die Spitze des Keimblattes ist bei ihnen zu einem Saugorgan umgebildet. Das Keimblatt ergrünt sogar und erhebt sich über die Erde, oft sieht man dann noch die Samenhaut an der Spitze des Keimblattes (siehe Kapitel «Zwiebelgewächse», Abb. 1).

Der Vergleich mit einer Erbse verdeutlicht, wie gross die Unterschiede zwischen Ein- und Zweikeimblättrigen sein können. Bei der Erbse befinden sich die Reservestoffe in den Keimblättern und werden dort mobilisiert. Der Keimling der Erbse ist grösser als der Weizenkeimling. Der Embryo des Getreidesamens macht 2,5% vom gesamten Korngewicht aus, der Mehlkörper 82,5%, die Fruchtschale 5,5%, die Samenschale 2,5%, zusammen also 93%. Die restlichen 7% entfallen auf die Aleuronschicht. Bei der Erbse füllt der Embryo den ganzen Samen aus, also genau umgekehrt wie beim Weizenkorn, und die Samenhaut der Erbse macht nur ein paar Prozentpunkte aus.

Die Erbse bildet eine Primärwurzel, die die direkte Verlängerung der Sprossachse ist. Wurzelachse und Sprossachse bilden eine Linie. Die Seitenwurzeln entspringen der Primärwurzel. Die Primärwurzel wird zur Pfahlwurzel und kann zum Speicherorgan werden wie bei der Möhre. Die Einkeimblättrigen können sich nicht mithilfe einer Hauptwurzel in die Erde verankern und ebenso wenig Speicherwurzeln bilden. Der Mais zeigt eindrücklich, wie die Standfestigkeit trotzdem gewährleistet werden kann. Er bildet kräftige Seitenwurzeln an der Stängelbasis (siehe Kapitel «Mais», Abb. 2). Der Verzicht auf die Bildung der Primärwurzel hat eine weitere Folge: Die Seitensprossen der Gräser bekommen ein eigenes Wurzelsystem, im Gegensatz zu den Seitensprossen der Erbse oder Bohne, die alle über die Hauptwurzel versorgt werden. Die bevorzugte Seitensprossbildung in Bodennähe ermöglicht die Rasenbildung.

Ein weiterer wichtiger Unterschied zu den Zweikeimblättrigen ist die Architektur des Halmes bei den Gräsern. Das Getreide wird als Halmfrucht bezeichnet, die Erbse als Hülsenfrucht. Diese Charakterisierung ist genial. Der Grashalm ist eine evolutionäre Innovation und typisch für das Getreide. Die grüne, fruchtartige Hülse der Erbse hat einen grossen Anteil an der Bildung und Füllung der Samen.

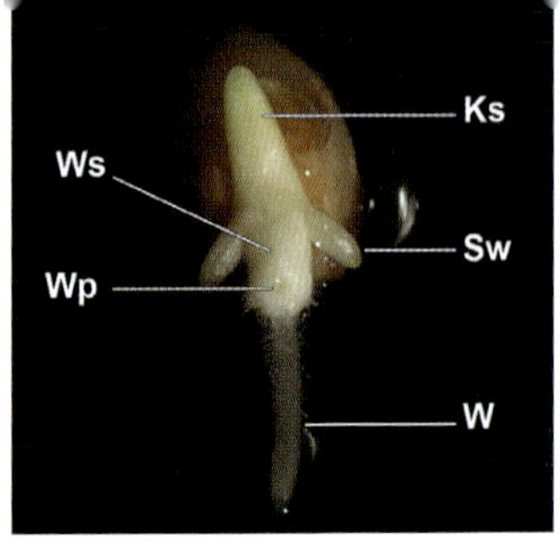

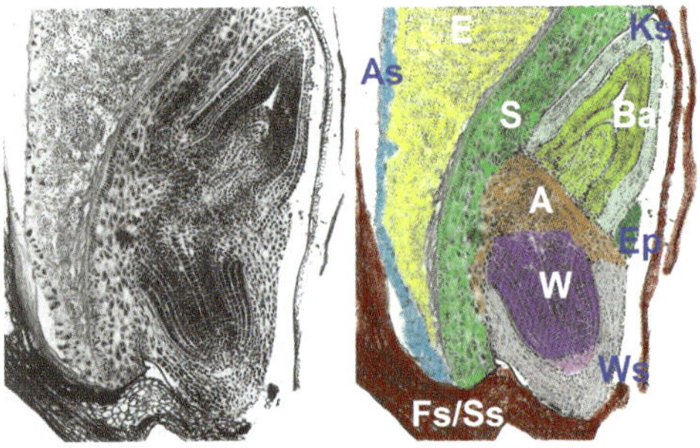

Abb. 1 Längsschnitt durch den unteren Teil eines Weizenkornes (*Triticum aestivum* subsp. *aestivum*) mit dem Embryo. Rechts das gleiche Bild: Die verschiedenen Organe sind farbig hervorgehoben. Die Zellen des Mehlkörpers (E) sind abgestorben. Die Zellen der Aleuronschicht (As) und das Schildchen (S) sind lebendig und setzen bei der Keimung Enzyme frei, die das Nährgewebe nach und nach verflüssigen. Die Nährstoffe werden vom Schildchen aufgenommen und an den Keimling weitergeleitet. A Sprossachse, Ba Blattanalgen, W Wurzelanlage, Ks Keimscheide; Ws Wurzelscheide; Ep Epiblast, der rudimentäre Rest des 2. Keimblattes; Fs Fruchtschale; Ss Samenschale.
O. Zeller, 1983; Schilperoord 2011

Abb. 2 Keimendes Weizenkorn. Ks Keimscheide; Ws Wurzelscheide; Sw Seitenwurzel, noch von einer Wurzelscheide umhüllt; W Keimwurzel; Wp Wurzelpol. Die Keimscheide, auch Koleoptil genannt, wächst, bis die Erdoberfläche erreicht ist, sie ergrünt nicht, sie bleibt durchscheinend. D wächst das erste grüne Blatt durch die Spitze der Keimscheide hindurch. Auch die Keimwurzeln sind von einer Scheide, Wurzelscheide oder Koleorhiza genannt, umschlossen. Die Wurzeln durchbrechen die Wurzelscheide. Die ursprüngliche Wurzel des Keimlings, der Anlage nach eine Pfahlwurzel, ist zwar veranlagt, wächst aber nicht aus, ihre Spitze befind sich bei Wp. Die Keimwurzel ist bereits eine Seitenwurzel.

Abb. 3 Keimendes Korn. Die Wurzeln versuchten, senkrecht nach unten wachsen, das Papier hinderte sie daran, dadurch hoben sie den Keimling Die Keimspitze versucht, senkrecht nach oben zu wachsen und gleicht da das Anheben des Keimes aus. Die pelzigen Wurzelhaare sind gut sichtba Sie sind sehr empfindlich und trocknen sofort ein, sobald die Luftfeuchti keit abnimmt.

Abb. 4 Keimende Erbse *(Pisum sativum)*. Links die durchsichtige, farblo Samenschale. Sie lässt sich, sobald der Samen aufgequollen ist, leicht entfernen. Rechts der Keimling mit den beiden grossen, halbkugeligen Ke blättern und dem jungen Spross. An der Wurzel sind die feinen Wurzelha zu erkennen. Sämtliche Reservestoffe befinden sich in den Keimblättern.

Halm- und Hülsenfrüchte

Wieso ist der Grashalm eine evolutionäre Innovation? Bei den Zweikeimblättrigen findet das Wachstum an der Sprossspitze statt, hier werden die Blätter veranlagt und hier findet das Längenwachstum des Sprosses statt. Bei den Gräsern werden die Blätter ebenfalls an der Sprossspitze veranlagt, aber das Längenwachstum findet gestaffelt statt. Der Spross wächst beim Schiessen des Getreides nicht nur an der Spitze, sondern auch im Bereich der einzelnen Knoten. Der Knoten ist Teil des verdickten, stängelumfassenden Blattgrundes und verbindet die röhrenförmige Blattscheide, die weiter oben in die Blattspreite übergeht, mit dem Halm. Beim Schossen des Getreides verleihen die Blattscheiden dem noch weichen Halm die notwendige Stabilität, sie stützen den sich streckenden Halm. Der Knoten und das von ihm umschlossene Stängelteil bleiben im grünen Zustand anpassungsfähig. Kommt es zu einer Lagerung der Halme, dann können sich diese durch einseitiges Streckungswachstum an den Knoten wieder aufrichten (siehe Kapitel «Roggen», Abb. 2). Die Staffelung des Längenwachstums der Halme ermöglicht ein rasantes Emporwachsen. Das Wachstum kann bis zu 25 cm in der Woche betragen (Percival 1979).

Das Wort Getreide bedeutete ursprünglich, dass etwas getragen wird, und hat auch mit Ertrag zu tun – die Halme tragen die Frucht. Die Ähren und Rispen überragen die Blätter. Hier oben und nicht zwischen den Blättern kann Windbestäubung stattfinden. Treffend ist die Bezeichnung Fahnenblatt für das letzte Stängelblatt vor der Ähre. Die Architektur des Getreides ist darauf ausgerichtet, dass der Wind durch das Feld hindurchgehen kann.

Das Wort Hülsenfrucht betont Hülse und Frucht. Die Hülse ist ein Fruchtblatt, das mehrere Samen enthält. Im unreifen Zustand ist die Hülse Gemüse, Fruchtblattgemüse. Bei den Bohnengewächsen befinden sich die Blüten zwischen den Blättern. Fünf Blütenblätter schliessen die Staubblätter und das Fruchtblatt komplett ein; Insekten bestäuben die Blüten.

Das Getreide ist, wie beschrieben, offen für die Umwelt, für das Licht, für den Wind. Die grösste Ausdehnung findet während der Bestockung statt, dann ergreifen die Pflanzen teppichartig die nähere Umgebung. Die Erbse orientiert sich an der näheren Umgebung, an benachbarten Pflanzen. Der Stängel kann sich winden, die Pflanze rankt sich hoch. Der Name Schmetterlingsblüte weist auf den Bezug und die Befruchtung durch Insekten hin. Es sind allerdings keine Schmetterlinge, die die Erbsenblüten besuchen, es ist die Gestalt der Blüte, die an Schmetterlinge erinnert.

Die Unterschiede zwischen der Erbse und dem Getreide könnten kaum grösser sein, und trotzdem teilen ihre wilden Vorfahren die gleichen Ökosysteme. Sie kommen vor in den steppenartigen Graslandschaften und parkartigen Eichenwäldern des fruchtbaren Halbmondes. Dort ergänzen sie sich, und ebenso ergänzen sich die Kulturpflanzen, zusammen als Mischfrucht auf den Feldern angebaut.

Die Gründerpflanzen

Gerste, Einkorn, Emmer, Erbsen, Linsen und Flachs sind im Vorderen Orient gleichzeitig in Kultur genommen worden. Zusammen kamen sie nach Europa (Zohary 2012). Getreide, Leguminosen und Flachs ergänzen sich ausgezeichnet. Das Getreide ist stärkereicher: Stärke 70 %, Eiweiss 12 %; die Erbsen sind eiweissreicher: Stärke 58 %, Eiweiss 23 % (Fröleke 2018). Flachssamen sind fettreich, sie enthalten ca. 40 % Fette. Die Leguminosen bringen dank ihren Knöllchenbakterien Stickstoff in den Boden, sie erhalten und verbessern die Bodenfruchtbarkeit. Das Getreide gilt als zehrende Frucht. Erbsenstroh kann man verfüttern, auf Getreidestroh kann man sich betten, und Flachsfasern sind ideal für die Herstellung von Gewebe, Seilen und Netzen.

Die drei Kulturen reifen zu unterschiedlichen Zeiten, die unterschiedlichen Erntezeitpunkte erhöhen die Nahrungssicherheit. Die Erbse hat für den Menschen den Vorteil, dass sie sowohl grün als Gemüse als auch reif als Körnerfrucht gegessen werden kann. Die grünen Hülsen mit den heranwachsenden Erbsen können zubereitet werden, lange bevor die Samen reif sind.

Die Speicherung von Nährstoffen in den Samen war die Voraussetzung dafür, dass sich die Gerste, die Erbse und der Flachs in der Waldsteppenregion des fruchtbaren Halbmondes ansiedeln konnten. Die Reservestoffe ermöglichen ein rasantes Jugendwachstum. Die kurze Vegetationszeit, der durch Trockenheit ein Ende gesetzt wird, kann so optimal genutzt werden. Die Bildung von Nährstoffen macht die Pflanzen unabhängiger von äusseren ungünstigen Bedingungen. Diese Eigenschaft nutzt der Mensch für die Anlage von Vorräten, die ihm wiederum das Überleben in kargen Zeiten ermöglicht. Die Vorratsbildung ist Voraussetzung für ein sicheres Leben, für kulturelle Entwicklung.

Abb. 5 Gründerpflanzen: a Gerstenkörner *(Hordeum sativum)*, b Leinsamen *(Linum usitatissimum)*, c Wild- und Kulturerbsen *(Pisum sativum)*. Getreide, Leinsamen und Erbsen sind miteinander kultiviert worden. Die Gerste liefert hauptsächlich Stärke, der Leinsamen Fette und die Erbsen Eiweiss. Die Gerste ist von Lüsai (GR), die Leinsamen sind von einer ausgestorbenen Landsorte aus Disentis, die kleinen Erbsen heissen Pois de Fully (VS), die gelben sind Gomser Erbsen.

I GRÄSER

Blüte des Roggens *(Secale cereale)*. Die Gräser sind windbestäubend. Bei schönem Wetter lässt sich beobachten, wie die Spelzen auseinandergedrängt und die Staubbeutel herausgeschoben werden. Ein dünner beweglicher Faden verbindet die Staubbeutel mit der Blüte. Die Pollensäcke öffnen sich an der Spitze, mit jeder Windbewegung wird Blütenstaub freigesetzt. Der Vorgang dauert nur wenige Minuten.

Gräser sind uns wohlvertraut. Bambus, Röhricht, Rispengras, Zittergras, Raigras, Quecke – Gräser begegnen uns überall. Man erkennt sie leicht an ihren klar gegliederten Halmen, Blatt nach Blatt, Knoten auf Knoten, und dann der schnelle Übergang zu den Blüten, zu den Rispen und Ähren. Die Blüten kommen ohne farbige Kronblätter aus und setzen oft grosse Mengen an Blütenstaub frei.

Eine Besonderheit der Gräser ist ihr starker Bezug zur Kieselsäure. Diese macht sich optisch bemerkbar in dem Lichtspiel in den vom Wind bewegten Feldern. Gräser nehmen grössere Mengen an Kieselsäure aktiv auf. Kieselsäure findet sich in den Grannen, in den Blättern und den Halmen. Die Kieselsäure wird sichtbar und erlebbar in der feinen Zähnung der Grannen, in der rauen Oberfläche der Blätter. Manche Grasblätter sind so scharfkantig, dass man sich schneiden kann. Für die Wiederkäuer haben die Kieselsäureablagerungen die Wirkung von Schmirgelpapier. Hätten die Wiederkäuer keine Backenzähne, die ständig nachwachsen würden, dann wären ihre Zähne bald abgenutzt und nicht mehr brauchbar. Sie würden verhungern.

Wieso konnten aus der Familie Gräser die wichtigsten Nahrungspflanzen hervorgehen? Eine auffallende Fähigkeit der Gräser ist die Rasenbildung. Gräser können viele Seitentriebe bilden, sie bestocken stark und bedecken den Boden. Die Wiederkäuer verdanken ihre Existenz den Gräsern. Sie weiden die Gräser ab, ohne die Pflanzen dabei zugrunde zu richten. Ganz nah am Boden bilden sich immer wieder Seitentriebe, ihre Wachstumspunkte sind anfänglich so nah am Boden, dass sie nicht abgefressen werden. Gräser brauchen es sogar, abgeweidet zu werden.

Ein wichtiger Grund, wieso aus den Gräsern die Hauptnahrungspflanzen für den Menschen hervorgegangen sind, ist der Verzicht der Getreidearten auf die Fähigkeit, Rasen zu bilden, auf die Fähigkeit der dauerhaften Bestockung. Sie sind einjährig, sie schränken die Zahl der Seitentriebe ein und bilden deutlich weniger Samen aus. Die wenigen Samen, die sie bilden, reichern sie mit Nährstoffen an.

Die Grasblüte

Die Grundstruktur der Blüte der Einkeimblättrigen umfasst zwei Kreise mit drei Blütenblättern, darauf folgen zwei Kreise mit drei Staubblättern und im Zentrum meistens drei miteinander zu einem oberständigen Fruchtknoten verwachsene Fruchtblätter. Die Grundstruktur der Blüte der Einkeimblättrigen unterscheidet sich wenig von jener der ursprünglichen Zweikeimblättrigen. Bei beiden fehlt die klare Trennung in Kelch- und Kronblätter. Die Zwiebelblüte ist ein gutes Beispiel einer ursprünglichen Blüte (siehe «Lauchgewächse», Abb. 8, S. 203). In den Reisfeldern in Ascona wächst als Begleitpflanze des Reises *(Oryza sativa)* die Tagblume *(Commelina communis)* (Abb. 6). Die übergeordnete Gruppe der Commeliniden ist nach der Tagblume benannt worden, zu der auch die Gräser gehören. Die Grasblüte weicht stark von der ursprünglichen Gestalt ab (Abb. S. 83, Blühende Roggenähre). Die Abweichung ist so stark, dass man Schwierigkeiten hat, die einzelnen Blütenorgane der Gräser mit den Blütenblättern zu vergleichen.

Abbildung 7 zeigt links das Schema eines zweiblütigen Ährchens im Längsschnitt und rechts das Schema einer Grasblüte von oben betrachtet. Der Unterschied zur Blüte einer Zwiebel ist, dass die kronblattartigen Blätter beim Getreide fehlen.

Abb. 6 Reis *(Oryza sativa)* und Tagblume *(Commelina communis)*. Seit einigen Jahren wächst Reis beidseits der Alpen. In den Reisfeldern in Ascona (TI) wächst auch die Tagblume. Sowohl Reis als Tagblume gehören zu der übergeordneten Gruppe der Commeliniden (Tagblumenartigen). Der Reis hat als Windbestäuber auf die Blütenpracht verzichtet. Die Blüte der Tagblume erinnert an ein buntes Insekt, die Blüte wird von Insekten bestäubt.

Abb. 7 Links: Diagramm eines Grasährchens mit 2 Blüten, rechts: Diagramm einer einzelnen Blüte. Die Achsen im Diagramm links sind künstlich verlängert. Die Hüllspelzen (A) umhüllen die beiden Blüten. Die Deckspelzen (B) bedecken von unten später das Korn. Die Deckspelze ist begrannt (C). Die Vorspelzen (1) bedecken das Korn von der anderen Seite als die Deckspelze. Die Schwellkörper (2) öffnen die Blüte, indem sie die Spelzen auseinanderdrücken. Dann schieben sich die Staubblätter (3) aus der Blüte. Blütenstaub fällt auf die Narben (5) des Fruchtknotens (4). Das Blütendiagramm rechts zeigt von innen nach aussen den Fruchtknoten, einen Kreis mit 3 Staubblättern, einen inneren Kreis mit 3 Blütenblättern, wobei 2 zu Schwellkörpern verwandelt sind und das 3.* nicht ausgebildet wird. Der äussere Kreis der Blütenblätter zeigt 2 seitlich miteinander verwachsene Vorspelzen, das 3. Blatt * ist nicht ausgebildet. Wikimedia Commons, Alfred, PD

Abb. 8 Von links nach rechts eine schematische Darstellung der Ährchen von Hafer, Weizen, Gerste und Roggen. Die grössten Unterschiede gibt es zwischen den Hüllspelzen. Rot: Hüllspelzen; grün: Deckspelzen; türkis: Vorspelzen. Hafer hat die grössten, Gerste und Roggen die kleinsten Hüllspelzen. Beim Roggen fallen die Vorspelzen auf. Bei Weizen, Gerste und Roggen sind die Deckspelzen begrannt, die Grannen sind abgeschnitten. Die Gerste bildet pro Stufe 3 einblütige Ährchen, die alle von 2 Hüllspelzen begleitet sind.

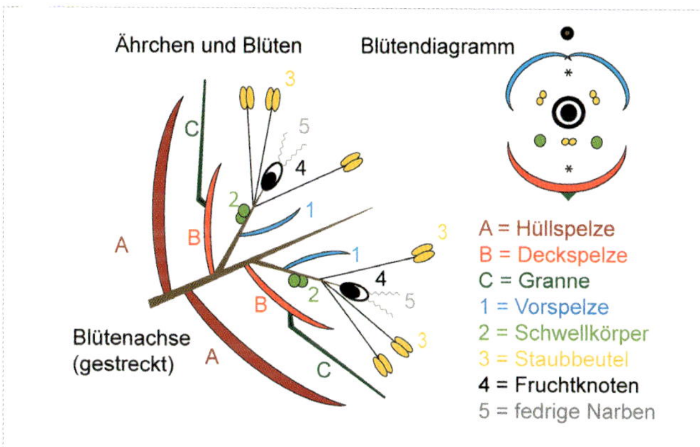

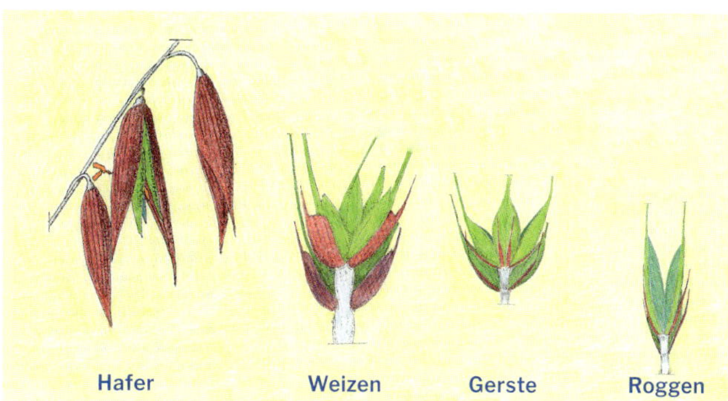

Von den äusseren drei Blütenblättern sind zwei übrig geblieben und diese sind seitlich miteinander zur Vorspelze verwachsen. Das dritte Blütenblatt des äusseren Kreises fehlt gänzlich, seine schützende Aufgabe ist durch die Deckspelze, die ein Tragblatt ist, übernommen. Von den inneren drei Blütenblättern sind zwei zu Schwellkörpern umgebildet, das dritte fehlt. Und zweitens bildet die Grasblüte statt zwei nur einen Kreis mit drei Staubblättern aus. Die Schwellkörper schwellen zur Blütezeit an und drücken die Spelzen auseinander. Die Öffnung der Spelzen erlaubt es der Narbe, sich zu einem Federchen zu entfalten und aus der Blüte herauszuragen. Die Aufgabe der Deck- (Lemma) und Vorspelze (Palea) ist der Schutz des Fruchtknotens, eine Aufgabe, die die Hülse bei der Erbse hat bzw. die die drei Fruchtblätter der Zwiebel haben. Die beiden Hüllspelzen (Glumen) umhüllen die Blüten eines Ährchens, sie gehören nicht zur eigentlichen Blüte. Die verschiedenen Getreidearten unterscheiden sich in der Gestaltung der Spelzen.

Die Fruchtblätter sind bei den Gräsern zu einer Einheit, zum Fruchtknoten, verwachsen und dieser enthält nur eine Samenanlage. Das Getreidekorn ist Frucht und Samen gleichzeitig, das Erbsenkorn ist nur Samen. Die Frucht des Getreides nennt der Botaniker Karyopse.

Die Kieselsäure

Eine Besonderheit der Gräser ist die aktive Aufnahme von Kieselsäure und die gezielte Ablagerung in unterschiedlichsten Geweben. Silicium oder Kiesel ist mit 25,8 % das zweithäufigste Element nach dem Sauerstoff in der Erdkruste. In der Erdkruste tritt Silicium in Form silicatischer Minerale oder als reines Siliciumdioxid auf. Sand besteht vorwiegend aus Siliciumdioxid, Quarz ist reines Siliciumdioxid. Der Gehalt an Kieselsäure in den Pflanzen ist vergleichbar oder liegt gar höher als der Gehalt an Stickstoff, Phosphor oder Kalium. Das weist auf die Bedeutung der Kieselsäure für die Pflanze hin. Die erste Arbeit über Kieselsäure erschien 1917 in Japan. Dort zeigte der Forscher I. Onodera, dass Reis mit zu geringem Kieselsäuregehalt anfälliger war für eine ernsthafte Blattkrankheit *(Magnaporthe grisea)*. Die Anerkennung der Kieselsäure als wesentlicher Nährstoff der Pflanze blieb ihr lange verwehrt, das geschah erst um die Jahrtausendwende. Im Labor ist es möglich, Pflanzen ohne Kieselsäure in der Nährlösung zur Blüte und Samenbildung zu bringen. Draussen in der Natur nehmen Pflanzen Kieselsäure in ihrer einfachsten Form als Monokieselsäure (Orthokieselsäure) Si(OH) aktiv auf. Bei Fehlen der Kieselsäure versucht die Pflanze, dies zu kompensieren, indem sie ihre Zellwände dicker macht. Unter den geschützten Bedingungen des Labors spielen Krankheiten, Schädlinge, Trockenheit, Kälte und Hitze keine Rolle. Im Feld aber sehr wohl, und dort macht sich die Intensität der Aufnahme von pflanzenverfügbarer Kieselsäure bemerkbar. Man stellte fest, dass Pflanzen besonders anfällig sind für Stressfaktoren, wenn sie zu wenig Kieselsäure aufgenommen haben (Epstein 2005).

Die Getreidearten enthalten in ihren Blättern 2–20 % der Trockenmasse als Kieselsäuregel, auch Silikagel genannt. In Reis, Hafer, Roggen und Weizen sammelt sich Kieselsäure in der Frucht- und Samenschale an, am wenigsten Kieselsäure findet man im Mehlkörper. Blatt- und Stängelhaare enthalten ebenfalls Kieselsäure. Gerade der Reis enthält von allen Getreidearten am meisten Kieselsäure und hier insbesondere die Reisspelzen mit bis zu 20 % (Abb. 9). Die Asche der Spelzen wird als Düngemittel eingesetzt. Manche Schmetterlingsblütler, wie unsere Erbse, haben ebenfalls einen starken Bezug zur Kieselsäure.

Pflanzen nutzen die Kieselsäure ganz gezielt. So haben Gräser die Besonderheit, dass die Cuticula, die äussere Schicht, die die Pflanze von der Aussenwelt abgrenzt, zweischichtig ist. Die äussere Schicht ist wie üblich eine Wachsschicht, die innere zusätzliche Schutzschicht besteht aus amorpher Kieselsäure, aus Opal. Diese doppelte

Beschichtung schützt vor Austrocknung. Weiter braucht die Pflanze die Kieselsäure in den Vegetationspunkten für die Bildung der Zellwände. Kieselsäure verleiht den jungen Zellen Stabilität bei der Zellstreckung. Extra angereichert wird die Kieselsäure auch in den Zellwänden der Epidermis und der Gefässe.

In der Pflanze lagert sich die überschüssige Kieselsäure in Form von amorpher Kieselsäure ab. Ein Mineralisierungsprozess findet statt, der fast bis zur Kristallbildung geht. Solche Kieselsäureeinlagerungen in der Zelle nennt man Phytolithe, was übersetzt pflanzliche (*phytos* = Pflanze) Steine (*lithos* = Stein) heisst. Diese Phytolithe sind artspezifisch. Archäobotaniker können anhand der gefundenen Phytolithe sagen, um welche Pflanzen es sich handelt. Es ist sogar möglich, auf diesem Weg Wildmais von Kulturmais zu unterscheiden.

Abb. 9 Reis *(Oryza sativa)*. Die Hüllspelzen sind kurz. Die Deck- und die fast gleich grosse Vorspelze umschliessen das Korn fest. Die Oberfläche zeigt den starken Bezug zur Kieselsäure durch die vielen Haare und durch ihre schmiergelpapierartige Struktur. Am Korn haben die Nerven der Deck- und Vorspelze rillenartige Abdrücke hinterlassen.

Die Granne

Die Granne ist ein einzigartiges Organ, das typisch ist für die Rispen und Ähren der Gräser. Es gibt keine anderen Pflanzen, die eine ähnliche Struktur bilden. Das heisst nicht, dass Gräser nicht auf Grannen verzichten können. Die Weizensorten Westeuropas tragen in der Regel keine Grannen, die Sorten des Mittelmeerraumes sind durchgehend begrannt. Moderne Dinkelsorten haben keine Grannen, aber nur deswegen, weil die kräftigen, harten Grannen sich ineinander verhaken und die Siebe der Mähdrescher verstopfen. Sämtliche wilden Vorfahren von Gerste, Hafer, Roggen und Weizen sind begrannt, Mais und auch Rispenhirse kommen ganz gut ohne Grannen aus.

Was hat es mit der Granne auf sich? Die Granne funktioniert wie ein Blatt, es nimmt Licht und Kohlensäure auf, bildet Zucker und gibt Sauerstoff ab. Die Granne verfügt auf der Innenseite über sehr viele Spaltöffnungen für den Gasaustausch. Der Verdunstungsverlust ist durch den besonderen Bau der Granne stark reduziert. Die Grannen können auch dann noch assimilieren, wenn die Stängelblätter wegen Trockenheit bereits eingerollt und nicht mehr funktionsfähig sind. Die Granne ermöglicht dem Getreide das Überleben in trockeneren Gegenden, sie ermöglichte die Besiedlung einer zeitweilig unwirtlichen Region.

Grannen sind extrem wehrhafte Organe, insbesondere die Gerstengranne. Bruchstücke von der Gerstengranne können Schleimhäute durchbohren, sie lassen sich auch nicht so leicht wie ein Spreissel entfernen, weil sie kleine Zähnchen haben, die wie Widerhaken gestaltet sind. Das Korn kann sich mithilfe der Widerhaken leichter in einer Spalte im Boden festsetzen. Das schwere Ende mit dem Korn zeigt nach unten, die Zähnchen erschweren die Bewegung in die andere Richtung, nach oben. Das lässt sich einfach demonstrieren mit einer Gerstenähre. Dazu steckt man die Ähre umgekehrt in einen Ärmel und bald wandert die Ähre im Ärmel hinauf.

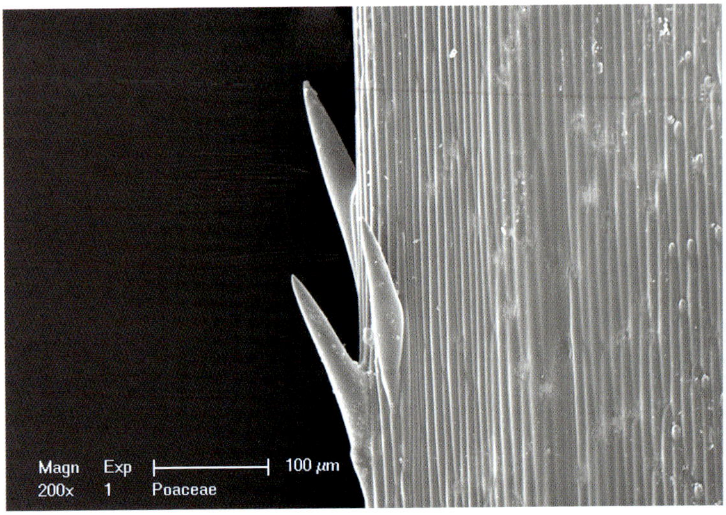

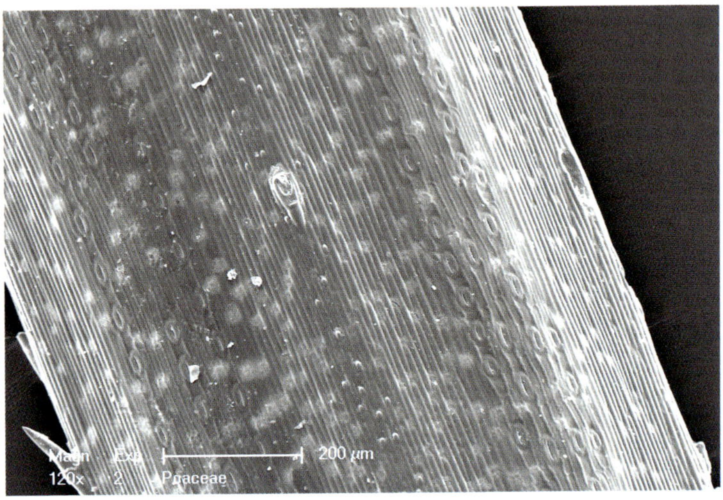

Abb. 10 REM-Aufnahme eines Teils einer Gerstengranne. Die Oberflächenstruktur der Granne ist gerillt. Die spitzen Stacheln bestehen aus Kieselsäure. Die Richtung der Stacheln hat zur Folge, dass sich das begrannte Korn in Erdspalten festsetzen kann. Foto: Yousef Ajani, Botanisches Institut, Universitätz Mainz

Abb. 11 Detail einer Gerstengranne: Die ovalen Spaltöffnungen liegen in Reihen, ihre hohe Zahl weist auf eine intensive Atmungstätigkeit hin. Foto: Yousef Ajani, Botanisches Institut, Universität Mainz

Beim Weizen gibt es einerseits die in der Regel begrannte Hartweizengruppe *(Triticum turgidum)*, die vor allem im trockenen Mittelmeerklima zu Hause ist, und andererseits die Brotweizengruppe *(Triticum aestivum)*, mit begrannten und unbegrannten Sorten.

Bespelzt oder nackt

Bei Hafer, Gerste und Weizen unterscheidet man zwischen bespelztem und nacktem Getreide. Bei nacktem Getreide trennt sich beim Dreschen die Spreu vom Korn, die Sorten sind freidreschend. Bei bespelztem Getreide ist der Spelzenschluss so fest, dass die Körner nach dem Dreschen immer noch von Spelzen umhüllt sind. Auch bei den anderen Getreidearten Reis, Rispenhirse, Borstenhirse, Sorghum und Mais kann man unterscheiden zwischen frei- und nicht freidreschend. Die Natur hat mehrere Möglichkeiten, die Körner fest einzuschliessen. Allen gemeinsam ist, dass die Pflanze einen Hohlraum bildet mit stabilen Wänden, in den hinein ein Korn heranwachsen kann. Diese Hülle schützt dann nicht nur das Korn, sie dient auch der Ausbreitung des Kornes.

Für die Bildung des Hohlraums stehen den Getreidearten verschiedene Möglichkeiten zur Verfügung: Mal sind es die Hüllspelzen, mal die ledrig harten Deck- und Vorspelzen. Sogar die Spindelachse kann sich wie beim Wildmais beteiligen.

Bei den Wildformen sind die Getreidekörner alle bespelzt. Die Ausbreitung der Körner erfolgt bei den Wildpflanzen mit den Spelzen. Der Spelzhafer besteht zu 30 % aus Spelzen, der Dinkel zu 25–30 %, die Gerste zu 15 %.

Beim Dinkel sind es die Hüllspelzen, die ledrig sind und das Ährchen fest umhüllen. Beim Weizen haben die Hüllspelzen den weicheren Charakter der Deckspelze übernommen. Die Hüllspelzen sind durch Deckspelzen ersetzt worden (siehe «Weizengruppe», Abb. 11).

Bei der Spelzgerste, die die vorherrschende Form ist bei der Gerste, sind die Deckspelze und die Vorspelze mit dem Korn verklebt. Die Hüllspelzen sind schmal, fast grannenartig und spielen keine Rolle bei der Umhüllung der Blüten. Bei der Nacktgerste, die kaum noch angebaut wird, fehlt der Klebstoff und die Körner lassen sich leicht von den Deck- und Vorspelzen trennen.

Bei Spelzhafer sind die beiden das Korn fest umschliessenden Spelzen (Deck- und Vorspelze) ledrig, verdickt, hart und glänzend. Beim Nackthafer sind die Deckspelzen und die Vorspelzen ähnlich häutig wie die Hüllspelzen, die Deckspelzen sind durch Hüllspelzen ersetzt worden (siehe «Hafer», Abb. 4). Beim Hafer ist also im Vergleich zum Nacktweizen, wo die ursprünglich ledrigen Hüllspelzen durch die Deckspelzen ersetzt sind, genau das Gegenteil passiert.

Bei Wildmais zerfällt die Ähre in einzelne Teile, ähnlich wie eine Dinkelähre, eine Emmerähre, eine Einkornähre in einzelne Teile zerfallen. Die Früchte oder Nüsse von Teosinte unterscheiden sich morphologisch, in ihrem Aufbau, von den Vesen von Einkorn, Emmer oder Dinkel (siehe «Mais», Abb. 10 und 11). Die Körner des Kulturmaises sind zwar in der Kolbenachse eingebettet, sie sind aber direkt zugänglich, sie sind nackt. Die feste nussartige Umhüllung wie beim Wildmais ist weggefallen (siehe «Mais», Abb. 7).

Die Kulturpflanzen der drei Hirsenarten Rispenhirse *(Panicum miliaceum)*, Borsten- oder Kolbenhirse *(Setaria italica)* und Körnerhirse, Sorghum *(Sorghum bicolor)* sind alle bespelzt. Bei der Rispen- und Borstenhirse sind die Deckspelzen ledrig, bei Sorghum sind es die Hüllspelzen. Es gibt neuerdings freidreschende Formen von Sorghum und Rispenhirse.

A DIE WEIZENGRUPPE – TAXONOMIE – GESCHENKTE KULTURPFLANZEN

Tauschs Walchgras *(Aegilops tauschii)*; Kultureinkorn *(Triticum monococcum* subsp. *monococcum)*; Emmer (*T. turgidum* subsp. *dicoccum*); Weizen (*T. aestivum* subsp. *aestivum*) mit sich spiralig am Halm hochwindenden Windenknöterich *(Polygonum convulvulus)*

Die Weizengruppe ist benannt nach der wichtigsten Getreideart dieser Gruppe, dem Weizen. Der Nacktweizen steht in dieser Gruppe am Ende einer eindrücklichen Evolutionsreihe, die zeigt, wie kreativ die Natur ist beim Hervorbringen neuer Arten. Am Anfang dieser Evolutionsreihe steht ein gemeinsamer Vorfahre, der sich in verschiedene Richtungen differenzierte und spezialisierte. Zu den aus ihm vor Millionen Jahren entstandenen und miteinander verwandten Arten gehören die Quecken (*Agropyron* sp.), die Walcharten (*Aegilops* sp.) und die diploiden Weizenarten (*Triticum* sp.). Spezialisierung bedeutet, einseitig zu werden, und sobald Populationen nicht mehr miteinander kreuzen, entstehen neue Arten. Diese Spezialisierung kann ausnahmsweise durchbrochen werden, sobald Arten, die sehr unterschiedlich sind, sich doch noch kreuzen. Das ist dann keine gewöhnliche Kreuzung, sondern die Chromosomensätze beider Arten werden zusammengelegt und es entsteht sofort eine neue Art. Diese Art kombiniert die Chromosomensätze der beiden Elternarten. Statt $2n = 14$ enthält die neue Art $2n = 28$ Chromosomen. Aus zwei unterschiedlichen Arten entsteht eine neue dritte Art. Die neue Art entspricht nicht unbedingt dem Mittelwert der Kreuzungspartner, was man, wenn man nur rein rechnerisch vorgehen würde, erwarten würde – die neue Art kann eine Steigerung, eine Überhöhung sein. Das war am Anfang der Weizenevolution der Fall, als sich das Wildgras *Triticum urartu* (Urartu-Weizen) mit einem weiteren Wildgras *Aegilops* sp. (Walch oder Ziegengras) kreuzte. Aus der Hybridisierung der beiden Arten ging der Wildemmer (*Triticum turgidum* subsp. *dicocco ides*) hervor. Der Wildemmer hat einen festeren Halm und ist wüchsiger. Aus dem Wildemmer gingen die Kulturformen Emmer (*T. turgidum* subsp. *dicoccum*), Hartweizen (*T. turgidum* subsp. *durum*) und Rauweizen (*T. turgidum* subsp. *turgidum*) hervor. Der Chromosomensatz von Urartu-Weizen wird mit AA angegeben, der des Ziegengrases mit BB. Möglicherweise handelt es sich bei diesem Walch um *Aegilops speltoides*, auf Deutsch: Dinkelähnlicher Walch. Der Chromosomensatz von Wildemmer ist demnach AABB. Die Wissenschaft hat bei beiden einen Mutterschaftstest durchgeführt. Man kann aufgrund der cytoplasmatischen Eigenschaften der neuen Art, die immer identisch ist mit jenen der Mutterpflanze, feststellen, welches Gras die Mutterpflanze war. In diesem Fall war die Ziegengrasart die Mutterpflanze und der Urartu-Weizen der Bestäuber.

Die Natur kann aber auch sehr wählerisch sein, denn die beiden sich sehr ähnlichen und sehr nah verwandten Arten *T. monococcum* subsp. *baeoticum* (Wildeinkorn) und *T. urartu* lassen sich zwar kreuzen, aber die Nachkommen sind unfruchtbar. Anfänglich vermutete man, dass Wildeinkorn sich mit *Ae. speltoides* gekreuzt hat. Aus dem Wildeinkorn ging Kultureinkorn (*T. monococcum* subsp. *monococcum*) hervor, der Urartu-Weizen ist nicht in Kultur genommen worden, hat aber seinen Beitrag zur Entstehungsgeschichte des Weizens geleistet.

Danach hat ein weiteres ausserordentliches Ereignis stattgefunden, das ohne die Kultivierung des Wildemmers nicht möglich gewesen wäre. Aus dem Kulturemmer ging schon bald der freidreschende Hartweizen hervor, und einer von beiden oder auch beide kreuzten sich mit einer weiteren Ziegengrasart, und zwar mit *Aegilops tauschii*. Dieses Wildgras wächst in unmittelbarer Nähe der ersten Emmer- und Hartweizenfelder, es wächst an den Feldrändern und zum Teil auch in den Äckern. Die neue Art *Triticum aestivum* trat vermutlich zunächst als Dinkel (*T. aestivum* subsp. *spelta*) auf. Praktisch gleichzeitig tritt auch der Nacktweizen (*T. aestivum* subsp. *aestivum*) auf, unser Brotweizen. Die Chromosomenzahl erhöht sich bei der neuen Art *T. aestivum* von 2n=28 auf 6n=42, denn die Chromosomen des Tauschs Ziegengrases kamen zu den Chromosomen des Emmers dazu. *Ae. tauschii* hat den Chromosomensatz DD, und so hat der Weizen den Chromosomensatz AABBDD. Rein rechnerisch betrachtet enthält der Brotweizen zwei Drittel *Aegilops* und ein Drittel *Triticum*. Die neuen Kulturpflanzen unterscheiden sich äusserlich nicht so stark von Emmer und Hartweizen wie der Wildemmer vom Ziegengras und vom Urartu-Weizen.

Man könnte meinen, dass die ausserordentliche Geschichte hier zu Ende ist, das ist aber nicht der Fall. Der ursprüngliche Dinkel, auch Iranischer Dinkel genannt, wanderte nicht mit dem Weizen nach Mitteleuropa. In der Schweiz, in Deutschland entsteht Dinkel ein zweites Mal, dieses Mal durch eine spontane Rückkreuzung von Brotweizen mit Emmer. Der mitteleuropäische Dinkel ist um 2000 v. Chr. aus einer Kreuzung von Binkelweizen (*T. aestivum* var. *compactum*) mit Emmer entstanden. Der Binkelweizen ist eine dichtährige Varietät des Brotweizens, die in der Steinzeit beliebt war. Die spanischen und portugiesischen Dinkelsorten dagegen stammen nicht aus Mitteleuropa, sondern aus dem Mittleren Osten und sind via Nordafrika nach Spanien und Portugal gekommen (Abrouk et al. 2018) (siehe Schema 1, Stammbaum Weizengruppe).

Die Gattung *Triticum* umfasst mehrere Arten und Unterarten, die wichtigsten sind in diesem Zusammenhang:

- *T. urartu*, Urartu-Weizen (Wildpflanze, nicht kultiviert)
- *T. monococcum* subsp. *baeoticum*, Wildeinkorn
- *T. monococcum* subsp. *monococcum*, Kultureinkorn, Einkorn

AA	Urartu-Weizen *(Triticum urartu)* × Walch (*Aegilops* sp.)	BB
	↓	
AABB	Wildemmer (*Triticum turgidum* subsp. *dicoccoides*)	
	↓	
AABB	Emmer (*T. turgidum* subsp. *dicoccum*)	
AABB	Rauweizen (*T. turgidum* subsp. *turgidum*)	
AABB	Hartweizen (*T. turgidum* subsp. *durum*)	
AABB	*T. turgidum* × *Aegilops tauschii*	DD
	↓	
AABBDD	Iranischer Dinkel (*Triticum aestivum* subsp. *spelta*)	
AABBDD	Brotweizen (*Triticum aestivum* subsp. *aestivum*)	
	↓	
AABBDD	Zwergweizen (*T. aestivum* var. *compactum*) × Emmer	AABB
	↓	
AABBDD	Mitteleuropäischer Dinkel (*T. aestivum* subsp. *spelta*)	

- *T. turgidum* subsp. *dicoccoides*, Wildemmer
- *T. turgidum* subsp. *dicoccum*, Kulturemmer, Emmer
- *T. turgidum* subsp. *durum*, Hartweizen, Macaroniweizen
- *T. turgidum* subsp. *turgidum*, Rauweizen, Englischer Weizen
- *T. aestivum* subsp. *aestivum*, Saatweizen, Nacktweizen, Weizen
- *T. aestivum* subsp. *spelta*, Dinkel, Spelt

An dieser Stelle fügen wir als zur Weizengruppe gehörend auch zwei Walcharten *(Aegilops)* hinzu, unter Beibehaltung ihrer gebräuchlichen wissenschaftlichen Bezeichnung. Die beiden Arten sind:

- *Aegilops speltoides,* Dinkelähnlicher Walch (Wildpflanze), möglicher Kreuzungspartner oder ein Verwandter des ursprünglichen, aber ausgestorbenen Kreuzungspartners des Urartu-Weizens
- *Aegilops tauschii,* Ziegengras oder Tauschs Walchgras (Wildpflanze), benannt nach dem Botaniker Tausch, Kreuzungspartner von Hartweizen und/oder Emmer

Schema 1 Stammbaum der Weizengruppe. Die Namen der Wildgräser sind in Rot gesetzt. *T.* steht für *Triticum*. Der kräftige blaue Pfeil steht unter der Kreuzung zweier Arten, der schmale schwarze Pfeil zeigt die Verwandlung innerhalb einer Art. AA, BB und DD sind die Chromosomensets der verschiedenen Arten. Im Genom des Zwergweizens (AABBDD) finden sich sowohl die Chromosomensets von *T. urartu* (AA), *Aegilops* sp. (BB) und *Ae. tauschii* (DD). Die Herkunft des BB-Genoms ist noch nicht mit Sicherheit bestimmt; *Ae. speltoides* wird oft als Kandidat genannt.

Aegilops

Das Verbreitungsgebiet der Gattung *Aegilops* reicht von den Kanaren über die Mittelmeerregion und das östliche Mitteleuropa bis nach China und Japan.[6] Die *Aegilops*-Arten sind kurze, stark bestockende, etwas sperrige, bis höchstens 80 cm hohe einjährige Pflanzen.[7] Sie sind gut an Trockenheit angepasst. Manche bilden Rhizome und gleichen dann der entfernt verwandten Quecke *(Agropyron repens)*. Die äusseren Hüllspelzen sind hart und ledrig, die inneren Deck- und Vorspelzen sind häutig. Einige *Aegilops*-Arten wie *Ae. cylindrica, Ae. speltoides, Ae. geniculata* gestalten die Ähre zylinderförmig, bleistiftartig. Die reifen Ährchen sind wie aneinandergereiht und lösen sich bei der Reife, angefangen an der Spitze. *Aegilops* wurde zusammen mit Wildgerste und Wildemmer gesammelt. Er hat aber den Schritt zur Kulturpflanze nicht gemacht, es fehlte wohl an Standfestigkeit.

Der Name *Aegilops* lässt sich zurückführen auf ein Kraut, das man als Heilmittel bei Geschwüren in den Augenwinkeln von Ziegen nutzte (griech. *aigilos* = Ziege, *ops* = Blick). Der Name *Triticum* kommt vom lateinischen *terere* = reiben, *terere* hat als Partizip *tritus* = gerieben (Genaust 1983). *Aegilops* ist in der Schweiz mit den adventiv vorkommenden Arten *Ae. geniculata* (Syn. *ovata*), Eiförmiger Walch, und *Ae. cylindrica*, Zylindrischer Walch, vertreten (Info Flora). Sie erreichten die Schweiz nach 1500. Walch-Arten sind in den USA adventiv und bekannt unter den Namen *goatgrass* (Ziegengras), sie sind in den westlichen Staaten gefürchtete Unkräuter geworden.

Aegilops speltoides

Ae. speltoides ist eine mediterrane Pflanze und in der Carrigue, einer offenen mediterranen Strauchheideformation mit immergrünem Busch- und Strauchwerk, zu Hause. Seine Vegetationszeit dauert von Ende November bis April, Blüte in März bis April, die Samen reifen in der ersten Aprilhälfte und bis August findet die Ausbreitung der Früchte statt. Die Wildgrasbestände von *Aegilops* oder auch *T. urartu* und Wildemmer wirken wie gesät, hier eine kleine Parzelle, dort eine grössere. Sie laden ein, geerntet zu werden, wie es die Menschen Zehntausende Jahre vor Beginn des Ackerbaus gemacht haben.

Aegilops tauschii

Der Schwerpunkt der Verbreitung von *Ae. tauschii* liegt nicht im Mittleren Osten, wie dies für Urartu-Weizen und den kultivierten Hartweizen (*T. turgidum* subsp. *durum*) der Fall ist, sondern weiter östlich im kontinentalen und gemässigten Teil von Asien. *Ae. tauschii* wächst in Nordiran, Transkaukasus, am Kaspischen Meer, in Afghanistan, weiter westwärts bis nach Ostsyrien und weiter ostwärts bis nach Pakistan (Zohary 2012). *Ae. tauschii* verträgt ein kühleres Klima. Das erklärt, weshalb im mediterranen Gebiet Hart- oder Macaroniweizen und Rauweizen vorherrschen. Durch die Kreuzung mit *Ae. tauschii* kann die neue hexaploide Weizenart auch in der gemässigten Klimazone angebaut werden. Mindestens so wichtig wie die Ausdehnung des Anbaugebietes ist die Änderung in der Qualität des Klebereiweisses. Der Kleber des Brotweizens ist straffer, das Brotvolumen lässt sich bei gleicher Mehlmenge steigern. Ganz neue Gebäcke werden möglich. Die Erweiterung der Ernährung mit Brei und Fladenbrot mit den luftigeren Broten des Saatweizens ist revolutionär. Die Brotkultur wird eine Weltkultur.

Urartu-Weizen

Triticum urartu ist wie erwähnt nah verwandt mit *Triticum monococcum*. Sie gleichen einander sehr. Urartu-Weizen wächst in der Region des fruchtbaren Halbmondes und weiter nördlich bis nach Georgien, Armenien und Aserbaidschan.

6 www.kew.org, 24.06.24.
7 en.wikipedia.org, 24.06.24.

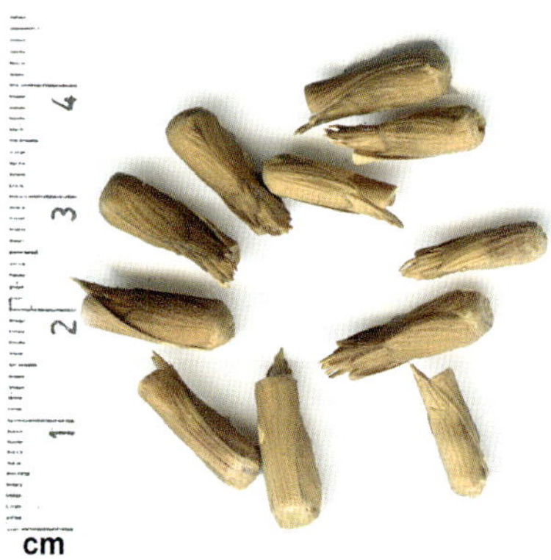

Abb. 1 Dinkelähnlicher Walch *(Ae. speltoides)*, eine Pflanze der mediterranen Strauchheidevegetation. N. Israel, Ramat Hanadi, 27.04.2015. © Ori Fragman-Sapir, https://flora.org.il/en/en

Abb. 2 Dinkelähnlicher Walch *(Ae. speltoides)*, blühende Ähre. 30.04.2018. © Ori Fragman-Sapir, https://flora.org.il/en/en

Abb. 3 Dinkelähnlicher Walch *(Ae. speltoides)*, Vesen. Stephanie Hastie. © Ori Fragman-Sapir, https://flora.org.il/en/en

Abb. 4a Urartu-Weizen *(Triticum urartu)*, links kurz vor der Blüte und rechts verblühend

Abb. 4b Einkorn *(T. monococcum)* am Verblühen. Die Staubbeutel sind bereits leer.

Abb. 5 Reifende Ähren von Urartu-Weizen links und Einkorn rechts. Das kultivierte Einkorn hat die grösseren Körner, dadurch werden die Ährchen etwas weiter auseinandergedrückt. Die Ährendichte, die Anzahl Ährchen pro cm, ist für beide Ähren gleich. Beide Ähren reifen von der Spitze zur Basis.

Abb. 6 Urartu-Weizen *(T. urartu)*. Oben: Früchte (Vesen) und unten ein Korn und 2 Vesen. Das spitz zulaufende Korn ist seitlich abgeflacht. Die abgerundeten Bruchstellen der Vesen sind Sollbruchstellen und typisch für Wildarten. Beim Kultureinkorn mit zäher Ährenspindel sind die Bruchstellen ausgefranst.

Abb. 7 Wildemmer (*T. turgidum* subs *dicoccoides)*. Die Grannen können 3-m so lang sein wie die Ähre. Virtueller Sortengarten, www.sortengarten.ethz

Abb. 8 Tauschs Ziegengras oder Wa *(Aegilops tauschii)*. Das Gras hat eine zylindrische Ähre. Stängelabschnitt ur Ährchen bilden eine Ausbreitungseinh Virtueller Sortengarten, www.sortengarten.ethz.ch

Abb. 9 Emmer (*T. turgidum* subsp. *dicoccum)*. Diese Sorte wurde Ende de 1970er in einem Stall der Familie Hedi in Buus (BL) von Peter Züblin gefunde

Abb. 10 Rauweizen (*T. turgidum* subsp. *turgidum*), Nonette de Lausanne. Rauweizen ist freidreschend und kann pro Ährchen 5–6 Körner ausbilden.

Abb. 11 Reife Körner und Ährchen von Kulturweizenarten. Von links nach rechts: Einkorn *(T. monococcum)*; Emmer (*T. turgidum* subsp. *dicoccum*); Dinkel oder Spelt (*T. aestivum* subsp. *spelta*) und Weizen (*T. aestivum* subsp. *aestivum*). Der Weizen auf dem Bild hat pro Ährchen 4 Körner, das Einkorn 1–2 Körner, Emmer 2 und Dinkel 2–3. Für die Abb. wurden begrannte Ähren genommen, die alle die gleiche cremeweisse Farbe haben.

Abb. 12 Körner und Ährchen links Weizen und rechts Rauweizen. Rauweizen hat grössere, weniger glasige Körner.

Einkorn

Wildeinkorn (*Triticum monococcum* subsp. *baeoticum*) ist in der Türkei, im Norden Syriens, im Norden des Iraks und im angrenzenden Iran weitverbreitet. Es ist ein Gras der parkartigen Eichenwälder und steppenartigen Graslandschaften. Wildeinkorn wächst auch an Strassenrändern und im Randbereich der Äcker. Es wächst sogar auf den bitterkalten, sommerfeuchten Hochebenen Anatoliens (1400–2000 m) und in den sommertrockenen Hügelzonen des nördlichen Bassins des Euphrats. Die ersten Körner von Kultureinkorn (*T. monococcum* subsp. *monococcum*) fand man aus der Zeit um 8500–8100 v. Chr. im Tal des Euphrats. Kultureinkorn ist allmählich aus Wildeinkorn entstanden. Es erwies sich als ausgesprochen anpassungsfähig und schaffte es in der Prähistorie bis nach Südschweden, wo es aufgrund seiner Kälteresistenz häufiger angebaut wurde als Emmer. Es gibt 3 Rassen des Wildeinkorns (*T. monococcum* subsp. *baeoticum*). Die Rasse, die in den Kartal-Karadag und in den Karacadag-Gebirgsketten in Südostanatolien vorkommt, steht dem Kultureinkorn am nächsten (Feldman, Kislev 2007; Özkan 2011; Civáň 2013; Antolin 2018).

Einkorn kann als Wintergetreide und auch als Sommergetreide angebaut werden. In Randlagen mit kurzer Vegetationszeit empfiehlt sich die Herbstsaat. Im Herbst gesätes Einkorn wird deutlich früher erntereif als im Frühling gesätes Korn. In Ftan auf 1700 m war die Herbstsaat erfolgreicher als die Frühlingssaat, auch in schneereichen Wintern. Das im Mai gesäte Einkorn wurde zu spät reif. Der Name Einkorn ist etwas irreführend, denn nicht selten bildet das Einkorn pro Ährchen, pro Vese, nicht ein, sondern zwei Körner. Einkorn ist unter den Weizenarten die ursprünglichste Kulturpflanze. Sie hat leuchtend grüne, zart begrannte Ähren. Die Halme sind geschmeidig, widerstandsfähig und eignen sich gut zum Flechten von Bienenkörben. Einkorn hat eine längere Jugendphase als Weizen, reift dementsprechend später und bildet pro Pflanze mehr Halme aus als Emmer und Weizen (Miedaner, Longin 2012). Einkorn lässt sich im Gegensatz zum Urartu-Weizen nicht mit *Aegilops* kreuzen (Zohary 2012).

Emmer

Wildemmer (*Triticum turgidum* subsp. *dicoccoides*) findet sich fast ausschliesslich in dem als fruchtbarer Halbmond bezeichneten Gebiet, das sich von Iran über Irak, Türkei, Syrien und Libanon bis nach Israel und Palästina erstreckt. Wildemmer ist ein relativ junges Wildgras und entstand vor ca. 350 000 Jahren aus der erwähnten Kreuzung von Urartu-Weizen mit einem Ziegengras, vermutlich *Ae. speltoides*. Die spontane Kreuzung soll im Südwestteil des fruchtbaren Halbmondes in der Gegend des Hermonbergs, im Einzugsgebiet des Jordan-Flusses stattgefunden haben. Jacomet und Schibler (2014) gehen davon aus, dass Vorläufer des Kulturemmers aus verschiedensten Wildpopulationen aus einem grossen Gebiet westlich des Euphrats entstanden sind. Dabei kam es immer wieder zu Rückkreuzungen. Im östlichen und nördlichen fruchtbaren Halbmond entstanden dann die ersten Kulturformen.

Der früheste Fund von Kulturemmer (*Triticum turgidum* subsp. *dicoccum*) stammt aus der Zeit um 8300–7600 v. Chr. und wurde in Çayönü in Ostanatolien gemacht, 40 km nördlich von Diyarbakır. Von dort schaffte es der Emmer, obwohl er mehr mediterran geprägt ist als Einkorn, bis nach Südschweden und Finnland.

Emmer ist deutlich kräftiger als Einkorn. Das Tausendkorngewicht ist fast doppelt so gross. Einkorn hat ein TKG von 21–35 g, Emmer von 37–54 g (Miedaner 2012). Emmerähren zu betrachten ist ein ästhetischer Genuss. Sie sind schön, sie sind gleichmässig, sie sind harmonisch durchgestaltet (Abb. 9). Die Ähren von Einkorn und Emmer zerfallen bei der Reife unter leichtem Druck in Vesen, wie die Dinkelähren auch. Diese Spindelbrüchigkeit ist ein ursprüngliches Merkmal.

Bei den Wildgräsern reifen erst die oberen Ährchen, mit dem Fortschreiten der Reife fallen diese nach und nach ab.

Hart- und Rauweizen

Die freidreschenden Formen Rauweizen und Hartweizen (Jacomet, Schibler 2014) gingen bald aus Emmer hervor. Die reifen Ähren der freidreschenden Sorten bleiben ganz, die Ährenspindeln von Rau- und Hartweizen sind zäh. Die Hüllspelzen sind, wie die Deckspelzen auch, häutig. Die ledrigen Hüllspelzen sind durch die weicheren Hüllspelzen ersetzt worden. Die Blütenzahl pro Ährchen und somit die Zahl der Körner ist bei freidreschenden Formen im Vergleich zu den bespelzten Formen von 2–3 auf 4–6 erhöht. Hart- und Rauweizen brauchen für ihre Entwicklung ein warmes Klima, sie können gut mit Trockenheit umgehen, was in den kräftigen Grannen zum Ausdruck kommt. Beide vertragen Fröste schlecht, was den Anbau als Wintergetreide einschränkt. Hartweizen hat die grössere wirtschaftliche Bedeutung als Rauweizen.

Der **Hartweizen** (*Triticum turgidum* subsp. *durum*) ist das Getreide des Mittelmeeres. Man findet Hartweizen entlang der nordafrikanischen Küste, auf den Inseln des Mittelmeeres und von Griechenland bis Spanien. Gesichert ist auch, dass er im frühen Mittelneolithikum die Ufersiedlungen des nördlichen Alpenvorlandes erreicht hat. Der Begriff Hartweizen weist auf die Beschaffenheit der Körner und des Mehles hin: Die Körner sind hart, glasig, das Mehl ist griffig, sandig. *Durum* heisst «hart». Hartweizen eignet sich nicht als Brotweizen, dafür umso besser für Teigwaren wie Macaroni, weshalb er auch gelegentlich Macaroniweizen genannt wird. Hartweizen hat im Vergleich zu Rauweizen ein härteres und mehr oder weniger zugespitztes Korn. Die Hüllspelzen sind länger und schmaler. Die jungen Stängelblätter sind praktisch unbehaart, jene von Rauweizen sind behaart (Percival 1974).

In Deutschland kann man dank der Züchtungsbemühungen der letzten Jahrzehnte Hartweizen in den günstigsten Weizenlagen, mit tiefgründigen Böden und einer ausgeprägten Sommertrockenheit, anbauen. Diese Gebiete findet man in der Pfalz, am Rhein und am Oberneckar, im Regenschatten des Harzes, in Österreich in Niederösterreich und im Burgenland. In feuchten Jahren dringt die Feuchtigkeit durch den schwächeren Spelzenschluss und die dünnere Hüllspelze leicht bis zum Korn. Dadurch verlieren die Körner ihre Glasigkeit und Härte und es steigt die Gefahr, dass die Körner bereits auf der Ähre anfangen zu keimen.

Der ertragreiche **Rau-, Rivet-, Cone- oder Englische Weizen** (*Triticum turgidum* subsp. *turgidum*) fand im 19. Jahrhundert eine grössere Verbreitung und war eine Weile in England beliebt. 1905 teilte Volkart mit, die «... später reifenden englischen Weizensorten haben sich nur wenig eingebürgert, da sie zwar einen wesentlichen höheren Ertrag ergeben als die Landweizen, dafür aber ein geringeres Mehl liefern», die Backqualität war geringer. Auch als Makkaroni-Weizen eignete sich der Englische Weizen nicht, wegen seiner Mehligkeit. Die Körner sind rundlicher als jene von Emmer und Hartweizen (Percival 1974). Die Spelzen des Rauweizens sind meistens dicht behaart, deswegen heisst er Rauweizen, und die Spelzen sind nicht so straff, sie sind etwas aufgeblasen. Der Name *turgidum* kommt vom lateinischen *turgidus* und bedeutet «geschwollen». Die Halme sind lang, bis zu 150 cm. Bei der Reife hängen sie durch. Pro Ährchen findet man 3–4 ausgebildete Körner.

Weizen und Dinkel – Geschwister

Was der Emmer für den freidreschenden Hartweizen ist, ist der Dinkel für den Nacktweizen. Der Weizen ist in der Schweiz zur wichtigsten Getreideart für die menschliche Ernährung geworden, er hat im 19. Jahrhundert den Dinkel abgelöst. Die Weizenerträge liessen sich stärker erhöhen als die Dinkelerträge. Dinkel bildet pro Ährchen weniger

Körner aus als der Weizen, somit ist der Kornertrag pro Ähre beim Weizen deutlich höher. Eine Weizenähre wirkt wuscheliger als eine Dinkelähre. Das Einkreuzen von kurzhalmigen Weizensorten verbesserte die Standfestigkeit und das Ertragspotenzial der Weizensorten massgeblich. Vergleichbar kurzhalmige und standfestere Dinkelsorten gibt es im Dinkelsortiment nicht. Der europäische Dinkel wurde vom Hauptgetreide zum Nischenprodukt und buchstäblich im 20. Jahrhundert an den Rand der Weizenanbaugebiete gedrängt.

Von der Prähistorie bis in die Neuzeit

Einkorn, Emmer und Weizen werden seit dem Neolithikum in der Schweiz angebaut. Zunächst wurden die Haupttäler und die Ufer der Mittellandseen besiedelt und nach und nach die kühleren Seitentäler mit kürzerer Vegetationszeit. Emmer war zeitweise die am häufigsten vertretene Weizenart in Schweizer Fundstellen. Die ersten Nacktweizenfunde in der Schweiz stammen aus dem frühen Mittelneolithikum. Man konnte allerdings nicht feststellen, ob es sich bei den Funden in Zizers Fridau (4800 v. Chr.) um Brotweizen (*T. aestivum* subsp. *aestivum*), um Hartweizen (*T. turgidum* subsp. *durum*) oder um Rauweizen (*T. turgidum* subsp. *turgidum*) handelte (Brombacher, Vandorpe 2012). Die Körner der freidreschenden Arten sind rundlich und gleichen einander zu sehr. Die Körner der bespelzten Arten sind länglich, die harten Deckspelzen verhindern die rundliche Form, die heranwachsenden Körner haben sich an die Form der Innenseite der Deckspelzen angepasst, zusammen mit den Spelzen lassen sich die bespelzten Arten gut unterscheiden.

Für die Westschweiz wurde Nacktweizen ab ca. 4500 v. Chr. nachgewiesen (Akeret, Geith-Chauvière 2003, zitiert nach Brombacher und Vandorpe 2012; Akeret 2011). In Bevaix und Saint-Aubin am Neuenburgersee dominierte Nacktweizen in den Getreidefunden aus der Mittelsteinzeit (Akeret 2011). Beim Nacktweizen überwog der tetraploide Typ (Brombacher, Jacomet 1997), ob Hart- oder Rauweizen, ist nicht feststellbar. Brotweizen (hexaploid) kam aber ebenfalls vor (Schlumbaum 1998). Ein eindrücklicher Beleg für das Vorkommen des Brotweizens ist das prähistorische Brot von Twann, welches als Ganzes erhalten ist. Max Währen schätzte das Gewicht des frischen Brotes auf 250 Gramm bei einem Durchmesser von 17 cm und einer Höhe bis zur Wölbung von 5 cm (Währen 1985). Auch für die Bronzezeit wurde Nacktweizen nachgewiesen, allerdings war der Weizen nicht mehr so dominant wie in den steinzeitlichen Funden (Jacomet, Karg 1996; Jacomet 1998).

Die Neuzeit

Wir überspringen die Geschichte der Weizengruppe während der Römerzeit und des Mittelalters. Am Anfang der Neuzeit werden in Publikationen von Fuchs (1543, 1563), Mattioli (1554, 1563) und Tabernaemontanus (1590, 1644) die drei Spelzgetreidearten Einkorn, Emmer und Dinkel beschrieben, weiter der Nacktweizen, der Rauweizen scheint wiederentdeckt zu sein und Hartweizen ist kein Thema. Die bespelzten Getreidearten werden als einander zugehörig gedacht und als *Zeae* bezeichnet. Später bei Linnaeus wurde *Zea* der Gattungsname für Mais, *Zea mais*. Die nackten Weizenarten heissen bei Fuchs *Triticum*. Winterweizen war die wichtigste Weizensorte und Sommerweizen wurde dort angebaut, wo kein Winterweizen mehr angebaut werden konnte. Die Beschreibungen werden im 18. Jahrhundert ausführlicher. Eine europaweite systematische Sortenprüfung zeichnet sich ab.

Abb. 13 Einkorn, Korn und Ährenreste, ca. 4000–3400 v. Chr. Stansstad-Kehrsiten. An den Druschresten rechts sind Reste der Spelzen zu sehen. IPNA Universität Basel

Abb. 14 Emmer, Ährchengabeln mit Hüllspelzenbasen (oben) und verkohlte Körner (unten), spätbronzezeitlicher Fund, ca. 1200–800 v. Chr. Maladers-Tummihügel. IPNA Universität Basel

Abb. 15 Zwei Nacktweizenkörner aus der prähistorischen Siedlung Horgen-Scheller, 3100–3000 v. Chr. Anhand der Kornform lässt sich nicht feststellen, ob es sich um ein Rau-, Hart- oder Brotweizenkorn handelt. IPNA Universität Basel

Abb. 16 Bruchstück von Nacktweizen (*Triticum* sp.) aus dem Neolithikum, ca. 3300–2900 v. Chr., gefunden in Horgen-Scheller. Links ein Bruchstück mit langen Spindelgliedern, in der Mitte und rechts ein gedrungenes Bruchstück von zwei Seiten fotografiert. Der Abstand zwischen den Strichen links unten beträgt 1 mm. IPNA Universität Basel

Abb. 17 Ährenbruchstücke. Links: Emmer, aus der spätbronzezeitlichen Siedlung Zug-Sumpf. Rechts: Teil einer Nacktweizenähre, aus der Pfyner Kultur, Jungneolithikum, ca. 3900–3400 v. Chr. gefunden in der Pfahlbausiedlung Greifensee-Storen-Wildsberg. IPNA Universität Basel

Abb. 18 Negativabdruck einer Getreideähre auf einem Gefässboden aus Keramik. Im unteren Bereich ist die Ähre locker, im oberen Bereich kompakt. Jungsteinzeitliche Seeufersiedlung Arbon-Bleiche 3 (3384–3370 v. Chr.), Amt für Archäologie Thurgau: www.archaeologie.tg.ch, Daniel Steiner

Abb. 19 Brot von Twann (3560–3530 v. Chr.). Man beachte die feinen Schrumpfstrukturen. Der Durchmesser des fossilen Brotes liegt zwischen 6 und 7,5 cm. Die Höhe beträgt 1,4 cm. Brot wurde aus einem fein ausgemahlenen Weizenmehl hergestellt, Ausmahlungsgrad 70–73 %, der Teig war gesäuert. Archäologischer Dienst des Kantons Bern, Badri Redha

Abb. 20 Verkohlte Ährenstücke von Nacktweizen (*Triticum* sp.) aus dem Neolithikum. Die Ährenform ist kompakt, gedrungen. Herr (1865) nannte diese Weizenform Pfahlbauweizen. IPNA Universität Basel

B EINKORN UND EMMER – DIE ERSTEN

Von links nach rechts: Einkorn *(Triticum monococcum)* in der Gelbreife, Emmer (*Triticum turgidum* subsp. *dicoccum*) nach der Blüte, Rauweizen (*Triticum turgidum* subsp. *turgidum*) in der Vollreife

Einkorn und Emmer waren in der zweiten Hälfte des 18. Jahrhunderts und in der ersten Hälfte des 19. Jahrhunderts in der Schweiz zwar weitverbreitet, flächenmässig war der Anbau aber bescheiden. Es gibt Belege für den Anbau von Einkorn und/oder Emmer (Schilperoord 2019) für die Kantone Aargau, Basel, Baselland, Bern, Graubünden, Luzern, Solothurn, Thurgau und Tessin.

Albrecht Bolz (1763) beschrieb den Anbau von Emmer für die Gegend um Kerzers im Kanton Bern. Dieser Anbau hielt sich bis zum Anfang des 20. Jahrhunderts. Die Gemüsebaugenossenschaft Kerzers las zwischen 1922 und 1932 in einem Zuchtprogramm die besten Einzelpflanzen aus einer Emmerpopulation aus. Das Stammpflanzenverzeichnis ist noch vorhanden im Bundesarchiv in Bern. Die beste Linie Emmer 52 befindet sich in der Genbank. Im benachbarten Vorarlberg wurden Emmer und Einkorn noch längere Zeit angebaut (Hausmann 1852; Braungart 1891; Mayr 1934). Siegfried Wagner sammelte in den 1930er-Jahren im Vorarlberg Einkorn. Die von ihm gesammelten Vorarlberger Linien sind in der Genbank erhalten geblieben. In jenen Kantonen, wo der Getreidebau mit grösseren Risiken behaftet war, wurden Einkorn und Emmer nicht mehr angebaut, so in Glarus (Heer und Blumer-Heer 1846), Schwyz (Meyer von Knonau 1835) und Uri (Lusser 1834).

Franz Xaver Schnyder (1750–1784), Pfarrer und Kenner der Landwirtschaft, beschreibt den Anbau von Emmer und Einkorn im Kanton Luzern (1787). Seine Schilderung ist charakteristisch für die beiden Getreidearten.

«a. Emmer; Ammer; [...]. So nenne ich die Frucht, derer Beschreibung ich nun schon gegeben, und deren Korn und Aehrchen ein schöneres völligeres Aussehen haben, als die des gleich folgenden Einkorns. Das Mehl ist ungefehr wie das Weizenmehl. Aber ausgeröllet (geschält), bevor ein wenig gebrochen, taugt das Korn unvergleichlich in Suppen, bevor Fleischsuppen. An recht gutem Emmer sind bey 26 Aehrchen, und zweymal so viel Körner zu zählen, auf einer Pflanze, nebst einigen unfruchtbaren Blüten untenher. [...]
b. Einkorn. Triticum monococcum, L. Eiker, oder Eicher sagen unsre Bauern. Ist mägerer, als bevorstehende Spielart; dessenthalben von nicht so rundflachen, sondern abgelängerten Aehrchen. Aus den drey Blüthen des Aehrchens pflegt wol nur eine fruchtbar zu seyn, und auch nur eine längere Grane von sich zu stossen. Des Einkorns Kern ist gemeiniglich weniger gegen dem des Emmers, Kern für Kern; am ganzen Massgewicht aber gleich, und von hübscherem Mehl, dessen Brod eine artige gelbe Farbe bekommt. Dienet auch, doch minder als der Emmer, gebrochen in die Suppe; im Milchmuse ziehete ich's allem vor. Sein Griessmehl taugt auch in Suppen, und für Breye, deren Geschmack denen vom Türkenkorn sich nähert. [...]
Einkorn und Emmer werden beyde im Luzernergebiete eben nicht stark angebauet; ich zweifle auch, ob das Einkorn gar so nützlich seyn würde. Man säet es bloss in mageren Weiden gern.»

Die «artige gelbe Farbe» des Einkornmehls kommt von den Carotinoiden. Einkornmehl enthält mehr Carotinoide als Emmer- oder Weizenmehl (Miedaner, Longin 2012). Für Schnyder sind Einkorn und Emmer Spielarten. Das Wort Spielart ist bemerkenswert. Albrecht von Haller spricht auch von Spielarten. Das Wort Spiel ist mit Freiheit, Freude und – ja, auch Neugierde verbunden. Die Natur ist spielfreudig.

Im 20. Jahrhundert werden Emmer und Einkorn endgültig zu Nischenkulturen. Der Agronom Albert Näf (1871–1950), er war u.a. Rektor der landwirtschaftlichen Schule in Brugg (1906–1915), schreibt in seinem Buch «Der Anbau der Feldfrüchte und Futterpflanzen» (1914) über Dinkel, Emmer und Einkorn:

«[...] Neben dem Korn (Dinkel) gehören auch Emmer und Einkorn (Eicher) zu den Spelzweizen. Sie sind noch genügsamer und liefern, bei gutem Wetter geerntet, Körner, deren Mehl zu Speisezwecken besonders beliebt ist. Beide Getreidearten haben ihre Bedeutung in hohem Masse eingebüsst, sie werden nur noch vereinzelt auf den Jurabergen angebaut, wo der Hafer nicht alle Jahre zur Reife kommt.»

Der Agronom und Lehrer am Plantahof Emil Müller fand 1917 in Graubünden noch 17 m^2 Emmer und 37 a Einkorn (Braun-Blanquet 1951). In der Zeit, als Siegfried Wagner das Vorarlberg besuchte, war auch der österreichische Getreideforscher Erwin Mayr (1899–1969) dort unterwegs. Mayr (1934):

> «Heute baut nur ein einziger, alter, konservativer Bauer diese Getreideart und zwar Hansjörg Bertschle in Giesingen bei Feldkirch. Im Jahre 1930 bestellte er noch drei Felder im Gesamtausmasse von 40 a damit, zwei in der Gemeinde Nofels und eines in der Gemeinde Giesingen. Einkorn wird als Wechselweizen einmal im Frühjahr und einmal im Herbste angebaut. Das Mehl aus dieser Frucht wird sehr gelobt und das ungemein feine und sehr elastische Stroh zum Flechten von Bienenkörben verwendet. Nur diesem Umstande ist es zu danken, dass die wenigen Felder noch mit Einkorn bestellt werden. Es ist begrannt und weisspelzig, kahl [...]»

Das Stroh von Einkorn ist strapazierfähig und elastisch. Es wurde auch verwendet für Dächer und zum Aufbinden der Reben. Einkorn war früher ein wichtiges Getreide für ärmere Böden. Hier war Einkorn dem Weizen und dem Dinkel ertragsmässig überlegen.

In der Genbank findet sich eine Einkornsorte mit klarem Bezug zur Schweiz, das Bisnachter Einkorn SB9, eine Linie einer Landsorte. Der Landwirt W. Streckeisen hat sie ausgelesen in Bisnacht, Tenniken (BL). Streckeisen züchtete 1908 Hafer, Winterweizen und auch Einkorn. Er stand in regem Austausch mit Albert Volkart, der damals die Pflanzenzüchtung in der deutschen Schweiz koordinierte.

In der Genbank finden sich nur zwei Emmersorten mit deutlichem Bezug zur Schweiz: der erwähnte Emmer von Kerzers No. 52 und ein Emmer von Baselland. Agronom Peter Züblin (1921–2005) fand diesen Emmer in den 1970er-Jahren auf dem Bauernhof von Bauer Hediger in Buus (BL) (Jenny 1999).

Rauweizen – der Haarige

Der Rauweizen gehört zur Emmergruppe. Rauweizen war und ist ein Aussenseiter, und trotzdem hat er eine gewisse Bekanntheit erlangt. Fast zur gleichen Zeit wie Fuchs beschreibt Jakob Theodor Tabernaemontanus Einkorn, Emmer, Dinkel, Rauweizen und Weizen (1590, 1664). Beim Rauweizen unterscheidet er drei Varietäten:

- Welscher Waizen, *Triticum typhinum*
- Waizen auf doppel Aehre, *Triticum typhinum multiplici spica* (Ähre verzweigt), Wunderweizen
- Brauner Waizen, *Triticum nigrum peregrinum*

Die erste und die zweite Varietät haben eine gedrungene Ähre, sie sind, abgesehen von der Verzweigung, identisch. Die dritte braune Varietät ist mitteldicht (siehe Abb. 1 und 2). Der Wunderweizen hat eine Ähre, die an der Basis verzweigt ist. Sie bildet insgesamt mehr Ährchen und Körner aus und verspricht auf den ersten Blick hohe Erträge. Der Wunderweizen taucht in der Literatur immer wieder auf und hat die Fantasie angeregt. Er ist auch bekannt unter dem Namen Pharaonen-, Osiris-, Mumien- oder Ägyptischer Weizen oder aber auch Arabischer Weizen, Weizen von Smirna, Weizen von Jerusalem. Dieser Wunder- oder Vielkörnige Weizen wurde zu Seringes Zeit in der ersten Hälfte des 19. Jahrhunderts im Kanton Waadt häufig angebaut. Der Wunderweizen verspricht aber mehr, als er halten kann, wie Tabelle 1 zeigt. Die Versuchsanstalt Zürich Oerlikon hat 1943–1948 die Erträge verschiedener Weizenarten ermittelt und in einer um 1950 verfassten Mitteilung darüber berichtet. Die Mitteilung befindet sich im Getreidearchiv.

Die dritte Varietät, der Braune Waizen, wird zwei Jahrhunderte nach Tabernaemontanus immer noch angebaut. Albrecht von Haller beschreibt ihn (1774, 1782). Er wurde im Herbst gesät. Bei Albrecht von Haller 1782 heisst er Bled

Erträge in g pro m² im Jahr						
Sorte	1943	1944	1945	1946	1947	1948
Pharaonen-Weizen	55	210	114	150	99	105
Nonette de Lausanne	564	495	360	465	375	330
Mont-Calme 245	660	570	405	503	414	324

Tab.1 Ergebnisse der Ertragserhebungen 1943–1948 bei Pharaonenweizen, Nonette de Lausanne und Mont-Calme 245, der damals am meisten angebauten Weizensorte

Barbu de Nonette. International bekannt wurde die Varietät als Nonette de Lausanne. Nonette oder Nonnette ist der Name für ein französisches Gebäck. Diese Spezialität wurde im 19. Jahrhundert an Zugreisende und an Reisende, die mit der Postkutsche unterwegs waren, verkauft.[8] Das kleine Gebäck dürfte im Mittelalter von Nonnen (Nonnette, kleine Nonne) entwickelt worden sein, es ist kräftig gewürzt und mit Marmelade gefüllt. Es ist anzunehmen, dass die Nonette de Lausanne sich speziell für die Herstellung von Nonnettes eignete. In der zweiten Hälfte des 19. Jahrhunderts war die Sorte Nonette de Lausanne in Europa weitverbreitet. Gemäss Vilmorin (1880) wurde sie sogar in Westrussland angebaut und über das Baltische Meer exportiert unter dem Namen Weizen von Danzig (Blé de Dantzick). Weitere Synonyme sind: blé de la Mexque, blé géant de Sainte-Hélène. Gemäss Vilmorin wurde die Sorte auch in raueren Lagen angebaut. Percival (1921) beschrieb ebenfalls eine Nonette de Lausanne, die er aus Frankreich bekommen hatte. Die gleiche Sorte war damals in Italien unter dem Namen Andriolo rosso pelossa bekannt. In Bern wurde die Sorte nach schlechten Erfahrungen in ungünstigen Jahren und auf kargen Böden aufgegeben (Seringe 1818).

Der Rauweizen ist unter den Getreidearten durch seine Länge und durch die starke Behaarung der Spelzen eine auffallende Erscheinung. Er erregte immer wieder das Interesse der Bauern. Die Ähren und die Körner des Rauweizens sind gross, und gross waren auch die Erwartungen. Man erwartete von den langen, hängenden, schweren und fast immer begrannten Ähren hohe Erträge (Percival 1921). In Frankreich nannte man den Rauweizen auch Bled d'abondance (Weizen des Überflusses). Die Backfähigkeit des Rauweizens ist nicht vergleichbar mit jener von Weizen. Das ist auch der Grund, wieso er oft als Futtergetreide angebaut wurde.

Am Anfang des 20. Jahrhunderts wird Rauweizen noch im Tessin und in der Waadt in der Gegend von Château-d'Oex angebaut (Volkart 1905). Château-d'Oex liegt auf 958 m ü. M. in den Waadtländer Alpen. Belegt ist der Anbau des Rauweizens um 1930 für das Veltlin (Italien) und für Brusio im Puschlav durch einen Schaukasten der landwirtschaftlichen Schule Plantahof in Landquart. Auf den Terrassen von Viano und Monte Scalo bei Brusio bauten Landwirte aus dem benachbarten Veltlin gelegentlich Rauweizen an.

In der Genbank der Schweiz ist vermutlich jene Rauweizensorte, die von Haller bereits beschrieben hat, erhalten geblieben unter dem Namen Nonette de Lausanne, *Triticum turgidum* var. *dinurum* mit braunen Spelzen, braunen Grannen und rotem Korn. Sie ist winterfest, ich konnte sie in mehreren Jahren mit Erfolg in Ftan im Unterengadin auf 1700 m anbauen.

8 fr.wikipedia.org/wiki/Nonnette.

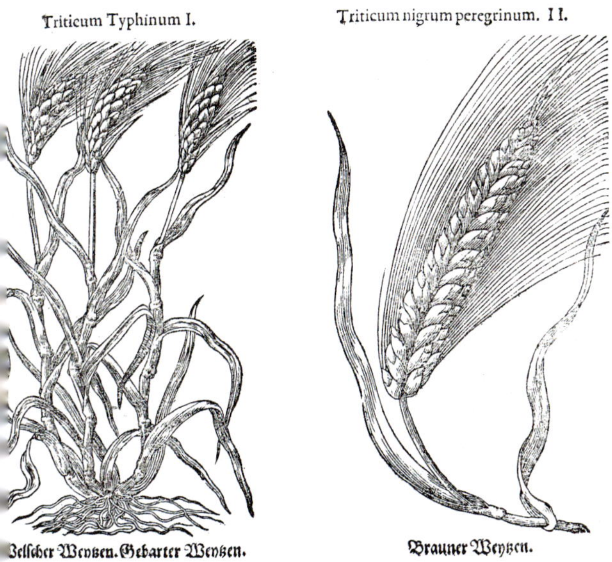

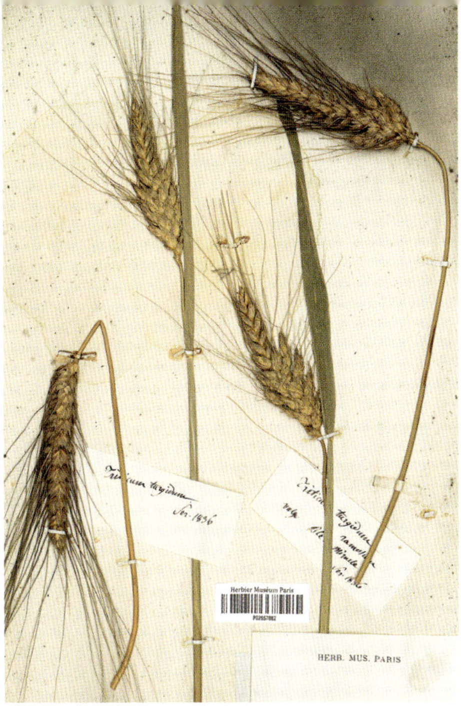

Abb. 1 Zwei Rauweizen-Varietäten (*Triticum turgidum* subsp. *turgidum*), Tabernaemontanus, 1590. Von Tabernaemontanus beschrieben links: Triticum typhinum, Welscher Weyzen, Beharter Weyzen und rechts: Triticum nigrum peregrinum, Brauner Weyzen. *Nigrum* heisst «schwarz» und *peregrinum* «ausländisch». Die Bezeichnung Welsch kann «italienisch» heissen. Die Ähren links sind kompakter, jene rechts ist lockerer und hat Ähnlichkeiten mit der Sorte Nonette de Lausanne.

Abb. 2 Rauweizen aus dem Herbar von Nicolas Charles Seringe. Links eine normal gebildete Ähre, die anderen 3 Ähren sind an der Basis verzweigt. Der Beleg wurde 1836 katalogisiert. In seinem Buch «Mélanges botaniques» (1818) schreibt er zum Beleg: Triticum turgidum L. Spica aristata, nigra, velutina, densa. (mat.) Ser. Mél.1. p. 102. (Ähre begrannt, schwarz, behaart und dicht.) Auf dem Zettel rechts steht: Ble miracle und Triticum turgidum ramosum (verzweigt). Das Herbarblatt ist als *Triticum compositum* L. im Pariser Katalog verzeichnet. *Compositum* heisst «zusammengesetzt».

Abb. 3 Nonette de Lausanne, Rau- oder Rauhweizen (*T. turgidum* subsp. *turgidum* var. *dinurum*), Detailaufnahmen seitlich und frontal. Rechts Abb. eines Ährchens des Rauweizens (*T. turgidum* subsp. *turgidum*) von Haller (1774). Haller bekam das Muster von Landwirten aus dem Val de Ruz im Neuenburger Jura. Digitalisat SUB Göttingen

Abb. 4 Herbarbeleg von Emmer (*T. turgidum* subsp. *dicoccum*) von Nicolas Charles Seringe. Seringe hat das vorliegende Exemplar für die Beschreibung des Emmers in seiner «Monographie des Céréales de la Suisse» (1818) verwendet. Der Herbarbeleg befindet sich in Genf, im Herbarium Genavense. Der rote Zettel mit Typus besagt, dass dieser Beleg ein Referenzexemplar, ein Typusexemplar ist. Typusexemplare spielen eine besondere Rolle in der Taxonomie, sie helfen, nah verwandte Arten zu identifizieren. Conservatoire et jardin botaniques, Genève, CJBG

C WEIZEN – DAS BROTGETREIDE

Binkel oder Zwergweizen (*T. aestivum* subsp. *aestivum*) von Obersaxen. Die Pflanzen können 140 cm hoch werden. Die Ähren sind kompakter und die Körner kleiner als bei den herkömmlichen Sorten. Die Ähren sind grannenspitzig

Weizen wurde in der Neuzeit möglichst immer angebaut. Deshalb finden wir Weizen von den tiefsten Lagen bis nah an den Grenzlagen, auch dort, wo der Anbau witterungsbedingt mal gelingt, mal nicht gelingt. In diesen Randgebieten baute man Weizen speziell für festliche Anlässe an, denn man wollte wenigstens das Festtagsgebäck und Brot aus Weizenmehl herstellen.

Von der Sortenbeschreibung bis zum genetischen Fingerprint

Ein wichtiger Impuls für die Verbesserung des Getreideanbaus kam von Albrecht von Haller. Durch die Missernten 1771 und 1772 sah man sich gezwungen, Getreide zu importieren. Das wichtigste Anliegen von Albrecht von Haller war es, zu einer eindeutigen Benennung der Arten und Spielarten zu kommen (Haller 1782). Nach Haller setzte sich, wie die Arbeit von Nicolas Seringe (1818) zeigt, eine Einteilung in Varietäten durch. Diese Einteilung beruht auf einzelnen äusserlichen morphologischen Merkmalen. Diese Merkmale sind die An- oder Abwesenheit von Grannen, die Spelzenfarbe (braun oder weiss), die Behaarung der Hüllspelzen (kahl oder behaart), die Kornfarbe (rötlich oder weisslich) und die Ährendichte. All diese Merkmale lassen sich miteinander verknüpfen und für jede Kombination gibt es einen Namen. Die kompakten Formen wurden gesondert als Zwerg- oder Binkelweizen zusammengefasst.

Die folgenden Varietäten kamen in der Schweiz vor:

Abb. 1 (*T. aestivum* subsp. *aestivum* var. *creticum*) Binkel- oder Zwergweizen, 1929 vereinzelt unter anderen Weizenpflanzen in einem Feld in Maienfeld gefunden. Leg. Häuser. Archiv Plantahof

Tab. 1 Für die Schweiz lassen sich 15 Brotweizenvarietäten nachweisen. 4 Varietäten gehören zur Gruppe des Zwerg- oder Binkelweizens, 11 zur Gruppe des Gewöhnlichen Weizens. Bei den mit * gekennzeichneten Beschreibungen wurde die Kornfarbe in der Literatur nicht speziell erwähnt. Es ist aber davon auszugehen, dass es sich um rotkörnige Formen handelte, weisskörnige Varietäten wären aufgefallen.

Weizenart	Begrannung	Spelzen-farbe	Spelzen-behaarung	Kornfarbe	Varietät
Saatweizen *Triticum aestivum* subsp. *aestivum*	unbegrannt	weiss	unbehaart	rot	*lutescens*
	begrannt	weiss	unbehaart	rot	*erythrospermum*
	begrannt	weiss	behaart	rot*	*hostianum*
	unbegrannt	weiss	behaart	rot*	*velutinum*
	unbegrannt	braun	unbehaart	rot	*milturum*
	unbegrannt	braun	unbehaart	weiss	*alborubrum*
	begrannt	braun	unbehaart	rot	*ferrugineum*
	begrannt	braun	behaart	rot*	*barbarossa*
	unbegrannt	braun	behaart	rot*	*pyrothrix*
	begrannt	weiss	unbehaart	weiss	*graecum*
	unbegrannt	bläulich	behaart	rot	*cyanothrix*
Zwerg- oder Binkelweizen *Triticum aestivum* subsp. *compactum*	begrannt	weiss	unbehaart	rot*	*icterinum*
	begrannt	braun	unbehaart	rot	*erinaceum*
	unbegrannt	weiss	unbehaart	rot	*wernerianum*
	unbegrannt	braun	unbehaart	rot	*creticum*

Die morphologischen Merkmale korrelieren nicht unbedingt mit Merkmalen wie Frühreife, Wüchsigkeit, Bestockungsintensität, Wuchshöhe usw., die für den Anbau wichtig sind. Die Unterschiede zwischen zwei Sorten einer Varietät können grösser sein als der Unterschied zwischen zwei Sorten, die aufgrund eines Merkmals zu zwei verschiedenen Varietäten gehören. Das Klassifizierungssystem der Varietäten ist ein erster Schritt, sich zu verständigen. Für historische Recherchen ist diese Einteilung in Varietäten hilfreich, denn man bekommt so einen ersten, zugegebenermassen oberflächlichen Eindruck von der Vielfalt. Mit dem Aufkommen der Sortenprüfungen ab 1850 hat sich die Lage geändert. Bei den Sortenprüfungen werden zahlreiche agronomisch wichtige Eigenschaften systematisch festgehalten, die Sortenbeschreibungen werden ausführlicher. Die Beschreibungen dienen dann dazu, die Sorten im Feld bestimmen zu können. Die neu zugelassenen Sorten müssen unterscheidbar sein von den bereits zugelassenen Sorten, auch aus patent- und sortenrechtlichen Gründen.

Im Laufe der Zeit werden diese Beschreibungen immer detaillierter und präziser bis hin zum genetischen Fingerprint der Sorten im 21. Jahrhundert. Die Merkmalsbeschreibungen sind für die Züchter das Wichtigste. In der Tabelle sind die Varietäten aufgelistet, die in den vergangenen 200 Jahren für die Schweiz erwähnt wurden. Die behaarten Formen wurden nur selten erwähnt.

Binkel- oder Pfahlbauweizen

Eine besondere Sorte ist der Binkel- oder Zwergweizen oder, wie Heer ihn nannte: Pfahlbauweizen. Im 19. Jahrhundert kam er sporadisch vor und verschwand dann nach und nach, bis er in den 1960er-Jahren ganz verschwand. Der Binkel ist eine besondere Form des Brotweizens. Seine Ähren sind kurz und gedrungen, das Stroh ist lang und kräftig. Der Name Binkelweizen findet sich in der Literatur bei Host (1809), der ihn morphologisch beschrieben hat. Gefunden hat Host ihn in der Steiermark. In Frankreich ist Binkel bekannt unter dem Namen *Hérisson*, englisch *Hedgehog*, deutsch Igelweizen. Der Igelweizen ist eine begrannte Form des Binkels.

Seringe erwähnt ihn für die Kantone Waadt, Freiburg und Bern. In Bern wurde Binkel auf dem landwirtschaftlichen Betrieb Hofwyl bei Bern angebaut. Braungart (1891) hat in Zweilütschinen auf 658 m im Berner Oberland Felder gefunden, die mit einem sammetartig behaarten Binkel bestellt waren. Heer (1865) bestätigt den Anbau von Binkelweizen für die Westschweiz: «Der Binkelweizen hat steife Halme, eine kurze, dicht gedrängte grannenlose Aehre und wird als Sommerweizen noch hier und da in den Kantonen Waadt und Freiburg angebaut.»

Heer ging davon aus, dass Binkel bereits in der Zeit der Pfahlbausiedlungen, und hier vor allem in der späteren Siedlungsphase, angebaut wurde. Dem Binkelweizen wurde wegen seiner Bezeichnung als Pfahlbauweizen eine Art Kultstatus verliehen. Mayr (1934) beschrieb einzelne Fundorte für Österreich. Schellenberg (1900) fand Binkel in Graubünden:

«Der rote kahle ‹Binkelweizen› mit braunroten Körnern Triticum vulgare compactum creticum Mazz. Er kommt im Münsterthal und im untern Engadin gelegentlich vor, ist aber im Zurückgehen begriffen. Der Halm ist steif, die Ähre kurz 4–6 cm und dicht gedrängt.»

Binkel wurde 1929 in einem Feld bei Maienfeld gesammelt. Leider ist er nur als Museumsexemplar erhalten geblieben. Von Graubünden sind schlussendlich Herkünfte begrannt und unbegrannt aus dem Bündner Oberland erhalten geblieben.

Ein Binkelweizen aus der Westschweiz hat eine besondere Rolle bekommen, die Sorte Rouge de la Gruyère, auch bekannt als Poppeliweizen. Poppeliweizen wird noch angebaut wegen seines Strohes, es eignet sich u. a. für Strohsterne. Poppeliweizen bedeutet so viel wie «kleiner Weizen, Weizen mit kurzen Ähren». Das Strohmuseum

Abb. 2 Rouge de la Gruyère (*T. aestivum* subsp. *aestivum* var. *erinaceum*), Binkel- oder Zwergweizen. Die nicht begrannte Form von Rouge de la Gruyère, bekannt unter dem Namen Poppeliweizen, wird für Strohflechten verwendet. Foto: Nationale Genbank

widmet sich der Strohflechterei und Hutgeflechtindustrie in der Schweiz. Als Motto hat das Museum «von Stroh zu Gold», damit wird nicht auf Rumpelstilzchen verwiesen, sondern, wie aus den leuchtenden Halmen des Getreides gelb glänzendes Stroh gewonnen wird und dieses zu vielen Gegenständen verarbeitet wird. Das Stroh war zwei Jahrhunderte lang Grundlage eines blühenden Wirtschaftszweiges. Verarbeitet wurde hauptsächlich das elastische Roggenstroh, aber zu einem kleinen Teil auch der Binkelweizen Rouge de la Gruyère. Das letzte Internodium dieser Sorte ist besonders lang, länger als jenes der konventionellen Sorten. Die Sorte Rouge de la Gruyère wird spätestens seit 1945 in der Schweiz (Schilperoord 2006) erhalten und seit 1969 in den Vereinigten Staaten in der nationalen Genbank aufbewahrt. Es gibt eine begrannte Form, Igelweizen genannt, und eine unbegrannte Form.

Beginn der modernen Züchtung

Der Agrarhistoriker Peter Moser (2003) gibt in seinem Buch «Züchten säen ernten – Agrarpolitik, Pflanzenzucht und Saatgutwesen in der Schweiz 1860–2002» einen Überblick über die Entwicklung der Pflanzenzucht. In der vorliegenden Arbeit liegt der Schwerpunkt bei den Pflanzen. Die Situation in der Schweiz Ende des 19. Jahrhunderts war geprägt vom Bestreben, die Saatgutqualität der Handelsware zu garantieren und zu verbessern (siehe Einleitung, «Geschichte der Sammlung»). Die Züchtung der landwirtschaftlichen Kulturpflanzen ist aus der Samenkontrolle herausgewachsen. Sie wurde von der Samenuntersuchungs- und Versuchsanstalt Lausanne-Mont-Calme schon bei ihrer Gründung im Jahr 1898 aufgenommen. Volkart, der die Anstalt in Zürich ab 1917 leitete, beschrieb 1905 den damaligen Zustand, kurz vor der Erfindung des Kunstdüngers.

> «Der Weizen ist heute die wichtigste Getreideart der Schweiz. Noch in der ersten Hälfte des vorigen Jahrhunderts war das Korn vorherrschend. Er hat dieses nach und nach zurückgedrängt, dann aber selbst infolge des Rückganges des Getreidebaues stark an Areal verloren. [...] Mit Ausnahme der Kantone Bern, Aargau und Luzern, in denen das Korn überwiegt, und Graubünden, wo mehr Gerste und Roggen gebaut wird, ist der Weizen überall die Hauptgetreideart. Er wird hauptsächlich in den wärmeren Flusstälern mit verhältnismässig leichteren Böden und milderem Klima gebaut: in den Berggegenden bleibt er nächst dem Mais zuerst zurück. Auf der schweizerischen Hochebene

mit rauerem Klima und meist schwererem Boden ersetzt ihn das Korn, das er in die milderen Lagen verdrängt hat. Meist werden rote und weisse sogenannte ‹Landweizen› gebaut. [...] Sommerweizen wird nur im Gebirge gebaut, wo er z. B. in Graubünden bis zu einer Höhe von 1600 m ansteigt.»

Winterweizen: Plantahof- und Erlacherweizen

Die Sortengeschichte des Plantahofweizens ist charakteristisch für das Aufkommen veredelter Landsorten und die weitere Nutzung dieser Sorten. Rudolf Rüti, Landwirtschaftslehrer am Plantahof (1946):

«Der Winterweizen Plantahof entstand durch Formentrennung aus der Landsorte der Landwirtschaftlichen Schule Plantahof. Der Ausgangsbestand zeichnete sich durch gute Kornqualität, Frühreife und gute Winterfestigkeit aus. Die erste Auslese aus dem Feldbestand erfolgte im Jahre 1908 durch Prof. Dr. A. Volkart und Dr. H. Thomann. In gemeinsamer Arbeit der Landwirtschaftlichen Schule Plantahof und der Eidgenössischen Landwirtschaftlichen Versuchsanstalt Zürich-Oerlikon wurde aus ursprünglich 17 Linien im Verlaufe von acht Jahren die Linie 3 als beste isoliert und erhielt als ‹Plantahof 3› oder ‹Plantahofweizen› in der Schweiz weite Verbreitung. Auch in Österreich, namentlich in Kärnten und in der Steiermark, wird er viel angebaut. Ein Nachteil des Weizens war das leichte herausfallen der Körner (Hans Thomann 1943). In den letzten Kriegsjahren haben die ertragreicheren Monte-Calme-Züchtungen hauptsächlich in den Mittellandkantonen den Plantahoftyp teilweise verdrängt; denn die Kornqualität trat während der Mangeljahre in ihrer Bedeutung stark zurück, und preislich war sie nur unwesentlich begünstigt.»

Was der Plantahofweizen für die Züchtung in Oerlikon war, war der Erlacher Weizen für die Züchtung in Lausanne. Die Sorte Mont Calme XXII ist aus einer Linie des Erlacher Weizens hervorgegangen. Weil der Erlacher Weizen an der landwirtschaftlichen Schule Rütti ausgelesen und gepflegt wurde, hat er auch den Namen Rüttiweizen.

Die Geschichte der Getreidezüchtung in der Schweiz ist bis zum Zweiten Weltkrieg geprägt von den beiden unabhängig voneinander arbeitenden Forschungsanstalten Mont-Calme (Lausanne) und Oerlikon. Jede Anstalt verfolgte ihre eigenen Ziele, wie man einem Bericht von Wagner (1943) entnehmen kann:

«Beim Brotgetreide, speziell beim Weizen, würde also in Berücksichtigung der klimatischen und wirtschaftlichen Verhältnisse ein robuster Kombinationstyp verlangt; genauso, wie er auf dem Gebiet der Rindviehzucht durch unsere beiden Hauptrassen vertreten ist. Genau wie dort würden wir bei den wichtigsten Eigenschaften: Ertrag und Qualität, kein Maximum verlangen können. Beim Futtergetreide könnten die Anforderungen an die inneren Qualitätseigenschaften weitgehend in den Hintergrund gestellt werden.
Was haben wir nun, gemessen an dem eben umrissenen Zuchtziele, züchterisch erreicht? [...]

Beim Weizen sind die landwirtschaftlichen Versuchsanstalten in Lausanne und Oerlikon, als die Hauptträger der schweizerischen Getreidezucht, von zwei ganz verschiedenen Seiten an das Problem herangegangen. Dies ist verständlich, wenn man bedenkt, dass die beiden Anstalten ganz unabhängig voneinander arbeiten, und daher jeder Zuchtleiter vor allem diejenigen Leistungen berücksichtigte, denen er eine besondere Bedeutung beimass. Mont Calme hat Ertrag und Standfestigkeit den andern Eigenschaften vorangestellt und schon früh durch Einkreuzen von französischen Hochzuchten eine Verbesserung in diesem Sinne zu erreichen versucht. Oerlikon dagegen hat viel ausgesprochener auf der Landsorte aufgebaut und besonderen Wert auf Ertragssicherheit, Robustheit und Qualität gelegt. Dies hatte seinen guten Grund schon darin, dass die Sorten dieser Anstalt sich in klimatisch weniger begünstigten Gebieten zu bewähren hatten. Vergleicht man die beiden Hauptsorten: MC 245 (Lausanne) und Plantahof 3 (Oerlikon) in Bezug auf die einzelnen Punkte des festgelegten Zuchtzieles, so ergibt sich folgendes:

	Mont Calme 245	Plantahof 3
Robustheit	–	+
Standfestigkeit	+	–
Frühreife	+	+
Spelzenschluss	+	–
Ertrag	++	–
Kornhärte	–	++
Klebermenge	+	+
Kleberqualität	–	+

Die Zeichen (+) und (–) bedeuten gute, bzw. schlechte Ausbildung des betreffenden Merkmals. Krankheitswiederstandsfähigkeit und Winterfestigkeit sind nicht berücksichtigt, weil dafür kein genügendes Zahlenmaterial für die Sorte Mont Calme 245 zur Verfügung stand. Die Sorte Mont Calme 245 ist aus einer Kreuzung der französischen Sorte Hatif Inversable (Hatif = frühreif und Inversable = standfest) mit Mont Calme XXII, eine Auslese aus dem Erlacher Landweizen, entstanden.
Von beiden Seiten ist man also dem gesteckten Zuchtziel näher gekommen, ohne es freilich zu erreichen. Noch etwas sehr wesentliches, das zwar nicht auf dem ersten Blick auffällt, konnte verwirklicht werden: Es ist gelungen, die wünschenswerten Eigenschaften in zwei Sorten zu konzentrieren. Dies ist für die Weiterführung der Züchtung von grosser Bedeutung.»

Die Priorisierung der Qualität und nicht der Quantität bei der Zulassung der Sorten fand nach dem Zweiten Weltkrieg statt. Die erste neue Sorte nach dem Zweiten Weltkrieg, der berühmte Probus, ging aus einer Kreuzung von Plantahof mit Trubilo hervor. Trubilo war eine Auslese aus der Bayrischen Landsorte Traublinger Brauner Landweizen. Probus war während Jahrzehnten

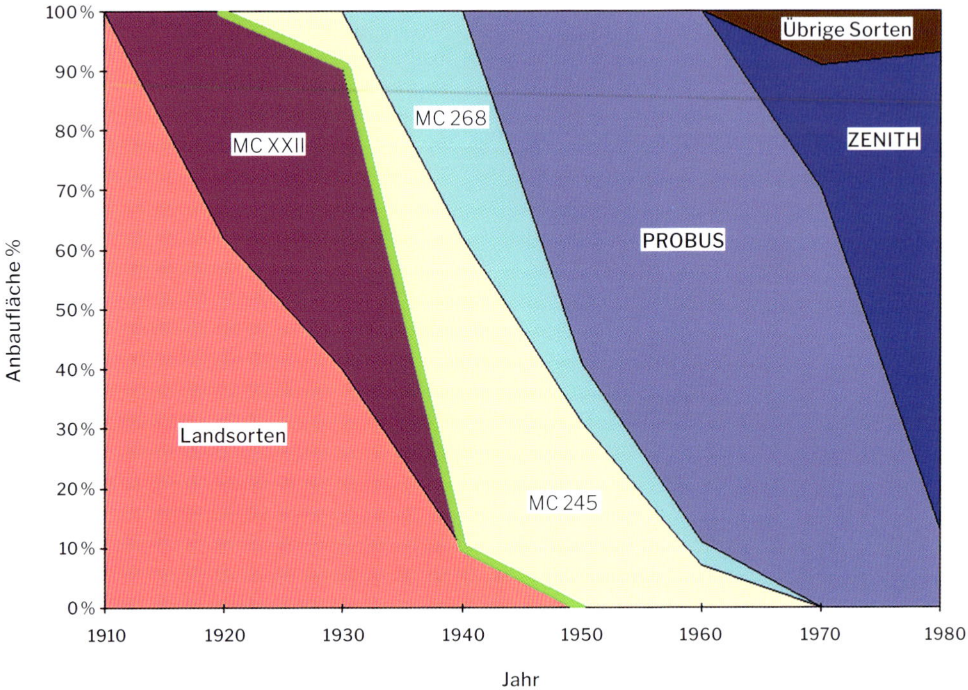

die beliebteste Sorte. Die Schweiz wollte nach dem Zweiten Weltkrieg beim Brotgetreide und nicht beim Futtergetreide selbstversorgend sein. Ertragreiche Futterweizensorten sind in der Schweiz nicht gezüchtet worden.

Sommerweizen: Huron – Manitobaweizen – Passung und Anpassung

Die Geschichte der ersten offiziellen Sommerweizensorte Huron ist aufschlussreich. Sie zeigt das Potenzial, das eine ausländische Sorte für die Schweiz haben kann (Wahlen, Bohlens 1937).

Abb. 3 Sortenentwicklung in der Westschweiz. 1910 gab es noch keine verbesserten Landsorten. Das änderte sich mit der Auslese von Mont-Calme XXII. MC XII ist eine Auslese aus einer Erlacher Landsorte. Ab 1919 eroberte die erste Winterweizensorte, die aus einer Kreuzung hervorgegangen war, die Sorte Mont-Calme 245 (Mont-Calme XII 3 × Hatif Inversable), die Flächen. Ab 1950 sind alle Sorten aus Kreuzungen hervorgegangen. Grafik leicht abgeändert: Fossati und Brabant, 2003

> «Sortengeschichte: Der Sommerweizen Huron ist eine Züchtung der Central Experimental Farm, Ottawa, Canada. Er stammt aus einer Kreuzung: Ladoga x White Fife, die 1888 von A. C. Saunders durchgeführt wurde. Ladoga ist eine frühreife, russische Landsorte aus der Nähe des Ladoga-Sees; White Fife ist eine weisskörnige Selektion aus der bekannten kanadischen Qualitätssorte Red Fife.
> Die Sorte Huron wurde 1912 von Dr. Martinet, dem damaligen Leiter der Eidg. Samenuntersuchungs- und Versuchsanstalt Mont Calme-Lausanne, in die Schweiz eingeführt. Eine erneute Auslese ergab als beste Linie die ‹Souche C› die später von Verwalter Widmer in Belleferme bei Payerne mit ‹Fuchs› bezeichnet wurde. Im Jahre 1932 erfolgte durch die Eidg. Landw. Versuchsanstalt Zürich-Oerlikon ein neuer Import von Originalsaatgut aus Kanada. Dieses wurde an den Gutsbetrieb der Strafanstalt Witzwil zur Vermehrung und Reinhaltung abgegeben. Wegen seines guten Ertrages, seiner Standfestigkeit und seiner für unsere Verhältnisse sehr gute Qualität ist Huron zur Zeit der Abfassung dieser Arbeit der in der Schweiz am stärksten verbreitete Sommerweizen.
> Sortenprüfung: Erstmals wurde Huron in Sortenversuchen in Indian Head 1894 geprüft. In der französischen Schweiz wurde er ab 1921 in die Vergleichsversuche aufgenommen. [...]»

Manitobaweizen war ein Sammelbegriff für Sommerweizen, der zu Beginn des 20. Jahrhunderts aus Kanada importiert wurde, Manitoba ist auch heute noch ein Handelsbegriff für Mehle mit einer sehr guten Backqualität aus Weizen aus der kanadischen Provinz Manitoba. Es war damals üblich, einen Teil des eingeführten Manitobaweizens, der für die Mühlen bestimmt war, als Saatgut zu verwenden. Manitobaweizen ist keine einheitliche Sorte, es ist ein Sortengemisch. Die Landwirte waren es damals noch gewohnt, selbst Saatgut zurückzubehalten, sie bauten ihren Weizen einige Jahre selbst nach. Durch Auslese im Feld wurden verschiedene Sorten auf der Basis der Importware gezüchtet. Die Sorte Wagenburg entstand aus einer Auslese aus Manitoba (Wahlen, Bohlens 1937).

> «Im Jahre 1918 wurden in einem Feldbestand von Manitoba auf dem Betrieb von U. Leisi, Wagenburg von Prof. A. Volkart 137 Pflanzen ausgezogen, von denen 45 als reine Linien zur weiteren Prüfung gelangten. Im Verlaufe von 10 Jahren wurde in gemeinsamer Arbeit der Gebr. Leisi und der Eidg. Landw. Versuchsanstalt Zürich-Oerlikon die Linie 5 als beste isoliert und erhielt in der deutschen Schweiz eine ziemlich starke Verbreitung. In den letzten Jahren ist die Sorte immer mehr von Huron verdrängt worden.»

Die Ablösung der Sommerweizenlandsorten durch Huron und auch Wagenburg erfolgte schlagartig. Im Gegensatz zum Winterweizen fand keine Selektion der einheimischen Landsorten statt, weshalb es auch keine verbesserten Sommerweizenlandsorten gab. Das Beispiel zeigt, dass Sorten aus weit entfernten Gegenden wie Kanada in der Schweiz angebaut werden können. Die Sorte passte, man musste sie nicht erst züchterisch anpassen. In der Südostschweiz bekam Huron schlussendlich Probleme mit Schwarzrost. Die Geschichte erinnert an die Schwarzrostepidemie bei der Gerste in den 1930er-Jahren in den Vereinigten Staaten. Man reagierte auf das Problem bei Huron mit einem eigenen Zuchtprogramm. Oehler (1950):

> «Seit 1927 wird sie (Huron PS) in der Westschweiz, seit 1938 in der ganzen Schweiz als einzige Sommerweizensorte angebaut. Huron ist sehr standfest, ihr Ertrag liegt 20% unter dem von Plantahof, doch besitzt sie eine ausgezeichnete Kleberqualität [...] In den zahlreichen Vergleichsversuchen der beiden Anstalten hat sie sich den neueren deutschen und schwedischen Sommerweizenzüchtungen überlegen gezeigt. Vor einigen Jahren wurde Huron in der Südostschweiz stark von Schwarzrost befallen, so dass Kreuzungen und Rückkreuzungen mit rostresistenten Sorten wie Thatcher und Newthatch durchgeführt worden sind. Die Ähren von Huron sind begrannt. Die Schaffung eines unbegrannten Typus wäre deshalb erwünscht.»

Aus dieser Arbeit gingen die Sorten Relin (1962) und Hinal (1963) hervor.

Kärntner Frühweizen

Was die Sorte Huron für das Mittelland und die Hauptgebirgstäler war, war Kärntner Frühweizen für die Randregionen des Weizenanbaus. Der Kärntner Frühweizen, mit Zulassung 1959, verdrängte in Graubünden in den 1960er-Jahren die noch vorhandenen Landsorten in den höheren Lagen. Die österreichische Sorte mit dem Namen, der an eine Landsorte erinnert, ging aus einer Kreuzung von Janetzkis Jabo mit DC-2305 hervor.[9] Der Vorteil des Kärntners ist seine Frühreife und seine Schwarzrostresistenz. Es gibt nur ein paar wenige Landsorten, die so früh oder nur wenig später Ähren schieben wie der Kärntner. Das zeigt, dass für den Sommerweizenanbau im Berggebiet eine Verbesserung, also eine Anpassung in Bezug auf Frühreife, möglich war. Die Firma Kärntner Saatbau verkauft aktuell noch Saatgut der Sorte Kärntner Früher.

9 www.ages.at/fileadmin/eventpages/slk2011/daten/Beschreibungen_PDF/024_Kaerntner_Frueher_a.pdf.

Die Weizensammlung der Samenbank

Der Weizen ist in der nationalen Samenbank mit 350 Mustern zahlreich vertreten. Die Abbildungen 4 und 5 zeigen die Bedeutung des Mittellandes, des Rheintales und des Tessins für den Getreidebau und die Bedeutung des Berggebietes für die Getreidesammlung der Samenbank. Auf den Getreideflächen im Mittelland im Jahr 1942 wachsen hauptsächlich jene Zuchtsorten, die in den vorangegangenen 30 Jahren entwickelt oder importiert worden sind. In den Bergtälern, wo hauptsächlich Sommerweizen angebaut wurde, haben die ausländischen Sorten die einheimischen nicht verdrängen können. Deswegen konnten zwischen 1943 und 1963 in den Bergtälern noch so viele Sommerweizenmuster und ein paar wenige Winterweizenmuster gesammelt werden. Die Sammelexpeditionen fanden nur in Graubünden und im Wallis statt. Die Sorten aus dem Mittelland, die erhalten geblieben sind, gehören zu den ersten Zuchtsorten. Die Herkünfte aus den Bergtälern sind Landsortenlinien. Landsorten waren

Abb. 4 Karte der Schweiz aus dem Jahr 1942 mit der gesamten Getreidefläche. Quelle: Eidgenössisches Statistisches Amt, 1943

Abb. 5 Die Herkünfte der Weizenmuster der nationalen Samenbank. Die Sommer- und Winterweizenmuster der Kantone Waadt, Graubünden und Tessin wurden zwischen 1943 und 1963 gesammelt. Bei den Mustern aus dem Gebiet zwischen Boden- und Genfersee handelt es sich um verbesserte Landsorten aus der Periode 1899–~1920. Aus dieser Region sind nur Winterweizen erhalten geblieben. Reliefkarte: geodata © swisstopo, Bearbeitung: Peer Schilperoord

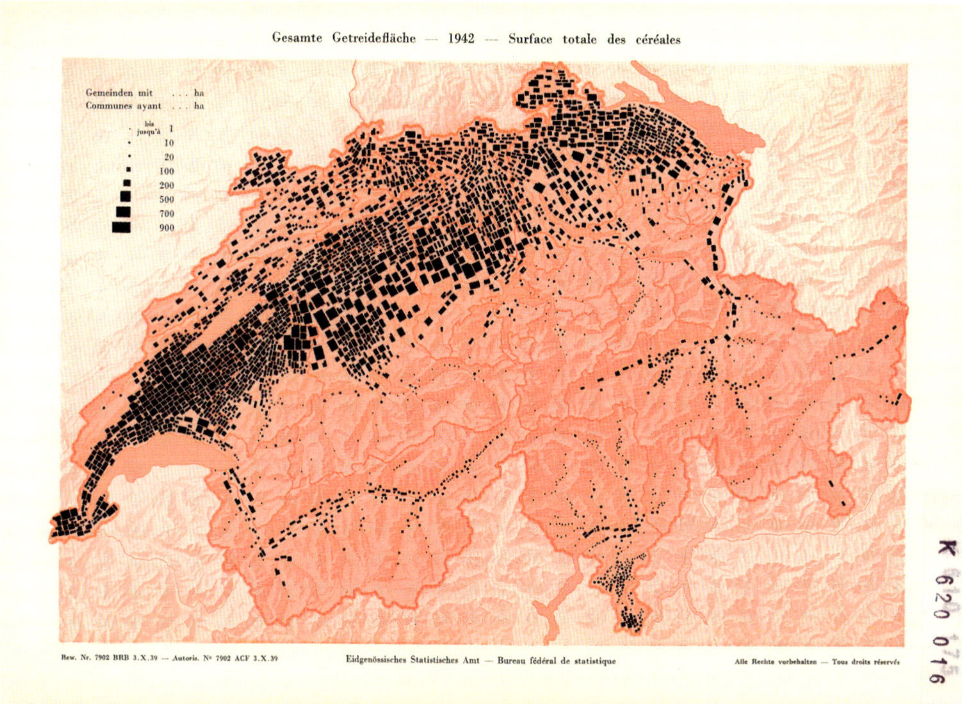
Gesamte Getreidefläche — 1942 — Surface totale des céréales
Gemeinden mit ... ha
Communes ayant ... ha
bis jusqu'à 1
10
20
100
200
500
700
900
Bew. Nr. 7902 BRB 3.X.39 — Autoris. N° 7902 ACF 3.X.39
Eidgenössisches Statistisches Amt — Bureau fédéral de statistique
Alle Rechte vorbehalten — Tous droits réservés
K 620 016

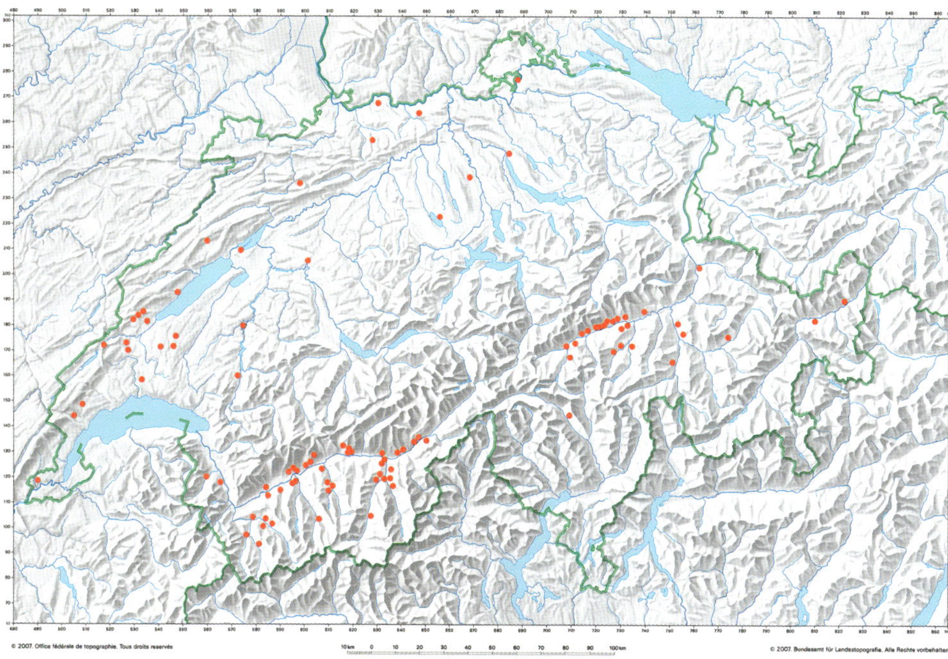

ein buntes Gemisch von genetisch verschiedenen Pflanzen. Die einzelnen Pflanzen unterschieden sich nicht nur im Aussehen, Wuchs und in der Farbe der Ähren und Körner, sondern auch in Bezug auf ihre Resistenzen.

Die Weizensammlung der Samenbank spiegelt die beschriebene Geschichte der Brotweizenzüchtung in der Schweiz. Der Zweite Weltkrieg gab den Anstoss für die systematische Sammlung der verbliebenen Landsorten. Das Ziel war nicht die Erhaltung der Sorten an sich, sondern die Erhaltung wichtiger Eigenschaften, insbesondere Resistenzen.

Die erhaltene Vielfalt ist gross. Die Länge der Pflanzen variiert von knapp hüfthoch bis mannshoch. Die frühesten Sorten schieben ihre Ähren 18 Tage früher als die spätesten. Auch die Standfestigkeit ist sehr unterschiedlich. Die Muster sind im Durchschnitt standschwach, nur wenige eignen sich deshalb für den heutigen Anbau. Auffallend sind die Unterschiede in der Backqualität. Eine Selektion auf backtechnische Merkmale hat bei den Landsorten nicht stattgefunden. Das ist verständlich, weil früher einwandfreie Brote durch eine lange Teigführung, durch die Verwendung von Sauerteig und die Benutzung von Formen hergestellt wurden. Die Teigsäuerung bewirkt eine Straffung (zu) weicher Teige, die Benutzung von Backformen verhindert das Breitlaufen.

Die Sammler berücksichtigten die Vielfalt in den Parzellen und nahmen je nach Parzelle eine oder mehrere äusserlich unterscheidbare Formen mit. Die Ähren wurden einzeln angebaut, ihre Nachkommenschaften geprüft und danach wurde entschieden, ob sie in die Sammlung aufgenommen werden oder nicht. So sind einzelne Linien der ursprünglichen Vielfalt erhalten geblieben. In Wirklichkeit war die ursprüngliche Vielfalt grösser, als die Sammlung zeigt. Die Sammlung vermittelt einen Eindruck vom Entwicklungsstand der Landsorten zum Zeitpunkt ihrer Aufnahme in die Sammlung. Eine Sorte aus der Sammlung hat den Weg zurück auf das Feld geschafft, und zwar die Sorte Sur En aus der Nähe von Ardez. Diese Sorte ist kürzer und standfester als die meisten Landsorten und hat eine ausgezeichnete Backqualität. Sur En kann im Herbst oder im Frühling gesät werden. Die modernen Winterweizen-Biosorten erzielen einen höheren Ertrag bei guter Qualität.

Ährenschieben	18	Differenz in Tagen zwischen der ersten und der letzten Sorte
Pflanzenlänge	110–180 cm	
Standfestigkeit	1–9	auf einer Skala von 1–9 (9 = gelagert)
Ertrag	21–55 kg/a	
Tausendkorngewicht	30–44 g	
Eiweissgehalt %	9,2–18	
Eiweissqualität	15–30	mittlere Backqualität
Zeleny (NIR)	23–73	30–45: gute Backqualität; über 45: sehr gute Backqualität
Braunrost	1–6,3	auf einer Skala von 1–9 (9 = stark befallen)
Schwarzrost	1–9	auf einer Skala von 1–9 (9 = stark befallen)
Mehltau	1–8	auf einer Skala von 1–9 (9 = stark befallen)
Spelzenbräune	2–7	auf einer Skala von 1–9 (9 = stark befallen)

. 2 Vielfalt der Werte. Die imal- und Maximalwerte en, wie gross die Band- te für einige ausgewählte kmale ist. Einige Werte d vergleichbar mit den ten moderner Zuchtsorten, ser bei der Länge und bei Erträgen. Zum Vergleich: derne konventionelle ten erreichen eine Länge ca. 90 cm und die Erträge en bei 60 kg/Are.

. 6 Weizenfeld mit Sur Die Sorte wurde 1963 in En bei Ardez als Land- e gesammelt. Vom Typ hat sie Ähnlichkeiten mit m modernen standfesten zen. Weizenfeld bei ans. Die Saat erfolgte als afkorn Ende November 2. Landquart, 06.07.2013

D DINKEL – DER WILD GEWORDENE WEIZEN

Dinkelkörner

Dinkelvesen

Der Dinkel gehört zu den interessantesten Kulturpflanzen der Schweiz. Seine Geschichte von den ersten Anfängen um 2300 v. Chr. bis jetzt ist voller Überraschungen und Wendungen. Seine Entstehung ist bereits einzigartig. Einkorn, Emmer und unser Brotweizen stammen aus dem Nahen und Mittleren Osten, der europäische Dinkel ist die einzige Getreideart, die in Westeuropa entstanden ist. Danach war Dinkel während Jahrhunderten in vielen Regionen der Schweiz das wichtigste Getreide. In diesen Regionen war die Bezeichnung Korn identisch mit Dinkel. Es entstand ein vielfältiger, reichhaltiger Bestand an Dinkelsorten. Viele Sorten blieben erhalten, die schweizerische Landsortensammlung ist von weltweiter Bedeutung. Die Basis für diese Sammlung legte Siegfried Wagner in den 1930er- und 1940er-Jahren auf seinen Reisen durch die Dinkelanbaugebiete Westeuropas.

Dinkel ist im Vergleich zu Weizen aromatischer und leichter zu verdauen. Auf diese Erfahrung machte bereits Hildegard von Bingen im 12. Jahrhundert aufmerksam. Laut war der Protest von Konsumenten, Produzenten und Bäckern, als in den 1990er-Jahren neue Zuchtsorten auf den Markt kamen. Diese neuen Sorten waren dem Weizen zu ähnlich. Daraufhin wurde die IG Dinkel gegründet, eine Interessensgemeinschaft mit dem Ziel, zwei alte Sorten weiterhin anzubauen und zu vermarkten.

Seit Anfang dieses Jahrtausends gibt es eine neue Generation von Zuchtsorten, sie ist speziell für den biologischen Anbau gezüchtet worden. Auch die neue Generation basiert auf Kreuzungen mit Weizen, sie sollten aber noch die wichtigsten Merkmale des Dinkels aufweisen. Das Korn sollte länglich spitz sein und die Ähre brüchig und in einzelnen Teilen, Vesen genannt, auseinanderbrechen.

Wie hat sich die Vielfalt des Dinkels entwickelt, wie sah sie aus, was ist von dieser Vielfalt erhalten geblieben und wie wird sie genutzt? Damit man diese Fragen beantworten und die Überraschungen und Wendungen in der Geschichte des Dinkels verstehen kann, muss man sich mit der Gestalt des Dinkels vertraut machen.

Dinkel und Weizen gehören zur gleichen Art. Sie lassen sich problemlos miteinander kreuzen. Im Feld können solche Kreuzungen spontan stattfinden. Sie sind nicht sehr häufig, da Weizen und Dinkel Selbstbefruchter sind. Wie unterscheiden sich Dinkel und Weizen?

An den Ähren zeigen sich die grössten Unterschiede. Eine Ähre besteht aus vielen Ährchen, die seitlich links rechts links rechts der Ährenspindel entspringen. Jedes Ährchen besteht aus mehreren Blüten. Dinkel bildet pro Ährchen 3–4 Blüten, Weizen deutlich mehr, und zwar 5–9. Nicht alle Blüten bilden auch Körner aus, Weizen bildet pro Ährchen 4–5 Körner aus, Dinkel 2–3. Weizen ist fruchtbarer als Dinkel. Man sieht es auch den reifen Ähren an. Der Weizen wirkt struppiger, der Dinkel kräftiger durchgestaltet. Was der Weizen an Masse hat, hat der Dinkel an Gestaltungskraft (Abb. 1 und 2). Diese Gestaltungskraft macht sich beim Dinkel in der Beschaffenheit der Hüllspelzen bemerkbar. Jedes Ährchen hat zwei Hüllspelzen. Diese Spelzen umhüllen, wie der Name sagt, sämtliche Blüten eines Ährchens, sie stehen an der Basis jedes Ährchens und haben keinen direkten Kontakt mit den Körnern. Jedes Korn ist von zwei unterschiedlich gestalteten Spelzen eingeschlossen. Die grössere Spelze heisst Deckspelze, sie kann begrannt sein. Die Vorspelze ist immer unbegrannt. Die Deckspelze befindet sich unterhalb des Kornes und umschliesst die rundliche Rückenseite des Kornes. Die Deckspelzen sind immer sichtbar, sie ragen aus den Hüllspelzen heraus. Die Vorspelze umschliesst die abgeflachte und gefurchte Bauchseite des Kornes. Sie schaut kaum heraus. Sie ist häutig, durchsichtig und bildet kein Blattgrün. Die Deckspelze bildet Blattgrün, sie ist fester, kräftiger.

Die Hüllspelzen von Weizen und Dinkel unterscheiden sich stark. Beim Dinkel ist die Hüllspelze ledrig, hart. Die Dinkelhüllspelzen umschliessen die übrigen Spelzen mit den Körnern fest. Bei leichtem Druck und beim Dreschen zerfällt die reife Dinkelähre in Einzelteile, Vesen genannt. Die Deckspelze des Dinkels hat die gleiche Beschaffenheit wie jene des Weizens. Beim Weizen dagegen hat die Hüllspelze die gleiche Beschaffenheit wie die Deckspelze. Beim Dinkel sind ca. 95 % der Körner nach dem Dreschen noch in den Vesen eingeschlossen, und es braucht eine spezielle mechanische Bearbeitung, das Röllen, um die Körner von den Spelzen zu befreien. Diese zusätzliche Bearbeitung ist beim Weizen nicht nötig, denn es werden während des Dreschens Korn und Spreu vollständig getrennt.

Beim Dinkel ist die Vese die Ausbreitungseinheit, das heisst, man sät beim Dinkel die Vesen und nicht die nackten Körner (Abb. 3 und 4). Beim Weizen tragen die Spelzen zur Ausbreitung nichts bei. Dinkelkörner sind meistens länglicher und spitzer als Weizenkörner (Abb. 4). Die Kornform ist abhängig von der Form der Deckspelze. Bei genauem Hinschauen kann man mit einer Lupe die Abdrücke der Nervatur der Deckspelzen in der Oberfläche der Körner sehen. Dinkelkörner sind in der Regel durchscheinend, glasig, manchmal auch mehlig, das heisst nicht durchscheinend. Die Beschaffenheit von Weizenkörnern variiert zwischen glasig und mehlig. Das mehlige Aussehen ist zurückzuführen auf winzige Risse, auf Hohlräume zwischen und in den Zellen des Mehlkörpers. Diese entstehen beim Reifen. Bei den glasigen Körnern bilden sich diese Risse nicht. Der ganze Mehlkörper bleibt kompakt. In der Regel sind glasige Körner härter und geben ein griffigeres, sandigeres Mehl

als mehlige Körner. Einkorn- und Emmerkörner sind immer glasig.

Entstehungsgeschichte des europäischen Dinkels

Es gibt keine archäobotanischen Hinweise, die belegen, dass unser Dinkel aus dem Nahen Osten stammt und nach und nach mit Verspätung Westeuropa erreichte. Der Weizen dürfte schon im 6. Jahrtausend v. Chr. die Schweiz erreicht haben, der Dinkel lässt sich in der Schweiz seit 2300 v. Chr. nachweisen. Die ältesten Dinkelreste der Schweiz wurden in der Nähe von Neuchâtel in einer Siedlung der Glockenbecherkultur in Cortaillod/Sur les Rochettes-est gefunden.[10] Bis dahin waren Einkorn, Emmer und Gerste die vorherrschenden Getreidearten. In der Bronze- und Eisenzeit sind Dinkel und Emmer die häufigsten Weizenarten.

10 Akeret, 2005.

Abb. 1 Der Dinkel in der Mitte ist aus einer Kreuzung des Binkelweizens (links) mit Emmer (rechts) hervorgegangen. Seitenansicht der Ähren. Der Zwergweizen stammt aus Obersaxen, der Dinkel ist ein Sommerdinkel aus Kerzers, der Emmer stammt aus Baselland. Die Weizenähre ist 7 cm lang. Zwergweizen und Dinkel können auch begrannt sein.

Abb. 2 Vorderansicht der Ähren in Abb. 1a

Abb. 3 Ährenteile und Ährchen (Vesen) von Sommerdinkel. Die Hüllspelzen umhüllen alle Blüten eines Ährchens. Jede Blüte besteht aus Vor- (nicht sichtbar) und Deckspelzen. Die Deck- und Vorspelzen bedecken das Korn. Die Vese ist die Ausbreitungseinheit, die Frucht des Dinkels.

Abb. 4 Von links nach rechts: je 2 Körner von Zwergweizen, Dinkel und Emmer. Emmerkörner sind immer durchscheinend, glasig, Dinkelkörner sind in der Regel glasig, Weizenkörner sind, wie hier gezeigt, öfters mehlig.

Abb. 5 Verkohlte Dinkelkörner aus der Bronzezeit. Fundort: Maladers-Tummihügel. Die Kornform ist besonders gut erhalten, wie das Korn in der Mitte oben zeigt. Hier ist der Keim klar erkennbar, ebenso die Bauchfurchen bei den Körnern der unteren Reihe. IPNA Universität Basel

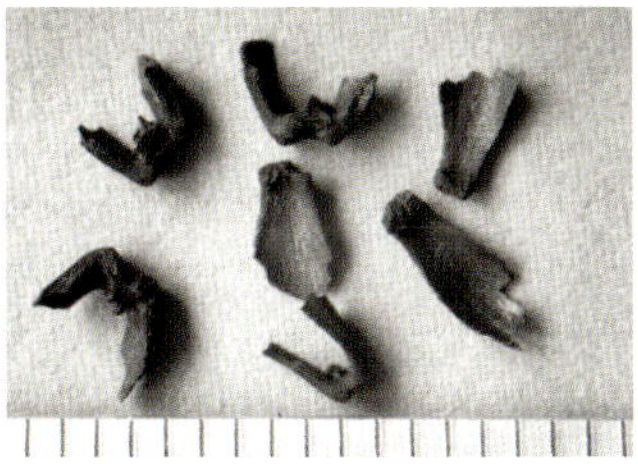

Abb. 6 Druschreste von Dinkel aus der frühbronzezeitlichen Grabung von Maladers-Tummihügel. Teile der Vesen und der Hüllspelzen sind erhalten geblieben. IPNA Universität Basel

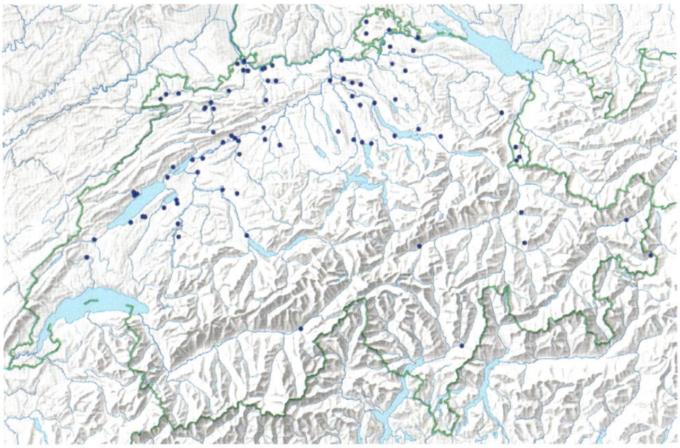

Abb. 7 Dinkelfunde in der Schweiz, vom Spätneolithikum bis ins Spätmittelalter. Die Karte wurde anhand von Daten des IPNA der Universität Basel erstellt. Der Schwerpunkt der Funde liegt in der West- und Nordwestschweiz. Das Bild ist etwas verzerrt, weil nicht in allen Kantonen Bodenproben genommen und archäobotanische Untersuchungen durchgeführt wurden. Reliefkarte: geodata © swisstopo, Bearbeitung: Peer Schilperoord

Wie kam der Dinkel in die Schweiz? Elisabeth Schiemann (1881–1972) stellte 1932 die Hypothese auf, dass der Dinkel aus einer Kreuzung von Nacktweizen mit Emmer entstanden ist. Beim Weizen dachte sie in erster Linie an den Pfahlbau- oder Binkelweizen (*T. aestivum* subsp. *compactum*). Diese Kreuzung haben mehrere Forscher experimentell durchgeführt.[11] Aus der Kreuzung geht eine ganze Reihe von Formen hervor, sie reichen vom Dinkel bis zum Nacktweizen. Weiterführende Genom-Analysen bestätigten die Annahme, dass der europäische Dinkel tatsächlich in Europa entstanden ist und nicht vom Iranischen Dinkel abstammt.[12] Die ursprünglichen Merkmale des Emmers, wie brüchige Spindel, fest umschlossenes längliches Korn, fanden durch die Kreuzung mit Emmer Eingang in die Gruppe des Brotweizens. Die Wissenschaftler konnten ausschliessen, dass der Dinkel nicht durch Mutationen des Brotweizens entstanden sei. Weil Dinkel die für Wildpflanzen typischen Merkmale aufweist (brüchige Spindel und fest von Spelzen umschlossene Körner), kann man den Dinkel auch als «wild gewordenen Weizen» kennzeichnen.

Schauen wir genauer an, was bei einer Kreuzung von Emmer mit Nacktweizen passiert. Kreuzen sich die beiden, was höchst selten passiert, dann gibt es vielfältige, formenreiche Nachkommenschaften: mit Pflanzen, die weizenähnlich sind, Pflanzen, die zwischen Weizen und Dinkel stehen, und Pflanzen, die dinkelähnlich sind.[13] Die Menschen der Prähistorie haben – und das ist das

11 Bertsch, 1949; Mac Key, 1966; Ohtsuka, 1998; Xueli et al., 2005.
12 Blatter et al., 2002; Blatter et al., 2004; Xueli et al., 2005; Dvorak et al., 2012.
13 Yan et al., 2003.

Besondere – gerade die Dinkelformen ausgelesen und vermehrt. Der Dinkel wurde bevorzugt, und das blieb er für gewisse Regionen bis weit ins 19. Jahrhundert.

Wie hat sich der Dinkel in der Schweiz entwickelt, welche Vielfalt ist entstanden und was ist erhalten geblieben? Dinkel ist heute vor allem bekannt als ein Getreide des Mittellandes, des Emmentales. Das Anbaugebiet erstreckte sich früher über die ganze Schweiz. Die frühbronzezeitlichen Funde aus Graubünden gehören mit zu den ältesten sicheren Dinkelfunden im westlichen Mitteleuropa. Die Funde stammen von Maladers-Tummihügel (1010 m), gelegen am Anfang des Schanfiggs (Abb. 5 und 6), Savognin-Padnal (1206 m) und Scuol Munt Baselgia (1225 m).[14] Für Graubünden gibt es auch aus der Eisenzeit Fundstellen: Lantsch (Lenz, Bot da Loz, 1325 m) und Scuol (Munt Baselgia). Diese Befunde sind erstaunlich, weil Dinkel in Graubünden Ende des 19. Jahrhunderts praktisch nicht mehr angebaut wurde. Nur im benachbarten Nordtirol, im Vorarlberg und im St. Galler Rheintal hat man am Dinkel festgehalten.

Anders sieht es aus für die Gegend zwischen Neuenburger- und Zürichsee. Um 1000 v. Chr. war Dinkel hier die vorherrschende Getreideart (Abb. 7). Dinkel blieb lange das Hauptgetreide und wurde erst im Laufe des 19. und 20. Jahrhunderts vom Weizen abgelöst. Um 1885 lag Dinkel mit 33 % der gesamtschweizerischen Anbaufläche beim Wintergetreide an erster Stelle. Der Flächenanteil von Dinkel am schweizerischen Getreidebau betrug 1900 19 %, 1931–1940 10 %, 1971–1980 3 %.[15] Seit dem Tiefststand 1999 hat die Dinkelfläche wieder zugenommen. Die jährliche Produktion von ca. 7000 t im Jahr 2000 hat sich auf 18 000 t im Jahr 2011 gesteigert.[16] Warum war der Anteil an Dinkel gesunken? Die Getreidezüchter konnten den Ertrag beim Weizen deutlich steigern und bald war der Weizen in den trockeneren Gegenden der Schweiz dem Dinkel ertragsmässig überlegen. Aus wirtschaftlichen Gründen wurde der Dinkelanbau zugunsten des Weizenanbaus reduziert. Halten konnte sich der Dinkel u. a. im Emmental dank seiner optimalen Anpassung an kühle, feuchte Standorte – Standorte, an denen der Weizen Schwierigkeiten bekundet. Unter den Dinkellandsorten gab es keine Sorten, die eine stärkere Düngung in einen höheren Ertrag umsetzen konnten. Die Standfestigkeit konnte später beim Weizen durch das Einkreuzen von kürzeren Typen verbessert werden, und so konnte der Ertrag bei gesteigerter Düngung nochmals verbessert werden.

Vielfalt des Dinkels

Die ersten historischen Zeugnisse, die über eine Erwähnung des Dinkels hinausgehen und unterschiedliche Sorten beschreiben, gibt es seit dem 18. Jahrhundert. Der berühmte Forscher Albrecht von Haller (1708–1777) war der Erste, der verschiedene Getreidearten und -varietäten ausführlich beschrieb. Er war Mitglied der Ökonomischen Gesellschaft von Bern, die sich zum Ziel gesetzt hatte, die Landwirtschaft zu verbessern, die Produktion zu steigern. Für Details siehe die Einleitung.

Für die Beschreibung der Getreidearten und Sorten machte Albrecht von Haller auch Zeichnungen (Abb. 8). Die Dinkelpflanzen, die er sammelte und für seine Beschreibungen verwendete,

Abb. 8 Die erste wissenschaftliche Abb. eines Dinkelährchens mit der Beschreibung der Spelzen. Eine begrannte rotährige (Fig. 13) und eine unbegrannte weissährige Form (Fig. 14). Ursprünglich hatte der Dinkel den lateinischen Gattungsnamen *Zea*. Legende: aa calyx = Hüllspelzen; bb flores duo fertiles = 2 fertile Blüten; cc gluma exterior aristata = Deckspelzen, aussen begrannt; d interior = Vorspelze und ff duo flores steriles = 2 sterile Blüten. Quelle: Haller, 1775. © Goettingen State- and University Library

Abb. 9 Protokoll der Beschreibung der Einzelpflanzen der ersten Selektion aus einem Dinkelfeld in Oberkulm durch Rudolf Burkhardt vom 21.08.1909. Getreidearchiv

14 Jacomet, 1999.
15 Mattmüller; Dubler, 2010.
16 BFS Statistisches Lexikon der Schweiz, 2011.

F. 13. 14. Zea rubra et alba.
aa calyx.
bb flores duo fertiles.
cc gluma exterior ariſtata.
d interior.
ff duo flores ſteriles.

Auslese aus: Rotkorn. Züchter: Rud. Burkhardt, Ober-Kulm. Ausgelesen den 21. VII. 1909.

№	Bestockung Zahl der Halme	Halmlänge cm	Abweichung	Halmdicke mm	Abweichung	Aehrengewicht gr	Abweichung	Aehrendichte D	Abweichung	Körner im Aehrchen Zahl	Abweichung	1000 Korngewicht gr	Abweichung		Abweichung	Bemerkungen
1	1	131	[illegible]	13.9	+0.2	3.4	+0.6	17.3	+0.4	2.1	+0.3	58.7	+2.2			Aehre defekt
2	1	131	−4	14.4	+0.5	3.6	+0.7	13.8	−3.1	2.2	+0.4	53.0	−2.6			
3	2	129	−5	14.2	+1.2	3.0	+0.6	15.0	−1.7	1.9	+0.3	47.2	−6.2			
4	2	131	−2	13.3	+0.2	2.8	+0.5	18.4	+0.7	1.9	+0.2	57.4	+3.8			
5	3	131	+6	12.5	+0.1	2.3	+0	20.3	+2.3	1.5	−0.1	52.0	+0.2			
6	3	140	+18	13.0	+0.5	2.6	+0.1	15.6	−2.8	1.6	—	53.6	+1.7			
7	3	138	+11	13.8	+0.5	2.3	[illegible]	17.0	−1.0	2.1	+0.5	53.8	+2.1			1 Aehre defekt
8	3	121	[illegible]	13.8	+1.1	2.6	+0.3	16.5	−1.2	1.9	+0.3	50.5	[illegible]			1 " "
9	4	130	+6	13.4	+0.6	2.6	+0.0	18.4	—	1.7	+0.2	49.5	+0.1			
0	4	121	−8	13.1	+0.3	2.4	+0.2	16.5	−1.9	1.6	+0.1	44.7	−4.7			
1	5	137	+10	13.3	+1.2	2.2	+0.1	16.8	−0.7	1.6	+0.1	50.5	—			1 Aehre defekt
2	5	130	+3	11.7	−0.3	2.2	+0.1	19.0	+1.5	1.8	+0.2	48.5	−5.0			2 Aehren "
3	6	129	+6	12.0	−0.3	2.2	−0.1	18.9	+1.8	1.5	—	54.8	+6.0			2 " "
4	6	124	+1	12.7	—	2.7	+0.5	18.4	+0.7	1.6	+0.1	54.8	+6.8			1 Aehre "
5	7	134	+4	12.3	+0.5	1.8	—	17.1	−1.2	1.6	[illegible]	55.8	+2.0			3 Aehren "
6	8	140	+6	12.3	+0.1	2.2	[illegible]	16.2	−0.6	1.4	—	51.6	+1.1			1 Aehre "
7	8	133	−1	11.9	−0.3	1.9	−0.1	15.7	−1.1	1.5	+0.1	52.3	+1.2			3 Aehren "
8	10	134	+	12.1	—	2.0	+	20.2	+	1.4	+	51.8	+			1 Aehre "
9																
0																

Die **Halmdicke** ist das Mittel aus dem Durchmesser der drei obersten Halmglieder. Die **Aehrendichtigkeit** (D) ist die Anzahl der Aehrchen auf 10 cm Aehrenlänge; je grösser diese Zahl, umso dichter Aehre. Maßgebend für die Beurteilung der verschiedenen Wertmerkmale ist die »Abweichung« vom Mittel aller untersuchten Pflanzen mit gleich viel Halmen.

Bemerkungen: Ausgewählt aus 56 untersuchten Pflanzen.

sind als Herbarexemplare erhalten geblieben. Haller liess sich aus vielen europäischen Ländern Getreidemuster zuschicken. Dadurch bekam er einen guten Überblick über den Dinkelanbau in der Deutsch- und Westschweiz und in Süddeutschland. Zu den Anbauregionen schreibt Haller:

> «Ueberhaupt dähnet sich der Anbau des Spelts, Dinkels oder gemeinen Korns, nicht so weit aus. Es wird gepflanzet in Italien, im wärmern Theil von Frankreich, im Schweizerland, in Franken und im Schwabenlande. (Im Kanton Zürich wird fast nichts als Dinkel gepflanzet). Weiters hin gegen Norden fast keins mehr. So bald bey uns ein Acker nur ein wenig nass ist, so säen unsere Leute lieber Spelt oder Dinkel als Weizen, weil ihm die Nässe weniger schadet. Der Spelt ist bei uns so allgemein, dass man ihm besonders den Namen Korn gibt, wie in Deutschland dem Roggen, als der gemeinsten Frucht, und in Schwaben der Gerste.»

Dinkel war im Kanton Bern weitverbreitet. Hauptsächlich wurde Winterdinkel angebaut, gelegentlich aber auch Sommerdinkel, so in der Gegend von Burgistein bei Wattenwil und im Eggwil bei Langnau. In den raueren Regionen des Emmentals, Summiswalds, Brandis und Signau, wo Winterdinkel nicht mehr angebaut werden konnte, wurden stattdessen Sommerdinkel, aber auch Sommergerste und Sommerroggen angebaut. Ein weisser, begrannter Dinkel «épeautre blanche barbu», den man sowohl im Herbst als auch im Frühling säen konnte, gab es im Kanton Waadt. Der Dinkelanbau ist auch für die Jura und für den Kanton Luzern belegt. Die unbegrannten Varietäten wurden in Luzern auch als «Muzerkorn» bezeichnet.[17]

Auslesezüchtung 1908–1935

Die Getreidesorten waren früher regional verankert. Jedes Tal, ja jeder Talabschnitt hatte seine eigenen Sorten. Die Bauern waren die Saatgutproduzenten und wussten, von welchen Äckern das beste Saatgut kam. Das änderte sich, als die landwirtschaftlichen Schulen anfingen, die Sorten zu prüfen und die besten auszulesen. Bei keiner anderen Feldfrucht spielten auch dann noch die Landwirte bei der Auslese und bei den Prüfungen eine so bedeutende Rolle wie beim Dinkel. Bei der Weizen-, Gerste-, Roggen- und Haferzucht beteiligten sich insbesondere die landwirtschaftlichen Schulen und die Gutsbetriebe der Straf- und Irrenanstalten an der Auslesezucht. Beim Dinkel waren es die Landwirte in Zusammenarbeit mit den beiden Getreidezüchtern und Agronomen Albert Volkart (1873–1951) und Albert Näf (1871–1950), die die Zuchtprogramme leiteten.

Der Getreidezüchter Albert Volkart fasste zu Beginn seiner Karriere den Stand des Ackerbaus zusammen.

> «Ausser im Kanton Bern überwiegt das Korn namentlich im Kanton Luzern und Aargau. In der französischen und italienischen Schweiz und in den Kantonen Graubünden und Wallis kennt man den Kornbau nicht mehr. Während der Weizen hauptsächlich im Gebiete der ehemaligen Dreifelderwirtschaft Boden gewonnen hat, ist das Korn im Gebiete der Egertenwirtschaft[18] vorherrschend, so z.B. im bernischen Emmental. Das Korn ist hier in dem zäheren schwereren Boden und im feuchteren Klima sicherer als der Weizen; vor dem er den Vorzug hat weniger leicht zu lagern und weniger dem Rost ausgesetzt zu sein. Gebaut werden fast ausschliesslich als Winterfrucht in wenig voneinander abweichenden Varietäten Rotkorn und Weisskorn, Schlegelkorn (mit gedrängterer Ähre und kürzerem Stroh) und Bayernkorn (mit längerem Stroh und schlafferer Ähre).»

Um 1912 waren in der Schweiz gemäss einem Verzeichnis der Pflanzenkommission[19] ausschliesslich Landsorten erhältlich:

17 Für die Quellenangaben siehe: Kulturpflanzen in der Schweiz – Dinkel. DOI: 10.22014/978-3-9524176-0-7.1.

18 Die Egertenwirtschaft findet sich in Regionen mit genügend Niederschlag, wodurch sich die Äcker leicht in Wiesen verwandeln lassen.

19 Getreidearchiv im Schweizerischen Bundesarchiv.

«Korn (Spelz). Landsorten:

- Schlegelkorn. Gedrängte, unbegrannte, kurze, zähe Ähre von meist weisser Farbe, kurzes, steifes Stroh von mittlerer Bestockung. Ertragreich in Vesen und Stroh. Es gibt auch rotes Schlegelkorn mit im Wesentlichen den gleichen Eigenschaften.
- Bayernkorn. Lockere, unbegrannte Ähre von weisser oder roter Farbe, langes, zähes Stroh, starke Bestockung. Ertragreich in Vesen und Korn. Bayernkorn ist im Allgemeinen etwas winterfester und frühreifer als Schlegelkorn, hat aber eine zerbrechliche Ähre, lagert etwas leichter und ist meist nicht ganz so ertragreich in den Vesen, wie das Schlegelkorn. Das rote Bayernkorn wird auch als Lustenauer Korn, das weisse als Eisenkorn bezeichnet.
- Begrannte Kornsorten (Haarkorn) sind im Allgemeinen nicht empfehlenswert. Sie lassen im Ertrag meist zu wünschen übrig und sind schwerer zu reinigen.»

Die Dinkelzucht in der Schweiz fängt 1908 mit der Verbesserung der Landsorten 'Bangerten' und 'Farnsburg' an. Zunächst sucht man sich die besten Einzelpflanzen aus einer Landsorte, die sich bewährt hat, aus und vermehrt diese. Die Protokolle der ersten Auslese sind erhalten geblieben und geben einen Einblick in die Vielfalt, die innerhalb einer Landsorte vorherrschte. Aufschlussreich ist das Protokoll des 'Oberkulmer Rotkorns' (Abb. 9). Am 21. August 1909 wurden auf dem Soodhof von Rudolf Burkhardt in Oberkulm 56 Pflanzen ausgelesen, von denen 18 für den Nachbau bestimmt wurden. Vermessen wurden Merkmale wie Halmlänge, Halmdicke, Tausendkorngewicht und Ährendichte. Die Ährendichte besagt, wie viel Vesen sich auf einer Länge von 10 cm an der Ährenachse befinden. Der Mittelwert lag bei

Abb. 10 Lockerähriger, roter, begrannter Dinkel von Guggisberg. Getreidezüchtung Peter Kunz

Abb. 11 Oberkulmer Rotkorn, reife Ähre

17,3, was einer mittleren Dichte entspricht, es gab aber auch sehr dichte Ähren mit einer Ährendichte von 20 und sehr lockere Ähren mit einer Dichte von 14 Ährchen pro 10 cm. Ursprünglich hatte das 'Oberkulmer Rotkorn' weder dichte noch lockere Ähren, sondern es war ein Gemisch aus lockeren und dichten Ähren mit allen Übergängen dazwischen. In einer Landsorte variierte nicht nur die Ährendichte, sondern auch Begrannung und Ährenfarbe. An der Getreideausstellung in Lausanne, 1910, wurden die ersten Ergebnisse vorgestellt. Die begrannten Dinkelsorten (Abb. 10) sind bei der ersten Auslese bereits ausgeschieden. Sie lassen sich schlecht reinigen. Dinkelgrannen sind sperriger als Weizen- und Gerstengrannen und verstopfen bei der Reinigung die Siebe. Bis in die 1930er-Jahre sind sie auf den Feldern noch anzutreffen. Das Verschwinden des begrannten Dinkels ist ein Beispiel dafür, wie rein aufgrund der eingesetzten technischen Hilfsmittel eine Auslese stattfindet. Sämtliche ausgelesenen Linien der Dinkellandsorten werden in den Jahren 1916–1918 und 1917–1919 einer Prüfung unterzogen. Als Siegerinnen gehen die Zuchten Oberkulm Nr. 3 für Rotkorn und Zuzgen Nr. 15 für Weisskorn hervor. Oberkulm und Zuzgen liegen in Aargau. Zuzgen südlich von Möhlin, Oberkulm im mittleren Wynental südlich von Gränichen. Das Oberkulmer Rotkorn (Abb. 11 und 12) ist die älteste Sorte, die im aktuellen Getreidesortiment aufgelistet ist.

Die Dinkelsammlung

Die Dinkelsammlung der schweizerischen Genbank ist weltweit einzigartig. Das hat mit der Entstehung der Sammlung zu tun. Ursprünglich wollte Siegfried Wagner (1903–1982) (Abb. 13) eine Dinkel-Monografie schreiben. Er sammelte unentwegt Muster, und das nicht nur in der Schweiz. Aufbauen konnte er auf der Sammlung der Zuchtlinien der 1920er-Jahre, die im Rahmen der Ausleseprogramme regelmässig vermehrt wurden. Die erweiterte Sammlung umfasst Dinkelsorten aus Asturien (Spanien) – 29 Akzessionen; Vorarlberg 5; Schwarzwald 65; Schwäbische Alb 86; Oberschwaben 19; Bauland 56; Ardennen 34 und Eifel 16 Akzessionen. Aufgrund des Zweiten Weltkriegs kam es leider nicht zur geplanten Monografie. Von Siegfried Wagner wurde auch keine schriftliche Arbeit gefunden, in der er sich mit der Vielfalt der von ihm gesammelten Dinkelsorten befasst. Wir wissen dank Frank und Karl Bertsch (1949), dass Wagner in einem Referat in Zürich feststellte, dass das Mannigfaltigkeitszentrum des Dinkels, mit Ausnahme der iberischen Herkünfte, die Schwäbische Alb sei. Bertsch:

> «Hier (auf der Schwäbischen Alb PS) finden sich vor allem die Formen mit dominanten Eigenschaften, also die unbegrannten, die blauährigen und die behaarten. Sie haben ihre Hauptverbreitung im Zentrum des Mannigfaltigkeitsgebiets. Am altertümlichsten ist der blaue Dinkel, den wir noch bei Upflamör und Fridingen im ehemaligen Oberamt Riedlingen und in Neuhausen, Kreis Tuttlingen angetroffen haben. Die rot- und weissährigen, kahlen und begrannten Formen aber finden sich besonders am Rand des Verbreitungsgebiets.»

Abb. 12 Dinkelfeld in Berner Seeland, 13.07.2022

Abb. 13 Siegfried Wagner beim Beurteilen der überwinterten Dinkelparzellen. Foto: Pfenninger, 22.04.1939. Getreidearchiv

Dinkel oder nicht Dinkel

Das Interesse am Dinkelanbau hat in der zweiten Hälfte des 20. Jahrhunderts kontinuierlich abgenommen. Es gibt zwei Wege, um den Dinkelanbau wieder attraktiver zu machen. Der eine führt über eine Ertragssteigerung, der andere über eine Preissteigerung und Vermarktung als Spezialität. Eine Steigerung der Erträge durch eine Verbesserung der Standfestigkeit mithilfe von weiteren Kreuzungen mit Dinkellandsorten war nicht möglich. Es fehlten standfestere Kreuzungspartner. Deswegen entschied man an der Forschungsanstalt der ETH in Eschikon/Lindau, die Standfestigkeit und gleichzeitig auch die Backeigenschaften durch Kreuzungen mit Weizen, gefolgt durch Rückkreuzungen mit Dinkel, zu verbessern. Jürg E. Schmid leitete das Zuchtprogramm. Die neuen Sorten 'Lueg' (1990), 'Hubel' (1992), 'Balmegg' (1995), 'Sertel' (1995) und auch 'Ostar' (1995) kamen zunächst bei den Produzenten dank höherer Erlöse gut an, jedoch nicht bei den Verarbeitern und Konsumenten, die die typischen Eigenschaften von 'Oberkulmer Rotkorn' und 'Ostro' vermissten. Für die Verarbeiter und die Konsumenten ist es sehr wichtig, beim Röllen oder aber nach dem Röllen am Korn zu sehen, ob es sich um Dinkel handelt oder nicht. Bei den länglichen, spitzen Körnern ist eine Verwechslung mit Weizen ausgeschlossen. Der feste Spelzenschluss und das längliche Korn zeigen Qualitäten des Emmers, sie zeigen – und das ist die Besonderheit von der Kreuzung zwischen Weizen und Emmer –, dass sich Qualitäten des Emmers mit Weizen im Dinkel vereint haben.

Zu dieser Zeit drohte der Anbau von Futtergetreide durch die gerade erfolgte Öffnung der Grenzen stark zurückzugehen, deswegen suchte eine Arbeitsgruppe, genannt «Korn», nach Alternativen. Der Agrarhistoriker Peter Moser erstellte eine Studie, die aufzeigte, dass mit einer Förderung der alten Dinkelsorten nachhaltiges Potenzial für die Randgebiete des Getreideanbaus entstehen könnte. Am 8. März 1995 gründeten 232 Dinkelbauern und -müller im Hinblick auf die Liberalisierung des Getreidemarktes die «Schweizerische Interessengemeinschaft zur Förderung des Dinkels aus angestammten Gebieten», kurz IG Dinkel. 1996 reservierte diese die Bezeichnung UrDinkel für Sorten, die nicht zwecks Verbesserung der agronomischen Eigenschaften mit modernen Weizensorten gekreuzt worden sind. Ein Pflichtenheft mit zusätzlichen Anforderungen wie angestammtes Anbaugebiet, ökologische Richtlinien (IP Suisse oder Bio Suisse) und Reinheitsgebot wurden in der Folge entwickelt.

Für Konsumenten, Produzenten und Bäcker stellte sich 1995 in Bezug auf die neuen Sorten die Frage: Was ist Dinkel und was nicht? Die Antwort der IG Dinkel war klar, Dinkel sollte so aussehen wie 'Oberkulmer' oder 'Ostro' und eine vergleichbare Backqualität aufweisen. Die Entscheidung hatte zur Folge, dass die Neuzüchtungen der 1990er-Jahre wegen mangelnder Nachfrage aus dem Sortiment gestrichen wurden. Die IG Dinkel war sehr erfolgreich bei der Vermarktung von 'Oberkulmer Rotkorn' und 'Ostro'. Bei den Konsumenten setzte sich dadurch die Ansicht fest, dass eine Kreuzung von Dinkel mit Weizen unweigerlich zu einem Qualitätsverlust führen müsse. Das muss aber nicht der Fall sein. Bei den neuesten Dinkelsorten für den biologischen Anbau achten die Züchter auf die Kornform und Kornbeschaffenheit, die emmerähnlichen Eigenschaften sollen in den neuen Dinkelsorten der GZPK (Getreide Züchtung Peter Kunz) zu finden sein. Die Bodenfruchtbarkeit der biologisch bewirtschafteten Böden hat zugenommen, die alten Dinkelsorten haben diese Entwicklung nicht mitgemacht; es braucht neue Dinkelsorten.

E GERSTE – LICHT UND TROCKENHEIT

Gerste (*Hordeum vulgare* subsp. *distichon*). Die Gerste hat die längsten Grannen. Die gezeigte Landsorte hebt ihre Ähren mithilfe des letzten Stängelstückes deutlich aus dem Blattbereich heraus.

Gerste *(Hordeum vulgare)* ist eine typische Steppenpflanze. Ihre Grannen spielen mit dem Licht und helfen, mit Trockenheit umzugehen. Der Wind spielt in den Ähren, die möglichst weit über den Blattbereich hinausragen. Gerste gehört zusammen mit den beiden Weizenarten Einkorn und Emmer zu den ältesten mitteleuropäischen Getreidearten. Ursprünglich war Gerste sogar die wichtigste Getreideart in der Schweiz; Gerstenbrei und Gerstensuppe gehörten in vielen Gegenden zu den Grundnahrungsmitteln. Die Bedeutung der Gerste als Grundnahrungsmittel nahm ab, als die von Dinkel und Weizen zunahm. Der Übergang von der Brei- zur Brotnahrung im 18. Jahrhundert mit dem gleichzeitigen Aufkommen der Kartoffeln beschleunigten den Rückgang des Gerstenanbaus. Die Zunahme des Fleischkonsums, die Erhöhung des Getreideanteils in der Wiederkäuerfütterung und der Bierkonsum verhinderten, dass die Gerste von den Feldern völlig verschwand. Heute ist Gerste zusammen mit Mais das wichtigste Futtergetreide. Der Anbau von Braugerste hat trotz beachtlichem Bierkonsum in der Schweiz an Bedeutung eingebüsst und ist zu einer Nischenproduktion geworden. Die grossen Mälzereien stehen in Deutschland.

Gerste und Roggen werden im Gegensatz zu Einkorn, Emmer und Weizen bis an die Siedlungsgrenze angebaut; die Grenzlagen des Getreidebaus sind identisch mit den Grenzlagen des Gersten- und Roggenanbaus. Die Sommergerste hat dank früher Blüte eine sehr kurze Vegetationszeit. Sie ist für den Anbau in den höchsten Lagen prä-

destiniert. Wintergerste würde in diesen Lagen sogar noch früher reifen, wenn ihr nicht die notwendige Winterhärte fehlen würde. Das Verbreitungsgebiet der Wintergerste kommt deshalb nicht über die Haupttäler hinaus. Wintergetreide kann in der Regel aufgrund seiner längeren Vegetationszeit einen höheren Ertrag erzielen als Sommergetreide. Es wird auch früher reif als Sommergetreide, Wintergetreide hat schon bestockt, bevor das Sommergetreide keimt.

Gerste ist mit 730 Mustern von Landsorten in der nationalen Samenbank zahlreicher vertreten als Weizen mit 350 Herkünften oder Dinkel mit 290. Die Gerstenzüchtung beschränkte sich in der Schweiz in den ersten Jahrzehnten des 20. Jahrhunderts auf die Auslese der besten Pflanzen in den Landsorten. Nach dem Zweiten Weltkrieg wurde die Züchtung ganz aufgegeben, nur die Prüfungen ausländischer Sorten blieben. Die in der Schweiz angebauten Sorten stammen heute aus England, Frankreich, Dänemark, Deutschland und Österreich. Aktuell wird eine Sommergerste für den biologischen Anbau im Berggebiet gezüchtet, die modernen konventionellen ausländischen Sorten befriedigen nicht.

Betonung der Granne

Gerste kann man als Grannengetreide bezeichnen. Grannen, volkstümlich auch Haare genannt – sie können so glänzen wie Haare –, sind lange, dünne, nadelförmige, feinziselierte Gebilde. Sie können doppelt so lang sein wie die Ähre. Sie sind so lang, dass, nach einer Führung mit Familien im Zuchtgarten, Ähren mit zopfartig geflochtenen Grannen zu finden waren. Die Gerstengrannen assimilieren noch, wenn die Blätter bereits eingerollt sind und ihre Assimilationstätigkeit mangels Wasser eingestellt haben. Dank dieser Eigenschaft kann Gerste in trockeneren Regionen angebaut werden als Weizen. Es gibt auch ausnahmsweise grannenlose Gersten. Ein besonderes Beispiel ist eine Gerstensorte aus dem Himalaja. Sie bildet statt einer Granne eine verkümmerte Blüte, welche nicht nach oben, sondern nach unten schaut. Solche Gersten heissen Löffel- oder Kapuzengersten. Der Name Gerste stammt vom indogermanischen *ghers-*, was «hervorstechen, starren» oder auch «hervorspriessen» bedeutet,[20] auch hier ein Hinweis auf die langen Grannen.

Die Assimilationsprodukte der Ähre fliessen immer in die Kornbildung ein und brauchen nicht den Umweg über den Stängel. Der Beitrag der Ähre an der Kornbildung ist bei der Gerste am höchsten und kann bis zu 76 % ausmachen (Duffus, Cochrane 1993). Der Beitrag der Grannen an den Assimilaten der Ähre kann sogar bis zu 90 %

Abb. 1 Gerstenlandsorte von Laax (*H. vulgare* subsp. *vulgare*). In der Prähistorie gab es nur diese gedrungene, dichtährige, 6-zeilige Spelzgerste.

20 de.wiktionary.org, Gerste, 02.10.2024.

betragen, die restlichen 10 % kommen von den Spelzen. Die Gerste verdankt den Grossteil ihrer Kornsubstanz den Grannen. Die weiteren Assimilate, immerhin noch mindestens 24 %, liefern das Fahnenblatt und der Halm (Ziegler-Jöns1989, zitiert nach Abebe 2009). Nicht nur rein äusserlich ist die Gerste das Grannengetreide, sondern auch was die Herkunft der Kornsubstanz angeht.

Frühe Blüte

Gerste fällt im Vergleich zu anderen Getreidearten nicht nur durch ihre langen Grannen, sondern auch durch ihre extrem frühe Blüte auf. Moderne Gerstensorten blühen, bevor die Ähren mit den Blüten ganz aus dem letzten Blatt herausgeschoben sind.

Abb. 2 Gerstenähre (*H. vulgare* subsp. *distichon* var. *nutans*) mit Schnellkäfer. Staubbeutel sieht man bei der Gerste nur selten. In der Regel bleiben sie in den Blüten eingeschlossen. Die Befruchtung findet statt, bevor die Ähre ganz geschoben ist.

Weizen und Roggen warten nach dem Ährenschieben noch mehrere Tage mit dem Blühen und schieben ihre Ähren weiter hinauf. Die Gerste verfrüht die Blüte um bis zu zwei Wochen. Der Blütenstaub fällt schon in der ungeöffneten Blüte auf die Narben. Die Gerste ist ein typischer Selbstbefruchter, die Staubbeutel sind klein, die Blütenstaubmenge ist gering. Nur selten findet man an einer Ähre einzelne offene fremdbefruchtende Blüten. Die Blüten der Wildgerste öffnen sich mehr als die der Kulturgersten, die Fremdbefruchtungsrate kann dann bei 10 % liegen.

2-, 4- und 6-Zeiligkeit

Der Bau der Gerstenähre ist einzigartig. Beim Weizen und Roggen tragen die Ährenspindeln abwechselnd links und rechts kurze Seitenährchen, die beim Roggen 2, manchmal 3 Körner, beim Weizen 4–5 Körner bilden können. Bei der Gerste finden wir anstelle von einem Ährchen drei Seitenährchen. Die Anzahl der Blüten pro Seitenährchen ist

auf eine begrenzt. Ist nur die mittlere Blüte fruchtbar, dann ist die Ähre der Gerste 2-zeilig (*Hordeum vulgare* subsp. *distichon*). Sind auch die seitlichen Blüten fruchtbar, dann ist die Ähre 6-zeilig (*Hordeum vulgare* subsp. *vulgare*). Die sogenannten 4-zeiligen Varietäten sind verkappte 6-zeilige Sorten. Die Ährenspindelabschnitte sind bei den 4-zeiligen Sorten länger, dadurch kommen die beiden seitlichen Blüten in einer Linie zu liegen, und von oben angeschaut sieht man 4 anstelle von 6 Reihen mit Körnern.

Jedes Seitenährchen fängt mit zwei Hüllspelzen an. Diese Hüllspelzen sind bei der Gerste sehr schmal und nicht in der Lage, die Blüten nur annähernd zu umhüllen. Die schmalen Hüllspelzen gleichen feine Grannen.

Bei der Gerste unterscheidet man zwischen nackten oder freidreschenden und bespelzten Sorten. Bei der Spelzgerste wird das Korn mit der Deck- und der Vorspelze verklebt. Die Konsistenz der Spelzen ändert sich dabei nicht. Ob die Körner bespelzt oder nackt sind, hängt von einem Gen

Abb. 3 Ährenabschnitt einer 2-zeiligen Ähre. 2 Körner an der Basis sind entfernt worden. Bei der 2-zeiligen Gerste ist jeweils nur eine der 3 veranlagten Blüten fruchtbar. Nur die mittlere Blüte bildet ein Korn, die seitlichen Blüten, mit * gekennzeichnet, sind verkümmert. An der Basis der Körner entspringen jeweils 2 filigrane, grannenartige Hüllspelzen.

Abb. 4 Körner von Kärntner Frühweizen (*Triticum aestivum*); Walser Nacktgerste (*H. vulgare* subsp. *vulgare* var. *coeleste*) und eine 2-zeilige Spelzgerste (*H. vulgare* subsp. *distichon* var. *nutans*). Die Nacktgerste wird auch als Weizgerste bezeichnet.

Abb. 5 Je zwei Körner von Abb. 4: Kärntner Frühweizen; Walser Nacktgerste; Spelzgerste. Direkt hinter der Bauchnaht der Getreidekörner befindet sich der Gefässstrang, der die heranwachsenden Körner mit Nährstoffen versorgt hat.

ab: Die freidreschende oder nackte Gerste ist rezessiv homozygot, die Bildung von Klebstoff unterbleibt (Bothmer 2003). Bei der Züchtung einer Sommergerste für das Berggebiet entstanden bei der Kreuzung von zwei Spelzgersten auch Nacktgersten. Das heisst, dass sowohl in der konventionellen Spelzgerste als auch in der Landsorte das rezessive Gen für die Unterbindung der Klebstoffherstellung vorhanden war.

Das Korn

Das Gerstenkorn ist spindelförmig wie die Hüllspelze auch. Die Grösse der bespelzten Gerstenkörner ist nur geringen Schwankungen unterworfen, so diente das Gerstenkorn auch als Längenmass. Die Gerste reift von den Getreidearten am intensivsten. Das merkt man an der ausgeprägten Keimruhe des Erntegutes. Direkt nach der Ernte lässt sich die Keimfähigkeit nicht bestimmen, weil die Körner zunächst eine Phase der Samenruhe durchlaufen müssen. Das Auswuchsrisiko, das Keimen bereits auf der Ähre, ist bei der Gerste deswegen am geringsten. Bevor Gerste gemalzt werden kann, müssen die Körner zwei Monate gelagert sein. Erst danach ist die Keimruhe so weit zurückgegangen, dass die Körner beim Malzen gleichmässig keimen.

Die Entstehungsgeschichte der Gerste

Die Kulturgerste entstand in der Region des fruchtbaren Halbmondes im Nahen Osten. Die Gerste ist aus der Wildgerste (*Hordeum vulgare* subsp. *spontaneum*) hervorgegangen. Wildgerste wurde bereits um 48 000 v. Chr. gesammelt (Lev 2005, zitiert nach Zohary 2012). Funde von Wildgerste und Wildemmer (*Triticum turgidum* subsp. *dicoccoides*) gibt es im Nahen Osten auch aus der Zeit um 21 000 v. Chr. (Kislev 1992, zitiert nach Zohary 2012). Die Ähren der wilden Getreidearten sind brüchig, sie brechen zur Reifezeit, angefangen bei der Ährenspitze, in einzelne Teile auseinander. Die ersten Ähren mit einer zähen Ährenspindel findet man ab ca. 8000 v. Chr. (Zohary 2012). Die Wildgerste ist zwar 6-zeilig veranlagt, sie tritt wild aber nur in der 2-zeiligen Form auf. Aus der 2-zeiligen Wildgerste ging die 2-zeilige Kulturgerste (*H. vulgare* subsp. *distichon*) hervor. Durch Mutationen kam es zur 6-zeiligen Kulturgerste (*H. vulgare* subsp. *vulgare*). Die 2- und 6-zeiligen Formen sind genetisch fast identisch. Es sind zwei Gene bekannt, welche die Fruchtbarkeit der seitlich angeordneten, sterilen Blüten der 2-zeiligen Gerste wieder herstellen können (Bothmer 2003). Die 6-zeiligen Kulturformen haben dickere Halme und bestocken weniger.

Abb. 6 Wildgerste (*H. vulgare* subsp. *spontaneum*). Die Wildgerste ist 2-zeilig, andere wilde Gersten, wie die in der Schweiz vorkommende Mäusegerste (*H. murinum*), sind 6-zeilig. Virtueller Sortengarten, www.sortengarten.ethz.ch

Von der Prähistorie bis in die Neuzeit

Seit dem 6. Jahrtausend v. Chr. wird in der Schweiz Getreide angebaut. Man könnte erwarten, dass in den neolithischen Siedlungen sowohl 6-zeilige als auch 2-zeilige Formen angebaut wurden, da im 6. und 5. Jahrtausend v. Chr. in Griechenland und Nordostspanien beide Formen und dazu noch 6-zeilige nackte Formen angebaut wurden (Zohary 2012). Gefunden sind – nach dem aktuellen Forschungsstand – im Neolithikum nur 6-zeilige Formen. Die 6-zeilige Gerste war auch während der Bronze- und Eisenzeit das wichtigste angebaute Getreide in Graubünden und anderen östlichen alpinen Regionen (Jacomet 1999). Frühe Funde gibt es aus Sitten – La Gillière (4980–4730 v. Chr.), aus Zizers-Fridau (Jacomet 1999) um 4800 v. Chr., aus Savièse Château de la Soie (4700–4300 v. Chr.) und aus Bevaix (4500–3900 v. Chr.); weitere Funde vom Ende des Mittelneolithikums um 4400 v. Chr. gab es aus Sevelen (SG); aus dem Jungneolithikum (4300–3500 v. Chr.) aus Lüscherz, Port und Seedorf (BE), Egolzwil (LU), Stansstad (NW), Horgen, Pfyn (TG), Zürich (ZH); sowie aus dem Spät- und Endneolithikum (3500–2200 v. Chr.), Lattrigen, Nidau und Lüscherz (BE), Villeneuve (FR), Arbon (TG), Horgen, Pfäffikon und Zürich (ZH).

In der Frühbronzezeit erreichte der Anbau der Gerste die klimatischen Grenzlagen. Jacomet et al. (1999): «Interessant ist die Tatsache, dass bereits in der Frühbronzezeit Ackerbau bis fast an seine oberste, aus historischer Zeit bekannte Grenze betrieben wurde (z.B. im Oberengadin bis etwa 1850 m).»

Abb. 7 Bruchstück einer Ähre einer 6-zeiligen Spelzgerste (*H. vulgare* subsp. *vulgare*) aus dem Jungneolithikum, 3750–3500 v. Chr., Fundstelle Lüscherz, Kanton Bern. IPNA Universität Basel

Abb. 8 Korn von Nacktgerste (*H. vulgare*) aus dem Spätneolithikum, 3550–3250 v. Chr., Fundstelle Arbon, Kanton Thurgau. IPNA Universität Basel

Abb. 9 Spindelglied einer Gerstenähre (*H. vulgare* subsp. *vulgare*) aus dem Spätneolithikum, 3550–3250 v. Chr., Fundstelle Arbon, Kanton Thurgau. Rechts sind Reste der Hüllspelzen erkennbar. IPNA Universität Basel

Tab. 1 Liste der für die Schweiz beschriebenen Varietäten nach Mansfeld (1950)

Man darf annehmen, dass sich unter den erhaltenen Genbankmustern auch solche befinden, die von neolithischen Formen abstammen. Das bedeutet, dass sie in knapp 7000 Jahren bis in die Mitte des letzten Jahrhunderts praktisch jedes Jahr angebaut und von Generation zu Generation weitergegeben wurden. Die dichtährigen Formen der 6-zeiligen Gerste, wie jene von Laax (Abb. 1), die heute nicht mehr angebaut werden und die am Anfang des 20. Jahrhunderts noch unter den Namen Montavoner Gerste und Pfahlbaugerste (Heer 1865, Braungart 1891) bekannt waren, könnten dazugehören.

Die ersten Sortenbeschreibungen

Die folgende Tabelle gibt einen Überblick über die gängigsten Varietäten. Die Haupteinteilung erfolgt nach 2- oder 6-zeilig, dann folgt die Einteilung nach Ährendichte und ob die Körner bespelzt oder nackt sind. Die Beschreibungen der landwirtschaftlichen Sorten, die mit den Arbeiten der ökonomischen Gesellschaft Bern anfingen und im 19. Jahrhundert fortgesetzt wurden, geben einen Eindruck, welche Varietäten früher im Mittelland, der Innerschweiz, im Jura und in der Waadt verbreitet waren und wie sie genutzt wurden.

Unterart	**Varietät**	**Spelzenschluss**	**Ährendichte**	**Namen**	
Zweizeilige Gerste *Hordeum vulgare* subsp. *distichon*	*nutans* (Rode) Alef.	bespelzt	locker	Nickende Gerste	Landgerste
	erectum (Rode) Alef.	bespelzt	mittel	Aufrechte Gerste	Imperialgerste, Pfauengerste
	breve Alef. oder *zeocrithum* Körn.	bespelzt	dicht	Zweizeilige Spelzgerste	Fächer-, Federlein- oder Pfauengerste
	nudum (L.) Alef.	nackt	locker	Zweizeilige Nacktgerste	
Sechszeilige Gerste *Hordeum vulgare* subsp. *vulgare*	*hybernum* Vib. oder *pallidum* Ser.	bespelzt	locker	Vierzeilige Spelzgerste	
	parallelum Körn.	bespelzt	mittel	Sechszeilige Spelzgerste	
	densum Ser. oder *pyramidatum* Körn.	bespelzt	dicht	Sechszeilige Spelzgerste	Pfahlbaugerste
	coeleste L.	nackt	locker	Sechszeilige Nacktgerste	Himmelsgerste, Weizgerste, Reisgerste

Die Arbeit von Albrecht von Haller bildet, wie im ersten Teil berichtet, einen Meilenstein in der Getreideforschung. Er veröffentlichte genaue, auf Lateinisch (1774) verfasste Beschreibungen von Weizen und Dinkel (1774) sowie Gerste, Hafer und Roggen (1775).

Für Haller waren die Unterschiede in der Ährendichte nicht so wesentlich; das Wichtigste waren für ihn die Zeiligkeit und der Spelzenschluss. Die Ährendichte ist ein Merkmal, das nur bei extremen Formen verwendet werden kann. Die langährige, nickende, 2-zeilige Gerste ist so eine extreme Form. Sie wurde 1761 von Johann Rudolf Tschiffeli (1716–1780) beschrieben. Tschiffeli war Chorgerichtsschreiber, er war auch Mitgründer und 1760–1765 Präsident der Oekonomischen Gesellschaft.

Einige Jahrzehnte später, im Jahr 1818, veröffentlichte Nicolas Charles Seringe seine «Monographie des Céréales de la Suisse». Er beschrieb vor allem die Gerstensorten der Westschweiz.

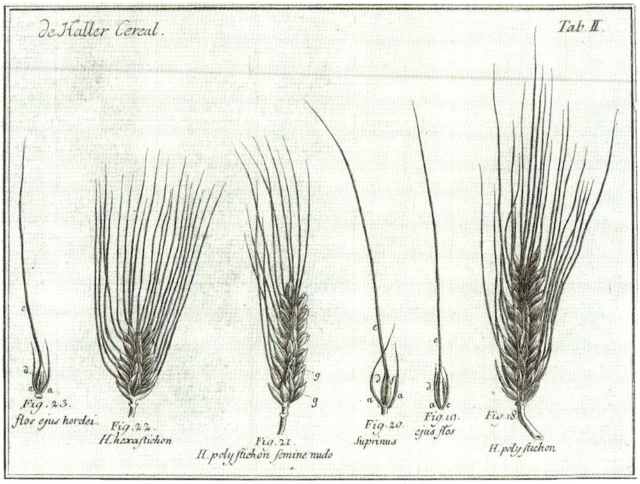

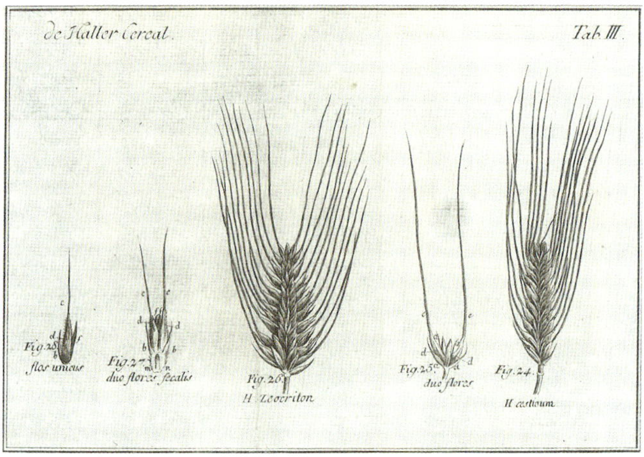

Abb. 10 Albrecht von Haller (1776), Abb. von 6-zeiligen Gersten (*H. vulgare* subsp. *vulgare*). Ähre links: eine extrem dichtährige Spelzgerste, var. *densum*. Haller nannte diese Form Rollgerste, Stockgerste; Ähre Mitte: eine Nacktgerste, var. *coeleste*, Himmelsgerste, Nackte Gerste, Orge de Jerusalem, Orge de Siberie; Ähre rechts: eine mitteldichte Spelzgerste, die im unteren Bereich 6- und im oberen Bereich 4-reihig ist, var. *parallelum*, Wintergerste, Kerngerste. UB Basel, Bot 3008:2: Neue Sammlung physisch-ökonomischer Schriften

Abb. 11 Albrecht von Haller (1776), Abb. von 2-zeiligen Gersten (*H. vulgare* subsp. *distichon*). Links eine extrem dichtährige Varietät *(zeocriton)*, sie ist nicht erhalten geblieben. Franz Xavier Schnyder (1787) nannte diese Form: Federlein-Gerste. Die Ähre rechts wird als Sommergerste bezeichnet, eine mitteldichte, aufrechte Gerste, die an die Pfauengersten der Samenbank erinnert. UB Basel, Bot 3008:2: Neue Sammlung physisch-ökonomischer Schriften

Nutzung der Gerste

Die Verwendung der Gerste war sehr vielfältig. Sie reichte von Brot über Brei oder Mus, Bier, Mehl aus gerösteter Gerste bis hin zu Abkochungen für medizinische Zwecke. Albrecht von Haller (1782):

> «Die erste Gattung von Gerste gibt süssen Brod, von angenehmem Geschmack, das zwar feucht, und etwas schwarz ist, auch sehr bald spröde wird. Darum haben ehemals unsere Älpler, da die Einfalt in Sitten und Gebräuchen noch unter ihnen herrschte, ein oder 2mal im Jahr solch Gerstenbrod gebacken, das sie als dünne und flache Kuchen verfertigten, dies Scheiben an Faden zogen, sie über ihren Feuerherd aufhängten; und es dann so den Winter über in Fleischbrüh oder Milch erweicht, nach ihren Umständen assen. Nun haben die guten Leute auch gelernt, sich mit dem besten Weizen zu sättigen. [...]
> Auf eine andere Manier wird die Gerste zur Speise gebraucht, wenn sie auf

eignen Mühlen von der Rinde gesäubert worden ist, beyde äussersten Spitzen werden durchs Stossen abgebrochen und in die Gestalt einer weissen Kugel verwandelt, welche in Fleischbrüh gekocht, aufschwillt, und von sehr angenehmen Geschmacke ist. Perlengerste.
Die Alten bereiteten mancherley Speisen von der Gerste; -- erstlich die Polente *[Polenta PS]* (ein Namen der noch über Chur hinaus ähnlichen Gattung von gemeiner Speise geblieben ist, die man aus dem Polyg. Fagopyro *[Buchweizen PS]* bereitet) ward bereitet aus Gerste, die über Nacht in Wasser eingeweicht, und denn wieder getrocknet und geröstet wurde, hernach liess man sie mahlen, entweder sogleich, oder nach einem zweyten Einweichen und Trocknen. Dieser Polente bedienten sich die Alten statt des Brods, und des Decocts *[wässriger Absud, Abkochung PS]* davon statt der Ptisane *[Arzneitrank PS]*.
Die Matze kam von der Polente, die mit irgendeiner andern Brühe oder Flüssigkeit geknetet worden -- Die Ptisane kam von gereinigter, gestossner, und an der Sonne getrockneter Gerste, die denn gemahlen und von neuem gedörrt worden, indem man den subtilen Staub, der unter dem Reiben davon gegangen, wieder drüber streute: so machten es die Ackersleute, Galenus verfertigte sie mit mehr Mühe etwas anderst. Die Ptisane selbst und das davon abgekochte Wasser genossen die Alten für Speise; dieser Ptisane bediente sich der grosse Arzt Hippocrates in hitzigen Krankheiten als des einzigen nährenden Getränkes. Zu unsern Zeiten wird die Ptisane anderst bereitet, de gerollte Gerste nemlich wird in Wasser gekocht, so dass sie fast zu einem Brey wird, hernach wird sie gestossen und durchgesiehen. Unter dem Namen Ptisane wird aber auch eine Abkochung verstanden, so dass dieser Namen für allerley medicinische Abkochungen genommen wird.»

Die Ptisane kennt man heute unter den Namen Gerstenwasser oder Barley Water. Gerstenwasser ist reich an Schleimstoffen und hilft bei Verdauungsbeschwerden. Von Haller weiter:

«Aus der Gerste wird auch insonderheit das Bier verfertigt, man schüttet sie auf Haufen, und lasst sie fast keimen [...] hernach spreitet man den Haufen wieder auseinander, und röstet sie [...] und kochet sie endlich mit Wasser und Hopfen. Diese Gattung von Getränke erhitztet etwas weniger als der Wein, macht fett, und gibt wegen dem Mehl, mit dem es vermischt ist, eine gute Nahrung. [...]»

Körner stecken

Eine interessante Beobachtung über das Säen machte Braungart in Köfels:

> «Etwa 1½ Stunden von Umhausen (im Ötztal) nach Süden entfernt, über 1400 m hoch gelegen ist der Ort Köfels. Dort fand ich zahlreiche kleine Feldchen mit der so genannten kleinen Gerste (H. vulgare L.) als Sommerfrucht bestellt; die Feldchen liegen so, dass sie gegen die im Sommer öfter hier herrschende Trockenheit noch aus einem Bache bewässert werden können, welcher von einem nicht sehr entfernt gelegenen Gletscher herkommt. Oberhalb dieses Baches war damals infolge grosser Trockenheit die Vegetation, selbst jene des Grases, erstorben, während die Gerstenfeldchen einen sehr schönen Anblick gewährten; die letzten traten aber in höchst auffälliger Weise auf zweierlei Art in die Erscheinung; es waren in Bezug auf die Ährenlänge zwei auffallend unterschiedene Regionen von Gerstenfeldchen da. Während nämlich in einem Teile der Gerstenfeldchen alle Ähren höchsten 6 cm lang waren, zeigten sich auch andere, auf welchen alle Ähren eine Länge von 12–14 cm hatten. Auf meine Frage wurde ich nun übereinstimmend dahin aufgeklärt, dass auf den Feldchen mit den langen Ähren, welche mit anderen mit den kurzen Ähren durcheinander (in Gemenge) lagen, die Samenkörner alle gestupft worden seien. Die Leute in diesen weltentlegenen Gemeinden sind sehr arm, weil sie sehr wenig Grundbesitz und all zuwenig lohnende Beschäftigung haben. Die Männer gehen, um Arbeit zu suchen, oft bis nach Bayern hinaus. Die Frauen, Greise, Kinder und die schwächlichen Personen bleiben zu Hause, haben aber da auch nicht genügend Arbeit. Da kommt es denn nun vor, dass bei Gerstensäen die zahlreichen jüngeren Leute (Knaben und Mädchen) auf den Feldstücken niederknien und in richtungslosen aber möglichst gleichheitlichen Abständen die als Saatgut dienenden Gerstenkörner, indem sie dieselben mit dem Daumen und Zeigefinger halten, auf entsprechende geringe Tiefe in den Boden drücken. Aus diesen solchermassen in den Boden gedrückten Gerstenkörnern gehen nun durchweg Gerstenpflanzen mit den längeren Ähren hervor, während die kurzährigen Feldchen von Saaten herrühren, wo man die Gerstenkörner direkt auf das klar gearbeitete Feld gestreut und mit dem Rechen untergebracht hatte.»

Das Stecken = Stupfen der Körner verbessert die Bedingungen für die heranwachsenden Pflanzen. Sie werden kräftiger, was sich bei der Gerste in längeren Ähren zeigt.
Die moderne Saattechnik ahmt dieses Prinzip des Körnersteckens nach:
Es wird eine Rille gezogen, die Körner werden in die Rille gelegt, die Rille wird zugemacht, angedrückt und bei drohender Trockenheit der Boden sogar gewalzt.

Als Braugerste wurde 2-zeilige Gerste verwendet. Auch heute bevorzugt man in Europa die 2-zeilige Form, mit Ausnahme von Frankreich, wo es auch 6-zeilige Braugersten gibt. Wichtige Merkmale für Braugerste sind gleichmässige Körnung, gleichmässiges Keimen, feine Spelzen und ein tiefer Eiweissgehalt.

Tschiffeli (1761) beschreibt die positive Wirkung von Gerste auf die Milchbildung bei Kühen:

«Sehr viel Gersten wird nicht zu Mehl gemacht, sondern nachdem sie von der Hülsen gesäubert ist, in einer Stampfe-Mühle nur gebrochen, und von unsern Landleuten auf verschiedene Weise gekocht, als nährhafte und recht gesunde Speise genossen. Den Melch-Kühen des Tags etliche handvoll Gersten, mit etwas Salz vermischet, dargereicht, verschaffet ihnen viele und kräftige Milch. Es ist meines Erachtens das beste Gelecke, womit man diese nützlichen Thier erfrischen kan.»

Alpen – Geländekammern

Die Vielfalt in den Alpen war ähnlich gross wie die Vielfalt im Mittelland, was mit der Anpassungsfähigkeit der Gerste zusammenhängt. Jede Geländekammer hatte ihre eigenen Sorten. Eine Besonderheit und Spezialität für das Wallis waren bläulich gefärbte Körner. Diese Eigenschaft zeigt sich in der Gelbreife und verschwindet in der Totreife wieder. Die Farbe wird hervorgerufen durch Anthocyan, was in der Aleuronschicht gebildet wird. Anthocyan tritt sonst nur als rötliche Farbe in den Spelzen am Halm auf. Je nach Säurewert wirkt Anthocyan rötlich oder bläulich (Åberg 1946).

Abb. 12 Gelbe und blaue Ähren von einer Landsorte einer 2-zeiligen Gerste (*H. vulgare* subsp. *distichon*). Roni Vonmoos, Sortengarten Erschmatt

Die Gerstensammlung der Samenbank

Die ca. 750 Getreidemuster, die von der Gerste erhalten geblieben sind, stammen zum grössten Teil aus dem Berggebiet, nur gerade zehn wurden im Mittelland gesammelt. Das ist extrem wenig, wenn man bedenkt, dass Gerste im Mittelland auf einem Vielfachen der Fläche des Berggebiets angebaut wurde. Die Sorten aus dem Mittelland wurden alle zwischen 1908 und dem Zweiten Weltkrieg gesammelt. Die ersten verbesserten Landsorten wurden 1910 in der Getreideausstellung in Lausanne gezeigt. Die Auslesezucht war Aufgabe der Versuchsanstalten in Mont-Calme und in Oerlikon. Die Zuchtarbeiten erfolgten in enger Zusammenarbeit mit den verschiedenen landwirtschaftlichen Schulen, u.a. mit der Schule in Brugg.

Die Sorten aus dem Alpenraum wurden zwischen 1943 und 1963 gesammelt, eine Ausnahme war die Savogniner Gerste, die bereits 1910 gesammelt wurde. Ein Vergleich der Anbaukarte aus dem Zweiten Weltkrieg mit der Karte der erhaltenen Muster zeigt sehr deutlich, dass es nach dem Zweiten Weltkrieg in den Bergtälern noch viele Landsorten gab. Die modernen Sorten, die damals das Mittelland bereits erobert hatten, versagten meistens in den Bergtälern. Der Verlust der Sorten aus dem Mittelland und Jura ist schmerzhaft und eine Folge davon, dass das schweizerische Gerstenzuchtprogramm vor dem Zweiten Weltkrieg sistiert wurde, danach fühlte sich niemand verantwortlich für die Erhaltung der veredelten Landsorten. Das änderte sich mit dem Zweiten Weltkrieg.

Wintergerste — 1942 — Orge d'automne

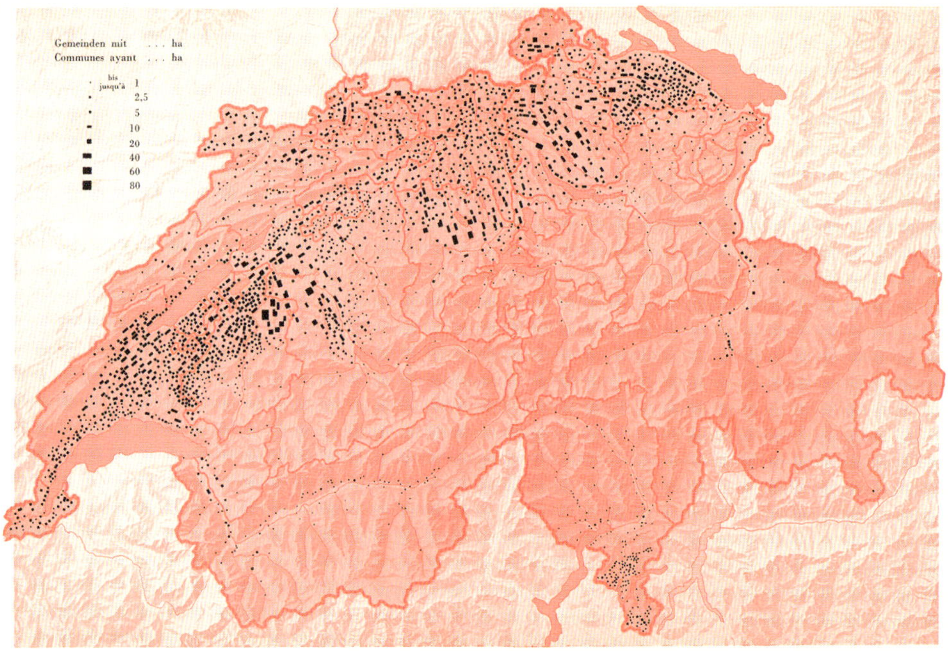

Bew. Nr. 7902 BRB 3.X.39 — Autoris. N° 7902 ACF 3.X.39 Eidgenössisches Statistisches Amt — Bureau fédéral de statistique Alle Rechte vorbehalten — Tous droits réservés

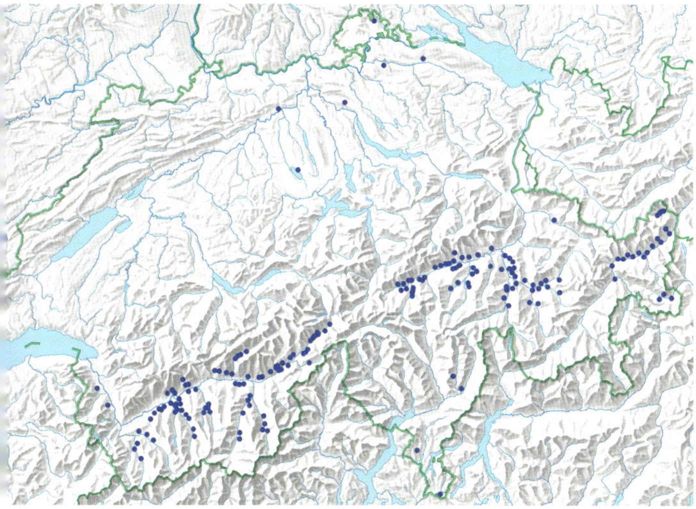

Unter der Leitung von Siegfried Wagner wurden die Landsorten systematisch gesammelt, und zwar in den Kantonen Wallis, Tessin und Graubünden. Wagner ging es nicht mehr um die Selektion der besten Herkünfte – die Zeiten für die Auslesezucht waren vorbei –, sondern um die Erhaltung möglichst vieler Typen (Schilperoord 2006).

Ein Grossteil der schweizerischen Gerstensorten befindet sich in der nationalen Samenbank der Vereinigten Staaten. Im Jahr 2006 zeigte ein Vergleich zwischen Mustern der amerikanischen und der schweizerischen Samenbank, dass in den USA 26 schweizerische Gerstensorten aufbewahrt wurden, die in der Schweiz nicht erhalten geblieben sind, wie die Nacktgerste aus Disentis. Die Landsorten, die in der Genbank der USA eingelagert sind, sind dort ausführlich beschrieben worden.

Bedeutung der Samenbank

Die schweizerischen Gerstenherkünfte spielen für den Anbau der Gerste in der Schweiz praktisch keine Rolle. Hierzulande werden vor allem ausländische Sorten angebaut. Sie sind für die Hauptanbaugebiete in der Schweiz durchaus geeignet, auch wenn sie nicht speziell für schweizerische Verhältnisse gezüchtet worden sind. Ein Nachteil der ausländischen Sorten ist

Abb. 13 Getreideausstellung in Lausanne 1910. Wintergerstenlinien aus einer Landsorte von Burghof-Dielsdorf bei Zürich. Gezeigt wird das Ergebnis der Auslese im 2. Anbaujahr. Getreidearchiv

Abb. 14 Karte der Schweiz aus dem Jahr 1942 mit den Anbauflächen von Wintergerste. Eidgenössisches statistisches Amt, 1943

Abb. 15 Die Herkünfte der Gerstenmuster der nationalen Samenbank. Die Sommergerstenmuster der Kantone Graubünden und Wallis wurden zwischen 1943 und 1963 gesammelt. Weitere Muster: Wintergerste aus Riniken und Brugg; Nacktgerste Riedthof, bei Regensdorf; Spelzgerste aus Adlikon bei Andelfingen; Pfyn (TG), Schaffhausen und Eich am Sempachersee (LU). Reliefkarte: geodata © swisstopo. Bearbeitung: Peer Schilperoord

Abb. 16 6-zeilige Nacktgerste (*H. vulgare* subsp. *vulgare* var. *coeleste*) vom Kloster Disentis (GR), die nicht in der Schweiz, sondern in den Vereinigten Staaten erhalten blieb. USDA, ARS, National Genetic Resources Program. GRIN

allerdings, dass sie nicht auf Schwarzrost *(Puccinia graminis)* getestet werden, da Schwarzrost in den ausländischen Hauptanbaugebieten in Europa kein Problem darstellt, im Gegensatz zur Schweiz, wo Schwarzrost in wärmeren Regionen und in Föhntälern, wo die Berberitze häufig vorkommt, ein Problem sein kann. So gering die Rolle der schweizerischen Herkünfte für Europa zurzeit ist, so wichtig war und ist ihre Bedeutung in den riesigen Anbaugebieten der Great Plains in Amerika. Eine Landsorte vom Sempachersee hat sogar den Gerstenanbau in Nordamerika in den 1940er-Jahren gerettet (siehe S. 73).

Abb. 17 Braugerste von Schwarzrost *(Puccinia graminis)* befallen. Die orange-braunen Pusteln, die aus dem aufgeplatzten Gewebe ragen, verfärben sich in einer 2. Phase schwarz. Brian Steffenson, Minneapolis

Abb. 18 Amerikanische Braugerste, schwarzrostresistent. Die resistente Gerste weist deutlich weniger und kleinere Rostpusteln auf. Brian Steffenson, Minneapolis

F ROGGEN – DER AUS DER KÄLTE KAM

Cadi Roggenfeld, kurz vor der Ernte *(Secale cereale)*

Der Roggen *(Secale cereale)* ist eine erstaunliche Pflanze: Er kann mit Kälte und mit Trockenheit umgehen, er ist anspruchslos und wurzelt tief. Er wächst noch auf Böden, die für den Weizen zu sauer sind. Mit seiner Anspruchslosigkeit ermöglichte er die Besiedlung von jenen Gegenden, die viel von den Bewohnern abverlangten, sei es auf den Sandböden der Norddeutschen Tiefebene, sei es an der Siedlungsobergrenze in den Alpentälern.

Der Schritt von der Wild- zur Kulturpflanze dauerte beim Roggen länger als bei Weizen oder Gerste. Roggen ist ein Fremdbefruchter, und solange Wildroggen in unmittelbarer Umgebung der kultivierten Pflanzen vorkommt, kreuzt dieser sich immer wieder mit den Pflanzen im Feld. Erst als der Roggen ausserhalb seiner Ursprungsregion angebaut wurde, konnte er sich rasch zu einer vollkommenen Kulturpflanze weiterentwickeln.

Roggen ist relativ spät in die Schweiz gekommen, seit der Römerzeit wird er angebaut. In den Bergtälern des Wallis wurde er zum wichtigsten Getreide, in Graubünden war er nach der Gerste das Hauptgetreide. Aus dem Wallis stammt das Walliser Roggenbrot, aus Graubünden die Bündner Gerstensuppe. Mit dem Rückzug des Getreidebaus aus den Grenzgebieten des Ackerbaus und der zunehmenden Bedeutung des Weizenanbaus im Mittelland ging der Anbau von Roggen in der ganzen Schweiz stark zurück. Der Roggen war nicht nur wichtig für die Ernährung, er lieferte auch Stroh für Dächer, Material zur Füllung der Strohsäcke für die Betten, und extrem lange Sorten lieferten das Stroh für die Füllung der

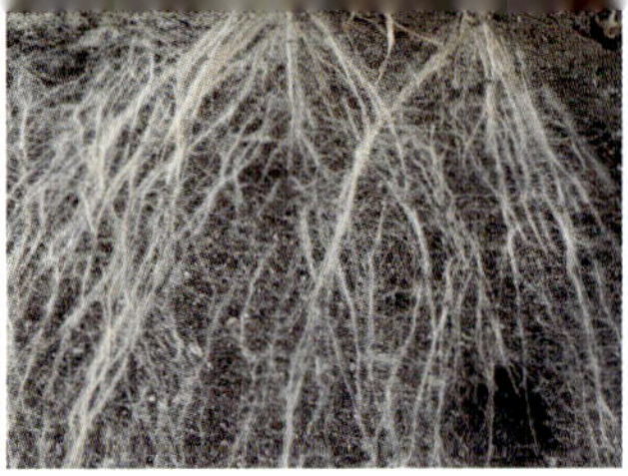

Pferde-Kummets. Dünnhalmige, frühreife, wenig ertragreiche Sorten dienten zum Flechten von Hüten.

Eine tief wurzelnde Halmfrucht

Roggenfelder konnte man früher von anderen Getreidefeldern leicht unterscheiden. Roggen ist das längste Getreide und kann über 2 m hoch werden, höher als die anderen Getreidearten mit Ausnahme des Maises. Gerste erkennt man an ihren extrem langen, seidig glänzenden Grannen. Hafer erkennt man an den Rispen und am üppigen Blattwerk. Das Getreide mit den etwas struppigen Ähren, mit oder ohne Grannen, kann nur Weizen sein. Diese Eindrücke sind nicht bloss äusserlich. Sie sagen auch etwas darüber aus, aus welchem Bereich die Nährstoffe, die in den Körnern eingelagert sind, zu einem grossen Teil stammen.

Bei den alten Roggensorten, die eher schmale und kleine Stängelblätter haben, liefern in erster Linie die Halme die Nährstoffe für die Körner. Die moderne Züchtung hat aber den Roggen in seiner äusseren vegetativen Erscheinung dem modernen Weizen immer ähnlicher gemacht, er ist stämmiger geworden und die Blätter breiter. Roggenhalme sind zäh und elastisch. Weizen- oder gar Gerstenstroh ist brüchiger. Roggenstroh aus zu kräftig gedüngten Feldern wird brüchig und ist als Stroh für Strohdächer ungeeignet. Qualitativ hochwertiges Roggenstroh ist elastisch und zersetzt sich langsam.

Der Roggenhalm ist ein sehr schönes Beispiel dafür, wie die Gestalt des Stängels und des Blattes aufeinander abgestimmt sind. Der Halmknoten ist Teil des Blattes und nicht des Halmes. An dem Knoten kann sich der Stängel durch einseitiges Streckungswachstum an der vom Licht abgewandten Seite des Knotens wieder aufrichten, der Halm selbst ist dazu nicht in der Lage.

Abb. 1 Cadi Roggen kurz vor der Reife. Die Pflanzen sind ca. 180 cm hoch. Die Qualität des Getreides zeigt sich an den leuchtenden Halmen während der Gelbreife. Alvaschein, 20.07.2015

Abb. 2 Nach einem Schneefall Anfang Juni, kurz vor der Blüte, lagen sämtliche Pflanzen abgeknickt am Boden. Der Roggen hat die Fähigkeit, sich an den Knoten komplett aufzurichten. Die Blüte ist bei den Pflanzen auf dem Bild noch nicht ganz abgeschlossen. Es war erstaunlich, dass diese Parzelle noch einen Ertrag lieferte.

Abb. 3a Roggenwurzeln streben stark nach unten. Die obere Erdschicht, die leicht austrocknet, ist praktisch nicht durchwurzelt. Roni Vonmoos, Sortengarten Erschmatt

Abb. 3b Detail, die feinen Wurzelhaare zeigend

Der Roggen wurzelt tief, er nimmt noch Wasser aus der Tiefe auf, wenn die obere Schicht bereits ausgetrocknet ist und das Bodenleben eine Pause einlegt. Die Abbildungen 3a und 3b zeigen ein stark verzweigtes Geflecht von Wurzeln, die kräftig in die Tiefe streben. Auffallend ist der weissliche Schimmer, der wie ein lockeres Pilzgeflecht den Boden durchzieht. Es sind die feinen Wurzelhärchen, die den Austausch mit der Bodenfeuchtigkeit bewerkstelligen. Was die Atemöffnungen und Lufträume in den Blättern sind, die den Gasaustausch ermöglichen, sind die Wurzelhärchen an der Wurzel. Über die Wurzelhärchen ernährt der Roggen Bodenbakterien und Bodenpilze, die umgekehrt der Pflanze Nährstoffe zur Verfügung stellen – eine perfekte Symbiose.

Ähre, Blütenstaub

Die Roggenähre mit ihren Ährchen und Spindelgliedern ist ähnlich aufgebaut wie die Weizenähre. Pro Stufe findet sich ein mehrblütiges Ährchen. In der Regel bilden sich 2 Körner pro Ährchen. Unter wüchsigen Bedingungen können es auch 3 sein. Weizen bildet 4–5 Körner pro Stufe. Die Roggenähre ist mehr durchgestaltet. Das zeigt sich insbesondere an der feinen Zähnung der Spelzenränder und an den feinen, zierlichen Grannen (siehe Abb. 6 und 10). Die Grannen sind so fein, dass sie zur Reifezeit abbrechen können, sobald der Wind die Halme bewegt und die Ähren aneinanderreiben. Bei den Landsorten sind die Deckspelzen schmal und bedecken das Korn nicht ganz. Das Licht kann dann den Körnern einen rötlichen Glanz verleihen, der bei der Reife wieder verschwindet (Abb. 4). Bei modernen Sorten sind die Körner durch die breiteren Deckspelzen besser abgeschirmt. Roggen ist immer begrannt, die Ährenvielfalt ist gering, das Spektrum reicht von ganz lockeren Ähren bis zu kompakten Ähren. Strohblonde, schwarze oder sonst farblich auffallende Ähren wie bei Weizen und Gerste gibt es nicht.

Roggen, ein Fremdbefruchter – die Selbstbefruchtungsrate liegt unter 5 % (Kranz 1973) –, hat die grössten Staubbeutel und produziert am meisten Blütenstaub. Ein Staubbeutel kann bis zu 19 000 Pollenkörner enthalten. Umgerechnet auf eine Blüte mit drei Staubbeuteln sind das 57 000 Pollenkörner; eine Ähre kann fast 6 Millionen Pollenkörner bilden. Um die Mittagszeit, wenn die Sonne scheint, steigen Wolken von Blütenstaub aus dem Roggenfeld auf.

Das Korn

Das Roggenkorn ist länglich, spitz, grünlich oder auch gelblich, es ist vor allem bei Landsorten, aber auch bei modernen Sorten stärker der Witterung ausgesetzt als beim Weizen oder gar bei der Gerste. Die Feuchtigkeit kommt unmittelbar an das Korn heran. Das Roggenkorn kennt zudem keine ausgesprochene Keimruhe und so ist die Auswuchsgefahr bei ihm am grössten. Beim Auswuchs keimen die reifen Körner auf der Ähre, sobald sie Feuchtigkeit aufnehmen. Ausgewachsenes Getreide kann man nur noch als Futtergetreide verwenden. Beim Wildroggen ist das Korn besser durch die Deckspelzen geschützt. Dieser Schutz ging mit der Zeit verloren, denn die Landwirte haben von jenen Pflanzen Samen genommen, die ihre Körner leicht haben fallen lassen. Es war üblich, die Garben an eine Wand zu schlagen und die ausgefallenen Körner als Saatgut zu verwenden. Diese Körner waren zudem frühreif. Moderne

Abb. 4 Reifende Ähre eines Walliser Landroggens aus dem Goms. Pro Ährchen bilden sich 2 Körner. Die von der Sonne rotbraun verfärbten Körner sind gut erkennbar. Dieser Roggen wurde Anfang August 2004 gesät und knapp 14 Monate später, Ende September, geerntet. 05.08.2005, Fextal, 1900 m ü. M.

Sorten haben wieder einen festeren Kornsitz, damit sie bei der Ernte mit der Dreschmaschine nicht vor dem Mähbalken auf den Boden fallen. Das Roggenkorn enthält nur wenig Klebereiweiss (Gluten) und dafür umso mehr Schleimstoffe. Beim Weizen lässt das Klebereiweiss das Brot aufgehen, beim Roggen halten die Schleimstoffe die Kohlensäure zurück und lassen so das Brot aufgehen.

Mutterkorn

Mutterkorn ist der Fruchtkörper eines Pilzes *(Claviceps purpurea)*. Das Korn nimmt buchstäblich die Stelle eines Roggenkorns ein. Die Infektion mit Sporen findet zur Blütezeit über die Narbe statt und wird begünstigt durch eine länger anhaltende feuchte Witterung während der Blüte. Die im Herbst runtergefallenen Mutterkörner bilden im Frühling Pilzsporen. Während eines Regens tragen feine Wasserspritzer die Pilzsporen hinauf. Der Pilz entwickelt sich anschliessend im Fruchtknoten zum schwärzlichen Mutterkorn, das, in Ausnahmefällen, mehrere cm lang werden kann. Mutterkorn tritt gelegentlich auf Gerste, Weizen, Raigras, Trespe und Quecke auf.

Mutterkorn ist giftig, es enthält circa 80 organische Verbindungen aus der Gruppe der Indolalkaloide. Diese zum Grossteil toxischen Alkaloide waren die Ursache für die als Ergotismus bezeichneten epidemieartigen Vergiftungen, die vom Frühmittelalter bis ins 20. Jahrhundert auftraten. Mutterkorngifte führen unter anderem zu einer Verengung der Blutgefässe und so zu einer Durchblutungsstörung, die in den Gliedmassen zu einem Kribbeln führt und im Extremfall zum schmerzhaften Absterben von Fingern und Zehen. Das Mutterkorn hat man medizinisch eingesetzt bei schweren Blutungen nach der Geburt, um diese zu stoppen, aber auch zur Steigerung der Wehen.[21] Mutterkorn liefert wertvolle Substanzen für medizinische Zwecke, aus ihm hat man auch LSD gewonnen. Roggen wurde gezielt zur Gewinnung von Mutterkorn angebaut.

Die Entstehungsgeschichte des Roggens

Der Roggen (*Secale cereale* subsp. *cereale*) ist vermutlich direkt aus dem Wildroggen (*S. cereale* subsp. *vavilovii*) hervorgegangen. Ob eine weitere mehrjährige und Ausläufer bildende Unterart (*Secale strictum*, früher *S. montanum*) eine Rolle gespielt hat, ist noch unklar. Wildroggen wird, und das ist erstaunlich, nur 50–80 cm hoch.

Abb. 5 Roggenkörner einer Landsorte aus Erschmatt. Die Kornfarbe variiert, die Herkunft des Blütenstaubs entscheidet, ob gelb oder grau-blau. Rein gelbe Sorten geben ein helleres Mehl als graublaue Sorten. Roni Vonmoos

Abb. 6 Roggenähre mit Fruchtkörpern von Mutterkorn *(Claviceps purpurea)*

Abb. 7 Ährenbruchstücke eines Wildroggens (*Secale cereale* subsp. *vavilovii*). Virtueller Sortengarten, www.sortengarten.ethz.ch

Abb. 8 Wintertriticale *(Triticum secale)* vor Weizen, die Regelmässigkeit der Ähren erinnert an Hartweizen und Emmer. 14.07.2013

21 Wikipedia Mutterkorn und Mutterkornpilz.

Als Herkunftsregion kommt die Hochebene von Anatolien infrage. Wildroggen wächst nicht nur in der Türkei, sondern auch in Armenien, Aserbaidschan und Zentralasien (Zohary 2012). Er hat Ähnlichkeiten mit Wildeinkorn und Urartu-Weizen. Die entwicklungsgeschichtlichen Beziehungen zwischen den Gattungen Weizen *(Triticum)* und Roggen *(Secale)* sind eng. Die nahe Verwandtschaft zeigt sich am *Triticale*, einer neuen Kulturpflanzenart, die aus Kreuzungen von Hartweizen und Roggen hervorgegangen ist.

G. C. Hillmann (1978) hat die Geschichte des Roggens im Entstehungsgebiet in der Türkei erforscht. Er fand dort Übergangsformen zwischen Kulturroggen und Wildroggen: Roggen mit halbbrüchigen Ähren und solche mit zäher Spindelachse, wie den Kulturroggen. Die erste Gruppe – halb Wildpflanze, halb Kulturpflanze – wächst in Weizen- und Gerstenfeldern. Vor der Ernte des Weizens oder der Gerste sind die meisten Roggenkörner mit ihren Spelzen bereits auf den Boden gefallen, nur die Körner an der Ährenbasis, die weniger brüchig ist, werden zusammen mit dem Weizen oder mit der Gerste geerntet, gelangen so ins Saatgut und werden wieder gesät.

Die zweite Form mit nicht brüchigen Ähren wächst ebenfalls in Weizenfeldern in der Türkei und in den angrenzenden Regionen Syriens, Iraks und Irans. Sie kommt weiter auf dem Balkan und im Kaukasus vor. Ihre Körner haben eine Grösse, die denen des Weizens ähnlich sind. Bei der traditionellen Reinigung werden die Arten nicht getrennt. Landwirte auf den Hochebenen von Anatolien und Armenien tolerieren den Befall des Weizensaatgutes mit Roggen und haben einen guten Grund dazu: In schlechten, extrem kalten und trockenen Jahren überleben die Roggenpflanzen, die Weizenpflanzen haben unter solchen Bedingungen Schwierigkeiten. Der Roggen sichert dann das Überleben, man nennt ihn «Allahs Weizen».

Auf zwei Wegen kam der Roggen nach Europa: Der erste führte vom Kaukasus über die Ukraine nach Mittel- und Westeuropa, der zweite via Rumänien und Norditalien nach Frankreich und Spanien. In Europa, östlich des Rheines, in Mittel- und Osteuropa war der Roggen, mit Ausnahme der alemannischen Siedlungsgebiete, das Hauptgetreide. Roggen ist heute noch für weite Teile Osteuropas und Skandinavien die wichtigste Getreideart. Kulturroggen hat die Möglichkeit, wieder wild zu werden und sich auf offenen, ruderalen Flächen anzusiedeln. In den USA ist Roggen zum Unkraut geworden, solche Unkrautpflanzen haben wieder brüchige Ährenspindeln (Miedaner 2014).

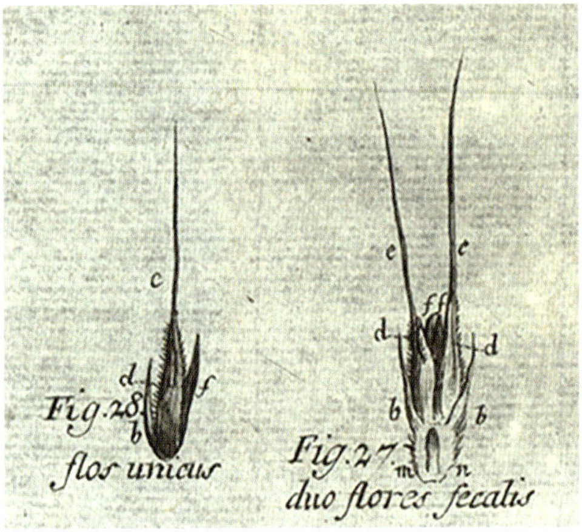

Abb. 9 Roggenblüten, links eine einzelne Blüte (flos unicus), rechts ein Ährchen mit 2 Blüten (duo flores secalis) und einem Teil der Ährenachse. b Hüllspelze; d Deckspelze; c Granne; f Vorspelze; m und n Spindelglied fein behaart. Universitätsbibliothek Basel, books2ebooks.eu, Albrecht von Haller (1776)

Abb. 10 Teilstück einer Ähre, als Unterlage dienten Mohnsamen. Auf den Haarbüscheln unten folgen links und rechts die beiden relativ kleinen Hüllspelzen, daran anschliessend die kräftigen, begrannten Deck- und die häutigen Vorspelzen.

Die Neuzeit

In den Kräuterbüchern wird Roggen erwähnt, so auch bei Leonhart Fuchs (1542). Nach Fuchs (1563) wächst der Roggen fast überall. Eine genaue Beschreibung des Roggens liefert Albrecht von Haller (1782) (siehe Abb. 9 und 10). Die gleichzeitige Aussaat von Weizen und Roggen, wie wir das für Anatolien beschrieben haben, war auch in der Schweiz weitverbreitet. So schreibt von Haller: «[...] in der Schweiz wird er häufiger, entweder allein, oder mit Weizen vermischt gesäet; sie heissen dieses Gemisch Messel; (im Zürichgebiet Mischleten) theils damit für den gemeinen Bauersmann die Frucht, welche er zum Brod braucht, schon wie ers haben will vermischt werde, theils damit der Roggen mit seinen stärkeren Halm widerstehe, und nicht so leicht, wie der Weizen allein, vom Wind und Regen zu Boden geworfen werde; sondern vielmehr mit seiner Stärke den schwächern Weizen aufrecht erhalte.»

Heute ist Weizen standfester als Roggen. Und weiter: «Das Mehl ist etwas schwarz, süsslicht, aber wird sehr leicht sauer, es wird auch stärker sauer als Weizen und Gerste, und hat weniger von der klebrigten Nahrung, welche alkalisch wird. Doch erwartet man von Roggen eine starke Nahrung, und darum lieben ihn die Bauern (doch nicht aller Orten, U.) so dass im niedern Deutschland auch grosse Herren Roggenbrod auf ihren Tisch kommen lassen, und es lieber essen, wenn es schwarz ist! [...]»

Im Herbar von Albrecht von Haller, das sich in Paris befindet, sind einige Roggenpflanzen erhalten geblieben, darunter eine Sorte aus der Nähe von Basel mit behaarten Spelzen (Muséum national d'Histoire naturelle, 57 rue Cuvier, 75005 Paris. Belegnummer: P1030443).

Abb. 11 Bergackerbau in Selva, oberhalb von Disentis in den 1930ern. Kornhisten prägen das Dorfbild. Auf den Histen wurden Roggengarben nachgetrocknet. Im Tavetsch nannte man die Histen auch Chischnes. Selva, 1530 m ü. M., Getreidearchiv

Abb. 12 Roggenzüchtung in Falera (Fellers), exakte Handarbeit. Eine Person steht auf einem Brett mit Löchern und bohrt mit einem Hölzchen ein Loch mit vorgegebener Tiefe. Die andere Person legt in jedes Loch ein Korn. Getreidearchiv

Abb. 13 Von links nach rechts: Walliser Roggen, Cadi X Walliser Roggen, Cadi Roggen und Elect, eine Sorte der 1990er. Der Walliser Roggen ist 190 cm lang.

Grenzlagen

Roggen ist ein Getreide der Grenzlagen mit langen Wintern und kurzer Vegetationszeit. Im Oberengadin, wo die Vegetationszeit für den Winterroggen mehr als 12 Monate beträgt, war es um 1800 üblich, ihn zusammen mit Erbsen im Frühling zu säen. Sät man Winterroggen im Frühling, dann bestockt er zwar stark, bildet aber keine Ähren. Im Nachsommer erntete man die reifen Erbsen und die Blätter des stark bestockten, noch grünen Roggens. Die Horste liess man stehen, und erst im zweiten Jahr bildeten sich Ähren und konnten die Körner geerntet werden (Bansi

1811). In Grenzlagen war es üblich, Roggen und Gerste rechtzeitig vor dem drohenden ersten Schneefall zu ernten. Nicht selten waren die Halme noch gelblich grün und noch nicht in der Gelbreife. Zum Nachtrocknen hatte man spezielle Gerüste, die entweder an der Stallwand befestigt oder auch frei stehend waren, man nannte sie Histen oder Chisnes.

Winterroggen – Sommerroggen

Winterroggen bestockt vor dem Winter und schiesst im Frühjahr bald in die Höhe. Der weniger ertragreiche Sommerroggen wird im Frühjahr gesät. Sommerroggen fand man hauptsächlich in jenen Regionen, wo Winterroggen aufgrund einer zu intensiven Beweidung im Herbst nicht angebaut werden konnte. Der Sommerroggen war auch als Notlösung gedacht für den Fall, dass, wenn im Herbst kein Winterroggen gesät werden konnte, man trotzdem noch Roggen anbauen und ernten konnte.

Die Frage, ob der Winterroggen oder der Sommerroggen höher hinaufgestiegen ist, wird unterschiedlich beantwortet, je nach Region und Tradition. So erwähnt Heinrich Brockmann-Jerosch (1907) für das Puschlav den Sommerroggen Segal marzöla oder Segal primaverila als die am höchsten angebaute Kultur (bis auf 1630 m in Pradaint). Auch der Züchter Albert Volkart (1905) war der Meinung, dass Sommerroggen am höchsten hinaufsteigt: «Der Roggen ist mit der Gerste die eigentliche Brotfrucht des Gebirges; steigt er doch von allen Getreidearten am höchsten vor allem in den regenarmen Hochtälern des Wallis und des Engadins (Samnaun 1726 m) so hoch, dass er vielfach (wie auch im Tessin) an besonderen Korngalgen (Recane, Chichenes) noch getrocknet werden muss. Die höchsten Standorte besitzt das Wallis bei Findelen bei 2100 m. In so hohen Lagen wird ausschliesslich Sommerroggen gebaut.»

Versuche mit Walliser Winterroggen im Fextal auf 1900 m ü. M. zeigten, dass es Winterroggensorten gibt, die, Anfang August gesät, knapp 14 Monate später, Ende September, geerntet werden können. Der Walliser Roggen überlebt bis zu 6 Monate unter einer Schneedecke ohne Blattverlust. So grün die Pflanzen in den Winter hineingehen, so grün kommen sie im Frühling heraus.

Erzkorn- und Egertenwirtschaft

Die ausserordentliche Bedeutung des Roggens für Randlagen, seine Fähigkeit, sowohl mit Trockenheit als auch mit Kälte umzugehen, zeigte sich in der Schweiz in den inneralpinen Trockentälern. Die niederschlagsreicheren Täler kannten die natürliche Berasung der Äcker. Bei der natürlichen Berasung überliess man die Äcker am Ende der Fruchtfolge sich selbst, sie wuchsen ein. Es braucht dann mehrere Jahre, bis eine ertragreiche Wiese entstanden ist. Diese Bewirtschaftungsweise nennt man Egertenwirtschaft. In den Gebieten mit zu wenig Niederschlägen, wo die Wiesen bewässert werden, entstand das System des Dauerackerbaus. Weil die natürliche Berasung der Äcker schlecht funktionierte, blieben die Acker auf ewig Äcker. Die Erzkornwirtschaft mit ewigem Roggenanbau war typisch für Trockentäler. Der Wasserbedarf von Getreide ist geringer als der Wasserbedarf einer Wiese, in den Trockentälern war das von Vorteil, nur ganz selten wurden Äcker bewässert.

Albert Volkart (1902) gibt eine interessante Beschreibung der Egertenwirtschaft.

«[...] Bei der Egertenwirtschaft ist das Ackerland in eine verschieden grosse Anzahl gleich grosser Schläge eingeteilt. Von diesen wird meistens jedes Jahr einer neu aufgebrochen und kürzere oder längere Zeit als Acker benützt, um dann der natürlichen Berasung überlassen zu werden und wiederum eine Reihe von Jahren als Wiese oder Weide liegen zu bleiben. Die Ackernutzung wechselt von einem bis zu einer längeren Reihe von Jahren; sie ist dann unbestimmt. Kennzeichnend für die Egertenwirtschaft ist, dass die Aecker meist auf dem vom Hofe entfernteren, unfruchtbareren Böden liegen. Um den Hof finden wir in grösserer Ausdehnung Fettmatten, vortreffliche Wiesen zumal in den Gebirgsgegenden, in den tiefen Lagen meist Baumgärten. Das heisst also: ‹Futterbau intensiv, Ackerbau extensiv›, während für die Dreifelderwirtschaft umgekehrt die Regel galt und zum Teil heute noch gilt: ‹Ackerbau intensiv, Futterbau extensiv› [...] Wir treffen die Egertenwirtschaft im Oberwallis. man baut hier in Gebieten mit Dorfverfassung eine längere Reihe von Jahren Roggen selten in Abwechslung mit Gerste und Kartoffeln, und lässt die Roggenstoppeln sich selbst berasen. Im Goms nennt man eine solche Neuwiese ‹Märweri›. Neben der Egertenwirtschaft kommt auch Erzkörnerwirtschaft (beinahe ununterbrochener Anbau von Roggen) vor, so in Münster (Friedrich Gottlieb Stebler 1900).»

Albert Volkart weiter:

«Egertenwirtschaft ist sodann verbreitet im Kanton Graubünden, namentlich im Bündner Oberland. Im Tavetsch baut man das erste Jahr Gerste oder Kartoffeln, seltener Roggen, im zweiten Jahr Roggen oder Flachs, im dritten Roggen; dann bleibt der Acker der Berasung überlassen. Es bildet sich ein Bestand von Straussgrass (Agrostis alba), der im fünften Jahr den grössten Ertrag gibt. Nach 8–10 Jahren wird wieder umgebrochen (Dr. F. G. Stebler). Im Lugnetz pflanzt man z. B. in Vrin, ebenfalls bei Dorfverfassung und Gemengelage der Grundstücke, in die im Frühjahr umgebrochene Egerte Kartoffeln, im zweiten Jahr Roggen oder Gerste, im dritten Gerste oder Roggen und überlässt dann den Acker im vierten Jahr der natürlichen Berasung (Dr. F. G. Stebler). Die Bedeutung der Ackernutzung überwiegt hier den Wert der Futternutzung.»

Der ewige Roggenbau ist bekannt vom Münstertal (Paravicini 1928), vom Passeiertal in Südtirol (Leidlmaier 1958) und von den französischen Alpen (Monheim 1951). Voraussetzung für diese Bewirtschaftungsweise ist die alljährliche Düngung der Parzellen. Im Wallis ist diese Fruchtfolge, die eigentlich keine Fruchtfolge ist, auch von Stebler (1993b) detailliert in ihren Variationen beschrieben:

> «Der Roggen wird seit Jahrhunderten stets auf denselben Feldern gebaut. Noch heute herrscht Brachwirtschaft, wie vor 1000 Jahren. In dem auf die Kornernte folgenden Jahr wird der Boden ‹Brach› liegen gelassen und erst im zweitfolgenden wieder genutzt. Die Kornfelder jeder Gemeinde sind in zwei annähernd gleich grosse Teile geteilt, wovon die eine Hälfte das eine Jahr Roggen trägt, die ander aber brach liegt. So wird z.B. in Zeneggen zwischen der Rieben und den Lochäckern abgewechselt. Das eine Jahr tragen die Riebenäcker Korn, das folgenden die Lochäcker.
> Nach der Roggenernte bleibt der Stoppeln liegen bis im Juni des folgenden Jahres; dann wird das Land ‹gebrachet›, d. h. gepflügt; der Juni heisst deshalb auch ‹Brachmonat›. Kleinere Stücke werden mit der Spitzhaue von Hand umgearbeitet. Eine anstrengende Arbeit! Ein Sprichwort heisst: ‹Er isst wie ein Haue!›. Als beste Zeitperiode zum Brachen gilt die Woche zu St. Johannes (24. Juni). Das aus den ausgefallenen Roggenkörnern hervorgegangene Getreide und die in der Stoppel entstandenen Kräuter sind dann gut entwickelt und liefern, untergepflügt, einen wertvollen Dung. Zwar wird oft schon im Mai gebrachet, weil die Maultiere später zum Teil als Saumtiere in die Fremdenorte gehen. Die Äcker, die gebrachet werden, erhalten oft 10–20 Jahre keinen Mist. [...] Einige Wochen nach dem Brachen – in der Regel Mitte August – wird zum zweiten Mal gepflügt. Man nennt dies ‹Triferen› (‹getrifuhret›, ‹triferet›). Später wird der Roggen gesät und entweder von Hand oder mit dem Pflug untergebracht. In Zeneggen sät man um Barthlome (24. August), in Törbel in der Frauenwoche (Maria Geburt, 8. September) in höhern Lagen früher, in tiefern später. Bei allzu früher Saat wird das Korn im Herbst leicht zu gross und fault dann im Winter gerne aus. [...] Das beste Korn weit und breit wächst in Zeneggen; die Körner sind braungelb gefärbt, fast wie Weizen; während jene der Rarner Schattenberge dunkel sind.»

Roggen und Safran

Eine ausserordentliche Kombination ist der Anbau von Roggen mit Safran *(Crocus sativus)*. Stebler (1993a):

> «Der Boden auf der Kummegge, wo der Safran heimisch ist, ist tiefgründig, feinsandig, trocken und eher mager. Auf bindigem und feuchtem Grunde kommt der Safran nicht fort. Ebenso wenig erträgt er starke Düngung und Bewässerung. Die Zwiebeln faulen in düngerkräftigem und feuchtem Boden aus. Auch bei der Kultur von Kartoffeln und anderen Hackfrüchten geht die Knollenzwiebel zu Grunde. Nur in den Äckern, die Jahr für Jahr mit Roggen bebaut werden, hält der Safran aus. Das Erdreich wird schon im August mit der Breithaue umgebrochen, weil die massenweise zusammen liegenden Zwiebeln bei späterer Bearbeitung sonst einen so dichten Haarschopf haben, dass das Land kaum mehr zu umbrechen ist. Die Zwiebeln sitzen tief in der wilden Erde des Unter-

grundes und müssen beim Umarbeiten des Landes wieder in denselben verteilt werden. Büschelweise zusammen liegende Zwiebeln werden einzeln verteilt, und allfällig an die Oberfläche gelangende müssen wieder in die Tiefe gelegt werden. Nachdem das Land ‹gehauen› ist, wird der Roggen um Mitte September gesät und mit der Breithaue schwach untergebracht. Die Saat keimt bei günstiger Witterung rasch. Der Safran kommt aber erst Anfang bis Mitte Oktober zur Blüte; die Blütezeit dauert zwei bis drei Wochen. Die Blüte einer einzigen Pflanze geht zwar in wenigen Tagen vorüber, aber es entwickeln Tag für Tag neue Pflanzen ihre Blütenkelche, bis Ende Oktober oder Anfang November die letzten zum Vorschein kommen. Ein Roggenfeld mit Safranblüten gleicht zur Zeit der vollen Blüte einem Blumenbeete. Unten der grüne Rasen der zolllangen Roggensämlinge, dazwischen die herrlichen Lilablüten des Safrans. Aus der Ferne gleicht die Safranblüte ganz und gar der Herbstzeitlose. Die Blüten sind in der Form gleich. Die Lilafarbe spielt aber beim Safran etwas ins Rötliche.»

Landsorte, Zuchtsorte und Genbank

Die ursprünglichen Landsorten haben lange, elastische Halme und lange, lockere Ähren. Die ersten Zuchtsorten haben eine breite, gedrängte Ähre, grössere Körner, die kürzeren Halme sind grob und steif. Das steife Stroh der Zuchtsorten eignet sich nicht als Bandstroh, um die Garben zu binden. Zudem ist die Winterfestigkeit geringer als bei den alpinen Landsorten und die Anfälligkeit auf Schwarzrost grösser.

Die züchterische Bearbeitung der Landsorten fing um 1910 an mit dem Rothenbrunner Roggen. Der Rothenbrunner blieb bis 1992 als Grünschnittroggen auf der Sortenliste. In den 1920ern ging die Sommerroggensorte Beka aus einer Kreuzung von Berna und Karlshulder hervor. Einige Zuchtsorten aus dieser Zeit blieben erhalten, weil sie 1927–1928 nach Russland gelangten. Die Sorten Adliker und Schwand blieben in dem Vavilov Institute of general Genetics, in St. Petersburg, erhalten und kehrten wieder zurück in die Schweiz. Die Roggensammlung der Genbank enthält zu den Zuchtsorten aus dem Mittelland und Graubünden noch Landsorten aus dem Berggebiet (Wallis und Tessin). Eine besondere Sorte ist der Cadi Roggen, ein Bergroggen, der aus der Kreuzung von Petkuser Roggen mit einer Landsorte aus Falera (Fellers) hervorgegangen ist. Die Geschichte des Cadi Roggens ist speziell, sie zeigt die besondere Wertschätzung für den Bergackerbau nach dem Zweiten Weltkrieg. Siegfried Wagner (1956) hat sie aufgezeichnet.

«[...] Im Jahre 1941 entschloss sich die Eidgenössische Landwirtschaftliche Versuchsanstalt Zürich-Oerlikon, die Züchtung eines leistungsfähigeren Bergroggens aufzunehmen. [...] Zu Beginn der Züchtung wollte man sich einen Überblick über das angestammte Material verschaffen. [...] Man begnügte sich [...] mit zwei Herkünften aus Graubünden Fellers (Falera) und Remüs (Ramosch) und zwei Herkünften aus dem Wallis (Gampel und Obergestelen), die im Jahre 1942 in Fellers und Remüs miteinander verglichen wurden. Aus den vier Provenienzen wurde diejenige von Fellers zur weiteren Bearbeitung ausgewählt. Sie brachte im Durchschnitt die grössten Erträge (29,5 kg./a) und zeigte die beste Winterfestigkeit. Die Ähre war gut besetzt, mit eher kleinen, schlanken, aber feinschaligen Körnern. Die hörnchenartig gebogenen Körner der andern Sorten waren zwar bedeutend schwerer, fielen aber wegen der schlechten Bedeckung durch die Spelzen bei Windschlag sehr leicht aus. Der zur Kontrolle mit gesäte Rothenbrunner Roggen, der züchterisch schon länger bearbeitet wurde und wesentlich ertragreicher ist, winterte derart stark aus, dass er als Ausgangsmaterial ziemlich aussichtslos erschien.»

Da mit Auslesezucht der Fellerser Roggen kaum verbessert werden konnte, kreuzte man 1946 die besten Stämme mit Petkuser Roggen. Den Petkuser Winterroggen hat Ferdinand von Lochow gezüchtet, er war bereits um 1895 die dominierende Sorte im Deutschen Reich (Miedaner 2014). Ein Vergleichsanbau im Jahr 1953 ergab folgende Werte:

Sorte	Überwinterung	Lagerfestigkeit	Frühreife	Körnerertrag	TKG	Kornausbildung
Fellerser Roggen	5	1	5	18,6	17,2	1,5
Fellers × Petkus	4	3,5	3	35,7	27,2	3,5

Die Ergebnisse waren befriedigend.

«Auf Grund der bisherigen Erfahrungen kann der Winterroggen Cadi wie folgt charakterisiert werden: Cadi ist speziell für das Anbaugebiet des Bergroggens in den Kantonen Graubünden, Tessin und Wallis bestimmt. Gegenüber dem alten Bergroggen besitzt er folgende Vorteile: Er gibt grössere Erträge, hat bessere Lagerfestigkeit und ein höheres 1000-Korn-Gewicht. Dagegen ist die Winterfestigkeit nicht ganz so gut wie beim Bergroggen, und in der Reife steht er diesem um 3 Wochen nach. Er ist daher für extreme obere Grenzlagen nicht geeignet. In Bezug auf die Nährstoffversorgung ist er anspruchsvoller als der alte Bergroggen. Es sei noch hervorgehoben, dass schwache Bestände im Frühling sich besser erholen als gleichartige Bestände des Bergroggens. Man darf erwarten, dass der Cadiroggen in den Ackerbaugebieten der Berglagen gut aufgenommen wird und so mithilft, die karge Existenzgrundlage der Bergbevölkerung zu verbessern.»

Cadi Roggen war die letzte Roggensorte, die in der Schweiz gezüchtet wurde. Sie wird immer noch im Berggebiet angebaut.

Tab. 1 Vergleichsanbau 1953 in Schallas (Maiensäss von Fellers, 1400 m) (Mittel der vier besten Kreuzungsstämme). Die Bewertungsskala reicht von 1 = gering bis 5 = gut.

Abb. 14 Roggenkörner von Ramosch (1968), nicht mehr keimfähig. Es finden sich sowohl gelbbraune als auch graublaue Körner. Unten rechts sieht man ein hörnchenartig gekrümmtes Korn.

G HAFER – ANREGEND

Reifendes Nackthaferfeld (*Avena sativa* var. *nuda*) im Münstertal

Rispe eines Spelzhafers (*Avena sativa* var. *sativa*), Brune de Mont-Calme

Hafer *(Avena sativa)* hat vergleichsweise lange gebraucht, bis er zu einer bedeutenden Kulturpflanze wurde. Er war zwar, wie der Roggen auch, als Begleitpflanze in den Gerste- und Weizenfeldern lange anzutreffen, aber erst in der Römerzeit nimmt seine Bedeutung deutlich zu und wird er gezielt gefördert. Danach spielte Hafer eine bedeutende Rolle in der menschlichen Ernährung, und er wurde viel an Pferde verfüttert. Als Nahrungsmittel wirkt Hafer anregend, aufhellend. Bevor man Hafer essen kann, müssen die Körner von den Spelzen befreit werden. Das Pferd wird mit den Spelzen fertig, der Mensch eher nicht. Spelzhafer lässt sich schwieriger schälen als Dinkel, das wird auch den Anbau des Hafers erschwert haben. Nach einer Wärmebehandlung lässt sich der Hafer besser entspelzen. Die Behandlung macht den Hafer leichter verdaulich und hat eine konservierende Wirkung. Der Nackthafer, der freidreschende Hafer, der Westeuropa am Ende des Mittelalters erreichte, wäre eine gute Alternative, wenn die weichen Körner sich nicht so leicht beim Dreschen schädigen lassen und dabei ihre Keimfähigkeit verlieren.

Saathafer ist eine Pflanze des Mittelmeerraumes, trotzdem eignet er sich ganz gut für den Anbau in den Küstenregionen Westeuropas und den Anbau in feuchten und kühleren Mittelgebirgslagen. Die Feuchtigkeit braucht der Hafer für seine Jugendentwicklung, Kühle verlängert die Dauer der vegetativen Phase und ermöglicht höhere Erträge. In seinem Ursprungsgebiet, im Mittelmeerraum, beschleunigen die höheren Temperaturen die Entwicklung des Hafers, die Pflanzen

sind weniger üppig, kommen schneller zum Blühen, bilden weniger Blüten aus und die Erträge sind tiefer.

Betonung des Blattes

Die ausgewachsene Pflanze macht im Vergleich zu Gerste- und Roggenpflanzen einen üppigen Eindruck, die Halme sind kräftig, die Blätter breit, die Blattfarbe satt- bis blaugrün. Die Pflanzen, vor allem die Landsorten und die alten Zuchtsorten, können recht hoch werden, 1,50 m und mehr.

Der Hafer bildet wie Reis, Hirse und Mais eine Rispe. Die Haferährchen sind an sehr dünnen, beweglichen Ästchen befestigt. Diese sind recht weit von dem sich stufenweise verjüngenden Hauptast entfernt. Haferblüten sind dem Wind hingegeben, obwohl sie in erster Linie Selbstbefruchter sind und nur kleine Staubbeutel bilden.

Die Hüllspelzen der Ährchen machen ihrem Namen alle Ehre, denn sie sind extrem gross, stark gewölbt und umhüllen die zwei bis drei Blüten vollkommen. Die Hüllspelzen des Hafers lassen viel Raum für die Blüten. Diese öffnen sich nach unten. Die knorpelige Beschaffenheit der Deckspelzen und der feste Spelzenschluss der Deck- und der Vorspelze des Spelzhafers weisen auf seine Herkunft aus den sommertrockenen Regionen Westasiens und dem Mittelmeerraum hin. Beim Nackthafer sind die Deckspelzen und die Vorspelzen ähnlich häutig wie die Hüllspelzen, die Deckspelzen sind durch Hüllspelzen ersetzt worden. Beim Nackthafer ist zudem die Zahl der Blüten pro Ährchen grösser und somit auch die Zahl der Körner pro Ährchen. Die Fruchtbarkeit ist gesteigert. Leider sind nicht alle Samen gleich gross, die Grösse der Samen nimmt zur Ährchenspitze ab, die Zahl zu kleiner Samen nimmt zu.

Die Granne ist beim Flughafer *(Avena fatua)* eigentümlich geformt, sie ist gekniet, entspringt dem Rücken der Deckspelze und gestaltet sich als eine Fortsetzung des Mittelnervs. Unterhalb des Knies ist die Granne spiralig gedreht. Nimmt die Granne Feuchtigkeit auf, dann entwindet sie sich in diesem Bereich. Dank der Granne können die Früchte bei erhöhter Luftfeuchtigkeit oder beim ersten Regen in die Spalten des Bodens gelangen. Beim Kulturhafer fehlt die Granne oder ist nur noch unvollkommen ausgebildet. Die An-

Linke Seite:

Abb. 1 Saathafer *(A. sativa)*, Brune de Mont-Calme, eine der ersten Zuchtsorten der Schweiz. Sie wurde 1924 offiziell zugelassen.

Abb. 2 Hafer. Links: Nackthafer, rechts: Spelzhafer

Rechte Seite:

Abb. 3 Spelzhafer, Brune de Mont-Calme, 2 Ährchen. Die längs gestreiften Hüllspelzen sind länger als die Deckspelzen, die rechts kaum zu sehen sind. Die Granne entspringt der Deckspelze.

Abb. 4 Nackthafer, Ährchen. Die ersten 2 Spelzen an der Basis der Ährchen sind die Hüllspelzen. Die nachfolgenden sichtbaren Spelzen sind Deckspelzen. Die Deckspelzen haben die Identität der Hüllspelzen angenommen. Die Vorspelzen sind nicht sichtbar. Die Zahl der Blüten ist erhöht, man findet bis zu 7 Blüten, beim Saathafer sind es max. 3.

Abb. 5 Der Wildhafer *(A. fatua)* bildet seine Grannen in Perfektion aus. Die Granne ist die Fortsetzung des Mittelnerves und entspringt der Deckspelze. Der dunkle Teil der Granne ist spiralig gedreht. Die starke Behaarung ist ebenfalls typisch für den Wildhafer. Julia Scher, Federal Noxious Weeds Disseminules, USDA APHIS PPQ, via Bugwood.org ITP 5376329

Abb. 6 Schwarzhafer, links die Früchte, rechts die Körner. Es gibt grössere und kleinere Früchte und Samen.

oder Abwesenheit und die Gestaltung der Granne unterscheiden sich von Sorte zur Sorte, dies variiert gar innerhalb einer Rispe. Darauf hat von Haller (1782) bereits hingewiesen.

Die Haferkörner eines Ährchens sind unterschiedlich gross. Das erste Korn ist am grössten, das zweite Korn und das dritte sind kleiner. Die nackten Körner sind behaart und fühlen sich weich und fettig an. Sie werden nicht so hart wie Weizenkörner und lassen sich leicht brechen.

Beim Spelzhafer müssen die Deck- und Vorspelzen nachträglich mit speziellen Verfahren entfernt werden. Um das Korn von den Spelzen zu befreien, wird der Hafer heute oft mit Dampf erhitzt. Die Hitzebehandlung dauert eine Stunde bei einer Temperatur von ca. 93 °C. Die Haferkörner verlieren dabei 3–4 % an Feuchtigkeit. Die Spel-

zen werden durch die Behandlung brüchig und lassen sich anschliessend leichter entfernen. Durch die Hitzebehandlung bekommen die Körner ein nussartiges Aroma. Der Hafer ist das fetthaltigste Getreide, demnach ist die Gefahr des Ranzigwerdens auch am grössten. Die fettabbauenden Enzyme im Keim werden bei der Hitzebehandlung inaktiviert, dadurch werden Haferprodukte erst lagerfähig. Früher war es auch üblich, den Hafer zu dörren. Beim Dörren werden die Spelzen spröde, danach lassen sie sich nach dem (ersten) Mahlgang leicht entfernen.

Der Winterhafer, den man im Herbst sät, gedeiht nur in küstennahen Gebieten. Er verträgt Barfröste und eine länger anhaltende Schneedecke schlecht. Sommerhafer nutzt man als Körnerfrucht oder verwendet ihn als Deckfrucht (Grünschnitthafer) bei Wieseneinsaaten. Als schnell wachsende Deckfrucht unterdrückt der Hafer das Hochkommen von Unkräutern.

Die Entstehungsgeschichte des Hafers

Hafer oder Saathafer *(Avena sativa)* ist direkt aus Wildhafer hervorgegangen (Zohary 2012). Die Gattung *Avena* ist im Mittelmeerraum weitverbreitet. Die Hafer-Gattung kann man aufgrund der Zahl der Chromosomen in drei Untergruppen gliedern. Die ursprüngliche diploide Gruppe hat einen zweifachen Chromosomensatz; die tetraploide Gruppe einen vierfachen und die hexaploide Gruppe einen sechsfachen Chromosomensatz. Die äusserlichen Unter-

Abb. 7 Schwarzer, brauner und gelber Spelzhafer

Abb. 8 Taubhafer (*Avena sativa* subsp. *sterilis*). Der Taubhafer oder Taube Hafer gilt heute als die Wildform des Saathafers. Er kommt in Südwestasien vor. Die begrannten Früchte zeigen den typischen Knick in der Granne. Virtueller Sortengarten, www.sortengarten.ethz.ch

Abb. 9 Sandhafer *(Avena strigosa)*. Der Sand- oder Rauhafer ist ein Kulturhafer aus der diploiden Gruppe der Gattung *Avena*. Virtueller Sortengarten, www.sortengarten.ethz.ch

schiede zwischen den Gruppen sind erstaunlich gering. Saathafer gehört zur hexaploiden Gruppe. Der Flughafer (*Avena sativa* subsp. *fatua*) und der Taubhafer (*Avena sativa* subsp. *sterilis*) sind die nah verwandten, wilden Arten. Heute geht man davon aus, dass der Taube Hafer die Wildform ist, aus der sich der Saathafer entwickelte. Beim Flughafer geht man davon aus, dass er ein «wild gewordener» Saathafer sei. Der Flughafer lässt die reifen Früchte, die beim Saathafer an der Rispe bleiben, leicht fallen. Spontane Kreuzungen zwischen Flug- und Saathafer kommen vor. Flughafer findet man als Ackerunkraut von Europa bis nach Zentralasien. Von ihm hat man keine natürlich vorkommenden Populationen gefunden (Miedaner 2014). Taubhafer ist die östlich mediterrane Form, man findet ihn in der Türkei, im Kaukasus und weiter nördlich und östlich des Kaspischen Meeres. Flug- und Taubhafer sind begrannt, die Früchte sind an der Basis behaart.

Aus der diploiden und der tetraploiden Gruppe sind ebenfalls Kulturpflanzen hervorgegangen: in Europa der diploide Sand- oder Rauhafer *(Avena strigosa)* und in Äthiopien der tetraploide Abessinische Hafer *(Avena abyssinica)*. Die diploide Form des Kulturhafers hat sich vom Mittelmeer, über Spanien und Portugal kommend, in Westeuropa verbreitet (Loskutov 2008). Die hexaploide Kulturform ist vom Osten her, vom Schwarzmeer nach Ost- und Nordeuropa gekommen. Der Sandhafer, sein Name sagt es schon, gab auf leichten, sandigen Böden noch einen Ertrag. Dort, wo Saathafer versagte, baute man Sandhafer an. Der Sandhafer wird seit mehr als 100 Jahren wegen seiner Körner nicht mehr angebaut. Heute wird er zur Bekämpfung von Fadenwürmern (Nematoden) auf Gemüsebaubetrieben angebaut.[22] Es gibt keine Hinweise auf die Kultivierung von Hafer während der Jungsteinzeit und Bronzezeit in Südwestasien und dem Mittelmeerraum. Und dies, obwohl die Wildpflanzen in diesen Regionen sehr häufig sind. Die ersten Funde von Kulturhafer in Europa stammen aus Moldawien aus der Zeit um 5600–5400 v. Chr., aus Ungarn um 5000 v. Chr. und aus Rumänien um 4500 v. Chr. (Zohary 2012).

Von der Bronzezeit bis Anfang Neuzeit

Die Archäobotanikerin Stefanie Jacomet schreibt im Historischen Lexikon der Schweiz:

> «Hafer beginnt in Europa – auch in der Schweiz – ab der Bronzezeit regelmässig aufzutreten. Zumeist handelt es sich dabei um Wildhafer. Eindeutige Funde von Kulturhafer gibt es erst seit der Eisenzeit. In der Römerzeit sind dann auch aus der Schweiz Vorratsfunde bekannt. Insbesondere für das hohe und späte Mittelalter ist Hafer zum Teil in grossen Mengen nachweisbar. Er war das im schweizerischen Mittelland und in der Nordwestschweiz vorherrschende Sommergetreide im Rotationssystem der Dreizelgenwirtschaft.»

Die ersten gut erhaltenen Funde von Saathafer stammen aus der Römerzeit (siehe Abb. 10 und 11 aus der Ausgrabung Alles les Aiges im Jura). Die Körner in Abbildung 12 stammen von einer Ausgrabung der mittelalterlichen Fundstelle auf dem Rathausplatz von Laufen (BL). Der Nackthafer (*Avena sativa* var. *nuda*) erreichte die Schweiz aus China kommend erst im Mittelalter.

22 Persönliche Mitteilung Karl-Josef Müller, Getreidezüchter, Darzau.

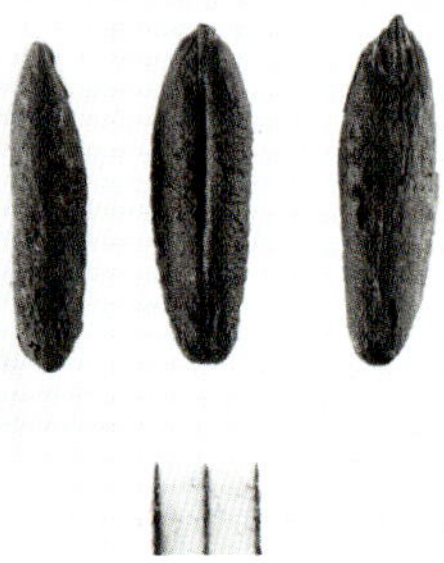

Abb. 10 Spelzenreste vom Saathafer aus der römischen Fundstelle Alles, Les Aiges (JU). IPNA Universität Basel

Abb. 11 Saathafer aus der römischen Fundstelle Alles, Les Aiges (JU). IPNA Universität Basel

Abb. 12 Saathafer, Laufen (BL) Rathausplatz (Mittelalter). IPNA Universität Basel

Abb. 13 Rispentypen. Von links nach rechts: Fahnenrispe, Steifrispe, Schlaffrispe. Karl-Josef Müller

Formenspektrum des Saathafers

Bei der Unterscheidung von Sorten sind die Farbe der Spelzen und die Form der Rispe die auffallendsten und wichtigsten Merkmale. Unterschieden wird zwischen Weiss-, Gelb-, Braun- und Schwarzhafer. Bei Milatz (1970) sind die braun- und schwarzkörnigen Typen unter der Bezeichnung Braunhafer zusammengefasst.

Es gibt verschiedene Rispentypen. Je nach Stellung und Anordnung der Seitenäste unterscheidet man folgende Typen: Schlaffrispe – die Seitenäste hängen ab der Milchreife überwiegend nach unten und sind gebogen; Sperrispe – die Seitenäste sind teils sehr schräg, teils schräg bis waagrecht ausgerichtet; Steifrispe – nicht nur die oberen, sondern sämtliche Seitenäste stehen steil bis sehr steil. Ist die Gesamtanordnung einseitswendig, dann spricht man von einer Fahnenrispe (Milatz 1970). Die Schlaffrispe durchläuft bis zur endgültigen Form die Formen der Steif- und der Sperrispe. Anders gesagt, die Sperrispe erstarrt auf einer frühen Stufe der Entfaltung.

Vielfalt des Hafers, historische Hinweise der Neuzeit

Leonhart Fuchs veröffentlichte 1542 sein «historia stirpium commentarii» – ein Kräuterbuch mit ausgezeichneten Abbildungen. Es folgten Übersetzungen auf Holländisch und Deutsch (1543). Fuchs teilte mit, dass der Spelzhafer vor allem als Pferdefutter diente, Nackthafer fand keine Erwähnung. Jacob Theodor Tabernaemontanus veröffentlichte 1588 sein bebildertes «Kräuterbuch» und zwei Jahre später sein «Eicones plantarum seu stirpium», ein Bilderbuch, das stattliche 2255 Pflanzenholzschnitte aus der Kräuterbuchausgabe enthält. Tabernaemontanus kannte den Saathafer wie auch den Nackthafer. Am meisten angebaut wurde der Saathafer.

Sprünglin und Tscharner (1762) beschreiben die damals übliche Dreifelderwirtschaft für das Münstertal/Vallée de Moutier im Jura: «[...] das

erste jahr wird ein feld mit dinkel oder spelt, das andre jahr mit einem gemenge von weissem hafer (avena vulgaris semine alba C.B.P.) und schwarzen wicken (vicia sativa vulgaris semine nigro C. B. P.) angesät; das dritte jahr lieget es brache; und so immer ein feld um das andre, dass da einem, im gleichen jahre, getreid, das andere hafer trägt, und das dritte ausruhet.»

Bemerkenswert ist die Kombination von Hafer mit der stickstoffbindenden Saat-Wicke.

Bei von Haller (1782) folgt auf eine allgemeine Beschreibung des Hafers und Nackthafers eine Klassifizierung nach Rispentyp und Spelzenfarbe. Er unterscheidet zwischen Fahnenhafer, bei dem die Rispenästchen in eine Richtung stehen, und dem gewöhnlichen Saathafer, bei dem die Rispenästchen allseitswendig ausgerichtet sind. Bei Letzterem unterscheidet er zwischen Schwarz- und Weisshafer und stellt zwischen beiden Übergangsformen fest. Auch die Begrannung und die Zahl der Blüten ist variabel. Es ist eine erstaunliche Vielfalt, die von Haller für seine Beschreibungen sammeln konnte. Er beschreibt die Nutzung des Hafers und erwähnt in dem nachfolgenden Abschnitt sogar die Nutzung als Deckfrucht.

«Die Bauern pflanzen den Haber nicht sonderlich gern, obgleich der Preis desselben seit einigen Jahren gestiegen ist, da die Anzahl der Pferde zugenommen hat, denn man glaubt, dass er den Boden ausräuche. Darum pflegt man ihn nur in magern Aeckern auf den Bergen zu säen: wo man kaum eine andere Erndte hoffen darf; und wenn ein Acker neu aufgebrochen worden, so säet man ihn alsobald mit Haber an, um das Gras und Unkraut auszurotten. In Schottland ist der Haber die fürnehmste Feldfrucht, und wird so roh mit Wasser eingeweicht, und zu einem Brey gerüstet. -- Wenn der Haber unters Brod gemischt wird, so gibt er ihm einen unangenehmen Geschmack, dergleichen Brod habe ich selbst bisweilen bey armen Bauern gekostet.

Der geröstete, und hernach zu gröbern Mehl zermahlte Haber, oder das gemeine Habermehl, gibt einen Brey, der vielen angenehm ist, und für sehr nährend gehalten wird, diesem aber widersprechen die chymischen Untersuchungen, welche beym Haber keine glutinosen Theile finden (Kesselmayer p. 23.) und auch wenig Schleim. Die Körner des Habers mit Wasser gekocht, geben einen Rohm von angenehmen Geschmack, der nicht schlechter ist, als die Gerstenbrühe selbst, und dabey von sehr gelinder, sanfter Wirkung, in hitzigen Krankheiten eine nützliche und heilsame Speise. Den Pferden gibt der Haber Stärke, ohne ihnen wie das Heu den Bauch auszustopfen.»

Nackthafer wurde zeitenweise angebaut und dann wieder nicht. Tabernaemontanus, von Haller und Hagenbach erwähnten ihn. Hagenbach nennt ihn welscher Haber, er wurde angebaut zwischen Frenkendorf und Liestal und am Rogen Hause (zitiert nach Christ 1923). Seringe erwähnte ihn 1818 nicht. 1834 startete Chavannes einen Versuch, um den Anbau von Nackthafer zu fördern. In der Zeitschrift «Verhandlungen der Allgemeinen Schweizerischen Gesellschaft für die Gesammten Naturwissenschaften» erschien eine kurze Mitteilung über seine Arbeit (N.N. 1834). Darin stand, dass er vom botanischen Garten in Heidelberg Samen von Nackthafer bekommen hat und diese zum Ausprobieren verschiedenen Landwirten gegeben hat.

Berichte über den Anbau von diploidem Sand- oder Rauhafer gibt es noch weniger. Hans Conrad Schellenberg (1872–1923) nannte bei seiner Beschreibung des Hafers in Graubünden den Sandhafer als Beimischung in Saathafer (1900). Zum Hafer allgemein schrieb er: «Der Hafer. Diese Getreideart ist in den Alpentälern weit verbreitet, denn als Pferdefutter kann sie nicht ersetzt werden. Von allen Getreidearten liefert die Pflanze das beste und schmackhafteste Stroh zur Viehfütterung. In hohen Lagen wird sie darum vielfach vor der Reife geschnitten, und zu Heu gedörrt. Man hat darum sich stets zu fragen, ob die Pflanze alljährlich ihre Körner zur Reife bringt [...].»

Und zum Sandhafer:

> «Der Zweispitz-Hafer oder Sandhafer. Avena strigosa Schreb. Ich fand ihn gemengt mit Saathafer sowie auch auf Weizenfeldern in Filisur. Im Prättigau scheint er aber auf den angeschwemmten Sand- und Kiesboden der Landquart fast in reiner Kultur zu sein. Ich schätzte ihn zu 80 % des Bestandes einiger Äcker. Er war zur Hauptfrucht geworden und der gemeine Rispenhafer zur Nebenfrucht. Ich kann dieses Verhältnis nur so entstanden denken, dass er ursprünglich in Beimengung vorkam, durch den besonderen Standort aber die andere Form nach und nach verdrängte.»

Abb. 14 Nackthafer, Avena nuda, Nacketer Habern. Holzschnitt von Tabernaemontanus (1590)

Abb. 15 Rispe des Saathafers *(Avena sativa)* und verschiedene Ährchentypen. Unten links: drei Nackthafer-Ährchen; unten rechts: Ährchen von Saathafer. Albrecht von Haller (1776). UB Basel, Bot 3008:2: Neue Sammlung physisch-ökonomischer Schriften

Hafer — 1942 — Avoine

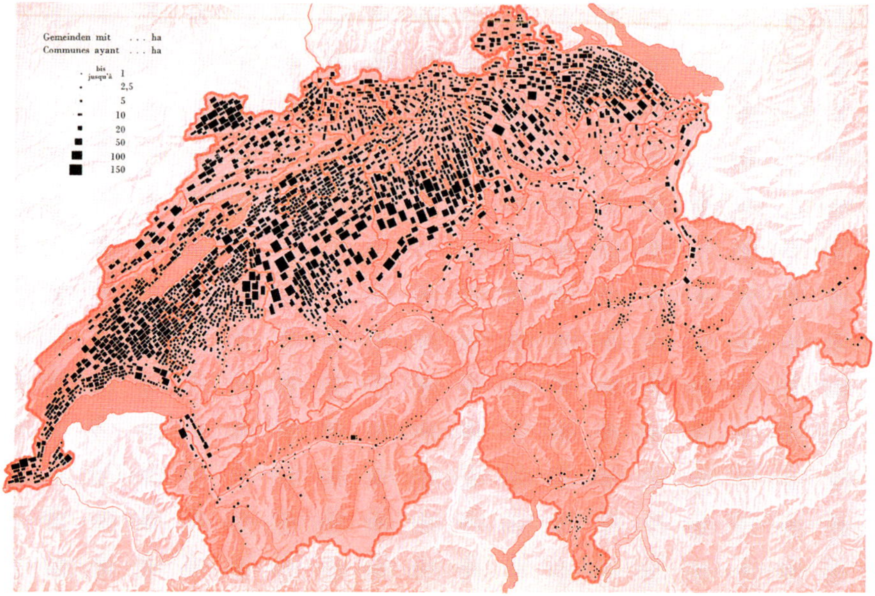

Bew. Nr. 7902 BRB 3.X.39 — Autoris. N° 7902 ACF 3.X.39 Eidgenössisches Statistisches Amt — Bureau fédéral de statistique Alle Rechte vorbehalten — Tous droits réservés

Hafer als Heilpflanze

Der Hafer wird aus ernährungsphysiologischer Sicht als das wertvollste Getreide betrachtet, weil er eine sehr günstige Aminosäurenzusammensetzung und einen hohen Gehalt an essenziellen Aminosäuren hat (Miedaner 2014). Diese Einschätzung hat aber wenig Aussagekraft, weil kein Mensch sich von isolierten Nahrungsproteinen ernährt und die Kombination unterschiedlicher Nahrungsproteine die biologische Wertigkeit steigert (Fröleke 2018). Die gute Verträglichkeit und allgemein aufbauende und kräftigende Wirkung machen den Hafer geeignet für eine Diät bei Schwäche und Rekonvaleszenz, vor allem bei Kindern und alten Menschen.

Bei Magen-Darm-Katarrhen ist Haferschleim beliebt. Die Schleimbildung hängt mit der Konzentration von Beta-Glucan zusammen. Die Beta-Glucane gehören zu den löslichen Ballaststoffen. Sie verfügen über das 40-fache Quellvermögen und sind im Magen-Darm-Trakt Gelbildner. Beim Hafer findet sich das Beta-Glucan hauptsächlich in den Randschichten, in der Haferkleie. Die US Food & Drug Administration FDA und die Europäische Behörde für Lebensmittelsicherheit EFSA (European Food Safety Authority) erlauben für Lebensmittel, die mit Beta-Glucan angereichert sind, eine Werbung mit dem Hinweis auf die gesundheitsfördernde Wirkung dieser Produkte (EFSA 2010 und 2011). Bei mit Hafer-Beta-Glucan angereicherten Produkten darf es heissen: «reduziert nachweislich den Cholesteringehalt im Blut», und bei mit Gersten-Beta-Glucan angereicherten Produkten darf es heissen: «trägt zur Kontrolle des Cholesterinspiegels bei». Haferschleim ist zudem in den Vereinigten Staaten offiziell von der Food and Drug Administration als wirksames Hautschutzmittel anerkannt. Trotz seines höheren Fettgehaltes ist Hafer leicht verdaulich. Er unterscheidet sich von den anderen Getreidearten durch seine unmittelbar anregende Wirkung, das lässt sich leicht im Selbstversuch beobachten.

Die aufputschende, aufhellende Wirkung hängt mit einem Alkaloid zusammen, welche das Nervensystem anregt (Miedaner 2014). Hafer enthält, wie man seit einigen Jahren weiss, eine einzigartige Klasse von Antioxidantien, die Avenanthramide. Im Menschen können sie zur Gesundheit der Gefässe und des Herzkreislaufsystems beitragen. Äusserlich in geringen Mengen angewendet wirken die Stoffe juckreizstillend.

Die Lebensmittelchemie wird zusammen mit der Medizin weitere gesundheitsfördernde Stoffe finden. Ob man das züchterisch nutzen möchte, um daraus Sorten zu entwickeln, aus denen man diese in grösseren Mengen extrahieren kann, oder Sorten, die als Diät eingesetzt werden können, ist alles denkbar. Für die tägliche Ernährung ist es wichtig, dass Getreide schonend verarbeitet wird und vollwertige Produkte entstehen, die gut zu verdauen sind. Der Hafer hat mit seinen weichen Körnern den Vorteil, dass er meistens als ganzes Korn verarbeitet wird.

Abb. 17 Der Anbau von Hafer während des 2. Weltkrieges. Auch in den Alpentälern wurde vermehrt Hafer angebaut. Eidgenössisches Statistisches Amt (1943)

Abb. 18 Rote Punkte: Vom 27. Juli bis 12. September 1960 sammelte H. P. Pfirter im Wallis in 43 Gemeinden und Weilern 84 Haferproben. Von diesen Proben ist leider keine erhalten geblieben. Blaue Punkte: Standorte, wo zwischen 1908 und 1930 Landsorten verbessert oder aus ausländischen Sorten Pflanzen herausgelesen und vermehrt wurden. Schilperoord (2006a) Von Ost nach West: Rafz (Landsorte); Adlikon (Auslese Fichtelgebirgshafer); Bisnacht-Tenniken, Kanton Baselland (Auslese Fichtelgebirgshafer); Liestal (Auslese aus dem Riesenrispenhafer, Wilferz-Erfurt); Rosegg, Kanton Solothurn (Auslese aus dem Ungarischen Gerstenhafer); Bern (Landsorte); Bullet; Lausanne (Brune de Mont-Calme). Reliefkarte: geodata © swisstopo. Bearbeitung: Peer Schilperoord

H HIRSE – WÄRME UND TROCKENHEIT

Oben: Rispenhirse *(Panicum miliaceum)*, Detail einer Rispe.
Unten: Borsten- oder Kolbenhirse *(Setaria italica)*, Detail einer Rispe.
Rechts: Besenhirse *(Sorghum bicolor)*, Detail eines Besens. Der Besen trägt noch ein paar Hirsekörner.

Die Geschichte der Hirse unterscheidet sich von der Geschichte anderer Kulturpflanzen. Von den in der Schweiz traditionell angebauten Hirsen sind ausser Herbarbelegen keine Muster erhalten geblieben. Drei Hirsearten wurden in der Schweiz angebaut (Abb. 1–4): Die Rispenhirse *(Panicum miliaceum)* war die häufigste Art, am zweithäufigsten war die Borsten- oder Kolbenhirse *(Setaria italica)*. Die dritte Art, die Körner-, Mohren- oder Besenhirse *(Sorghum bicolor)* wurde in warmen Lagen wie im Tessin in geringen Mengen angebaut.

Die Körner der Rispenhirse kann man kaum unterscheiden von jenen der Borstenhirse, welche geringfügig kleiner sind. Die Blütenstände und die Blüten der drei Hirsearten sind aber sehr unterschiedlich und so gehören sie verschiedenen Gattungen an: *Panicum*, *Setaria* und *Sorghum*. Alle drei Arten können für die menschliche Ernährung verwendet werden. Die Rispenhirse verwendete man für Hirsebrei. Die Hirse mit den kleinsten Körnern, die Borstenhirse, wurde meistens als Vogelfutter benutzt. Bei Körnerhirse unterscheidet man zwei Typen: Der erste hat grosse Körner, eine kurze Rispe mit eng anliegenden Rispenästchen, der *Durra*-Typ, und wird hauptsächlich für den menschlichen Konsum genutzt. Seine Rispenform ist kolbenartig, deswegen nennt man diese Hirse auch Kolbenhirse. Hier reservieren wir den Namen Kolbenhirse für *Setaria italica*. Der zweite Typ, *Bicolor*, ist eine Hirse, deren Rispe speziell für die Herstellung von Besen und Bürsten geeignet ist. Diese Hirse hat eine überhängende Rispe mit langen Rispenästchen. Die kleineren Körner der Besenhirse wurden meistens als Futtergetreide verwendet.

Abb. 1 Teile der Rispen, von links: Borstenhirse *(Setaria italica)*; Rispenhirse *(Panicum miliaceum)*; Körner- oder Besenhirse *(Sorghum bicolor)*

Abb. 2 Rispenhirse *(P. miliaceum)* vor Winterroggen. Die ersten Körner an der Spitze der Rispen werden reif.

Abb. 3 Borsten- oder Kolbenhirse *(S. italica)*. Links ein Kolben, der aus der Blattscheide herausgeschoben wird.

Abb. 4 Körner- oder Mohrenhirse *(S. bicolor)*. Diese Hirse hat Ähnlichkeiten mit Mais. Beide haben lange Halme und lange, breite Blätter. Die Stängel sind kräftig, daumendick und mit Mark gefüllt. Isola di Brissago, 15.08.2015

Die Rispenhirse hat in der Ernährung der schweizerischen Bevölkerung von der Bronzezeit bis ins 19. Jahrhundert eine wichtige Rolle gespielt. Der Rückgang des Hirseanbaus vollzog sich allmählich über einen Zeitraum von vier Jahrhunderten. Der aus Amerika stammende Mais drängte im 16. Jahrhundert den Anbau von Hirse zurück. Die Kartoffel hat ab dem 18. Jahrhundert ebenfalls zum Rückgang beigetragen. Etwas Hirse wurde Anfang des 20. Jahrhunderts noch im Tessin und in Graubünden angebaut: im Tessin die Borsten- und die Rispenhirse, in Graubünden die Rispenhirse. Eine Renaissance der Hirse ist nicht auszuschliessen.

Trockenstarre

Rispen- und Borstenhirse stammen aus einer in gemässigten Breiten liegenden Steppenregion im Norden Chinas. Sorghum ist das Getreide der Sahelzone und aus Teilen Äthiopiens. Die drei Hirsearten, und darin unterscheiden sie sich von Weizen, Gerste, Roggen und Hafer, gehören mit dem Mais zu den C4-Pflanzen. Sie wachsen bei hohen Temperaturen deutlich schneller und können gut mit Trockenheit umgehen. C3-Pflanzen sind unter gemässigten Temperatur- und Lichtverhältnissen effizienter als C4-Pflanzen.[24] C4-Pflanzen können mithilfe von Licht effizient Zucker herstellen, wenn es für C3-Pflanzen zu trocken und zu warm ist. Das Kohlendioxid, das die Pflanzen aus der Luft aufnehmen, wird bei C4-Pflanzen zunächst als Oxalacetat gebunden. Das Oxalacetat hat ein Kohlenstoffgerüst mit 4 C-Atomen, deswegen der Name C4-Pflanze. Anschliessend ist das Oxalacetat Ausgangsprodukt für die Bildung von Kohlehydraten. Bei C3-Pflanzen wird das Kohlendioxid als Phosphoglycerat mit einem Gerüst aus 3 C-Atomen gebunden. Sowohl C3- als auch C4-Pflanzen schliessen bei heissem und trockenem Wetter die Spaltöffnungen. Die C3-Pflanzen stellen dann ihre Fotosynthese ein, weil kein Kohlendioxid mehr mit der Luft aufgenommen werden kann. Die C4-Pflanzen können für ihre Fotosynthese auf Kohlendioxid zurückgreifen, das in der Pflanze bei der Zellatmung entstanden ist und zwischengelagert wurde. So gut sie gerüstet sind für Wärme und Trockenheit, so schlecht ertragen sie Kälte und winterliche Verhältnisse.

Die Rispen- und die Kolbenhirse brauchen zum Keimen höhere Temperaturen (8–10 °C) als Sommergetreide. Sie werden deswegen später gesät und können die späte Saat durch ihre bei hohen Temperaturen beschleunigte Entwicklung wettmachen. Hirsearten sind reich an Kieselsäure, was sich bei der Kolbenhirse *(Setaria)* an der rauen Oberfläche der Stängelblätter bemerkbar macht, diese fühlt sich an wie feines Schmirgelpapier. Hirsebesen aus Sorghum-Rispen sind strapazierfähig, weil sie, wie Reisbesen auch, einen hohen Kieselgehalt aufweisen.

Rispen- und Kolbenhirse wurzeln zwar nicht so tief wie Sorghum, sie haben aber ein gut entwickeltes Wurzelsystem, das effizient Regenwasser aufnehmen kann (Das 2019). Die Anbaugebiete von Rispen- und Kolbenhirse zeigen ein Ost-West-Gefälle. Im kontinentalen Osteuropa, wo es im Sommer wärmer und trockner ist, wird Hirse angebaut, in Westeuropa mit seinem gemässigteren und feuchteren Klima kaum noch. Sorghum wird mehr in Südeuropa angebaut, kann aber in wärmeren Lagen nördlich der Alpen, wie in der Oberrheinischen Tiefebene, angebaut werden. Die Produktivität von Rispen- und Kolbenhirse ist im maritimen Klima deutlich geringer als die des Maises. Der Mais braucht mehr Niederschläge, er versagt in einem semiariden Klima.

Rispen- und Kolbenhirse werden 100–150 cm hoch, Sorghum hat das Potenzial, 1–5 m hoch zu werden. Die Vegetationszeit von Rispen- und Kolbenhirse ist kürzer als jene von Sorghum. Das hängt mit dem Blühimpuls zusammen. Bei Rispen- und Kolbenhirse kommt der Blühimpuls früh, im 3. bis 5. Blattstadium. Die beiden blühen

24 Wikipedia, 30.12.2019

so schnell wie möglich, so können sie eine kurze Vegetationszeit optimal nutzen. Sorghum kann wie der Mais den Blühimpuls stärker hinauszögern. Die Pflanzen wachsen in die Höhe, werden kräftig und speichern fortlaufend Zucker und andere Nährstoffe im Mark des Stängels. Sobald die Pflanzen zur Blüte schreiten, werden die Reservestoffe mobilisiert und zur Füllung der Körner genutzt. Die Wildpflanzen von Sorghum und Mais warten zum Keimen auf den Regen im Frühsommer, sie reifen im Herbst mit der beginnenden Trockenzeit. Das Winterhalbjahr ist für sie die Trockenzeit. Der Blühimpuls wird bei ihnen ausgelöst durch länger werdende Nächte. Je länger eine Sorghumsorte die Blütenbildung hinauszögert, desto höher werden die Pflanzen und desto höher ist der Ertrag an Biomasse. Aus diesem Grund sind Sorghum und Mais interessant für die Erzeugung von Biomasse. Sorghum braucht für die Keimung 12–14 °C. Er braucht mehr Wärme als Mais und hat in Mitteleuropa schon deswegen eine längere Vegetationszeit (Hiltbrunner 2012). Sorghumpflanzen können deutlich besser mit Trockenheit umgehen als Maispflanzen, sie verfügen über ein feines und tief reichendes Wurzelwerk. Falls es zu trocken wird, unterbrechen sie das Wachstum und setzen es bei günstigeren Bedingungen wieder fort. Man nennt dieses Phänomen Trockenstarre (Hiltbrunner 2012).

Hirse – ein Sammelbegriff

Der Begriff Hirse, franz. *panis*, engl. *millet*, ist ein Sammelbegriff für kleinkörnige Getreidearten aus der Familie Gräser und der Unterfamilie Panicoideae, er bedeutet so viel wie «Rispen tragend». Die Ähnlichkeiten von Rispenhirse, Kolbenhirse und Sorghum führten dazu, sie allgemein als Hirsen zu bezeichnen. Im 16. Jahrhundert war die botanische Bezeichnung für Rispenhirse *Milium*, für Kolbenhirse *Panicum*. Heute heisst die Rispenhirse *Panicum* und die Kolbenhirse *Setaria*. Die Körner- oder Besenhirse hiess *Sorgum*, also ähnlich wie *Sorghum*.

Die alte Bezeichnung *Panicum* für die Kolbenhirse geht gemäss Jacques Daléchamps (1513–1587) auf das lateinische *paniculum* zurück. Er beruft sich auf Plinius: «Plinius sagte, der Panicum sei paniculum genannt worden wegen seiner Ähren oder traubenartigen Büschel, die nach Art der auf Lateinisch panicules genannten Weidekätzchen strukturiert sind» (Vouette 2007).

Leonhart Fuchs (1563) verwendet den lateinischen Namen *panicum* ebenfalls für Kolbenhirse, mit einer anderen Begründung: «[...] Panicum geheyssen / wegen den äher (Ähre) / auch kolben oder wie wolle gewebten Büscheln & den Röhrichtkolben ähnlich / in denen der samen aufbeweahrt wird.»[25]
Carl von Linné (1707–1778) hat für die wissenschaftliche Bezeichnung der Rispenhirse die damals üblichen lateinischen Namen für Rispenhirse *(milium)* und Kolbenhirse *(panicum)* zum offiziellen Namen *Panicum miliaceum* zusammengefügt. Die Kolbenhirse nannte er *Panicum italicum*. Es stellte sich heraus, dass Kolbenhirse und Rispenhirse nicht zur gleichen Gattung gehören, und so erhielt die Kolbenhirse später von dem französischen Naturwissenschaftler P. Beauvois (1752–1820) den heute noch gültigen wissenschaftlichen Namen *Setaria italica*.

Die Bezeichnung *miliaceum* in der Artbezeichnung *Panicum miliaceum* bzw. der Name *millet* in den alten Schriften bezieht sich nicht auf das lateinische *mille* = tausend, obwohl die Fruchtstände der Rispen- und Kolbenhirse sehr viele Samen tragen. Nach Genaust (1983) hängt *milium* zusammen mit dem griechischen *meline* (= Hirse) und dem indogermanischen *mel* (= mahlen), wozu auch das lateinische *molere* (= mahlen, Mehl, Mühle) gehört.

25 Fuchs (1563).

Offizieller Name	16. Jh. lateinischer Name	Linnés Name 1753	Deutsch	
Panicum miliaceum	*Milium*	*Panicum miliaceum*	Echte Hirse	Rispenhirse
Setaria italica	*Panicum*	*Panicum italicum*	Borstenhirse Kolbenhirse	Fennich Fench, Fenk
Sorghum bicolor subsp. *bicolor*	*Sorgum*	*Holcus sorghum*	Mohrenhirse Rohrhirse Durra Sorgsame	Kolbenhirse Besenkorn Sirch Melga Meliga (it)

Tab. 1 Bezeichnungen für die verschiedenen Hirsearten. Der Name Kolbenhirse wurde sowohl für die Borstenhirse als auch für die Durra-Hirse verwendet.

Struktur der Ährchen

Die Ährchen der Hirsearten sind ursprünglich zweiblütig. Die zweite Blüte kann in der Form und Funktion abgewandelt werden, aber immer hat sie einen Bezug zur Gesamtgestalt des Ährchens. Sie kann auf einen Spelz reduziert sein und an der Umhüllung der verbliebenen Blüte (Rispenhirse) beitragen. Sie kann aber auch steril sein und nur Staubblätter bilden und Blütenstaub produzieren (Sorghum). Die sterilen Blüten bilden begrannte Spelzen, die zur Ernährung des Korns beitragen (Borstenhirse). Die Verkümmerung der zweiten Blüte ist nicht einfach eine Verkümmerung, sondern fügt sich in das Ganze eines Ährchens ein.

Panicum miliaceum – Rispenhirse

Die Rispe der Rispenhirse ist bis zu 20 cm lang. Beim Schieben sind die Rispenästchen eng zusammen, die Rispe wirkt dicht, je nach Sorte öffnet sich die Rispe mehr oder weniger stark, voll ausgebildet ist sie einseitig überhängend. Die Rispenäste werden geschmückt von unzähligen kleinen, kugeligen Ährchen, die einzeln am Ende eines fragilen und gekurvten Rispenästchens stehen. Man kann bei den dichten Rispen der Kulturhirse das Gefühl eines Wasserfalls haben, ein Wasserfall von kleinen Perlen. Das wird zur Reifezeit noch verstärkt durch das Glänzen der knorpeligen, ledrigen Deck- und Vorspelzen, die das Korn fest umschliessen. Sie glänzen von Cremefarben über kräftiges Orange bis Schwarz.

In den Ährchen findet man jeweils ein Korn. Es ist, als ob nur eine Blüte pro Ährchen veranlagt wäre. Es sind aber immer zwei Blüten veranlagt, nur die letzte ist fruchtbar und bildet das Korn. Die untere Blüte ist verkümmert. Sie besteht nur aus einer Deckspelze, die aussieht wie eine häutige Hüllspelze (Rauh 1994). Man kann auch sagen, dass die Deckspelze der sterilen Blüte durch eine Hüllspelze ersetzt worden ist. Die beiden unteren häutigen Hüllspelzen, die die sterile und fertile Blüte umhüllen, sind unterschiedlich gross. Die untere Hüllspelze ist deutlich kleiner als die obere, steht aber direkt unter der (grösseren, häutigen) Deckspelze der sterilen Blüte (Abb. 5).

Die Hirserispe hat Ähnlichkeiten mit der Haferrispe. Auch bei der Haferrispe sind Deck- und Vorspelze fest und ledrig. Die Körner der Rispenhirse sind jedoch viel kleiner, 1000 Körner wiegen zwischen 4 und 8 g, beim Hafer wiegen sie zwischen 30 und 45 g. Dafür hat die Hirse pro Rispe deutlich mehr Körner als Hafer. Ihre Fruchtbarkeit ist im Vergleich zum Hafer gesteigert.

Von der Rispenhirse gibt es neuerdings freidreschende Formen. Die sonst festen Deck- und Vorspelzen umschliessen das Korn weniger fest und werden schon beim Dreschen entfernt.

Setaria italica – Borstenhirse

Der Morphologe Werner Rauh (1994) beschreibt den Kolben der Kolbenhirse als eine blütenreiche, 1–3 cm dicke, walzliche Ährenrispe. Zwischen den Ährchen finden sich, diese überragend, zahlreiche grannenartige Borsten. Die Borsten werden von den Grannen verkümmerter und steriler Blüten gebildet. *Saeta*, lateinisch, bedeutet «steifes Haar» oder «Borste». Der Aufbau der Ährchen ist wie bei der Rispenhirse. Das Korn ist bis 2 mm lang und oval.

Sorghum bicolor – Sorghum

Die Gemeine Mohrenhirse ist eine stattliche Pflanze mit markigem Stängel und dicht zusammengezogener Rispe. Eine kräftige Rispe kann bis zu 6000 Blüten bilden. Jedes Rispenästchen trägt ein sitzendes einsamiges Ährchen und ein gestieltes steriles Ährchen, das allenfalls nur Staubblätter bildet. Das sterile Ährchen trägt mit ca. 9 % zur Kornbildung bei (AuBuchon 2020). Bei *Sorghum* sind die Hüllspelzen und nicht die Deckspelzen ledrig, hart und umhüllen die durchsichtigen, häutigen Deck- und die Vorspelze vollkommen. Die feste Umhüllung wird also nicht von der Deckspelze und Vorspelze geleistet wie bei der Rispenhirse und der Kolbenhirse, sondern von den Hüllspelzen. Die Deckspelze ist fast so gross wie die Hüllspelze, die Vorspelze ist deutlich kleiner. Die Deckspelze kann eine kleine gekniete Granne tragen, die aus den Hüllspelzen herausragt. Der Name *bicolor* = zweifarbig bezieht sich auf eine Sorghum-Sorte mit zweifarbigen Früchten. Die hier gezeigte Sorte ist einfarbig.

Die Rispe von *Sorghum* kann locker bis kolbenartig zusammengezogen sein. Die lockere Form hat lange Rispenästchen, die Rispe hängt bei der Reife durch. Die kolbenartige Form hat kurze Rispenästchen, die kaum von der Hauptachse abstehen. Die Rispe neigt sich nicht und bleibt bei der Reife aufrecht. Die sehr dichten kolbenartigen Rispenhirsen nennt man auch Durra-Hirse. Die extrem lockere, überhängende Form heisst *Bicolor*. Sie ist weniger ertragreich, eignet sich aber für die Herstellung von Besen und wurde im angrenzenden Italien häufig angebaut. Man unterscheidet noch drei weitere Formen:

Abb. 5 Verblühtes Ährchen der Rispenhirse. Pro Ährchen bildet die Pflanze 2 Blüten, die obere Blüte ist fruchtbar und hat einen Samen gebildet. Das Korn ist von den glänzenden, ledrigen Vor- und Deckspelzen eingeschlossen. Die untere Blüte ist steril und besteht nur noch aus einer Deckspelze, diese hat die häutige Beschaffenheit der beiden Hüllspelzen angenommen. Das Ährchen sieht aus wie eine einsamige Frucht mit 3 häutigen Hüllblättern. Stefan Lefnaer: flora.lefnaer.com

Abb. 6 Spitze eines Rispenästchens der Rispenhirse

Abb. 7 Wilde Borstenhirse *(S. viridis)*, Detail. Die Borsten sind die Grannen von Spelzen von verkümmerten Blüten. Die fruchtbaren Blüten sind ohne Grannen. Stefan Lefnaer, flora.lefnaer.com, CC BY-SA 4.0

Abb. 8 Spitze eines Rispenästchens von Sorghum der Rasse *bicolor*. Die Hüllspelzen glänzen und sind ledrig. Die fast ganz verdeckten Deckspelzen können Grannen bilden, diese sehen aus wie kleine Hafergrannen, sie haben ein Knie, der untere Teil ist gedreht.

Abb. 9 Früchte und Körner der Rispen- und Körnerhirse. Im Uhrzeigersinn von oben links: cremefarbene Samen der Rispenhirse, ungeschälte Körner der Rispenhirse, rötliche ungeschälte Körner von Sorghum, bräunliche Samen von Sorghum.

Guinea, *Kafir* und *Caudatum*, die nicht in Europa angebaut wurden. Zwischen den fünf Rassen gibt es alle mögliche Übergangsformen.

Das Tausendkorngewicht von Sorghum erreicht 20–23 g (Schäfer-Flechsig 1973). Die Körner haben einen Durchmesser von 2 bis 3 mm. *Sorghum bicolor* kann auch als Nacktgetreide auftreten. Die freidreschende Form heisst Milocorn und wird u. a. in den USA, Afrika und Indien angebaut (Jeroch 2008). Milocorn wird in der Schweiz als Futtergetreide gehandelt. Der Name leitet sich ab von *corn*, Mais, und *milo, millet*.

Entstehungsgeschichte

Die Rispenhirse wurde im Norden Chinas im 6. Jahrtausend v. Chr. in Kultur genommen. Die Böden dort bestehen aus Löss, die Lössschicht kann bis zu 100 m mächtig sein. Solche Böden sind im Prinzip fruchtbar, aber wenn die Niederschlagsmengen gering sind, wächst dort nur eine steppenartige, semiaride Vegetation (Das 2019). Die nordchinesische Zivilisation verdankt ihr Entstehen der Kultivierung der Rispen- und der Kolbenhirse (Zohary 2012). Weiter südlich im Bereich der grossen Flüsse entstand der Reis. Archäobotanische Reste finden sich aus der Zeit ab 7000 v. Chr. (Zhao 2011).

Die Wildformen der Rispenhirse *(Panicum miliaceum)* sind nicht mit Sicherheit identifiziert. Hunt et al. (2018) gehen davon aus, dass Rispenhirse tetraploid ist und aus einer Kreuzung von zwei diploiden Hirsearten hervorgegangen sei. Es ist unklar, um welche Hirsen es sich handelt. Aus dem neu entstandenen wilden, tetraploiden Vorfahren entstand die Kulturhirse. Kulturpflanzen können wieder zu Wildpflanzen werden, und tatsächlich ist aus der Kulturhirse eine verwilderte Form hervorgegangen. Sie wächst von Mitteleuropa über Zentralasien bis in die Mongolei.

Rispenhirse ist, wie die anderen Hirsen, hauptsächlich selbstbefruchtend. Die Aussaat erfolgt nach den letzten Nachtfrösten oder nach der Ernte von Wintergetreide als zweite Frucht. Die kleinen

Körner haben nicht so viele Reservestoffe, entsprechend lange dauert es, bis die jungen Pflanzen erstarkt sind. Rispenhirse ist ein Getreide, das auf armen Böden noch einen Ertrag gibt.

Die Kolbenhirse *(Setaria italica)* entstand in der gleichen Region wie die Rispenhirse. Möglicherweise ist sie unabhängig davon auch in anderen Regionen Eurasiens entstanden, so in Afghanistan und Westpakistan (Hunt 2008). Die Grüne Borstenhirse *(Setaria viridis)* ist die Wildform von *Setaria italica* (Zohary 2012). Man findet sie von China bis an die Atlantikküste Europas. Sie ist ebenfalls in der Schweiz weitverbreitet, auf Äckern, an Wegrändern und auf Ödland (infoflora.ch). Die Kulturformen bestocken weniger, sind kräftiger, massiger und haben grössere Blütenstände. Die Körner fallen nicht so leicht aus wie die der Grünen Borstenhirse.

Die Wildformen von *Sorghum bicolor* sind sehr variabel. Sie wachsen südlich der Sahara, im Sudan und Äthiopien. Man vermutet, dass Sorghum in der Steppenregion südlich der Sahara entstanden ist. Die Wildformen (subsp. *verticilliflorum*), die Unkrautformen (subsp. *drummondii*) und die kultivierten Formen (subsp. *bicolor*) können miteinander kreuzen. In Afrika besiedeln die Wildformen ungestörte Flächen, die kultivierten Formen findet man auf den Äckern, die intermediären Formen auf gestörten Flächen wie Wegrändern und als Unkraut in den Äckern (Zohary 2012; OECD 2016).

Prähistorie

Die genaue Datierung von archäobotanischen Funden ist keine einfache Sache; spätere Untersuchungen des gleichen Materials können zu neuen Ergebnissen führen. Das war der Fall bei Funden von Rispenhirse und Kolbenhirse in Deutschland. Gemäss Körber-Grohne (1995), die die damaligen Ergebnisse zusammenfasste, stammten die ersten Rispenfunde aus der Jungsteinzeit, aus der Zeit der Bandkeramik (5600–4900 v. Chr.). Man hat südlich von Leipzig und nordöstlich des Harzes Rispenhirsereste zusammen mit Emmer- und Gerstenresten gefunden. Die Kolbenhirse hätte nach Körber-Grohne Deutschland später erreicht, und zwar im Jungneolithikum (4400–3500 v. Chr.).

Diese Angaben wurden später von anderen Forschern infrage gestellt (Hunt 2008). Es war nicht klar, wie die beiden Hirsearten in so kurzer Zeit von China nach Europa gelangen konnten. Man müsste Zwischenstationen finden, die den langen Weg von China nach Europa belegen würden. Diese hat man aber nicht gefunden. Das könnte einerseits bedeuten, dass die Rispenhirse in Europa unabhängig von der Rispenhirse in China entstanden ist, andererseits könnten die Datierungen der frühen europäischen Funde nicht stimmen.

Die neuesten Untersuchungen von Hunt et al. (2018) zeigen, dass tatsächlich die Datierung der frühesten Funde nicht korrekt war. Die Forscher wiesen nach, dass Rispenhirse erst in der Bronzezeit, ab 1500 v. Chr., in Westeuropa kultiviert wurde. Das stimmt mit dem ersten Nachweis für die Schweiz überein; die frühesten Funde stammen hier aus der Bronzezeit. Rispen- und Kolbenhirse sind für die Schweiz ab 1200 v. Chr. archäologisch belegt (Jacomet und Karg 1996). Die Ausgrabungen von Zug-Sumpf brachten schöne Rispenreste ans Licht. Seit der Bronzezeit wurde Rispenhirse kontinuierlich angebaut.

Sorghum dürfte wohl gegen Ende des Mittelalters die Schweiz nördlich der Alpen erreicht haben. Fuchs (1542) und De Serres (1605) erwähnen beide, dass Sorghum seit kurzer Zeit angebaut wird. Geeignete Anbaugebiete für Sorghum waren damals die Oberrheinische Tiefebene von Basel bis Frankfurt und Südfrankreich. Olivier de Serres lebte in Villeneuve-de-Berg in der Nähe von Montélimar, einem Städtchen, das an der Rhône liegt.

Neuzeit

In den Kräuterbüchern des 16. und 17. Jahrhunderts gibt es viele Abbildungen von Hirsen, so bei Leonhart Fuchs, Andrea Mattioli und Tabernaemontanus alias Theodor Jacobus. Leonhart Fuchs

Abb. 10 Verkohlte Rispenhirsekörner *(P. miliaceum)*, Vorder- und Rückseite. Massstab 1 mm. Fundort Roveredo, San Fedele Valasc, Frühe Eisenzeit, 800–500 v. Chr. Christoph Brombacher, IPNA Universität Basel

Abb. 11 Links: Hirsekörner *(P. miliaceum)*, rechts: verkohlte Hirsekörner, Triesen-Runkels (Liechtenstein), Mittelalter. Durch das Verkohlen schrumpfen die Körner. Der Abstand zwischen zwei Strichen beträgt 1 mm. Foto rechts: IPNA Universität Basel

Abb. 12 Links: Rispenhirse, verkohlte Rispe *(P. miliaceum)*, rechts: Kolbenhirse, verkohlte Rispe *(S. italica)*. Fundort: Zug-Sumpf, Bronzezeit. Andreas Eichenberger, Kantonales Museum für Urgeschichte(n) Zug

lebte in Norditalien und Süddeutschland, Andrea Mattioli in Tschechien und Tabernaemontanus im Elsass. Tabernaemontanus unterscheidet zwei Rispenhirseformen: eine mit dichter Rispe und eine mit lockerer Rispe mit dunklen Körnern. Weiter unterscheidet er zwei Sorghum-Formen. Aus dieser Zeit stammt von Caspar Bauhin einer der frühesten Herbarbelege der Kolbenhirse.

Der berühmte Forscher Albrecht von Haller war der Erste, der systematisch Getreidearten und Varietäten gesammelt und beschrieben hat. In einem Teil seines Herbars, das in Paris erhalten ist, finden sich Belege von *Sorghum*, *Setaria* und *Panicum*. Leider hat er diese Hirsearten in seinen schriftlichen Arbeiten (1775, 1782) nicht behandelt.

Rispen- und Kolbenhirse

Joseph Xaver Schnyder (1750–1784), Pfarrherr zu Schüpfheim im Entlebuch, beschreibt Rispen- und Borstenhirse, Franz Xaver Schnyder veröffentlichte 1887 den Text. Joseph Xaver Schnyder kennt die Sorten vom eigenen Anbau; Rispen- und Borstenhirse wachsen im Entlebuch, Sorghum wird gewöhnlich nicht angebaut. Nicolas Seringe, ein französischer Botaniker, der mehrere Jahrzehnte in der Schweiz arbeitete, veröffentlichte 1818 in Bern seine «Monographie des Céréales». Seringe beschreibt eine grosse Vielfalt an Borstenhirsesorten.

Der Anbau von Hirse ist für das Domleschg Anfang des 19. Jahrhunderts (der Neue Sammler, 1807) belegt. Josias Braun-Blanquet fand bei Theobald (1855), dass Borstenhirse im Bündner Oberland bei Ilanz und Tavanasa kultiviert wurde. 1917 erwähnte Pater Karl Hager, dass Borstenhirse zusammen mit der Rispenhirse in Trun im Bündner Oberland vor fünf Jahrzehnten noch angebaut wurde, jetzt aber erloschen sei. Weiter

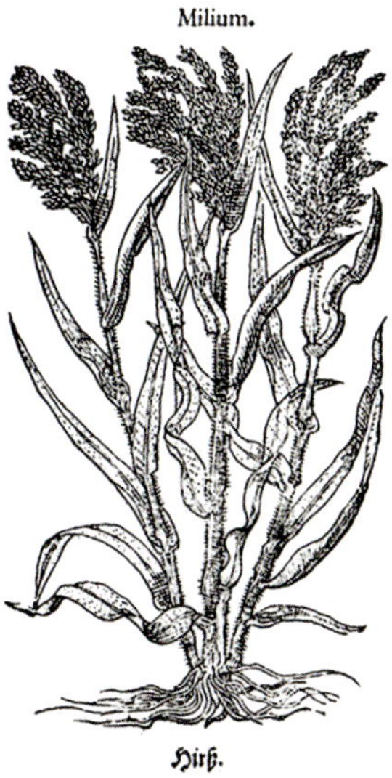

Abb. 13 Rispenhirse. Hirss, Milium und Schwarzer Hirss, *Milium nigrum*. Die Abb. links zeigt eine relativ kompakte Rispe, wie man sie bei modernen Sorten findet (s. Abb. 14). Die Rispe der Schwarzen Hirse ist lockerer und vergleichbar mit der Rispe in Abb. 15. Tabernaemontanus 1590

Abb. 14 Rispenhirse mit kompakter Rispe

Abb. 15 Rispenhirse mit lockerer Rispe, die aus der dichtrispigen Sorte links hervorgegangen ist. Die lockere Form ist ursprünglicher.

Abb. 16 *Setaria italica,* Borsten- oder Kolbenhirse. Herbarbeleg von Caspar Bauhin. Die Zeichnung auf dem Herbarblatt stammt von Camerarius (1586) (s. Vouette, 2007). Auf der Abb. von Camerarius sind die Borsten klar erkennbar. Beim Herbarexemplar fallen die Borsten erst bei starker Vergrösserung auf. Universität Basel, DUW B02-029

flussabwärts bei Ilanz in Schluein und Waltensburg wurde in den 1930er-Jahren noch Rispenhirse angebaut (siehe Einleitung, Abb. 33).

Sorghum – «ein Freund in der Noth»

Der Agronom de Serres lobt nicht nur den Ertrag von Sorghum, sondern auch die Nützlichkeit der Halme: «Er gibt einen phantastischen Ertrag in guter Erde – ein wenig feucht und mit guter Wasserversorgung. Sein Halm ist wie jener des Schilfes verholzt, und ausser dem Umstand, dass die Halmknoten mit Mark gefüllt sind, sind sie gleich. Wegen seiner Festigkeit und Leichtigkeit dient der Halm zur Herstellung von Seidenpuppenkammern oder Tischen zum Füttern von Seidenraupen oder zum Dörren von Früchten, wozu er sich besonders eignet.»

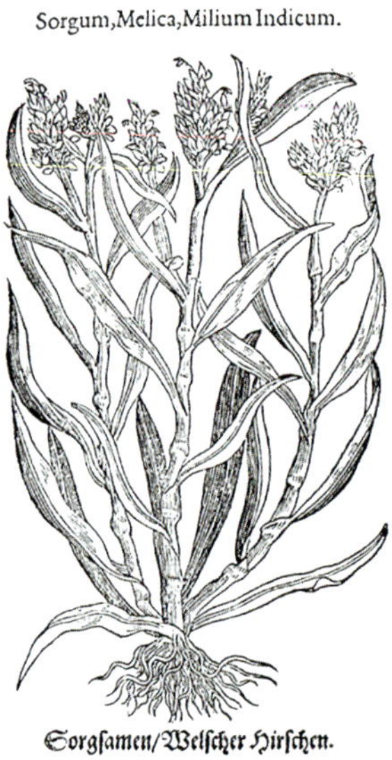

Im Kanton Bern war Sorghum um 1760 nicht bekannt. J. R. Tschiffeli wollte das mit einem Bericht über seine Versuche mit Sorghum ändern. Er schrieb eine «Nachricht von dem sehr nützlichen Anbaue des Moorhirses» *(Sorghum)*. Die Varietät, die er testete, ist im vollständigen Titel seiner Arbeit beschrieben. Dort heisst es: «Sorghum Joh. Bauhini – Milium arundinaceum semine subrotundo nigro», es handelt sich also um eine schwarzkörnige Sorte mit schilfartiger Gestalt, wie sie Johannes Bauhin beschrieben hat. Die Samen für seine Versuche hatte er von Samuel Engel, der diese wiederum von Doktor Schreber aus Pommern erhalten hatte. Es handelt sich um eine Sorte, die ursprünglich sehr weit im Norden, an der Ostseeküste, angebaut wurde. Nach drei Versuchsjahren in Bern war Tschiffeli sehr zufrieden mit den vergleichsweise hohen Erträgen und empfahl die Sorte zum Anbau. Nicolas Seringe erwähnte Sorghum in seiner Monografie über Getreide (1818) nicht. Das deutet darauf hin, dass Sorghum im Kanton Bern und in den angrenzenden Kantonen trotz Empfehlung von Tschiffeli nicht akzeptiert wurde.

Im Tessin wurden alle drei Hirsearten angebaut. G. Pagnauer beichtete, übersetzt von S. Franscini (1835), dass im Tessin als zweite Frucht (nach der Ernte von Winterweizen, Wintergerste oder Winterroggen) Fennich (panico) und Hirse (miglio) angebaut wurden. Auch war es üblich, Buchweizen (fraina) als zweite Frucht anzubauen. Sehr wenig angebaut werden Hafer und Meliga (indian. Rohrhirse); mit Meliga ist Sorghum gemeint. Hermann Christ (1923) hat im oberen Tessin seinerzeit noch viele Feldstreifen mit Rispenhirse und Fennich (Borstenhirse) gesehen. Sorghum wurde und wird in den südlichen Alpentälern in Italien angebaut. Rudolf von Salis (1781) beschreibt den Anbau im Veltlin, das dazumal ein Untertanengebiet Graubündens war, und unterscheidet gar drei Sorghumsorten: eine Besenhirse, eine ertragreiche rotbraune und eine ertragreiche halbgelbe Sorghumsorte. Die Körner sind grösser als die der Besenhirse, und zwar so gross wie Hanfsamen. Weiter heisst es zur Besenhirse:

«Die Besenmelga wird vornehmlich nur darum gepflanzt, um aus dem Stroh Besen, Kehrwische und Bürsten zu verfertigen. Die Körner dienen allein das Federvieh zu füttern; hingegen mahlt man aus der Kolbenmelga Mehl, welches, weil es sehr kurz ist, zu nichts taugt, als Polenta daraus zu verfertigen: es gibt aber eine nicht sehr schmackhafte, trocknende und erhitzende Speise und das Landvolk ist sie nicht so gerne, als die Polenta von Türken oder Heiden; ja nicht einmal so gerne als die vom Hirs [...]. Die Melga wird eben so gepflanzt, wie das Türkenkorn, erfordert die gleiche Wartung, treibt gleich tiefe Wurzeln, und saugt das Land nicht weniger aus. Man sollte also denken, der Anbau derselben sollte von dem Türkenkorn, da eine bessere beliebtere Nahrung giebt, ganz verdrängt werden, allein sie hat die vorzügliche Eigenschaft, dass sie die grosse Sonnenhitze und äusserste Dürre länger als alle andere Kornarten aushalten kann. Aus diesem Grunde wird sie in sehr brünstigen Gütern häufig angepflanzt, und ist in allzu trocknen Jahrgängen, wenn, wie es im Veltlin nur zu oft geschieht, ein brennender Augustmonat ohne Regen, die ganze Erndte gesenget hat, die letzte Zuflucht des armen Landmannes; ein Freund in der Noth, dem man in dieser Betrachtung seine übrige Fehler vergeben muss.»

Die Angaben für das Veltlin werden durch die Angaben des Botanikers von Franz Freiherr von Hausmann (1810–1878) für Südtirol bestätigt. Hausmann beschreibt die Durra- und die Bicolor-Typen. Die Durra-Rasse hat aufrechte Rispenästchen, die Bicolor-Rasse überhängende Rispenästchen. Die von Hausmann zusätzlich beschriebene Zuckerhirse hat einen Rispentyp, der zwischen der Rispe der Besenhirse und der Rispe der Kolbenhirse drinnen steht. Jede Hirsevarietät kann auf erhöhten Zuckergehalt gezüchtet werden (OECD 2016). Im 19. Jahrhundert wurde nach Alternativen für Rohrzucker gesucht. Sorghum, verwandt mit Zuckerrohr, speichert wie dieser Zucker im Stängelmark. Die Herstellung von Zucker aus Zuckerhirse erwies sich aber als nicht rentabel, in Europa setzte sich der Anbau der Zuckerrübe durch.

Abb. 17 Körnerhirse *(Sorghum)*, zwei Varietäten. Links mit lockerer Rispe, rechts mit ovaler, kolbenartig gedrungener Rispe. Links: *Sorgum, Melica, Milium Indicum*, Sorgsamen / Welscher Hirschen), rechts: die zweite, damals noch neue Durra-Varietät der Körnerhirse (*Panicum caeruleum indicum*, Blauwer Indianischer Fench). Tabernaemontanus, 1590

Abb. 18 Körnerhirse *S. bicolor*, Rispe mit reifenden Samen. Isola di Brissago, 15.08.2015

I MAIS – VON DER NUSS ZUM KORN

Kulturmaiskörner und Wildmaisnüsschen. Oben *Zea mays* subsp. *mays*, in der Mitte subsp. *parviglumis* und unten subsp. *mexicana*. Die Früchte sehen aus wie Steinchen.

Der Mais *(Zea mays)* hat drei auffällige Eigenschaften: 1. seine Grösse; 2. die Vielfalt der Körner; 3. die Trennung der Geschlechter mit der männlichen Fahne und den weiblichen Kolben.

Der Mais entstand in einer tropisch-subtropisch geprägten Gebirgsregion im Südwesten Mexikos. Hier währt die Trockenzeit von Dezember bis Juni und die Regen- und Vegetationszeit erstreckt sich von Juni bis Dezember. Als Erstes bildet der Mais nach der Keimung einen kräftigen, beblätterten Stängel. Der Stängel ist mit Mark gefüllt. Die jungen süssen Sprossen des Wilden Maises wurden vor der Kultivierung des Maises bereits als Gemüse genutzt. Der Wildmais reift mit dem Einsetzen der Trockenheit in Dezember.

Der Kulturmais hat sich von Mexiko nach Norden bis an die Grenze nach Kanada verbreitet und nach Süden bis in die nördlichen Regionen von Argentinien und Chile. Die Vielfalt an Formen und Farben beim Mais ist überwältigend. Härte, Grösse und Glasigkeit der Körner erinnern an Edelsteine.

Die Bildung der männlichen Fahne und die Bildung der weiblichen Kolbe, die räumliche Trennung der Geschlechter an derselben Pflanze, machten den Mais zu einer idealen Pflanze für die Hybridzüchtung. Diese ist am Mais entwickelt worden.

Die Geschichte des Maises in der Schweiz ist noch keine 500 Jahre alt. In dieser Zeitspanne hat sich der Mais an klimatisch sehr unterschiedliche Regionen angepasst. Die Hauptanbaugebiete waren südlich des Alpenkamms: Tessin, Misox und Puschlav, und nördlich: Linthtal, St. Galler Rheintal,

Bündner Herrschaft, Domleschg und Bündner Oberland. Auch für das Wallis war Mais eine wichtige Kulturpflanze. Im Mittelland war der Mais nicht unbekannt, er wurde aber Anfang des 20. Jahrhunderts wenig angebaut. Das änderte sich, als der Mais nach 1950 zur Futterpflanze wurde.

Die schweizerische Maiszüchtung fängt um 1930 an. Vor und während des Zweiten Weltkrieges wurden Landsorten gesammelt, dabei stand die Vielfalt an gesammelten Formen im Vordergrund und nicht der agronomische Wert. Ende der 1990er-Jahre wurde die Sammlung ergänzt mit Herkünften aus dem Rhein- und Linthtal.

Abb. 1 Maisfeld, die Pflanzen sind ca. 2,5 m hoch. Mais ist in der Schweiz eine Pflanze des Sommers, er reift im Herbst. Cazis, 26.08.2015

Abb. 2 Mais, Halmbasis. Von Knoten zu Knoten nimmt der Halmdurchmesser zu. Die Seitenwurzeln durchstossen die Blattscheiden. Mais ist darauf angewiesen, seine Standfestigkeit durch die Bildung von kräftigen Kronenwurzeln zu sichern. Rechts: Ein Seitenspross entspringt dem Hauptspross.

Der Riese

Der Mais nimmt durch seine Grösse und Wüchsigkeit eine ganz besondere Stellung unter den Getreidearten ein, denn er ist ein Riese. In einem Maisfeld wachsen 7–11 Pflanzen pro Quadratmeter, während beim Weizen oft 300 bis 400 Halme stehen. Die kräftigen Stängel wachsen bis 3 m in die Höhe und können bis zu 5 cm dick werden. Die Stängel neigen zur Verholzung. Die üppigen Blätter sind bis zu 1 m lang und bis 10 cm breit.

Der Mais kennt keine ausgeprägte Bestockungsphase wie Weizen oder Gerste. Der heraufstrebende Halm wird von Knoten zu Knoten kräftiger. An den unteren Knoten bilden sich Seitenwurzeln, die ebenfalls von Stufe zu Stufe kräftiger werden und dem Spross die nötige Standfestigkeit verleihen. Der kräftige Halm ist mit Mark gefüllt.

Die Maispflanze trennt die Geschlechter; die endständigen Rispen, die weithin sichtbar sind, tragen die männlichen Blüten. Die weiblichen Blüten dagegen bleiben im Verborgenen. Die Kolben

Abb. 3 Vergrösserter Abschnitt einer Fahne zur Zeit der Blüte. An jeder Abzweigung befindet sich ein ungestieltes und ein gestieltes Ährchen. Die Ährchen sind zweiblütig (s. Abb. 11).

Abb. 4 Sich füllende Maiskolben, die Narben trocknen ein. Die Hüllblätter des Maises übernehmen die Aufgabe der Hüllspelzen bei Weizen und Hafer.

Abb. 5 Die Narben des Maises sind extrem lang. Das Wachstum der Narben wird eingestellt, sobald die Befruchtung stattgefunden hat. Jede Samenanlage hat ihre eigene Narbe, die Anzahl Narben entspricht der Anzahl Samenanlagen. Foto: Niklas Freitag

Abb. 6 Maiskolben einer Domleschger Landsorte. Die ersten beiden Kolben sind 8-reihig, der dritte Kolben ist 12-, die vierte 14- bis 16-reihig. Die 8-reihige Form ist die ursprüngliche. Die Reihen sind jeweils paarig angeordnet.

sind von einer Reihe Blattscheiden oder Lieschen umhüllt. Die Hüllblätter wirken wie zusätzliche Fruchtblätter, die die Samen schützen. Die gut verhüllten weiblichen Blüten verfügen über extrem lange Narben, die zur Blütezeit wie ein Büschel Haare aus den Hüllblättern heraushängen. Eine kräftige Maispflanze kann zwischen 2 und 5 Millionen Pollenkörner freisetzen. Keimt ein Pollenkorn auf einer Narbe, dann wächst der Pollenschlauch durch die lange Narbe hindurch bis zur Samenanlage. Die Befruchtung findet nach einem Tag statt (Farnham 2003).

Die Unterschiede zwischen der Fahne und dem Kolben sind enorm, trotzdem haben sie eine gemeinsame Grundstruktur. Die verborgene Gemeinsamkeit lässt sich am Aufbau der dünnen Seitenäste der Fahne und an der Anordnung der Körner im Kolben erkennen. Die Anordnung der Ährchen an den Seitenästen ist wechselständig, es befinden sich jeweils zwei Blüten in einem Ährchen. Ein Ährchen sitzt und das andere ist gestielt. Die Bildung des zweiten, gestielten Ährchens unterbleibt im Kolben. Die ursprüngliche Zweiblütigkeit der Ährchen findet man in der paarigen Anordnung der Körner im Maiskolben wieder. Zwei Reihen mit Körnern gehören jeweils zusammen. Die Grösse der Maiskörner variiert von Sorte zu Sorte, sie hängt vom Platz ab, der den einzelnen Blüten zur Verfügung steht – stehen die Blüten eng zusammen, sind die Körner kleiner.

Von der Nuss zum Korn – die Entstehungsgeschichte des Kulturmaises

Die Unterschiede zwischen Wild- und Kulturpflanze sind oft gleitend, wie bei der Gerste. Beim Mais weichen die Kulturpflanzen so stark von den Wildpflanzen ab, dass sich die Wissenschaftler lange Zeit nicht einig waren, aus welcher Wildpflanze der Mais überhaupt hervorgegangen sein könnte bzw. ob diese vielleicht sogar ausgestorben sei. Als Knacknuss erwies sich die weibliche Blühweise. Keine einzige Wildpflanze bildet Kolben aus und bei keiner Wildpflanze stehen die weiblichen Blütenstände endständig an einem Seitentrieb. Es wurde lange die Ansicht vertreten, dass jene Pflanze, die sich schlussendlich als Urahn des Maises herausstellte, gar nicht die gesuchte Wildform sein könne. Der Wildmais, besser bekannt als Teosinte (*Zea mays* subsp. *parviglumis*), wächst neben und in den Maisfeldern. Im vegetativen Wachstum ist der Unterschied zwischen Wild- und Kulturpflanze in der Ursprungsregion im südwestlichen Mexiko so gering, dass es schwerfällt, zwischen Wild- und Kulturmais zu unterscheiden. Für die Einheimischen gab es keine Zweifel, sie nannten die Teosinte «madre de maíz», Mutter des Maises. Der Name Teosinte stammt von den Nahuátl-Indigenen, dort bedeutet Teosinte «Korn der Götter». Heute geht man davon aus, dass eine weitere Unterart subsp. *mexicana* an der Weiterentwicklung der Kulturpflanze beteiligt war (Yang 2023). Die Einkreuzung mit *mexicana* fand ca. 4000 Jahre nach dem Beginn der Domestikation statt.

Abb. 7 Querschnitt durch den Kolben einer Landsorte von unten betrachtet. Die paarige Anordnung der Reihen ist offensichtlich. Die abgebildeten 8 Körner gehören zu 4 Ährchen. Die unteren kräftigen, ledrigen Hüllspelzen verdecken die Körner teilweise.

Abb. 8 Teosinte (*Z. mays* subsp. *parviglumis*), in Jalisco, Mexiko. Die kandelaberartige Verzweigung ist typisch für den Standort in Mexiko. In Europa angebaut verzweigt dieser Mais an der Halmbasis. Die umhüllten weiblichen Blütenstände sind als Verdickungen an den Seitenästen zu sehen. Wikimedia Commons, Mbhufford, CC BY-SA 3.0

Wie sieht diese Wildpflanze aus? An ihrem natürlichen Standort sieht sie aus wie eine Maispflanze, die sich im oberen Bereich kandelaberartig verzweigt. Eine Fahne mit männlichen Blüten ziert die Enden der Seitensprossen und eine Fahne schliesst den Hauptspross ab. An den Seitensprossen befinden sich mehrere, von Blättern umhüllte Ährenbüschel (Iltis 1986, 2000). Im bodennahen Bereich bildet Teosinte keine Nebenhalme aus. Eine Ähre hat nur 5–12 Körner. Bei der Wildpflanze sitzen die weiblichen Blüten einzeln, abwechselnd links und rechts, an der Ährenachse. Diese ist auffallend breit und umschliesst zusammen mit der unteren Hüllspelze das Korn vollkommen. Die Achse und die Hüllspelzen verholzen mit zunehmender Reife und werden, weil Kieselsäure eingelagert wird, buchstäblich steinhart.

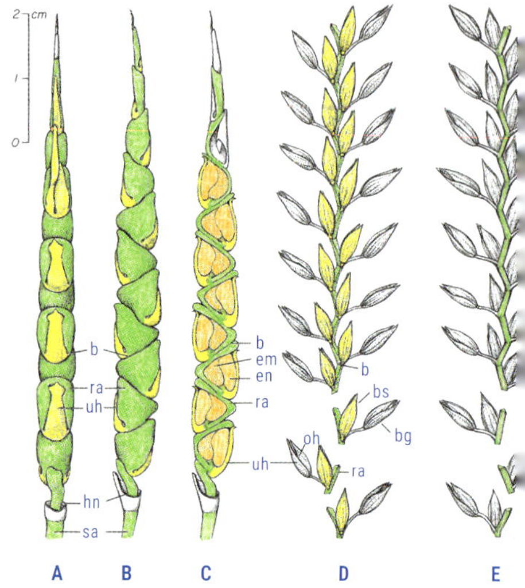

Zur Reifezeit zerfällt die Ähre in einzelne Teile. Das Sammeln ist einfach, die Früchte aber wurden nicht genutzt, weil sie schwer zu knacken sind.

Eine Pflanze kann über 2000 Körner bilden. Beim Kulturmais ist die Zahl der Seitensprossen stark eingeschränkt, die Seitensprossen sind stark verkürzt und enden in einer Kolbe. Die Kolben des Kulturmaises sind riesig im Vergleich zu den Ähren der Teosinte. Sie haben mindestens 8, 10 oder noch mehr Körnerreihen und jede Reihe kann bis zu 50 Körner enthalten. So kann der Kulturmais auf 1000 Körner pro Pflanze kommen, die allerdings viel grösser sind. 1000 Früchtchen von Teosinte (*Zea mays* subsp. *parviglumis*) wiegen zwischen 23 und 38 g, 1000 Körner wiegen zwischen 12 und 19 g. Beim Mais (*Zea mays* subsp. *mays*) liegt das Tausendkorngewicht der schweizerischen Landsorten zwischen 150 und 500 g.

Es gibt Hinweise, dass die Mexikaner bereits ca. 6600 v. Chr. Samen gesammelt und genutzt haben, welche nachweislich mehr oder weniger nackt waren (Ranere 2009; Piperno 2009). Ein erster Schritt auf dem Weg zum Kulturmais waren Pflanzen mit Hüllspelzen und einer Ährenachse, die weniger verholzten und die Körner nicht vollkommen einhüllten. Die Wissenschaft-

Abb. 9 Wilder Mais (*Z. mays* subsp. *mexicana*). Ein Seitenspross mit Ährenbüschel. Die Fortsetzung des Seitensprosses ist bei A abgeschnitten. In diesem Stadium sind die kurzen Ähren bereits in einzelne Früchtchen zerfallen. Links sind zwei Früchtchen zu sehen.

Abb. 10 Junge, frei präparierte Ähre der Teosinte (*Z. mays* subsp. *mexicana*). Bei der Teosinte türmt sich Früchtchen auf Früchtchen. Die Ähre hat keine Ähnlichkeiten mit dem Kolben der Kulturpflanze. An der Spitze, rötlich gefärbt, finden sich bei dieser Varietät ausnahmsweise einige männliche Blüten.

Abb. 11 Weibliche und männliche Ähre von Wildmais (*Z. mays* subsp. *mexicana*). Die Ährenachse ist grün hervorgehoben, die untere Hüllspelze gelb und das Korn orange. **A** Ähre von der Seite; **B** Ähre frontal; **C** schematisierter Längsschnitt durch B, die obere Hüllspelze und Reste steriler Blüten sind nicht gezeigt; **D** Teilstück einer männlichen Ähre frontal; **E** Teilstück einer männlichen Ähre von der Rückseite. Auf jeder Stufe in D und E befinden sich 2 Ährchen mit je 2 Blüten. Bei der weiblichen Ähre wird nur eines, das sitzende, der beiden Ährchen gebildet mit nur einer von 2 Blüten. **b** Bruchstelle der Ähre; **bg** Ährchen gestielt; **bs** Ährchen sitzend; **sa** Sprossachse; **em** Embryo; **en** Endosperm; **hn** Narbe des Hüllblattes; **ra** Rachis, Ährenspindel; **oh** obere Hüllspelze; **uh** untere Hüllspelze. E Ährenspindel. Zeichnung bearbeitet nach Iltis, 1986

ler haben in reinen Wildbeständen vergleichbare Mutationen gesucht, aber nicht gefunden. Sie treten sehr selten auf, so selten, dass Wissenschaftler von einem einmaligen Ereignis ausgehen, das sich vor ungefähr 9000 Jahren in Südmexiko abgespielt hat (Matsuoka 2002).

Eine Pflanze länger werdender Nächte

Die sommergrünen, tropischen Laubholzwälder und Savannen des südwestlichen Mexikos kennen eine fünf bis sechs Monate dauernde Regenzeit, welche Anfang Juni einsetzt. Gesät wird um den 21. Juni herum. Mai und Juni sind die wärmsten, Juni und Juli die nassesten Monate im Jahr. Zur Zeit der Samenbildung Ende Herbst ist die Regenzeit vorbei, die Erde trocknet aus, die Blätter welken, die Tage werden kürzer und es wird kühler. Die Pflanze hat sich mit ihrem Lebensrhythmus und ihrer Wuchsform an diesen Jahresrhythmus angepasst. Die länger werdenden Nächte lösen den Blühimpuls aus, ohne diesen würden die Pflanzen nur weiter in die Höhe wachsen. Die Phase vor der Befruchtung und Samenbildung ist eine Phase, in der die Pflanze grosse Mengen an Zucker bildet, aber diese Assimilate noch nicht in den Körnern einlagern kann. Der massive Stängel und die Kolbenachse dienen als Zwischenlager. So nutzt die Pflanze die Vegetationszeit optimal aus und füllt ihre Körner mithilfe ihres Speichers und der assimilierenden Blätter. Im Gegensatz zu unseren bekannten Getreidearten, die nur wenig Nährstoffe in ihrem meist hohlen Halm speichern können und die heranwachsenden Körner direkt mit Nährstoffen aus dem Fahnenblatt und der Ähre versorgen, ist die Zwischenspeicherung der Nährstoffe beim Mais ausgeprägt.

In Mexiko war es üblich, im September – drei Monate nach der Saat – die Halme abzuschneiden und das zuckerhaltige Mark zu kauen oder den Saft der Stängel zu extrahieren und zu Sirup einzukochen. Mit dem Saft wurde durch Fermentierung ein alkoholisches Getränk hergestellt. Die grünen Ähren wurden als Gemüse roh, gekocht oder gebraten gegessen (Iltis 2000).

Fest der Farben

Eine Besonderheit des Maises ist die Vielfalt der Farben der Körner. Das Farbenspektrum reicht von perlmutterartigem Weiss über cremiges Gelb, dunkles Gelb, Orange, rötliches Orange, Rot, Weinrot bis zu Grau und Blau. Viele Sorten wurden nach ihrer Farbe benannt, z.B. Roter Rheintaler, Weisser Rheintaler oder Gelber Oberländer aus Graubünden. Wie entsteht die Vielfalt der Farben? Weisse Körner enthalten keine Pigmente, die gelben und orangen Körner verdanken ihre Farbe den Carotinoiden im Mehlkörper, die roten und lila bis blauen Körner den Anthocyanen in der Aleuronschicht, die den Mehlkörper umschliesst.

Abb. 12 Körner, Früchte und Schalenreste von Wildmais. Die Früchtchen sind bis zu 6 mm gross, die Körner bis 4 mm.

Abb. 13 Links: zwei Körner eines Wildmaises, rechts: Körner von Kulturmaisformen. Beim rechten Korn jedes Paares schaut man auf die Seite mit dem Keimling.

Die Färbung des Mehlkörpers und die Färbung der Aleuronschicht sind voneinander unabhängig. Die Haut der Körner, die Reste des Fruchtblattes, können auch Pigmente enthalten. Das Auftreten feiner Farbabstufungen wird begünstigt durch die Triploidie des Mehlkörpers und der Aleuronschicht. Der Embryo ist immer diploid. Triploid bedeutet, dass ein dreifacher Chromosomensatz vorliegt. Ein Satz stammt vom Pollenkorn und zwei Sätze stammen von der Mutterpflanze. Demzufolge bestimmen drei und nicht zwei Chromosomensätze die Pigmentierung (Ford 2000). Die Farbe wird von der Mutterpflanze und von der Vaterpflanze bestimmt.

Springende Gene

Das Studium der Vererbung der Pigmente durch Barbara McClintock führte zu einer der wichtigsten Entdeckungen der Genetik im vergangenen Jahrhundert. Ihre Entdeckung wurde 1983 mit dem Nobelpreis geehrt. McClintock interessierte sich für das Phänomen, dass Körner nicht immer gleichmässig gefärbt sind, sondern dass es auch Körner gibt, die gestreift oder gescheckt sind. Das Auftreten solcher Körner folgt nicht den Regeln einer normalen mendelschen Vererbung. Wann und wo die abweichend gefärbten Körner in einem Kolben auftreten, war nicht vorhersagbar. McClintock konnte nachweisen, dass gewisse Chromosomenabschnitte, Transposons genannt, aus dem Chromosom ausgeschnitten und anderswo wieder eingebaut werden können und dabei die Pigmentierung blockieren oder ermöglichen (Pray et al. 2008).

Ankunft und Verbreitung des Maises in der Schweiz und angrenzenden Regionen

In Amerika hat sich der Maisanbau von Mexiko nach Norden und nach Süden und in die Karibik ausgedehnt. Der Mais, der in Europa nördlich des Alpenkamms heimisch wurde, stammte von der Ostküste Nordamerikas und war bereits an die nördlich der Alpen herrschenden Licht- und Wärmeverhältnisse angepasst. Spätestens seit 1539 wird Mais in Deutschland und Teilen Nordeuropas angebaut (Finan 1950, zitiert nach Eschholz 2008). Die nordamerikanischen Herkünfte gehören zum nördlichen Hartmais (northern flint). Flint bedeutet je nach Kontext: Griess, Kies, Stein, Feuerstein oder auch feinkristalline Kieselsäure. Die Körner sind glasig, verhornt und hart im Gegensatz zu den trüben, mehligen Körnern der am Ende des 19. Jahrhunderts eingeführten Pferdezahnmaissorten (dent maize = Zahnmais).

Der Mais, der in Europa südlich des Alpenkamms heimisch wurde, stammt vermutlich aus Argentinien und Peru. Dieser Mais ist ein Polentamais vom Typ Italian orange flint mit hornartigen orangenen Körnern.

Die Hartmais-Typen aus den temperierten Zonen Süd- und Nordamerikas blühen im Gegensatz zu den Herkünften aus Mexiko und der Karibik unabhängig von der Tageslänge. Sobald die Pflanze ein gewisses Entwicklungsstadium erreicht hat, setzt der Blühimpuls ein. Maisherkünfte aus Mexiko und der Karibik dagegen wachsen und wachsen und kommen in der Schweiz zu spät zur Blüte. In Italien wanderte der Maisanbau vom Süden nach Norden bis in die Südtäler der

Abb. 14 Springende Gene, gesprenkelte Körner in einem Muster einer Landsorte aus Buchs. Barbara McClintock entdeckte durch das Studium der gesprenkelten Körner das Prinzip der springenden Gene. Eva Körbitz

Abb. 15 Maiskolben einer Landsorte aus Preonzo (TI). Der Kolben rechts zählt 24 Reihen. 1950, Getreidearchiv

Alpen (Brandolini 2001, Rebourg 2003). Im Puschlav, Misox und Tessin findet man italienische Landsorten, diese sind in der Regel kleinkörnig und haben Kolben mit 12 oder mehr Kornreihen. Ein extremes Beispiel für Mehrreihigkeit ist eine Landsorte aus Preonzo mit bis zu 24 Reihen.

Ein sehr früher detaillierter Hinweis für den Maisanbau findet sich bei Leonhart Fuchs, der 1542 in Basel ein Buch mit handkolorierten Abbildungen herausgab. Die Vorlagen für die Drucke sind als Codex erhalten geblieben. Abbildung 16 zeigt das Original. Die Hüllblätter des Kolbens sind zurückgeschlagen, an der Spitze ist der Kolben bräunlich gefärbt, dann folgt ein Band weisser Körner, ein Band gelber Körner und schlussendlich ein Band mit purpurfarbenen Körnern. Der Autor illustrierte auf dieser Weise, dass die Körner unterschiedlich gefärbt sein können. Er nannte die Farben braun (rufa), rötlich (purpurea), gelb (lutea) und weiss (subcandida). Die Farbe des weisskörnigen Maises erinnert an Perlen, das Rot gleicht dem Rot von Korallen, das Gelb erinnert an Bernstein (N. N. Burgerbibliothek Bern). Die typische orangene Kornfarbe der südlichen Herkünfte ist nicht erwähnt. Ein Kolben war nach Fuchs (1549) 8- oder 10-reihig, nur selten gab es mehr Reihen. Um 1542 gedieh der Mais fast in jedem Garten. Mais ist ein Fremdbefruchter, und so kann aus jedem Kolben, auch wenn alle Körner gleichmässig gefärbt sind, beim Nachbau eine bunte Vielfalt an Farben erscheinen. Conrad Gessner (1555–1565) hat die Farbenpracht eindrücklich festgehalten (Abb. 3, S. 23). Die Akzeptanz des Maises als Nahrungspflanze war von Anfang an gegeben.

In den Schriften der Oekonomischen Gesellschaft in Bern (1760–1796) spielt der Maisanbau eine untergeordnete Rolle. Mais wird zwar erwähnt, aber nicht als Hauptfrucht aufgeführt. Tschiffeli (1762) beschrieb Mais mit 3–4 Kolben an einer Pflanze. Moderne Sorten bilden 1–2 Kolben aus. Er baute den Mais in einem Flachsfeld in der Hoffnung an, dass dieser den Flachs stützen und vor dem Umfallen bewahren könnte. «Viele stengel haben drey bis vier zapfen, gemeinlich aber nur zween zapfen reiffen korns geliefert, von welchen jeder durch und durch bey 250 körnern abgetragen hat; allein hüner, krähen, und dergleichen verderbliches federvolk haben sehr vielen derselben, ehe sie noch völlig reif waren, fast gänzlich abgefressen.»

Otto Bernard (1781) stellt fest, dass in der Umgebung von Chur der weisse Mais am häufigsten angebaut wird. Er wies in einer Fussnote auf den Unterschied in der Frühreife der weissen und gelben Sorten hin. Falls der Frost den weissen Mais nimmt, steckte man im Domleschg den gelben frühreifen Mais. Roland Peter (2007) konnte

317.
MILIVM INDICVM
Turckisch korn
I
158

225 Jahre später diesen Unterschied noch nachweisen. Es gibt innerhalb der Herkünfte aus dem Rheintal und Domleschg eine beachtliche Variation in der Blütezeit, wobei die frühesten Herkünfte 13 Tage früher blühen als die spätesten. 150 Jahre nach Bernard hat sich im Domleschg der gelbe frühe Mais durchgesetzt, während im St. Galler Rheintal der weisse Körnermais zur wichtigsten Sorte wurde.

Vom Garten zum Acker

Der Mais war in erster Linie eine Gartenpflanze. Bis 1900 wurde er vorwiegend auf kleinen Parzellen, in Kombination mit Salat, Bohnen, Gurken und anderen Gemüsepflanzen gartenmässig gepflegt. Mais spielte eine grosse Rolle bei der Selbstversorgung der Kleinlandwirte und der Industriearbeiter. Entsprechend sorgfältig gestaltete sich der Anbau. Dazu Anton Bär aus dem österreichischen Pitztal (1939):

> «Der Art des Maisanbaues ist die landesübliche. Nach dem Ziehen der Furchen werden diese mit dem Rechen abgestossen und das Türkenkorn wird in ein mit dem so genannten Stipfer, einem rechtwinklig gebogenen, unten zugespitzten Holz, in die Erde gestossenes Loch gelegt. Nach dem Setzen werden die Furchen mit einer kleinen Walze, dem Wörgler, gewalzt. Beim Anbau werden gleichzeitig die verschiedenen Nebenfrüchte, wie Kürbisse, Fisolen, Erbsen, Kraut, Mohn und auch Runkeln eingesetzt.
> Nach dem Aufgehen der Maispflanzen muss die Erde mit einer Hacke, der Spitzhaue aufgelockert werden. Nach dem zweiten Picken, das durchschnittlich Mitte Juni stattfindet, werden die schlechten und die zu dicht gesetzten Pflanzen ausgezogen und verfüttert; anfangs Juli entfernt man dann die Stengel, die noch keine Kolben tragen. Ausser dem Picken wird das Maisfeld mit der Kratzhaue, einer breiten Haue, gehäufelt. Bei der Ernte werden die Stengel in etwa 10 cm Höhe abgeschnitten, die Kolben abgelöst und das Stroh zu Garben, den Biedli, gebunden und aufgestellt. Die Kolben hängt man dann entweder am Dachboden auf oder an die zu diesem Zweck vorgesehenen Gerüste an der Haus- oder Stadlfront. Zu Lichtmess werden dann die Kolben ‹abgeriebelt› und das Korn nach Bedarf gemahlen. [...] Der Mais wird durch 20–30 Jahre immer auf demselben Acker gebaut. Die Qualität des Maises leidet darunter nicht und ausserdem ist es dadurch möglich, dass als Maisfelder die Äcker in günstigster Sonnenauslage verwendet werden können.»

Abb. 16 Maispflanze, *Milium indicum* oder Turckisch korn. Die Körner des einen Kolbens sind unterschiedlich gefärbt. Fuchs, 1542, © ÖNB Wien: Codex 11120, 317

Das Entfernen von Stängeln, die keine Kolben tragen, das Entfernen schwacher Pflanzen und das Reduzieren der Kolbenzahl pro Pflanze war später, dank gezielter Züchtung, nicht mehr nötig.

Anfang des 20. Jahrhunderts gab es einige wenige Maisanbaugebiete mit feldmässigem Anbau. Albert Volkart (1905):

«Der Maisbau hat nur Bedeutung im Kanton Tessin (2800 ha), im Wallis (100 ha), im st. Gallischen Rhein- und Seetale (1000 ha) und im Bündner Rheintale bis Thusis (250 ha). Vereinzelt ist er auch anderorts in den Tälern der Föhnzone zu treffen. Als Durchschnittsertrag wird per ha 30 q Körner geerntet, die zu Mehl verarbeitet hauptsächlich zu Mehlspeisen (Polenta) Verwendung finden, aber auch im Rheintale in Mischung mit Roggenmehl zu einem kräftigen Brot verbacken werden.»

Nach dem Ersten Weltkrieg ging der Maisanbau zurück, was mit der arbeitsintensiven Nachtrocknung und Aufbereitung des Körnermaises zu tun hat. Viele arbeitsintensive Kulturen wurden in dieser Zeit aufgegeben, denn die Arbeiter und Arbeiterinnen fanden in der Industrie oder im Tourismus besser bezahlte Stellen.

Von der verbesserten Landsorte zur Hybridsorte

Die Maiszüchtung in der Schweiz fing 1930 an. Wagner und Wahlen veröffentlichten 1934 ihre ersten Untersuchungsergebnisse. Zunächst ging es bei der Maiszüchtung um die Verbesserung der Körnermaissorten, diese wurden aber bereits auch als Silo- und Futtermais angebaut. Am Anfang waren die einheimischen Sorten besser als die ausländischen. Um 1950 wird im Rheintal ein verbesserter Rheintaler Mais angebaut. Ernst Oehler (1950):

«Bei Mais […] wird im Rheintal eine alte Lokalsorte mit gelbweissen Körnern, Rheintaler Mais, gebaut, die von Oerlikon züchterisch bearbeitet worden ist. Am Alpensüdfuss, im Tessin und Puschlav dagegen werden vorwiegend italienische Sorten wie Nostrano dell'Isola, Marano oder Caragua gebaut.»

Die verbesserten Landsorten verdrängten die Landsorten. Die Züchtung von Hybridsorten ab 1946 führte zu einer Verdrängung der verbesserten Landsorten. Die erste schweizerische Hybridsorte Orla 266 wurde 1955 in das Richtsortiment des Saatzuchtverbandes aufgenommen. An der Züchtung beteiligten sich die Forschungs-

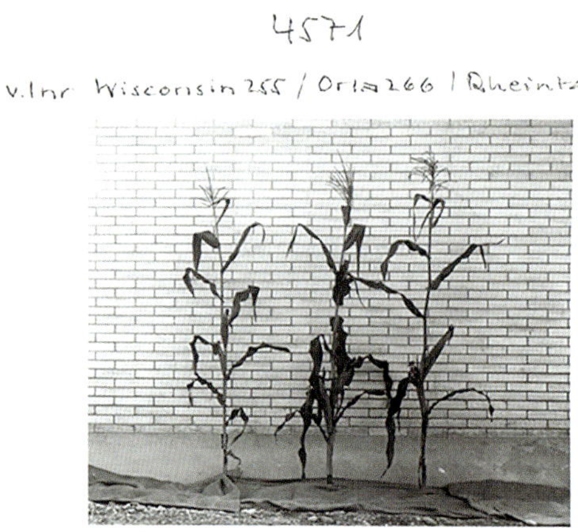

Abb. 17 Die erste Schweizer Hybridsorte Orla. Von links nach rechts: Wisconsin 255, Orla 266, Rheintaler. Orla präsentiert sich deutlich frohwüchsiger als die beiden Elternlinien. Getreidearchiv

Abb. 18 Die erste schweizerische Hybridsorte. Getreidearchiv, Aufnahme ~1955

anstalten in Oerlikon und in Lausanne. Der Name Orla weist auf die beiden Forschungsanstalten Or (Oerlikon) und la (Lausanne) hin. Die Eltern von Orla waren eine Inzuchtlinie des Rheintaler Flintmaises und die Linie Wisconsin 255, die selbst aus einer Kreuzung von zwei Linien der amerikanischen Zahnmais-Sorte Wisconsin (Wh × Wj) hervorgegangen war. Orla war die erste Sorte, die man nicht durch Saat des Erntegutes erhalten konnte. Sät man die Körner von Orla, dann erhält man die unterschiedlichsten Pflanzen, aber nicht die Sorte Orla. Hybridsorten kann man nur über ihre Eltern erhalten, sie sind nicht samenfest. Die letzte von zehn Orla-Züchtungen – Orla 264 – wurde 1973 zugelassen (Lehmann und Kaufmann 2003).

Mit der Umstellung von Körnermais auf Silomais verlor der Körnermaisanbau zunehmend an Bedeutung, bis er kaum noch angebaut wurde. Futter- und Silomais sind seit den 1960er-Jahren gefragt. Der Anbau von Futter- und Silomais beschränkt sich nicht auf die Föhngebiete, weil die Pflanzen nicht ganz reif werden müssen; sie werden geerntet, bevor die Körner richtig trocken sind.

Vielfalt der Landsorten

Bei der Einteilung des Maises spielt die Kornfarbe eine grosse Rolle, sie reicht von Weisslich über Gelblich, Orange, Rötlichorange, Rot bis Schwarzrot und Bläulichgrau. Vorherrschend waren weissliche, gelbliche und in den Südtälern orange Sorten. Die Zahl der Körnerreihen eines Kolbens ist ein weiteres wichtiges Merkmal. Sie variiert von 8, 10, 12 über 16 bis 24 (Milatz 1970). Die ursprünglicheren Formen haben 8 Reihen (Iltis 1986). Ein weiteres wichtiges Merkmal ist die Gestalt der Körner, die mit der Beschaffenheit der Stärke im Mehlkörper zusammenhängt.

Folgende Maisformen werden in der Schweiz angebaut, Nomenklatur nach Mansfeld:

- Hartmais, *Zea mays* convar. *indurata*. Bis 1950 war der Hartmais (flint) die Hauptform in der Schweiz. Der bekannte Rheintaler Ribelmais ist ein Hartmais.
- Pferdezahnmais, *Zea mays* convar. *dentata*. Der Zahnmais (dent) ist heute die am meisten angebaute Form und dient als Silomais.
- Zuckermais, *Zea mays* convar. *saccharata*. Zuckermais ist beliebt bei Gärtnern. Der Zuckermais dürfte im Laufe des 19. Jahrhunderts die Gärten in der Schweiz erreicht haben. Für Nordamerika wird Zuckermais das erste Mal im Jahr 1801 erwähnt (Marshall and Tracy 2003).
- Popcornmais, *Zea mays* convar. *microsperma*. Popcornmais findet man gelegentlich in Gärten.

Popcorn ist eine besondere Variante des Hartmaises, mit der Eigenschaft, dass sich die Stärke unter Hitzeeinwirkung explosionsartig ausdehnt. Popcornmais hat wie Hartmais einen harten glasigen Mehlkörper, dagegen sind die Körner wesentlich kleiner als jener. Das Tausendkorngewicht liegt zwischen 95 und 192 g. Nachdem die Firma Cretors 1885 eine Maschine für das Rösten von Erdnüssen entwickelt hatte, mit der sich auch ausgezeichnet Popcorn herstellen liess, nahm der Verzehr von Popcorn in den Vereinigten Staaten sprunghaft zu (Ziegler 2003).

Der gelbe Zahnmais entstand Anfang 1800 in Nordamerika aus einer Kreuzung eines frühreifen flint aus dem Nordosten Amerikas mit einem spätreifen mehligen Virginia Gourdseed (Farnham 2003). Die in Europa nicht angebauten mehligen Maissorten waren schon bei den Azteken und Inkas beliebt (Darrah 2003), sie sind leichter zu mahlen als Hartmais. Die Sorte Gourdseed, die man als Pferdezahnmais einstuft, hat das Mehlige, was die Amerikaner «flour» nennen. Der Übergang vom Glasigen, Hornartigen zum Mehligen, Undurchsichtigen basiert auf einigen wenigen Mutationen. Der Pferdezahnmais ist teils mehlig, teils glasig. Der Unterschied zwischen Hart- und Pferdezahnmais liegt in der Beschaffenheit der Reservestoffe, die im Korn eingelagert sind. Die Einsenkung der Krone, die zur

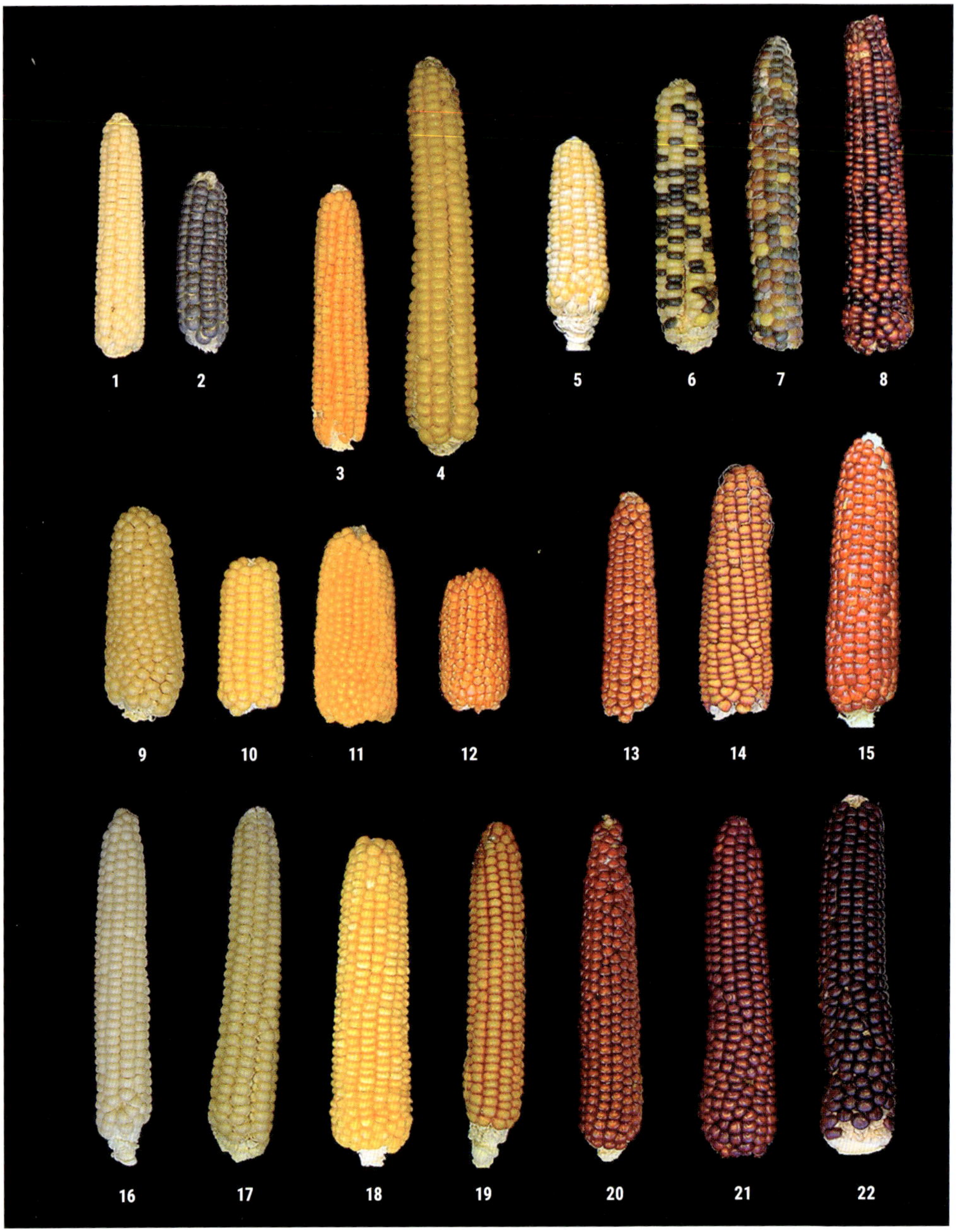

Abb. 19 Farben- und Kolbenvielfalt im schweizerischen Landsortensortiment. Bei manchen Sorten gab es mehrere Farbtypen und Kolbenformen; pro Herkunft ist nur ein Kolben gezeigt, ausser für die Herkunft aus Aquila, Nr. 18 und 20. Obere Reihe von links nach rechts: 1 Tenero ZM044; 2 Wartau ZM100; 3 Scala (Campocologno) ZM047; 4 Vouvry ZM023; 5 Camorino ZM046; 6 Wangen ZM056; 7 Tartar ZM006; 8 Montlingen ZM156. Mittlere Reihe: 9 Wartau ZM060; 10 Rodels ZM003; 11 Preonzo ZM074; 12 Bodio ZM121; 13 Masein ZM010; 14 Sierre ZM111; 15 Maghegno ZM076. Untere Reihe: 16 Untervaz ZM061; 17 Schänis ZM084; 18 Aquila ZM139; 19 Sion ZM114; 20 Aquila ZM139; 21 Turtmann ZM035; 22 Sagogn ZM012. Fotos: Tobias Eschholz und Roland Peter; Bearbeitung: Peer Schilperoord

Pferdzahnform zur Zeit der Reife führt, ergibt sich durch das stärkere Eintrocknen des weichen mehligen Endosperms. Im Vergleich zum übrigen Teil des Kornes fehlt hier der Glanz, da keine hornartige Schicht wie an den Kornseiten ausgebildet ist (Milatz 1970).

Beim Zuckermais sind die Körner nicht mehr in der Lage, den Zucker vollumfänglich in Stärke zu verwandeln. Dementsprechend hoch ist der Zuckergehalt. Diese Verlustmutation vererbt sich rezessiv. Bei der Reife schrumpfen die Körner stärker als beim Pferdezahnmais.

Die Sorten der Genbank

In der Schweiz wurde unter der Leitung von Siegfried Wagner während des Zweiten Weltkrieges eine Bestandsaufnahme der vorhandenen lokalen und überregionalen Maissorten gemacht. Sein Ziel war es, die grösstmögliche Vielfalt zu erhalten und eine vergleichende Prüfung durchzuführen, um die besten Sorten für die Züchtung verwenden zu können. Ca. 225 Landsortenmuster blieben in der Samenbank erhalten. In der ersten Phase 1941–1942 fanden 106 Muster Eingang in die Samenbank. In der zweiten Phase Anfang der 1960er-Jahre kamen weitere 43 Herkünfte aus Graubünden und dem Wallis dazu und zwischen 1999 und 2009 weitere 76 Herkünfte aus dem Wallis, dem Tessin, dem Rheintal und der Linthregion.

Abb. 20 Stammkolben. Von diesen Kolben stammt das Saatgut der Samenbankmuster, von links nach rechts: 1 Sils, 2 Rodels, 3 Tartar, 4 Wartau, 5 Wartau, 6 Buchs und 7 Sagogn. Getreidearchiv

Stammkolben

Die Mehrzahl der Muster wurden als Kolben eingeschickt. Die Akzessionen wurden beschrieben, teils auch fotografiert und anschliessend angebaut. Einige Stammkolben spalteten beim Nachbau auf, in solchen Fällen wurden interessante Kolben unter der gleichen Nummer, aber mit einem zusätzlichen Buchstaben weitergeführt. Die erhaltenen Stammkolben waren sehr schön, wie die Abbildungen zeigen. Allerdings reichen ein bis zwei Kolben nicht immer aus, um im Nachbau Ausartungen durch Inzucht zu vermeiden. Dazu braucht es Saatgut von 300 Kolben. Das Maissortiment wurde regelmässig bis 1952 angebaut und beurteilt. Die früheste Sorte blühte einen Monat vor der spätesten Sorte und war 44 Tage früher reif.

Studien an der ETH

Roland Peter (2007) befasste sich in seiner Dissertation an der ETH mit der Anpassung der Landsorten an die kühlen klimatischen Verhältnisse nördlich der Alpen. Die Frage war, ob sich innerhalb der Landsorten Typen finden lassen, die sich speziell für den Anbau in höheren Lagen und Breiten eignen. Einige südliche Herkünfte, die auf der Nordseite der Alpen angebaut wurden, bildeten bei kühlen Temperaturen stressbedingt weniger Sprosssubstanz als ihre nördlichen Kollegen. Die

Kältetoleranz ist für die Maiszüchtung interessant. Die Tendenz im Maisanbau geht in Richtung einer immer früheren Saat, um die Vegetationszeit zu verlängern und so den Ertrag erhöhen zu können.

Tobias Eschholz (2008) führte eine molekular-genetische Analyse durch, um die Verwandtschaftsbeziehungen zwischen den Sorten der Herkunftsregionen zu bestimmen. Er konnte zwei verschiedene Landsortengruppen unterscheiden. Die südliche Gruppe mit meist kleinen, gelben, orangen oder roten Körnern und mehr als 12 Reihen pro Kolben unterscheidet sich von der nördlichen mit weissen bis gelben Körnern und 8–12 Reihen pro Kolben. Er konnte aber auch zeigen, dass eine Durchdringung der zwei Gruppen stattgefunden hat.

Nutzung der alten Sorten

Neben der Freude, die man an der Vielfalt haben kann, stellt sich auch die Frage nach der Bedeutung der Maissammlung. Die Erfahrungen mit dem Anbau alter Herkünfte in den letzten Jahren zeigen, dass es Herkünfte gibt, die bedingt anbauwürdig sind, dass es aber auch viele Herkünfte gibt mit einem hohen Anteil an missgebildeten Kolben. Es gibt zwar Missbildungen, die für den Biologen sehr interessant sind – bspw. Körner, die sich oben in der Fahne bilden, oder auch männliche Blüten, die in Kolben auftreten –, aber der Gärtner hat gern ordentliche Kolben. Manche Herkünfte haben stärker unter dieser Degeneration gelitten. Sie müssten züchterisch bearbeitet werden, um wieder fit für den gartenmässigen Anbau zu sein. Landsorten, die kommerziell genutzt werden, wie der Rheintaler Ribelmais, ein gelber Domleschger Mais und ein roter Tessiner Mais, müssen fortlaufend züchterisch bearbeitet werden.

II DIE LAUCHGEWÄCHSE – KNOSPEN IM BODEN

Blütenkugeln von Lauch *(Allium ampeloprasum)* und Zwiebel *(A. cepa)*. Die Blüten der Zwiebel öffnen sich stärker als jene des Lauchs. Nektar und Blütenstaub haben eine Fliege angezogen. Fotos: Rahel Müller (Lauch) und Peer Schilperoord (Zwiebel)

Zu den in der Schweiz angebauten Kulturformen der Lauchgewächse (*Allium* spp.) gehören Knoblauch (*A. sativum*), Schnittlauch (*A. schoenoprasum*), Zwiebeln (*A. cepa*) und Lauch (*A. ampeloprasum*, Synonym *A. porrum*). Ab ca. 1500 kamen die Winterzwiebel (*A. fistulosum*) und als Rarität die Etagenzwiebel (*A. cepa × fistulosum*) hinzu. Schnittlauch und Knoblauch (*A. sativum*) sind die Gewürzpflanzen unter den Lauchgewächsen.

Der lateinische Gattungsname *allium* bedeutet «Knoblauch» und könnte vom altindischen *aluh, alukam*, «Knolle» oder «essbare Wurzel» stammen. *Sativum* heisst «angepflanzt». Das lateinische *cepa* bedeutet «Zwiebel», *ampeloprasum* kommt von *prason* = Lauch und *ampelos* = Weinstock, also «Weinbergslauch». *Schoenoprasum* kommt von *schoenos* = Binse und *prason* (Genaust 1983). Schnittlauch wächst gern dort, wo auch Binsen wachsen.

Die Gemüsezwiebel ist ursprünglich eine Wüstenpflanze. Für ihre Entwicklung vom Samen bis zum Samen braucht sie mindestens drei Jahre. Die Gerste, die nah an die Wüste herankommt, braucht nur eine Vegetationsperiode für die Samenbildung. Die Zwiebel, ein Speicherorgan, benimmt sich wie ein Samen. Sämtliche Wurzeln und Blätter sterben am Ende der Vegetationszeit, nur die Zwiebel bleibt, abgeschirmt von der Aussenwelt durch trockene, häutige Schalen. Im Gegensatz zu den Samen speichert die Zwiebel Nährstoffe und Feuchtigkeit.

Die Zwiebel ist das auffallendste Organ der Lauchgewächse, auch der wilde Lauch betont die Zwiebel. Auf dem Weg zu unserem Lauch mit kräftigem Schaft und langen Blattscheiden wurde darauf geachtet, dass sich kaum noch eine Zwiebel bildete. Der vegetative Spross bleibt während der Jugendphase kurz, die Sprossachse ist scheibenartig verbreitert. Eine Hauptwurzel fehlt, die Wurzeln entspringen der Sprossscheibe, sie sind relativ dick und können offenbar auf die Bildung von Wurzelhaaren verzichten.

Der Blütenspross entspringt der scheibenartigen Sprossachse und schiebt sich durch den von den Laubblattscheiden gebildeten Scheinstängel hindurch. Der Blütenstand ist halbkugelig bis kugelig. Bemerkenswert ist die Fähigkeit, anstelle von Blüten Brutzwiebeln zu bilden. Der Knoblauch bildet sogar keine funktionsfähigen Blüten mehr, die Vermehrung findet nur über die Knoblauchzehen und diese Brutzwiebeln statt.

Der Genbank der Schweiz enthält jene Arten, die im letzten Jahrhundert in der Schweiz züchterisch bearbeitet wurden: die Zwiebel, der Lauch und die Schalotte. Bei den Zwiebeln waren Varietäten mit ausgesprochen guter Lagerfähigkeiten vom Rijnsburger-Typ gefragt. Dieser Typ wurde in Westeuropa angebaut und auch in der Schweiz gezüchtet. Beim Lauch spielte gar eine Schweizer Sorte vom Typ Dubouchet eine wichtige Rolle. Diese Sorte wurde international bekannt als Schweizer Riese oder Swiss Giant (Brewster 2008). Eine Besonderheit dieses Typs sind seine Frosthärte und Schossresistenz. Von den alten Sorten sind einige heute noch im Handel erhältlich, darunter die Zwiebelsorten ZEFA Wädenswil, Jaune de Savoie und Rouge de Genève, weiter die Lauchsorten Dubouchet und ZEFA Plus und die Schalotte Milrac.

Gestalt der Lauchgewächse

Die Gestalt der Lauchgewächse lässt sich am besten anhand der Entwicklung der Küchenzwiebel erläutern. Die Küchenzwiebel ist als diploide Art ursprünglicher als der in der Regel tetraploide Lauch und der hexaploide Knoblauch.

Die Zwiebel wird gerne mit einer Knospe verglichen, was weder ganz falsch noch ganz richtig ist. Bei der Knospe eines Baumes umringen Schuppenblätter die Sprossanlage. Diese Grundstruktur der Knospe findet sich auch bei den Liliengewächsen, bei den Zwiebeln ist sie

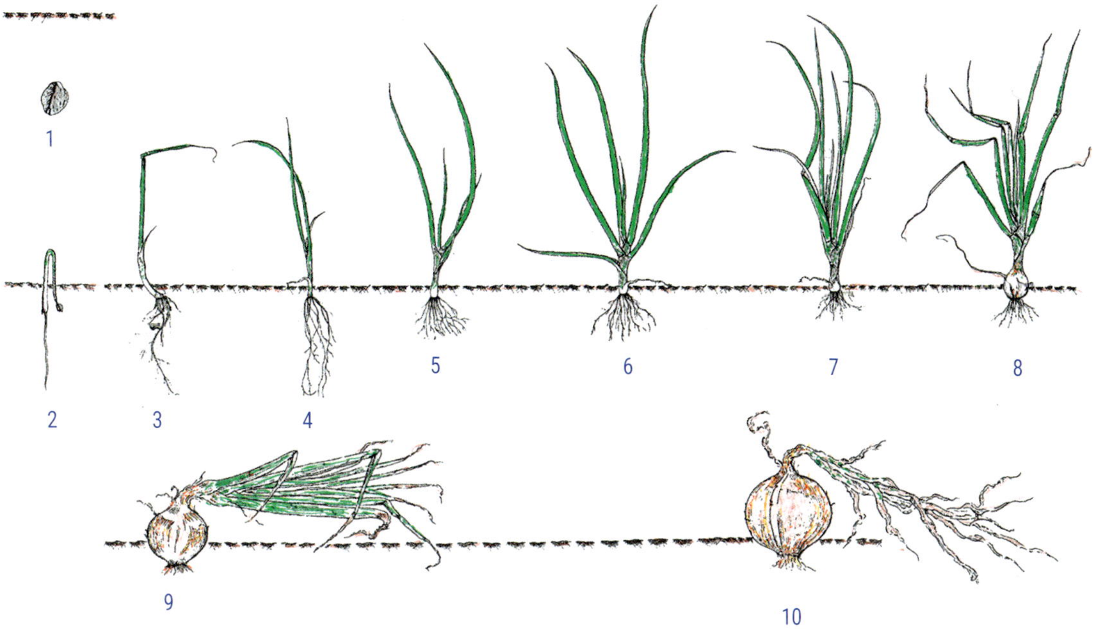

Abb. 1 Vom Samen zur Zwiebel, Wachstumsstadien im 1. Jahr. Die Stadien 1–3 sind im Verhältnis zu den anderen Stadien vergrössert dargestellt. Nach Rey et al. (1974), Bearbeitung: Peer Schilperoord

1 Zwiebelsamen im Boden
2 Gekeimter Samen. Die Keimblattspitze steckt in der Samenhülle und kann die restlichen Reservestoffe aufnehmen.
3 Die Samenhülle ist abgefallen, das Keimblatt hat die Gestalt einer Peitsche. Die Spitze des ersten Stängelblattes ist gerade sichtbar. «Peitschenstadium»
4 Das Keimblatt trocknet ein und liegt am Boden. Inzwischen haben sich 3 Stängelblätter gebildet. «Schnittlauchstadium»
5 Die Pflanze wird kräftiger. «Lauch- oder Porreestadium». Kulturlauch wächst weiter, bleibt aber äusserlich in diesem Stadium.
6 Die Stängelbasis verdickt sich, das 2. und 3. Blatt trocknen ein, Ende des «Lauchstadiums». Der Scheinstängel hat sich gebildet.
7 Die Zwiebel wird kräftiger.
8 Die Zwiebel ist klar erkennbar. Inhaltsstoffe werden aus den äusseren Schalen abgezogen, diese werden papierartig und schützen vor Austrocknung.
9 Ende der vegetativen Phase, sämtliche Blätter trocknen ein.
10 Reife Zwiebel mit eingetrockneten Blattspreiten. Die Wurzeln sind vertrocknet. Die Zwiebel hat sich auf sich zurückgezogen.

abgewandelt. Die Zwiebeln der Lauchgewächse bestehen hauptsächlich aus den Basen der Laubblätter. Abbildung 1 zeigt die Entwicklung einer Zwiebel von der Saat bis zur Zwiebel. Die letzten Blätter, die sich bilden, speichern Reservestoffe in den Blattbasen, diese schwellen an, eine Zwiebel entsteht. Die Blätter, die keine Reservestoffe speichern, verdorren, werden häutig und schützen die Zwiebel wie die Knospenschuppen die inneren Organe der Knospe. Die Zwiebelschalen sind morphologisch betrachtet die verdickten Basen der Laubblätter. Die eigentlichen Schuppenblätter, die mit den Knospenschuppen morphologisch vergleichbar sind, muss man in der Zwiebel richtiggehend suchen. Die in den Zwiebeln veranlagten Knospen bestehen aus einem verdickten Schuppenblatt und den vom Schuppenblatt umhüllten, bereits veranlagten Stängelblättern mit verdickter Blattbasis. Das Schuppenblatt ist in Abbildung 4 orange hervorgehoben.

Die Zwiebel hat die Möglichkeit, die Zahl der veranlagten Knospen zu regulieren. Die Gemüsezwiebel bildet in der Regel zwei Knospen aus, aus denen zwei Zwiebeln hervorgehen. Vergrössert sich die Zahl der veranlagten Knospen, dann wird die Gemüsezwiebel zur Spaltzwiebel, zur Schalotte mit sieben oder mehr Knospen. Der Knoblauch veranlagt noch mehr Knospen, er reduziert dagegen die Zahl der Laubblätter, ihre Blattbasen speichern keine Reservestoffe, sie verdicken sich nicht und sind nach dem Absterben häutig. Verdickt ist einzig und allein das Schuppenblatt. Die junge, vom Schuppenblatt umhüllte Sprossanlage ist weniger weit entwickelt als die der Zwiebel. Beim Knoblauch isst man hauptsächlich das Schuppenblatt. Die Zwiebel wird zur Zehe.

Abb. 2 Zwiebelpflanze auf dem Weg zur Blüte. Der Blütenstandstiel hat sich durch den Scheinstängel hindurchgeschoben. Die Spreiten der Stängelblätter sind dunkelgrün und blasig angeschwollen, die röhrenförmigen Blattscheiden sind cremefarben und häutig. Die Blätter sind in 2 Reihen angeordnet.

Abb. 3 Lauch, Querschnitt durch den Scheinstängel (Schaft) einer kräftigen Lauchpflanze. Die Anzahl Laubblätter ist beim Lauch im Vergleich zur Zwiebel erhöht. Im gelblicheren Teil sind die v-förmigen Blattspreiten angeschnitten, bei den ringförmigen Schnittflächen sind die Blattscheiden getroffen.

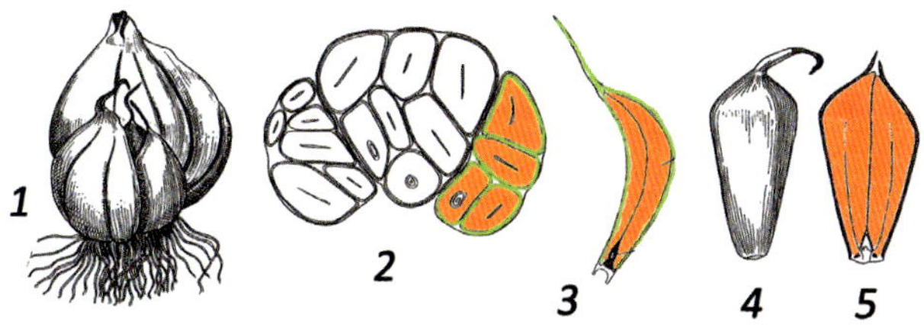

Die Zwiebel ist ein Speicherorgan. Mithilfe von Speicherorganen überdauern Pflanzen ungünstige Vegetationsperioden. Zwiebelgewächse finden wir als Frühlingsblüher in Wäldern, wo es nach der Schliessung des Kronendachs zu wenig Licht für die Krautschicht gibt. Wir finden sie in Gebieten mit periodischer Trockenheit. Die Zwiebeln speichern hauptsächlich wasserlösliche Fructane, die zur Gruppe der Oligo- und Polysaccharide gehören. Was bei der Kartoffel als Stärke in den Knollen und beim Getreide im Mehlkörper des Samens gespeichert wird, bleibt bei den Zwiebelgewächsen noch in einer löslichen Phase. Der Verdichtungsprozess der löslichen Zucker (Polymerisation) geht nicht bis zur Stärkebildung. Dadurch ist das osmotische Potenzial im lebendigen Gewebe erhöht und lässt die Zwiebel trockene Zeiten gut überstehen. Die Süsse der Zwiebeln kennt man von der süsslichen Note gedünsteter Zwiebeln. Bei Zwiebelsorten, die roh verzehrt werden, spielt die Höhe des Zuckergehaltes eine kulinarische Rolle. Grosse, meist milde Sorten werden als Gemüsezwiebeln gehandelt und gelegentlich roh genossen, kleine und mittelgrosse, oft deutlich schärfere Zwiebeln werden überwiegend zum Würzen genutzt und meistens gegart verzehrt. Über die Schärfe entscheiden der Gehalt und die Konzentration des Milchsaftes.

Abb. 4 Längsschnitt durch eine Zwiebel. Die Laubblätter sind grün eingefärbt. Das jüngste Blatt schiebt sich durch den hohlen Scheinstängel hinauf. Die Zwiebel enthält bereits die Knospen, 3 Stück, für das kommende Jahr. Orange gefärbt die Schuppenblätter, dunkelgelb unterlegt die Sprossanlagen. Verändert nach Rauh, 1994

Abb. 5 Knoblauch. 1 Zwiebeln mit Brutzwiebeln im Herbst. 2 Querschnitt durch 1. 3 Längsschnitt durch eine Zehe. Laubblattrest grün, fleischig verdicktes Schuppenblatt orange. Die Sprossanlage in 3 ist kaum entwickelt. Verändert nach Rauh, 1994

Das Geheimnis der Zwiebel ist, dass sie gleichzeitig Knospe, Frucht und Samen ist. Sie sondert sich ab von der Umgebung wie der Samen, sie speichert Reservestoffe wie die Frucht, sie enthält die zukünftigen Sprossanlagen wie die Knospe.

Einkeimblättrige bilden ein sogenanntes sekundäres oder adventives Wurzelsystem. Neue Wurzeln werden im Gewebe der Sprossachse veranlagt und wachsen durch das Gewebe der Sprossachse hindurch. Es besteht bei den Zwiebelgewächsen eine enge, unmittelbare Beziehung zwischen Wurzelbildung und Blattbildung. Es wurzeln die Blätter. Die Wurzeln der Zwiebelgewächse wirken ungestaltet, dicklich im Vergleich zu den Wurzeln der Gräser. Zwiebelgewächse bilden nur während der Keimung Wurzelhaare, danach nicht mehr. Trotzdem können die dicklichen Wurzeln problemlos Nährstoffe und Wasser aus dem Boden aufnehmen. Wie schaffen sie das ohne die feinen Wurzelhaare? Die Wurzeln haben eine verhältnismässig breite, locker strukturierte Rinde. Die lockere Struktur gibt Mykorrhizen (Wurzelpilzen) die Möglichkeit, tiefer einzudringen als bei Wurzeln mit einer schmalen, kompakten Rinde. Die Fäden dieser Pilze durchdringen einerseits den Boden, andererseits dringen sie in das Wurzelgewebe ein. Bei manchen Arten bleiben die Fäden zwischen den Zellen, bei anderen Arten, z.B. der arbuskulären Mykorrhiza, dringen die Fäden auch in die Zellen ein und bilden dort feine, baumartige Strukturen, mit denen die Kontakt- und Austauschflächen um ein Vielfaches vergrössert werden. Es ist ein kurzer Bereich hinter der Wurzelspitze, wo Pilzfäden eindringen können. Die Pilze lösen Nährstoffe wie Phosphor auf und teilen diese mit der Pflanze, auch Wasser wird so aufgenommen. Umgekehrt werden die Mykorrhizapilze von der Pflanze mit Kohlenhydraten versorgt. Die Zwiebelgewächse haben einen Teil der Aufgaben der Wurzel an die Pilze abgegeben. Das wird von einigen Forschern als «Outsourcing» bezeichnet. Die Gräser mit ihren feinen, faserigen Wurzeln setzen nicht auf «Outsourcing», sie sind mehr vom Typ «do it yourself» (Kleis 2020).

Die Wurzeln sind nicht über die ganze Länge aufnahmefähig. Nach einer Weile verkorkt die Exodermis, eine Schicht, die direkt unter der Epidermis liegt. Mit der Korkschicht schliesst sich die Wurzel von der Umgebung ab, sie lässt kein Wasser mehr durch und nimmt keine Nährstoffe mehr auf. Zwiebelwurzeln können bis zu 200 Tage Trockenheit überstehen und funktionsfähig bleiben (Kamula 1994). Wird es irgendwann auch für die Wurzeln zu trocken, dann stirbt auch die Wurzelspitze ab. Das Absterben der Wurzeln bei der Küchenzwiebel ist vorprogrammiert, die Wurzeln sterben beim Reifen der Zwiebel immer ab. Reife Zwiebeln sind, trocken gelagert, bis zu sieben Monate haltbar.

Der Blattgrund der Laubblätter ist stängelumfassend, die Spreiten sind rundlich und innen hohl *(A. cepa, A. fistulosum, A. schoenoprasum)* oder abgeflacht, v-förmig (*A. ampeloprasum* und *A. sativum*). Der grösste Unterschied zwischen der Zwiebel und dem Lauch ist die äussere Form der Blattspreite. Die abgeflachten Blattspreiten des Lauches und des Knoblauches haben morphologisch gesehen nur scheinbar eine Blattober- und eine Blattunterseite. Zwiebelgewächse haben alle gemeinsam, dass nur die morphologische Unterseite der Spreite gebildet wird. Das zeigt sich bei einem Querschnitt durch die Blattfläche, die Gefässbündel sind in einem Kreis oder einem abgeflachten Kreis angeordnet. Gäbe es sowohl eine Blattober- als auch eine Blattunterseite, dann wären die Gefässbündel, wie bei den Gräsern nur in eine Ebene angeordnet. Die Anordnung der Gefässbündel und die Struktur der röhrenförmigen Blätter erinnern stark an den Blütenschaft. Die Röhrenform und der Hohlraum der Zwiebelblätter entstehen, weil das Streckungswachstum in der Blattmitte langsamer vor sich geht und früher aufhört als in der Epidermis und den Randschichten. Das parenchymatische Gewebe dehnt sich dadurch nicht im Gleichschritt mit den Randschichten, der Durchmesser des Blattes vergrössert sich, es entsteht ein Hohlraum. Die Epidermis der Blätter und des Blütenschaftes ist mit einer Wachsschicht überzogen, die Spaltöffnungen befinden sich in Vertiefungen der Epidermis. Schneidet man die Blätter an, dann verletzt man längliche, Milchsaft enthaltende Zellen. Der Saft ist reich an schwefelhaltigen Duftstoffen.

Bei der blühenden Zwiebel trägt der hohle Infloreszenzstiel oder Blütenstandsschaft keine

Stängelblätter. Zwischen dem letzten Stängelblatt, das an der Basis der Sprossachse in Bodennähe ansetzt, und den Hüllblättern des Blütenstandes findet man keine weiteren Blätter. Der Stiel ist so hohl wie die Blattspreiten. Der Stängel des blühenden Lauchs dagegen ist massiv, wie die Blattspreiten. Am Stiel des blühenden Lauches finden sich deswegen abwechselnd links und rechts am Stängel die Blätter.

Während der Bildung des Blütentriebes bilden sich an der Basis der Sprossachse der Zwiebel eine oder zwei Seitenknospen, die im Herbst zu neuen Zwiebeln heranwachsen. Samenbildung und Zwiebelbildung finden gleichzeitig statt. Die Blüte bedeutet nicht das Ende der Pflanze. Die Anatomie des Blütenschaftes ist bei der Küchenzwiebel und beim Schnittlauch jener der Blätter sehr ähnlich. Der Stängel ist blattartig, die Blattspreite ist stängelartig. Der Name Zwiebelgewächse bezieht sich auf die Zwiebel als Nutzungsform dieser Kulturpflanzengruppe. Das Wort Zwiebel stammt vom althochdeutschen *zwibollo* und dem mittelhochdeutschen *zwibolle*, was so viel wie «zweifache Bolle» heisst. Eine blühende Zwiebel bildet an ihrer Basis in der Regel zwei neue Zwiebeln, zwei Bollen. Zwiebel heisst auf Italienisch *cipolla*, auf Spanisch *cebolla* und auf Französisch *ciboule* (Chauvet 2018). Es wäre

Abb. 6 Links: ein Schalottenbündel mit 8 Zwiebeln, das aus einem Setzling hervorgegangen ist. Die Schalotte nennt man auch Spaltzwiebel. Rechts: Aus einer bei der Ernte vergessenen Zwiebel sind 2 Zwiebeln und 2 Blütensprossen hervorgegangen. Zwibolle, zwei Bollen.

Abb. 7 Der kugelige Blütenstand der Zwiebel braucht lang bis zur vollen Entfaltung. Die Blütenstandsknospe erinnert stark an eine Zwiebel, mit dem Unterschied, dass die durchsichtige, häutige Hülle von 2 miteinander verwachsenen Hüllblättern gebildet wird.

Abb. 8 Gemüsezwiebel: **1** Blüten. 6 Blüten- und 6 Staubblätter umringen den 3-gliedrigen Fruchtknoten. Die Farben sind Ton in Ton gehalten. **2** Fruchtkapseln mit 3 Fächern. **3** Samenreife, die Fächer sind aufgesprungen. Von der Blüte bis zur Samenreife braucht es 2 Monate.

Abb. 9 Knoblauch, der Blütenstand ist reif. Zwischen den Brutzwiebeln befinden sich verkümmerte Blüten.

auch möglich, dass *zwibolla* die deutsche Version von *cipolla* ist.

Der Blütenstand entfacht ein Feuerwerk an Blüten. Zunächst sind die vielen Blüten noch in ein oder zwei Hüllblättern eingeschlossen. Diese erinnern stark an eine häutige Zwiebelschale. Die Form des doldigen Blütenstandes (Trugdolde) kann bis zur Kugelform gehen (siehe S. 197).

Die Blüten sind sternförmig mit 2 Kreisen mit je 3 Blütenblättern und mit 2 Kreisen mit je 3 Staubblättern. Darauf folgt ein Fruchtknoten, der aus 3 verwachsenen Fruchtblättern besteht. Die Fruchtkapsel trocknet zur Reifezeit ein, die Samen sind schwarz und wirken wie verkohlt. Blühende Pflanzen können sehr dekorativ sein, bspw. der Schnittlauch. Die einzelnen Blüten befruchten sich nicht selbst. Bevor die Narbe aufnahmefähig ist, sind die Staubblätter bereits verblüht. Trotzdem kann es an der Pflanze zur Selbstbefruchtung kommen, denn eine Blütendolde enthält viele unterschiedlich weit entwickelte Blüten, und so gibt es immer einen Selbstbefruchtungsanteil durch benachbarte Blüten. Die Blüten scheiden Nektar ab, die Nektardrüsen liegen zwischen dem Fruchtknoten und dem inneren Kreis der Staubblätter. Der blühende Lauch ist eine Bienenpflanze (Körber-Grohne 1995). Als weitere Bestäuber können vielerlei Hummeln, Schmetterlinge und Zweiflügler (Fliegen, Schwebfliegen usw.) beobachtet werden.

Bei mehreren Allium-Arten findet man häufig zwischen den Blüten Brutzwiebeln. Brutzwiebeln sind kleine Zwiebelchen, sie bilden sich dort, wo man eine Blüte erwarten würde. Sie dienen der vegetativen Vermehrung und benehmen sich wie Samen. Die Zwiebel, die nur selten Brutzwiebeln bildet, kann man anregen, eine grössere Zahl zu bilden, indem man die Zahl der Blüten reduziert und noch junge Blüten entfernt. Der Knoblauch bildet, wie erwähnt, nur Brutzwiebeln und sterile Blüten.

Zwiebeln und Spaltzwiebeln (Schalotten)

Die meisten wilden verwandten Arten der Küchenzwiebel wachsen in Zentralasien, und zwar gemäss Brewster (2008) in den Tien Shan und Pamir-Altai-Bergen. Sie wachsen in felsigen Gegenden, auf flachgründigen Böden. Die Vegetationszeit dauert hier in der Regel vom Frühling bis zum Herbst. Sommertrockenheit kann das Wachstum unterbrechen. Der lokalen Bevölkerung dienen die wilden Zwiebeln als Nahrung. Wildpflanzen haben eine lange Jugendphase. Sie blühen ein erstes Mal nach drei, manche sogar erst nach zehn Jahren. Die Wildart von *Allium cepa* vermuten Forscher in Südwest- und Zentralasien. Man weiss allerdings noch wenig über sie. Bis vor Kurzem galt die Wildart als unbekannt. Inzwischen fanden Forscher in der Nähe von Teheran eine Wildpflanzenpopulation, die zur *Allium-cepa*-Gruppe gerechnet wird (Fritsch 2001). Sie hat die typische kugelige Blütendolde und den blasenartig angeschwollenen Stängel.

Vor 4700 Jahren oder noch früher wurde die Zwiebel in Nordiran domestiziert. Von dort aus verbreitete sie sich nach Westen und nach Osten. In Ägypten finden sich Wandmalereien und Reliefabbildungen von Zwiebeln, von ihrem Anbau und von ihrer Bewässerung. Die ältesten Abbildungen stammen aus dem Alten Reich, 2700–2200 v. Chr. (Germer 1989; Hepper 1990).

Aus der Speisezwiebel (*Allium cepa* var. *cepa*) ist die Schalotte (*A. cepa* var. *ascalonicum*) hervorgegangen. Der Name *ascalonicum* kommt von Ascalon, einer Stadt in Palästina. Die Schalotte bildet mehrere, dafür aber kleinere, elliptische, schlanke Zwiebeln. Der Blütenstandschaft ist nicht oder nur leicht angeschwollen. Die weniger ertragreichen Schalotten sind eine Spezialität mit einem feineren, weniger scharfen, eher süsslichen und würzigeren Aroma als die meisten Speisezwiebelsorten. Schalotten werden vegeta-

Abb. 10 Winter-, Winterhecke- oder Schnittzwiebel *(Allium fistulosum)*. Diese Zwiebelart ist die wichtigste in Ostasien.

tiv vermehrt, neuerdings werden sie auch aus Samen gezogen (Brewster 2008). Aus der Speisezwiebel ist auch die Kartoffelzwiebel hervorgegangen (*A. cepa* var. *aggregatum*), die ebenfalls mehrere, aber kleinere, rundliche Zwiebeln bildet. Zwischen Kartoffelzwiebeln und Schalotten gibt es eine Reihe von Übergangsformen.

Winterheckezwiebel, Lauchzwiebel

Die Winterheckezwiebel, Lauchzwiebel oder auch Winterzwiebel *(Allium fistulosum)* ist nah verwandt mit der Gemüsezwiebel. Die beiden lassen sich kreuzen, aber die Hybriden sind fast gänzlich steril (Simmonds 1967). Die Bezeichnung *fistulosum* bedeutet «Röhre» oder «hohler Stängel» (Genaust 1983). Die Winterheckezwiebel findet man in den Läden als Bundzwiebel. Weitere Bezeichnungen sind Röhrenlauch, Frühlingszwiebel, Jungzwiebel, Ewige Zwiebel, Schnittzwiebel, Schlottenzwiebel und lange Bollen (Körber-Grohne 1995). An den unterschiedlichen Namen kann man ablesen, wie vielfältig Anbau und Nutzung sind.

Ihre wilde Verwandte ist ebenfalls noch nicht mit Sicherheit bekannt, es könnte *A. altaicum* sein. Kreuzungen von *A. altaicum* mit *A. fistulosum* geben fruchtbare Nachkommen. Die wilden Verwandten wachsen ebenfalls im Tien Shan und Pamir-Altai-Gebirge in Zentralasien. Die Winterzwiebel ist in China und Japan die Hauptgemüseart, so wie die Speisezwiebel die Hauptgemüseart für Europa ist. Die Winterheckezwiebel bildet schmale, zylindrische Zwiebeln und wird wie der Lauch hauptsächlich wegen ihres Scheinstängels oder Schafts angebaut. Bei einigen Kulturformen ist auf einen kräftigen Schaft selektioniert worden. Die röhrenförmigen Blätter schmecken intensiv und werden wie Schnittlauch zum Würzen verwendet. Die Winterzwiebel ist frosthart, mehrjährig und kann im Zwei- bis Dreiblattstadium überwintert werden. Bis zur ersten Blüte braucht es für die Wildpflanze 3–10 Jahre (Brewster 2008). Sie erreichte Europa im 16. Jahrhundert (Dodoens, 1563; Mattioli, 1586). Settegast erläutert den Namen Winterheckezwiebel (1909):

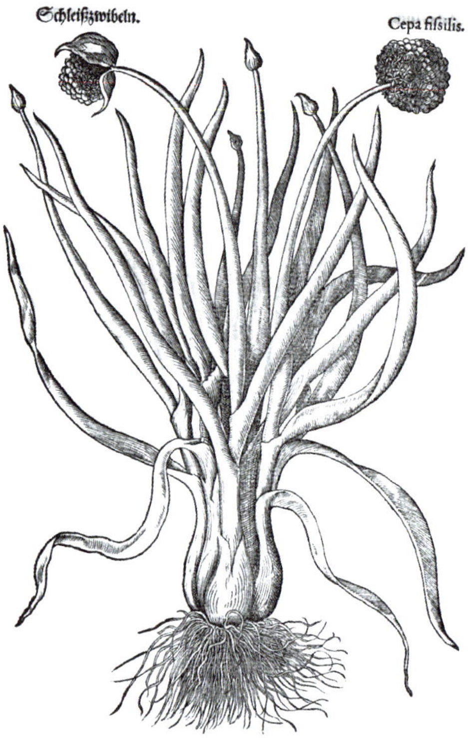

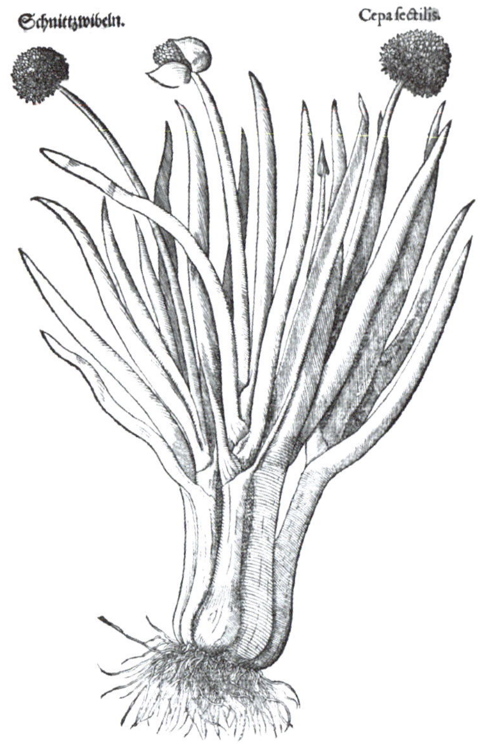

Diese wird «durch Teilung der Stöcke oder aus Samen vermehrt. [...] Da sie keine Pflege beansprucht und überall gedeiht, wird sie meistens als Einfassung verwendet. Man sät sie im Frühjahr reihenweise an. Auch als Ersatz für Schnittlauch wird sie viel gebraucht. Sie wird zu diesem Zweck im Juli-August in kalte Mistbeete gesät und liefert dann, wenn der Schnittlauch im Freien mangelt, im Herbst und Winter einen vollwertigen Ersatz.»

Abb. 11 Schleisszwiebeln, *Cepa fistilis*. Eine Varietät der Winterzwiebel *(A. fistulosum)*. Statt Schleisszwiebel wird diese Sorte auch Spaltzwiebel genannt, «weil die bolle an dem oberen Teil sich zu spalten pfleget». Mattioli, 1563

Abb. 12 Schnittzwibeln, *Cepa sectilis*. Eine weitere Varietät der Winterzwiebel *(A. fistulosum)*. Der Blütenstand der Winterzwiebel ist deutlich kleiner als jener der Gemüsezwiebel. *Sectilis* heisst «geschnitten». Gemäss Mattioli wurde sie wie Schnittlauch verwendet. Ein charakteristisches Merkmal für Zwiebeln sind die runden Blattspreiten. Mattioli, 1563

Abb. 13 Lauch, *Porrum*. Der blühende Lauch *(A. ampeloprasum)* lässt sich leicht von der blühenden Gemüsezwiebel unterscheiden. Beim Lauch begleiten die Stängelblätter den Blütenstängel über eine weite Strecke, die Spreiten sind v-förmig abgeflacht. Die beiden nicht blühenden Pflanzen haben lange Schäfte. Mattioli, 1563

Abb. 14 Elefantenknoblauch, Ackerknoblauch oder auch Aberknoblauch *(A. ampeloprasum)*, Der Lauch ist sehr formbar als Kulturpflanze. Die zwiebelbetonte Form und die knoblauchbetonte Form gab es bereits vor der uns vertrauten schaftbetonten Form. Wikimedia Commons, Uncaught, PD

Lauch – von der Zwiebel zum Stängel

Die Lauchgruppe ist ein Komplex von mehreren Arten. Dazu gehören diploide, tetraploide, hexaploide und sogar octoploide Arten. Lauch, Zwiebellauch und Perlzwiebel, die wichtigsten Vertreter des Kulturlauches, sind alle tetraploid. Der Elefantenknoblauch - der Aussenseiter in der Kulturlauchgruppe - ist hexa- oder octoploid. Sämtliche Kulturformen sind aus dem Zusammengehen von verschiedenen, nah verwandten Arten hervorgegangen, sie sind alloploid (Khedim 2020). Die Wildarten findet man im ganzen Mittelmeerraum, aber vor allem in Nordafrika in Tunesien und Algerien und weiter in Portugal und Iran. Sie wachsen in offenen, von Menschen geschaffenen Standorten wie Strassenrändern, aber auch auf Kliffen und in der struppigen Vegetation der Carigue.

Die Wildform lässt sich einfach mit Kulturformen kreuzen. Wilder Lauch bildet nach Körber-Grohne eine halbkugelförmige Blütendolde, der Blütenschaft ist im unteren Bereich von den Blattscheiden von drei bis vier Blättern umhüllt. Die Blätter haben schmale, flache Spreiten. Die Zwiebel ist 2–5 cm breit und besteht aus 2–3 (bis 5) Teilzwiebeln. Von den grossen Lauchzwiebeln ist es kein grosser Schritt zu den Perlzwiebeln, die aussehen wie kleine Lauchpflanzen mit einer Gruppe von fast kugelförmigen, weisshäutigen Zwiebelchen. Die Pflanzen sind winterhart. Perlzwiebeln haben ihre Ruhephase im Sommer.

Elefantenknoblauch bildet, genauso wie der Knoblauch, Zehen anstelle von Zwiebeln. In der Regel findet man 6 Zehen um den Blütenspross. Einige Herkünfte bilden Brutzwiebeln aus, andere Samen, diese sind in der Regel nicht keimfähig (Brewster 2008).

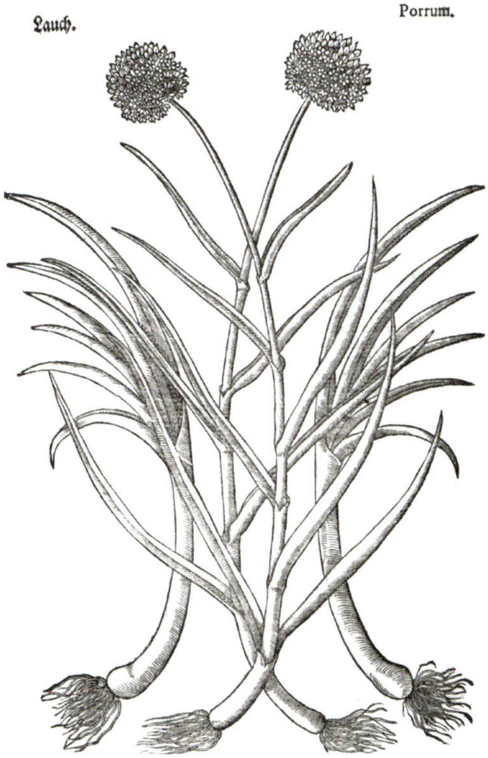

Schnittlauch

Schnittlauch kommt in Westeuropa wild vor. In der Schweiz findet man ihn in feuchten Wiesen, Flachmooren und an Bachufern von der Talsohle bis an die Waldgrenze. Er muss sich nicht vor Trockenheit schützen. Schnittlauch vermehrt sich über Samen, gerne aber auch vegetativ und bildet dichte Horste. Regelmässiges Ernten der Blätter regt die Bildung der kleinen Zwiebeln an und somit auch die Bestockung.

Knoblauch – samenlos

Der Knoblauch (*Allium sativum* var. *sativum*) stammt aus einem grossen Gebiet, das von Zentralasien, vom Tien Shan-Gebirge im Osten bis zum Kaukasus im Westen reicht. Das natürliche Habitat des Knoblauchs besteht vermutlich aus Wasserrinnen und felsigen Tälern in semiariden Gegenden, wo Wasser nur in geringen Mengen zur Verfügung steht. Der Knoblauch bildet seine Zehen im Frühsommer und kann eine spätere Sommertrockenheit gut überstehen. Er ist sehr kälteresistent (Brewster 2008). Kulturknoblauch bildet zwar Blüten, diese sind aber verkümmert. Die Brutzwiebeln stellen die Vermehrung sicher. Pflanzt man Brutzwiebeln, dann entstehen im ersten Anbaujahr sogenannte Rundlinge, Knoblauchzwiebeln, die nur aus einer grösseren Zehe bestehen. Erst im Folgejahr bilden sich die aus mehreren Zehen bestehenden Zwiebeln. Die Vermehrung über Bulbillen verbessert die Pflanzengesundheit. Immer nur vegetativ über Zehen vermehrter Knoblauch zeigt nach einigen Jahren Abbauerscheinungen wie Mindererertrag und schlechte Lagerfähigkeit. Die wilden Verwandten des Knoblauchs bilden nur selten fertile Blüten. Die Entdeckung von samenbildenden wilden Knoblauchtypen öffnete den Weg, um die Kulturformen durch Kreuzungen zu verbessern (Etoh 2002; Zewdie 2005). Die Zehenbildung lässt sich fördern, indem man die Blütenschaft entfernt, sobald sie sich zeigt. Der Name Knoblauch ist vermutlich zurückzuführen auf die geringe Grösse der Zwiebeln – Knopfgrösse – der wilden *Allium*-Arten.

Die Geschichte der Kulturarten

Zwiebelarten werden seit mehreren Jahrtausenden kultiviert. Die Vielfalt der Gemüsezwiebelsorten ist bei den alten Ägyptern, Griechen und Römern bereits sehr gross. Die gezielte Massenauslese bei Zwiebeln ist äusserst erfolgreich und führt ausgehend von einer variablen Landsortenpopulation innerhalb von 5 Zuchtzyklen zu verschiedenen Varietäten (Brewster 2008). Der Anbau von Zwiebeln, Lauch und Knoblauch hat eine Tradition, die älter ist als die griechische Kultur, denn sie wurden bereits im alten Ägypten angebaut. Ein sehr früher Hinweis ist der getrocknete Knoblauch im Grab von Tutanchamun. Eine Zusammenstellung der frühesten bildlichen und schriftlichen Belege findet sich bei Körber-Grohne (1995).

Abb. 15 Schnittlauch *(A. schoenoprasum)*. Schnittlauch eignet sich auch als Zierpflanze.

Abb. 16 Eingetrockneter Knoblauch aus dem Grab von Tutanchamun. Der Pharao regierte Ägypten von 1332–1323 v. Chr. Foto: Harry Burton. Reproduced with permission of Griffith Institute, University of Oxford

A KÜCHENZWIEBEL UND SCHALOTTE

Der Römer Plinius der Ältere (23–79 n. Chr.) verfasste eine enzyklopädische Arbeit zu den damals bekannten Kulturpflanzen. Er zitiert seine Vorgänger in Griechenland und Italien und ergänzt sie mit eigenen Beobachtungen. Die Sortenvielfalt war damals schon sehr gross. Die Namen der Sorten beziehen sich auf Städte oder Regionen und weisen auf regionale Vorlieben der Zwiebelzüchter hin. Die antiken Autoren beschreiben Unterschiede in Farbe, Grösse und Süsse (Bostock und Riley 1855). Sie erwähnen rote, gelbe und weisse Sorten, runde und längliche. Manche sind schärfer und regen das Tränen der Augen stärker an, wie die Zyprische, jene vom Cnidos am wenigsten. Einige Sorten eignen sich gut zum Lagern, andere weniger. Rote und die grössten Sorten wurden bevorzugt. Die Griechen kannten gemäss Plinius bereits eine Reihe von Varietäten, benannt nach der Herkunftsregion oder nach der Stadt: «die Sardische Zwiebel, die Samothrakische, die Alsidenische, die Setanische, die Schistanische und die Ascalonische, genannt nach Ascalon, eine Stadt in Judea».
Die beiden letzten waren gut lagerfähig. Die weissesten Varietäten stammten von Issus und Sardes. Manche Varietäten wie jene von Ascalon säte man lieber, als dass man sie als Zwiebeln setzte, denn die Setzzwiebeln schritten bald zur Blüte. Eine vergleichbare Varietät wie jene von Ascalon wurde auch auf Kreta kultiviert.

Plinius selbst unterscheidet zwei Haupttypen. Der eine wird von März bis Mai gesät, heisst *Scallion* und wird zum Würzen verwendet. Bei den Römern heisst er *Pallacana*, bei den Griechen *Gethyon*. Der andere, eine Gemüsezwiebel, wird nach der herbstlichen Tagundnachtgleiche gesät.

Scallion bildet keine grosse Zwiebel, sie bildet einen langen Scheinstängel – dieser besteht praktisch nur aus Blatt und wird oft zurückgeschnitten, wie der Lauch; deswegen wird er wie der Lauch aus Samen gezogen und nicht aus Zwiebeln. Die Sorte *Scallion* hat wie alle Gemüsezwiebeln hohle Blätter, es handelt sich also um eine Schnittzwiebelvarietät von *Allium cepa*.

Die Varietäten, geordnet nach abnehmender Schärfe, sind «die Afrikanische, die Gallische, die von Tusculum, die Ascalonische und die von Amiternum: die rundlichen sind die besten». Die rote Zwiebel ist schärfer als die weisse, die gelagerte mehr als die frische, die rohe mehr als die gekochte und die getrocknete mehr als die frisch aufbewahrte Zwiebel. Die Zwiebel von Amiternum wird in kühlen, feuchten Gegenden angebaut und ist die Einzige, die wie Knoblauch aus Zwiebeln gezogen wird, die anderen werden aus Samen gezogen.

In der Neuzeit ist die Vielfalt immer noch gross. Neben der Gemüsezwiebel wird auch die Schalotte erwähnt und Zwiebeln werden auch fleissig gehandelt. Spanien exportierte Zwiebeln nach Flandern (Dodoens 1644). Das folgende Zitat stammt vermutlich von Carolus Clusius. Zwiebeln «von St. Emer im Walsch Nederlandt sind grösser und schöner als die Spanische, die Zwiebeln sind oben und unten abgeplattet, sie sind so gross wie eine Rübe, die Zwiebelschalen sind häutig, die äusseren sind schön rot gefärbt. Trotzdem wird täglich eine grosse Menge von spanischen Zwiebeln eingeführt, sie sind sehr gut, manche weiss, manche braun-rot, aber sie sind etwas schärfer im Geschmack.» [*Übersetzung* des Autors]

Abb. 17 Κρομυον, Gemüsezwiebel. Das Blatt links ist an der Spitze abgeschnitten und zeigt den typischen Hohlraum. Dioskurides (512), © ÖNB Wien: Cod. Med. gr. 1 fol. 185v

Abb. 18 Lauch. Auf den ersten Blick könnte man meinen, dass eine Speisezwiebel abgebildet ist. Ein Blick auf die grünen Blattspreiten zeigt aber die gefaltete und abgeflachte Struktur, die für Lauchblätter typisch ist. Die modernen Lauchsorten zeigen kaum noch eine Zwiebelbildung. Dioskurides (512), © ÖNB Wien: Cod. Med. gr. 1 fol. 278r

Abb. 19 Zwiebel. Blühende Zwiebelpflanze mit frischer, eiförmiger Zwiebel. Die Blütenkugel zeigt im oberen Bereich reifende Samenkapseln, im unteren Bereich Blüten. Fuchs, 1563. https://doi.org/10.3931/e-rara-49464

B LAUCH

Die Abbildungen 17 und 18 aus dem Wiener Dioskurides zeigen eine Zwiebel und einen Lauch. Es wird sich wohl um die gebräuchlichsten Varietäten der Gemüsezwiebel und des Lauchs handeln. Auf den ersten Blick sind die Unterschiede nicht gross und man muss genauer hinschauen, um festzustellen, welche Abbildung die Lauchpflanze und welche die Zwiebelpflanze zeigt. Beide Abbildungen zeigen eine Zwiebel und einen weisslichen Schaft, der in grüne Blattspreiten übergeht. Der einzige Unterschied liegt in der Gestalt der Spreiten: Bei der Küchenzwiebel sind die Spreiten rund und hohl, beim Lauch flach und v-förmig gefaltet. Die heute vorherrschende Form des Lauches mit kräftigem Schaft und unterdrückter Zwiebelbildung ist noch nicht üblich. Die blühende Pflanze in Abbildung 19 zeigt den Unterschied zwischen der Zwiebel und dem Lauch: Der Blütenschaft der Zwiebel ist im unteren Bereich angeschwollen.

Die ursprüngliche Zwiebelform des Lauches überlassen die Gärtner und Gärtnerinnen der Speisezwiebel. Ein möglicher Grund für diese Entwicklung dürfte sein, dass man den Lauch im Garten überwintern lassen kann und nicht als Zwiebel im Keller lagern muss. Den Lauch kann man im Winter jederzeit als grünes Gemüse mit zartem, weisslichem Schaft aus dem Garten holen. Die neue Kulturform des Lauches betont das vegetative Stadium und lässt das Zwiebelstadium aus. Typisch für die Zwiebelbildung ist das Einziehen des Laubes und das Häutigwerden der äusseren Schalen. Beim Lauch bleiben die Blätter gänzlich erhalten, die äussersten Blätter trocknen ein und vergammeln, ohne eine schützende häutige Hülle zu bilden. Die Gefahr von Austrocknung ist nicht gegeben. Die Wurzeln sterben nicht ab. Charakterisiert man den Unterschied zwischen einer Zwiebel und einem Lauch, dann kann man sagen, dass die Zwiebeln abreifen, dagegen verharrt der Lauch in einem jugendlichen Stadium. Die spätere Entwicklung der Kulturformen des Lauchs führte in Westeuropa also weg von den grossen Zwiebeln hin zu den winterharten Sorten mit kräftigen Schäften.

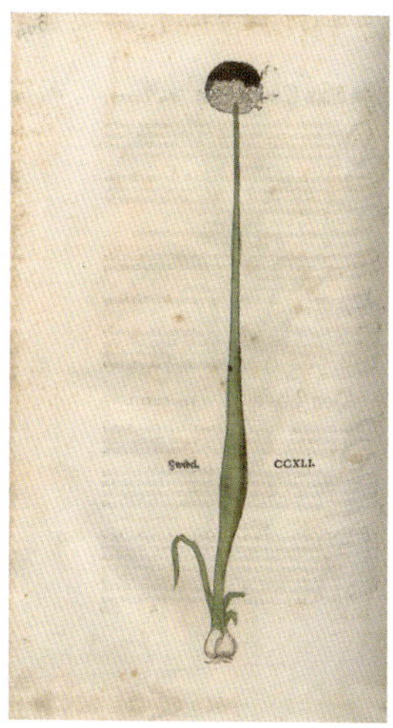

C KNOBLAUCH UND ELEFANTENKNOBLAUCH

Plinius beschrieb zwei Knoblaucharten, die sich in ihrer Vegetationszeit unterscheiden. Die frühe Form kann man nach 60 Tagen ernten *(A. sativum)*, die späte Form bildet grössere Zehen. Es ist möglich, dass es sich bei der zweiten Form um den Elefantenlauch handelt *(A. ampeloprasum)*. Die Griechen nannten ihn Ulpicum oder auch Zypriotischer Knoblauch, er war in Nordafrika beliebt. Knoblauch lässt sich über Zehen vermehren, gelegentlich wurde er gemäss Plinius aber auch aus Samen gewonnen, was beim Elefantenknoblauch möglich ist. Im Iran wird Elefantenknoblauch noch heute gleich nach der Ernte in dünne Scheiben geschnitten, getrocknet und später nach mehrtägigem Einweichen in Joghurt genossen (Musir). Echter Knoblauch wird dort mit Schale nach siebenjähriger Lagerung in gewürztem, verdünntem Essig, als Sírtorchi als Beilage verwendet. Er ist dann schwarz, süss und nicht mehr scharf.[26]

Elefantenknoblauch ist aus der Neuzeit bekannt. So beschrieb Mattioli (1586) den Aberknoblauch oder Elefantenknoblauch (siehe Abb. 14) als einen «zwickdorn», also als Zwischenform von Lauch und Knoblauch. Er wird eher als Kuriosität denn als Gemüse angebaut.

> «Der Elefantenknoblauch hat die Natur und gestallt beyde des Knoblauchs und des Lauchs / daher er auch den Griechischen namen (Scorodoprason) bekommen. Hat auch beyder natur und eygenschafft an sich / ist doch etwas schwächer. Er wechst auff dem Felde / Eckern / und Büheln. Uetzundt pflanzt man ihn auch im Welschland an etlichen orten in den Gärten / zum Spectackel / wider die jenigen / welche dürffen sagen / Scorodoprason sey mehr ein erdicht dann wesentlich ding. Er wirdt gessen wie andere Kochkreutter / vorhin gesotten wie Lauch / und süss gemacht.»

Auch heute noch ist der Elefantenknoblauch eine Rarität. Nb: *Scorodon* = Knoblauch und *prason* = Lauch und *Scorodoprason* = Knoblauch-lauch.

Knoblauch wurde lange vor Plinius angebaut. Einer der frühesten Hinweise ist, wie erwähnt, der getrocknete Knoblauch im Grab von Tutanchamun (Abb. 16). Dodoens (1644) erwähnt einen weissen und einen rötlichen Knoblauch. Die Farbintensität ist abhängig von der Witterung und dem Anbauort. Die Vielfalt hat sich seit den alten Römern kaum geändert.

26 Persönliche Mitteilung von Thomas Gladis.

Abb. 20 Formen- und Farbenvielfalt der Speisezwiebeln. Die Länge der Balken entspricht 10 cm. Die runde Form wird in der Schweiz bevorzugt, der Ertrag ist höher als bei der abgeflachten Form, sie trocknet leichter ab und lässt sich mechanisch leichter reinigen. Nach Benary (1876–1886)

1800 bis 2000

Von den illustrierten Kräuterbüchern machen wir jetzt den Sprung zum Spektrum der Lauchgewächse im 19. und 20. Jahrhundert. Dazwischen hat es keine grossen Änderungen gegeben. Der Samenhandel war international ausgerichtet, Sorten, die in den benachbarten Ländern gezüchtet oder auch nur vermehrt wurden, wurden in der Schweiz angeboten. Im Samenkatalog von Vilmorin (1856) werden 20 Zwiebelsorten beschrieben, dazu kommen weitere 20, die erwähnt werden. Die Samenhändler illustrierten ihre Kataloge gegen Ende des 19. Jahrhunderts mit teils hervorragenden Abbildungen. Ein Höhepunkt in dieser Entwicklung sind die naturalistischen Abbildungen der Erfurter Firma Benary (1876–1888). Sie hat zusätzlich zu ihren Katalogen eine Bildbandreihe herausgegeben. Die folgenden Abbildungen geben einen Überblick über die Formenvielfalt und Farbenvielfalt der Gemüsezwiebeln.

Vilmorin beschreibt nur vier Schalottensorten, deren Vielfalt wird auch später überschaubar bleiben.

Die Schweizer Gemüsezüchter sind im 19. Jahrhundert international nicht nur bekannt für ihre Mangoldzüchtungen, sondern auch für ihre Lauchzüchtungen. So beschrieb Vilmorin 1856 vier Lauchsorten und erwähnt vier weitere. Er führt seine Lauchbeschreibung fälschlicherweise ein mit dem Hinweis auf die Schweiz als Stammland der Wildpflanzen. 1883 korrigiert er dies und vermutet dann den Ursprung im Orient. Rudolf Kull unterscheidet 1876 in seinem Lehrbuch «Der praktische Gemüsebau» drei Haupttypen: «Man kultiviert gewöhnlich den grossen Sommer-, den kurzen dicken und den gelben Poitou Lauch, dessen Blätter schilfartig sind.»

Das Bulletin de société d'horticulture de Genève erwähnt 1890 u.a. Poireaux gros de Rouen, long d'hiver de Pairs, monstrueux de Carentan, gros de Müsselbourg. Die Zahl der Sorten bleibt überschaubar, die Verwandtschaft zwischen den Sorten ist eng.

Das bleibt auch so im 20. Jahrhundert. Dumonthay empfiehlt 1943 für den Sommer und Herbst die Sorten Dufour, syn. Géant de Plainpalais, Dubouchet, d'Elbeuf und für den Winter die Sorten Carentan und Liège. Plainpalais hiess das Gemüseanbaugebiet vor den Toren der Stadt Genf. Elbeuf ist eine Gemeinde in der Normandie.

Der Winterheckezwiebel wurde sporadisch in der Schweiz angebaut, so auch im Engadin (Braun-Blanquet 1951).

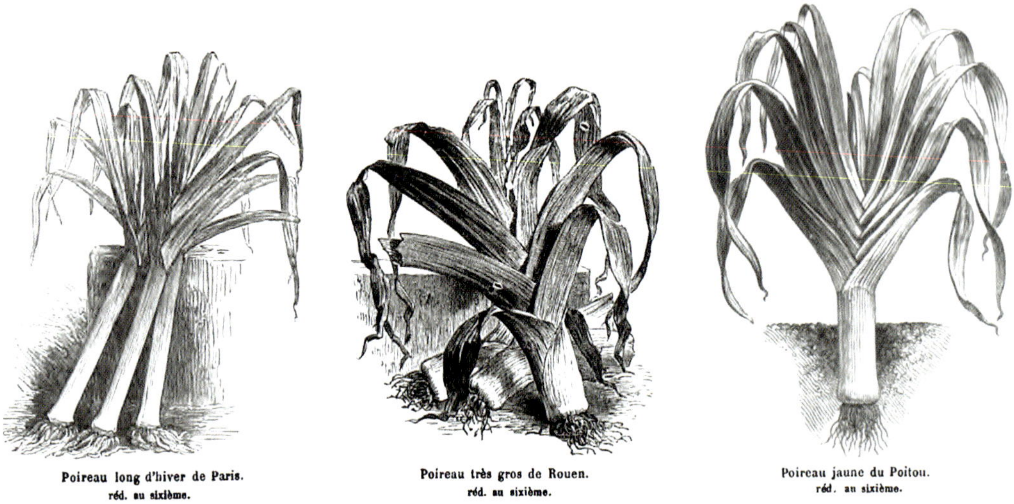

Abb. 21 Die wichtigsten Lauchtypen: langstängeliger Winterlauch, in der Mitte gelber Poitou und rechts ein kurzer, dicker Lauch, Poireau très gros de Rouen. Vilmorin, 1883

Abb. 22 Lauchsorten der Genbank, von links nach rechts: gelber Poitou, Poireau Dubouchet (Grosjean), ZEFA PLUS Thrips. Die Sorte ZEFA PLUS Thrips ist eine Weiterentwicklung aus Dubouchet. Fotos: www.pgrel.admin.ch

Abb. 23 Blühende Lauchparzelle der Sorte Zefa Plus, die Sorte wird in Delley von der DSP erhalten. Die Blütenfarbe spielt bei der Auslese keine Rolle. Rahel Mueller, 2015

Weltkriege

Die Beschaffung von Gemüsesämereien war während der beiden Weltkriege nicht sichergestellt und so wurden im Ersten und im Zweiten Weltkrieg grosse Anstrengungen unternommen, um den Bedarf bei den wichtigsten Kulturarten sicherzustellen. Manche Akzessionen in der Genbank gehen auf diese Anstrengungen zurück.

Die Region des Genfersees ist bekannt für die Züchtung von Gemüse. Die Kohl- und Mangoldsorten der Samenhändler und Züchter wurden weit herum geschätzt. Auch beim Lauch waren die Gemüsegärtner aktiv. In der Genbank sind verschiedene Akzessionen erhalten geblieben, die auf die Arbeit der Samenhändler, die gleichzeitig mit Gärtnern zusammenarbeiteten, zurückzuführen sind. Aus dem Kanton Genf sind es Besson & Decroux, A. Grosjean, E. Beguin, J.-P Dubouchet, Verdonnet und aus Montreux R. Blank. Die Firmen Vatter und Samen Mauser in der Deutschschweiz waren ebenfalls aktiv in der Lauchzüchtung.

Abbildung 31 im ersten Kapitel zeigt ein grosses Feld von J.-P. Dubouchet mit Samenträgern von Lauch. Mehr als zehn Lauchakzessionen der

Genbank gehen auf ihn zurück. Er beteiligte sich 1915 an einem Wettbewerb, bei dem die schönsten Parzellen mit Lauchsamenträgern ausfindig gemacht wurden.

Während des Zweiten Weltkrieges wurden wiederum grosse Anstrengungen unternommen, um die Saatgutversorgung sicherzustellen. Die wichtigsten Zwiebelsorten waren 1941 (Dumonthay 1941): jaune de Savoie (gelbe Savoyer), jaune de Mulhouse (gelbe Mülhausener), rouge foncé du pays (dunkelrote lokale), Yellow Globe (jaune globe, gelbe Kugel). Für die annuelle Sorte Yellow Globe wurde die Direktsaat empfohlen. Als frühe, grün zu nutzende Sorten wurden Oignon blanc hâtif und la Reine et plat de Paris empfohlen.

Die Gemüsesamenproduzenten ernteten 1943 4000 kg Zwiebelsamen der Sorte Jaune de Savoie und 1000 kg Lauchsamen der Sorte Dubouchet und nochmals 1000 kg der Sorte Plainpalais. Auch heute noch werden Gemüsezwiebeln und Lauch in der Schweiz gezüchtet.

Entwicklungen in der Zwiebelzüchtung

Die schweizerischen Zwiebelherkünfte in der Genbank zeichnen sich in erster Linie durch ihre gute Lagerfähigkeit aus. Sie sind rötlich oder gelblich, rund oder abgeflacht. Sie entsprechen dem Rijnsburger-Typ. Der Typ ist benannt nach Rijnsberg, einer Ortschaft, die heute Teil der Gemeinde Katwijk ist. Katwijk liegt in Meeresnähe in der Provinz Südholland. Die Zwiebeln sind kugelförmig, gelb- bis braunrot, fest, scharf und lange haltbar. Die Geschichte dieser Zwiebel geht zurück ins 16. Jahrhundert. Aus dem Rijnsburger sind viele nordwesteuropäische Sorten entstanden (Brewster 2008).

Die Geschichte der Samenproduktion im 19. und 20. Jahrhundert lässt sich exemplarisch darstellen an der Entstehungsgeschichte der Wädenswiler ZEFA-Sorten. Johann Engelhard (1840) verfasste eine statistisch-historisch-topografische Darstellung des Bezirks Murten, in der er die Bedeutung des Zwiebelanbaus und des Verkaufs von Setzlingen und Samen auf den Märkten in Bern und Freiburg beschreibt. Zwiebeln und Gemüse gediehen sehr gut an den Hängen des Höhenzuges zwischen dem Murtensee und dem Neuenburgersee. Im Herbst verkauften die Marktfahrerinnen die Zwiebeln auf den umliegenden Märkten, so auch in Bern, und bezogen ihre Ware in der Regel von den Bäuerinnen in der Umgebung.

> «Im Herbste werden ebenfalls eine unglaubliche Menge Zwiebeln ausgeführt. Es muss auffallen, dass die Wistenlacher ihre Sämereien nicht selbst ziehen, welches doch leicht zu erzwecken wäre, sondern sowohl den Kohlsaamen von Neuenburg und von herumziehenden schwäbischen Saamenhändlern kaufen, als auch die jungen Saatzwiebeln aus der Umgegend.
> Der Gartenbau ist die Hauptbeschäftigung der Weiber, die Kultur des Weinstocks die der Männer. Der Ertrag des Gartens, von einer kräftigen, verständigen Wistenlacherin bearbeitet, ist oft hinlänglich, die Ausgaben der Haushaltung zu bestreiten, den Kaffee anzuschaffen, die Kinder zu kleiden und vor Mangel zu schützen, daher sind auch Gärten und Pflanzplätze in der Nähe der Dorfschaften, besonders im unteren Wistenlach, in sehr hohem Preise. Die ersten Zuckererbsen, Bohnen, Spargel, Zuckerstockkabis usw., die man in Freiburg und Bern isst, kommen gewöhnlich aus dem Wistenlach.»

100 Jahre später verfasst Fritz Schütz einen interessanten, biografisch geprägten Bericht über die Züchtung der Wädenswiler Zwiebeln. Vully (Wistenlach) und Oensingen waren in den 1930er-Jahren für ihre Setzzwiebelzucht bekannt. Die Zwiebeln waren begehrt und ein wichtiger wirtschaftlicher Faktor. 1935 bekam Fritz Schütz vom späteren Direktor von Wädenswil Fritz Kobel (1896–1981) den Auftrag, Saatzwiebeln in Oensingen und Vully zu kaufen, um die beiden Herkünfte züchterisch zu verbessern. Die Vielfalt an Formen sollte vereinheitlicht und die Lagerfähigkeit verbessert werden. Schütz (1973):

> «Das Zuchtziel wurde wie folgt festgelegt: Die zukünftige Speisezwiebel, Selektion Wädenswil, ist auf der Wurzelseite ausgebuchtet (konvex). Die Oberseite ist schön und voll ausgewölbt. Bei gleichem Durchmesser ergibt dies eine wesentliche Gewichtsvermehrung. Ferner soll auf dünnes, früh abreifendes Stroh geachtet werden, da bei dicken, spät abwelkendem Röhrenansatz die Fäulnisgefahr wesentlich höher ist. Schliesslich wurde auf Glattschaligkeit selektiert. Die Schalenfarbe ist mit einem Anflug etwas dunkler als strohgelb. Dazu kam die nicht sichtbare Eigenschaft, nämlich die Lagerfähigkeit. Von beiden Herkünften wurden 50 Einzelauslesen wieder gepflanzt. Die ganze Pflanzung wurde fortlaufend nummeriert. Die Selbstbestäubung geht nicht von selbst. Jeder Blütenkopf wurde vor Fremdbestäubung geschützt, indem er mit einer genügend grossen Cellophantüte eingebunden wurde. Sobald sich einige Griffel zeigten, wurde mittels eines Marderhaarpinsels die künstliche Bestäubung von Hand vollzogen und die Tüte wieder zugebunden. [...]»

Ein Zuchtzyklus bei den Zwiebeln braucht drei Jahre. Aus dem Samen geht im ersten Jahr eine Steckzwiebel hervor, aus dieser im zweiten Jahr eine Gemüsezwiebel und im Jahr darauf blüht diese und liefert Samen. Nach strenger Selektion und nach dem zweiten Zuchtzyklus von drei Jahren gab es bereits zwei Sorten: die Oensingen Selektion Wädenswil und die Vully Selektion Wädenswil. Die fortgesetzte züchterische Bearbeitung führte dazu, dass sich die zwei Sorten praktisch nicht mehr voneinander unterschieden und ab Anfang der 1960er-Jahre als eine Sorte Wädenswil ZEFA weitergeführt wurden.

Die Produktion von Elitesaatgut und Gebrauchssaatgut wurde streng organisiert, um die Qualität zu erhalten. Die Qualität der Wädenswiler Sorte blieb nicht unbemerkt, denn bald tauchte im Ausland produziertes Saatgut auf. Nochmals Schütz: «Aus Holland wurde Saatgut aus Nachbau in Mengen angeboten. Es war daher nötig, um Markenschutz / Namenschutz nachzusuchen. Die Marke + ZEFA + Speisezwiebel Wädenswil, trägt nun die schweizerische Nummer 189731 mit Datum 11.1.1962 und die internationale Nummer 255059 mit Datum 25.4.1962. Die Buchstaben ZEFA stehen für ‹Züchtung der Eidgenössischen Versuchsanstalt› [...].»

Hanspeter Buser von der Abteilung Gemüsebau der Forschungsanstalt Agroscope ergänzte die Ausführungen von Fritz Schütz aus 1973.

«Wie ging es weiter? Das Anliegen der Seeländer Gemüseproduzenten, die Speisezwiebel 'ZEFA Wädenswil' auf rundere Form zu selektieren, wurde 1974 an die Forschungsanstalt herangetragen. Damals wurde geltend gemacht, die Zwiebel eigne sich wegen ihrer flachrunden Form nicht für das mechanische Putzen und damit nicht für den grossflächigen Erwerbsanbau. Dieses Anliegen schien den Verantwortlichen an der Forschungsanstalt Wädenswil gerechtfertigt und bereits im selben Jahr wurden die entsprechenden Schritte eingeleitet und im Zyklus von je 3 Jahren auf eine rundere Form selektiert. Ab etwa 1983 begannen sich die unternommenen Schritte nach und nach auszuwirken. Die beliebte Wädenswiler Zwiebel gibt es heute nach 70 Jahren immer noch – für eine Gemüsesorte eine extrem lange Zeit.»

Im Jahr 1978 startete die Züchtung einer rotschaligen Zwiebel mit der Begründung: «Die meisten gegenwärtig angebotenen roten Zwiebelsorten sind unausgeglichen und wenig unseren Anbauverhältnissen angepasst. Die FAW arbeitet an einer ertragreichen, lagerfähigen Sorte, die sich sowohl über Steckzwiebeln wie in Direktsaat anbauen lässt.»

Heute findet die Erhaltung dieser Sorte und die Produktion des Ausgangs- und Handelssaatgutes bei der Delley Samen und Pflanzen AG (DSP AG) statt. DSP ist ein Entwicklungs- und Dienstleistungsunternehmen der Schweizer Saatgutbranche und gehört den schweizerischen Saatgutproduzenten. DSP wirkt als Bindeglied zwischen Züchtung und Saatgutproduktion. Neben Zefa Wädenswil erhält DSP auch Jaune de

Abb. 24 ZEFA rot, links: ganze Zwiebeln, Mitte Längs- und rechts Querschnitt. Der Querschnitt zeigt, wie viele Knospen (gelb) in der Zwiebel veranlagt sind. Im Idealfall sind das bei der Küchenzwiebel nicht mehr als zwei. Die diesjährigen Blätter erkennt man an der Rotfärbung der Epidermis. Zollinger, 2014

Abb. 25 Zwiebelzopf 1610–1620. Pieter Cornelisz van Rijck. Detail von Abb. 17 im Möhren-Kapitel. Die grössten Zwiebeln sind unten, die kleinsten oben. Die Farbe der Zwiebeln reicht von Weiss über Gelb bis Rot, die Form von rund bis abgeflacht.

Savoie, Rouge de Genève und die Lauchsorte ZEFA Plus.

Ein neues Kapitel der alten Wistenlacher Sorten wurde geschrieben, als Robert Zollinger in Vully um 2010 nach den ursprünglichen alten Sorten suchte (Zollinger 2013). Die neuen Zwiebelsorten eigneten sich nicht mehr für die Herstellung der traditionellen Zöpfe für den Zwiebelmarkt, das Laub war zu brüchig. Zollinger wurde fündig bei Jean-Pierre Vincent. Dieser hatte noch eine Handvoll Samen. Aus den Zwiebeln entstand eine Spezialsorte für Zwiebelzöpfe. Die neue alte Wistenlacher Zwiebel entwickelt ein starkes Blattwerk, das auch nach der Ernte beim Trocknen nicht abfällt, sondern sich leicht zu einem Zwiebelzopf binden lässt. Die Zwiebeln sind so geformt, dass sie sich in die Reihen einfügen, die kleinen zuunterst, die grossen zuoberst. Luftig aufgehängt halten die Zwiebeln im Zopf bis ins Frühjahr. Die Zwiebelform ist wieder flacher und entspricht der Form der ersten Wädenswiler Selektion. Die flache Form fand sich häufiger in trockenen Gegenden, die Runde in feuchteren Anbaugebieten. Die Anfälligkeit bei der Ernte auf Krankheiten ist geringer, wenn das Regenwasser leicht ablaufen kann, und sich nicht in der Mitte an der Basis der absterbenden Blätter sammelt.

Entwicklungen in der Lauchzüchtung

Die Lauchzüchtung an der Forschungsanstalt in Wädenswil hat ihre Anfänge in den 1950er-Jahren, sie ging zu Ende, als in den 1990er-Jahren die neuen Hybridsorten angeboten wurden. Diese hatten den Vorteil, dass sie einheitlicher waren und deswegen weniger Ausschuss lieferten. Wir folgen hier der Darstellung von Fritz Kobel (1982) über die Gemüsezüchtung in Wädenswil. 1967 kam die Sorte ZEFA Plus in den Handel. Ihre Vorgeschichte:

> «Ende der 50iger-Jahre verfügte die Samenfirma Vatter, Bern über wertvolles Zuchtmaterial eines langschaftigen Dubouchet-Lauchtyps Schweizer Riesen, das sie zur weiteren Bearbeitung der Forschungsanstalt Wädenswil (damals FAW) übergab. 1967 war die Züchtung soweit bereinigt, dass sie der Firma Vatter käuflich abgetreten werden konnte.
> Beschreibung: 30 bis 40 cm lange, kräftige Schäfte; blaugrüne, ziemlich schmale Blätter mit aufrechter Stellung, dadurch geringer Platzbedarf und gute Bearbeitbarkeit des Bodens. Für Herbstanbau vorgesehen; Winterfestigkeit gering. Dank des langen Schaftes für die Vermarktung auf Foodtainern besonders geeignet.»

In den 1990er-Jahren ging es bei ZEFA Plus in erster Linie um die Selektion von Pflanzen mit dicken Schäften, weil sie ertragreicher sind als jene mit langen, dünneren Schäften (Zollinger 2009). Zuchtziel in den 1990er-Jahren war: Widerstandsfähigkeit gegen den tierischen Schädling *Thrips tabaci*. Thrips *(Thrips tabaci)* ist ein kleines Insekt aus der Gruppe der Blasenfüssler, das an den Blättern Saugschäden verursachen kann. Die Blattoberseite erscheint an den Einstichstellen weiss punktiert. Nach der Grundlagenforschung, Untersuchung zahlreicher Herkünfte und Einkreuzung von widerstandsfähigen Wildtypen folgten mehrere Jahre mit Selektionsarbeiten. Dann musste das Projekt leider abgebrochen werden. Das Zuchtprogramm wurde eingestellt, das Zuchtmaterial eingelagert.

Einige offen abblühende Akzessionen aus dem Zuchtprogramm der Eidgenössischen Forschungsanstalt Wädenswil (heute Forschungsanstalt Agroscope Changins-Wädenswil ACW) oder solche, die noch im Samenhandel sind und züchterisch bearbeitet werden, waren den besten Hybridzüchtungen in Bezug auf den Ertrag fast ebenbürtig. Aktuell wird wieder Saatgut von ZEFA Plus produziert.

Die Sorten der Genbank

In der schweizerischen Genbank werden 23 Sorten bzw. Herkünfte der Gemüsezwiebel erhalten, dazu 7 Schalottensorten. Zu dieser Gruppe gehören sowohl die runden Kartoffelzwiebeln (*A. cepa* var. *aggregatum*) als auch die elliptischen Schalotten (*A. cepa* var. *ascalonicum*). Beim Lauch sind es 29 Sorten bzw. Herkünfte. In der Samenbank finden sich keine einheimischen Muster von Knoblauch, von Winterheckenzwiebel, von Schnittlauch und von Elefantenknoblauch.

Küchenzwiebel

Die schweizerischen Herkünfte haben einen starken Bezug zum benachbarten Savoyen und zum benachbarten Baden-Württemberg und Elsass. Die Zwiebelzüchter und Händler aus der Gegend von Vully (Wistenlach, FR) und Oensingen (SO) produzierten das Saatgut für ihre Saatzwiebeln selbst, sie bezogen aber auch Samen aus dem benachbarten Elsass. Das Gleiche gilt für die Genferseeregion, hier standen die Produzenten in Kontakt mit dem benachbarten Savoyen. Die Zwiebelzüchtung an der Forschungsanstalt Wädenswil bereicherte ab 1943 das schweizerische Sortiment.

Schalotten

Die Schalotte, manchmal auch Kartoffelzwiebel genannt, ist eine Varietät der Speisezwiebel. Robert Zollinger (2014) beschreibt die Schalotten als echte Spezialität mit einem feineren, weniger scharfen, eher süsslichen und würzigeren Aroma als die meisten Speisezwiebelsorten. In der schweizerischen Genbank befinden sich 7 Muster, die vegetativ vermehrt werden, darunter die Sorte Milrac, die gut abschneidet. Sie ist eine Zuchtsorte der Forschungsanstalt in Changins. In der Genbank sind auch Handelssorten eingelagert, von denen man annimmt, dass sie in absehbarer Zeit nicht mehr angeboten werden. Die Handelssorten Longor und Winterschalotte Longor schneiden deutlich besser ab als die lokalen Sorten. Durch eine gezielte Auslese bei der Erhaltung der Sorten kann sich die Qualität dieser lokalen Sorten aber verbessern.

Lauch, Porree

Samenproduzenten, die Samenhändler beliefern, machen bei der Auswahl der Samenträger automatisch eine Selektion. Dabei können sich mehrere Formen oder Linien ausbilden. So gibt es in der Genbank mehrere Akzessionen der Sorte Dubouchet.

Brittain (1988)[27] unterscheidet für Europa 8 Typen. Die Vielfalt reicht von Sorten mit sehr langen Scheinstängeln mit blassgrünen bis grünen Blättern und kaum frosthart bis zu den winterfesten, kurzstängeligen, dicken Sorten mit blaugrünem Laub und Neigung zur Zwiebelbildung. Das Schweizer Lauchsortiment enthält drei Typen, die sich bereits in den Katalogen des 19. Jahrhunderts finden. Es sind:

- Sommerlauch mit langen Schäften, grünem bis hellgrünem Laub und geringer Winterhärte, Poireau long, Ernte: Juni–September
- Herbstlauch mit gedrungenen Schäften, tiefgrünem Laub und mittlerer Winterhärte, gelber Poitou, Ernte: November–April (siehe Abb. 22)
- Winterlauch mit kurzen Schäften, blaugrünem Laub und hoher Winterhärte, Rouen, Ernte: November–April

27 Zitiert nach Brewster, 2008.

III **KNÖTERICHGEWÄCHSE**

Junge Buchweizenpflanzen *(Fagopyrum esculentum)*. Dank seiner Schnellwüchsigkeit unterdrückt Buchweizen sämtliche Unkräuter.

Blühender Buchweizen. Der Buchweizen blüht unermüdlich, die einzelnen Blüten sind nach einem Tag verblüht, es kommen aber immer welche nach.

Die Gattung Buchweizen *(Fagopyrum)* gehört zur Familie Knöterichgewächse (Polygonaceae). Bekannte wild wachsende Arten sind Ampfer (*Rumex* sp.), Vogelknöterich *(Polygonum aviculare)* und der kultivierte Rhabarber *(Rheum rhabarbarum)*. Die Knöterichgewächse haben als auffallendes namengebendes Merkmal die knotige Gliederung der Stängel. Die Knoten sind die Ansatzstellen der Blätter. In der Regel bilden die Knöterichgewächse am Blattstielgrund eine häutige, stängelumfassende Gestalt, die sogenannte Ochrea, aus. Es gibt zwei Arten von Buchweizen: den Gewöhnlichen oder Echten Buchweizen *(F. esculentum)* und den Tatarischen Buchweizen *(F. tataricum)*, auch als Falscher oder Grüner Buchweizen genannt. Die Landwirte haben eine ausgeprägte Vorliebe für den Gewöhnlichen Buchweizen und bauen überwiegend diesen an. Der Tatarische Buchweizen wurde dort kultiviert, wo der kälteempfindlichere Gewöhnliche Buchweizen nicht mehr angebaut werden konnte. Wie sieht der Gewöhnliche Buchweizen aus?

Abb. 1 Die Familie Knöterichgewächse hat als auffallendstes Merkmal die klare Gliederung des Stängels durch Hervorhebung der Knoten – die Blattansätze. Links: Stängelstück des Gewöhnlichen Buchweizens; rechts: Stängelabschnitt des Ampferblättrigen Knöterichs *(Polygonum lapathifolium)*.

Buchweizen – anspruchslos

Der Buchweizen *(Fagopyrum esculentum)* ist bekannt als körnerliefernde Kulturpflanze. Der lateinische Name ist die Übersetzung von Buche = *fagus* und Weizen = *pyros*. *Esculentus* heisst «essbar» (Genaust 1983). Die dreikantigen Samen sehen aus wie Bucheckern, aus den Samen lässt sich Mehl herstellen. Etwas abschätzig wird er als Pseudocerealie (unechtes Getreide) bezeichnet. Buchweizensamen sind stärkereich, relativ gross und können wie Getreide verarbeitet werden. Buchweizen wird als Diätpflanze empfohlen, er enthält kein Gluten und kann anstelle von Weizen, Gerste oder Roggen zur Herstellung von Brot und Gebäck verwendet werden. Die Pflanze ist bekannt dafür, dass sie fototoxisch sein kann. Die grünen Teile und die Fruchtschale enthalten den Wirkstoff Fagopyrin, was vor allem bei Haustieren, wenn sie reichlich davon essen, unter Einfluss von Licht zu Hautausschlägen bzw. zu einer Art Sonnenbrand (Buchweizenkrankheit) führen kann. Buchweizenpflanzen sind relativ anspruchslos – mit Aufkommen der Kunstdüngerwirtschaft spielte das jedoch nur noch eine untergeordnete Rolle – und besitzen eine kurze Vegetationsdauer, was sie für den Anbau als Zweitfrucht nach Wintergetreide oder Raps prädestinierte. Letzteres war insbesondere im 18. und 19. Jahrhundert wichtig zur Sicherung der Nahrungsgrundlagen. Ausserdem ist der Buchweizen eine ausgezeichnete Bienenpflanze und somit wirtschaftlich wichtig für Imker.

Gewöhnlicher Buchweizen

Wie bei der Erbse sind die Reservestoffe in den Keimblättern gespeichert. Die Keimblätter des gekeimten Buchweizens sind auffallend gross, sie erinnern an die Keimblätter von Buchweizensämlingen. Die nachfolgenden helleren Blätter haben leicht pfeilförmige Spreiten. Die Wurzeln sind faserig und bilden auffallend lange, 3–5 mm lange Wurzelhaare (Lustenberger 1977).

Die Blüte setzt früh ein, schon bei einer Höhe von 40 cm fängt die Pflanze an zu blühen. Sie bildet ständig neue Blüten und kann schliesslich 80–150 cm hoch werden. In den Randlagen setzt Nachtfrost dem Wachstum ein Ende. Von der Saat im letzten Maidrittel bis zur Blüte verstreichen nur 30 Tage (Enggist 2014). Buchweizen ist eine hervorragende Bienenpflanze, er blüht immerfort und das gerade in den Monaten, in denen es für Bienen wenig nektarspendende Pflanzen gibt. Umgekehrt ist der Buchweizen auch auf die Bienen angewiesen, fehlen die Bienen, bleiben die Früchtchen leer.

Die Blüte kommt ohne Kelchblätter aus. Dafür findet sich ein einfacher Kreis mit fünf Blütenblättern, die an der Basis zunächst kelchartig grün sind, sich aber bald in blütenhaftes Weiss oder Rosa verwandeln. Darauf folgen zwei Kreise mit Staubblättern, wovon der äussere Kreis 5 und der innere 3 Staubblätter zählt. Die Blühdauer einer Blüte beträgt einen Tag. Die Blüten öffnen sich am Morgen, die Bienen besuchen die Blüten zwischen 9 und 12 Uhr und sammeln Nektar und Blütenstaub. Acht goldfarbene Nektardrüsen befinden sich an der Basis der Staubblätter. Buchweizenhonig ist dunkelbraun und hat einen kräftigen, unverwechselbaren Geschmack.

Der Gewöhnliche Buchweizen kennt zwei Blütentypen. Der langgriffelige Typ hat Blüten mit Griffeln, die länger als die Staubblätter sind, der kurzgriffelige Typ hat Blüten, bei denen die Griffel deutlich kürzer als die umringenden Staubblätter sind. Die Pflanzen sind selbst inkompatibel, es gibt keine Selbstbefruchtung. Dazu kommt, dass alle Pflanzen mit kurzgriffeligen Blüten untereinander unfruchtbar sind. Das Gleiche gilt für Pflanzen mit langgriffeligen Blüten. Nur lang- und kurzgriffelige Pflanzen können sich gegenseitig befruchten (Onishi 1999).

An der Basis der dreieckigen Früchte finden sich die Reste der Blütenblätter. Die Fruchtschale setzt sich aus drei miteinander verwachsenen Fruchtblättern zusammen, dementsprechend finden wir 3 Griffel pro Fruchtknoten. Die Frucht, eine Nussfrucht, ist einsamig. Die 6,5 mm grossen Früchte sind in der Regel kantig, was sie wie Bucheckern aussehen lässt. Die Oberfläche der Schalen ist glatt, einfarbig oder gemasert. Das Tausendkorngewicht liegt bei 25g (Peratoner 2014). Die Farbe der Fruchtschale variiert von Grau (Silber) über Graumarmoriert bis zu Dunkelbraun-Schwarz. Die kantigen Früchte können in Westeuropa geflügelt oder ungeflügelt sein. Eine sehr beliebte ungeflügelte Form mit kleinen hell gefärbten Nüsschen war der Silbergraue oder Schottische Buchweizen. Die geflügelte Form, die gemäss Prjanischnikow mehr im Osten angebaut und bei Pedrussio (1955) Schlesischer Buchweizen genannt wurde, lässt sich leichter schälen und hat wegen der geflügelten Ränder ein tieferes Hektolitergewicht.

Der Buchweizen ist blattreich und braucht deswegen bis zur Blüte ausreichend Niederschlag. Zum Reifen benötigt er trockenes Wetter. Das Dreschen und anschliessende Nachtrocknen sind die grössten Herausforderungen bei der Ernte. Solange die Pflanzen noch Feuchtigkeit enthalten, wird diese Feuchtigkeit beim Dreschen aus den Stängeln und Blättern gepresst und auf die bereits trockenen Körner übertragen. Das Erntegut soll sofort nach dem Dreschen nachgetrocknet werden. Feuchter Buchweizen verschimmelt schneller als feuchtes Getreide.

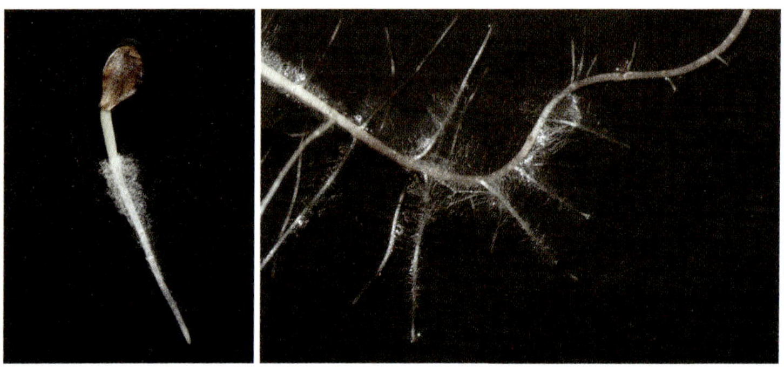

Abb. 2 Keimender Buchweizensamen links und Wurzelhaargeflecht rechts. Die Übergangsstelle von der Wurzel zur Sprossachse lässt sich klar an den Wurzelhaaren erkennen. Wurzelhaare entspringen der Wurzel und nicht der Sprossachse. Wie Pilzfäden erkunden die Wurzelhaare die Umgebung.

Abb. 3 Keimpflanzen des Buchweizens. Die rundlichen, etwas dunkleren und festeren Keimblätter unterscheiden sich von den helleren nachkommenden Blättern.

Abb. 4 Echter Buchweizen mit Blütenknospen, Blüten und jungen Früchten. Die Griffel der hier gezeigten Blüten sind kürzer als die Staubblätter.

Abb. 5 Echter Buchweizen mit langgriffeligen Blüten. Die Mitglieder der Familie Knöterichgewächse bilden keinen eigentlichen Kelch aus. Die Blütenblätter erfüllen die Aufgabe der Kelch- und der Kronblätter.

Abb. 6 Buchweizenfrüchte *(F. esculentum)*, Formenvielfalt im Puschlav, 1997. Die Farbe variiert zwischen Dunkelbraun- und Graumarmoriert. Der silbergraue Schottische oder Sibirische Buchweizen hat abgerundete Kanten, der dunkle oder braune Schlesische Buchweizen hat geflügelte Kanten. Die Form erinnert an Bucheckern. Die Früchte sind bis zu 6 mm lang.

Abb. 7 Ernte eines Parzellenversuches: schneiden, 4–5 Tage liegen lassen, 1- bis 2-mal wenden und dann erst dreschen. Foto: Andrea Enggist, 2014

Abb. 8 Die Unterschiede zwischen dem Gewöhnlichen (links im Bild, blühend) und dem Tatarischen Buchweizen (rechts im Bild) sind gross. Die Blätter des Gewöhnlichen Buchweizens sind 2- bis 3-mal kleiner und der Blühimpuls kommt wesentlich früher. Der Tatarische Buchweizen wird gelegentlich als Deckfrucht bei Wieseneinsaaten oder als Gründüngung verwendet.

Abb. 9 Blütenzweig des Tatarischen Buchweizens. Die Blüten sind kleiner, die Blütenblätter schmaler, kürzer. Die Frucht ist schmaler, länglicher als jene des Gewöhnlichen Buchweizens.

Tatarischer Buchweizen

Die Samen des Tatarischen Buchweizens keimen sehr ungleichmässig. Der unterschiedlich ausgeprägte Keimverzug der Samen einer Pflanze ist ein ursprüngliches Merkmal und zeigt, dass die Pflanze noch nicht gänzlich zur Kulturpflanze geworden ist. Der Tatarische Buchweizen ist vegetativer, üppiger und blüht und reift später. Die Blüte ist unauffällig, da die Blütenblätter grünlich bleiben. Der Anteil an Selbstbefruchtung ist beim Tatarischen Buchweizen höher als beim Gewöhnlichen Buchweizen, Insekten besuchen die Blüten kaum.

Die Stängel sind auch bei der Ernte noch grün. Die Samen sind etwas kleiner (4–6 mm). Die Kanten der Fruchthülle sind nicht ausgeprägt, sie sind leicht wellig, die Ähnlichkeit mit Bucheckern ist gering. In einem Vergleichsanbau des Landwirtschaftlichen Versuchszentrums Laimburg (I) reifte die einzige Herkunft eines Tatarischen Buchweizens zehn Tage später als sämtliche Herkünfte des Gewöhnlichen Buchweizens. Ertrag und Tausendkorngewicht waren am niedrigsten. Die Fruchtschale ist dicker und umschliesst das Korn fester, somit ist der Schalenanteil am höchsten.

Geschichte des Buchweizens

Die beiden Buchweizenarten sind diploid. Das bedeutet, dass beide direkt aus Wildformen hervorgegangen sind. Heute geht man davon aus, dass der Gewöhnliche Buchweizen (*F. esculentum* subsp. *esculentum*) im Osten Tibets aus der Wildform *F. esculentum* subsp. *ancestralis* hervorgegangen ist. Die Verbreitung nach Japan, Indien, Westasien und Europa ging von Ostchina aus. Die wilde Verwandte des Tatarischen Buchweizens ist *F. tataricum* subsp. *potani* (De Klerk 2015). Die Wildformen des Buchweizens wachsen in steilen, felsigen Gegenden auf unfruchtbaren Böden. Die Anspruchslosigkeit des Buchweizens als Kulturpflanze lässt sich mit dieser Herkunft verstehen.

Ohnishi ging beim Tatarischen Buchweizen zunächst davon aus, dass er im Nordwesten Sichuans in China in Kultur genommen wurde. Es verdichten sich jedoch die Hinweise, dass der Tatarische Buchweizen allenfalls in Zentraltibet entstanden sein könnte. Natürliche Populationen der Wildpflanze finden sich u. a. in Zentraltibet, in Osttibet und im angrenzenden Sichuan. Das gesamte Areal reicht vom Süden Chinas über den Himalaja bis zum Nordosten Pakistans (Onischi 1998a, 1998b).

Von der Prähistorie bis in die Neuzeit

Der Anbau von Buchweizen in Westeuropa ist für das Hochmittelalter, das Spätmittelalter bis in unsere Zeit mit Funden belegt. Im Hochmittelalter, das von der Mitte des 11. bis zur Mitte des 13. Jahrhunderts dauerte, war der Buchweizen in einigen

Abb. 10 Links: reife, gefüllte und nicht gefüllte Früchte des Tatarischen Buchweizens. Rechts: gefüllte und nicht gefüllte Früchte einer speziellen Form des Tatarischen Buchweizens, var. *emarginatum*, gefunden in einem Samenmuster von Brusio im Puschlav aus 1965. Länge bis 6,5 mm.

Regionen wie Tschechien eine wichtige Kulturpflanze. In der Umgebung der mittelalterlichen Städte wie Prag, Most, Pilsen und Chrudim war er eine bekannte und beliebte Kulturpflanze, deren Anbau im Spätmittelalter noch zunahm (Jankovská 2012). In Frankreich, Belgien, Holland und Deutschland gibt es zahlreiche Funde aus der Zeit auch vor 1300; ab 1400 steigt die Zahl der Funde stark an.

Die erste schriftliche Erwähnung des Buchweizens in Westeuropa stammt aus dem Jahr 1305 und findet sich im Inventar von Gillis Berthout, Herr von Mechelen, aus Itegem in Belgien (Croenen 2006). Das Inventar listet Güter auf, darunter auch «orscoren ende heidecoren». Mit «orscoren» ist Hafer gemeint, mit «heidecoren» Buchweizen. Heidekorn ist der ursprüngliche Name für Buchweizen.

Die erste bekannte schriftliche Erwähnung aus dem der Schweiz benachbarten Tirol stammt aus dem Jahr 1406. Otto Stolz (1930): «Hingegen findet sich im Gesamturbar von 1406 Fol. 142', für Eppan ein Zins in ‹haidnischen waiczen›.»

Aus der Nennung des Buchweizens als zinspflichtiger Kultur geht hervor, dass er bereits vor dieser Zeit eine wichtige Kultur war. Die Ortschaft Eppan liegt einige Kilometer südwestlich von Bozen auf 415 m ü. M. In der Schweiz wurde Buchweizen gegen Ende des Mittelalters zu einer wichtigen Kulturpflanze. Eine frühe Abbildung findet sich bei Leonhart Fuchs, sie entstand zwischen 1543 und 1548. Der Buchweizen ist auch als Herbarexemplar von Felix Platter (1536–1614) überliefert.

In der Schweiz gibt es in den Floren aus dem 18. Jahrhundert zahlreiche Belege für den Anbau von Buchweizen. Einer der ersten ausführlicheren Berichte findet sich in den «Abhandlungen und Beobachtungen durch die oekonomische Gesellschaft zu Bern gesammelt», verfasst von Johann Rudolf Tschiffeli (1764). Der Bericht belegt den Anbau im Bernbiet. Im deutschsprachigen Bernbiet wurde der Buchweizen meistens als Hauptfrucht angebaut, in den französischsprachigen Regionen als Zweitfrucht. Die Aussaatzeit als Hauptfrucht lag zwischen 20. Mai und Mitte Juni. Tschiffeli (1764) empfiehlt, den Buchweizen in grünem Zustand als Gründüngung und in der Blüte als milchiges Viehfutter zu schneiden. In guten Jahren kann die 30- bis 40-fache Menge des Saatgutes geerntet werden und somit in finanzieller Hinsicht mithalten mit einer guten Weizenernte.

Johann Rudolf Steinmüller (1804) erwähnt den Buchweizen als Zweitfrucht für das St. Galler Rheintal. «In den erhöhten Dorffeldern von Wartau wird auch sehr viel Heydekorn gepflanzt, und es gedeiht weit besser in diesem, als im Riedboden. Es giebt Jahrgänge, wie z.B. der Ao. 1802, dass die zweyte Ernde so einträglich ist als die erste, nur muss man in denjenigen Getreideäckern, die man nach der Ernde noch mit Heydekorn ansäen will, noch vorher aufs neue düngen [...] In den übrigen Gemeinden wird wenig gepflanzt.»

Bedeutende Anbauregionen um 1800 waren auch das Rheintal von Sargans aufwärts bis Tamins. Hier wurde der Buchweizen als Zweitfrucht angebaut, bis Ilanz gelegentlich als Hauptfrucht. Weitere wichtige Anbaugebiete waren Tessin, Misox und Puschlav (Lustenberger 1975). 1975 gab es jedoch nur noch im Puschlav etwas Buchweizenanbau, in den anderen Regionen der Schweiz nicht mehr.

Abb. 11 Buchweizen, blühend und fruchtend, von Leonhart Fuchs, gemalt 1543–1548. © ÖNB Wien: Codex 11119, 339

Erysimon Cereale. Heydenkorn.

Tatarischer Buchweizen, der Grenzgänger

Der Tatarische Buchweizen erreichte Deutschland später als der Gewöhnliche Buchweizen. Gemäss Lehmann (zitiert nach Körber-Grohne) sei er zuerst 1733 als Gartenpflanze in Memmingen gezogen worden. Nicht viel später fand der Tatarische Buchweizen den Weg in die Schweiz. Ohnishi (1993) geht davon aus, dass der Tatarische Buchweizen in kleinen Mengen mit dem Saatgut des Gewöhnlichen Buchweizens über die Seidenstrasse nach Europa gelangte.

Christian Hartmann Marin (1808) führte zwischen 1805 und 1806 Versuche mit Tatarischem Buchweizen durch.

> «Von dem türkischen Buchweizen, der nach mehreren Beschreibungen der tartarische (Polygonum tartaricum) ist, säete ich 1805 1 Loth 9. Mass, und erntete davon 41 Loth. Den 9. August war schon vieler reif. [...] Man muss ihn etwas dünner säen als den gewöhnlichen, in Rücksicht des Erdreichs scheint er das nämliche wie letztere zu erfordern und auch mit leichtem Grund vorlieb zu nehmen. Seine Blüthen erscheinen nicht alle zu gleicher Zeit, sondern treiben unten früher als oben, daher wird auch die Frucht ungleich reif, und man muss die Ernte dann vornehmen, wann das meiste reif ist. Das unreife behält eine hellere Farbe, von dem zuerst gereiften hingegen fällt vieles ab, bevor man ernten kann, daher kann sich dieser Buchweizen etliche Jahre, ohne neu-angesäet zu werden, fortpflanzen. [...]»

Der Tatarische Buchweizen wurde auch im Bündner Oberland versuchsweise angebaut, denn Pater Karl Hager (1916) fand ihn in der Begleitflora der Äcker und interpretierte seinen Fund: «Als Zeiger einer erloschenen Kulturpflanze im zentralen Teil des Bündner Oberlandes dürften wir ebenso das F. tataricum halten, das in den Äckern dieser Zone als gefürchtetes Unkraut sich erhalten hat.» Im Puschlav waren sowohl der Tatarische als auch der Gewöhnliche Buchweizen akzeptiert, wie wir den Angaben von Heinrich Brockmann-Jerosch (1907) entnehmen können:

«Im Puschlav konnten die Bewohner von Brusio den Buchweizen (F. esculentum) noch als zweite Frucht in August säen, die Bewohner von Cavajone und Viano mussten sich zufrieden geben den Buchweizen als einzige Frucht am Ende des Jahres ernten zu können. [...] Die Früchte dienen zur Herstellung fetter Mehlspeisen (Vorsicht!) und einer Art Polenta [...]. F. tataricum (L.) Gaertn. – [...]; in höheren Zonen, so in Viano und Cavajone [...]»

Brockmann-Jerosch bestätigt den Anbau des silbergrauen Schottischen Buchweizens, hier Zibaria oder Ziberia genannt, für Viano und Cavajone. Aus Zibaria wurde auch polenta nera hergestellt.

Peter Züblin, Agronom und Berater für die biologisch-dynamische Wirtschaftsweise, sammelte Kulturpflanzen. Nach seinem Tod im Mai 2005 fand ich in seinem Nachlass ein Muster von Buchweizen aus Brusio aus der Zeit um 1965. Das Muster erhält mehrheitlich die Varietät Ziberia.

Abb. 12 Geschälter Buchweizen mit ein paar ungeschälten, geflügelten Früchten

Abb. 13 Buchweizengemisch von Brusio aus dem Jahr 1965

Abb. 14 Buchweizenmehl, polenta nera. Schwarz sind die Bruchstücke der Fruchtschale.

Polenta nera

Der Name «polenta nera» setzt sich zusammen aus *polenta*, was so viel heisst wie «gemahlenes Getreide/Griess», und *nera* = schwarz. Die Buchweizenfrüchte lassen sich nicht einfach schälen. Es braucht spezielle Schälvorrichtungen, die die Fruchtschalen säuberlich vom Korn trennen, ohne die Schale und die Körner zu brechen. Die einfachste Verarbeitung ist, dass man die Körner schrotet, die Samenschalen absiebt und das Schrot weiter vermahlt. Dabei bleiben immer Bruchstücke der Fruchtschale zurück. Diese Bruchstücke sind schwarz (die silberschaligen Fruchtwände sind nur aussen hell, inwendig sind sie schwarz). So enthält Buchweizenmehl immer (falls die Reinigung nicht optimal ist) schwarze Pünktchen. Ohne diese Pünktchen verdient Buchweizenmehl nicht den Namen *polenta nera*.

Die Sammlung der Genbank

Zu der Zeit, als der Buchweizen in der Schweiz am Verschwinden war, gab es keine Anstrengungen, die alten Sorten zu erhalten. Es gibt drei spät gesammelte Herkünfte in der Genbank: Hagenwil im Thurgau (2013); Brusio (2014) und Viano (2015), beide im Puschlav. Das Saatgut stammt von ProSpecieRara. ProSpecieRara erhielt 1993 die Sorte Hagenwil, 2003 die Sorte aus Brusio und 2009 jene aus Viano.

Neue Sorten mit verkürzter Blühdauer

Die Buchweizenzüchtung hat bei der Blühdauer in den letzten Jahren grosse Fortschritte gemacht. Es kommen vermehrt Sorten auf den Markt, die die Blühphase schneller abschliessen und so einheitlicher abreifen. Gibt es allerdings während der Reifezeit nochmals eine Regenperiode, dann kann das Wachstum erneut angeregt werden, wodurch sich die Blühdauer verlängert. Eine hundertprozentige Determinanz der Blühdauer ist noch nicht erreicht.

Abb. 15 Blütenzweig der Sorte Temp. Diese Sorte gehört zu einer neuen Generation, bei der die Blühdauer eingeschränkt ist.

IV SCHMETTERLINGSBLÜTLER – HÜLSENFRÜCHTE – LEGUMINOSEN – FABACEAE

Blühende Erbsen *(Pisum sativum),* die Blüten treten in der Regel zu zweit auf. Das oberste Kronblatt, das die anderen Blütenblätter wie ein Dächlein überragt, nennt man Fahne, die 2 seitlich orientierten Kronblätter sind die Flügel.

Stängelblatt mit Nebenblättern (graugrün), Fiederblättchen (gelbgrün) und Fiederranken

Die Namen Schmetterlingsblütler, Hülsenfrüchte, Leguminosen und Fabaceae betonen jeweils einen Aspekt dieser ausserordentlich wichtigen Familien. Die Blüten sehen aus wie ein Schmetterling, die jungen grünen Hülsen können als Gemüse gegessen werden. *Legumen* heisst im Lateinischen «Gemüse». Die Ackerbohne *(Vicia faba)*, die Familie ist nach der Ackerbohne benannt worden, bildet grosse Samen. *Faba* bedeutet im Lateinischen «Bohne». Die Ackerbohne rechnet man zu den Körnerleguminosen mit Betonung auf Körner.

Die Familie Fabaceae erfüllt eine bedeutende Aufgabe für die gesamte Vegetation. Fabaceae können mithilfe von stickstofffixierenden Bakterien (Rhizobien) Stickstoff im Boden anreichern, die Pflanzen profitieren selbst von ihrer Symbiose mit den Rhizobien. Diese Rhizobien befinden sich in Wurzelknöllchen, die sich bald nach der Keimung bilden. Der beim Abbau abgestorbener Pflanzenteile entstehende Stickstoff steht anschliessend anderen Pflanzenarten zur Verfügung. Diese bodenverbessernde Fähigkeit muss bereits den ersten Bauern aufgefallen sein. In älteren Schriften wird regelmässig auf die positive Wirkung der Bohnengewächse auf die nachfolgende Kultur hingewiesen. Dank den Rhizobien erhalten die Samen der Ackerbohne zwischen 20 und 30 % Eiweiss. Das Getreidekorn enthält 8–16 % Eiweiss.

Erbse und Ackerbohne

Die Erbse *(Pisum sativum)* gehört mit Lein, Gerste, Einkorn und Emmer zu den allerersten Kulturpflanzen. Die Ackerbohne *(Vicia faba)* ist später dazugekommen, die Gartenbohne *(Phaseolus vulgaris)* kam aus Amerika. Die Erbse hat ihre Bedeutung für die menschliche Ernährung bis heute nicht eingebüsst. Von der Ackerbohne lässt sich das nicht sagen, sie ist in der Neuzeit verdrängt worden von den Garten- und Stangenbohnen. Mit ihnen hat die Verwendung der Hülsen als Gemüse zugenommen, die Nutzung der Samen hat generell abgenommen.

Die Ackerbohne braucht mehr Verdauungskräfte, sättigt dann aber mehr als Erbsen und Gartenbohnen. Ackerbohnengerichte und schwere körperliche Arbeit gehören zusammen. Die Erbse erlangte als grüne, süsse, kleine noch unreife Erbse Kultstatus unter der Elite in Frankreich. Während die Ackerbohne der Proletarier ist, ist die kleine grüne Erbse die Prinzessin. Die Gartenbohne wäre, um den Vergleich fortzusetzen, gutbürgerlich. Klar, auch die Erbse hat das Potenzial für nahrhafte Speisen, wenn wir an Erbsensuppe und Erbsenmuss denken.

Die Erbse rankt sich hoch, die Ackerbohne steht für sich, die Gartenbohne windet sich hoch. Die Keimblätter der Erbse und der Ackerbohne bleiben nach der Keimung in der Erde, die Keimung verläuft hypogäisch. Im Gegensatz dazu erscheinen die Keimblätter der Gartenbohne über der Erde, ergrünen und nehmen ihre Aufgabe als Assimilationsorgan war, die Keimung ist epigäisch.

Der Vergleich von Ackerbohne und Erbse kann uns das Charakteristische der beiden bewusst machen. Schauen wir die Blätter der Erbse an, dann folgen auf die runden, unförmigen Keimblätter zwei schuppenartige Primärblätter (ohne Fiederblattspreiten) und daran anschliessend die ersten Stängelblätter mit Blattfiedern. Die Zahl der Blattfiedern steigert sich von Blatt zu Blatt, gleichzeitig bilden sich immer kräftigere Blattranken. Bei der Ackerbohne verläuft die Entwicklung ähnlich, mit dem Unterschied, dass die Rankenbildung unterbleibt. Ein kleiner Fortsatz der Mittelrippe weist noch auf eine ursprüngliche Rankenbildung hin. Die Stängelblätter sind kräftig, leicht fleischig.

Der Erbsenkeimling wächst gerade hinauf. Dieses Aufrechte hat auch die Ackerbohne und hält es aber zeitlebens bei; sie bildet einen kräftigen Stängel, der keine Stütze braucht.

Die Ackerbohne hat die ersten Blüten bereits am 4. oder 5. Stängelknoten. Der Blühimpuls kommt bei der Ackerbohne also deutlich früher als bei der Erbse, die die ersten Blüten frühestens am 7. Knoten bildet. Bei der Erbse hängen die reifen Hülsen, bei der Ackerbohne stehen sie aufrecht.

Fassen wir diese Beobachtungen zusammen, dann können wir sagen, dass die Ackerbohne die Keimlingsgestalt der Erbse beibehält und diese kräftiger ausgestaltet. Der Blühimpuls greift früh ein. Bei den Erbsen erinnert die Gestalt der Blattranken an einen Stängel ohne Blätter. Die Ranken wachsen an der Spitze. Die Spitze führt beim Wachsen kreisende Bewegungen aus. Stängelartiges tritt am Fiederblatt auf. Dafür verliert der Stängel der Erbse an Aufrichtekraft und Standfestigkeit.

A ERBSEN – RANKEND

Die vielen Erbsensorten, Suppenerbsen, Zuckererbsen, Kefen, wie wir sie heute kennen, waren nicht von Anfang an da. Die ursprünglichste Sorte ist die Pal- oder Schalerbse. Sie war über Jahrtausende die Kulturform schlechthin. Das Bedürfnis nach süssen jungen Erbsen führte, vielleicht schon im frühen Mittelalter, zur Entstehung der Markerbsen, auch Schrumpf- oder Runzelerbsen genannt. Die Kefen mit ihren breiten Hülsen stammen aus Litauen. Sie kamen um 1600 aus Vilnius in die Schweiz. Bei den Kefen sind nicht nur die reifen Samen runzelig, auch die reifen Hülsen. Die unreifen noch grünen Hülsen sind butterzart und ein beliebtes Gemüse. Die Knackerbsen mit ihren verdickten Fruchtwänden entstanden im letzten Jahrhundert aus einer Kreuzung von einer Markerbse mit einer Kefe. Knackerbsen sind süss und knackig.

Aus den gelben Palerbsen sind auch die grünen Suppen- oder Muserbsen hervorgegangen. Die neueste Entwicklung ist die Züchtung von Futter- oder Eiweisserbsen, die statt Fiederblättchen nur noch Ranken ausbilden. Die Hülsen der Eiweisserbsen springen beim Dreschen leicht auf und entsprechen noch dem ursprünglichen Palerbsentyp. Für die Assimilation und Füllung der Körner sind die grossen Nebenblätter und die Hülse selbst zuständig.

Die Erbsensammlung der schweizerischen Genbank enthält eine Besonderheit: Im Unterwallis, in der Nähe von Fully, hat sich über Jahrhunderte eine Population von wilden Erbsen erhalten. Diese Sorte, Pois de Fully, hat Erbsen, die so gross sind wie die ursprünglichen Wilderbsen. Die Farbe, bräunlich bis schwarz, ist typisch für wilde Erbsen. Ihre Hülse ist aber so breit wie jene der ersten Kulturerbsen.

Die Gestalt

Die Abbildung 4 im Kapitel über die Ein- und Zweikeimblättrigen zeigt einen Erbsenkeimling. Auf die Keimblätter folgen zwei Primärblätter. Sie sind schuppenartig, es handelt sich bei ihnen um klein gebliebene Nebenblätter ohne Fiederblätt-

chen. Die nachfolgenden Stängelblätter haben eine gefiederte Spreite, Ranken und auffallend grosse Nebenblätter (Stipeln). Die Fiederblättchen der Stängelblätter sind ganzrandig oder leicht gezähnt, 2–7 cm lang. Die Nebenblätter sind 4–10 cm lang, sie können grösser sein als die einzelnen Fiederblättchen. Die beiden Stipeln eines Fiederblattes erscheinen stängelumfassend, sie sind es aber nicht, sie überlappen sich an ihren Rändern. Der untere Rand ist leicht gezähnt (Abb. 1). Die beiden Stipeln liefern zusammen mit der grünen Schote einen Grossteil der Assimilate für die heranwachsenden Samen. Die Blüten und somit auch die Hülsen, 1–3 Stück, meistens 2, bilden sich in unmittelbarer Nähe der Nebenblätter (siehe Abb. S. 233 oben).

Erbsen sind Kletterpflanzen, die sich mithilfe ihrer Ranken an benachbarten Pflanzen halten. Sie «hangeln» sich hinauf. Durch korkenzieherartige Windungen der Ranke (siehe Abb. S. 233 unten) zieht sich der Stängel an ihrer Stütze heran. Die Stängel können bis zu 2 m lang werden und sind am Grunde verzweigt. Die Hauptwurzel, eine Pfahlwurzel, dringt tief in den Boden ein. An den Wurzeln bilden sich stickstoffbindende Wurzelknöllchen.

Die Blüten stehen oft zu zweit, manchmal zu dritt zusammen, manchmal auch einzeln. Bei früh blühenden Sorten finden wir die ersten Blüten am 7. Stängelknoten. Spät blühende Sorten bilden am 20. Knoten die ersten Blüten. Erbsenblüten öffnen sich nicht von alleine. Die Erbse ist hauptsächlich Selbstbefruchter. Die Blüte braucht Hilfe von aussen, von gewissen Bienenarten, um eine Fremdbefruchtung herbeizuführen. Nur wenige Insekten sind in der Lage, den Nektar und den Blütenstaub in den Blüten zu erreichen (Pitrat 2003). Es sind kräftig gebaute Holzbienen *(Xylocopa)* und Mörtel- und Blattschneiderbienen *(Megachile)*, die sich in die Blüte hineinzwängen können (Pitrat 2003).

Die Blüten zeigen den typischen Bau der Schmetterlingsblüte. Nach oben bilden die Kronblätter eine Fahne (ein Dächlein), darunter links und rechts finden sich die beiden Flügel (Abb. S. 233 oben). Die flügelartigen Kronblätter umhüllen das von zwei Kronblättern gebildete Schiffchen, das vor dem Auge verborgen bleibt und seinerseits den Fruchtknoten und die Staubgefässe umhüllt. Das Schiffchen und die halbwegs zu einer Röhre verwachsenen Basen der Staubblätter umhüllen die noch ganz junge und kleine Hülse und schützen sie vor Austrocknung.

Die Pflanze blüht und fruchtet gleichzeitig. Oben entstehen neue Blüten, im unteren Bereich können bereits die ersten Hülsen abreifen. Die Pflanze schliesst ihr Wachstum nicht ab, es sind die äusseren Verhältnisse (Trockenheit, Frost, Krankheiten), die zum Absterben der Pflanzen führen.

Die Hülsen sind 3–12 cm lang und 1–2,4 cm breit. Sie eilen in ihrer Entwicklung der Bildung der Samen voraus. Sie assimilieren und haben einen erheblichen Anteil an der Füllung der Samen.

Die reifen Hülsen wirken aufgebläht, sie bilden ausreichend Platz für die Samen. Es entsteht eine innere Spannung zwischen den Hülsenhälften. Bei trockenwarmer Witterung springen bei Wildpflanzen die Hülsen an der Bauch- und Rückennaht auf und die Samen werden weggeschleudert. Die innere Schicht der Hülsen, die Pergamentschicht, die vor Austrocknung schützt, baut die Spannung, die der Schleudermechanismus braucht, auf. Man nennt Früchte, die ihre Samen wegschleudern, Streu- oder Schleuderfrüchte.

Abb. 1 Gomser Erbse. Die weisslich getüpfelten Nebenblätter (Stipeln) sind auffallend gross, der Rand ist grob gesägt.

Abb. 2 Die Erbse bildet eine Pfahlwurzel, die hinunter strebt. An einer Seitenwurzel hat sich ein rosafarbenes Wurzelknöllchen gebildet.

Abb. 3 Geöffnete Blüte, links: die Fahne, hinten rechts: ein Flügel und davor das Schiffchen, das aus 2 miteinander verklebten Kronblättern besteht.

Abb. 4 Eine geöffnete Blüte nach dem Entfernen des Schiffchens. 9 der 10 Staubblätter sind an ihrer Basis über eine weite Strecke miteinander verwachsen. Die mit Blütenstaub (orange) eingepuderte Narbe ragt aus der Hülle der Staubblattbasen heraus. Das Fruchtblatt, die junge Hülse, ist nicht sichtbar.

Abb. 5 Junge Fruchtblätter der Gomser Erbse, eines geöffnet, die jungen Samen sind sichtbar. Dem Wachstum der Hülsen eilt das Wachstum der Samen voraus. Die Grössenunterschiede machen klar, wie wichtig die Hülse für die Ernährung der Samen ist.

Abb. 6 Gomser Erbse. Hülsenfrüchte gehören zu den Streu- oder Schleuderfrüchten, Bauch- und Rückennaht der Hülse sind aufgesprungen. Die Pergamentschicht, die die Hülse auskleidet und Spannung verliehen hat, glänzt.

Wilderbse

Die Wilderbse (*Pisum sativum* subsp. *elatius*) lässt sich in zwei morphologische Typen unterscheiden: Die grösste Verbreitung hat die schlanke, hohe Form *(elatius)*, die in der Macchia wächst und eine gesamtmediterrane Verbreitung hat. Diese Wilderbse klettert, man findet sie in Hecken und an Ackerrändern.

Die zweite niedrigere Form *(humile)* kommt v. a. im fruchtbaren Halbmond vor, sie wird als «Steppentyp» bezeichnet. Man findet sie in parkartigen Eichenwäldern sowie in offenen, steppenartigen Landschaften, in Getreidefeldern tritt sie sekundär als Unkraut auf. Diese Form steht der Kulturform am nächsten. Sie unterscheidet sich durch eine raue, dickere Samenschale (Smýkal 2014), kleinere Samen sowie durch die sich selbst öffnenden Hülsen von der allersten Kulturform. Zohary et al. (2012) gehen davon aus, dass die Kulturform durch Kreuzungen mit der mediterranen Form auch Eigenschaften der mediterranen Form übernommen hat.

Pois de Fully – die Wilde aus dem Wallis

Wilderbsen kommen erstaunlicherweise auch in der Schweiz vor. Sie wachsen in der Nähe von Fully (VS) (Rometsch 2009). Nach ihrem Standort nennt man sie Pois de Fully (*P. sativum* subsp. *elatius*). Sie erreichen eine Höhe von 150 cm, die Nebenblätter sind grösser als die Fiederblättchen, die Fahne ist lila, die Flügel dunkel purpurn und das Schiffchen rosa oder grünlich. Erstaunlich ist die Länge der Hülsen dieser Wilderbse. Die Hülsen können bis zu 7 cm lang sein und somit gleich lang wie jene der Gomser Erbsen. Die Zahl der Samen ist mit bis zu 11 Samen pro Hülse grösser als bei der Gomser Erbse. Angebaut in Alvaneu betrug das Tausendkorngewicht (TKG) der Wilderbse 83 g und das der Gomser Erbse 306 g, bei einem Durchmesser von 4 bzw. 8 mm (siehe Abb. 5c im Kapitel «Ein- und Zweikeimblättrige»). Zum Vergleich zeigt Abbildung 9 eine Wilderbse aus der Sammlung von Arche Noah. Diese Wilderbse hat schmalere, bis 5 mm breite, und kürzere, bis 3 cm lange, Hülsen, die der Grösse der Erbsen angepasst sind.

Prähistorie

Die ersten Sammelfunde von Wilderbsen sind 23 000 Jahre alt und stammen aus Israel. Die ältesten kultivierten Formen sind mehr als zehntausend Jahre alt, sie wurden zwischen 8500 und 8200 v. Chr. angebaut und stammen aus Aswad in Südsyrien (Zohary et al. 2012). Spätestens ab dem 7. Jahrtausend v. Chr. erfolgte die Verbreitung der Erbse nach Europa (Jacomet und Schibler 2014). Die Kulturerbse liess sich, wie die anderen Gründerkulturen, an das gemässigte Klima Westeuropas gut anpassen. In der Schweiz findet man sie von den Niederungen bis in die Grenzlagen des Bergackerbaus. Ein früher Fund 3380 v. Chr. (Jungneolithikum) stammt aus der Grabungsstätte Arbon Bleiche am Bodensee (Hosch und Jacomet 2004). Es handelt sich um einen verkohlten Samen mit einem Durchmesser von ca. 4 mm.

Einteilung der Sorten

Ausgehend von den Wilderbsen ist die **Palerbse** oder Schalerbse (*Pisum sativum* convar. *sativum*) die den Wildpflanzen ähnlichste Kulturform. Aus den Palerbsen, deren reife Samen einen Zuckergehalt von 7 bis 8 % aufweisen, entstanden spätestens im 16. Jahrhundert die süsseren **Mark-** oder **Schrumpferbsen** (*P. sativum* convar. *medullare*) mit einem Zuckergehalt von 12 bis 13 %. Der süsse Geschmack war gefragt. Bei den Markerbsen ist der Zuckeranteil erhöht, weil weniger Zucker in Stärke verwandelt wird; der Stärkegehalt ist niedriger. Der Amyloseanteil, also der Anteil an Stärke mit einem geringeren Polymerisierungsgrad, ist erhöht, der Gehalt an Stärke mit einem hohen Polymerisierungsgrad ist niedriger, was auf eine Störung der Reifeprozesse weist. Die Keimblätter der Markerbsen, die prall gefüllt sein sollten, sind in ihrer Entwicklung beeinträchtigt, was sich auf die Samenqualität auswirkt

Abb. 7 Wilderbse (*Pisum sativum* subsp. *elatius*), Pois de Fully, blühend und fruchtend. Im Hintergrund eine feinblättrige Wicke. Die Abstände zwischen den Ansatzstellen der Blätter sind gross. Beat Baumler

Abb. 8 Wilderbse, Pois de Fully, fruchtend. Am Ende der Hülse sieht man noch die Narbe, wie in Abb. 5.

Abb. 9 Gomser Erbse und Wilderbse (Saatgut von Arche Noah, gesammelt von M. Kohler-Schneider, 1997). Eine Hülse der Wilderbse enthielt 7 Samen, gleich viele wie eine Hülse der Gomser Erbse. Die Hülsen der Wilderbse von Fully, hier nicht gezeigt, sind so gross wie jene der Gomser Erbse.

Rechte Seite:

Abb. 10 Verkohlte Erbsensamen aus der Jungsteinzeit (4400–3500 v. Chr.). Der Nabel, wo der Samen über die Plazenta mit der Hülse verbunden war, ist sichtbar. Fundstelle, Seedorf Lobsigensee, Jungneolithikum. G. Haldimann, IPNA Universität Basel

Abb. 11 Innenansicht von verkohlten halbierten Erbsensamen. Fundstelle, Seedorf Lobsigensee, Jungneolithikum. G. Haldimann, IPNA Universität Basel

Abb. 12 Fund eines Teiles der Pergamentschicht einer Hülse aus dem Neolithikum, Grabungsstelle: Zürich Opera. G. Haldimann, IPNA Universität Basel

Abb. 13 Kulturerbse Mettmenstetten mit einer Pigmentierung, die an jene der Wilderbsen erinnert.

(Vilmorin, 1883). Die Samen schrumpfen bei der Reife ungleichmässig (daher der Name Schrumpferbsen), sie verlieren ihre runde Form, werden viereckig und weisen Dellen auf. Aus den Palerbsen lässt sich bei längerem Kochen Erbsensuppe machen, im Gegensatz zu den Markerbsen, die zwar weich werden, sich aber nicht für Erbsenmus oder Erbsensuppe eignen. Die grüne Erbsensuppe kocht man aus grün bleibenden Palerbsen. Das Chlorophyll, das normalerweise abgebaut wird, bleibt bei den grünen Erbsen in den Keimblättern erhalten. Die grünen Baslererbsen, Gutmüserbsen genannt, waren um 1800 geschätzt (Schnyder von Wartensee 1788).

Im 16. Jahrhundert entstanden in Litauen die **Kefen** (*Pisum sativum* convar. *axiphium*). Kefen sind nicht mehr in der Lage, die Pergamentschicht der Hülse zu bilden, diese werden nicht faserig, dadurch können die Hülsen länger als Gemüse verwendet werden. Kefen erkennt man an den geschrumpften, eingebuchteten reifen Hülsen. Die Samen der Kefen können vom Palerbsentyp oder vom Markerbsentyp sein. Kefen mit überdimensionierten Hülsen nennt man **Schwerterbsen**. Aus Kefen entstanden im 20. Jahrhundert die sogenannten **Knackerbsen** (*P. sativum* convar. *medullosaccharatum*) mit verdickter Fruchtwand.

Die Trockenen: Palerbsen

Die heutigen Palerbsen, auch Schalerbsen genannt, erinnern stark an den prähistorischen Erbsentyp. Sie haben im Vergleich zu diesen deutlich grössere Samen und eine dünnere, durchsichtige Samenschale. Alle Samen keimen gleichzeitig. Die Keimblätter sind wie jene der Wilderbsen gelb. Die Genbank bewahrt zwei Palerbsensorten: die Lötschentaler, Gommer oder Gomser Erbse und die Mettmenstetter Erbse. Letztere zeigt noch etwas von der ursprünglichen Pigmentierung der Samenhaut.

Die auf dem Acker

In der Landwirtschaft macht sich früh eine Spezialisierung bemerkbar. Strank und Meurers-Balke (2008) gehen davon aus, dass es zur Zeit Karls des Grossen schon typische Felderbsen- bzw. Gartenerbsensorten gab. Im 16. Jahrhundert nimmt die Bedeutung der Gärten in Stadtnähe zu. Die Gartenerbsen entwickeln sich weiter dem Düngungsniveau der Gärten entsprechend. Sie unterscheiden sich von Felderbsen vor allem in der Stängellänge. Leonhart Fuchs (1501–1566) unterscheidet zwischen kleinen Feld- und grossen Gartenerbsen (1549, 1563). Die kleinen Felderbsen sind ausreichend standfest und nicht auf künstliche Stützen angewiesen. Die grossen Erbsen brauchen ein Gerüst oder einen Stecken, damit sie nicht umfallen. Weiter brauchen sie mehr Feuchte und Wärme, sie sind insgesamt anspruchsvoller. Ihre Blüten sind weiss oder leibfarben. Mit «leibfarben» ist wohl rosa-rötlich gemeint. Die Erbsenblüten heutzutage sind ebenfalls in den meisten Fällen entweder weiss oder gemischtfarbig mit einer rosa Fahne und dunkelrötlichen Flügeln. Die Felderbsen bei Fuchs haben weisse Blüten. Die Beschreibung der Nebenblätter, Fiederblättchen und Ranken ist liebevoll: «Zwiischen dem hauptstengel und blettern / welche zu rings umbher als rädle wachsen / kommen andre kleine schösslin herfür / die haben zu beyden seiten andrerum de feiste kleebletter gegen einander gesetzt. Die spitzlin derselbigen rütlin seind dünne fäden / damit es sich an die pfal anbindet.»

Die kleinen Ackererbsen des 16. Jahrhunderts waren vorwiegend weissblütig und hatten kleinere Samen als Gartenerbsen (Tabernaemontanus 1591). Die des 19. und 20. Jahrhunderts waren Markerbsen, hatten lilafarbene Blüten, ihre Samen waren 3–5 mm gross, vieleckig, dunkelbraun, gefleckt oder punktiert und die Hülsen bis 12 mm breit (Körber Grohne 1995).

Abb. 14 Gartenerbse, Gross Erbs. Erbse, *Pisum*. Eine typische Palerbse mit «leibfarbenen» Blüten und grossen Hülsen. Eine geöffnete Hülse zeigt 7 runde Erbsen. Die Nebenblätter sind stark betont, im unteren Bereich sind sie übertrieben gross dargestellt. Die Abb. zeigt die Bedeutung der Nebenblätter für die Bildung der Hülsen und die Füllung der Samen. Leonhart Fuchs, © ÖNB Wien: Codex 11123, 147

Die Süssen: Erbsen als Gemüse – Markerbsen

Im Laufe des Mittelalters, vielleicht schon zur Zeit Karls des Grossen, vielleicht auch später, gegen Ende des Mittelalters, kam eine süsse Variante hinzu, die vermehrt als Gemüse konsumiert wurde. Es waren Erbsen mit runzeligen Samen und süssem Kern, Markerbsen genannt. Die süsse Variante war am Ende des Mittelalters bei der zahlungskräftigen städtischen Bevölkerung gerade wegen ihrer Süsse beliebt und ist entsprechend ausgelesen und vermehrt worden. In England heisst die Markerbse *sugar pea*.

Die Zarten: Hülsen als Gemüse – Kefen

Die jungen Hülsen der Pal- und der Markerbsen sind am Anfang zart und gut zum Essen. Mit der Zeit ändert sich das. Die Hülsen werden faserig, hart und eignen sich nicht mehr als Gemüse. Es bildet sich eine zähe, faserige Pergamentschicht, diese schränkt bei zunehmender Reife die Nutzung als Gemüse ein. Sorten, die keine oder kaum noch eine Pergamentschicht bilden, nennt man Kefen. Die Hülsen solcher Sorten fallen beim Abreifen unvorteilhaft auf. Sie werden schrumpelig, sind nicht mehr glatt und umschliessen die Samen eng. Die Samen treten als Wölbungen in der Hülse hervor und lassen sich nur mit erhöhtem

Abb. 15 Kapuzinererbse, Hülse mit teils freigelegter Pergamentschicht

Abb. 16 Erbsen, von links nach rechts: Samen von Kapuziner, eine Markerbse mit Pergamentschicht und von zwei pergamentschichtlosen Kefen von Maloja und Tante Emma. Aufgrund der Samenform kann man nicht entscheiden, ob die Hülsen eine Pergamentschicht bilden oder nicht. Der Name Kapuziner verweist auf die braunen Kutten der Kapuzinermönche.

Abb. 17 Reifende Kefe, die fehlende Pergamentschicht führt dazu, dass der Hohlraum um den Samen verschwindet. Die Samen lassen sich nur mit grossem Aufwand von den Hülsen befreien. Die Kefe gehört zur Sorte Maloja. Diese Sorte präsentiert sich uneinheitlich und produziert sowohl Kefen als auch Schalerbsen.

Aufwand aus den Hülsen befreien. Es muss eine gewisse Überwindung gekostet haben, diese so unvorteilhaft aussehenden Hülsen auszulesen und weiterzuvermehren (Abb. 17).

Kefen können aus Palerbsen oder aus Markerbsen hervorgehen. Vermutlich sind sie zunächst aus gartenmässig angebauten Markerbsen entstanden. Hülsen ohne Pergamentschicht fallen bei der Ernte auf. Sämtliche Kefen in der Genbank haben eingefallene Samen. Tabernaemontanus (1522–1590) beschreibt (1591) als Erster diese Sorte, die gemäss seinen Angaben ursprünglich aus Litauen stammt: «Man hat auch bey uns ein newes Geschlecht/ da man die Schöttlein sampt den Erbsen/ weil sie noch gross seyndt/ isset: Welches erstlich sol auss der Littauw von Vilna gebracht worden seyn.»

Der Name Kiefflen (Kiefelerbse) findet sich bei Daniel Rhagor (1639). Rhagor betont, dass man bei der Ernte reifer Kefen für Saatgut nur die runzeligen Hülsen verwenden soll.

Schwerterbsen bilden eine Untergruppe der Kefen. Sie haben extrabreite Hülsen, die bis zu 2,5 cm breit sein können. Die Blattnatur der Hülse wird nochmals betont, sie eignen sich als «Hülsengemüse». Auf Französisch heissen die Kefen *Mangetout*, alles, Hülsen und Samen, wird gegessen.

Die kleinen Grünen: Luxus

Kleine, frische, (zu) früh geerntete Erbsen wurden gemäss Pitrat und Foury um 1660 zu einer Speise für die Wohlhabenden. Von Italien ausgehend, importiert durch Audiger, fanden die kleinen, grünen, süsslichen Erbsen beim französischen Adel reissenden Absatz. Gemäss Suanjak et al. (2014) waren es holländische Züchter, die sich darauf spezialisierten: «Im 17. Jahrhundert fingen holländische Gärtner an Markerbsen zu züchten, bei denen man ausschliesslich die grünen Erbsen ohne Hülsen ass. Frische, kleine, grüne Erbsen waren damals unglaublich teuer und bei der Oberschicht sehr beliebt.»

Junge Erbsen bilden in den Keimblättern Blattgrün, das bei der Assimilation und Füllung der Samen wohl eine Rolle spielt. Bei der Reife wird das Blattgrün abgebaut. Grün bleibende Erbsensorten bauen das Blattgrün nicht ab, sie behalten sozusagen etwas von dem jugendlichen Zustand im Alter. Heute gibt es Felderbsensorten, die aussehen wie zu früh geerntete Erbsen. Sie bleiben grün und werden nicht sehr gross. Die Nachfolger des ursprünglichen Luxusproduktes haben die Grösse des Originals, werden aber später geerntet und sind dadurch etwas härter, mehliger und weniger süss.

Die Knackigen: die dicken Hülsen – Sugar snap

Die Knackerbse gibt es noch nicht so lange. Knackerbsen (*Pisum sativum* convar. *medullosaccharatum*) bilden keine Pergamentschicht, haben schmalere Hülsen, die aber dick und fleischig sind. Die erste dickwandige Sorte beschrieb Andrieux Vilmorin 1883 unter dem Namen Pois beurre, Butter-Erbse. Eine Knackerbse mit dem Namen Pois mangetout charnu entstand 1897 aus einer Kreuzung zwischen den Varietäten Sans parchemin Géant à très large cosse und Sans parchemin Beurre. Der Durchmesser der Hülse betrug 7–8 mm. Diese Sorte ging aber verloren (Pitrat und Foury 2003). In den Vereinigten Staaten entstand 1952 die gleiche Form nochmals, jetzt durch eine Kreuzung einer Kefe (snow pea) mit einer mutierten Markerbse (shell pea). Calvin Lamborn und M. C. Parker führten diese Kreuzung durch. Die neue Sorte bekam den Namen Sugar snap (en.wikipedia.org, Snap_pea, 29.03.2018). 1979 entwickelte Rogers in der amerikanischen Filiale von Syngenta die Sorte weiter und so entstand die *sugar snap pea*.

Gregor Mendel

Im 18. Jahrhundert fangen die Züchter an, Erbsensorten gezielt miteinander zu kreuzen. Die Erbsen kennen hauptsächlich Selbstbefruchtung, aber Kreuzungen lassen sich gut von Hand durchführen. Thomas Andrew Knight, Präsident der London Horticultural Society, war der Erste, der 1787 mit der Kreuzungszüchtung anfing (Pitrat et al. 2015). Seitdem hat sich die Zahl der Handelssorten exponentiell vermehrt.

Die Erfahrungen mit der Kreuzungszucht nutzte der Brunner Abt Gregor Johan Mendel. Er hat fleissig die Rolle der Bienen übernommen und kreuzte gezielt verschiedene Erbsensorten miteinander. Seine Arbeit führte zu den bekannten Mendelschen Gesetzen der Vererbung (1865). Die Kreuzungsversuche von Gregor Mendel lassen die damalige Vielfalt der Sorten erahnen. Mendel kannte das schon grosse Sortiment. Er entschied sich für 7 Merkmale, deren Vererbung er genauer untersuchen wollte (siehe Abb. 18). Für seine Experimente las er 34 Sorten aus, führte 355 künstliche Befruchtungen durch und kultivierte während der Gesamtdauer des Versuches ca. 28 000 Erbsenpflanzen.

Zu den für die Küche bedeutenden Merkmalen gehören die Farbe der Keimblätter, die Glattheit der Samenschale, die andauernde Zartheit der Hülsen. Für den Anbau ist die Länge der Stängel bedeutend und für das Gemüt die Farbe der Blüte und der Hülsen.

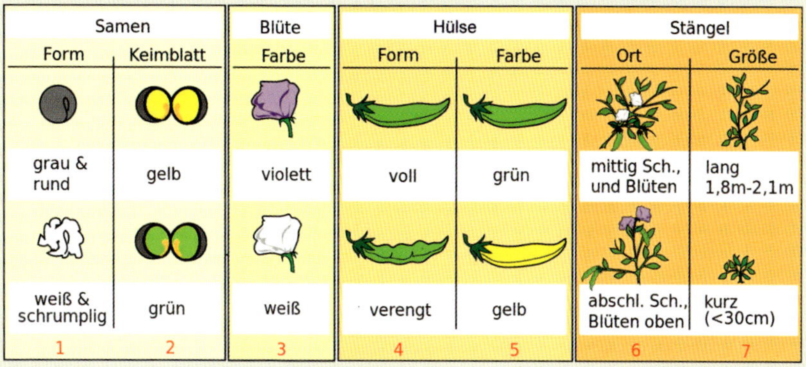

Abb. 18 Sieben Merkmale, deren Vererbung Mendel untersuchte. Die Erbse eignet sich für die Untersuchung der Vererbung von Merkmalen, weil sie hauptsächlich selbstbefruchtend ist und die Merkmale nach gezielter Kreuzbefruchtung in den nachfolgenden selbstbefruchteten Generationen schön aufspaltet. Abb.: Wikimedia Commons, Mariana Ruiz LadyofHats, PD; Überarbeitung: Peer Schilperoord

1 Schrumpelige Samenschalen gibt es, wenn die Verwandlung des eingelagerten Zuckers in Stärke gestört ist. (-> Markerbsen)

2 Die grüne Farbe der Keimblätter ergibt sich, wenn das Blattgrün während der Reife nicht abgebaut wird. (-> grüne Erbsen)

3 Ursprünglich haben die Blüten violette Farben. Bleibt die Bildung des Farbstoffes aus, erscheinen die Blüten weiss.

4 Die verengte Schotenform ergibt sich, wenn die faserige Pergamentschicht nicht mehr ausgebildet wird. (-> Kefen)

5 Kann die Schote kein Blattgrün bilden, bleibt sie gelb.

6 Bilden sich die Blüten nicht in Blattachseln, sondern bildet die Spitze eines Sprosses Blüten und Schoten, dann ist das Sprosswachstum unvermittelt abgeschlossen.

7 Zwergwuchs des Stängels (-> Feldtypen)

Eiweisserbsen: von der Felderbse zur Futtererbse

Die Hülsenfrüchte, die praktisch aus der Fruchtfolge verschwunden waren, werden heute wieder vermehrt angebaut. Die Bedeutung der Stickstofflieferung durch die Schmetterlingsblütler wird wieder geschätzt. Mögliche Kulturen sind: Erbsen, Bohnen und Lupinen. Die modernen Feldeiweisserbsen sind niedrig und können kombiniert werden mit Stützfrüchten, z.B. Gerste. Die Pflanzen stützen sich mit ihren Ranken gegenseitig. Die Fiederblättchen sind durch Ranken ersetzt worden. Die grossen Stipeln liefern Assimilate.

Sorten in der Genbank

In der nationalen Genbank werden ca. 50 Sorten erhalten. Darunter sind einige alte Handelssorten, die früher in der Schweiz verkauft worden sind. Es sind: Téléphone* 1878; Corne de Bellier, Genf* 1879; Herzog von Albanien 1887; Konservenkönigin 1901; Laxton Superb 19. Jh.; Weggiser 1942; Marbach 1952; Vermeer 1950er-Jahre. Die in der Genbank erhaltenen Varietäten gehören zu den: Palerbsen – die Ursprünglichen; Markerbsen – die Runzeligen; Markerbsen als Zuckererbsen; Markerbsen als Auskernerbsen für die industrielle Nutzung (Dosenerbsen); Kefen – ohne Pergamentschicht; Knackerbsen – die Dickwandigen.

Abb. 19 Eiweisserbsen. Die modernen Eiweisserbsen bilden statt Fiederblättchen Ranken. Das einzige Blattartige kommt von den Stipeln. Der Nachteil dieser Sorten ist eine mangelhafte Bodendeckung. Simon Dörr, Getreidezüchtung Peter Kunz

Abb. 20 Erbsensorten: 1 Palerbse Lötschentaler; 2 Markerbse Blauschokker, verwandt mit der Kapuzinererbse; 3 Markerbse Pisa; 4 Kefe Schweizer Riese; 5 Knackerbse Marco sugar snap. Fotos: Robert Zollinger, Bearbeitung: Peer Schilperoord

B ACKERBOHNE – AUFRECHT

Die Geschichte der Ackerbohne zeigt eine vielseitige Verwendung der Pflanze in der Ernährung, sei es gesotten als noch grüne Hülse mit unreifen Samen, als Bohne als Beilage in der Gerstensuppe oder vermahlen und als Bohnenmehl dem Getreidemehl, oft Roggen- oder Gerstenmehl, beigemischt. Die Ackerbohne war auch eine beliebte Futterpflanze. Gekocht oder grob vermahlen wurden die Bohnen dem Mastvieh verfüttert. Als Vorfrucht waren die Ackerbohnen beliebt, weil sie über ihre Wurzelknöllchen Stickstoff in den Boden bringen. Heute erlebt die Ackerbohne eine kleine Renaissance als eiweissspendende Futterpflanze. Der Bedarf nach Körnerleguminosen ist stark angestiegen. Als Nahrungsmittel für den Menschen sind sie jedoch in Vergessenheit geraten, dabei könnte die Ackerbohne auch in der Küche zu neuem Leben erweckt werden, als Spezialität.

Die Gestalt

Die Ackerbohne *(Vicia faba)* ist der Gattung der Wicken *(Vicia)* zugeteilt. *Vicia*-Arten sind in der Regel einjährige, manchmal ausdauernde, krautige Pflanzen. Die meisten Wicken sind rankende Pflanzen mit dünnen, verzweigten Stängeln, es gibt aber auch Wicken, wie die Ackerbohne, mit einem kräftigen, stabilen, aufrechten Stängel.

Die kräftige, aufrecht wachsende Pflanze der Ackerbohne *(Vicia faba)* bildet aufrecht bis schräg gestellte Hülsen mit grossen Samen. Ihr Stängel ist viereckig, die Ecken sind durch eine schmale Leiste hervorgehoben, die jeweils beim Blattgrund ansetzt und sich nach unten fortsetzt.

Abb. 1 Ackerbohne *(Vicia faba)* und Sommergerste *(Hordeum vulgare)*. Sowohl die Gerste als auch die Ackerbohne können an der Siedlungsgrenze, wie hier in Samedan, auf 1700 m angebaut werden. Die Ackerbohne ist unempfindlich für Frost, auch bei tiefen Temperaturen kann sie noch wachsen. Die Blütenbildung setzt bei zu grosser Kälte aber aus.

Die Pflanze kann an den ersten Knoten, nah am Boden, Seitensprosse bilden. Sie hat die Eigentümlichkeit, immer weiter wachsen zu wollen; das Wachstum an der Sprossspitze wird nicht gezielt beendet. Bekommt die Pflanze genügend Niederschläge, kann sie gut 120 cm hoch werden.

Die ersten Blätter nach den Keimblättern, die Primärblätter, sind unscheinbar und schuppenartig gestaltet, die nachfolgenden Blätter gefiedert. Das Fiederblatt der Ackerbohne endet in einer kleinen gekrümmten Spitze, der Fortsetzung des Hauptnervs. An einer kräftigen Pflanze haben die grössten Stängelblätter bis zu vier Fiederblattpaare. Bei jedem Fiederblatt finden sich an der Ansatzstelle des Blattes links und rechts

die Stipeln, auch Blattöhrchen genannt. Diese fallen durch einen dunklen Fleck auf, der die Stelle markiert, an der Ameisen Nektar, von der Bohnenpflanze gespendet, aufnehmen. Die Ackerbohne ist eine Ameisenpflanze, sie zieht Ameisen an. Für diese gibt es noch mehr Nahrung, sobald die Schwarze Bohnenlaus oder andere Läuse die Pflanzen besiedeln. Dann sammeln die Ameisen die Honigtautropfen, die die Läuse ausscheiden.

Die Blüten, typische Schmetterlingsblüten, sind gross. Auffallend an der Blüte sind dunkle Flecken an der Basis der mittleren Kronblätter (an den Flügeln). Die Flecken entstehen durch eine Anreicherung mit dunklen Farbstoffen (Melanine). Dieser Farbstoff kann aber auch fehlen, dann sind die Blüten weiss. Rötliche und lila Farbtöne sind auch möglich. Das obere Blütenblatt, die Fahne, senkt sich gegen Abend und deckt die beiden seitlichen Kronblätter ab. Die Nerven des oberen Blütenblattes können leicht gefärbt sein. Die Blüten ziehen Bienen und Hummeln an. Es braucht Kraft, um zwischen den Blütenblättern hindurch zum Nektar am Blütengrund zu gelangen. Die Ackerbohne ist Fremdbefruchter, kann sich aber auch selbst befruchten. Die Fremdbefruchtungsrate variiert sehr stark und liegt zwischen 19 und 79 %. Stehen zwei Sorten in unmittelbarer Nachbarschaft, so wird es zu Kreuzungen zwischen beiden kommen. Ein blühendes Ackerbohnenfeld verbreitet nach Christ (1921) einen köstlichen Duft, «der etwa zwischen Jasmin und Narzisse die Mitte hält. Schon aus einiger Ferne machte sich, wenn man an einem solchen Felde vorbeikam, dies edle Aroma bemerkbar.»

Die Samen in den Hülsen sind umhüllt von einem luftigen Gewebe, sie liegen wie eingebettet.

Abb. 2 Junge Pflanze der Ackerbohne, rechts schematisch (Troll 1954). In diesem Stadium haben sich die ersten Wurzelknöllchen gebildet, die fehlen in Trolls Schema.

Abb. 3 Junger Spross der Ackerbohne. Die Fiederblätter entfalten sich nach und nach. In diesem Stadium fallen die Nebenblätter mit ihren schwarzen Flecken auf. Der Fleck markiert die Stelle, an der Ameisen Nektar zu sich nehmen. Ameisen lieben Bohnenpflanzen, und die Bohnenpflanzen sind nett zu den Ameisen.

Die Farbe der reifen Samen reicht von Beige über Braun bis hin zu Rot und tief Dunkelviolett. Die Samenfarbe ändert sich während der Lagerung, die gelblich grauen Samen werden bräunlich, die violetten fast schwarz. Landsorten können ein- oder mehrfarbig sein. Manche Bäuerinnen möchten nur eine Samenfarbe, andere ein buntes Gemisch an Samen.

In der frühen Literatur unterschied man zwischen kleinen und grossen Ackerbohnen, die kleineren sind ursprünglicher. Heute unterscheidet man drei Grössenklassen (Kiffmann (1952).

A) *Vicia Faba minor*: kleinsamige Pferdebohne, Korngrösse in mm: Länge 10–12, Breite 8–9, Dicke 7–8, Tausendkorngewicht bis 550 g. Die Samen der kleinen Pferdebohne sind erbsengross.

B) *Vicia Faba equina*: grosssamige Pferdebohne, Korngrösse in mm: Länge 12–14, Breite 9,5–10,5, Dicke 7,5–8,5, Tausendkorngewicht bis 900 g.

C) *Vicia Faba major*: Puff- oder Saubohne, Korngrösse in mm: Länge 20–22, Breite 15–17, Dicke 7,5–8,5 Tausendkorngewicht bis 2000 g.

Abb. 4 Die ersten Blüten der Ackerbohne findet man weit unten am Halm, am 4. oder 5. Stängelknoten. Die kräftigen Keimpflanzen können praktisch sofort mit dem Blühen anfangen. Roni Vonmoos

Abb. 5 Blütentrieb der Ackerbohne mit 7 Blüten. Die Kelche mit den verwachsenen Kelchblättern sind rötlich verfärbt. Auch der Blütenstiel und der Stängel sind rötlich überlaufen.

Abb. 6 Grüne Hülsen der Törbjer Grossbohne. Eine Hülse bietet Platz für 1–2 grosse Samen.

Abb. 7 Reifende Hülsen, geöffnet. Die Samen liegen eingebettet in einem lockeren, luftigen Gewebe. Oben eine Grossbohne. Roni Vonmoos

Abb. 8 Eingeweichte Samen. Manche Bäuerin liebt die Farbenvielfalt im Kochtopf. Roni Vonmoos

Die Entstehungsgeschichte der Ackerbohne

Die Entstehungsgeschichte der Ackerbohne ist unklar. Die Wildpflanze, aus der die Ackerbohne hervorging, ist noch nicht identifiziert. Sie könnte auch ausgestorben sein. Es gibt nah verwandte Arten, die früher auch für Ernährungszwecke gesammelt worden sind, unter ihnen *Vicia narbonensis*. Diese verwandten Arten haben alle 14 statt 12 Chromosomen und lassen sich nicht mit der Ackerbohne kreuzen. Am Anfang ihrer Kultivierung waren die Samen der Ackerbohne gleich gross wie jene der nah verwandten Narbonensis-Gruppe (Zohary 2012). In verkohltem Zustand gleichen sie einander und so war es bis anhin nicht möglich, den Entstehungsort im Mittleren Osten genauer zu bestimmen. Die frühesten nicht genauer zu bestimmenden Funde von *V. faba* oder *V. narbonensis* stammen aus der Zeit um 9000 v. Chr. (Jacomet, Schibler 2014). Bei den archäologischen Funden auf der Nordseite der

Abb. 9 Verkohlte Samen der kleinsamigen Ackerbohne (var. *minor*) aus der Bronzezeit (Laugen-Melaun). Gefunden im Unterengadin in Scuol Munt-Baselgia (GR). IPNA Universität Basel

Abb. 10 Verkohlte Samen der kleinsamigen Ackerbohne (var. *minor*) aus der mittleren Bronzezeit. Gefunden im Lugnez in Lumbrein-Surin Crestaulta (GR). IPNA Universität Basel

Abb. 11 Ackerbohne, Wiener Dioskurides. Die Abb. ist schlicht gehalten, Seitensprosse sind weggelassen. Die Hülsen enthalten 2–3 Samen. Die Fiederblättchen sollten paarig angeordnet sein, der Maler hat sie versetzt gezeichnet, und anstelle des kleinen Fortsatzes zeigt die Abb. ein endständiges Blatt. © ÖNB Wien: Cod. Med. gr. 1 fol. 189v

Alpen dagegen kann es sich nur um die Ackerbohne handeln, denn das Klima dort ist für die Arten der Narbonensis-Gruppe zu kühl.

Der erste Fund der kleinsamigen Form (var. *minor*) in den Alpen stammt aus der Bronzezeit ca. 2200 v. Chr. und wurde in Graubünden gemacht (Jacomet, Schibler 2014). Die Ackerbohne ist abgebildet im Wiener Dioskurides (512). Die Grossbohne trat relativ spät auf, vermutlich erst nach der Römerzeit. In der Landgüterverordnung «Capitulare de villis» von Karl dem Grossen ist die Grossbohne unter der Bezeichnung «fabae majores» im Gartenkapitel aufgeführt. Das deutet auf die Verwendung als Gemüse hin. In den Mittelmeerländern ist es üblich, die noch grünen Hülsen mit den Bohnen als Gemüse zu essen. Auch in Südtirol war die grüne Hülse ein beliebtes, weil frühes Gemüse.

Von 1500 bis 1950

Eine frühe Beschreibung findet man bei Fuchs (1542 Codex 11121, S. 123). Fuchs erwähnt gelbe, braune und grüne fingerbreite Samen. Er erwähnt auch eine Sorte mit kleineren Samen. Fuchs bildet als Erster Wurzelknöllchen ab. Eine weitere frühe Beschreibung mit einer ausgezeichneten Abbildung findet sich bei Mattioli (1563). Über die Samen schreibt er, dass sie gross, klein, breit, rund, braun, gelb, grün und weisslich sein können. Und weiter: «Man sähet sie allenthalben, auch auf der ursachen, das sie die *äcker* feyst und fruchtbar machen.»

Ackerbohnen laugen den Boden nicht aus, sondern machen ihn fett und fruchtbar. Damit beschreibt er die Erfahrung, dass nach dem Anbau der Ackerbohnen der Boden fruchtbarer ist. Bauhin (1651) knüpft an die Beschreibung von Mattioli an. In seinem Buch findet man *Vicia faba* unter dem Namen *Faba arborescens*, die baumartige Bohne.

Franz Xaver Schnyder von Wartensee (1788) weiss auch von der positiven Wirkung auf die Bodenfruchtbarkeit:

> «Bonen; Vicia Faba L. Fabae; des Fèves. Man säet oder steket die Bonen im Merz und April; kaum eine 1½ Schuhe von der andern. Sie kommen in jeder Erde fort; in fetter ergeben sie besser, in sandigter, trockner werden sie geschmeidiger. Sie düngen das Grundstück, auf dem sie gewachsen, wenn man den Stengel nur oben abschneidet, und denn das Erdreich mit dem untern Stengel, und den Wurzeln drinn, wieder umstürzet. Sonst vielleicht räuchern sie es wohl eher ein bisgen aus. Blühen im Junio und Julio. Man will sie nicht für jedermann gesund finden; doch Leuten, die schwere Arbeit ertragen, behagen sie mit warmer Milch gar gut. Beym Kochen soll man die Bonen und alle Erbsen, nicht salzen, bis sie alle schon lind geworden, sonst werden sie es nimmer gern. [...]»

CXLV.
133.
FABA
Boll

beschreibung/Natur/vnd Würckung.
Bonen.
Faba.

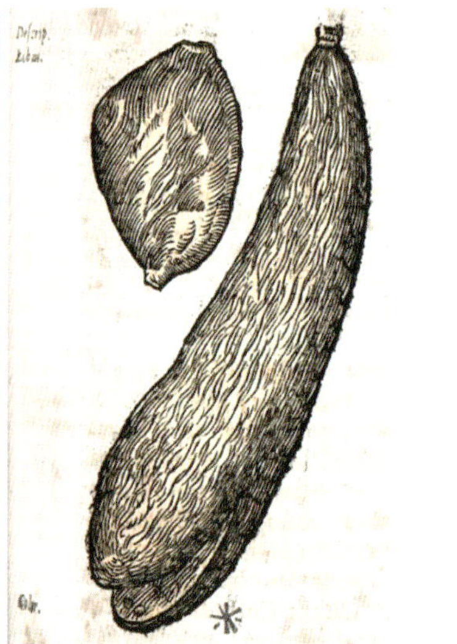

Abb. 12 Oben links: Ackerbohne, Abb. von Fuchs (1542). Die Fiederblätter sind schlank, teils paarig gefiedert, teils versetzt gefiedert. © ÖNB Wien: Codex 11121, 123

Abb. 13 Oben rechts: Ackerbohne *(Vicia faba)*. Die Pflanze verzweigt sich an der Basis, im unteren Bereich sind die ersten bereits ausgewachsenen Hülsen zu sehen, im oberen Bereich blüht und sprosst die Pflanze weiter. Der charakteristische Fortsatz der Fiederspreite ist klar erkennbar. Die kräftige Wurzel ist aus Platzgründen nach rechts abgewinkelt, Wurzelknöllchen sind keine abgebildet. Mattioli, 1563

Abb. 14 Unten links und rechts: Reife Samen und eingetrocknete Hülsen der Lötschentaler Ackerbohne. Rechts: Hülse und Samen, Bauhin (1650). Die Oberfläche der Hülse ist runzelig. Die Farbe des Samens ist laut Beschreibung fast schwarz. Die Form des Samens erinnert an grosssamige Sorten.

Das Verschwinden

Die ursprüngliche Beliebtheit der Ackerbohne liess mit dem Eintreffen der neuen Kulturpflanzen aus Amerika nach. Die Gartenbohne *(Phaseolus vulgaris)*, die mehr Wärme braucht, wurde bald mehr angebaut als die Ackerbohne. Einzig dort, wo es für die Gartenbohne zu kühl ist, konnte sich die Ackerbohne zunächst noch halten, bis sie auch dort von der Kartoffel bedrängt wurde. Das war erst ab 1800 der Fall, als die Kartoffel als Nahrungsmittel in breiten Bevölkerungsschichten und in höheren Lagen akzeptiert wurde. H. Christ (1923):

> «Die Acker-, Sau- oder Grossbohne, diese archaistische Nahrungspflanze ersten Ranges, einst vor Einführung der Kartoffel mit dem edlen Habermus die Hauptnahrung unseres Volkes, ist leider so selten geworden, dass es sich der Mühe lohnt, ihren Spuren zeitliche und örtlich nachzugehen.
> Zu Emanuel Königs Zeit (Regnum vegetabile 132) 1695 war deren Anbau bei Basel noch allgemein. Er empfiehlt Bohnenstroh und Bohnenstoppel als Düngemittel. In der Neuzeit muss man Bohnenplätze schon suchen, und die meisten sind nicht mit Acker-, sondern Stangenbohnen (Phaseolus) bestellt. So sieht man etwa um Liestal, Lampenberg, Laufen noch um die Gemüsebeete einige gezogen. Diese Sitte, die Faba in einfacher Reihe längs dem Rande von Beeten und Feldern gleichsam als Einfassung zu pflanzen, ist auffallend verbreitet. So sah ich sie um Wengen, Engelberg, Zermatt, wo sie kleine Korn- und Kartoffelfelder einfasst. Friedli (Bärndütsch II 1908) berichtet, dass dasselbe in Grindelwald geschehe.
> In der Tat scheint unsre Bohne, wo sie überhaupt noch vorkommt, nicht mehr der feldweisen Anpflanzung gewürdigt, sondern nur als eine nebenher laufende Bandkultur geduldet zu sein. Selbst im abgelegenen Tavetsch (P. K Hager. 1916) ist sie nur noch zerstreut und spärlich, und im ebenso weltfernen Onsernone (Joh. Bär, Flora des Val Onsernone 1915) hie und da in Maisfeldern bei Cavigliano, auch anderwärts im Pedemonte und MaggiataL gebaut. Prof. H. Badoux berichtet mir, dass in Châteaux d'Oex im Pays d'Enhaut der Anbau der Fève in grossen Ehren stand, aber stark abgenommen hat. [...] Und Engelhardt, der Walliser Pionier (Naturschilderungen Basel 1840) sah 1835 hinter Orsières reiche Felder mit Weizen, Korn, Hanf, Erbsen und Saubohnen.»

Rudolf Koblet (1965) stellte fest:

> «Die Hülsenfrüchte sind also von Feldgewächsen zu Gemüsepflanzen geworden. Die Entwicklung hat damit den umgekehrten Verlauf genommen wie bei der Kartoffel und den Rüben. Die Ackerbohne (Vicia Faba L.), einst die wichtigste der gebauten Hülsenfrüchte, heute unter der abgewerteten Bezeichnung Pferdebohne bzw. Saubohne bekannt, hat sich in unserem Lande in den Alpenkantonen am längsten gehalten. Im Jahre 1917 entfielen von 128 ha Gesamtfläche 72,5 ha auf das Wallis. A. Volkart hat um 1930 in einer Reihe von Berggemeinden des Wallis und des Kantons Graubünden in Höhenlagen von 1000 bis 1500 m frühreife Landsorten mit mittelgroßen und großen Körnern gesammelt. Die Ackerbohne umrahmte oft als Randpflanze die Kartoffeläcker. Heute ist sie auch in den Alpentälern spärlich geworden, ebenso im Jura, wo sie nur noch ganz vereinzelt auf den ihr gut zusagenden tonreichen Böden mit hoher Wasserkapazität (Rendzinen) als Schweinefutter gebaut wird. Die Beimischung gemahlener Ackerbohnen zum Backmehl ist bei den Bauern schon länger außer Gebrauch gekommen. [...]»

Abb. 15 Herkunftsorte der Schweizer Ackerbohnensorten in der nationalen Samenbank. Reliefkarte: geodata © swisstopo. Bearbeitung: Peer Schilperoord

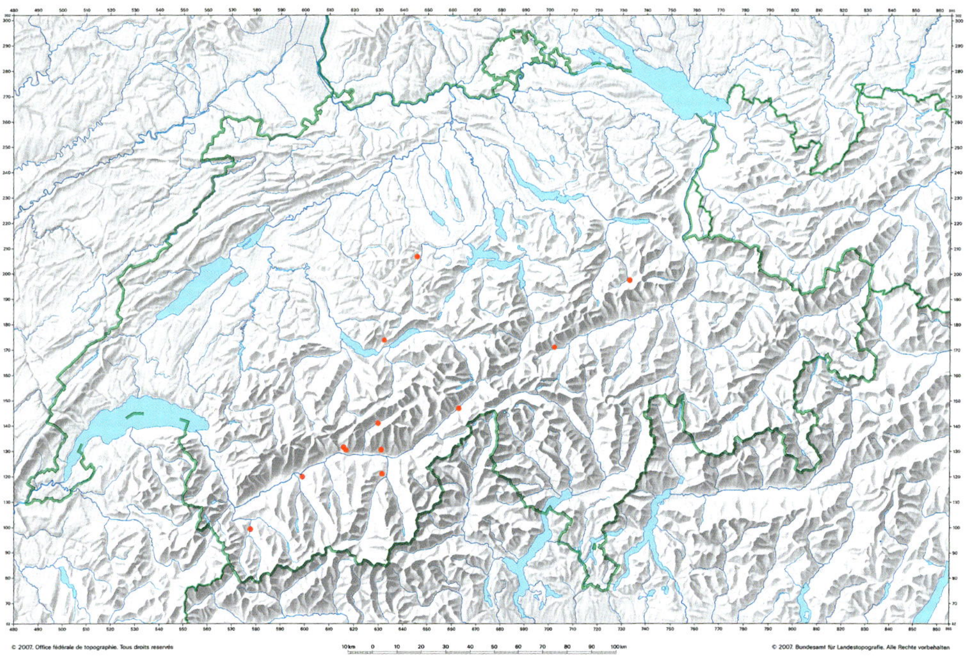

Die Ackerbohnensammlung der Genbank

Die Sammlung enthält mehrere Akzessionen aus dem Wallis. Eine Ausnahme bilden die Herkünfte Camischolas (GR), Elm (GL), Habkern (BE) und Romoos (LU). Ackerbohnen sind Kulturpflanzen, die einen grösseren Wasserbedarf haben. Sie brauchen Böden, die die Feuchtigkeit gut halten, oder aber mehr Niederschläge. Gut gediehen die Kulturen in den raueren Gegenden, wie Schons (Schams), sowie in den Siedlungen zuhinterst im Tal, wo es in der Regel auch mehr Niederschläge gibt als in der Talmitte oder am Talausgang. Eine Ausnahme von dieser Regel sind die traditionellen Anbauorte im Wallis, wie das Dorf Törbel und das Lötschental (Norbert Agten (2001). Der Anbau ist nur möglich, wenn bewässert werden kann, denn es heisst: «Zu den Pflegemassnahmen gehörte das Bewässern der Bohnen bei länger dauernden Trockenperioden. Die kargen, sehr ton- und humusarmen Ackerböden verfügten nur über ein begrenztes Wasserspeichervermögen.»

Bei Friedrich Gottlieb Stebler (1913) finden sich mehrere schöne Beobachtungen über die Walliser Ackerbohnen. Hier eine Auswahl:

> «Eine sehr wichtige Kulturpflanze, besonders in Ausserberg, ist die Grossbohne (Ackerbohne, Pferdebohne, Saubohne), die grösstenteils zur Viehmast verwendet wird. Die Bohnen gedeihen hier vortrefflich. Wir zählten an einem einzigen Stengel 35 Hülsen mit je 2 bis 4 Bohnen. Dass es eine vortreffliche Pflanze ist, sieht man schon daran, dass die Mäuse in der Scheune an keine andere Frucht gehen, solange sie Grossbohnen finden. Die Ackerbohnen sind auch eine beliebte Speise der Wildtauben und der Spechte, weshalb man auf Leiggern die Bohnen vor der vollen Reife ernten muss, weil sonst diese Vögel alles auffressen würden.»

Und weiter, Stebler (1921):

> «Viel gebaut werden die Grossbohnen (Puff, Sau- oder Pferdebohnen, Vicia faba). Sie werden zeitig im Frühjahr gesät. Ein Sprichwort heisst: ‹Im Aprillen gesät, gibt es Bohnen, im Mai gesät gibt es Bohneni›. [...] Ein blühender Grossbohnenacker verbreitet weithin einen herrlichen, süsslichen Geruch. Damit die Bohnen rascher reifen, werden die Pflanzen kurze Zeit vor der Ernte entgipfelt, eine Arbeit, die man als ‹Loiben› (Lauben) bezeichnet. [...] Die Stengel lässt man mit den Hülsen noch 8–14 Tage stehen; dann werden sie ‹geschreckt›, d. h. ausgerupft und zum Dörren auf den Vorlauben der Speicher nach Hause genommen. Später werden die dürren Bohnen ausgeklopft und hauptsächlich als Futter für Schweine benutzt. Die harten, dürren Stengel dienen im Winter als Schaffutter. Die grünen Bohnen geben, geschwellt, eine leckere Speise. Manches Sprichwort und manche Redensart weist auf die hohe Bedeutung der Grossbohnen hin.»

«Hätt i das eahner gwüsst,
Dass mi Schatz Bohne-n-isst,
So hätt i die ganze Nacht
Bohne-n-usgemacht.»

Abb. 16 Samenspektrum der Ackerbohne. In den Bauerngärten bestimmt die Bäuerin, ob die Sorte einheitlich gefärbt sein soll oder ob mehrere Farben erwünscht sind. Die Farben reichen von Cremeweiss über Grün, Grünbraun, Beigebraun bis Violett und Dunkelviolett. Die ursprüngliche kleinkörnige Varietät *minor* ist verloren gegangen. Foto: Roni Vonmoos

Von links nach rechts:

1. **Reihe:** Reckingen (VS), Camischolas (GR), Elm (GL), Elm (GL)
2. **Reihe:** Elm (GL), Reckingen (VS), Lötschental (VS), Grossbohne vom Lötschental (VS)
3. **Reihe:** Violette du Lötschental (VS), Fava de Masseràs (Nax, VS), Leigger Ackerbohne (Ausserberg, VS9), Erschmatter Grossbohne (VS)
4. **Reihe:** Puffbohne Albinen (VS), Törbjer Grossbohne, Puffbohne (VS), Schweizer Ackerbohne Liddes (VS), Schweizer Ackerbohne Liddes (VS)
5. **Reihe:** Schweizer Ackerbohne Liddes (VS), Süwböni Habkern (BE), Reckingen (VS), Romoos (LU)
6. **Reihe:** Grossbohne Ausserberg (VS)

V LEINGEWÄCHSE

Ein 6000 Jahre altes Fischernetz (verkohlt) aus Leinenfasern, Pfahlbausiedlung Hornstaad-Hörnle. IA Bodensee © Landesamt für Denkmalpflege, Regierungspräsidium Stuttgart/Yvonne Mühleis

Flachs – der Nützlichste

Der Flachs oder Lein *(Linum usitatissimum)* gehört mit Gerste, Einkorn, Emmer und Erbsen zu den ältesten Kulturpflanzen. Die drei Familien der Gräser (Getreide), Hülsenfrüchte (Erbse) und Leingewächse (Gemeiner Lein) liefern drei Hauptbestandteile unserer Ernährung: Getreide ist reich an Kohlehydraten, Erbsen enthalten viel Eiweiss und die Samen des Flachses sind reich an Fetten und an Schleimstoffen. Der Flachs spendet zudem Fasern. Aus den Fasern lassen sich Schnüre, Kleidungsstücke und Netze herstellen, mit denen man Fische erbeuten konnte. Das Leinöl spendete in der Dunkelheit Licht und es liefert die Grundsubstanz für Ölfarbe. Die Verarbeitung des Leins war auch Anlass zur Erfindung einer Vielzahl von Geräten, die dessen arbeitsintensive Weiterverarbeitung erleichterten, Webstühle läuteten die industrielle Phase ein. Das lateinische *usitatissimum* heisst «Nützlichste».

Der Flachs ist eine wunderschöne, elegante, meistens blau blühende Pflanze. Das Blau der Blütenblätter ist sehr zart, nach der Blüte fallen die Blütenblätter leise zum Boden.

Leinsamen werden heute als Zutat für Lebensmittel verwendet. Beim Einweichen der Leinsamen quellen die Schleimstoffe, die in der Schale enthalten sind, auf. Frisch geschrotete Leinsamen regulieren die Verdauungstätigkeit. Leinöl macht ca. 40 % des Gesamtgewichts aus und enthält ungefähr 90 % ungesättigte und 10 % gesättigte Fettsäuren. Die Alpha-Linolensäure, eine mehrfach ungesättigte Omega-3-Fettsäure, erreicht im Leinöl einen Anteil von 45 bis 71 %. Leinöl ist wegen seines hohen Gehaltes an ungesättigten Fettsäuren ein wertvolles Lebensmittel. Mensch und Tier sind für die Bildung des Hirns im Mutterleib auf eine ausreichende Versorgung mit ungesättigten Fettsäuren angewiesen.

Leinöl ist auch ein industrieller Rohstoff und wichtiger Bestandteil von Lacken, denn Leinöl trocknet an der Luft. Leinöl ist ein Hauptbestandteil von Linoleum. Das Wort Linoleum setzt sich zusammen aus *linum* = Lein und *oleum* = Öl. Fensterkitt enthält 15 % Leinöl und 85 % Schlämmkreide (Calciumcarbonat).

Die Stängel sind reich an Fasern, sie werden in einem aufwendigen Prozess aus den Stängeln herausgelöst und von Stängelresten befreit. Anschliessend werden sie zu feinen und trotzdem starken Fäden versponnen. In der Einleitung zum Ausstellungskatalog «Lein – Geschichte einer Kulturpflanze» schreibt die Archäobotanikerin Sabine Karg (2022b): «Je dünner die Fäden aus diesen Fasern versponnen werden, desto feiner fällt das Endprodukt aus. Im antiken Ägypten wurde der allerfeinste Leinenstoff, der den Hohepriestern und Pharaonen vorbehalten war, gewobenes Mondlicht genannt. Leinenstoffe kühlen im Sommer und wärmen im Winter. In der Zwischenzeit ist es wissenschaftlich erwiesen, dass leinene Bettwäsche einen gesünderen Schlaf garantiert.»

Flachs begleitete den Menschen als Kulturpflanze bis weit ins 19. Jahrhundert. Die Nachfrage nach Leinenfasern als Rohstoff für Gewebe ging jedoch Anfang des 19. Jahrhunderts zurück und brach am Ende des 19. Jahrhunderts ein. Leinen wurde durch Baumwolle und später auch durch synthetische Fasern ersetzt. Heute ist der Flachsanbau eine kleine Nische der Landwirtschaft.

Die Gestalt

Der Lein ist eine einjährige Pflanze, die meistens im Frühling gesät wird. Sie bildet schlanke, kräftige Stängel mit linear lanzettlichen Blättern. Der Halm verzweigt sich im oberen Bereich und schliesst mit grossen zarten, blauen, weissen oder rosa gefärbten Blüten ab (Abb. 3).

Die Zahl fünf ist die Zahl der Blütenorgane. Die Blüte zählt je fünf Kelch-, Kron- und Staubblätter. Die Kapsel setzt sich aus fünf miteinander verwachsenen Fruchtblättern zusammen, die je zwei Samen bilden. Eine Kapsel enthält maximal 10 Samen. Die Fruchtkapseln sind rund und kugelig, die

Abb. 1 Leinen, Kordel und Stoff

Abb. 2 Faserlein *(Linum usitatissimum)*, Ötztaler mit blauen und weissen Blüten, angebaut in Samedan, 1700 m ü. M., ca. 1 m hoch

Abb. 3 Lein: Blüte, junge Kapsel und verwelkte Blüte. Die Befruchtung findet meist vor dem Öffnen der Blüten statt. Die 5 Staubbeutel der Staubblätter berühren sich genau im Zentrum über den Griffeln. Dort setzen sie den Blütenstaub frei. Nach der Blüte schliessen sich die Kelchblätter zusammen und schützen die junge Samenkapsel. Diese schwillt bald darauf an.

Abb. 4 Leinsamen mit Roggenkorn. Die Samen stammen aus einem nicht mehr keimfähigen Muster einer Landsorte aus Disla bei Disentis im Bündner Oberland. Das TKG ist mit 3,3 g deutlich tiefer als die TKG-Werte der schweizerischen Genbankmuster.

Samen oval, leicht ausgebuchtet, abgeflacht und glänzend. Die Farbe der Samen variiert zwischen Gelb und Braun, sie fühlen sich fettig an. Beim Schütten fliessen die Samen, sie reiben sich kaum aneinander. Die Nährstoffe sind in den Keimblättern gespeichert (Abb. 2 und 3).

Die Halme sind in dichten Beständen nicht verzweigt. Frei stehende Pflanzen sind gedrungener, haben kräftigere Halme und verzweigen sich schon nach dem dritten Stängelblatt. Die Gestalt der Leinpflanze hat Ähnlichkeiten mit Getreide. Beim Getreide umschliessen die Blattscheiden den Halm und verleihen ihm beim Schossen Standfestigkeit. Der Flachs bekommt seine Standfestigkeit durch 20–50 Faserbündel, die in der Rindenschicht direkt unter der Epidermis eingebettet sind. Die Holzschicht, die wie die Rinde eine zylindrische Gestalt hat, liefert keine Fasern. Die Stängelblätter des Leins sind parallelnervig und haben drei Blattadern. Die faserigen Halme des Leins werden vom Wild nicht gefressen, dieses frisst ausschliesslich die Kapseln (Abb. 3).

Der Gemeine Lein ist diploid und hauptsächlich selbstbefruchtend. Die Selbstbefruchtung erleichtert die Bildung von Rassen. Die Befruchtung findet am Vormittag statt, kurz bevor die Blüten sich öffnen. Die Staubfäden sind zur Mitte geneigt und die sich öffnenden Staubbeutel befinden sich direkt über den Narben. Trotzdem gibt es gelegentlich eine Fremdbefruchtung durch Insekten. Die Blüten spenden Nektar. Die Nektardrüsen befinden sich am Grund der Staubblätter.

Lein verträgt Kälte besser als Hanf und konnte bis in den Grenzlagen des Ackerbaus angebaut werden, so zum Beispiel in Sils im Engadin und Tavetsch im Bündner Oberland.

Entstehungsgeschichte

Lein (*Linum usitatissimum* L.) ist nah verwandt mit Wild-Lein, *Linum bienne* Mill. genannt. Kreuzt man Wild-Lein mit Kulturlein, dann erhält man fruchtbare Nachkommen. Wild-Lein und Kulturlein gehören zur gleichen Art. Dementsprechend lauten die wissenschaftlichen Bezeichnungen *Linum usitatissimum* subsp. *angustifolium* für Wild-Lein und *L. usitatissimum* subsp. *usitatissimum* für Kulturlein. Der Kulturlein erhält zweimal die Auszeichnung *usitatissimum*.

Das lateinische *bienne* heisst «zweijährig», der Wild-Lein ist eine zwei- bis mehrjährige krautige Pflanze. Er kommt in Vorder- und Mittelasien und an den Küsten des Mittelmeerraumes vor, man findet ihn sogar auf den Britischen Inseln (Karg 2022). Die Art bevorzugt Grasfluren und Trockenhänge. In der Schweiz kommt die Art adventiv auf Trockenwiesen, in felsigen Hängen, auf Kalk vor. Die Pflanze wird bis zu 60 cm hoch. Die Kapseln des Wild-Leins springen bei der Reife auf. Die Kulturform, die als Springlein bekannt ist, besitzt diese ursprüngliche Eigenschaft auch. Die ältesten Funde von Leinsamen stammen aus der Zeit von 9800–9300 v. Chr. (Zohary 2012). Es gibt Hinweise, dass Flachs bereits vor 30 000 Jahren in Georgien verarbeitet wurde (Kvavadze 2009, 2010; Bergfjord 2010). Neue genetische Daten weisen darauf hin, dass der Lein wohl nur einmal domestiziert wurde; wo das war, wissen die Wissenschaftler allerdings nicht genau, möglicherweise in der Türkei. Die genetischen Daten deuten an, dass diese Domestikation im Hinblick auf die Nutzung des Leins als Ölpflanze geschah.

Der Flachs spielt seit dem frühen Neolithikum eine bedeutende Rolle in der Landwirtschaft des voralpinen Raumes (Jacomet 2007). Im Laufe des 6. Jahrtausends v. Chr. erreichte der Lein Mitteleuropa (Karg 2015). Die ältesten Samenfunde der Schweiz stammen von der Fundstelle Sevelen-Pfäfersbüel (4450–4040 v. Chr.). Im 4. Jahrtausend v. Chr. werden die Funde häufiger. In den Fundstellen der Pfahlbausiedlungen haben sich Samenkapselreste, Strohreste und Gewobenes gut erhalten. Erhalten blieben auch einfache Werkzeuge zum Spinnen.

Forscher gehen von einem regelmässigen Bezug von Saatgut aus dem Mittelmeergebiet aus. Sabine Karg (2015): «Aufgrund des Vorkom-

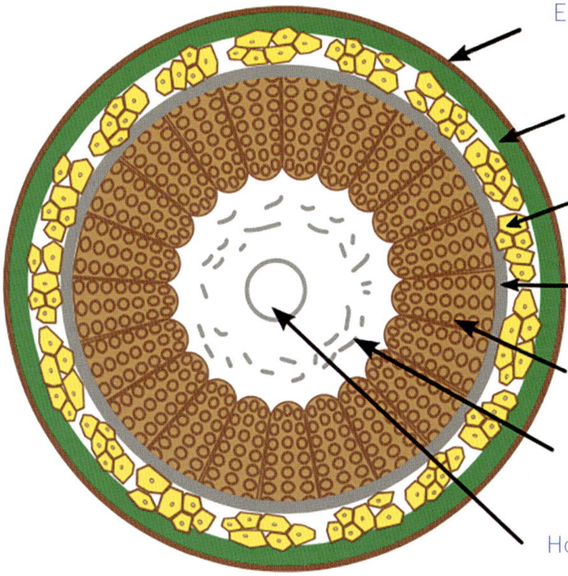

Abb. 5 Schematischer Querschnitt durch einen Stängel. Die Bastfaserbündel sind im Rindengewebe eingebettet. Diagramm: Wikimedia Commons, Maxxl2, CC BY-SA 4.0; Überarbeitung: Peer Schilperoord

mens von einigen nicht einheimischen Unkräutern in den Leinproben wird vermutet, dass das Saatgut für die Leinfelder immer wieder erneut aus dem Mittelmeerraum eingeführt wurde.»

Diese Überlegung machte im 19. Jahrhundert der Begründer der Archäobotanik Oswald Heer (1865) auch aufgrund des Vorhandenseins von mediterranen Ackerunkräutern wie der Kretischen Flachsnelke (*Silene cretica* L.) in Leinproben. Mediterrane Ackerunkrautarten finden sich nicht in den Funden des Spätneolithikums (Karg 2015). Das weist darauf hin, dass dazumal nur eigenes Saatgut verwendet wurde.

In der Zeit zwischen 4000 und 3700 v. Chr. waren die Samen deutlich grösser als jene in den späteren Funden ab 3400 v. Chr. Das weist auf einen Wechsel vom Öllein zum Faserlein. Die Ergebnisse neuerer Studien zeigen, dass einige Pfahlbausiedlungen sich im 4. und 3. Jt. bis hin zur Epoche der Schnurkeramik (2800–2200 v. Chr.) auf den Anbau von Faserlein spezialisiert hatten (Karg 2013). Sie produzierten wertvolle Handelsware. Am Ende der Jungsteinzeit und am Anfang der Bronzezeit treten wieder vermehrt grosse Samen auf und scheint die Bedeutung des Faserleins zugunsten des Ölleins zurückgegangen zu sein (Karg 2022a). Es wird vermutet, dass vermehrt Wolle für die Herstellung von Kleidung verwendet wurde. Für gewisse technische Anwendungen wie für Netze und Seile hat Flachs den Vorteil, dass er, wenn er nass wird, sich kaum dehnt, dazu ist er sehr reissfest.

Die Verarbeitung des Flachses und die Herstellung von Garn für die Jungsteinzeit und die Bronzezeit (3900–800 v. Chr.) haben Urs Leuzinger und Antoinette Rast-Eicher (2011) untersucht. Sie konnten nachweisen, dass die Flachsstränge erst seit der Spätbronzezeit gekämmt (gehechelt) wurden. Durch das Hecheln erreicht man eine Trennung von kurzfaserigem und langfaserigem Flachs. Der kurzfaserige Flachs eignet sich für die Herstellung von gröberem Gewebe. Das Hecheln lockert die Fasern, die nach dem Hecheln weicher aussehen. Die qualitativ besten Fasern bekommt man, wenn der Lein vor der Samenreife gerauft wird, wenn die Halme gelblich werden und die Blätter zur Hälfte abgefallen sind.

Flachs ist auch für den Alpenraum nachgewiesen. Im Unterengadin zum Beispiel wurde um 1880 v. Chr. Flachs in einer Höhe von 1700 m in Martinatsch bei Ramosch-Vnà angebaut (Zoller, Erny-Rodman und Punchakunnel 1996). Es ist nicht bekannt, wann die Bedeutung des Faserleins wieder zunahm, sicher ist, dass in der Neuzeit Faserlein wichtiger war als Öllein.

Sonnen-, Spring-, Kling-, Klang-, Dresch-, Faser- und Öllein

In der Literatur gibt es viele Namen für Lein, und es ist nicht immer klar, wie die Sorte aussah. Die Namen spiegeln Erfahrungen der Bauern und Bäuerinnen bei der Ernte und der Verarbeitung ihrer Pflanzen wider. Beim Sonnen-, Spring-, Kling- oder Klanglein öffnen die Kapseln sich zur Reifezeit und die Samen fallen heraus. Das Aufspringen der Kapseln erzeugt einen Ton, deswegen Kling- oder Klanglein. Das Aufspringen der Kapseln ist typisch für die Wildpflanze. Für eine Kulturpflanze kann die spontane Freisetzung der Samen ein Problem sein, weil man bei der Ernte oder beim Transport Verluste leiden kann. Beim Faserlein, bei der die ganze Pflanze vor der Samenreife aus dem Boden gezogen wird, kann kein Verlust auftreten, die Kapseln sind noch nicht reif. Die ausgezogenen Pflanzen wurden anschliessend getrocknet, die Kapseln entfernt und die Samen eingesammelt.

Die Bezeichnung Sonnenlein verwendete Johann Conrad Freyenmuth (1775–1843). Er war Regierungsrat des Kantons Thurgau (1804–1833). In der Zeitschrift «Alpina» schrieb er (1827):

> «Man unterscheidet zweyerley Arten Lein den Sonnenlein und den Dresch- oder holländische Lein. Von ersterem öffnen sich die zur Reife gelangten Saamenkapseln, durch das Aussetzen an die Sonne oder bey dem Dörren von selbst und lassen den Saamen fahren, bey letzerem aber nicht, sondern um den Saamen zu erhalten, müssen die Kapseln durch Dreschen oder Stampfen zerquetscht oder gebrochen werden.
> Der Dreschlein soll etwas ergiebiger, aber an der Qualität etwas geringer seyn, und minder schöne Waare geben, als der Sonnenlein; man hält ihn dagegen für weniger empfindlich gegen den Einfluss ungünstiger Witterung, und dass er keine strenge Auswahl des Bodens erfordere; er wird desnahen in den Gegenden, die sich für den Flachsbau weniger eignen, dem Sonnenlein vorgezogen. Ein geübter Kenner kann das Garn von jedem derselben unterscheiden.
> Man säet den Lein in drey verschiedenen Zeitpunkten: die erste Saat fällt von Anfang bis Mitte Mai, und gelangt in gewöhnlichen Jahrgängen in 9 bis 10 Wochen oder um die Mitte, oder gegen das Ende des Heumonats, zur Zeitigung. Der Dreschlein braucht gegen 14 Tage mehr Zeit als der Sonnenlein, und er kann in kalten Jahrgängen bis 14 Wochen erfordern.»

Für die dritte Saat, die nach der zweiten noch stattfinden kann, verwendeten die Landwirte Sonnenlein und nicht Dreschlein, da er in ungünstigen Jahren zu spät reifen würde. Vierzehn Tage ist für das Unterland ein grosser Unterschied, umso grösser ist er für das Berggebiet. Dort kann es schon entscheidend sein, ob eine Sorte zwei Wochen früher reift und noch vor dem ersten Schneefall geerntet werden kann. In den Grenzgebieten des Flachsanbaus wurde vermutlich nur

Sonnenlein angebaut, jedenfalls erwähnt Albert Volkart (1942) für die Gegend um Disentis noch den Anbau von Klinglein, Springlein, der bis auf 1700 m in Tschamut angebaut wurde.

Vom Dreschlein gibt es zwei Typen: Faserlein und Öllein. Die typische Ölleinpflanze bildet grössere Samen, dafür aber weniger Kapseln. 1000 Körner wiegen zwischen 9 und 15 g. Ölleinsorten sind kürzer, sie werden ca. 70 cm hoch und der Haupttrieb verzweigt sich früh. Die Ausbeute an langen Fasern ist gering. Der Faserlein kann im Feldanbau bis ca. 130 cm hoch werden, bildet kleinere Samen. 1000 Körner des Faserleins wiegen zwischen 4 und 7 g. Das Ziel des Faserleinanbaus war es, einen möglichst hohen Anteil an Langfasern zu erzielen, aus denen die teureren Stoffe gewoben werden konnten. Zwischenformen zwischen Faser- und Öllein bezeichnet man als Zweinutzungssorten.

Abb. 6 Leinsamen, subfossil erhalten, aus der Seeufersiedlung Arbon Bleiche 3 am Bodensee, um 3380 v. Chr. Hosch & Jacomet (2004). G. Haldimann, La Chaux-de-Fonds, IPNA Universität Basel

Entweder gute Fasern oder gute Samen

Die Qualität des Saatgutes ist ein entscheidender Faktor beim Gelingen des Anbaus. Sie war gerade beim Flachs ein heiss diskutiertes Thema, denn eine gute Faserqualität schliesst eine gute Samenqualität aus. Die Zusammenhänge zwischen Saatmenge, Faserqualität und Samenqualität werden regelmässig in der Literatur thematisiert, so bei Tschiffeli (1762), Freyenmuth (1827) und Läng (2001). Für eine gute Faserqualität muss man den Flachs dichter säen, die Halme werden dann schlanker, die Pflanzen strecken sich mehr. Solche Pflanzen haben aber durch ihre gegenseitige Konkurrenz zu wenig Kraft, zu wenig Wüchsigkeit, um die Samen ordentlich auszubilden. Für eine gute Samenqualität muss man den Flachs weniger dicht säen, die Pflanzen verzweigen dann mehr, sie werden kräftiger und bleiben kürzer. Die Faserqualität ist mässig, weil der Anteil an kurzen Fasern grösser ist. Die Samen aber sind grösser und gefüllter. Je kräftiger die Samen sind, desto mehr Reservestoffe finden sich in den Keimblättern und desto besser entwickeln sich die Keimpflanzen. Die Ostschweizer verzichteten auf die Produktion von eigenem Saatgut, sie bezogen ihr Saatgut aus dem benachbarten Schwaben (Freyenmuth 1827). Dort hat man sich auf die Produktion von Faserflachssamen spezialisiert. 70 Jahre später um 1900 kamen die Samen aus Pärnu (Estland), Tallinn (Estland), Riga (Lettland), aus dem Ötztal und Seeland (Holland). Die Bäuerinnen im Bündner Oberland dagegen wählten sich noch die Parzellen aus, von denen sie wussten, dass sie gutes Saatgut liefern würden (Hager 1919).

Abb. 7 Faserlein und Öllein, links die Akzession LU003, ein typischer Faserlein, 130 cm hoch, und rechts die Genbankakzession LU002, 85 cm hoch, ein typischer Öllein
V = Vermehrungsbereich der Blüten
T = Bereich der technisch nutzbaren Fasern

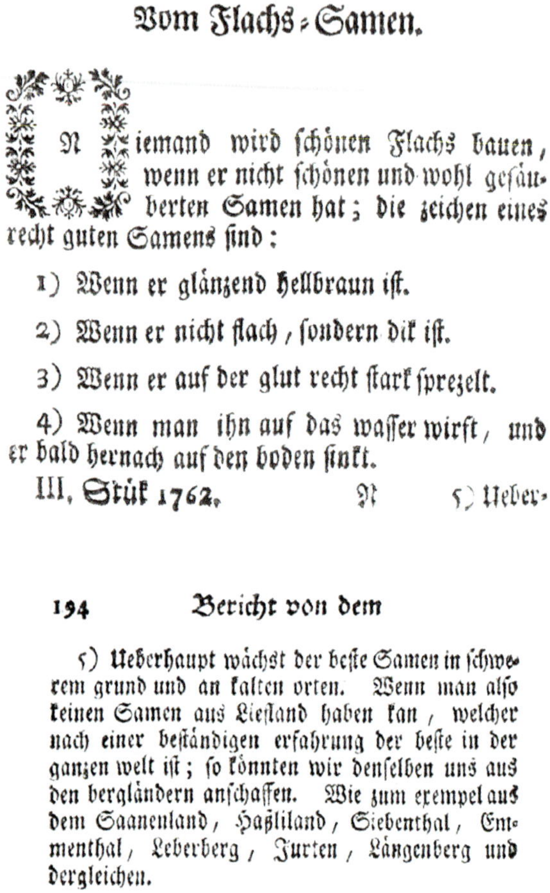

Vom Flachs-Samen.

Niemand wird schönen Flachs bauen, wenn er nicht schönen und wohl gesäuberten Samen hat; die zeichen eines recht guten Samens sind:

1) Wenn er glänzend hellbraun ist.

2) Wenn er nicht flach, sondern dik ist.

3) Wenn er auf der glut recht stark sprezelt.

4) Wenn man ihn auf das wasser wirft, und er bald hernach auf den boden sinkt.

III. Stük 1762. N 5) Ueber-

194 Bericht von dem

5) Ueberhaupt wächst der beste Samen in schwerem grund und an kalten orten. Wenn man also keinen Samen aus Liefland haben kan, welcher nach einer beständigen erfahrung der beste in der ganzen welt ist; so könnten wir denselben uns aus den bergländern anschaffen. Wie zum exempel aus dem Saanenland, Haßliland, Siebenthal, Emmenthal, Leberberg, Jurten, Längenberg und dergleichen.

Abb. 8 Es gab bestimmte Merkmale, an denen man die Qualität von Flachssamen feststellen konnte. Tschiffeli (1762): «Niemand wird schönen Flachs bauen, wenn er nicht schönen und wohl gesäuberten Samen hat, die Zeichen eines recht guten Samens sind 1) Wenn er glänzend hellbraun ist. 2) Wenn er nicht flach, sonder dick ist. 3) Wenn er auf der glut recht stark sprezelt. 4) Wenn man ihn auf das wasser wirft, und er bald hernach auf den boden sinkt. 5 Ueberhaupt wächst der beste Samen in schwerem grund und an kalten orten. Wenn man also keinen Samen aus Liefland (Estland und Lettland) haben kan, welcher nach einer beständigen erfahrung der beste in der ganzen welt ist; so könnten wir denselben uns aus den bergländern anschaffen. Wie zum exempel aus dem Saanenland, Hassliland, Siebenthal, Emmenthal, Leberberg (Jurakette), Jurten, Längenberg und dergleichen.»

Die Faserqualität wird auch durch die Düngung bestimmt. In den Gärten, die besser gedüngt sind als die Felder, hat man den Lein gestützt, sei es mit Schnüren, sei es mit verzweigten Ästen, die man zwischen die Pflanzen gesteckt hat. Der gartenmässig angebaute Lein wurde höher und gab bessere Qualitäten als der Lein von den Feldern. Dort reduzierte man die Saatdichte, um die Standfestigkeit der Pflanzen zu erhöhen, der Aufwand mit den Ästen war hier zu gross.

Gut betucht

Leinwand war teuer und als Handelsware gefragt. Der Ausdruck «gut betucht» geht auf diesen Umstand zurück. An der Aussteuer, die in die Ehe mitgebracht wurde, lässt sich ablesen, wie wertvoll der Flachs war. Ruth Läng (2001):

> «Mitte des 19. Jahrhunderts sah die stattliche Aussteuer einer ‹besseren› Braut etwa so aus: 24 Oberleintücher, 24 Unterleintücher, 24 Bettdeckenanzüge, 48 Kissenbezüge, 24 kleine Handtücher, 60 (!) Geschirrtücher, 36 Chuderhandtücher (Handzwächele aus Hächelwerg, ca. 3 Mal so gross wie ein normales Handtuch), 24 Stallhandtücher, 6 Tischtücher, Vorhangstoff für ca. 6 Fenster. Der Flachsanbau für diese ganzleinene Aussteuer benötigte ca. eine Hektare Land [...]»

Diese Menge sollte für eine Generation ausreichen.

Der Anbau von Flachs und insbesondere dessen Verarbeitung zu Fasern und Leinwand war sehr arbeitsintensiv. Die Arbeitsschritte waren: Säen, Jäten (Säubern), Stützen (Stickelen bzw. Steckeln), Raufen (Ernten), Nachreifen, Riffeln, Rotten (Rösten), wobei man unterschied zwischen der Wasserröste und der Tauröste, Trocknen über Feuer, Hämmern (Bleuen, Pochen), Brechen, Hecheln und zum Schluss Spinnen. Das Wort Rösten kommt von Rössen, was so viel heisst «wie faul machen, rotten». Jedes Jahr kann man an der Brächete in Zäziswil im Emmental die verschiedenen Arbeitsschritte anschauen.

Für die Herstellung von Leinöl wurden die Samen in der Stampfe zerquetscht. Danach wurde die Masse unter ständigem Rühren gekocht, in sackförmige Tücher eingefüllt, um anschliessend in einer Ölpresse das Öl vom zurückbleibenden Leinkuchen zu trennen. Das Öl diente als Speiseöl oder für die Herstellung von Lacken und Firnissen. Die Arbeitsvorgänge hat Pater Karl Hager (1919) einfühlsam dokumentiert.

Blüte und Ende einer Kultur

Flachs diente jahrtausendelang einerseits der Selbstversorgung mit Garn und Stoff, andererseits war Leinen ein Produkt, mit dem man gutes Geld verdienen konnte. In der zweiten Hälfte des 15. Jahrhunderts erlebt der Anbau von Flachs einen Aufschwung. Unter dem Einfluss der städtischen Gewerbe und des Handels verstärkte sich im 16. Jahrhundert die Nachfrage nach Rohstoffen weiter. Ab dem 16. Jahrhundert führte im Appenzellerland die Herstellung von Leinwand zu einer frühen Protoindustrialisierung, zu einer verdichteten gewerblichen Produktion auf dem Land (Irniger und Kühn 1997). Die wirtschaftliche Bedeutung des Flachsanbaus war gross. Die Webereien und Färbereien in der Schweiz waren auf Flachs angewiesen. Das grosse Vorbild für die Schweiz war Irland, wo der Anbau von Flachs nach 1736 nach Kräften gefördert wurde und so die Landwirtschaft wirtschaftlich voranbrachte. Eine ähnliche Entwicklung wie in Irland schwebte dem Agronom Johann Rudolf Tschiffeli (1716–1780) für den Kanton Bern vor. Er gründete 1759 gemeinsam mit Samuel Engel (1702–1784) und Niklaus Emanuel Tscharner (1727–1794) die Ökonomische Gesellschaft in Bern. Deren allererste Schriften befassten sich mit dem Anbau und der Verarbeitung von Hanf und Flachs (Tschiffeli 1760, 1762, 1763 und Tscharner 1760). Die beiden landwirtschaftlichen Höfe Kleehof in Kirchberg und Aspi bei Aarberg machte Tschiffeli zu bekannten Musterbetrieben. Die Mitglieder der Ökonomischen Gesellschaft besorgten sich für ihre Versuche Saatgut aus anderen Ländern Europas.

Die Hauptanbaugebiete in Europa, die Exportware produzierten, waren Anfang des 18. Jahrhunderts das Baltikum (Litauen, Lettland), Seeland (eine Provinz im Südwesten der Niederlande an der Mündung von Schelde, Maas und Rhein) und die belgische Provinz Flandern, südlich von Seeland. Exportware wurde damals auch in der Schweiz produziert. Eine erstaunliche Menge an Leinwand wurde in der Schweiz im oberen Thurgau, im Toggenburgischen, im Rheinthale, im Kanton Appenzell und zu St. Gallen verfertigt und weit in die Welt verschickt (Tschiffeli, 1763).

Eng verbunden mit dem Anbau von Flachs und Hanf war der Anbau von Färberpflanzen, um Leinwand zu färben. Wayd, Waid *(Isatis tinctoria)* gehört zu den Kohlgewächsen, Wouw, Wau, Färber-Wau *(Reseda luteola)* zu den Resedagewächsen und Krapp, Färberkrapp, Färberröte *(Rubia tinctorum)* ist Mitglied der Rötegewächse, früher auch Labkrautgewächse genannt. Der Anbau von Krapp zur Gewinnung des roten Farbstoffes war für einige Regionen eine wichtige Einkommensquelle.

Stefano Franscinis Statistik der Schweiz (1829) beschreibt die Bedeutung des Flachs- und Hanfanbaus:

> «Flachs und Hanf, so wichtige Pflanzen, gedeihen in vielen Teilen der Schweiz. In fast allen Gegenden derselben baut man deren hinreichend zum Landesbedarf; in mehreren Gegenden über den eignen Verbrauch. – Der Kanton, in welchem diese beiden Pflanzen wohl am besten wachsen und am meisten gebaut werden, ist das Thurgau in dem ganzen Landstrich auf dem linken Gestade des oberen und unteren Bodensees. Nicht selten sind daselbst so fruchtbare Felder, dass sie zwei Flachsernten in einem Jahre und im folgenden eine Kornernte geben. – Auch einige Teile des Kantons Bern bauen viel Flachs und Hanf; ihrerseits ermuntert die Regierung diesen Zweig des Landbaus, damit er sich ausdehne und verbessere.»

Ca. 60 Jahre nach den Veröffentlichungen von Johann Rudolf Tschiffeli hat sich die Lage der Flachsanbauer aber schon grundlegend geändert. Baumwolle wurde ab 1800 zunehmend zum Konkurrenzprodukt des Leinens. Dazu kam die fortschreitende Mechanisierung und Industrialisierung des Spinnens und Webens, die viele Arbeitsplätze kosten würde. Der Agronom Rudolf Koblet (1904–1983) stellte das Ende des Flachsanbaus mehr als 6000 Jahre nach dem Beginn des Flachsbaus fest (1963): «Der Flachs (Linum usitatissimum L.) zählt seit der Zeit der Pfahlbauer zu den Ackergewächsen unseres Landes. Die Leinwandweberei, die vom 13. Jahrhundert an in St. Gallen und in seinem Hinterland blühte, stützte sich zum Teil auf den einheimischen Flachsbau, ebenso die im 18. Jahrhundert stark hervortretende Heimindustrie der Berner Landschaft. Als Folge des Umschwungs zugunsten der Baumwolle war die flachsverarbeitende Industrie in der Ostschweiz schon in der ersten Hälfte des 19. Jahrhunderts fast völlig verschwunden; im Emmental und im Aargau hat sich die Leinenspinnerei und -weberei in beachtlichem Umfang bis heute erhalten können. [...]»

Koblet meinte noch, dass zentrale Verarbeitungsstätten wie Röstanstalten dazu beitragen könnten, den traditionellen kleinflächigen Anbau

im Emmental und Graubünden noch zu erhalten, aber die Tradition des Flachsanbaus ist aufgegeben worden. Vereinzelt wird hier und dort noch etwas Flachs und Öllein angebaut. Eine industrielle Verarbeitung der Flachsstängel findet in der Schweiz nicht mehr statt. Die letzten verarbeitenden Betriebe befanden sich im Emmental und im Domleschg. Die 2014 gegründete SwissFlax GmbH, die aktuell im Emmental Faserlein produziert, schreibt: «Die Weiterverarbeitung des Flachs, das heisst das industrielle Aufschliessen der Fasern und das Spinnen erfolgt heute im europäischen Ausland mangels vorhandener Anlagen in der Schweiz» (www.swissflax.ch/rohstoff/, 15.09.2023). Die Firma Biofarm versucht seit einigen Jahren, eine Nische für den Anbau von Öllein zu kreieren.

Sorten in der Genbank

Drei schweizerische Herkünfte, die in der Genbank erhalten sind, stammen alle aus Russland, aus der St. Petersburger Samenbank des Vavilov Instituts (VIR N.I. Vavilov All-Russian Scientific Research Institute of Plant Industry). Die drei Muster des Gemeinen Leins gelangten auf verschiedenen Wegen nach St. Petersburg. Die Akzession LU001 wurde 1987 aufgenommen. Die Akzession LU002 kam 1950 direkt aus der Schweiz nach Russland. LU003 kam 1953 via Ungarn nach St. Petersburg. Die drei Akzessionen befinden sich seit 2013 in der schweizerischen Genbank. LU steht für *Linum usitatissimum*. In der Schweiz selbst sind keine ursprünglichen Sorten wie der Springlein erhalten geblieben. Die weiss blühende Akzession LU004, ein Faserlein, war bis 2007 im Handel erhältlich.

Abb. 9 Tschiffeli (1762), ein Ornament

Abb. 10 Eine Frau beim Eingiessen der gebratenen Leinsamenpaste in das sackförmig gehaltene Tuch, unterstützt von zwei Männern. Das zusammengeschnürte Paket wird dann in den Torkel (d. h. die Ölpresse, rechts) geschoben. Sedrun, um 1917. Karl Hager © Schweizerisches Sozialarchiv Sozarch_F_5067-Fb-135)

Rätsel:
Wer bin ich?
«Grün war ich in meinen jungen Tagen,
Dann ward ich von Fürsten und Grafen getragen;
Bin ich endlich gar nichts mehr wert,
So werd ich vielleicht noch sehr gelehrt.»[28]

Abb. 11 Flachsernte durch Adrian Brügger im Emmental (26.07.2013). Die Maschine rupft die Pflanzen aus und legt sie in Bahnen ab. Hans Ramseier, Hochschule für Agrar-, Forst- und Lebensmittelwissenschaften HAFL

Abb. 12 Wenden des Flachses (03.08.2013), Rückseite der Wendemaschine. Tauröste des Flachses. Damit die Fasern sich sauber trennen lassen, müssen die Halme leicht faulen. Hans Ramseier, Hochschule für Agrar-, Forst- und Lebensmittelwissenschaften HAFL

28 Karg 2022b. Die Flachspflanzen werden grün geerntet. Leinwand ist ein kostbarer Stoff. Aus den Lumpen kann man Papier herstellen und lehrreiche Bücher drucken.

VI **MOHNGEWÄCHSE**

Schlafmohn *(Papaver somniferum)*. Am Ende des 1. Tages seiner Blüte schliesst der Mohn die Blütenblätter für eine Nacht. Die Blüte öffnet sich am nächsten Morgen noch einmal und lässt gleichentags die Blütenblätter fallen.

Gefüllter Mohn. Der Schlafziermohn ist so alt wie der Schlafmohn.

Mohn – Samen und Saft

Der Schlafmohn (*Papaver somniferum* subsp. *somniferum*) gehört zur Familie Mohngewächse (Papaveraceae). Bekannte wild wachsende Arten sind Klatschmohn *(Papaver rhoeas)* und Schöllkraut *(Chelidonium majus)*. Das lateinische *somniferum* bedeutet «Schlaf bringend». *Papaver* kommt vom lateinischen *papere*, was «aufblasen» heisst (Genaust 1983), was sich auf die Kapsel beziehen kann. Der Schlafmohn ist eine stattliche Pflanze. Als Einzelpflanze beeindruckt er durch seine aufrechte Haltung, eine Haltung, die durch die aufstrebenden fülligen Stängelblätter unterstützt wird. Der Schlafmohn ist eine der wenigen Kulturpflanzen mit dreifacher Nutzung: als Heil-, Nahrungs- und Zierpflanze.

Eine Besonderheit, die Mohngewächse mit den Korb- und den Glockenblumengewächsen gemeinsam haben, ist die Fähigkeit, Milchsaft zu bilden. Beim Schöllkraut ist er gelblich und leicht ätzend, beim Schlafmohn weisslich. Der Milchsaft enthält eine Reihe von Alkaloiden, darunter Morphin, Narkotin, Codein und Thebain. Schlafmohn ist eine segensreiche Heilpflanze, aber er kann zum Fluch werden, wenn er für die Herstellung von Rauschgift missbraucht wird.

Schlafmohn ist eine Nahrungspflanze. Die kleinen Samen sind fett- und eiweisshaltig und stark sättigend. Die Ölausbeute bei Kaltpressung liegt bei ca. 35%, der Anteil an ungesättigten Fettsäuren ist hoch (Frick, Hebeisen 2005).

Mohn ist nicht zuletzt eine interessante Gartenpflanze. Im Laufe der Jahrtausende seiner Kultivierung sind viele Zierformen entstanden. Es gibt bspw. Sorten mit gefüllten Blüten oder mit ausgefransten Blütenblättern.

Gestalt und Nutzung

Der Schlafmohn kann bis zu 1,5m hoch werden. Die breiten, blattstiellosen, oft blaugrau gefärbten Blätter zeigen schräg hinauf. Mit einer kräftigen, weisslichen Pfahlwurzel dringt er in den Boden hinein. Auffallend ist die Bewegung der

Blütenknospe vor dem Aufblühen. Am Anfang ist die Blüte kurz gestielt und steht aufrecht in einer Blattachsel. Beim Verlängern des Blütenstieles neigt sich die Blütenknospe in einem zierlichen Bogen, bis sie nach unten schaut. Dann, kurz vor dem Blühen, richtet sich die Knospe auf, «schaut kurz den Betrachter an», richtet sich weiter auf, bis sie nach oben schaut, dann sprengt sie die beiden Kelchblätter weg und entfaltet in kürzester Zeit ihre vier übergrossen Blütenblätter. Auf die Blütenblätter folgt ein Kreis mit vielen Staubblättern. Zwischen den ausladenden Blütenblättern und dem Staubblattkreis lässt die Pflanze genügend Platz für Bienen, die so an die Staubbeutel herankommen und Blütenstaub sammeln. Die Botaniker nennen diesen Blumentyp «Umlaufblume». Dieser Bereich ist durch die dunkleren Flecken an der Basis der Kronblätter gekennzeichnet.

Die Farbe variiert von Weiss mit einem violetten Basalflecken über Violett bis kräftig Rot. Die Blütenblätter fallen in der Regel nach ein bis zwei Tagen ab. Ein einzigartiges Merkmal des Schlafmohns ist seine grosse, ei- bis kugelförmige Kapsel mit den Narbenstrahlen. Die Kapsel, die aus den Anlagen mehrerer Fruchtblätter hervorgegangen ist, kann im Extremfall einen Durchmesser von 10 cm erreichen. Die für Opium angebauten Mohnsorten in Osteuropa und Asien haben die grössten

Abb. 1 Schlafmohn (*P. somniferum* subsp. *somniferum*), blühende Pflanze. Sorte: Schüttmohn Scuol. Rechts: die Blüte eines Klatschmohns *(P. rhoeas)*. Typisch für Schlafmohn sind die grossen, breiten Blätter.

Abb. 2 Schlafmohnblüte und Blütenknospe. 4 Blütenblätter bilden eine offene Schale. Die Zahl 4 ist erkennbar an den 4 Basalflecken, die zusammen im Zentrum der Blüte ein Kreuz bilden. Eine Biene läuft um den Staubblattkreis herum. In der Mitte der oberständige grüne Fruchtknoten. Die Blütenknospe, rechts am Bildrand, hat 2 Kelchblätter, diese werden beim Öffnen der Blüte abgesprengt.

Abb. 3 Schlafmohnblüte. Auffallend sind die vielen Staubblätter, die dicht gedrängt einen eigenen Ring bilden.

Kapseln, die der westeuropäischen Sorten sind bis zu 5 cm gross. Diese sind weniger geeignet für die Gewinnung des Milchsaftes.

Eine Kapsel enthält durchschnittlich 2500–4000 Samen und das Tausendkorngewicht liegt zwischen 0,3 und 0,7 g (Frick, Hebeisen 2005). Die Saatmenge des Mohnes ist mit 500 bis 700 g/ha extrem tief. Mohnsamen sind klein und kleine Samen haben wenige Reservestoffe, dadurch geht die Jugendentwicklung nur langsam voran, aber sie keimen bei tiefen Temperaturen und können so diesen Nachteil wettmachen. Eine möglichst frühe Saat (März, April) empfiehlt sich, eine Herbstsaat ist auch möglich (Frick, Hebeisen 2005). In dieser Zeit gibt es nur wenige Unkräuter, die lästig werden. Die optimale Pflanzendichte liegt zwischen 40 und 70 Pflanzen pro Quadratmeter bei einem Reihenabstand von etwa 30 cm. Mohn braucht einen fruchtbaren Boden. Das Saatbeet soll feinkrümelig und gut abgesetzt sein. Sind die Pflanzen kräftig genug, dann folgt ein schnelles Wachstum und nach anderthalb Monaten die Blüte. Die Blütezeit eines Mohnfeldes dauert nur etwa eine Woche.

Der Schüttmohn öffnet bei der Reife die Poren der Kapseln, was dann wie eine Streudose wirkt. Der Schliessmohn lässt die Poren zu. Der grosse Vorteil von Schliessmohn ist, dass man die reifen Pflanzen ohne Samenverluste bündeln und abtransportieren kann.

Mohn war und ist eine beliebte Heilpflanze. Der Milchsaft des Mohns enthält etwa 40 verschiedene Alkaloide. Je nach Sorte können die Gehalte der einzelnen Alkaloide sehr unterschiedlich sein. Als Sammelbegriff für die 40 Wirkstoffe des Opiums dient die Bezeichnung Opiate. Dazu gehören: Morphin, Papaverin, Narkotin, Codein und Thebain. Morphin ist schmerzstillend, beruhigend bis narkotisierend, dämpft den Hustenreiz und wirkt verstopfend. Papaverin entspannt die glatte Muskulatur, ist bei Asthma krampflösend (Strank, Meurers-Balke 2008). Codein ist

Abb. 4 Die Zahl der Narbenstrahlen hängt mit der Grösse der Kapsel (und der Blüte) zusammen. Die gezeigten kleinen Kapseln sind von links nach rechts 7-, 6- und 5-strahlig. Die Kapseln von kräftigen Pflanzen haben 12–13 Narbenstrahlen. Jeder Narbenstrahl entspricht einer Fruchtblattanlage.

Abb. 5 Längsschnitt durch eine Mohnkapsel. Die schweizerischen Mohnsorten enthalten nur geringe Mengen an Mohnsaft. Die durchsichtigen Bläschen sind Samenanlagen.

Abb. 6 Unreife und reife Kapsel eines Schüttmohns. Die reife Kapsel hat die Poren, die sich direkt unterhalb der Narbenscheibe befinden, geöffnet. Die Kapseln sind gestielt, die Narben der Kelch-, Kron- und Staubblätter befinden sich unter dem Stiel.

Abb. 7 Mohnkapsel einer Schliessmohnsorte. Rechts: die gleiche Kapsel geöffnet. Die Kapsel hat einen Durchmesser von 4 cm. Eine Kapsel kann 2500–4000 Samen enthalten. Die Scheidewände sind punktiert, jeder Punkt war Ansatzstelle eines Samens.

Abb. 8 Samen des Scuoler Schüttmohns. Die Samen sind nicht einheitlich gefärbt. Es gibt helle, bläuliche, braune und dunkelbraune Samen. Ein Mohnsamen wiegt zwischen 0,3 und 0,7 mg.

als Hustenmittel bekannt. Heute werden einzelne Alkaloide synthetisch hergestellt und nicht mehr aus dem Milchsaft der Pflanzen gewonnen. Es empfiehlt sich auf keinen Fall, mit dem Mohn als Heilpflanze zu experimentieren, die Risiken sind viel zu gross.

Die Entstehungsgeschichte des Schlafmohns

Schlafmohn (*Papaver somniferum* subsp. *somniferum*) ist hervorgegangen aus dem nah verwandten Borstenmohn oder Wildmohn (*Papaver somniferum* subsp. *setigerum*). Die Wildpflanze ist an den Küsten des westlichen Mittelmeerraumes zu Hause, aber man findet sie auch an der Küste Südenglands und auf den Kanaren (Zohary 2012). *Setiger* bedeutet «Borsten tragend». Die Unterschiede zwischen den beiden Unterarten sind fliessend. Aufgrund der Samengrösse oder der Struktur der Narben kann man nicht zwischen den beiden unterscheiden. Die grössten Unterschiede gibt es in der Kapselgrösse, aber die ist auch bei der Kulturform, wie wir gesehen haben, variabel. Borstenmohn ist ein Schüttmohn.

Von der Prähistorie bis in die Neuzeit

Sowohl Mohn als auch Lein lassen sich archäologisch nicht so leicht nachweisen wie Getreide und Körnerleguminosen. Die grossen Körner der Getreidearten und die grossen Samen der Leguminosen findet man regelmässig in verkohlter Form. Die fetthaltigen, kleineren Samen verbrennen dagegen in der Regel vollständig und sind dann nicht mehr nachzuweisen. Einer der frühesten Schlafmohn-Funde stammt aus der Zeit um 6000–5500 v. Chr. aus Atlit Yam, Israel. Die Samen fand man in einem Brunnen, der heute vor der Küste gelegenen ist (Jacomet, Schibler 2014). Die ersten Samenfunde in Europa sind nicht viel jünger. In Italien hat man viele Samen gefunden in staunassen Böden aus der Zeit um 5750–5150 (Zohary et al. 2012). Die frühesten Funde in Deutschland, Belgien, den Niederlanden, Polen

Abb. 9 Wilder Mohn, Borstenmohn (*P. somniferum* subsp. *setigerum*), Teneriffa. Die typische Farbe der Blüte ist Rosa mit violetten Basalflecken. Die Pflanze ist zierlicher als die Kulturpflanze.

Abb. 10 Prähistorische nierenförmige Mohnsamen von Arbon-Bleiche aus der Zeit um 3500 v. Chr. Die Samenoberfläche hat ein regelmässiges Muster. Die Körner sind 1 mm lang. IPNA Universität Basel

Abb. 11 Bronzene Mohnkopfnadel von Domat-Ems, späte Bronzezeit. Die Nadel ist 17,2 cm lang. Das Mohnmotiv war nicht ungewöhnlich für Kleidernadeln. Foto: Corina Hochholdinger, Rätisches Museum, Chur

Abb. 12 Leonhart Fuchs, Abb. eines Schlafmohns (Magsomen, *P. sativum*). Die Farbe des mittleren graublauen Blattes entspricht der natürlichen Blattfarbe. Die Blüten sind lila, weisslich oder rötlich. © ÖNB Wien: Codex 11122, 73

Abb. 13 Mohnstudien, Papaver, 1560. Gessner Historia plantarum – Universitätsbibliothek Erlangen-Nürnberg, MS 2386. 2, S. 115

(Smólsk) und Österreich (Schletz-Asparn, nordöstlich von Wien) stammen aus der Zeit um 5200 v. Chr. (Jacomet, Schibler 2014). Die bis anhin frühesten Funde von Schlafmohn in der Schweiz stammen aus dem Jungneolithikum um 4000 v. Chr. aus Sevelen (SG) (Rigert 2005). Eine weitere wichtige Fundstelle ist die steinzeitliche Siedlung Arbon Bleiche 3, die in einer heute verlandeten Bucht des Bodensees gelegen war. Sie war von 3384–3370 v. Chr. besiedelt (Jacomet 2004).

Der Mohn stand über Jahrtausende hinweg im Anbau, wie Funde aus der Bronzezeit, Eisenzeit, Römerzeit und dem Mittelalter belegen (Jacomet, Schibler 2014). Es gibt sogar Alltagsgegenstände, die die Wertschätzung belegen. Dazu gehören die bronzezeitlichen Mohnkopfnadeln, mit denen die Kleider zusammengehalten wurden.

Das Opium für Heilzwecke wurde in der Bronzezeit aus dem östlichen Mittelmeerraum nach Westeuropa importiert. Es wundert nicht, dass der Mohn bei Dioskorides und auch im berühmten «Capitulare de villis» von Karl dem Grossen nicht fehlt. Der Mohn wurde ab dem Mittelalter immer wieder abgebildet, so zum Beispiel bei Leonhart Fuchs (1542) und Conrad Gessner (1555–1565).

Mohn als Ölpflanze

Den hohen Ölgehalt des Mohnes – er enthält bis zu 50 % Öl – bemerkt man beim Zusammenquetschen der Mohnsamen, dann entsteht eine breiige, fettige Substanz. Auch mit Kaltpressungen können noch über 30 % Öl ausgepresst werden. Das Öl enthält einen hohen Anteil der mehrfach ungesättigten Linolsäure. Mohnöl weist einen feinen, leicht nussigen Geschmack auf und eignet sich daher ausgezeichnet als Salatöl (Frick, Hebeisen 2005).

Mohn als Medizinalpflanze

Bestrebungen zur Unabhängigkeit in der zweiten Hälfte des 18. Jahrhunderts findet man auch, wenn es um die Herstellung von Opium geht. Das in den Apotheken des 17. und 18. Jahrhunderts verarbeitete Opium war wie eh und je importiert. Die Ausführungen von Trommsdorff (1812) in seinem Buch über die Apothekerkunst kann man als exemplarisch für den Wissensstand in der Schweiz nehmen. Trommsdorff beschreibt, wie man feststellen kann, dass das Opium nicht mit anderen Stoffen gestreckt worden ist. Er berichtet über drei Qualitäten, je nach Art der Gewinnung.

> «[...] Man soll drei verschiedene Sorten Opium bereiten. Die eine soll durch freiwilliges Ausfliessen des Saftes aus den geritzten, noch nichzt reifen Samenkapseln fliessen, und durch blosses Austrocknen an der Luft erhalten werden. Diese Sorte soll man Affion nennen. Eine andere Sorte aber soll durchs Auspressen der Samenkapseln und Auskochen mit Wasser und Eindicken der Flüssigkeit bereitet werden; und endlich die schlechteste Sorte, oder das Meconium der Alten soll durch Auspressen und Kochen der ganzen Pflanze erhalten werden. Kehr berichtet aber, dass die grösste Menge des nach Europa gebrachten Opiums dadurch gewonnen werde, dass man die Samenkapseln, ehe sie völlig reif sind, mit einem Instrumente, welches mit drei oder fünf Spitzen versehen ist, gegen Abend ritzt. Den herausquellenden Milchsaft lässt man die Nacht durch austrocknen, und nimmt ihn des Morgens ab. Das Aufritzen an einer und derselben Fruchtkapsel wird 6 bis 8 Abende wiederholt. Endlich lässt man den gesammelten Saft an der Sonne austrocknen. [...]
> Auch haben schon Alston und Haller die Erfahrung gemacht, dass auch der bei uns gezogene Mohn einen Milchsaft in seinen Samenkapseln enthält, der beim Ritzen ausfliesst, an der Luft austrocknet, und ein dem Opim ganz ähnliches, nur nicht völlig so stark wirkendes Produkt gebe.»

Daraufhin folgt eine Überlegung, wie man auch in Westeuropa Opium wirtschaftlich ernten kann. Die Kosten des einheimischen Opiums wären aber zu hoch, auch dann noch, wenn man 10 Kinder eine Zeit von 12 Tagen mit der Ernte beschäftigt bei einer errechneten Erntemenge von einer Unze Mohnsaft pro Kind.

Mohn als Zierpflanze

Der Mohn wird wohl früh auch als Zierpflanze in den Gärten einen Platz gefunden haben. Leonhart Fuchs war jedenfalls angetan, denn er liess gar sechs verschiedene Ziermohnsorten aquarellieren.

Der Mohngraben

Es ist erstaunlich zu sehen, wie stark der Mohnanbau in Nord- und Südtirol in der Kultur verankert ist, insbesondere im Vergleich zum St. Galler Rheintal, Tessin und Graubünden. In Tirol trifft man für die Selbstversorgung auch heute noch kleine Parzellen mit Mohn an (Vogl-Lukasser 2007). In der Schweiz werden in diesem Stil nur Kartoffeln angebaut. Mohn hat in der Tiroler Küche einen hohen Stellenwert. Das hervorragende Buch von Siegfried de Rachewiltz et al. (2015) «Papaver Mohn – Der Mohn in Mythologie, Volksmedizin, Speise- und Sachkultur Tirols» konnte nur in Tirol entstehen. Auch in den Küchengerätschaften spiegelt sich diese Tradition – wo sonst findet man so viele Mohnstampfen wie in Tirol? Warum es diese Grenze gibt, ist für den Verfasser ein Rätsel, denn einen Austausch zwischen St. Gallen, Graubünden und Vorarlberg, Nord- und Südtirol hat es immer gegeben.

Die Situation vor und nach dem Zweiten Weltkrieg

Mohn wurde vor dem Zweiten Weltkrieg zur Ölgewinnung ein wenig in den Kantonen Freiburg und Waadt angebaut (Rapin 1941). 1934 gab es in der ganzen Schweiz 207 Betriebe, die Mohn und Raps anbauten auf einer Fläche von insgesamt 805 Aren. Der Bedarf an ölhaltigen Samen lag 1938 bei 68 000 Tonnen. Im Jahr 1940 hatte sich die Zahl der Anbauer gesteigert, im Kanton Freiburg gab es 577 Anbauer mit 21 ha.

Die wichtigsten Anbaugebiete in Europa waren damals die Balkanländer, Böhmen, Nordfrankreich (besonders die Départements Pas-de-Calais, Nord, Somme), Niederlande, Deutschland, und zwar entlang des Neckar, im Schwarzwald, in der Umgebung von Karlsruhe, in Thüringen, in Sachsen, in Brandenburg und Schlesien (Rapin 1941).

Die Vielfalt beim Mohn war um 1940 grösser, als sich aufgrund der angemeldeten Flächen vermuten lässt. Albert Volkart sagte 1942 anlässlich der Jubiläumstagung der Aargauischen Saatzuchtgenossenschaft im Brugg: «[...] Dagegen besteht beim Mohn noch eine Fülle von Landsorten. Wir haben uns seit dem Jahre 1936 bemüht, die wichtigsten aus den Kantonen Zürich, Schaffhausen und Thurgau zu sammeln und kultivieren auf dem Rossberg etwa 30 Stämme z.T. Schüttmohn, z.T. Schliessmohn. Leider kreuzen sie sehr leicht.»

Während des Zweiten Weltkrieges erlebte der Mohnanbau eine kurze Renaissance, er wurde 1943 auf 1313 ha von 39 933 Landwirten angebaut. Zu diesen gesellte sich noch eine hohe Zahl von Kleinpflanzern der nichtbäuerlichen Bevölkerung. Nach dem Zweiten Weltkrieg gingen die Zahlen zurück, der Arbeitsaufwand für Mohn bei gleichzeitig bescheidenen Erträgen war im Vergleich zu Raps einfach zu hoch (Koblet 1965).

Der Speisemohnbedarf lag 2012 in der Schweiz bei 114 t (Luginbühl 2013). Die erhalten gebliebenen alten Sorten eignen sich nicht für den feldmässigen Anbau, da ihre Erträge hinter den Erträgen moderner Sorten liegen. Moderne Sorten können bis zu 1,7 t/ha liefern (Frick, Hebeisen 2005). Die Genbankmuster mit den höchsten Erträgen waren Küttigen mit 0,96 und Lupfig mit 0,86 t/ha.

Die Schlafmohnsammlung der Genbank

Die Genbank enthält 33 Mohnsorten. Die Sammlung ist sehr spät entstanden – dank der Aktivitäten von ProSpecieRara –; es gab einfach keine wirtschaftlichen Anreize, die nach dem Weltkrieg noch vorhandenen Sorten zu erhalten. Reine Schliessmohnsorten fehlen in der Sammlung, und nicht alle erhaltenen Muster sind sortenrein. Vom Mohn heisst es, dass er vorwiegend selbstbefruchtend sei (Zohary 2012), aber die Erfahrungen mit dem Anbau von diversen Mohnherkünften in der Genbank von Nordtirol zeigten, dass die Fremdbefruchtungsrate beachtlich sein kann und sogar bei über 50% liegen kann (Holaus 2015). Die Kapselgrösse im Sortiment variiert zwischen sehr klein und mittelgross, die Form zwischen oval, breit oval und rund. Die Blütenfarbe ist oft nicht einheitlich. Das kann damit zusammenhängen, dass Sorten sich gegenseitig befruchtet haben oder dass es die Vorliebe der Gärtnerin war, die die Farbenvielfalt durch ihre Auslese förderte.[29] Das Gleiche gilt auch für eine uneinheitliche Kapselform. Die Blütezeit des Mohnes ist sehr kurz. Die früheste Sorte in der Wintersaat blühte 10 Tage früher als die späteste, bei der Frühlingssaat waren es 8 Tage.

29 Heistinger, 2001.

Abb. 14 Kleinparzellenversuch mit Schlafmohn (Frühjahrsanbau) 2014. Die Blüte einer Sorte dauert ca. eine Woche. Carolin Luginbühl, Agroscope, Reckenholz

VII KOHLGEWÄCHSE

Wildkohl, mehrjährig, verzweigend, weiss blühend. *Brassica oleracea* subsp. *insularis*. Isola di Brissago, 04.04.2017

KOHL – VERWANDLUNGSKÜNSTLER

Die Kohlgewächse gehören zur Familie Kreuzblütler. Der lateinische Name der Familie Brassicaceae bezieht sich auf die Gattung Kohl *(Brassica)*, zu der die Kohlpflanzen *(Brassica oleracea)* gehören. Das Adjektiv *oleracea* bedeutet «Gemüse». Die Familie Kohlgewächse kennt eine Reihe von Kulturpflanzen, darunter Meerrettich *(Armoracia rusticana)*, Rettich *(Raphanus sativus)*, Gartenkresse *(Lepidium sativum)*, Rucola *(Eruca sativa)*, Senf *(Brassica nigra)*, Raps *(Brassica napus)* und die Herbstrübe oder Räbe (*Brassica napus* var. *rapifera*). Die Kreuzblütler haben oft einen scharfen und bitteren Geschmack, der von Senfölen hervorgerufen wird. Die Senföle entstehen erst nach der Verletzung von Pflanzenteilen aus Senfölglycosiden durch Schneiden oder Kauen und regen die Verdauung an. Wir beschränken uns hier auf den Gemüsekohl. Kohlgewächse eignen sich als Lagergemüse und als Blattgemüse. Die Vorratshaltung war entscheidend bei der Entstehung der landwirtschaftlichen Kultur. Mit Vorräten überbrückt man die Zeiten im Jahr, in denen draussen nichts wächst und nichts geerntet werden kann. Die Vorratshaltung ist keine Erfindung der Menschheit. Der wilde Kohl hat eine ausgezeichnete Vorratshaltung. Der mit Mark gefüllte Stängel, die verdickten Blätter, die kräftige Wurzel sind die Voraussetzung dafür, dass die Pflanzen im Frühling, auch bei tiefen Temperaturen, schnell ihr Wachstum wiederaufnehmen können. Vertreter der Familie Kohlgewächse findet man von den höchsten Gipfeln (Steinschmückel, *Petrocallis pyrenaica*) bis zum Meeresstrand (Meerkohl, *Crambe maritima*).

Der wilde Kohl ist ursprünglich eine Pflanze der Mittelmeerküsten. Sie wächst nah am Meer, an der Sturmflutlinie, wo auch die Wilde Beete (*Beta vulgaris* subsp. *maritima*) zu Hause ist. Sie wächst aber auch weiter von der Flutlinie entfernt an steilen Hängen und an felsigen Klippen. Lange hat man gedacht, dass der wilde Kohl auch an der Atlantik- und Nordseeküste heimisch ist, denn dort wächst auch wilder Kohl. Wo und aus welchen natürlichen Populationen sind die ersten Kulturpflanzen hervorgegangen? Könnte der Gemüsekohl auch an der Atlantikküste entstanden sein? Die genetische Verwandtschaft zwischen den Kulturformen und den Wildformen aus Nordspanien, Frankreich, England, Dänemark und Deutschland ist am engsten. Man könnte also meinen, dass die Kulturformen von diesen Populationen abstammen. In den letzten Jahren hat man nachgewiesen, dass die atlantische Wildform (*Brassica oleracea* subsp. *oleracea*) aus verwilderten Kulturpflanzen hervorgegangen ist. Die als Grünabfall entsorgten Kohlpflanzen haben sich selbstständig gemacht und ihre verwilderten Nachfahren haben eine der Atlantik- und Nordseeküste angepasste wilde Form angenommen (Christensen 2011; Maggioni 2015; Maggioni 2017).

Die Analysen der historischen Schriften der Griechen und Römer zeigen klar, dass die Domestizierung im östlichen Mittelmeerraum stattgefunden hat. Halbwegs offen ist noch die Frage, welche natürlichen Vorkommen im Mittelmeerraum einen Beitrag zur Entstehung und Weiterentwicklung des Sortenspektrums geleistet haben. Denn auch im Mittelmeerraum gab es einen genetischen Austausch zwischen bereits kultivierten und wilden Formen.

Kohl war schon in der Antike ein Volksgemüse. Man konnte es das ganze Jahr hindurch anbauen und ernten. Im Winter pflückte man die Blätter, im Frühling erntete man die jungen Sprossen als Frischgemüse. Blatt- und Sprosskohle standen am Anfang der Sortenentwicklung, später kamen die Kopfkohle hinzu. Theophrastos (371–287 v. Chr.) erwähnte zwei Blattkohlsorten (Sprengel 1822). 300 Jahre später finden wir bei Plinius (23–79 n. Chr.) acht Kohlsorten beschrieben, darunter Kopfkohle und Spargelkohle und ein Vorläufer von Broccoli (Aragosti 1985). Beim Spargelkohl entfernt man die äussere Rinde des dicken Sprosses durch Schälen, wie beim Spargel (*Asparagus officinalis*), aber auch wie bei Kohlrabi. Eine besondere Bedeutung kommt der Ausgabe des Kräuterbuches «Herbarius oft Cruydtboeck» aus dem Jahr 1644 zu, verfasst von Dodoens und ergänzt und überarbeitet durch Clusius. Sie enthält das gesammelte Wissen der damaligen Zeit, kombiniert mit dem praktischen Wissen der Anbauer.

Kohl ist der Verwandlungskünstler unter den Gemüsearten. Er kann den Stängel (Stammkohl, Kohlrabi), die Blätter (Blattkohle, Federkohl), die Sprossspitze (Kopfkohl) und den Blütenstand (Broccoli und Blumenkohl) betonen. Die innere Qualität der Kohlsorten und ihr Geschmack sind sehr unterschiedlich. Zwischen dem Geschmack von Kohlrabi, Federkohl, Weisskabis, Rotkohl, Rosenkohl und Blumenkohl liegen Welten. Der Blumenkohl ist am leichtesten zu verdauen, Federkohl ist schwerer verdaulich, er braucht einen Frost. Allen gemeinsam ist, dass die essbaren Teile zart sind und nicht faserig oder gar holzig. Werden sie zu hart, eignen sie sich noch als Viehfutter, aber irgendwann sind sie auch für die Tiere zu holzig. Wenn Hirsche im Winter ein Kohlfeld abräumen, bleiben 20–30 cm hohe, ausgefranste Strünke zurück. Der Kohl könnte gar die Wurzel zum Gemüse machen, aber das ist den nah verwandten Steckrüben (*Brassica napus* var. *rapifera*) und Stoppelrüben (*Brassica rapa* var. *rapa*) überlassen.

Natürliche Standorte

Die wilde Kohlpflanze ist eine Pflanze der Mittelmeerküste. Sie wächst aber auch in steinigen Hängen, in der Macchia und auf ruderalen Standorten, die weiter von der Küste entfernt sind, so auch auf 1400 m auf der Halbinsel Sorrento in Italien (Maggioni 2015). Ziegen und Schafe fressen die Pflanzen gerne, deswegen findet man dort, wo Ziegen oder Schafe grasen, kaum Wildkohlpflanzen.

Die Küstenlinie ist nicht nur der natürliche Standort des Wildkohls, sondern auch des Meerkohls *(Crambe maritima)*. Der Name Meerkohl wurde vor 1800 versehentlich verwendet als Synonym für wilden Kohl. Meerkohl sieht aber vollkommen anders aus, obwohl er, mehr noch als der Kohl, das Meer liebt. Beete, Meerkohl und auch Rettich verlassen sich für die Ausbreitung ihrer Samen auf das Meer mit seinen Strömungen – ihre Früchte können schwimmen. Der Meerkohl bildet hohle, kugelige, einsamige Schoten. Die Fruchtwand dieser Fruchtkugeln ist sehr hart. Die mehrsamigen Schoten des Rettichs sind aufgeblasen. Noch nicht verstanden ist, wie sich der wilde Kohl ausbreitet. Die Früchte der länglichen, mehrsamigen Schoten des Wildkohls platzen in der Regel auf und setzen die Samen frei. Diese sind schwerer als Wasser. Die Samen haben keine spezielle Schwimmvorrichtung. Es gibt die Vermutung, dass Teile des Fruchtstandes mit ungeöffneten Schoten vom Sturm mitgenommen und so ausgebreitet werden.

Wilder Kohl kann wie die Beete in einer salzigen Umgebung leben. Beete und Kohl können durch Erhöhung des Gehaltes an Prolinen, einer einfachen Aminosäure, den osmotischen Wert steigern und so Wasser aufnehmen. Die Beete kann den osmotischen Druck in den Zellen auch durch eine Erhöhung des Zuckergehaltes erhöhen. Der Kohl aber kann überschüssiges Na^+, das für die Pflanze giftig ist – Salz ist ein Konservierungsmittel –, im Blatt in den Vakuolen speichern (Kumar 2015) und «entsorgen», sobald die Blätter altern und absterben.

Erstaunlich ist, wie kräftig die Pflanzen an diesen unwirtlichen, salzigen, aber auch nährstoffreichen Standorten werden. Sie können ein- bis mehrjährig sein und haben die Fähigkeit, Nährstoffe zu speichern, sei es in der Wurzel und den Blättern (Beete), in der Wurzel, den Blättern *und* im Stängel (Kohl). So können sie nach dem Winter im Frühling kräftig weiterwachsen. Wildkohl kann gar strauchartig werden.

Meerkohl, *Crambe maritima*

Der Meerkohl gehört eigentlich nicht zur Gattung *Brassica*, sondern zur Gattung *Crambe*. Meerkohl *(Crambe maritima)* ist immer mehrjährig, er wächst an den Küsten des Nordatlantiks und des

Schwarzen Meeres. Am Mittelmeer wächst er nur sporadisch an der Küste Frankreichs.[30] Er bildet einen kräftigen Wurzelstock und kräftige Blütenstände. Der Blütenstand entspringt einem kurz bleibenden, aber kräftigen Spross. Die extrem kräftigen Blätter bilden einen starken Kontrast zum stark verzweigten Fruchtstand. Die Blätter sind fleischiger als die Kohlblätter und graugrün. Meerkohl verliert im Gegensatz zum wilden Kohl zum Winter hin sämtliche Stängelblätter. Er überwintert als Wurzelstock und bildet, eher ungewöhnlich für Kohl, kräftige Überwinterungsknospen. Diese Knospen bestehen aus Knospenschuppen und einer Sprossanlage. Kohl verzichtet auf die Bildung von Knospen. Die dicht an dicht stehenden jungen Laubblätter des Kohls schützen die empfindliche Wachstumsspitze.

30 Global Biodiversity Information Centre. www.gbif.org, abgefragt am 03.12.2023.

Wildpflanzen ein- bis mehrjährig

Die Wildpflanzen bilden zunächst eine Rosette mit vielen grundständigen, gestielten Blättern. Nach unten bilden sie eine kräftige Pfahlwurzel. Sobald die Pflanzen anfangen zu schossen, zeigen die Blätter schräg nach oben und bilden einen Trichter. Die Trichterbildung hat zur Folge, dass Regenwasser, das von den Blättern aufgefangen wird, zur Pfahlwurzel abfliesst. Der Stängel ist kräftig und mit Mark gefüllt. Die Pflanzen können entweder als Rosette oder als vegetativer Spross überwintern. An der überwinternden Pflanze findet man sowohl ausgewachsene als auch junge Blätter. Im Zentrum, gut geschützt, befindet sich die Sprossspitze mit der embryonalen Sprossanlage.

Die Pflanzen können bis zu 10 Jahre alt werden. Die Stängel werden kräftiger und bilden gar Jahrringe (Snogerup 1990). Die Kulturpflanzen kennt man vor allem als krautige, ein- bis zweijährige Gewächse, es gibt allerdings auch eine mehrjährige Varietät: Strauchkohl, auch Baumkohl genannt. Diese Sorte verzichtet fast ganz auf das Blühen und ist in den Küstenregionen Englands mit ihren milden Wintern zu Hause.

Die Blütenform entspricht der typischen Blüte der Familie Kreuzblütler (Brassicaceae). Sie zählt vier Kelchblätter, paarig angeordnet und untereinander leicht versetzt, vier Kronblätter und sechs Staubblätter. Es gibt zwei äussere, kürzere Staubblätter und einen inneren Kreis mit vier Staubblättern. Der Fruchtknoten bildet eine Schote. Die Früchte können 5–10 cm lang werden und umschliessen zwei Reihen Samen. Die beiden Reihen sind von einer dünnhäutigen Wand

Abb. 1 Meerkohl *(Crambe maritima)*. Die Blüte ist vorbei, die Fruchtstände haben sich gelegt. An diesem Standort wächst auch verwilderter Kulturkohl. Die kugeligen Früchte, gelbgrün, sind noch nicht reif. Afsluitdijk (NL), 24.07.2019

Abb. 2 Meerkohl *(C. maritima)*. Knospe mit Wurzelstock und vertrockneten Blättern. Die Bildung von Knospen ist unüblich für Kohlgewächse. Afsluitdijk (NL), 03.02.2019

Abb. 3 Von links nach rechts: Kohlrabi (Blaro), Rotkohl (Amarant), Broccoli (Calibrese Natalino). Bei allen ist das Mark des Stängels verdickt. Das cremefarbene bis hellgrüne Mark speichert die Nährstoffe, die die Pflanze zur Blütezeit und Samenbildung braucht. Beim Rotkohl reichern sich die Nährstoffe zudem in den Blattstielen und -nerven der leicht sukkulenten Blätter an, beim Broccoli in den Blütenstandstielen. Die Strunkbasis zeigt in Bodennähe eine starke Verholzung, der Anteil an Mark ist gering. Alles ausser den verholzten Teilen ist essbar.

voneinander getrennt. Die Samen sind klein, bis 3,5 mm. Die Kohlpflanzen sind zu einem grossen Teil selbststeril und für die Befruchtung auf benachbarte Pflanzen angewiesen. Die Staubblätter einer Blüte sind einige Tage früher reif als der Fruchtknoten (Downey 2016).

Vielfalt der Wildformen

Die Vielfalt der Wildformen an den Küsten des Mittelmeeres ist gross, sie spiegelt sich in der Vielfalt der Kulturformen. Die folgende Zusammenstellung beruht auf den Angaben von Gladis und Hammer (2003). Kohlpflanzen können schon im ersten Jahr blühen, fruchten und absterben, sie können aber auch ausdauernd sein. Der verholzende Spross kann unverzweigt bleiben oder sich verzweigen. Seitensprosse bilden sich nah am Boden oder auch weiter oben. Die Pflanzen können dicht behaart, leicht verkahlend oder völlig kahl sein. Auch die Kelchblätter können kahl oder behaart sein. Die Grundblätter können kurz oder lang gestielt sein. Selten fehlt der Stiel, dieser kann ohne Saum oder breit gesäumt sein. Der Blattansatz der Stängelblätter kann bis zu halb stängelumfassend sein. Die Spreite ist kaum geteilt bis fiederteilig. Die Farbe der Blütenblätter variiert von Weiss über milchiges Weiss, gelbliches Weiss, weissliches Gelb bis Gelb. Manche Blütenblätter zeigen rötliche Adern. Der Blütenstand kann verzweigt oder unverzweigt sein. Die Samen weisen eine mehr oder weniger deutliche netzartige Oberflächenstruktur mit einer Maschenweite von 0,1 mm auf.

Abb. 4 Blattformen von Kohlrabi (Blaro), Rotkohl (Amarant) und Broccoli (Calibrese Natalino). Es wurde jeweils das 6. oder 7. Blatt nach dem Keimblatt genommen. Der Rotkohl (Amarant) ist eine frühe Form, die sehr schnell die Metamorphose vom Keim- bis zum Kopfblatt durchläuft.

Abb. 5 Kohlblüten. Blattkohl (var. *viridis*). Die Kelchblätter nehmen zur Blütezeit die Farbe der Kronblätter an. Die Blüten spenden reichlich Nektar.

Abb. 6 Raps *(Brassica napus)*, Schote. Raps ist nah verwandt mit Kohl, Rapsschoten sind etwas kräftiger, Raps wurde auf grössere Samen gezüchtet.

Lorenzo Maggioni et al. (2017) fanden heraus, dass es auch heute in Hausgärten in Italien üblich ist, zwischen Januar und Mai die jungen Blütensprossen bei im Herbst gesäten Blattkohlen zu ernten ('Broccolo di Paternopoli' oder 'Broccolo di San Pasquale' in Kampanien). Junge vegetative Sprossen werden auch zwischen November und Februar geerntet ('Broccolo Fiolaro di Creazzo' in Venetien).

Die Kohlgruppen

Die Aufgabe der Systematik ist es, einen Überblick zu vermitteln über die natürlichen Verwandtschaften der Arten und ihrer Unterarten. Beim Kohl ist die Lage kompliziert, weil die Wildpopulationen und die entstandenen Kultursorten miteinander interagieren können. Kulturformen können auch verwildern, dabei entstehen neue Wildpopulationen, die die auffallendsten Merkmale der Kulturform abgelegt haben. Die Frage, welche Kulturformen im Laufe der Kulturpflanzenentwicklung aus welchen Kulturformen hervorgegangen sind, ist nicht restlos geklärt. Thomas Gladis und Karl Hammer (2001, 2003) haben eine übersichtliche Gliederung der Formenvielfalt der *Brassica-oleracea*-Gruppe entwickelt. Ich habe ihre Liste ergänzt durch die Gruppe der verzweigten und blühenden Blattkohle, die den Wildpflanzen am nächsten stehen und von den alten Griechen genutzt wurden.

1. **Verzweigte, blühende Blattkohle.** Plinius der Ältere (23–79 n. Chr.) beschreibt die Verwendung dieser Sorte bei den Griechen (Bostock 1855).
   «Den Kohl [olus, caulis, brassica] welcher bei den Römern eine sehr wichtige Rolle spielt [...] finde ich bei den Griechen nicht sonderlich geschätzt. Man sät und pflanzt und schneidet ihn das ganze Jahr. Nach dem Frühjahrsschnitt treibt er gleich wieder, und diese Triebe sind noch wohlschmeckender und zarter als die Stängel selbst. [...] Nach dem ersten Triebe wachsen aus demselben Stamme noch Sommer-, Herbst- und Wintertriebe, dann wieder Frühlingstriebe, so dass die Pflanze von keiner andern an Fruchtbarkeit übertroffen, bis sich endlich ihre Kraft erschöpft.» Ausgehend von dieser Sorte entstanden die folgenden Sorten (Abb. 7).
2. **Nichtverzweigende Blattkohle**. Blätterkohl (convar. *acephala*). Diese Gruppe umfasst alle unverzweigten, zur Spross- und Blattnutzung gebauten Sippen mit ausgebreitetem, endständigem Schopf. Sie neigen nicht zur Kopfbildung. Blattkohle können fortlaufend, auch im Winter, geerntet werden.
   a var. *viridis*, **Blattkohl**, Blätter-, Futter- oder Kuhkohl. Zu dieser Gruppe gehören die bis 4 m hohen Riesen der Jersey-Kohle (Abb. 8). Das Hauptmerkmal ist die gleichmässige Anordnung der gestielten Blätter entlang der Achse und die zunächst schopfartig zusammengedrängten Blätter an der Sprossspitze.
   b var. *palmifolia*, **Italienischer Kohl**, Palmkohl. Auffallend sind die dunklen, blaugrünen, stark gewellten Blätter, die Blattränder sind stark nach unten gekrümmt. Einzelne Sorten können bis zu 2 m hoch werden (Abb. 9). Die nachfolgende Varietät *sabellica* ist nach einer Beschreibung von Plinius benannt: «Die Blätter des Sabellischen sind wunderlich kraus; er soll von allem am besten schmecken.» Wahrscheinlich hat Plinius die var. *palmifolia* gemeint, Federkohl ist viel später im rauen Norden entstanden.
   c var. *sabellica*, **Federkohl**, Braun- oder Krauskohl. Bei dieser Varietät sind die Randzonen der Blattspreite nach oben gebogen (Abb. 10). Nach Frosteinwirkung werden die Blätter als Kochgemüse verwendet. Die langen, mannshohen Sorten mit dem langen, entblätterten Stängel, endend in einen Blätterschopf, werden auch Friesische Palmen genannt. Zu der folgenden Varietät gibt es gleitende Übergänge.

- d var. *selenisia*, **Petersilienkohl**. Die Blattspreiten sind weit eingeschnitten und in fransenartigen Zipfeln endend (Abb. 11). Diese Form geht in Richtung Zierkohl.
- e var. *medullosa*, **Markstammkohl** oder Mark-Kohl. Der Spross dieses Kohls ist längs gleichmässig oder leicht keulenförmig verdickt (Abb. 12). Diese Sorte führt über zur nächsten Sorte.
- f var. *gongylodes*, **Kohlrabi**, Oberkohlrabe, Oberrübe oder Stängelrübe. Die Achse ist gestaucht zu einer länglich ovalen bis platt-kugeligen Knolle (Abb. 13). Plinius beschreibt eine Form, Pompejaner genannt, die man als Kohlrabi oder Vorstufe von Kohlrabi bezeichnen kann. «Der Pompejaner wächst schlanker; sein Strunk ist an der Wurzel dünn, und wird erst zwischen den Blättern stärker; letztere stehn zwar einzelner und sind schmaler, aber sie halten sich lange, obgleich sie von der Kälte leiden.»

3. **Lockerköpfige Kohle** (convar. *costata*). Die Achse ist mindestens etwas gestaucht, strunkartig. Die oberen Blätter etwas nach innen gekrümmt bis gekniet, dann sehr lockere Köpfe bildend. Blattrand gewellt bis kraus.
   - a var. *costata*, **Portugiesischer Kohl**, Rippen- oder Tronchuda-Kohl. Die Laubblätter sind breit oval, gross, dicht gedrängt, mit fleischigen, weissen Stielen und kräftig entwickelten, weissen Adern. Das Blatt geht Richtung Stielmangold (Abb. 14).
   - b var. *helmii*, lockerköpfiger **Zierkohl**. Wie *costata*, aber die Blätter sind stärker gewellt bis gekraust, sie können unterschiedlich gefärbt sein. Die ganze Blattspreite ist nach oben gebogen (Abb. 15).
4. **Kopfkohle** (convar. *capitata*). Die kopfbildenden Blätter überlagern sich mehr oder weniger fest. Die Form der Köpfe ist sehr variabel. Der Blattrand ist meist glatt, nie kraus. Plinius beschreibt eine lockerköpfige Sorte, den Kumaner: «Bei dem Kumaner schliessen die Blätter den Strunk ein, und der Kopf ist breit.» Und er beschreibt eine Lakuturrische Sorte, die grosse Köpfe bildet und viele Blätter hat. «Der Lakuturrische stammt aus einem aricischen Thale, wo selbst ehemals ein See war und noch jetzt ein Turm steht. Er bildet grosse Köpfe und hat zahllose Blätter.»
   - a var. *capitata*, **Kabis**, Kopfkohl mit glatten Blättern. Der Kopfkohl ist die weitverbreitete Kohlsorte. Man kennt ihn als Kappes, Weisskabis, Weisskohl, Weisskraut, Spitzkohl, Blaukraut, Roter Kabis, Rotkohl oder Rotkraut (Abb. 16 und 17).
   - b var. *sabauda*, **Wirz** mit blasig-grubig gewellten Blättern. Savoyer Kohl, Welsch- oder Wirsing-Kohl. Die Köpfe der älteren Sorten sind etwas weniger fest (Abb. 18).
5. **Verzweigte Kopfkohle** (convar. *gemmifera*). Die Seitensprossbildung ist nicht unterdrückt, die Seitentriebe sind gestaucht. Pflanzen mit zahlreichen, meist fest und kopfartig gebildeten Seitensprossen.
   - a var. *polycephala*, **Vielköpfiger Kohl**. Die Sprossachse endet wie beim Kopfkohl in einem Kopf, dazu kommen die kopfartig gebildeten Seitensprosse (Abb. 19). Sie können entstehen, wenn Kopf- und Rosenkohle nebeneinander abblühen und Samen bilden.
   - b var. *gemmifera*, **Rosenkohl**, Brüsseler, Sprossen-Kohl. In den Achseln der lang gestielten Laubblätter entwickeln sich gegen Ende der Vegetationsperiode mehr oder weniger geschlossene Köpfchen (Abb. 20). Der Rosenkohl ist eine der Sorten, die spät, in der zweiten Hälfte des 18. Jahrhunderts in Brabant, entstanden sind. Die lockeren Köpfchen erinnern an gefüllte Rosenblüten.
6. **Blumenkohle** (convar. *botrytis*). Bei den Blumenkohlen steht die Nutzung der jungen Blütenstände im Vordergrund. Genutzt wer-

den auch die gestauchten, sukkulenten, fleischigen Sprossteile des Blütenstandes. Bei primitiven Sorten ist der Sprossanteil gross, es können auch die Blätter mit gekocht und verwertet werden. Nach der Ernte der Köpfe können kleinere Köpfe nachwachsen.

a var. *italica*, **Broccoli**, Sprossen-Broccoli oder Spargelkohl. Bei Broccoli bzw. Spargelkohl sind im Unterschied zum Blumenkohl alle Blütenknospen fruchtbar. Die auffallend kräftig ausgebildeten und ergrünten Kelchblätter fallen nach der Blüte häufig nicht ab (Abb. 21). Die Anfänge des Broccoli reichen zurück in die Römerzeit. Winter-Broccoli, der in Gegenden mit milden Wintern überwintert, treibt im Frühling seine Blütenstände und liefert das erste Frühlingsgemüse. Die Sprossen lassen sich wie Spargel nutzen.

b var. *romanesco*[31], **Romanesco**. Die Köpfe fallen durch ihre strenge, regelmässige Struktur auf. Diese Struktur zeigt die für die vegetative Pflanze typische, spiralige Grundanordnung der Seitenorgane. Der Gestalt nach steht Romanesco zwischen Broccoli und Blumenkohl. Die Blütenbildung wird länger zurückgehalten als beim Broccoli, aber nicht aufgehalten wie beim Blumenkohl. Romanesco hat erst in den 1990er-Jahren Frankreich, Deutschland und die Schweiz erreicht.

c var. *botrytis*, **Blumenkohl**, Käse-Kohl, Karfiol. Der junge Blütenstand ist gestaucht, fleischig verdickt, und bildet eine geschlossene, kompakte, kopfartige «Blume». Mehrzahl der Blüten rudimentär, fleischig deformiert (Abb. 22). Die erste Beschreibung von Blumenkohl findet sich im 12. Jahrhundert bei Ibn al-ʿAwwām, «Kitāb al-Filāḥa» (Buch über Landwirtschaft). Ibn al-ʿAwwām verwendet das arabische Wort *qarnabit*, das Blumenkohl bedeutet. Er nennt diese Sorte auch Syrischer Kohl (Cubero 2002, zitiert nach Maggioni 2015). Es gibt diese Sorte in zwei Formen, die eine ist geschlossen, die andere offen, mit einem Kopf, der sich in mehreren Ästen aufgliedert.

7. **Verzweigte Blattkohle** (convar. *fruticosa*)

a var. *ramosa* (verzweigt), **Strauch-Kohl, Ewiger, Stauden- oder Tausendkopf-Kohl** (Abb. 23). Gladis und Hammer beschreiben diese Varietät als «reich verzweigte, kräftig entwickelte Pflanze mit durch die Fülle der Laubblätter fast verdecktem Achsenaufbau. Blätter und junge Sprosse als Gemüse, sonst Futterpflanze. [...] Überwiegend grüne Formen, die sehr selten blühen und ausschliesslich vegetativ vermehrt werden. In küstenfernen Gegenden Mitteleuropas nicht winterfest. In Nord- und Mitteleuropa nur noch vereinzelt im Anbau. Bis Ende des 19. Jahrhunderts im Rheinland und in der Eifel noch verbreitet, heute sehr selten geworden.»

In jeder Gruppe kann man neben grünen Typen auch rote erwarten, frühe Sommersorten und späte Wintersorten, kleine und riesige Sorten. Der Riesenkohlrabi, eine Sorte des 19. Jahrhunderts, kann bis zu 10 kg schwer werden, und beim Kopfkohl gibt es die Klasse der Schwergewichte, der Zentnerkabisse, und gleichzeitig die Klasse der Zwergkohle. Den Zentnerkabis findet man nicht im Gemüseladen, dort setzten sich die Zwergkohle durch.

31 Var. *romanesco* ist kein wissenschaftlich anerkannter Name. Ich habe ihn hier eingeführt, weil die Unterschiede zum Broccoli und zum Blumenkohl sehr gross sind und Romanesco nicht zu einem von beiden gezählt werden kann. Gladis und Hammer haben die Varietät noch nicht erwähnt.

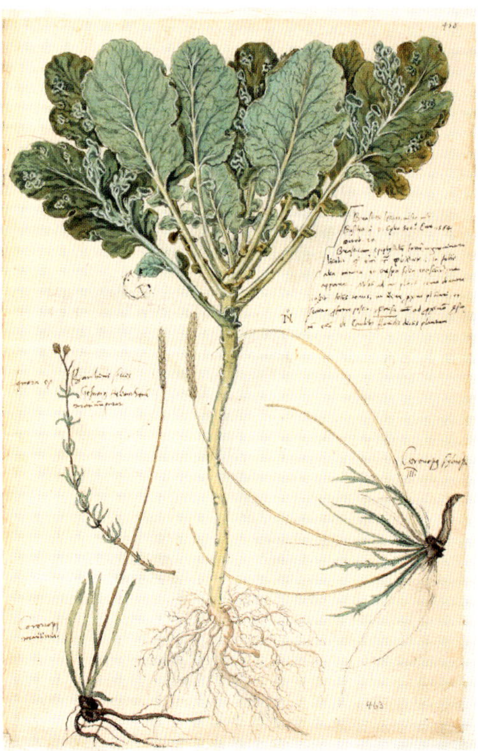

Abb. 7 Zamer kleiner Kol, Blattkohl mit Seitensprossen (var. *viridis*). Fuchs, 1542. © ÖNB Wien: Codex 11121, 41

Abb. 8 Blattkohl, Futterkohl (var. *viridis*). Auf den Blättern gibt es blattähnliche Auswüchse, siehe Detail. Gessner Historia plantarum (1564) – Universitätsbibliothek Erlangen-Nürnberg, MS 2386. 2, S. 458

Rechte Seite:
Abb. 9 Italienischer Kohl, Palmkohl (var. *palmifolia*). Die Blattränder sind nach unten gebogen. Fuchs, gemalt 1555–1564. © ÖNB Wien: Codex 11121, 61

Abb. 10 Blattkohl, Federkohl (var. *sabellica*). Die Blattränder sind nach oben gebogen. Fuchs, 1542. © ÖNB Wien: Codex 11121, 43

Abb. 11 Blattkohl, Petersilienkohl (var. *selenisia*). Die Blätter sind petersilienblattartig gefiedert. Dodoens, 1583

Abb. 12 Markstammkohl (var. *medullosa*), genutzt als Futterpflanze. Der Stängeldurchmesser kann bis zu 10 cm betragen. Lund und Kiærskou, 1884

ASICA SATIVA CRISPA EX MAIO-
VS FOLIIS ALIA MINORA
TERA
Zamer krausser köl auß welches
grossen bletern kleine entspringen,
der ander

43.
BRASICA, ALTERA, SIVE CRISPA
SATIVA
VULGARIS
gemainer
Zamer, krauser oder
II.

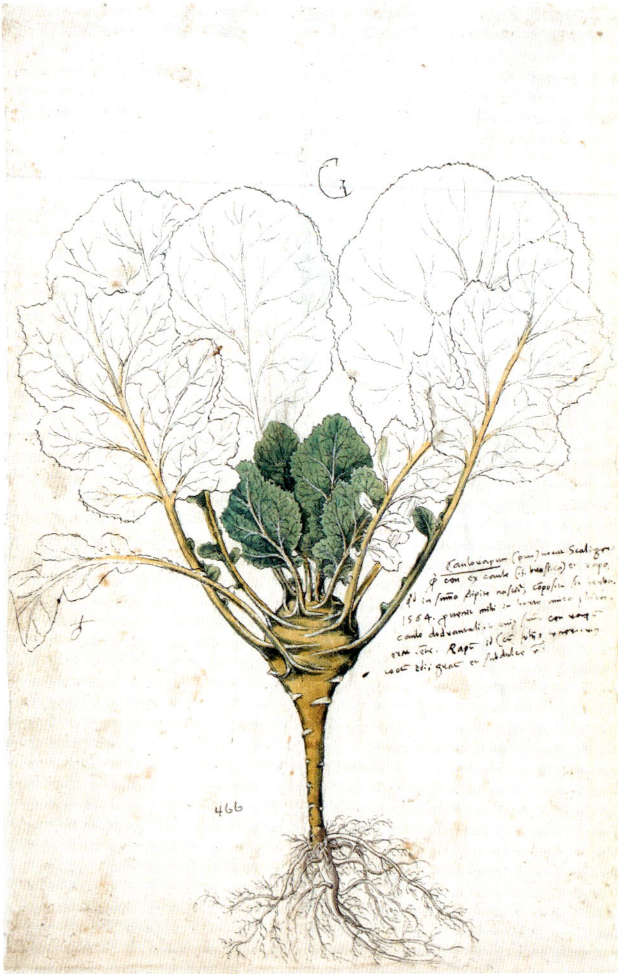
G
466

Linke Seite:

Abb. 13 Kohlrabi *gongylodes*. Gessner Historia plantarum (1564) – Universitätsbibliothek Erlangen-Nürnberg, MS 2386. 2, S. 461

Abb. 14 Lockerköpfiger Rippenkohl (var. *costata*). Lund und Kiærskou, 1884

Abb. 15 Blätter eines lockerköpfigen Zierkohls (var. *helmii*). Blätter wie *costata*, aber sie sind stärker gewellt bis gekraust, sie können unterschiedlich gefärbt sein. Die ganze Blattspreite ist nach oben gebogen. Lund und Kiærskou, 1884

Rechte Seite:

Abb. 16 Weisser Kopfkohl (var. *capitata*). Die Blätter bedecken den Kopf zur Hälfte. Fuchs (1542), gemalt 1536–1541. © ÖNB Wien: Codex 11121, 47

Abb. 17 Roter Kopfkohl (var. *capitata*). Fuchs, gemalt 1555–1560. © ÖNB Wien: Codex 11121, 51

Abb. 18 Wirsing oder Savoyerkohl (var. *sabauda*). Dodoens, 1583

Brassica Capitata
Anno 1582

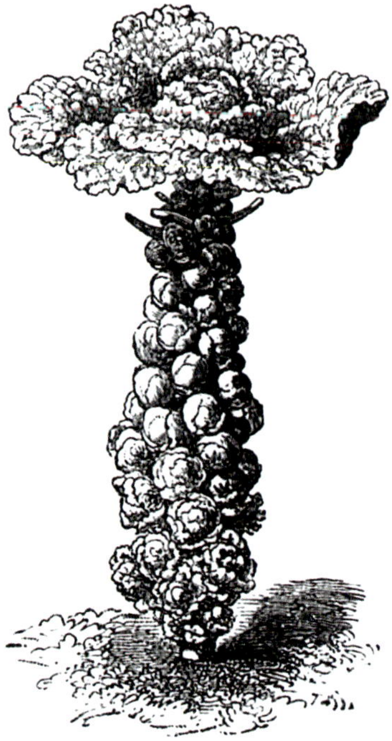

Hauptsache:
Natur- &
Kulturlandschaft
Schweiz

Linke Seite:

Abb. 19 Verzweigter Kopfkohl (var. *polycephala*), ein Vorläufer von Rosenkohl. Die kleinen Köpfe sind alle gestielt. Gessner Historia plantarum – Universitätsbibliothek Erlangen-Nürnberg. MS 2386. 2, S. 508

Abb. 20 Verzweigter Kopfkohl, Rosenkohl (var. *gemmifera*). Damit die obersten Sprossen gross genug werden, war es üblich, die Sprossspitze zu entfernen. Lund und Kiærskou, 1884

Abb. 21 Broccoli (var. *italica*). Links: eine lockerköpfige Sorte im Erntestadium. Rechts: eine blühende Pflanze. Der gedrungene Blütenstand ist typisch für Broccoli. Lund und Kiærskou, 1884

Rechte Seite:

Abb. 22 Blumenkohl (var. *botrytis*), eine der ersten Abbildungen von Blumenkohl. Fuchs, gemalt um 1560. Angepflanzt in Tübingen, ursprünglich aus Zypern. © ÖNB Wien: Codex 11121, 53

Abb. 23 Strauchkohl, Ewiger Kohl, Stauden-Kohl (var. *ramosa*). mehrjährig, kaum blühend, Vermehrung vegetativ. Gessner Historia plantarum (1564) – Universitätsbibliothek Erlangen-Nürnberg, MS 2386. 2, S. 453

Die Verwandlung des Blütenstandes

Es gibt keine Kulturpflanzen, ausser Kohl, die den gesamten Blütenstand mit all seinen Verzweigungen verwandeln und zur Frucht machen können. Der Blütenstand ist ein übergeordnetes Organ mit Stängel, Blatt und Blüte. Wie geht die Verwandlung vonstatten?

Die Kohlpflanze trennt klar zwischen der vegetativen, stängelblattbetonten Phase und der generativen, blütenbetonten Phase. Die Pflanze reguliert mithilfe einiger weniger Schaltergene die Phasenübergänge. Mutationen in diesen Genen führen zu grossen Änderungen der Gestalt. Beim Übergang von der vegetativen in die generative Phase wird aus dem Sprossmeristem, aus dem bis dahin die Sprossachse und die Blätter hervorgegangen sind, ein Infloreszenz- oder Blütenstandsmeristem. Die Seitensprosse erster Ordnung können ihrerseits Seitentriebe zweiter Ordnung bilden. Diese können Seitensprosse dritter Ordnung und diese wiederum sogar noch Seitensprosse vierter Ordnung hervorbringen. Die Bildung von Seitensprossen wird schlussendlich unvermittelt durch die Bildung von Blütenanlagen ersetzt (Abb. 24).

Bei Broccoli verläuft die Entwicklung mehr oder weniger normal, mit der Ausnahme, dass das Streckungswachstum des Sprosses und die Entfaltungsgeschwindigkeit der Blüten gehemmt sind. Beim Romanesco setzt die Missbildung früher in der Entwicklung der Pflanze an. Das Sprossmeristem vergrössert sich stark, der sich wiederholenden Bildung junger fertiler Seitensprossanlagen werden keine Grenzen gesetzt. Das Sprossmeristem der Seitensprosse ist ebenfalls stark vergrössert, kontinuierlich werden Seitensprosse veranlagt, die ihrerseits ebenfalls ein vergrössertes Meristem haben. Die eigentliche Blüte lässt auf sich warten. Beim Blumenkohl verläuft die Bildung der blütenbildenden Seitensprosse normal, aber die Bildung der Blüten selbst ist gestört. Normalerweise verzweigt eine Blüte nicht, beim Blumenkohl entstehen in der Blütenanlage weitere Blütenanlagen, die ihrerseits auch wieder Blütenanlagen bilden. Die Bildung der typischen Blütenorgane der Kron-, Staub- und Fruchtblätter unterbleibt. Ganz spät in der Entwicklung beim Schossen des Blumenkohls bilden sich einige wenige Blüten, ca. 10 % gelangen unter idealen Bedingungen zur vollkommenen Ausbildung, blühen und bilden Samen. Aus diesem Grund ist das Saatgut von Blumenkohl um ein Vielfaches teurer als das der anderen Sorten.

Smith und King (2000) konnten nachweisen, dass Blumenkohl in Süditalien entstanden ist. Es gibt aber auch die Möglichkeit, dass Blumenkohl noch an einem anderen Ort entstanden ist. Die Angaben von Dodoens (1644) und Gladis und Hammer (2003) weisen auf eine zypriotische Herkunft hin. Die frühe Nennung des Blumenkohls in der arabischen Literatur deutet ebenfalls auf eine Entstehung im östlichen Mittelmeer hin. Sulzer (1750) berichtet gar von Blumenkohlsaatgut aus Zypern, das besser sei als jenes aus Italien: «Cardifiol oder Blummen-Kohl (Brassica cauliflora) liebet fetten, sandigen Grund; der beste Saamen kommt aus Cypern, ist braun, roth, gross und rund, da hingegen der Italienische, welcher sehr gern pfleget aufzuschiessen, und auf allen Seiten auszuschlagen, bleich - braun, klein, körnicht und dürr ist.»

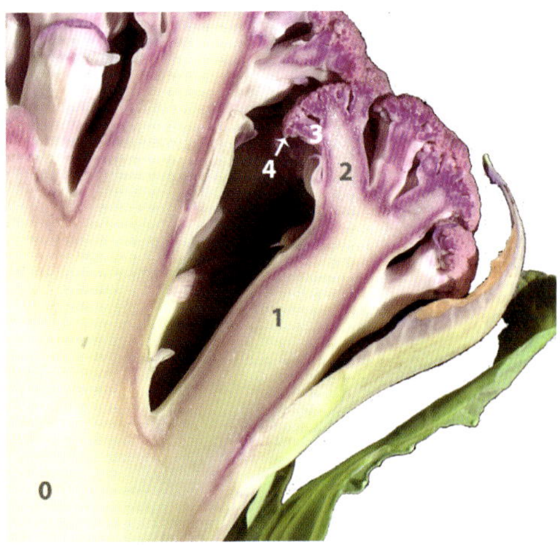

Abb. 25 Der Blütenstand als Gemüse; oben, im Uhrzeigersinn: Broccoli, Romanesco, Blumenkohl weiss und Blumenkohl lila. Die kegelförmigen Wölbungen beim Romanesco deuten einzelne Blütentriebe an.

Abb. 26 Details von Broccoli, Blumenkohl und Romanesco. Beim Broccoli sind die dunklen Kelchblätter erkennbar, beim Blumenkohl sieht man die embryonalen Blütenanlagen, beim Romanesco die veranlagten Blütentriebe. Das Licht spiegelt sich in den ungewöhnlich grossen, glatten Sprossmeristemen.

Abb. 27 Broccoli, Romanesco, Blumenkohl, Längsschnitt durch einen Teil des Kopfes. Beim Broccoli sind die gestielten Blüten erkennbar, die jüngsten sind heller. Blüten und Seitensprosse sind veranlagt, das Streckungswachstum, das jetzt stattfinden sollte, ist gehemmt. Beim Romanesco fällt das extrem vergrösserte Meristem auf und wie junge Seitensprosse ausgegliedert werden. Die Anzahl Seitensprossen ist erhöht. Beim Blumenkohl fallen die rudimentären Blüten auf, die Anzahl Blütenanlagen ist erhöht.

Abb. 24 Blumenkohl, Längsschnitt durch einen Teil des Kopfes. Der Hauptspross (0) verzweigt sich 4-mal, genauso oft verzweigt sich der Blütenstand des Wildkohls. Der violette Farbstoff befindet sich in den Gefässbündeln und den noch embryonalen Blütenknospen.

Entstehung der Kulturformen

Wildkohl ist zweifellos gesammelt worden, auch wenn archäobotanische Funde, die diese Aussage belegen können, fehlen. Kohl fängt bereits früh im neuen Jahr an zu wachsen, die überwinterten jungen oder auch älteren Pflanzen liefern als eine der ersten Wildpflanzen nach dem Winter die lang ersehnten frischen Sprossen und Blätter. Die gleiche Pflanze kann mehrere Ernten liefern. Es ist deshalb nicht verwunderlich, dass der Kohl den Weg in die Gärten gefunden hat.

Der Kohl war bei den Griechen noch nicht so allgemein wie bei den Römern, aber Theophrastos (um 371–287 v. Chr.) beschreibt bereits kraus- und glattblättrigen Kohl. Der weitverbreitete Anbau der Blattkohle zur Zeit der Römer schaffte die Voraussetzung für die Entstehung von Stammkohl, Kopfkohl und Broccoli. Für ihre Entstehung braucht es eine räumliche Isolation der Samenträger, der Kohl ist ein Fremdbefruchter. Der Gärtner kann sämtliche Sorten bei sich im Garten haben, aber der Samenproduzent muss die Sorten strikt trennen. Die Klassifizierung von Plinius (23–79 n. Chr.) zeigt, dass die von ihm beschriebenen Sorten in unterschiedlichen Gegenden entstanden sind. Plinius benennt die verschiedenen Sorten nach ihren Herkunftsregionen: Tritianer, Kumaner, Aricische, Pompejaner, Bruttische, Lakuturrische und schlussendlich noch eine Küsten-Kohlsorte, Halmyridon genannt. Manche seiner Sorten sind leicht zu identifizieren. Für eine Übersicht über die verschiedenen Interpretationen von Plinius' Text siehe Schilperoord (2020).

Die Römer praktizierten bereits das Vorziehen und Verpflanzen von Kohl. Columella († um 70 n. Chr.) schrieb (Lenz 1859):

> «Hat die junge Kohlpflanze (brassica) Blätter getrieben, und soll versetzt werden, so bestreicht man ihre Wurzel mit flüssigem Mist, und legt 3 Streifen von Seetang darum, ehe man sie einpflanzt; hierdurch wird bewirkt, dass später die Blätter beim Kochen, auch ohne Zusatz von Soda, grün bleiben. In kalten Gegenden und in denen wo es oft regnet, verpflanzt man den Kohl am besten um Mitte April. Ist die Pflanze eingesetzt und haftet, so wächst sie um desto kräftiger, je öfter der Gärtner behackt und düngt, desto dicker werden die Stengel (coliculus) und Sprossen (cyma). [...]»

Bemerkenswert ist die Verwendung von Seetang, der wird bei Sturm dort angeschwemmt, wo Wildkohl wachsen kann. Kohl war ein Volksnahrungsmittel, wie Columella in einem Nachsatz bestätigt: «der Kohl ist genauso wichtig für die Armen wie für den arroganten König».

Die Neuzeit 1500–1900

Die Bücher, die nach der Entdeckung der Buchdruckkunst erscheinen, geben im Laufe einiger Jahrzehnte eine immer detailliertere und reichlicher illustrierte Übersicht über die Vielfalt der Kulturpflanzen. Die ersten Autoren wie Brunfels und Fuchs beschreiben die häufigsten Sorten und ihre Verwendung in der Medizin. Die späteren Autoren beziehen sich auf ihre Vorgänger und ergänzen sie mit zusätzlichen Kulturformen. So finden wir bei Brunfels (1537) drei, bei Fuchs (1542) vier, bei Dodoens (1563) acht und bei Daléchamps (1587) zwölf Kohlsorten beschrieben. Die Bücher von Rembert Dodoens schlagen eine Brücke von der heilkundlichen und botanischen Betrachtung der Kulturpflanzen zur landwirtschaftlichen Praxis.

Otto Brunfels

Der Arzt, Theologe, Humanist und Botaniker Otto Brunfels (1488–1534) veröffentlichte in seinem «Contrafayt Kreüterbuch» (1532–1537) die Abbildung eines Kopfkohles (Kappes), er beschreibt drei Hauptsorten.

«Kappeskraut findet man gemeynlich dreyerley. Ettlich klein rotkrauss. Ettlich mit breyteren bletteren / Kohl genannt. Und das dritt geschlecht so wir das Weisskraut nennen. Seind alle drey under dem latinischen namen Brassica begriffen. Der weiss Kappes wechst in grosse köpff / ist nitt einer gesunden art / würt zu eim Sumpest yngelegt. Ist sunst in der arzney nit bräuchlich.»

Brunfels bezieht sich, wenn er schreibt, dass der Weisskohl zu einem Sumpest eingelegt wird, auf die Herstellung von Sauerkraut. Brunfels erwähnte den Blumenkohl noch nicht. Auch Leonhart Fuchs erwähnte ihn 1542 noch nicht. Erst Dodoens, der die Arbeit von Fuchs fortsetzt, beschreibt und bildet den Blumenkohl ab.

Tabernaemontanus und Caspar Bauhin

Theodor Jacobus Tabernaemontanus (1522–1590) und der Basler Botaniker Caspar Bauhin (1560–1624) teilen die Sorten in dem «Neu vollkommen Kräuter-Buch» (1614) nach ihrer Gestalt ein, die Farbe ist zweitrangig.

> «Es seyn sehr viel von mancherley Art der Köhlkräuter / dann bey nahe kein Landschafft ist / welche nicht ihre besondere Art von Kohlen wachsen hat. Es werden aber die vorgestellte Köhlkräuter in zwey Geschlecht abgetheilet / deren etlich zahm seyn / etliche wild. Der zahmen seyn fürnemlich viererley / ettliche glatt / ein Theil krauss / etliche werden genennet Kappeskohl: Etliche Blumenkohl. Die glatten seyn zweyerley / etliche grünweiss / wie die zwei erste Kohlkräuter / etliche rot.»

Darauf folgt die Beschreibung der verschiedenen Sorten und auch eine Beschreibung von Kohlrabi, auch Rübenkohl genannt.

Herbarbelege

Für die Taxonomie sind Herbarbelege sehr wichtig. Sie ermöglichen eine exakte Sortenbestimmung und dienen als Referenz bei der Namensgebung. Sie können auch genetisch untersucht werden. Das Herbar von Caspar Bauhin ist einzigartig, weil es zu den ältesten weltweit zählt, es enthält zwei Belege von Kohl. Der eine Beleg zeigt zwei Blätter des Petersilienkohls, var. *selinisia*. Der andere Beleg zeigt zwei Blätter, die den Blättern eines Zierkohles var. *helmii* ähnlich sind. Offensichtlich hat Bauhin auffallende, weniger häufig angebaute Sorten gesammelt.

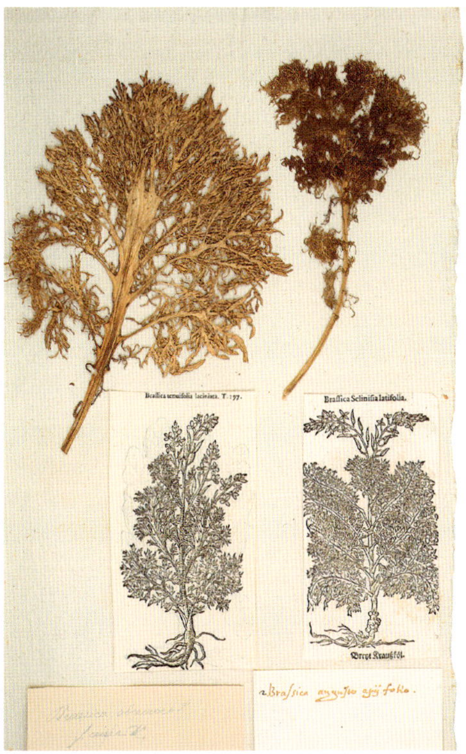

Abb. 28 Convar. *acephala* var. *selenisia*, Petersilienkohl. Herbarbeleg von Caspar Bauhin. Die Blattaderung beim linken Blatt ist gebändert. Die Bänderung entsteht, sobald das Wachstum des Blattmeristems zu wuchern beginnt. Die Abb. unten links ist von Dodoens (s. Abb. 11), jene rechts «Breyt Kraußkol, Brassica Selinisia latifolia» von Tabernaemontanus, 1590. Auf dem Zettel unten rechts steht: *Brassica angusto apiifolia*. Herbarbeleg: Caspar Bauhin, Universität Basel, DUW B07-079

Dodoens

Eine vergleichbare Bedeutung wie Plinius für das Verständnis der Sortenentwicklung nach Christi Geburt hat 1500 Jahre später Dodoens (1516/1517–1585). Dodoens berücksichtigte die Autoren der Antike wie Plinius und die Werke seiner Zeit. Sein «Cruydt-Boeck» (1554) war lange Zeit ein Standardwerk (siehe Anhang Quellen). Besonders wertvoll ist die überarbeitete und erweiterte Ausgabe von 1644.

Das allererste Merkmal für die Einteilung der Kohlsorten ist bei Dodoens die Farbe der Blätter und nicht die Grundgestalt der Pflanze. Er fängt an mit fünf roten Geschlechtern und schliesst mit fünf weissen (Formen). Jedes Geschlecht wird ausführlich beschrieben. Die folgende Einteilung ist von Dodoens, ergänzt mit der Bezeichnung der Varietät.

Grosser roter Kohl, Blattkohl, *var. viridis; Roter Kopfkohl, Rotkraut, var. capitata; Roter Blattkohl,* Gekronckelde Koole. Blätter tief eingeschnitten, Blattränder kraus. var. *sabellica*; Roter Blattkohl, noch stärker eingeschnitten, Ghehaeckelde Koole. var. *selenisia*.

Weisskraut, Weiskabis, var. *capitata;* Savoyer Kohl, Wirsing, var. *sabauda;* Blumenkohl, var. *botrytis;* Kohlrabi, var. *gongylodes;* Palmkohl, Swarte koole, var. *palmifolia*. Dieser Kohl wird höher als alle anderen, die Blätter sind breit, uneben, gerunzelt und dunkelgrün gefärbt.

Saatgut von Kohl wurde international gehandelt. Die Saatgutproduktion von frostanfälligen Sorten beschränkte sich zunächst auf Südeuropa, auf Italien. Im Norden entwickelten sich die frostresistenten Sorten wie Federkohl und Rosenkohl. In Flandern importierte man aus dem Ausland Samen von Wirsing, Kohlrabi und Palmkohl. Blumenkohlsamen kamen sogar aus dem fernen Zypern.

Bei Daniel Rhagor (1639) erfahren wir, dass Wisslispurg (Avenches), südwestlich vom Murtensee gelegen, ein Zentrum des Kabisanbaus war. Avenches war zur Römerzeit die bedeutendste Stadt auf Schweizer Boden, und die Römer werden wohl bereits dazumal Kohl in Avenches kultiviert haben.

Rudolf Kull – der praktische Gemüsebau

Rudolf Kull beschreibt für die Gemüsezüchtung am Beispiel der Blumenkohlsamen, wie sich die Zeiten geändert haben. Bis ins 18. Jahrhundert kamen die Blumenkohlsamen für West- und Mitteleuropa aus dem Mittelmeerraum. Es war schwierig für die Kohlzüchter in der Bretagne, England, Belgien, Holland und Deutschland, Samen zu ziehen. Einerseits ist die Blütenbildung beim Blumenkohl gestört – er bildet weniger Blüten, der Samenertrag ist deutlich tiefer –, andererseits ist der Blumenkohl mit den dichten Köpfen anfälliger für Fäulnis, es braucht ein trockenes Klima, dazu kommen Schwierigkeiten bei der Überwinterung der Pflanzen, denn Blumenkohl ist weniger frosthart. Gut 100 Jahre später ist man nicht mehr angewiesen auf Saatgut aus Italien oder Zypern. In seinem Lehrbuch «Der praktische Gemüsebau» listet Rudolf Kull (1871, zweite Auflage 1876) die sich damals bewährten Sorten auf, die alle nördlich der Alpen gezüchtet wurden. Vom Blumenkohl

> «sind rühmlich bekannt: der frühe Salomon- und der frühe Haagesche Zwergblumkohl, der mittelfrüher Erfurter, der holländische, der englische, der neue späte von Walchern und der späte Lenormand Blumkohl für die Feldkultur. Man kann, um den ganzen Sommer hindurch bis in den Herbst mit Blumkohl versorgt zu sein, den Saamen zu verschiedenen Zeiten, vom Frühjahr bis Juni und im Herbstanbau aussäen. Die Ende September angebauten Setzlinge überwintern beschützt sehr gut und werden alsdann im ersten Frühjahr, und zwar im April, ausgepflanzt. [...]»

Und zum Broccoli: «Broccoli oder Spargelkohl, Chou broccoli. Frühlings und Herbstsaat. Die Broccolikultur ist noch nicht weit verbreitet. Vom Brocoli oder Spargelkohl ist der frühe weisse und der englische Mammuth beachtenswerth.»

Weitverbreitet ist sie in England: «In England dessen Klima für diese Kultur sehr günstig ist, wird der Broccoli in grossartigem Massstab angebaut, wozu hauptsächlich der weisse Mammuth-Broccoli sehr geschätzt und verwendet wird.»

Die Sammlung der Genbank

Die Geschichte der einzelnen Sorten war schwierig zu eruieren. Aus den Unterlagen ging meistens nicht klar hervor, ob eine Sorte aus dem Ausland stammt und in der Schweiz vermehrt und dort weiter selektioniert wurde oder nicht. Der Vergleich mit den Katalogen und Beschreibungen von Benary (1875, 1901), Vilmorin (1883), Lund und Kiærskou 1884) und Kull (1875) verdeutlicht die internationale Dimension der Kohlzüchtung. Wirklich neue Sorten sind die Wädenswiler Sorten, die aus einer Kreuzung mit einer oder mehreren anderen Sorten hervorgegangen sind. Die anderen Sorten stammen oft aus der Erhaltungszüchtung, dabei ist eine Anpassung an Schweizer Verhältnisse und eine Verbesserung durch gezielte Selektion durchaus möglich. Die Geschichte der Kohlsorten ist ausführlich dargestellt bei Schilperoord (2020). Hier beschränke ich mich auf Kohlrabi und Weisskabis. Für Angaben zu Rotkabis, Wirz, Rosenkohl, Federkohl, Blumenkohl und Broccoli siehe dort.

Le chou frisé à pied court de Plainpalais est le plus fin de tous les choux de Milan. Il se conserve jusqu'en février.
(Cliché Comte, graines, Genève).

Abb. 29 Wirsing, A pied court de Plainpalais. Dumonthay, 1941

Abb. 30 Wirsing, A pied court de Plainpalais. Noch junge Pflanze, die fein gekrausten Blätter haben schmale Rippen.

Abb. 31 Zuckerstock, Kopfkohl. Lund und Kiærskou, 1883

Kohlrabi

Kohlrabi eignet sich als Beispiel für die Entwicklungen im 20. Jahrhundert. Rudolf Roggli stellte in den 1920er-Jahren fest, dass die ausländischen Sorten erhebliche Schwächen bei der Schossfertigkeit hatten. Manche Pflanzen bildeten schöne Kohlrabi, während andere bereits zur Blüte eilten. Deswegen startete er 1928 die Züchtung schossfester Sorten. Die Silbe «ro» im Namen der neuen Sorten wie in Blaro, Trero und Lanro steht für «Roggli». Blaro = **Bla**uer Kohlrabi Roggli. Trero = **Tre**ibkohlrabi Roggli und Lanro = Frei**lan**dkohlrabi Roggli. Trero und Lanro sind weiss. Der Vergleich mit den Angaben von Kull, Vilmorin und Benary zeigt, dass blaue, weisse, frühe und späte Kohlrabisorten bereits im 19. Jahrhundert beliebt waren. Rogglis blauer Treib- und Freilandkohlrabi und auch Rogglis Weisser Treibkohlrabi wurden in Deutschland gemäss Krampe et al. (1956) wegen ihrer sehr guten Schossfestigkeit geschätzt.

Abb. 32 Kohlrabi, Blaro, Blauer Treib und Freiland Sorte aus der Züchtung von Rudolf Roggli, die seit 2010 von PSR und Sativa Rheinau erhalten wird. Interessant ist die fast perfekte Kugelform.

Thurner Einschneidekabis

Ein fester Bestandteil der Arbeit der Fachschulen waren die Sortenprüfungen. Es gab immer eine enge Zusammenarbeit mit den Gemüseproduzenten. Als im Laufe der 1920er-Jahre die Qualität des Thurner Kohls abnahm, übernahm 1927 die Forschungsanstalt Wädenswil die Züchtungsarbeit und entwickelte aus dem Thurner Kabis einen mittelspäten Einschneidekabis. Kobel (1982) beschrieb die Entwicklungen. Die Zuchtziele bestanden darin, den Strunk zu verkürzen, die Standfestigkeit zu verbessern und den Sortentyp in Bezug auf Feinrippigkeit und Kopfform zu vereinheitlichen. Durch parallele Einsäuerungsversuche wurde auch die Qualität des Sauerkrautes verbessert. Neuerdings wird besonders auf hohen Trockensubstanz- und Vitamin-C-Gehalt bei möglichst niedrigem Nitratgehalt selektioniert. 1941 kam der verbesserte Thurner Kabis als mittelfrüher bis mittelspäter Einschneidekabis 'ZEFA Wädenswiler' in den Handel. ZEFA ist ein Kürzel und steht für **Z**üchtung der **e**idgenössischen **F**orschungs**a**nstalt. Die Erhaltungszüchtung der neuen Sorte übernahmen die Gürbetaler Gemüseproduzenten.

Einige Jahrzehnte später, die neue Stammsorte war im Gürbetal und in anderen Anbaugebieten immer noch von grosser Bedeutung, zeigte sich aber, dass die Kenntnisse, die es für die Erhaltungszüchtung braucht, mehr und mehr abhandengekommen waren. Zusammen mit Gürbetaler Kabissamenanbauern wurde ein einheitlicher Sortentyp bestimmt und Wädenswil übernahm 1977 die Produktion des Basissaatgutes. So entstand der mittelspäte bis späte Einschneidekabis Thurner Selektion ZEFA, der 1980 in den Handel kam. Er wurde aber ziemlich bald durch Hybridsorten ersetzt mit einheitlicher Kopfgrösse und Reifezeit.

Einige Kabisproduzenten haben vor ein paar Jahren nochmals die beiden Populationssorten Thurner und Wädenswiler Einschneidekabis getestet. Trotz strenger Auslese mussten die Köpfe einzeln von Hand aus dem Feld genommen werden, weil sie nicht gleichzeitig reiften. Sie waren diesbezüglich den Hybridsorten unterlegen, die sich Reihe für Reihe maschinell ernten lassen.

Bergkabis – ZEFA Rapid – Weltkriegssorte

Der Bergkabis ist in der Genbank mit zwei Akzessionen vertreten. Ein Synonym für Bergkabis ist Babyhead. Der Bergkabis der Genbank muss rechtzeitig geerntet werden, bevor sich in den Achseln der Kopfblätter Seitensprosse bilden. Seitensprosse bilden sich, sobald der Blühimpuls einsetzt. Ein weiterer Nachteil der Sorte ist sein lockerer Kopf. Der Bergkabis spielte eine besondere Rolle in der Kohlzüchtung. Für die Ernährungssicherheit ist es wichtig, wenn möglich, nach der Ernte der ersten Kultur eine zweite Kultur anzubauen. Der Kohl ist ein wichtiges Lagergemüse und so startete während des Zweiten Weltkrieges die Züchtung eines verbesserten Bergkabis, dieser bekam den Namen Zefa Rapid. Rapid, weil der kleine Kohl sich rapide entwickelt. Kobel (1982):

> «Der Zweite Weltkrieg brachte die Notwendigkeit, die Nutzung der Anbauflächen zu intensivieren. Deshalb wurde in Wädenswil versucht, Kabis- und Wirzsorten mit möglichst kurzer Kulturzeit zu züchten, die als Nachfrucht zu Wintergerste und Frühkartoffeln angebaut werden können. Die damals erhältlichen Kabistypen mit kurzer Kulturdauer, der Bergkabis, war nicht lagerfähig. Er wurde deshalb mit der Lagersorte Amager gekreuzt. Die Selektion erfolgte in Pflanzungen, die Mitte Juli angelegt wurden, was eine Entwicklungszeit von etwa 100 Tagen ergibt. Das Zuchtziel, die Lagerfähigkeit derjenigen von Amager anzugleichen, wurde nicht ganz erreicht. Die Sorte kam 1963 in den Handel. [...] Einführung: Nach anfänglichen Erfolgen hat sich die Sorte Im Erwerbsanbau bisher wenig eingebürgert. Für den Selbstversorgeranbau hat sie gute Eignungen und soll in Zukunft vermehrt propagiert werden.»

Spitzkohl und Zuckerhut

Kobel erwähnt den Spitzkohl nicht, die Handelsfirmen Besson & Decroux und Mauser hatten ihn in ihrem Sortiment, und drei Akzessionen befinden sich in der Genbank. Vilmorin beschreibt die Sorte 1883:

> «Der Spitzkohl, auch Zuckerstock genannt, hat die Gestalt eines umgekehrten Zuckerhutes, regelmässig zulaufend und mehr oder weniger zwei mal so lang wie breit. Die Form erinnert an die Salatsorte, Zuckerhut. Die Blätter sind blassgrün und bell, weisslich auf der Rückseite, in der Gestalt eines langgezogenen Löffels und umhüllen kapuzenartig die Spitze des Kopfes. Die äusseren Blätter sehen aus wie die Blätter eines Romagna Salates. Der Strunk ist relativ kurz, kaum so lang wie die mittlere Höhe des Kopfes. Die Varietät ist sehr verschieden, produktiv, und kann fast auch so früh sein wie der Yorkerkabis. Mann kann ihn genauso gut im Herbst wie im Frühling säen. Der Zuckerstock, hoch und schlank, nimmt relativ wenig Platz ein in Bezug auf den Umfang des Kopfes. Er kommt ausreichend spät zur Blüte, und verdient deswegen unsere Empfehlung. Es ist bemerkenswert, dass dieser Kohl schon sehr lange bekannt und in ganz Europa verbreitet ist, sie scheint jedoch nirgendwo in grossem Umfang kultiviert zu werden.»

63 Akzessionen – 47 Sorten

Die Sammlung der Genbank umfasst 63 Sorten, die auf der Positivliste stehen (Stand 16.09.2020). Alle wichtigen Varietäten des 20. Jahrhunderts sind vertreten. Die neueste Kohlsorte Romanesco ist nicht vertreten, ebenso die Blattkohlsorten und Futterkohlsorten, die im 20. Jahrhundert kaum noch eine Rolle spielten. Als einzige Pflückkohlsorte hat es der Federkohl auf die Sortenliste geschafft. Die folgende Tabelle listet die Zahl der Akzessionen auf, manche Akzessionen beziehen sich auf die gleiche Sorte, deswegen ist die Zahl der Sorten kleiner als jene der Akzessionen. Sorten mit einem direkten Bezug zur Schweiz wurden in der Schweiz vermehrt. Bei den Angaben handelt es sich um Schätzungen, weil nicht immer klar war, ob die Saatgutproduktion und die Auslese der Samenträger tatsächlich in der Schweiz stattfanden.

	Akzessionen	**Sorten**	**direkter Bezug Schweiz**
Blumenkohl var. *botrytis*	8	7	7
Broccoli var. *italica*	3	3	3
Federkohl var. *sabellica*	2	2	2
Kohlrabi var. *gongylodes*	12	9	9
Rosenkohl var. *gemmifera*	10	6	4
Rotkabis var. *capitata*	10	10	9
Spitzkabis var. *capitata*	3	2	1
Weisskabis var. *capitata*	5	4	4
Wirsing var. *sabauda*	10	10	8
Total	**63**	**53**	**47**

VIII DOLDENGEWÄCHSE

Oben: Kulturmöhre *(Daucus carota)*; Mitte: Kulturpastinake *(Pastinaca sativa)*, Dolde; unten: Längsschnitte von links: Pastinake, orange Möhre, gelbe Möhre

Möhre und Pastinake – die Zweijährigen

Die Möhre *(Daucus carota)* und die Pastinake *(Pastinaca sativa)* gehören zu den Dolden- oder Schirmblütlern (Apiaceae). Die Dolde, ein besonderer Blütenstand, ist das auffallendste Merkmal dieser Familie. Bei der Dolde entspringen die Blütenstielchen einem gemeinsamen Zentrum (Abb. 1 und 2). Zu dieser aromatischen Familie gehören einige wichtige Küchenkräuter und Gemüsepflanzen wie Fenchel *(Foeniculum vulgare)*, Sellerie *(Apium graveolens)*, Petersilie *(Petroselinum crispum)* sowie auch die in Vergessenheit geratene Zuckerwurzel *(Sium sisarum)*. Der Bärenklau *(Heracleum sphondylium)*, ein bekanntes Wiesenkraut, gehört ebenfalls zur Familie. Sämtliche Vertreter der Familie bilden kräftige Wurzeln. Die Wurzeln der Möhre und der Pastinake sind besonders kräftig. Die kräftige Knolle der Knollensellerie bildet sich aus dem oberen Bereich der Wurzel und dem verdickten unteren Bereich des Stängels.

Möhre und Pastinake durchlaufen ein ausgeprägtes Rosettenstadium. Der Stängel bleibt kurz, die Pflanze konzentriert sich auf die Bildung der Rosettenblätter und der Wurzel, diese wird zum Speicherorgan. Auf das Rosettenstadium folgt das Aufstängeln: Die Pflanze schiesst in die Höhe, sämtliche Nährstoffe in der Wurzel werden mobilisiert, es bilden sich kräftige Stängel, die in mehreren Schirmen enden.

Die Schweizer haben eine Vorliebe für Sommerkarotten, insbesondere vom Typ Nantaise. Um die Mitte des 19. Jahrhunderts züchteten Marktfahrer aus Nantes eine besonders schmackhafte orangene Karotte, die bald Westeuropa eroberte. Der Ursprung dieser orangenen Karotte liegt nicht in Nantes, sondern in Hoorn, einem Städtchen in den Niederlanden. Hier entstanden zu Beginn des 17. Jahrhunderts orangene Karotten, die alsbald die violetten und gelben Karotten verdrängten. Die Bodenbeschaffenheit und die aufkommende Treibbeetkultur prägten die Entwicklung der Karotten. Die meisten Karotten der Genbank sind orange, einige gelb und je eine violett und weiss. Gelb und violett waren früher die vorherrschenden Farben.

Die Möhre ist die zweitwichtigste Gemüseart der Schweiz. Die Pastinake dagegen hat seit der Neuzeit an Bedeutung abgenommen und führt ein Nischendasein. Die Pastinake ist mehlig, süss, ein typisches Wintergemüse, sie wurde von der ertragreicheren Kartoffel verdrängt.

Wildpflanzen am Wegrand

Die Möhre und die Pastinake begleiten uns ständig, auch wenn wir uns dem meistens nicht bewusst sind. Beide Arten blühen im Juli/August, oft an Wegrändern und auf Schotterflächen. Es sind Weltenbummler, sie wachsen sogar an steinigen Küstenabschnitten (Abb. 3 und 4). Die Pastinake kann feuchtere Standorte besiedeln als die Möhre. Diese Eigenschaft spiegelt sich in ihren Hauptanbaugebieten: Irland, Südengland, Holland, Belgien und weiter südlich an der Küste Frankreichs bis in die Bretagne. Die Kanalinseln Jersey und Guernsey sind bekannt für ihre Pastinaken. Die Möhre findet sich in ganz Europa. Obwohl die beiden Arten an gleichen Standorten vorkommen, können sie kaum unterschiedlicher sein.

Abb. 1 Dolde einer Wilden Möhre *(D. carota)*. Der Schirm setzt sich zusammen aus einzelnen Schirmchen, es handelt sich um eine Doppeldolde.

Abb. 2 Ausschnitt aus einer Dolde einer Pastinake *(P. sativa)* mit blühenden (links) und fruchtenden Schirmchen (rechts). Die Kronblätter der Pastinake sind viel kleiner als jene der Möhre, der ganze Schirm aufgelockert. Der gelbe Farbton macht sich in allen Teilen der Pflanze bemerkbar, von den Griffeln über die Nektarscheiben, Kronblätter, Stängel und Stängelblätter.

Abb. 3 Wilde Möhre *(D. carota)*. Die Wilde Möhre findet sich an vielen Standorten zurecht. Sogar an extremen Standorten, wie hier an der Küste der Nordsee zwischen eckigen Betonsteinen. Sie wächst in Gesellschaft des Acker-Rettichs *(Raphanus raphanistrum)*.

Abb. 4 Generalist trifft auf Spezialist, im Vordergrund Pastinake *(P. sativa)*, im Hintergrund Meerkohl *(Crambe maritima)*. Die Pastinake, ein Weltenbummler, findet sich an vielen Orten zurecht, der Meerkohl ist ein Spezialist, der nur in unmittelbarer Meeresnähe zu finden ist. Afsluitdijk (NL), 19.07.2019

Abb. 5 Fruchtstand der Möhre mit unreifen Früchten, die Ästchen vogelnestartig nach innen gebogen

Abb. 6 Samen von links nach rechts: Radieschen *(R. sativus)*, Möhre *(D. carota)* und rechts jene der Pastinake *(P. sativa)*. Die Früchtchen der Pastinake sind 5 mm lang. Die Stacheln der Möhrenfrüchte sind durch Reiben entfernt.

Gartenmöhre mit kräftiger Wurzel und Laub (Abb. 10) und eine ebensolche Möhre, die gerade zum Blühen ansetzt (Abb. 11). Die Farbe der Wurzel ist orange. Das bedeutet allerdings nicht, dass es sich um eine durchgehend orangene Varietät handelt, diese gab es damals nicht. Ob die abgebildete Möhre rötlich, dunkelrot oder gar violett gefärbt war, ist nicht bekannt. Die in «De materia medica» verwendeten Farben für die Wurzeln variieren zwischen Weisslich, Gelblich, Orange, Braun bis Rotbraun. Die Gartenform belegt, dass die Möhre im östlichen Mittelmeerraum bereits einige Jahrhunderte v. Chr. kultiviert wurde. In «De materia medica» ist die Möhre ausnahmsweise mit zwei Illustrationen dargestellt, nur der Salat ist auch zweimal abgebildet. Ein Grund könnte sein, dass es in den Möhrenbeeten Möhren gab, die bereits im ersten Anbaujahr blühten. Solche Einjährigen kann es geben, weil Kulturmöhren und Wildmöhren leicht miteinander kreuzen. Dioskurides verwendete die römischen Bezeichnungen *Carota* und *Fastinaka* als Synonyme. Aus Fastinaka wurde alsbald Pastinake. Das führte zu Schwierigkeiten bei der Interpretation von mittelalterlichen Texten. Aus mittelalterlichen Schriften ist oft nicht ersichtlich, welche Pflanze mit dem Namen Pastinake oder Möhre gemeint sei. Spätestens seitdem die Beschreibungen mit Holzschnitten illustriert wurden, lassen sich die beschriebenen Pflanzen eindeutig identifizieren. Für die Schweiz gibt es archäobotanische Hinweise auf den Anbau von Möhren im Frühmittelalter (6.–9. Jh.). Allerdings konnte nicht mit Sicherheit bestimmt werden, ob die archäobotanischen Reste von wilden oder von kultivierten Möhren stammen.

Abgesehen von archäologischen und schriftlichen Quellen kann das Herausfinden der Herkunftsregion Hinweise liefern, wann die Möhre in

Abb. 10 Kultivierte Möhre, ΣΤΑΦΥΛΙΝΟΣ ΚΗΡΑΙΟC -σταφυλίνος κήπαιοσ, Dioskurides (512). Staphylinos kepaios. *Kepaios* = Garten, Garten-Möhre. © ÖNB Wien: Cod. Med. gr. 1 fol. 312r

Abb. 11 ΣΤΑΦΥΛΙΝΟΣ ΑΓΡΙΟΣ -σταφυλίνος αγριοσ, Dioskurides (512). Staphylinos agrios. *Agrios* = wild, Wilde Möhre, zur Blüte schreitend. © ÖNB Wien: Cod. Med. gr. 1 fol. 313r

Kultur genommen sein könnte. Es ist lange darüber gerätselt worden, wo aus der Wilden Möhre die Kulturpflanze entstanden sein könnte. Wilde Möhren findet man in verschiedenen Unterarten von der Meeresküste bis in die Gebirgstäler, vom Atlantik und der Nordseeküste über Kleinasien bis nach Zentralasien. Der berühmte Kulturpflanzenforscher Nikolay Ivanovic Vavilov (1887–1943) hat Afghanistan, Kasachstan, Kirgisistan, Turkmenistan und Usbekistan als Zentrum mit der grössten Vielfalt an Kulturmöhren ausgemacht. Seine Ansicht ist heute bestätigt. In dieser Region, auch Innerasien genannt, ist auch die Vielfalt an Wilden Möhren am höchsten. Die Forscherin V. I. Mackevic, eine Mitarbeiterin von Vavilov, beschrieb 1929 in Afghanistan detailliert die Vielfalt der Wild- und Kulturpflanzen. Diese zeigt sich an der Doldenform: flach bis kugelförmig, in der Grösse und Farbe der Blüten: von Weiss über Gelblich bis Violett, und in der Form und Farbe der Wurzeln. Die Farbe reicht von Gelb, Orange, Rot bis zu Violett, wobei die Farben der Rinde und des Marks in der Regel unterschiedlich sind. Die Wilden Möhren in der Schweiz haben hingegen weisse Wurzeln und weisse Dolden, höchst selten können die Blüten auch rosafarben sein. In Afghanistan findet man Wurzeln der Wilden Möhre, die den Wurzeln der Kulturpflanzen ähnlich sind (Abb. 12). Die Wilden Möhren wachsen, so beschreibt es Vavilov, an Waldrändern, in Rebbergen, an Feldrändern, zwischen den Feldern und in den Gemüsefeldern selbst. Die Nähe zum Menschen und die Fähigkeit, sich an gepflügte und gedüngte Flächen anzupassen, war wie «eine Einladung von der Möhre an den Menschen, sie in Kultur zu nehmen». Abbildung 13 zeigt die Wurzel einer afghanischen Kultursorte. Die Wurzel der kultivierten ist knackiger, brüchiger und weniger verzweigt, die Zahl der Blätter ist geringer, dafür sind sie grösser und stehen aufrechter. Die Früchte der Kulturmöhre sind etwas grösser als jene der Wilden Möhre und keimen schneller. Ausgehend von Innerasien sind die Kulturmöhren gegen Westen nach Europa und gegen Osten bis nach Japan gewandert und haben sich unterschiedlich entwickelt. Die südöstliche Türkei, Heimat von Dioskurides, wird als sekundäres Zentrum der Kulturpflanzenvielfalt angesehen.

Die Entstehungsgeschichte der Pastinake ist nicht bekannt. Sie könnte überall in Kultur genommen worden sein, wo bereits Gemüse angebaut wurde.

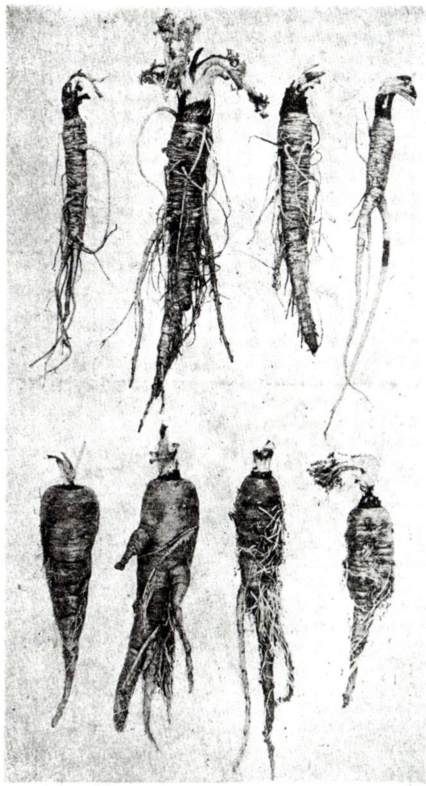

Рис. 16. Дикая морковь Афганистана. (Ориг. фот.).
Fig. 16. Wild growing carrot of Afghanistan.

Abb. 12 *Daucus carota*, acht Wilde Möhren aus Afghanistan, die einen Eindruck der vielfältigen Wurzelformen vermitteln. Mackevic, 1929

Abb. 13 *D. carota* subsp. *sativus*. Zwei Varietäten von Kulturmöhren aus Afghanistan. Die Dolde links zeigt var. *heraticus*, die Dolde rechts var. *longipilosus* (langhaarig). Weiter: eine Wurzel mit Querschnitt; zwei Blüten; neben der Wurzel eine unvollkommene Blüte mit zusammengefalteten Kronblättern und deutlich sichtbarem Fruchtknoten; rechts eine zweisamige Frucht. Mackevic, 1929

Abb. 14 Farbige Möhren im Querschnitt. Links zum Vergleich die afghanische Möhre aus Abb. 13. Die unterschiedlichen einfarbigen Typen sind im Laufe der Kultivierung entstanden. Die roten traten ab 1700 in Indien, China und Japan auf, die orangen ab 1600 in Europa und im Mittleren Osten, die gelben spätestens ab 900 im Mittleren Osten und die weissen spätestens ab 1600 in Europa. Es handelt sich immer um Pigmentmischungen, die die Farben hervorrufen. Die weissen Möhren, die keine Pigmente aufweisen, enthalten farblose Carotinoide. Querschnitte Nr. 2, 3 und 6 nach Simon, 2017 (https://ars.usda.gov/mwa/msn/pigment-power); Nr. 4 und 5, Archiv Kultursaat e.V.

Abb. 15 Pastinake *(P. sativa)* links und Wilde Möhre *(D. carota)*. Es war lange Zeit üblich, die Wilde Möhre als Wilde Pestnachen zu bezeichnen, obwohl allen Autoren klar war, dass es sich um eine Wilde Möhre handelte. Mattioli, 1586

Abb. 16 Rote und Gelbe Möhre. «Die rote Möhre wird Carota genannte, die gelbe wird als Möre bezeichnet.» Die rote Möhre ist violett. Die orange, die gelegentlich auch als rot bezeichnet wurde, gab es noch nicht. Mattioli, 1586

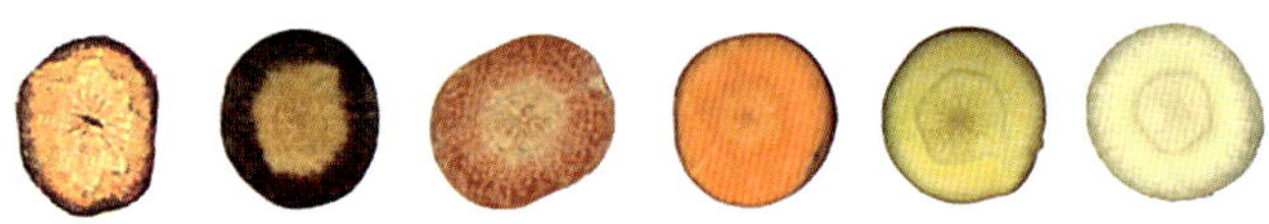

Pigmentmischung	**violett, orange**	**rot**	**orange**	**gelb**	**weiss**
alle Pigmente	anthozyanin, α-carotin, β-carotin	lycopin β-carotin	β-carotin lutein	lutein β-carotin	ohne Pigmente

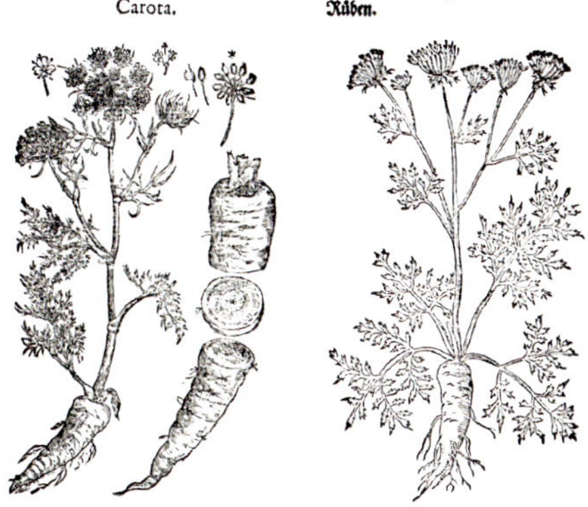

Die Neuzeit

Die Namensgebung für die Pastinake und die Möhre und ihre wilden Verwandten war bis ins 16.–17. Jahrhundert inkonsequent. Abbildung 15 von Mattioli aus dem Jahr 1586 zeigt links die Gartenform der Pastinake Zame Pestnachen oder *Pastinaca domestica* und rechts eine Wilde Möhre, die noch traditionell als Wilde Pestnachen oder *Pastinaca sylvestris* bezeichnet wurde. Abbildung 16 zeigt die damals zwei häufigsten Formen der Kulturmöhre, die rote Möhre oder Carota und die gelbe Möhre. Allen Autoren muss klar gewesen sein, dass die gelbe Möhre und die Carota mit dem wilden Pestnachen verwandt sind. Mattioli: «Die wilde Pestnachen sihet mit den Blettern den Mören durchaus gleich. Der stengel ist höher den ein Elenbogen / rund / strack / rauch. Oben auff der Dolden erscheine weisse Blumen / in der mitte dieser Blumen stehen rote Tüpple.»

Abbildung 16 zeigt neben der Dolde auch die typische vogelnestartige Struktur einer reifen Dolde, wie sie auch in Abbildung 5 zu sehen ist. Der Name Vogelnest war ein Synonym für die Wilde Möhre. Der Name Pestnache ist keine Abwandlung von Pastinake, sondern geht zurück auf die Zeit der grossen Pestepidemie im 14. Jahrhundert, als der Saft der Pastinake als Heilmittel eingesetzt wurde.[32] Die «rote Tüpple», die Mattioli erwähnt, findet man oft im Zentrum der Dolden der Wilden Möhre. Es handelt sich um sterile Blüten, die durch ihre violette bis dunkelviolette Farbe auffallen (Abb. 8). In Afghanistan findet man diese sowohl bei den wilden als auch bei den kultivierten Möhren.

Die Entwicklungen nach 1500 sind gut dokumentiert. Um 1500 werden weisse, gelbe und (dunkel)rote Möhren angebaut. Rot heisst um 1500 noch purpurn violett, nach 1800 werden die orangenen Möhren als rot bezeichnet. Um 1500 gab es die heute vorherrschenden orangenen Möhren noch nicht. Die langen Sorten, die 25–50 cm lang werden, haben aufgrund ihrer langen Vegetationszeit das grösste Ertragspotenzial und dienten als Herbst- und Wintergemüse.

Vielfalt durch Spezialisierung

Die halblangen Sorten, die 20–25 cm lang werden, eignen sich für eine grössere Bandbreite an Bodentypen. Sie haben den Vorteil, dass sie früher geerntet werden können als die langen. So konnten die Gärtner früher frische, süsse, zarte, noch nicht ganz ausgereifte Ware liefern. Zudem konnten diese Möhren auch in höheren Lagen, in Gegenden mit einer kürzeren Vegetationszeit, angebaut werden.

32 Wikipedia, Pastinake, 26.07.2023.

Abb. 17 Kücheninterieur; die Szene erzählt die Geschichte des reichen Mannes und des armen Lazarus. Der Ausschnitt unten zeigt eine Gruppe schlanker Möhren, die Farbe variiert zwischen Weiss, Gelb und Orange. Das Gemälde ist Pieter Cornelisz van Rijck zugeschrieben, 1610–1620. Rijksmuseum Amsterdam

Abb. 18 Querschnitt durch eine gelbe und eine orange Möhre. Links ist das Verhältnis Carotin : Lutein 1,3 : 1 und rechts 9,8 : 1, also gut 7-fach höher. Beim Verhältnis von 1,3 : 1 erscheint die Möhre gelb. (Linnemann, 2015) Foto: Archiv Kultursaat e.V.

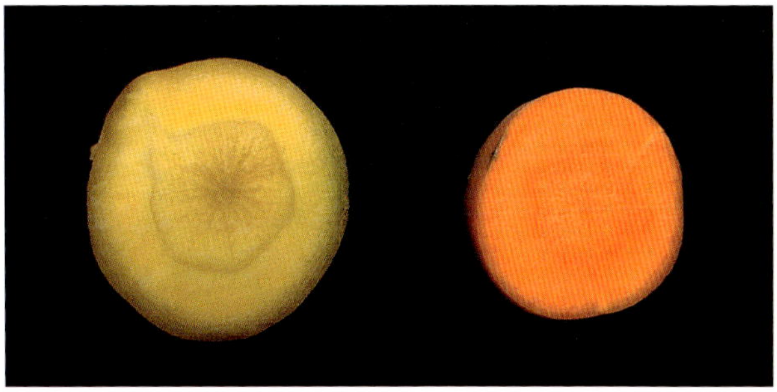

Im Laufe des 17. Jahrhunderts intensivieren sich die züchterischen Bemühungen, es entstehen orangefarbene Möhren, auch das Formenspektrum wird grösser. Aus langen und mittellangen, spitz zulaufenden Möhren gehen zunächst konisch-stumpfe Formen hervor und zuletzt zylindrisch-stumpfe Typen mit variabler Länge, bis hin zu kurzen, sehr frühen kugeligen Formen. Die zylindrischen, saftigen Formen brauchen bessere Bedingungen. Eine Übergangsform ist die konisch-stumpfe Form. In lockeren Böden können lange Typen höhere Erträge bringen, in schweren Böden sind eher kurze Typen gefragt, die leichter zu ernten sind und bei der Ernte nicht abbrechen (Abb. 19).

Farbenfrohe Möhren

Farben spielen bei allen Kulturpflanzen eine grosse Rolle, aber man ist versucht zu sagen: insbesondere bei den Möhren. Bei ihnen sind mindestens fünf Farbstoffe beschrieben. Die Farbstoffe machen die Pflanze nicht nur farbig, sie sind auch physiologisch wirksam und schützen die heranwachsende und ausgewachsene Pflanze. Die Möhre hat die Möglichkeit, die Mengen der einzelnen Farbstoffe unabhängig voneinander zu regulieren. Sie kann bestimmen, in welchem Gewebe die Pigmente gebildet und gespeichert werden (Abb. 13 und 14). Daraus ergeben sich viele Möglichkeiten – von mehrfarbig, einfarbig bzw. nicht oder intensiv gefärbt, und das in den unterschiedlichsten Geweben. Die weisse Farbe ergibt sich, wenn die Pflanze keine Farbstoffe herstellt. Das bunte Farbenspektrum der wilden und der kultivierten Möhren in Innerasien umfasst Blassgelb, Gelb, Orange, Rot, Violett und Weiss. Diese Pigmente gehören zur Stoffklasse der Flavonoide. Man unterscheidet innerhalb dieser Stoffklasse die Gruppe der Anthocyanidine mit blauen Pigmenten und die Gruppe der Carotinoide mit gelben und roten Pigmenten. Die Anthocyane lösen sich beim Kochen und färben das Wasser bläulich. In Frankreich war das in der Neuzeit ein Grund, beim Gemüseeintopf und bei Suppen auf die violetten Karotten zu verzichten, weil die Farbe des Eintopfes oder der Suppe so unansehnlich wurde. Die Farbe der gelben und orangenen Karotten beruht auf einer Mischung von Lutein und β-Carotin. Das Mischungsverhältnis bestimmt die wahrgenommene Farbe. Bei einem Verhältnis von einem Teil Carotin auf ein Teil Lutein wird die Farbe als gelb wahrgenommen, bei höheren Verhältnissen verschiebt sich die Farbe ins Orange (siehe Abb. 18).

Flavonoide

Flavonoide absorbieren UV-Licht und geben Strahlungsenergie als Wärme an die Pflanzen ab, so verhindern sie eine Schädigung der Proteine und der DNA. Flavonoide locken Insekten an. Weiter binden sie in allen Pflanzenteilen freie Radikale und wirken dem oxidativen Stress entgegen. Innerhalb der Flavonoiden gibt es eine Klasse Anthocyanidine und die Klasse Carotinoide.

- Die Klasse der Anthocyanidine enthält wasserlösliche Pigmente.
- Die violette Färbung ist zurückzuführen auf die Anthocyane, die sich im Zellsaft anreichern. Diese Farbstoffe verleihen Blüten, Früchten und Wurzeln eine intensive rote, violette oder blaue Färbung.[33]

Die Klasse der Carotinoide enthält fettlösliche Pigmente. In Pflanzen schützen Carotine vor Infektionen. Carotine haben für Menschen eine generell zellschützende Wirkung als Antioxidantien.

- Lutein, ein Carotinoid, gehört zu den gelb färbenden Xantophyllen. Xantophyll heisst übersetzt «gelbes Blatt». Die Xantophylle gehören zu der sauerstoffhaltigen Gruppe innerhalb der Carotinoide.
- Lycopin, genannt nach der Farbe der Tomate *(Solanum lycopersicum)*, ist rötlich und fehlt in der Gruppe der westlichen Möhren. Die Farbe findet man in der Gruppe der östlichen Möhren in Asien, Japan. Hier findet man rote Karotten. Lycopin gehört mit dem nachfolgenden β-Carotin zu den sauerstofffreien Carotinoiden.
- Verschiedene Carotine, wovon das β-Carotin das bekannteste ist. β-Carotin ist ein anderer Name für Provitamin A. β-Carotin gehört zu den rötlichen Pigmenten. Der Name bezieht sich auf das lateinische *carota* = Karotte. Es heisst Provitamin A, weil es im menschlichen Körper zu Vitamin A (Retinol) umgewandelt werden kann.
- Die farblosen, weissen Karotten enthalten genauso wie die farbigen Karotten Carotinoide. Diese schützen die Pflanzen genauso wie jene. Nicht jede Carotinoide ist gleichzeitig ein Pigment.[34]

Über die Wirkungen der Carotinoide im Menschen hat die Wissenschaft schon vieles herausgefunden, gleichzeitig ist vieles aber auch noch unbekannt. Ganz allgemein lässt sich sagen (Fröleke 2018): «Carotinoide reichern sich in der Haut, im Fettgewebe und in anderen Organen, insbesondere in der Leber an. Jedes Gewebe weist ein spezifisches Muster an einzelnen Carotinoiden auf. Dies lässt die Vermutung zu, dass die verschiedenen Carotinoide in den einzelnen Geweben spezifische Wirkungen entfalten.»

Die Bedeutung von β-Carotin für das Sehen ist gut erforscht. Es braucht die Umwandlung in Vitamin A, und dieses Vitamin schützt vor Nachtblindheit. In den Einführungen zur Ernährungslehre heisst es weiter:

33 Wikipedia, Anthocyane, 02.08.2022.
34 Wikipedia, Carotine, 01.08.2022.

«β-Carotin kommt neben seiner Funktion als Provitamin A auch eine besondere Bedeutung als antioxidative Substanz zu. Vitamin A ist für das Wachstum, das Immunsystem und die Entwicklung von Zellen und Geweben von Bedeutung. Erwiesen ist der günstige Einfluss von β-Carotin auf das Immunsystem, weil es die natürlichen Killerzellen aktiviert und andere Schutzmechanismen stimuliert. Das Risiko von Herz-Kreislauf-Erkrankungen sinkt bei hoher Carotinoidaufnahme. Dabei spielen vor allem β-Carotin und Lycopin (in Tomaten) eine wichtige Rolle. Beide sind wirkungsvolle ‹Radikalfänger›.»

Fröleke et al. weisen in ihrem Buch explizit darauf hin, dass, wenn man gesund ist und sich abwechslungsreich ernährt, man nicht angewiesen ist auf Kulturpflanzen, die gewisse Substanzen extra angereichert haben.

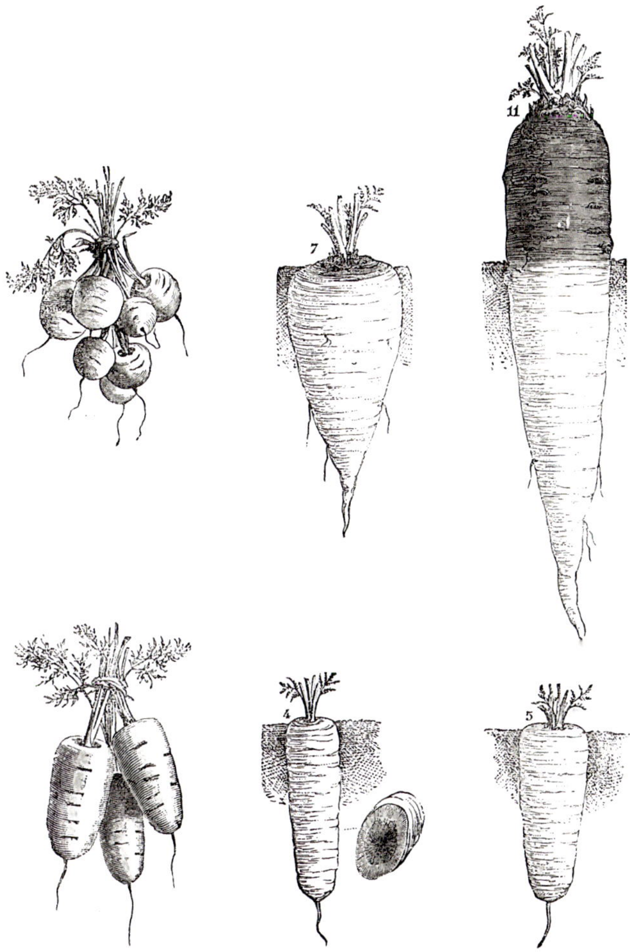

Abb. 19 Formenvielfalt der Möhren um 1880. Von links nach rechts: *Carotte rouge très courte à châssis*, kurze rote für unter Glas, 3–5 cm Durchmesser; *Carotte blanche des Vosges* (Futtermöhre); *Carotte blanche à collet vert*, Futtermöhre mit grünem Hals; *Carotte rouge courte hâtive de Hollande*, orange, frühe, kurze Sorte von Holland, zapfenförmig, Länge 5–7 cm, Dicke 2,5–4 cm; *Carotte demi-longue Nantaise ou sans coeur*, mittellange Nantaise oder ohne Herz, das Herz hat die gleiche Farbe wie das umringende Fruchtfleisch, Länge 15–17 cm, Dicke 2–3 cm: Carotte *demi-longue obtuses*, mittellang und stumpf. E. Forgeot & Cie., 1882

«Eine Schweizer Lokalsorte aus Küttigen im Kanton Aargau, wo die Sorte seit jeher von den Bäuerinnen gepflegt wurde. Nachweislich wurden die ‹Küttiger Rüebli› 1919 im Sämereienhandel des Volg vertrieben. Traditionell säten die Landfrauen von Küttigen das ‹Küttiger Rüebli› im Frühling in die Reihen der Wintergerste hinein. Nach dem Abernten der Gerste im Sommer wurden die Rüebli noch dreimal gehackt und dann im Herbst geerntet. Eine Bäuerin aus Küttigen berichtete: Jede Familie pflanzte ein ganzes Feld an und im Herbst wurde gemeinsam geerntet. Traditionellerweise wurde ein grosser Teil für den Eigebedarf eingemacht. Zum Rüebli-Schneiden trafen sich die Nachbarn in einem der Häuser und schnitzten ‹Hobelspäne› aus den Karotten. Dazu wurde ein ‹Räben-Hobel› verwendet, mit dem man auch die Herbstrüben zum Sauer-Einmachen schnitt. [...] Die Rüebli-Späne wurden sauer eingemacht, im Keller aufbewahrt und bis ins Frühjahr verwendet.»

Abb. 22 Küttiger Rüebli. Eine traditionelle Sorte, die seit Jahrzehnten von Bäuerinnen in Küttigen gepflegt wird. Philipp Ammann, ProSpecieRara, 22.02.2003

Abb. 23 Gniff, eine kurze, konisch-spitze, violette Karotte. ProSpecieRara

Es handelt sich um eine Sorte, die in der Regel als Futtermöhre Verwendung fand, hier aber durch die spezielle Verarbeitung als Gemüse diente.

Philipp Holzherr berichtete, dass die Küttiger Rüebli von der Sativa in ihr Sortiment aufgenommen sind und vermehrt werden und sie sich nun von der ursprünglichen Sorte unterscheiden. Sativa hat stark auf innere Qualität (Brix-Gehalt, Süsse) ausgelesen. Die Küttiger Züchterinnen lesen ihre Samenträger nach rein optischen Gesichtspunkten aus. Die ursprüngliche Küttiger Linie ist rein weiss und macht grosse Kaliber. Die Sativa-Linie macht kleinere Kaliber und ist leicht gelblich, ausserdem ist sie bereits relativ süss.

Die Meinungen zur Qualität der ursprünglichen Sorte sind widersprüchlich. Vilmorin (1903): «Sie hat einen kräftigen Geschmack, ziemlich widerlich und wenig süss. Es ist keine Sorte, die man für die Verwendung in der Küche empfehlen kann.»

Bei ProSpecieRara heisst es, dass die Sorte einen intensiven Geschmack hat. Es kommt auf die Zubereitung an. Der Journalist und Essensexperte Paul Imhof schreibt: «Das Küttiger Rüebli bereichert das Aromabouquet im Bratentopf.»[35]

d Die violette Gniff

ProSpecieRara hat diese besondere Sorte im Tessin entdeckt. Im Gemüselexikon heisst es: «Eine typische Lokalsorte aus der Südschweiz. In

35 Persönliche Mitteilung von Paul Imhof. Für weitere Informationen siehe: Patrimoineculinaire.ch, Küttiger Rüebli.

den 1950er-Jahren wurde sie von alten Frauen aus Bré auf dem Markt in Lugano verkauft. Nachweislich wurde diese violett-gelb-weisse Karotte zudem in der Region Malcantone, in Arosio und Arogno angebaut, wo sie teilweise noch bis heute weitervermehrt wird. ‹Gniff› bedeutet im Tessiner Dialekt violett. Im italienischen Veltlin kennt man die ‹Gniffo› und in Ligurien die ‹Gniffi›, wobei diese Begriffe nicht ausschliesslich für diesen Sortentyp, sondern allgemein für ‹Karotte› gebräuchlich sind.»

Im Querschnitt kann die Rinde variieren zwischen weisslich, gelblich und hellorange.

Die Pastinake

In der Genbanksammlung befinden sich drei alte Sorten und eine neue, alle gehören zur Gruppe der halblangen Pastinaken. Zwei stammen von den Kanalinseln Jersey und Guernsey. Jene von Jersey heisst Hollow Crown, jene von Guernsey Demi-long de Guernsey oder einfach Guernsey. Die dritte alte Sorte Tender and True kommt aus England. Die Pastinake ist in England ein beliebtes Gemüse, auf den Kanalinseln und in England hat sich die Tradition des Pastinakenanbaus halten können, das milde Klima im Winter begünstigt den Anbau. Die drei genannten Sorten sind auch heute noch erhältlich, allerdings in vielen Variationen. Mit der Zeit und mit der Zahl der Saatgutproduzenten hat es eine hohe Zahl von Untersorten gegeben, die unterschiedlich sind, aber alle noch einen alten Namen tragen. Der Name Hollow Crown bezieht sich auf die ringförmige Erhöhung des Wurzelkragens. Als Synonym für Demi-long de Guernsey ist in der Genbank Hollow Crown vermerkt. Die drei alten Sorten gehören zum Hollow-crown-Typus.

Abb. 24 Mittellange Pastinake, Demi-long de Guernsey. Andreas Beers, Artha Samen

IX FUCHSSCHWANZGEWÄCHSE

Blühender Mangold (*Beta vulgaris* var. *flavescens*) mit Schmetterling (*Aphantopus hyperantus*, Schornsteinfeger). Die blühenden Pflanzen duften stark süsslich. Auf den Blüten sieht man erstaunlich wenig Insekten, mal eine Fliege, mal eine Schwebfliege oder wie hier einen Schmetterling. Die Beete wird vom Wind bestäubt.

Links: zwei Pflanzen der Wilden Beete (*Beta vulgaris* subsp. *maritima*) mit halbwegs freigelegten Rüben; rechts: Blätter des Meerkohls (*Crambe maritima*). Die Pflanzen der Wilden Beete sind gleichzeitig gekeimt und dürften einem Fruchtknäuel entsprungen sein. Rüben und Blattstiele sind unterschiedlich gefärbt. Afsluitdijk, Breezanddijk (NL), 24.07.2019

Die Gänsefussgewächse (Chenopodiaceae) und die Fuchsschwanzgewächse (Amaranthaceae) sind seit einigen Jahren in eine Familie gestellt. Die Gänsefussgewächse sind eine Unterfamilie der Fuchsschwanzgewächse und heissen Chenopodioideae. Zu den Gänsefussgewächsen gehören der Weisse Gänsefuss *(Chenopodium album)*, der Gute Heinrich *(Chenopodium bonus-henricus)*, Quinoa *(Chenopodium quinoa)*, die Gartenmelde *(Atriplex hortensis)*, Spinat *(Spinacia oleracea)* und die Beete *(Beta vulgaris)*. Guter Heinrich hatte man früher als Spinat verwendet, von der in die Höhe wachsenden Pflanze kann man die Blätter immer wieder ernten. Der Spinat hat ihn aus den Gärten verdrängt. Die Fuchsschwanzgewächse sind benannt nach dem Gartenfuchsschwanz, auch bekannt als Amarant *(Amaranthus caudatus)*. *Amaranthus* heisst so viel wie «nicht verwelkende Blüte» und *caudatus* «schwanz» (Genaust 1983).

Die Beete – von der Küste bis ins Gebirge

Auf dem Oberalppass, an der Grenze von Graubünden und Uri, steht seit einigen Jahren ein Leuchtturm. Er erinnert daran, dass das Wasser von hier bis zur niederländischen Küste, bis nach Rotterdam fliesst, von Leuchtturm zu Leuchtturm sozusagen. Das Wasser der Schweizeralpen fliesst nicht nur in die Nordsee, es fliesst auch ins Schwarze Meer und ins Mittelmeer. An den Küsten dieser so verschiedenen Meere wächst eine Pflanze, die als Wildpflanze in der Schweiz nicht vorkommt, aber als Kulturpflanze in verschiedensten Formen in der Schweiz heimisch wurde. Man findet sie bis zur Siedlungsgrenze auf knapp 2000 m ü. M. und kennt sie als Rande, als Futter- und Zuckerrübe oder auch als Mangold. Mangold kennt man als Schnitt- und Blattmangold und auch als Stielmangold, auch Krautstiel genannt. *Beta vulgaris* subsp. *vulgaris* lautet der wissenschaftliche Name für diese Kulturpflanzen.

Blattmangold ist das Gemüse, welches die Bündner für ihre legendären Capuns brauchen. Seine Blätter eignen sich gut als Wickel für einen mit Fleisch und Kräutern angereicherten Teig. Im Mittelland und insbesondere in der Umgebung von Genf hat sich der Stiel- oder Rippenmangold durchgesetzt. Dieser hat einen kräftigen Stiel und Blattrippen. Die Stiele lassen sich wie Spargel *(Asparagus officinalis)* oder wie Cardy *(Cynara cardunculus)* zubereiten. Cardy heisst auf Französisch *cardon*. Krautstiel heisst auf Französisch *côte de bette* bzw. *bette à carde*. In England heisst der Krautstiel *Swiss-Chard*.

Die Beete hat eine bewegte Geschichte. Die ersten Kulturpflanzen lieferten sowohl Wurzel- als auch Blattgemüse. Zum Ende des Mittelalters tritt als neue Form neben Blattmangold der Stielmangold auf. Im Laufe des Mittelalters findet eine Auslese auf kräftigere, konische Rüben statt. Aus diesen gehen später die Randen und Futterrüben hervor. Die abgeflachte, kugelförmige Rande entstand in der zweiten Hälfte des 19. Jahrhunderts und in dieser Zeit wohl auch die so typische reine kugelige Rande. Zu einer Kulturpflanze von weltweiter Bedeutung wurde die Beete, als aus der Futterrübe am Ende des 19. Jahrhunderts die Zuckerrübe gezüchtet wurde. Die Zuckerrübe gehört zu den ertragreichsten Kulturpflanzen.

In der nationalen Genbank werden gut 20 Randen- und 34 Mangoldsorten erhalten. Bei 30 Sorten handelt es sich um Stielmangold, bei vier um Schnittmangold. Futterrüben und Zuckerrüben fehlen in der Sammlung. Der Grossteil der Genbankmuster sind alte Handelssorten.

Die Strandrübe (*Beta vulgaris* subsp. *maritima*)

Die Strandrübe wächst an den Küsten des Mittelmeeres und des Atlantiks von den Kanarischen Inseln bis Irland und England. Ihre südliche Verbreitungsgrenze liegt bei den Kapverdischen Inseln und der Küste Mauretaniens. Weniger häufig kommt die Strandrübe vor an der Küste Schottlands, an der Küste der Nordsee, der Ostsee und des Schwarzen Meeres (Biancardi 2012). Man findet sie auch am Kaspischen Meer. Weitere kleine Bestände gibt es an den Küsten Irans und Westindiens. Die bekannte Archäobotanikerin Udelgard Körber-Grohne (1995) hat die Wildrübe sogar weit von der Küste entfernt in einer Wüstenlandschaft südlich von Hebron gefunden. Der Fundort liegt auf einer Höhe von 200 m ü. M., die jährliche Niederschlagsmenge beträgt 300 mm. Jener Wildform, die sich an das Leben in den Steppen und an ruderale Standorte angepasst hat, haben die Botaniker den Namen *Beta vulgaris* subsp. *adanensis* gegeben (Romeiras 2016).

Die mehrjährige Einjährige

Die Beete ist anpassungsfähig, das Klima an der Küste Südnorwegens unterscheidet sich stark vom Klima an der türkischen Mittelmeerküste. In der Population des Mittelmeeres gibt es verhältnismässig mehr einjährige Pflanzen. Manche Pflanzen schossen schon nach einigen Wochen und bilden Blüten und Früchte, bei anderen dauert es ein oder zwei Jahre, bis sie so weit sind. Manche sterben nach der Blüte ab, andere treiben wieder aus. Die wilden Rüben an den Küsten Westeuropas brauchen in der Regel einige Jahre bis zur Blüte. In Südnorwegen und aber auch in der Türkei können einzelne Pflanzen zehn Jahre alt werden. Kulturformen sind in der Regel zweijährig. Sie blühen im zweiten Jahr, bilden Samen und sterben ab.

Die Wilde Beete behält, auch wenn sie mehrere Jahre alt ist, den Charakter einer krautigen Pflanze bei. Sie überdauert den Winter, ohne Überwinterungsknospen zu bilden (wie die Bäume). Es sterben nicht alle Blätter im Winter ab. Die Reservestoffe speichert die Beete in der Rübe. Jedes Jahr nimmt die Rübe durch die für die Beete so eigentümliche Bildung der Ringe an Umfang zu.

Die Frucht – vom Strand zum Strand

Die Frucht ist ein wahres Wunder. Die Fruchtkapsel ist verholzt und ganz hart. Die ebenfalls verholzten Kelchblätter sind Teil der Frucht, sie wirken wie gekrümmte Fortsätze. Diese dornigen Kelchblätter werden bei der Saatgutaufbereitung durch mehrmaliges Bürsten entfernt, damit das Saatgut problemlos durch die Sämaschine fliesst. Die Früchte der Wildpflanzen werden vom Meer abgeholt, und vom Meer breitet auch der Sturmwind die leichten Fruchtknäuel aus. 1000 Knäuel mit mehreren Samen können bis zu 26 g wiegen (Proskowetz 1894) und damit halb so viel wie 1000 Gerstenkörner. Die Samen in den Knäueln sind sehr gut geschützt, es braucht eine spezielle Öffnungsvorrichtung, einen Deckel, der bei der Keimung abgesprengt wird.

Die Knäuel der Wildrübe enthalten 2–11 Kapseln und ebenso viele Samen. Die Bildung von Fruchtknäueln ist eine Ausnahme im Pflanzenreich. Sie stellt sicher, dass jeweils mehr als eine Pflanze an einem Standort heranwächst. Das ist wichtig für Pflanzen, die auf Fremdbefruchtung angewiesen sind, so gibt es immer eine Nachbarpflanze für die Befruchtung (Biancardi 2012).

Samen – eingekapselt

Die Samen der Wilden Beete keimen nicht alle zur gleichen Zeit. Ist die Keimruhe durchbrochen, dann brauchen sie für die Keimung unter günstigen Bedingungen 7–11 Tage. Am Embryo der Strandrübe (Abb. 2) sind zwar die beiden Keimblätter sichtbar, die Anlagen der nachfolgenden Stängelblätter sind aber noch nicht erkennbar. Im Spülsaum kann die Beete sich Zeit lassen, es eilt nicht, denn es gibt kaum Konkurrenz. Für Landwirte ist die langsame Entwicklung der Keimpflanzen ein Problem, weil sie in dieser Phase vom Unkraut unterdrückt werden können. Die Saatgutproduzenten haben das teilweise gelöst, indem die Keimung durch eine Vorbehandlung der Samen beschleunigt wird, zudem werden die Samen pilliert. Beim Pillieren entfernt man die

Fruchtkapsel, sodass man nur noch die kleinen, linsenförmigen Samen hat. Anschliessend bettet man diese in Nährstoffe ein und versieht sie mit einer Schutzschicht. Pilliertes Saatgut lässt sich mit grösster Genauigkeit säen. 1000 Pillen wiegen 30 g (Aeby 2006).

Blätter – frisch und knackig

Die Blätter sind leicht sukkulent. Der Geschmack ist erfrischend und ganz leicht salzig. Wird Wilde Beete kultiviert, dann entwickeln die Blätter diesen leicht salzigen Geschmack nicht. Die Stängelblätter sind spiralig angeordnet in einer 5/13-Stellung. Das heisst, dass das dreizehnte Blatt nach fünf Umrundungen wieder genau über dem ersten Blatt steht. Durch die spiralige Anordnung bedecken die Rosetten den Boden optimal. Die Formenvielfalt der Blätter ist in den Wildpopulationen gross. Die Blattfläche ist in der Regel glänzend, gewellt oder glatt, manchmal auch behaart. Es gibt unter den Wildformen auch solche mit krausen Blättern (Körber-Grohne 1995). Die Färbung von Blattstiel und Blattadern ist variabel. Die blühenden und fruchtenden Stängel der Wildpflanze können bis zu 130 cm lang sein, sie können am Boden liegen oder aufrecht stehen (Biancardi 2012).

Blüten – ohne Blütenblätter

Die Beete blüht unscheinbar. Die Blütenstände sind zwar mächtig, aber die Blüten selbst sind grünlich und heben sich nicht hervor. Farbige Kronblätter fehlen, die fünf Kelchblätter sind anfänglich leicht fleischig, die Staubblätter nicht übermässig gross, der Blütenstaub ist gelb. Die Narbe ist zwei- oder dreiteilig. Eine blühende

Abb. 1 Fruchtknäuel der Beete, links gebürstet. Beim Bürsten werden die verholzten, dornigen Kelchblattreste entfernt, danach lassen sich die Früchte, die mind. 2 Samen enthalten, einfacher säen. Links: In der Mitte am Rand eine Frucht mit dunkler Vertiefung, hier wurde der Deckel mit dem darunterliegenden Samen entfernt.

Abb. 2 Keimling mit den beiden Keimblättern (grün), dem Hypokotyl (rot) und der Wurzel mit sehr viel Wurzelhaaren. Eine Wurzel ohne Wurzelhaare ist wie ein Stängel ohne Blätter.

Abb. 3 Blütenknäuel, eine Blüte hat 5 grüne, etwas fleischige Kelch- und 5 Staubblätter. Der Fruchtknoten, der nur eine Samenanlage enthält, zeigt eine 3-lappige Narbe. Links: Blüte mit einer Fliege

Abb. 4 *B. vulgaris* subsp. *maritima*. Wurzelsystem der Strandrübe. Die Seitenwurzeln sind an der Pfahlwurzel in 2 Reihen angeordnet. Diese können 2,5 m und mehr lang werden (Biancardi 2012). Zeichnung: Proskowetz (1895)

Abb. 5 Detailaufnahme eines Querschnittes der Randensorte Chioggia. Die hellen Ringe enthalten die Holzgefässe. Wenn weisse und rote Sorten nebeneinander abblühen, gibt es in der Nachkommenschaft solche mit rot-weiss geringelten Rüben. Solche Formen wurden im 18. und 19. Jh. zu eigenständigen Sorten weiterentwickelt.

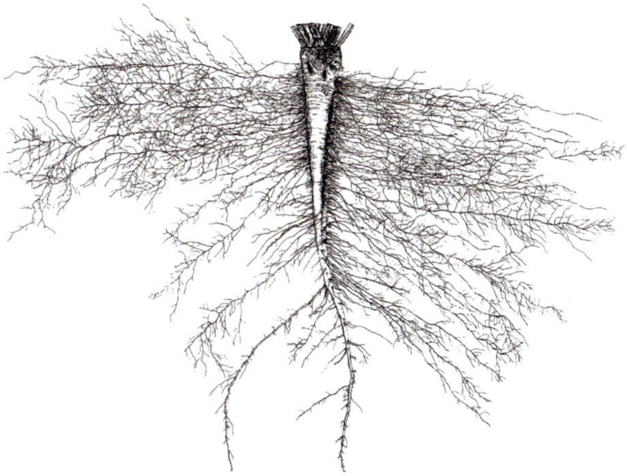

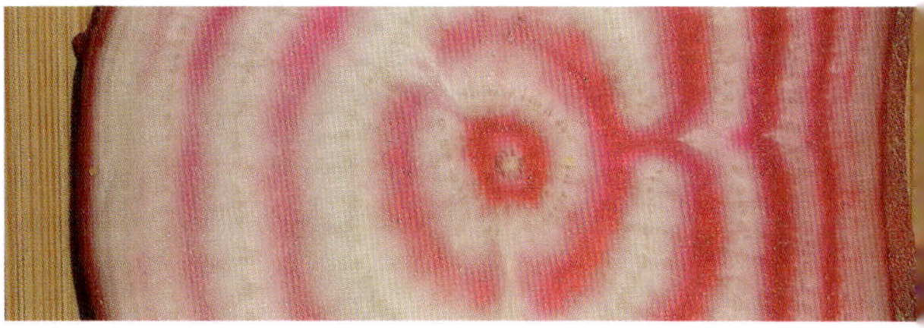

Rübenpflanze verströmt einen intensiv süsslichen Duft. Es ist, als ob der in der Wurzel gespeicherte Zucker in der Blüte freigesetzt wird. Man würde dementsprechend ein vielfältiges Summen und Brummen von vielen Insekten erwarten, die sich am Nektar laben. Das Interesse bei den Insekten ist aber bescheiden und nicht zu vergleichen mit der Anzahl derer, die sich auf den Schirmen der Doldengewächse oder der Distelartigen tummeln. Die Blüten sind windbestäubt.

Eine Pflanze kann bis zu 20000 Blüten bilden und eine Blüte bis zu 85000 Pollenkörner. Hochgerechnet kann eine Pflanze 1,7 Milliarden Pollenkörner freisetzen (Knapp 1958; Schneider 1958). Die Blüten öffnen sich beim Sonnenaufgang, die reifen Pollensäcke platzen auf. Die Narben breiten sich erst am zweiten oder dritten Tag nach Blühbeginn aus, erst dann kann die Befruchtung stattfinden. Im oberen Bereich des Blütenstandes findet sich in der Achsel eines Tragblattes meistens nur eine Blüte. Weiter unten bilden die Kulturpflanzen pro Tragblatt drei Blüten aus, diese sind im unteren Bereich zu einem Knäuel miteinander verwachsen. Jede Blüte bildet einen Samen. Die Fruchtknäuel, die aus drei Blüten hervorgehen, enthalten also drei Samen.

Die Fähigkeit, die Zahl der Blüten auf eine Blüte pro Tragblatt zu reduzieren, hat die Züchtung genutzt. Der Zuckerrübenzüchter Viacheslav Savitsky (1902–1965) hat die genetische Grundlage der Einblütigkeit entschlüsselt. Die Eigenschaft beruht auf einem Gen und ist rezessiv (Biancardi 2012). Es gelang ihm, Pflanzen zu züchten, die pro Tragblatt immer nur eine einzelne Blüte bilden. So enthält jede Frucht nur einen Samen. Diese Früchte nennt man monogerm. Die monogermen Sorten erleichterten in der Folge den Anbau, denn das mühsame Vereinzeln, das stundenlange Weghacken überzähliger Keimpflanzen entfiel.

Rübe mit Ringen

Die Strandbeete bildet eine Pfahlwurzel. Die Wurzel kann sich je nach Bodenstruktur verzweigen und kräftige Seitenwurzeln bilden. Die Konsistenz der Wurzel ändert sich im Laufe des Jahres. Zum Jahresende hin wird sie härter, faseriger, holziger. Proskowetz (1894) hat bei einer wilden Beete eine Pfahlwurzel mit einer Länge von 35 cm, einem Durchmesser von 3,7 cm und einem Zuckergehalt von 4,5 % gefunden.

Schneidet man eine Rande quer durch, dann sieht man mehrere konzentrische Ringe. Die Zahl der Ringe nimmt mit dem Umfang und dem Alter

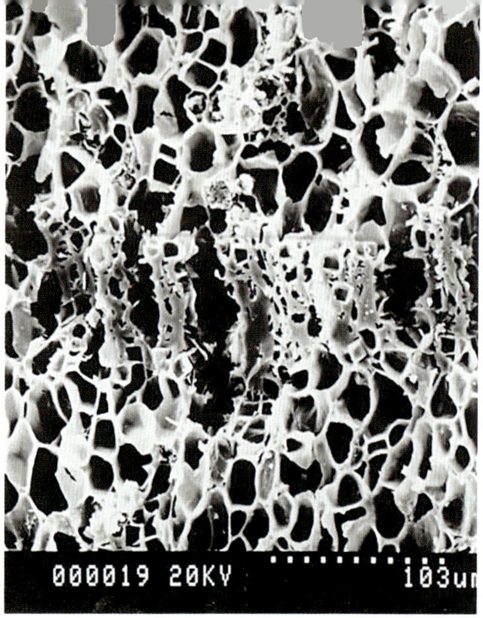

der Rande zu. Diese Ringbildung ist im Pflanzenreich einzigartig, die Struktur erinnert an die Jahrringe eines Baumstammes. Es handelt sich um ein ausserordentliches, sekundäres Wachstum. In der Rübe wechseln sich Holz- und Bastringe ab. Die Ringe werden von einem ringförmigen Kambium gebildet, das zum Zentrum hin den Holzring und nach aussen den Bastring bildet. Die Holzringe behalten ihre fleischige Konsistenz, sie enthalten nur wenige verholzende Elemente, sind vorwiegend parenchymatisch. Das Kambium, das die Ringe bildet, verausgabt sich. Ein neuer Kambiumring entsteht aussen an der Rinde wieder neu. Danach wiederholt sich die Bildung der Ringe (Rauh 1994). Die Zahl der Ringe variiert. Eine Zuckerrübe bringt es auf 8–13 Ringe.

Zucker und Salz

Wie schafft es die Pflanze, sich an den Rändern der Meere und in solch unterschiedlichen Klimaregionen wie denen des Mittelmeeres und der Nordsee anzusiedeln? An der Meeresküste sind die Böden leicht salzig, sie sind mit NaCl angereichert, hier wachsen nur salztolerante Pflanzen. Es gibt eine Reihe von Pflanzen, die salziges Wasser ertragen. Sie haben mehrere Möglichkeiten, sich mit der Giftigkeit von Kochsalz, mit der erschwerten Aufnahme von Wasser und auch mit der Gefahr der Austrocknung der Stängel und Blätter zurechtzufinden.

Die Strandrübe erhöht den osmotischen Druck in der Wurzel, sie reichert dort Saccharose, Proline und weitere freie Aminosäuren an. Saccharose wird in den Zellvakuolen, Proline im Zellplasma angereichert. Anreichern heisst, dass die Pflanze darauf verzichtet, den wasserlöslichen Zucker in unlösliche Stärke umzuwandeln. Stärke ist für die meisten Pflanzen die gebräuchliche Form, Energiereserven anzulegen. So weit lässt die Rübe es nicht kommen.

Farben

Die Farbe der wilden Rüben ist variabel. Das Blatt, der Blattstiel, das Hypokotyl, die Wurzel und das Wurzelfleisch können elfenbeinfarben, grün, gelb, orange, rosa, rot, dunkelrot und purpurn sein. Die Ringe können unterschiedlich gefärbt sein, ab-

Abb. 6 Farbe der Blattstiele von drei Stielmangoldsorten und einer Rande (rechts)

Abb. 7 SEM-Aufnahme vom Speichergewebe von *B. vulgaris* subsp. *maritima*. In der Mitte ein Streifen von Xylemzellen, ober- und unterhalb davon die Zellwände von parenchymatischen Bastzellen. Foto: Lucy Kubiak-Martens

wechselnd rot und weiss (Biancardi 2012; Lippmann 1925). Die Vielfalt an Farben, die es bei den Kulturformen gibt, findet sich bereits in den Wildformen des Mittelmeeres.

Die Kulturpflanze (*Beta vulgaris* subsp. *vulgaris*)

Prähistorische Funde

Die Geschichte der Kultivierung der Rübe lässt sich mithilfe von archäobotanischen Fundstücken schwer belegen. Die Fruchtknäuel der Wild- und der Kulturrüben unterscheiden sich nicht.

Die ältesten Reste von Rüben, die von Menschen gesammelt und zubereitet wurden, kommen nicht aus dem Mittelmeerraum. Man fand sie in Dänemark in der Siedlung Ertebolle bei Tybrind Vig, sie stammen aus der Zeit zwischen 5600–4000 v. Chr., damals gab es in Dänemark noch keinen Ackerbau. Bei Ausgrabungen hat man verkohlte Reste von Speicherwurzeln gefunden, die man aufgrund der typischen ringförmigen Strukturen als Wilde Beete identifizieren konnte (Kubiak-Martens 1999).

Kulturformen

Es gilt als sicher, dass die Kulturpflanze im östlichen Mittelmeerraum aus der wilden Küstenform (subsp. *maritima*) entstanden ist (Zohary 2012). Die Rübe wurde sowohl wegen ihrer Wurzel als auch wegen ihrer Blätter gesammelt und genutzt. Die Wildform, der Blattmangold, die Rande und die Zuckerrübe haben alle Stängelblätter mit schmalen Blattstielen. Der Stielmangold, der aus dem Blattmangold hervorgegangen ist, hat breite Blattstiele. Die Verwendung als Blattgemüse und Wurzelgemüse zieht sich von Anfang an durch die Geschichte der Rübe. Der süsse Geschmack der Wurzeln machte die Beete zu einem beliebten Gemüse.

Im Laufe der Kultivierung wurden die Rüben und die Blätter grösser. Mehrere Varietäten entstanden innerhalb der subsp. *vulgaris*. Eine Übersicht über die Varietäten liefert die Einteilung von *Beta vulgaris* subsp. *vulgaris* nach Hanelt und Mansfeld (2001):

- *Beta vulgaris* subsp. *maritima* – wilde Form Wilde Beete, Strandrübe
- *Beta vulgaris* subsp. *vulgaris* – Kulturformen, die Farben sind variabel
    - convar. *cicla* var. *cicla* Blattmangold, Schnittmangold, Beisskohl (*Cicla*-Gruppe)
    - convar. *cicla* var. *flavescens* mit fleischigen Stielen, Stielmangold, Rippenmangold, Krautstiel, Römischer Kohl, Römische Beete (*Flavescens*-Gruppe)
    - convar. *vulgaris* var. *vulgaris* Rande, Rote Beete, Rote Rübe, die Farbe kann auch gelb oder weiss sein, mit abgerundeter Rübenbasis (*Conditiva*-Gruppe)
    - convar. *vulgaris* var. *crassa* Futterrübe, Mangelwurzel (*Crassa*-Gruppe)
    - convar. *vulgaris* var. *altissima* Zuckerrübe (*Altissima*-Gruppe)

Die Übergänge zwischen *cicla* (Blattmangold, Schnittmangold) und *flavescens* (Stielmangold) sind gleitend. Schnittmangold wird dichter gesät als Stielmangold, Letzterer braucht mehr Platz, um kräftige Stiele bilden zu können. Die Beete mit abgerundeter Basis und die ertragreichere Futterrübe mit spitz zulaufender Basis sind aus einer gemeinsamen spitz zulaufenden Rübenform hervorgegangen, die teils aus der Erde herausragte. Die Übergänge zwischen *vulgaris* (Rande) und *crassa* (Futterrübe) sind gleitend. *Crassa* heisst «dick», die Futterrübe ist die «dicke Rübe». *Altissima* heisst «höchste» – die Zuckerrübe bildet die höchsten Blütenstände, sie werden bis zu 1,5 m. Bevor es die Zuckerrübe gab, verwendete man die Bezeichnung *altissima* für die Futterrübe, die ebenfalls höhere Blütenstände bildet als die Rande.

Der Stielmangold speichert seine Reservestoffe in der Wurzel und in den Blattstielen. Die zerkleinerten Stiele lassen sich für die Vorratshaltung sauer einmachen. Die Rande speichert ihre

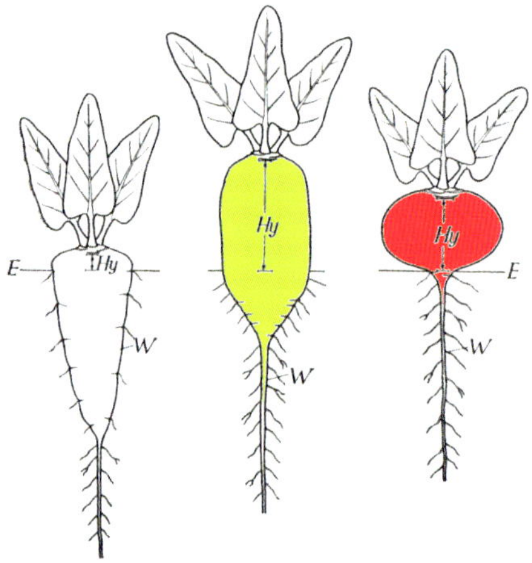

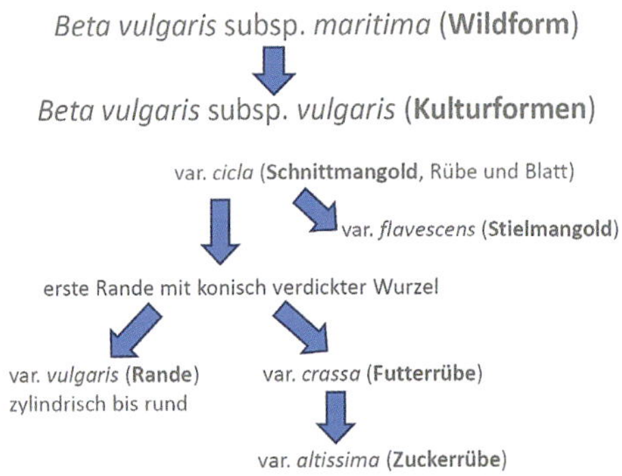

Reservestoffe im Hypokotyl, also in dem Stängelabschnitt unterhalb der Keimblätter und im oberen Bereich der Pfahlwurzel. Unsere klassische kugelförmige Rande, die es noch nicht so lange gibt, liegt praktisch auf der Erde. Sie ist abgerundet, nur die Hauptwurzel dringt tief in die Erde ein. Die runde Form ist wie eine Frucht, sie hat keine Ähnlichkeit mehr mit einer Wurzel. Es ist die höchste Stufe der Formveränderung durch die Züchtung. Die Futterrübe wird grösser als die Rande, sie ist süsser. Ihr Zuckergehalt darf nicht zu hoch sein; ein zu hoher Gehalt führt bei Rindern zu Verdauungsbeschwerden. Die Zuckerrübe soll möglichst nicht aus der Erde herausschauen und weiss sein. Sie muss dick und fett werden. Bei der Zuckerrübe geht die Rübe aus der Primärwurzel, aus der Keimwurzel, hervor.

Die Konsistenz der Wurzel ändert sich im Laufe des Jahres. Zu Jahresende hin wird sie härter, faseriger, holziger. So weit lässt man es bei den Randen nicht kommen. Die Futterrübe und die Zuckerrübe, die lange auf dem Feld stehen, sind faseriger, stärker verholzt und erzielen höhere Erträge als Randen. Nur in Notzeiten werden Zuckerrüben zerstückelt, gekocht und gegessen.

Es ist bis heute unklar, woher der Name Mangold stammt. Wolfgang Pfeifer (1993) schreibt zur Herkunft und Bedeutung des Namens: «Mangold. Der Name des spinatähnlichen Gemüses mittelhochdeutsch manegolt, mangolt (13. Jh.) ist ungedeutet. Ein Vergleich mit dem lautlich übereinstimmenden Personennamen althoch-

Abb. 8 Rübenbildung, von links nach rechts: Zuckerrübe, Futterrübe und Rande oder Rote Rübe. Hy Hypokotyl, W Primärwurzel und E Erdgrenze. Die Zuckerrüben sind weiss, die Futterrüben in der Regel gelb, die Randen in der Regel dunkelrot, können aber auch gelb, weiss oder rot-weiss geringelt sein. Verändert nach Rauh, 1994

Abb. 9 Schema der Entstehungsgeschichte der verschiedenen Beete-Varietäten. Zunächst wurden sowohl die Wurzel als auch das Blatt genutzt. Schnittmangold steht der Wildform am nächsten. Die Auslese auf breite Blattstiele führte zum Stielmangold. Die Verdickung der Rübe führte zunächst zu einer konisch verdickten Pfahlwurzel. Aus dieser Form ging durch Abrundung der Spitze die Rande hervor und durch eine Zunahme der Grösse die Futterrübe. Aus der Futterrübe ging durch die Auslese auf hohe Zuckergehalte die Zuckerrübe hervor.

Abb. 10 Kultivierte Beete (*B. maritima* subsp. *vulgaris*). Abb. einer Beete aus dem Wiener Dioskurides. Der griechische Text lautet: *Seutlon melan agrion. Melan*, «schwarz», steht für die tief dunkelrote Farbe der Wurzel. *Agrion* heisst «kultiviert». Die Seitenwurzeln befinden sich im unteren Teil der Rübe, die teilweise aus der Erde ragt. Der oberirdische Teil der Rübe ist leicht gewellt, was typisch ist für eine Rübe, die schosst. Seitensprosse sind angelegt. Dioskurides, 1999 © ÖNB Wien: Cod. Med. gr. 1 fol. 302r

deutsch Managold (eigentlich ‹Vielherrscher›, vgl. ahd. manag ‹viel›, hier vielleicht durch Umstellung aus ahd. magan ‹Stärke, Kraft, Tüchtigkeit› entstanden, und ahd. waltan ‹herrschen›) liefert keine Erklärung.»

Achard (1809) bemerkte, dass es weitere Arten mit dem Beinamen Managold gibt, als Beispiele nennt er Lungenkraut *(Pulmonaria officinalis)*, das als Hirschmangold bezeichnet wird, Guter Heinrich *(Chenopodium bonus-henricus)* wird als schmieriger Mangold bezeichnet, Meerampfer *(Rumex maritimus)* wurde Meermangold genannt.

Historische Studien

Oskar von Lippmann (1857–1940) veröffentlichte 1925 eine ausführliche Geschichte der Rüben bis 1809. Er war Wirtschaftshistoriker und Leiter einer der grössten Zuckerfabriken in Deutschland. Eine aktuelle Darstellung der Geschichte findet sich in «Beta maritima – The Origin of Beets» von Biancardi, Panella und Lewellen (2012). Der nachfolgende Text enthält auch Ergebnisse meiner Recherche zu der Entwicklung in der Schweiz.

Einen frühen schriftlichen Hinweis gibt es von dem griechischen Gelehrten Theophrastos (371–387 v. Chr.), zitiert nach Körber-Grohne (1995): «Teutlion hat eine lange, dicke, gerade Wurzel, wie der Rettich (raphanis), sie ist fleischig, schmeckt süss und angenehm, so dass sie von einigen roh verzehrt wird.»

Und weiter: «teutlion leukon (die weisse teutlion) werde ausserdem sikelikon (die sizilische) genannt.»

Eine Abbildung im Wiener Dioskorides (512 n. Chr.) legt nahe, dass leicht verdickte Formen mit verdicktem Hypokotyl schon länger bekannt waren. Dioskorides unterscheidet zwischen einer roten und einer weissen Form. «Seyton melan agrion» in der Übersetzung von Berendes (1902), dort heisst es: «Cap. 149. Peri Teutlon. Bete. Die Bete [die grosse, bei den Römern Beta silvatica] kommt in zwei Arten vor, von denen die schwarze den Leib mehr stellt (hart macht), wenn sie mit Linsen gekocht wird, stärker noch die Wurzel. Die weisse ist gut für den Bauch.»

Gemäss Albertus Magnus (1193–1280) gab es um 1250 eine rote Form, grösser als die weisse. Albertus Magnus zitiert nach Lippmann: Die Beete «heisst auch acelga [d. i. der in Spanien noch jetzt übliche Name] oder blitus [entstellt aus bleta, für beta], ist eine Gartenpflanze, treibt eine Blütenrispe, die jener der Reseda gleicht, und zeigt eine kalte und feuchte Natur; die rote Art ist grösser und besser und liefert, mit Petersilie gekocht, eine milde, wohlschmeckende und leicht verdauliche Speise.»

Ab 1500

Um 1500 gab es die uns so vertraute Rande mit abgerundeter Form noch nicht. Der Vorläufer der Rande und auch der Futterrübe mit kräftiger, konisch zulaufender Pfahlwurzel war schon bekannt, hatte Deutschland aber noch nicht erreicht. Zu Beginn des 16. Jahrhunderts ist auch der Stielmangold noch unbekannt. Beim Blattmangold unterscheidet man zwischen rotem und

weissem Mangold, der weisse wird auch Römischer Mangold genannt.

Lippmann betont die Bedeutung Italiens für die weiteren Entwicklungen: «(Caesalpinus) 1583 zu Florenz erschienenes grundlegendes Werk, ‹De plantis› (‹Über die Pflanzen›) erwähnt 4 Arten der ‹in den Küchen allgemein gebräuchlichen Beta›: 1. die gemeine weiße, candida, mit kurzen, tiefgrünen Blättern; 2. die edlere, mit breiten, längeren, hellgrünen Blättern; 3. die mit stark verzweigter Wurzel und lebhaft grünen Blättern; 4. die rote mit der großen Wurzel, die zum Einmachen dient. [...]»

In Deutschland ist in der Mitte des 16. Jahrhunderts der rote Mangold mit den verdickten Wurzeln akzeptiert. Lippmann, Ryff (1554) zitierend: «Der gemeine [weiße] Mangold dient, abgesotten oder mit Essig angemacht, als Zuspeise. Der rote Mangold mit den braunschwarzen, braunroten oder tief grünen Blättern und den großen, schön blutroten Wurzeln ist in Deutschland erst neuerdings bekannt geworden, wird aber jetzt auch schon in Meißen und Sachsen gleich Kraut und Kohl in kleinen Fäßchen sauer eingemacht und weit hin verführt.»

Lippmann fand in späteren Ausgaben des «Kreuterbuches» von Tabernaemontanus (1731) Angaben zur Süsse der verdickten Rüben: «[...] daß die Beta am besten in trockener Lage gedeiht, daß sie desto süßer wird, je mehr sich der Saft in die Wurzel statt in die Blätter zieht, und daß ‹die aus ihr ausgekochte Brühe, besonders aus den gedörrten Rüben, wie in Sachsen üblich›, ganz besonders süß schmeckt und ein treffliches Mittel gegen Hals- und Brustschmerzen vorstellt.»

Im Laufe des 16. Jahrhunderts findet die Spezialisierung in Blatt- und Stielmangold statt. Belege dazu finden wir u.a. bei Caesalpinus (1583), Rhagor (1639), Bauhin (1596). Bauhin kennt den ästhetischen Wert der Sorten mit gelben und leuchtend roten Blattstielen.

Olivier de Serres veröffentlicht um 1600 ein mehrbändiges Buch über die Landwirtschaft. Er beschreibt in der Ausgabe von 1605 verschiedene Formen des Mangolds. Die stielbetonten Formen heissen bei de Serres *poirée à carde* oder *bette-carde*, die blattbetonten Formen heissen *poirée* oder *poirée commune*. Das erste Mal in der Ausgabe von 1623 beschreibt er jene Form, die

Abb. 11 Rapa Rubrum, Rotrüben, mit verdickter Wurzel. Die Rübe hat noch die ursprüngliche konische Form. Fuchs, 1542

Abb. 12 Links: *Beta nigra*, Roter Mangolt, Fuchs (1542). Die Pflanze war beim Zeichnen angewelkt. Quelle: Cambridge University Library. Rechts: *Beta candida*, Weisser Mangolt mit reifenden Fruchtknäueln. Fuchs, 1543, © ÖNB Wien: Codex 11125, 43

Abb. 13 Mangoldblätter, von links nach rechts: Grüner Schnittmangold, Gelber Schnittmangold, Stielmangold und Krautstiel. Aquarelle: © Copyright Evelyne Lengler, Chur

806
BETA
NIGRA.
Roter Mangolt.

43
BETA CANDIDA
Weisser Mangolt

wir von Fuchs bereits als *Rapa Rubrum* und bei Bauhin als *Beta rubra radice crassa* kennengelernt haben. De Serres: «Rande. Eine Art Pastinake ist die rote Beete (Rande), die vor kurzem aus Italien zu uns kam. Es handelt sich um eine stark rote Wurzel: ziemlich gross, deren Blätter Mangold sind, und bei der alles gut zu essen ist, wenn man sie in der Küche entsprechend zubereitet: die Wurzel wird zwischen zarten Fleischsorten gelagert, ihr Saft, den sie beim Kochen ausscheidet und der Zuckersirup ähnelt, kommt in einer sehr schönen hochroten Farbe daher.»[36] Bemerkenswert ist der Vergleich des Saftes mit Zuckersirup. Die Idee, aus gekochtem Rübensaft Kristallzucker zu gewinnen, kommt 150 Jahre später auf.

Der Gemüsebau in der Schweiz erhielt in der zweiten Hälfte des 17. Jahrhunderts durch die Hugenotten einen wichtigen Impuls. Mit den Hugenotten kam auch die Stielmangoldzüchtung in die Schweiz. Stielmangold aus der Schweiz wurde im Ausland ein Begriff. Am deutlichsten kommt das in der Herkunftsbezeichnung Swiss oder Schweiz zum Ausdruck, wie Schweizer Mangold in Deutschland oder Swiss Chard in England. Die Schweiz und insbesondere Genf war und ist ein Zentrum für die Mangoldzüchtung.

Mangold oder Kraut

In den Gärten war der Mangold weitverbreitet. Oft war Mangold das wichtigste Gemüse, nicht Kohl. In Burgistein im Kanton Bern nannte man den Mangold auch schlicht Kraut. Von Graffenried (1761): «In den Gärten ist Mangolt, welches sie Kraut heissen, und Kabis nebst etwas Spinat zu sehen.»

Kraut ist die Bezeichnung für das am häufigsten angebaute Gemüse, so wie Korn das am häufigsten angebaute Getreide bezeichnet. Im Emmental war Mangold das wichtigste Gemüse: «Der Kraut- oder Küchengarten liegt gewöhnlich zunächst dem Hause, und besteht aus wenigen Gartenbetten, weil die Landleute sich bloss mit Spinat und Mangold behelfen, auch etwas an Salat darin pflanzen [...]» (Näf, J. C. 1819).

Auch die Thurgauer schätzten den Mangold. «Vor jedem Hause ist von alter Zeit her ein Krautgarten (Küchengarten) eingehegt, dessen Hauptbestimmung die Anpflanzung des Mangolds war, der den Sommer über, und eingemacht auch im Winter, ein unentbehrliches Gemüse war» (Pupikofer, 1837).

In der Zeitschrift «Der Sammler» (N. N. 1782) lesen wir, welche Sorten in Graubünden angebaut wurden. «Auf Zureden entschliesst sich also Herr Joh. Bapt. Zieruerer, Handelsherr in Mayenfeld, sich mit ächten frische Saamen von einem bekannten Hofgärtner aus Deutschland zu versehen; und lässt hieduch das Publikum berichten u.a. [...] rothe Rüben (Randen) [...] Gelber Mangold.»

Ein Jahr später werden nochmals Samen angeboten, und zwar: «Mangold grüner[37], Mangold gelber, Rothe Rüben».

36 Übersetzung Daniel Gillieron.

37 Der grüne Mangold ist ein Blattmangold und wurde für die Herstellung von Capuns verwendet. Capuns macht man aus einem Spätzli- oder Pizochelteig, der in ein Mangoldblatt eingewickelt wird. Capuns ist die Bündner Variante des deutschen Krautwickels.

Capuns in Graubünden – les cardes in Genf

Grüner Blattmangold in Graubünden und Stielmangold in Genf. Graubünden ist bekannt geworden wegen seiner Capuns. Capuns sind Mangoldwickel mit einer Füllung aus Spätzleteig. Eine schmale Mittelrippe des Blattes ist ideal für die Herstellung von Wickeln. Krautstiel eignet sich dazu weniger. Krautstiel ist in der Westschweiz ein beliebtes Gemüse. Auf Französisch heisst es *les cardes* oder *côte de bette*.

Warum ist der Blattmangold so wichtig geworden für die Bündner Küche und nicht der Stielmangold? Der Blattmangold ist etwas winterfester als der Stielmangold. Das kann der Grund sein, dass in den abgelegenen Tälern in den höheren Lagen bevorzugt Blattmangold angebaut und vermehrt wurde. Die Samenträger der Krautstielsorten überlebten den Winter in den Bergen kaum.

Rande und Mangold gehören zu den Gemüsearten, von denen man auch in den kühleren und höheren Regionen der Schweiz Saatgut gewinnen kann. Wie lange die Bäuerinnen selbst Mangold- und Randensamen gezogen haben, ist mir nicht bekannt.

Wieso die Krautwickel in Graubünden auf Romanisch Capuns heissen, ist auch nicht bekannt. Capuns sind kastrierte Hähnchen. Früher war es auf den Bauernhöfen üblich, junge Hähnchen zu kastrieren. Ob die Hähnchen als Füllung im Teig endeten oder ob Mangoldblätter den Hähnchen verfüttert wurden, ist nicht bekannt.

Abb. 14 Mengelwurz, Menwelwurz oder Sauramffer (*Rumex* sp.). (Brunfels, 1532). Digitalisat: Deutsche Forschungsgemeinschaft

Randen

Die kugelförmige Rande, heute der Klassiker, dürfte spätestens im 18. Jahrhundert entstanden sein. Die erste mir bekannte Beschreibung einer Sorte, die klein, rot und kreiselförmig (franz. *turbiné*) ist, heisst nach der okzitanischen Stadt Castelnaudary. Die Stadt liegt in der Nähe von Carcassonne. De Grace erwähnt 1788 vier Randensorten: grosse rote *(Beta vulgaris major)*; eine kleine rote, Castelnaudary genannt *(Rubra Minor)*; eine gelbe *(Lutea)*; eine weisse *(Albida)*; eine gelbe, die als Futterrübe dient. Die kleine Rote von Castelnaudary ist, wie später aus den Beschreibungen von de Serres (1804) und Achard (1809) hervorgeht, kreiselförmig *(turbinée)*. Sie ist abgerundet, die klassische, runde Form der Rande tritt jetzt hervor. Später beschreibt Vilmorin (1883) nochmals eine Sorte mit dem Namen Castelnaudary. Es handelt sich aber bei ihr um eine ganz andere Sorte: gross, lang gezogen und mit spitz zulaufender Wurzel.

Mangelwurz – Rübe des Überflusses

Der Name Mangelwurz wird gelegentlich als Synonym für Mangold verwendet. Verbreiteter aber ist die Verwendung als Synonym für die Futterrübe. Mangelwurz heisst auf Französisch *Betterave de disette* und auf Englisch *roots of scarcity*, die Übersetzung ist buchstabengetreu. In der Literatur wird Mangelwurz abgeleitet von Mangoldwurz. Wahrscheinlicher aber ist eine Verwechslung mit dem Mengelwurz von Brunfels (1532). Äusserlich ist dieser Mengelwurz dem Mangold auf den ersten Blick sehr ähnlich. So ähnlich, dass Brunfels' Mengelwurz in der Monografie von Branciardi als Mangold bezeichnet wurde. Mengelwurz steht bei Brunfels aber für Sauerampfer oder Menwelwurz und ist eindeutig Ampfer, wahrscheinlich Wiesen-Sauerampfer *(Rumex acetosa)*. Die Blätter des Wiesen-Ampfers haben Ähnlichkeiten mit den jungen Blättern der Beete. Sie können wie diese wie Spinatblätter verwendet werden. Der Wurzelstock des Wiesen-Sauerampfers wird nie so kräftig wie jener der Beete und nicht als Gemüse verwendet. Die Runkel- und später die Zuckerrüben gehören zu den ertragreichsten Kulturpflanzen. Französische Rübenbauer waren deswegen gar nicht einverstanden mit dem Namen *Betterave de disette*, als Reaktion darauf haben sie der Futterrübe den stolzen Namen *Betterave d'abundance* verliehen.

Das Interesse in der Schweiz am Anbau von Futterrüben ist gering. Die Oekonomische Gesellschaft Bern nimmt in der zweiten Hälfte des 18. Jahrhunderts die Entwicklungen in Deutschland, England und Frankreich zur Kenntnis, mehr aber auch nicht. Um die Mitte des 19. Jahrhunderts sind aber auch die Runkel- oder Futterrüben in der Schweiz akzeptiert. Eine eigene Züchtung gibt es nicht.

Abb. 15 Ägyptische Plattrunde oder Noire plate d'Egypte. Grace 1788 beschrieb diese Form unter dem Namen Castelnaudary. Jürg Hädrich, Artha Samen

Rekorderträge

Die Zuckerrübe erzielt von allen Ackerfrüchten die höchsten Erträge. Es sind erstaunliche Mengen, die die Landwirte jeweils pro Hektar ernten. Die folgenden Zahlen beziehen sich auf die Verhältnisse in der Schweiz und vergleichen sie mit den Erträgen bei Kartoffeln und Weizen.

Nehmen wir bei Kartoffeln einen Ertrag von 40 t/ha an. Der Anteil an Wasser beträgt 78 %, der Anteil an Stärke 16 %, der Anteil an Zucker 0,3 %. Nehmen wir bei Zuckerrüben einen Ertrag an von 60 t/ha an. Der Anteil an Wasser ist leicht geringer mit 76 %, Stärke ist praktisch nicht vorhanden und der Anteil an Zucker liegt bei 18 %.[38] Der Durchschnittsertrag bei Weizen liegt bei 6 t, sein Wassergehalt bei 12 % und der Gehalt an Stärke bei 70 %, dazu kommt der Eiweissgehalt mit ca. 13 %, löslicher Zucker ist praktisch nicht vorhanden.

Die Erträge bezogen auf den Trockensubstanzgehalt:

Zuckerrüben	60 × 0,24 = 14,4 t/ha
Kartoffeln	40 × 0,22 = 8,8 t/ha
Weizen	6 × 0,88 = 5,3 t/ha

Zuckerrübe

Die Zuckerrübe ist die letzte Sorte, die entstanden ist. Andreas Sigismund Marggraf (1709–1782) entdeckte, dass der süsse Geschmack der Beete durch den gleichen Zucker wie jene des Zuckerrohrs hervorgerufen wird. Lippmann:

> «Marggraf fand daß der süße Geschmack von Beta alba (Bauhins Beta cicla officinarum, d. i. die der Apotheken; weißer Mangold) und Beta rubra (Bauhins Beta radice rapae, d. i. die Rübe mit der rapa-Wurzel; roter Mangold) keineswegs bloß durch ein ‹zuckerähnliches› Wesen bedingt wird, sondern durch ‹wahren, vollkommenen Zucker, dem bekannten aus Zuckerrohr völlig gleich›; dieser läßt sich in den getrockneten Schnitten mikroskopisch erkennen, und aus den Rüben, besonders gut aus den weißen, ‹reichlich und rein› abscheiden.»

Franz Carl Achard (1753–1821), ein Schüler von Marggraf, war der erste wissenschaftlich arbeitende Züchter. Er hatte sich zum Ziel gesetzt, aus der Futterrübe eine Zuckerrübe zu züchten. Im Jahr 1809 veröffentlicht Achard sein Standardwerk mit dem langen Titel «Die europäische Zuckerfabrikation aus Runkelrüben in Verbindung mit der Bereitung des Brandweins, des Rums, des Essigs und eines Coffee-Surrogats aus ihren Abfällen». Achard hatte nicht nur überlegt, wie die beste Zuckerrübe sein sollte, sondern sich auch Gedanken gemacht, wie man die Abfälle wirtschaftlich nutzen kann. Durch den Anbau von Zuckerrüben konnte die Abhängigkeit von Importen von Zucker aus Zuckerrohr verringert werden.

Es brauchte 100 Jahre, bis auch in der Schweiz Zucker produziert wurde. Seit der Gründung der Zuckerfabrik in Aarberg 1912 wird kontinuierlich und mit Erfolg Zucker produziert. 1963 erfolgte in Frauenfeld die Gründung einer zweiten Fabrik, 1997 fusionierten die beiden zur Schweizer Zucker AG.

38 Der Zuckerrübenertrag lag 2018 auf Biobetrieben bei durchschnittlich 68 t/ha und der Zuckergehalt bei 15,4 %. Bioaktuell, März 2019.

Sorten der Genbank

Mangoldsorten

Viele von den 30 Stiel- und Schnittmangoldsorten in der Genbank stammen aus der Sammlung der Forschungsanstalt RAC (Agroscope) in Changins. Die ersten Sorten stammen von Züchtern und Samenhändlern und wurden 1980 aufgenommen. Zu nennen sind A. Grosjean in Chêne Bougeries, Samen Mauser in Dübendorf und Roggli AG in Hilterfingen. Die Vielfalt der Genfer Sorten war grösser als das, was schlussendlich in der Genbank erhalten blieb. So gab es Ende des 19. Jahrhunderts den beliebten gelbstängeligen Krautstiel, Plainpalais genannt. Die erhaltenen Sorten haben helle bis weisse Stiele und glatte oder wellig bis krause Blätter.

Randensorten

Das Randensortiment enthält im Vergleich zum Krautstielsortiment wenig Schweizer Herkünfte. Das Sortenspektrum der Randen ist international. Der Austausch unter den Züchtern in Europa und Nordamerika war und ist rege. Auffallend ist die Vorliebe für runde und für rote Sorten. Eine gelbe, eine weisse und eine rot-weisse Sorte sind später von ProSpecieRara in die Genbank eingelagert worden. Die Sorten Noire de Lausanne und Bijou de Vatter sind in der Schweiz (weiter) gezüchtet worden. Noire de Lausanne ist vermutlich eine lokale Selektion aus Reine des noires, eine Sorte aus dem Hause Vilmorin, die 1892 von der Genfer Kommission der Marktgärtner getestet wurde (Suanjak 2014).

Interessant sind die Bemerkungen von Jürg Hädrich (Artha Samen) und Hanspeter Buser (ACW, Wädenswil) in ihrem Bericht zur Sichtung der Genbanksorten.

> «Runde Sorten. Der Hauptvorzug der runden Sorten ist in ihrer Frühreife zu erblicken. Der Geschmack ist oft feiner als bei den langen Sorten. [...]
> Halblange Sorten. Die halblangen Rüben stecken fast ganz im Boden und unterscheiden sich von den langen in der Hauptsache durch die dickere Ausbildung der oberen Rübenhälfte. In ihrer Zusammensetzung zeichnen sie sich gegenüber den bisher genannten Sorten durch höheren Trockenmasse- und Zuckergehalt aus. Die Regel, dass der Zuckergehalt mit der Zunahme des in den Boden hineinwachsenden Wurzelanteils zunimmt, findet auch hier ihre Bestätigung. [...]
> Die Halblangen zylindrischen Sorten eignen sich besser für die Konservenindustrie als die runden Sorten. Bei der Verarbeitung fallen weniger Reste an.»

Die süssesten Sorten im Vergleichsanbau waren in dieser Reihenfolge: Chioggia, Crapaudine, Verduna alba, Golden und Noire de Lausanne. Am wenigsten süss war die frühreife Sorte Ägyptische Plattrunde. Je kürzer die Vegetationsdauer, desto weniger Zucker wird in der Rübe gespeichert. Die süssesten Rüben sind jene mit der längsten Vegetationsdauer – die Zuckerrüben. Die Ägyptische Plattrunde enthält in etwa die Hälfte und die süsseste Rande enthält ein Drittel weniger Zucker als die Zuckerrübe.

X KORBBLÜTLER – COMPOSITAE

Wegwarte *(Cichorium intybus)* in Vollblüte. Die Blütenkörbchen der Wegwarte enthalten 16–18 Zungenblüten. Das Blütenkörbchen verblüht an einem Tag. Die weisse Blüte ist eine Blüte der Zaunwinde *(Calystegia sepium)*. 08.08.2024

Salatbeet mit verschiedenen Sorten

Die Korbblütler (Abb. S. 339 oben) gehören zu einer der am höchsten entwickelten Familien und sind so erfolgreich wie die Gräser. Die bekanntesten Kulturpflanzen aus dieser Familie sind Salat *(Lactuca sativa)*, Endivie *(Cichorium endivia)*, Schwarzwurzel *(Scorzonera hispanica)*, Artischocke (*Cynara cardunculus* subsp. *scolymus*) und Kardy (*Cynara cardunculus* subsp. *cardunculus*). Artischocke und Cardy sind mit den Hugenotten nach Genf gekommen, Genf ist für die beiden ein ausgezeichnetes Anbaugebiet. Bekannt waren um 1900 die 'Grosse violette Artischocke von Plainpalais' und der 'Silbrige Kardy von Plainpalais'. Kardy ist stacheliger und ursprünglicher als Artischocke. Aus Amerika kamen Sonnenblume *(Helianthus annuus)* und Topinambur *(Helianthus tuberosus)*.

Ich beschränke mich hier auf Salat *(Lactuca sativa)* und Endivie *(Cichorium endivia)* bzw. Zichorie *(Cichorium intybus)*. Diese Arten bilden ausschliesslich Zungen- oder Strahlenblüten im Gegensatz zu den Distelartigen wie Kardy, die nur Röhrenblüten bilden, und den Asternartigen, die Zungen- und Röhrenblüten bilden, wie Topinambur und Sonnenblume.

Wieso gehören die Korbblütler zu den am höchsten entwickelten Familien? Wie kann man das verstehen? Die wichtigsten Phasen im Lebenszyklus einer Pflanze sind die vegetative Phase, die Blüte und die Frucht- und Samenbildung, die zusammengehören. Die ursprünglicheren Familien bilden eine Blütenhülle, die in Kelch- und Kronblätter differenziert sein kann, darauf folgen ein Kreis mit Staubblättern und die Fruchtblätter, die eine schützende Hülle für die Samenanlagen bilden. Bei den Korbblütlern erfüllen die Hüllblätter, die den Blütenkorb umringen, die schützende Aufgabe der Kelchblätter (Abb. 1). Die Hüllblätter spielen eine Rolle beim Öffnen und Schliessen der Blüten. Sie funktionieren in einer späteren Phase als Behälter für die sich bildenden Früchtchen, vergleichbar mit der Rolle, die die Fruchtblätter der Hülsenfrüchte bei der Samenbildung und -ausbreitung spielen. Beim Lattich sind die Hüllblätter gleichmässig verteilt. Die Wegwarte bildet, wie der Löwenzahn, zwei Kreise von Hüllblättern. Die Aufgabe der Kronblätter wird beim Löwenzahn, beim Salat und bei der Wegwarte durch die Zungenblüten erfüllt, die kronblattartig die Blütenbesucher anlocken (Abb. 1 und 2). Der Pappus des Lattichs, der evolutionär betrachtet aus einem Kelch hervorgegangen ist, übernimmt die Funktion, die beim Weideröschen die Flughaare an den Samen haben. Die Samen der Korbblütler bilden sich in einem unterständigen Fruchtknoten, jeder Knoten enthält nur einen Samen. Die trockenen Früchtchen des Löwenzahns und des Stachellattichs haben Samencharakter angenommen (Abb. 3). Die Früchte der Wegwarte bilden keinen Pappus, stattdessen findet sich ein Kranz von Zähnchen (Abb. 4).

Wir sehen bei den Korbblütlern, dass die elementaren Aufgaben des vegetativen Wachsens, der Blüte und der Frucht-/Samenbildung, die für alle Blütenpflanzen die gleichen sind, von unterschiedlichen Gestaltungselementen wahrgenommen werden. Die elementaren Prozesse der Blüten-, Frucht- und Samenbildung bestimmen, wie die Gestaltungselemente komponiert und arrangiert werden. Sie sind das plastische Material, dass von der Pflanze auf vielfältigste Art angeordnet, kombiniert und verwandelt werden kann, immer unter Berücksichtigung jener fundamentalen Prozesse des Wachsens, Blühens und Fruchtens. Ist die Blüte der Zaunwinde eine Komposition, so ist die Blüte der Wegwarte eine Komposition der Komposition (Abb. S. 339 oben).

Abb. 1 Blühender Stachellattich oder Kompasspflanze *(Lactuca serriola)*. Die Hüllblätter bilden einen Kelch, sie regeln das Öffnen und Schliessen der Blüte.

Abb. 2 Blühender Zweig der Wegwarte, gerade von den Sonnenstrahlen berührt. Die Blüten reagieren sofort. 08.08.2024

Abb. 3 Pusteblume des Stachellattichs. Die Hüllblätter trocknen zur Reifezeit ein, biegen nach unten und machen den Weg für die Früchte frei.

Abb. 4 Früchte von Stachellattich (links) und Wegwarte (rechts). Die Frucht des Lattichs ist lang gezogen. Der Pappus ist nicht zu sehen, man sieht nur den Stielansatz. Die Frucht der Wegwarte bleibt breit, und anstelle von Pappus bildet sich ein Kranz von Zähnchen, diese stellen die Reste des Kelchblattkreises dar. 1 g Wegwartesamen enthält ca. 700 Samen. Die Frucht der Wegwarte ist 2 mm lang. Wikimedia Commons, Stefan Lefnaer, CC BY-SA 4.0

SALAT *(LACTUCA SATIVA)*, ENDIVIE *(CICHORIUM ENDIVIA)*, ZICHORIE *(CICHORIUM INTYBUS)*

Der Wilde Salat *(Lactuca serriola)* ist unter dem Namen Kompasspflanze und Stachellattich bekannt. *Serriola – scariola – escarius* heisst «essbar». Man findet ihn von der Atlantikküste Nordafrikas bis nach Somalia und in Westeuropa über die Nordseeküste, mit Ausnahme von England, bis nach Südwestsibirien und Zentralchina[39] (Abb. 5). Bei der Endivie und bei Zichorie handelt es sich um zwei nah verwandte Kulturpflanzen, die aus unterschiedlichen Wildpflanzen hervorgegangen sind. Die wilde Verwandte von Zichoriensalat, Zichorienwurzel, Radicchio und Chicorée ist die Wegwarte *(Cichorium intybus)* (Abb. 6). Die wilde Wegwarte ist mit Ausnahme von England und Irland in ganz Europa einheimisch, man findet sie bis nach Zentralasien im Westhimalaja[40]. Die Endivie (*Cichorium endivia* subsp. *endivia*) kennt zwei Hauptformen: den breitblättrigen Eskariol (var. *latifolium*) und die krausblättrige Endivie (var, *crispum*). Ihre wilde Verwandte ist die Niedrige Wegwarte (*Cichorium pumilum* = *Cichorium endivia* subsp. *divaricatum*), die von der Atlantikküste und Nordafrika bis nach Persien und Xinjiang (China) heimisch ist.[41] Sie kommt nicht so weit im Norden vor wie die Wegwarte.

Die Milchsaftbildung ist ein wichtiges Merkmal der Gattungen *Lactuca* und *Cichorium.* Der Lattich *(Lactuca sativa)* ist gar nach diesem Merkmal benannt worden. *Lactuca* stammt vom lateinischen *lac*, Genitiv *lactis* = Milch. *Lactuca,*

39, 40, 41 Kew Plants of the World Online, 14.08.2024.

Abb. 5 Stachellattich, die Pflanzen wachsen zwischen den Basaltsteinen eines Dammes.

Abb. 6 Die Wegwarte fühlt sich an Strassenrändern zu Hause. An dieser Stelle wächst sie zusammen mit einer Wilden Möhre.

Abb. 7 Junge Kompasspflanze, die Pflanzen sind sehr anspruchslos. Auf fruchtbaren Böden können sie bis zu 2 m hoch werden.

Abb. 8 Die Kompasspflanze hat zwei besondere Eigenschaften. Sie kann die Stängelblätter so anordnen, dass sie 2 Reihen bildet, und sie kann die Spreiten vertikal ausrichten wie hier auf dem Bild.

Abb. 9 Der Stachellattich macht seinem Namen Ehre; die Blattrippe trägt kräftige Stacheln. 04.08.2024

Abb. 10 Blühender Kultursalat *(L. sativa)*, die rötliche Farbe der Salatblätter macht sich bis in den Blütenstand bemerkbar. Der Blütenstand ist gedrungener und üppiger als jener des Stachellattichs. 04.09.2022

franz. *laitue*, dt. Lattich (Genaust 1983). Der Milchsaft von Lattich enthält die Bitterstoffe Lactucin, Lactucopikrin und verwandte Stoffe. Milchsaft erstarrt bald nach dem Austreten und färbt sich beim Lattich mit der Zeit orange. Es ist, als ob die Pflanze ihre Wunde verschliesst, und erinnert an aus einer Verletzung austretendes Blut, das gerinnt. Der Milchsaft der Zichorie enthält die gleichen Stoffgruppen. Generell wurde der Milchsaft für medizinische Zwecke gesammelt.

Der Name Stachellattich für den Wilden Salat ist zutreffend. Die Mittelrippe der Blätter, die Blattränder und der Stängel haben Stacheln. Der Name Kompasspflanze für den wilden Lattich ist aber auch zutreffend. Auf trockenen, heissen Standorten drehen die Pflanzen ihre Blattspreiten in zwei Richtungen. Die Blattflächen sind dann nicht mehr horizontal, sondern vertikal ausgerichtet und orientieren sich nach Süden und Norden. Obwohl die Blätter spiralig angeordnet sind, ist es, als ob die Blätter in zwei Reihen, alternierend, inseriert sind. Der Stachellattich hat in Bezug auf die Blattstellung und die Stacheln einen starken Bezug zur Sonne (Abb. 7, 8 und 9). Die Pflanze hat die Wuchsform einer Distel, kann sich aber auch in Bodennähe verzweigen und 2 m hoch werden. Die Wegwarte hat ebenfalls einen starken Bezug zur Sonne, was sich während der Blüte zeigt.

Der Blütenstand des Wildlattichs ist reich verzweigt und raumergreifend, die Blütezeit dauert von Juli bis September. Die Früchte tragen die charakteristischen Schirmchen, wie man sie vom Löwenzahn kennt. Der Blütenstand der Kulturpflanze ist gedrungener (Abb. 10). Die Kulturpflanze entlässt ihre Früchte nicht so schnell wie die Wildpflanze, die innersten Hüllblätter biegen sich weniger auseinander und geben den Weg für die Ausbreitung der Samen nicht immer frei. Das vereinfacht die Samenernte.

Salat bildet weniger Milchsaft als Wildlattich und die Stacheln fehlen. Man findet gelegentlich auch stachellose Wildpflanzen mit ungeteilten Blättern und welligem Blattrand (Körber-Grohne 1995, Tafel 84). Hat man eine stachellose Pflanze gefunden, dann sind die Nachkommen sehr wahrscheinlich auch stachellos, denn Lattich ist streng selbstbefruchtend. Die Natur ist aber nicht pedantisch und lässt Ausnahmen zu (Pitrat & Foury 2003).

Die niedere Wegwarte *(C. pumilum)* ist einjährig und kleiner als die Wegwarte *(C. intybum)*, deswegen ihr Name *pumilum* = zwergenhaft. *C. endivia* hat den längeren Kelchsaum der Früchte gemeinsam mit *C. pumilum*. Die Blätter der Endivie sind im Gegensatz zu jenen der Zichorie kahl. *C. endivia* ist vorwiegend selbstbefruchtend (Chauvet 2018). Die Wegwarte ist ein- bis zweijährig und vorwiegend fremdbefruchtend (Chauvet 2018). *C. pumilum*, *C. endivia* und *C. intybus* sind trotzdem leicht miteinander zu kreuzen (Pitrat & Foury 2003).

Die Wegwarte kann 2 m hoch werden. Sie blüht von Juli bis September. Jedes Köpfchen blüht nur einmal. Am frühen Morgen, bevor die ersten Sonnenstrahlen die Pflanze erreichen, sind die Köpfchen, die an diesem Tag blühen werden, bereits halb geöffnet, aber die Zungenblüten stehen noch zusammen und sind seitlich leicht eingerollt. Berühren die Sonnenstrahlen die Pflanzen, dann öffnen sich die Köpfchen ganz und folgen dem Lauf der Sonne, sie zeigen wie die Sonnenblume Heliotropismus (Abb. S. 339 oben). Der mittelalterliche Name Sonnenwirbel hängt mit diesem Verhalten zusammen. Die Früchte sind leicht, bei Berührung fallen sie aus den Behältern, die von dem inneren Kreis der Hüllblätter gebildet sind, heraus. Die Wegwarte ist winterhart.

Die Rosette

Die Bildung flacher Rosetten ist typisch für ruderale Standorte wie Wegränder und Schuttplätze (Abb. 11). Jede Pflanze hat ausreichend Platz und wird nicht von Nachbarpflanzen bedrängt Die Rosettenbildung ist sehr interessant: Die Blätter einer Rosette sind so angeordnet, dass sie den offenen Boden tellerartig bedecken (Abb. 12). Die

Abb. 11 Der Schuttplatz ist ein Treffpunkt für viele wilde Verwandte unserer Kulturpflanzen. Auf diesem Schuttplatz sind Wegwarte, Möhre *(Daucus carota)*, Pastinake *(Pastinaca sativa)* und Stachellattich zu finden, ergänzt durch den wärmeliebenden Wermut *(Artemisia absinthium)*. Alvaneu, 10.08.2024

Abb. 12 Rosette einer besonderen Form des Stachellattichs. Die Blätter sind ganzrandig, Einbuchtungen fehlen. In Ägypten wurden vor mehr als 4500 Jahren aus solchen Formen die ersten Kulturpflanzen gezogen. Die Aufnahme stammt aus den USA, dort ist die Pflanze ein Neophyt und gehört zu den invasiven Arten. © Joseph M. DiTomaso, University of California – Davis, Bugwood.org

jungen Blätter stehen zunächst aufrecht, wachsen heran und legen sich hin. Die Anordnung der Blätter folgt den Regeln des Goldenen Schnittes, sie werden spiralig angelegt. Die Blattform, mit schmaler Basis und allmählich breiter werdender Spreite, ermöglicht eine optimale Bedeckung des Bodens. Das Zentrum der Rosette ist wie eine Quelle, aus der kontinuierlich ein neues Blatt hervorgeht. Stehen die Pflanzen dichter, führt das dazu, dass die Blätter sich trichterartig nach oben orientieren. Das Gleiche ist der Fall, wenn die Zahl der Rosettenblätter übermässig zunimmt. Die Zahl der Rosettenblätter ist bei den Kulturpflanzen erhöht. Eine übermässige Bildung von Blättern führt dazu, dass die äusseren Blätter grün und fest sind, je mehr man zum Herz geht, desto zarter und gelblicher sind die Blätter.

Von der Wild- zur Kulturpflanze

Der Lattich ist ursprünglich in Ägypten kultiviert worden. Aus einem Wildlattich mit ganzrandigen

Blättern (Abb. 12 und 13) ist durch Erhöhung der Zahl der Blätter der Salat entstanden. Die beiden Darstellungen bei Dioskurides (512) (Abb. 14 und 15) veranschaulichen, wie die Kultivierung stattgefunden haben könnte.

Erste Abbildungen mit Blattsalat der römischen Form auf Reliefs in Grabkammern stammen aus der Zeit um 2500 v. Chr. (Körber-Grohne 1995). Das hier gezeigte Detail einer Totenstele stammt aus 2000 v. Chr. (Abb. 16). Die Tafel zeigt, dass Lattich ein Gemüse war. Der Lattich könnte auch wegen seiner ölhaltigen Früchte angebaut worden sein. Diese Vermutung basiert auf den grösseren Früchten der Kulturpflanze im Vergleich zur Wildpflanze (Chauvet 2018). Öllattich wird heute noch in Oberägypten angebaut. Die älteste Salatform, der Römische Salat, der eigentlich ägyptischer Salat heissen sollte, hat längliche Blätter mit einer kräftigen Mittelrippe. Bindet man die äusseren Blätter einer Rosette zusammen, dann ergrünen die nachwachsenden Blätter weniger stark und der Anteil an zarten Blättern nimmt zu.

Die Endivie könnte, wie der Salat, ebenfalls in Ägypten entstanden sein. Der Name deutet darauf hin: Endivie, lat. *intybus, intybum*, griech. *entybon*, byz. *entybia*, geht ursprünglich zurück auf ägypt. *tybi, tubi* = Januar. Januar vielleicht, weil die Blätter als Wintersalat gegessen wurden (Genaust 1983). Lattich liefert mehr das Frühlings- und Sommergemüse, Endivie mehr das Herbst- und Wintergemüse.

Die Zichorie ist vermutlich später entstanden als die Endivie. Die Wegwarte, die wilde Verwandte der Zichorie, diente im klassischen Altertum als Arzneipflanze. Zichorie und Endivie sind schwierig voneinander zu unterscheiden, die Beschreibungen aus der griechischen und römischen Zeit lassen eine Zuordnung nicht zu, es braucht eine Beschreibung der jeweiligen Samenträger (Abb. 17).

Lattich und Zichorie sind sowohl Nahrungspflanzen als auch Heilpflanzen, wobei die Zichorie häufiger als Arzneipflanze verwendet wird als der

Lattich. Im Milchsaft der beiden Arten sind Stoffklassen nachgewiesen, die eine medizinale Wirkung entfalten können.

Abb. 13 Junge Pflanze eines Stachellattichs mit ganzrandig bleibenden Blättern. © Joseph M. DiTomaso, University of California – Davis, Bugwood.org

Abb. 14 Sprossender Lattich. Der Spross erinnert stark an den ganzrandigen Stachellattich in Abb. 13. Der Illustrator hat die Blätter zwar in einer Reihe, aber nicht versetzt, sondern paarweise angeordnet. Die Römer assen nicht nur die Blätter (s. Abb. 15), sondern auch den jungen Stängel. Die Wurzel ist der Fantasie des Illustrators entsprungen, sie erinnert eher an die Wurzel einer Zwiebel. Dioskurides (512), © ÖNB Wien: Cod. Med. gr. 1 fol. 137r

Abb. 15 Gartenlattich vom Typ Römischer Salat. Aus diesem Salat kann man Bindesalat machen, indem man die Blätter einige Zeit vor der Ernte zusammenbindet. Das hat zur Folge, dass die heranwachsenden Blätter weniger ergrünen und zarter bleiben. Auch hier stimmt die Wurzel nicht. Dioskurides (512), © ÖNB Wien: Cod. Med. gr. 1 fol. 136r

Abb. 16 Ausschnitt aus der Totenstele des Emsa'ef, ca. 2000 v. Chr. Auf dem Tisch sieht man den schräg gestellten und leicht grün angemalten römischen Blattsalat. Weiter sind u. a. eine Weintraube, eine Schale mit Feigen, ein Brot und Teile geschlachteter Tiere zu sehen. © Museum August Kestner, Hannover (DE), Foto: Christian Tepper (Museumsfotograf)

Abb. 17 Die Blüten des Endiviensalats *(Cichorium endivia)* sind gedrungener als jene der Wegwarte *(C. intybus)*, die Tragblätter sind üppiger und der Blütenzweig kann sich gabelartig verzweigen, was man auch bei der wilden Verwandten *C. pumilum* beobachten kann. 25.07.2013

Wie der Salat zu seinem Namen kam

Die Anlage von Vorräten war für die Entwicklung der Menschheit entscheidend. Während der Sommermonate stellt die Natur/der Garten eine überbordende Menge an Nahrung zur Verfügung – mehr, als unmittelbar verzehrt werden kann. So passiert es unweigerlich, dass Salate aufstängeln/schiessen und dabei kräftige Stängel bilden. Diese Stängel wurden geschält und wie Spargel zubereitet. Zusätzlich wurden die Stängel in Stücke geschnitten, gesalzen und in Essig eingelegt. Das Wort Salat kommt von *insalata*, gesalzen, *insalare* = einsalzen und *sal* = Salz (Strank & Meurers-Balke 2008). Das Gemüse war so wertvoll, dass möglichst alle Teile genutzt wurden, die Blätter, die Stängel, sogar die Samen, die Öl lieferten.

Salatvarietäten

- *Lactuca sativa* var. *romana* syn. *longifolia*. **Bindesalat, Römischer Salat, Römersalat** oder Kochsalat. Der Römische Salat hat längliche, knackige Blätter mit einem kräftigen zentralen Blattnerv. Er steht am Anfang der Entwicklung der Kopfsalate. Beim Bindesalat hat man, kurz bevor der Salat seine definitive Grösse erreicht, die Blätter zusammengebunden. Es gibt auch kopfbildende Römische Salate.

- *Lactuca sativa* var. *capitata*. **Kopfsalate**:
  - **Buttersalatköpfe** haben dünnere Nerven, die Nervatur ist gefiedert; französisch: *Pommée beurre* (Chauvet 2018)
  - **Dickblättriger, kleinköpfiger Salat** mit dicken, knackigen Blättern und gefiederter Nervatur, französisch: *Groupe Grasse* (Chauvet 2018)
  - **Bataviasalate** haben mehr parallel verlaufende Nerven und sind knackiger; es gibt zwei Formen:
    - **Eisberg-** oder **Krachsalat**. Eisbergsalat hat glatte Blätter und erinnert an Weisskohl. Der Kopf wird in feine Streifen geschnitten. Beim Eisbergsalat lässt man bei der Ernte die äusseren Blätter stehen. Die Sorte wurde im 20. Jahrhundert in den USA weiterentwickelt, welkt weniger schnell und lässt sich gut transportieren.
    - Eisbergsalat ist aus **Bataviasalat** gezüchtet worden. Dieser ist knackiger als der klassische Kopfsalat und trotzdem zart, der Kopf ist lockerer und die Blätter haben weniger Blattrippen.

Der Name Batavia bezieht sich auf die Batavische Republik (1795–1806), ein Vasallenstaat der Französischen Republik. Sie umfasste den grössten Teil der heutigen Niederlande. Um 1800 wurden die Niederlande als Batavia bezeichnet. Die Bataver waren ein westgermanischer Volksstamm, der zur Römerzeit die Rheinmündung besiedelte. Als Herkunft für Bataviasalate wird Frankreich angegeben, es könnten dem Namen nach aber auch die Niederlande gewesen sein.

- *Lactuca sativa* var. *crispa*. **Schnittsalat**, **Eichblattsalat** oder **Lollorossa**
- *Lactuca sativa* var. *asparagina* = *angustina*. **Spargelsalat**. Der Spargelsalat bildet keine Köpfe, die Stängel sind prall gefüllt, ähnlich wie bei Spargel. Sie werden geschält und gekocht gegessen.

Der Spargelsalat ist ein beliebtes Gemüse in China. Die Blätter sind gegenüber der Wildform nicht so stark gebuchtet, sondern nur leicht gezähnt; im Sprossaufbau und in der sparrigen Verzweigung sind sie sich ähnlich (Rauh 1994). Salat lässt sich in der Schweiz leicht weiter vermehren. Sät man die Samen oder lässt man eine Pflanze versamen, dann sieht die neue Generation der alten Generation ähnlich.

Cichorienvarietäten

Endivie

- *Cichorium endivia* var. *latifolium*, **Eskariol** hat dicke, fast ganzrandige Blätter.
- *Cichorium endivia* var. *crispum*, **Krausblättriger Endivie** mit krausen bis fein ziselierten Blättern.

Die Krausblättrige Endivie ist aus Eskariol hervorgegangen. Sie eignet sich mehr für den Frischbedarf, ist nicht so lange haltbar und eignet sich nicht so gut für die Einwinterung.

Zichorie

- *Cichorium intybus* var. *foliosum*, **Zichoriensalat** oder **Fleischkraut**, **Zuckerhut**, **Radicchio**
- *Cichorium intybus* var. *sativum*, **Wurzelzichorie** und **Chicorée**

Zur Varietätengruppe *foliosum* gehören ganz verschieden aussehende Sorten. Zichoriensalat oder Fleischkraut bildet im Herbst bis zu 40 cm hohe, ovale, lockere Köpfe. Sie sind äusserst widerstandsfähig gegen Witterungseinflüsse, überstehen ohne abzusterben starke Fröste. Die Köpfe für den Verzehr werden vor Winterbeginn geerntet. Sie lassen sich in geeigneten, kühlen

Räumen noch eine Zeit lang frisch halten. Wegen des bitteren Geschmacks werden die Blätter mehr gekocht als roh gegessen; gekocht sind die Blätter eine Beilage zum Fleisch, daher die Bezeichnung Fleischkraut (VEN 2005).

Der Zuckerhut ist mehr bitter als süss, er hat die tütenförmige Form eines Zuckerstockes. Jürg Hädrich (2017):

> «Der Zuckerhut bildet grosse gelbgrüne, hochgeschlossene Köpfe. Er stammt ursprünglich aus Südfrankreich, Italien und der Südschweiz. Die fein geschnittenen Blätter werden zu Salat verwendet. Er mundet aber auch gekocht. Im Gegensatz zu Endivien verträgt er leichte Fröste. [...]
> Radicciosalat ist eine Salatzichorie, deren Blätter je nach Typ als Blattrosette oder als geschlossener Kopf geerntet werden. Das älteste Zentrum des intensiv betriebenen Anbaues liegt an der Adriaküste in der Umgebung der Lagunenorte Chioggia und Sottomarina. Einige Sortennamen weisen darauf hin. Die attraktive Farbmischung von weissen Blattrippen und weinroten Blattflächen entwickeln sich nur bei kühlen Nächten und warmen Tagen. Cicorino rot wird hauptsächlich zu Salaten verwendet. Seiner mangelnden Winterhärte wegen wird er vor dem Eintreten stärkerer Fröste abgeerntet und eingelagert.»

Chicorée klassifiziert man in der Regel als var. *foliosum*. Sie ist aber aus der Wurzelzichorie hervorgegangen und erscheint deshalb hier unter var. *sativum*.

Die Neuzeit

Salat

Wie die Entwicklungen beim Salat während der Römerzeit und im Mittelalter waren, ist nicht gut dokumentiert. Leonhart Fuchs beschreibt 1542 drei Salatformen: einen krausen, einen rundblättrigen und einem Kopfsalat (Abb. 18). Mattioli/Camerarius beschreiben ebenfalls drei Formen.

«Das erste mit den krausen gerumpfften oder gefaltenen blettern, wirdt krauser Lattich geheissen. Das ander mit den breyten und runden blettern, wirdt breyter Lattich genandt. Das dritte thuet sich gegen dem herzen zusammen, als die kleinen weissen Cappes heuptlen (Weisskohl), den nennt man grossen oder weissen Lattich.»

Der krause Lattich neigt auch bereits zur Kopfbildung (Abb. 19). Conrad Gessner (1561) hat zwei Salatblätter einzeln abgebildet, das erste Blatt von *Lactuca minor* diente als Vorlage für das Blatt des krausen Lattichs von Mattioli (1586). Das zweite Blatt von *Lactuca maior* diente als Vorlage für das Blatt, das Mattioli rechts vom blühenden Lattich abgebildet hat (Abb. 20).

Abbildung 21 zeigt einen runden, breitblättrigen Salat. Dodoens bildete 1583 einen Salat ab, der zur Kopfbildung neigt, der aber aufgrund der kräftigen Mittelrippe als Römischer Salat bezeichnet werden kann (Abb. 22).

Daniel Rhagor (1639) beschreibt für die Schweiz zwei Grundformen mit je drei Varietäten:

1. Geköpfleter Salat (gedrungen): a. frühe grüne; b. kleine weisse und c. rote.
2. Langer Salat: a. weisse lange oder Römischer Lattich; b. eine weisse mit breiteren und spitzeren Blättern; c. eine lange rote. Der lange rote Salat wurde gekocht gegessen.

Zusätzlich zu diesen Formen gibt es, so Rhagor, noch viele weitere Formen, darunter einen bitteren

Von Lattich. Cap. LXIII.

Krauser junger Lattich. Lactuca crispa.

Vollkommener blüender Lattich. Lactuca florescens.

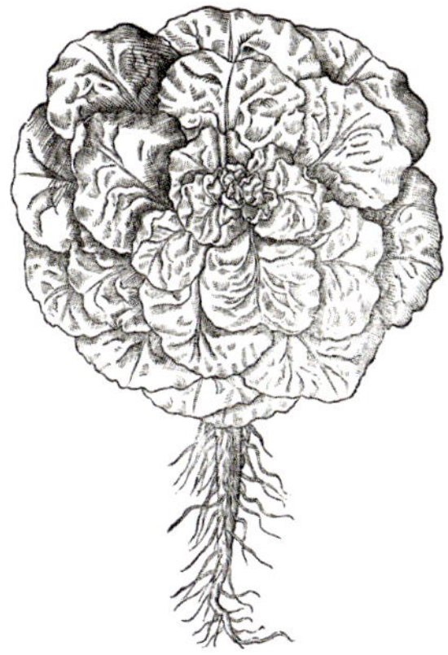

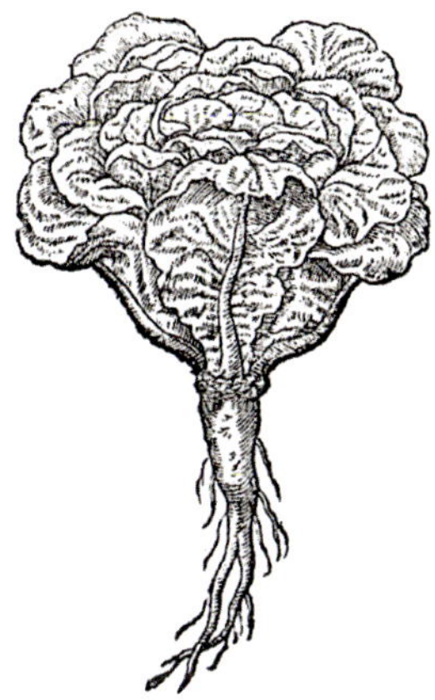

Abb. 18 Schossende Salate *(Lactuca sativa)*. Links hat der Illustrator gleich 2 Varietäten abgebildet, eine mit runden, länglichen Blättern «breyter Lattich» und eine mit gekrausten Blättern «krauser Lattich». Rechts: «Grosser Lattich», ein geschossener Kopfsalat. Fuchs, 1563

Abb. 19 Links Krauser junger Lattich *(L. crispa)*. Der Salat neigt zur Kopfbildung. Rechts ein blühendes Exemplar mit zwei einzelnen Blatttypen, Blätter zu unterschiedlichen Typen gehörend. Das Blatt rechts zeigt eine hervorgehobene Mittelrippe, das Blatt links ist parallelnervig, wie Batavia Salat. Mattioli, Camerarius, 1586

Abb. 20 Conrad Gessner, zwei Salatblätter, rechts federnervig, links mit mehreren parallelen Nerven und breiter Ansatzstelle. Die Nervatur zeigt, wie sich die embryonalen Blätter entwickelt haben. Die Bildung der Nerven folgt dem Wachstum der Spreitenanlage, links erfolgte das Wachstum an der Spitze und gleichzeitig in die Breite, rechts ist das Spitzenwachstum betont. Gessner Historia plantarum (1561) – Universitätsbibliothek Erlangen-Nürnberg, MS 2386. 2, S. 264

Abb. 21 Krauser junger Lattich *(L. crispa)* mit rundlichen Blättern. Mattioli, 1563

Abb. 22 Kopfsalat *(L. capitata)*. Die Mittelrippe der Blätter ist kräftig, der Kopf erinnert an Römersalat. Dodoens, 1583

Salat, den man speziell zubereiten muss. Im 19. Jahrhundert erweiterte sich das Spektrum der angebotenen Sorten stark. Schnitt- oder Pflücksalate werden nicht speziell erwähnt.

Eine Nutzung der Stängel als Spargelsalat ist kein Thema mehr. Erst im 19. Jahrhundert führen Kataloge Spargelsalat als eigenständige Sorte auf. Der Spargelsalat ist ab dem 5. Jahrhundert in China weiter entwickelt, im gesamten asiatischen Raum ist Spargelsalat bis heute die Hauptnutzungsform (VEN 2007).

Die Entwicklung der Eisbergsalate begann Ende des 19. Jahrhunderts in den USA (VEN 2007). Benary (1901) bietet in seinem Katalog einen Laibacher Eissalat an, 1875 war dieser noch nicht auf der Liste.

Endivie

Endivie wurde bereits in Ägypten kultiviert, Eskariol war die ursprüngliche Form der Endivie. Eskariol erinnert an Bindesalat. Wir überspringen die Römerzeit und das Mittelalter und gehen zur Neuzeit. Tabernaemontanus (1590) bildet eine krausblättrige und eine breitblättrige Form ab. Mattioli und Camerarius zeigen die beiden gleichen Formen im Rosettenstadium (Abb. 23 und 24).

Die ersten Autoren, die klar zwischen *C. endivia* und *C. intybus* unterscheiden, sind Mattioli (1563), Mattioli und Camerarius (1586). Dodoens (1554) stellt fest, dass die Wurzeln der Wegwarte denen der Zichorie ähnlich sind, nicht aber denen der Endivie. Die Wurzeln der Endivie sind kleiner und faseriger, die der Zichorie sind saftiger, lieblicher, besser geformt. Die Endivie ist weniger winterhart als die Zichorie, ihre Blätter unbehaart. Darüber hinaus hat man, wie Clusius (1644) ergänzt, aus der Endivie keine Wegwarte ziehen können und aus der Wegwarte keine Endivie. Clusius erwähnt Radicchio, eine kopfbildende Zichorie, für Italien. Zichoriensalat sieht dem Eskariol ähnlich (Mattioli, 1563), die Blätter sind allerdings schmaler.

Von der Endivie heisst es bei Clusius, dass Eskariol vor allem in Frankreich und Italien angebaut wurde, in den nördlichen Ländern dagegen wurde hauptsächlich die Krausblättrige Endivie angebaut. Rhagor (1639) beschreibt für die Schweiz eine krausblättrige Sorte und eine Sorte mit glatten und langen Blättern. Diese letzte Sorte wird auch überwintert, eingeschlagen und zusammengebunden, wodurch sie innen schön gelb wurde. Das Zusammenbinden erinnert an die gleiche Praxis wie bei Bindesalat (Abb. 25).

Ein neues Kapitel in der Geschichte der Zichorie ist die Züchtung der Wurzelzichorie in Deutschland im 18. und 19. Jahrhundert. Dazu Werner Rauh (1950):

> «Ihre grösste Bedeutung erlangte die Zichorie aber erst, als ihre fleischige Rübe in geröstetem Zustand als Kaffee-Ersatz Verwendung fand. Der Erfinder des Zichorienkaffees war der Arnstädter Hofgärtner Timme Anfang des 18. Jahrh. Bereits 1722 wird der Zichorienkaffee in einem Kriegskochbuch erwähnt, und seit 1763 wird die Zichorie durch die Förderung Friedrichs des Grossen feldmässig angebaut. Im Jahre 1797 gab es in Preussen bereits 19 Fabriken, die den ‹Preussischen Kaffee› herstellten. Welche Bedeutung der Zichorienkaffee seither erlang hat, entnehmen wir einer bei Bertsch zitierten Angabe von Liebl: Im Jahre 1938 wurden an Kaffee-Ersatz 92,2 hl gegenüber 79,6 Millionen hl Bohnenkaffee verbraucht. Der hohe wirtschaftliche Wert der milchsaftführenden Zichorie beruht auf dem grossen Gehalt des Kohlenhydrates Inulin (bis 57,8 % des Trockengewichtes).»

Die Wurzel der Zichorie wurde in geringem Masse auch wie Schwarzwurzel *(Scorzonera hispanica)* zubereitet und gegessen.

Chicorée ist aus der Züchtung der Wurzelzichorie hervorgegangen. Für die Samenproduktion der Wurzelzichorie wird dieser im April gesät. Der Gartenbaulehrer Kull (1871) beschreibt, wie es zur Züchtung der Zichorie gekommen ist:

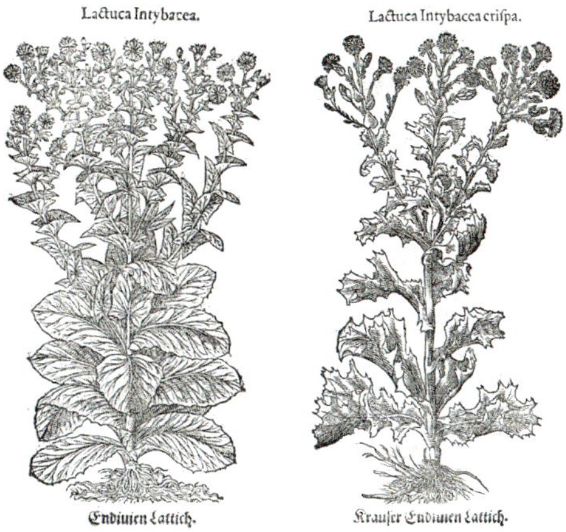

«Vom Monat Oktober hinweg können die Wurzeln aus der Erde genommen, die Blätter abgeschnitten, das die Wurzeln büschelweise zusammengebunden oder nur gedrängt in einen dunklen, wenn möglich warmen Keller in Erde oder Sand eingegraben werden. Bald werden sich, auf diese Weise eingeschlagen, aus den Wurzeln frische, junge, weissliche und zarte Blätter entwickeln, welche während der Winterszeit mehrmals geschnitten als ein sehr gesunder Salat verspeist werden können, und in der Nähe grösserer Ortschaften als eine sehr lukrative Winterkultur Beachtung verdienen.»

Vilmorin erwähnt 1883 das erste Mal Chicorée, er verwendet den Namen Witloof (weisses Laub). Witloof oder Brüsseler ist aus der Wurzelzichoriensorte Magdeburg hervorgegangen. Morphologisch ist Chicorée keine Rosette, sondern ein Spross, das Rosettenstadium hat die Pflanze bereits im vorangegangenen Jahr durchlaufen. Der Spross ist auf dem Weg, einen Blütenstand zu bilden. So kann man auch verstehen, dass die Stängel von Chicorée – wie beim Spargelsalat – ähnlich genutzt werden können (Abb. 26).

Der Formenreichtum bei Salat und Endivie und Zichorie ist potenziell gleich gross. Formen, die bei Salat vorkommen, können auch bei Endivie und Zichorie vorkommen und umgekehrt. Bei gleicher Form aber macht sich dann doch der Salat- oder Endiviencharakter bemerkbar, wie in der Konsistenz und im Geschmack. Die Zichorie hat dickere Wurzeln und betont im Frühling die Sprossbildung; tendenziell ist Endivie eher ein spätes Gemüse.

Abb. 23 Zweimal *Cichorium endivia*. Links: Eskariol var. *latifolium*, rechts: Krause Endivie var. *crispum*. Die Bezeichnung *lactuca* war im 16. Jh. der übergeordnete Name für milchsaftbildende Blattsalate. Tabernaemontanus, 1590

Abb. 24 Links: Eskariol (*C. endivia* var. *latifolium*), rechts: Krausblättrige Endivie (*C. endivia* var *crispum*), wie in Abb. 23, aber mit Betonung der Rosetten. Rechts oben: ein geschlossenes Köpfchen kurz vor der Blüte. Links oben: Die inneren Hüllblätter geben die Samen frei. Mattioli, Camerarius, 1586

Zur Herstellung eines guten Salats sind fünf Personen erforderlich: ein Geduldiger, der ihn verliest, ein Verschwender, der das Öl spendet, ein Geiziger, der den Essig zumisst, ein Weiser, der das Salz abwägt, und ein Narr, der alles gründlich mischt. Wo einer dieser fünf aus der Rolle fällt, gehört noch ein Hungerkranker dazu, der den versalzenen oder essigsauren Salat verspeist, denn nichts bekommt weniger gut als ein misslungener Salat; es gibt auch nichts Geschmackloseres als einen Salat, der zum Zweck des Waschens längere Zeit im Wasser gelegen hat. *(Settegast, H. 1909)*

Abb. 25 Zichorie (Gartenwegwart) links und wilde Wegwarte (Feldwegwart) rechts. Der Gartenwegwart (*C. intybus* var. *foliosum*) hat Ähnlichkeiten mit Eskariol (Abb. 24), die Blätter sind allerdings zierlicher, die Nervatur feiner und der Geschmack bitterer. Mattioli, Camerarius, 1586

Abb. 26 Im 18. und 19. Jh. erlebte der Anbau der Zichorienwurzel (*C. intybus* var. *sativum*) einen Höhepunkt. Man entdeckte, dass lange im Dunkeln und warm gelagerte Wurzelzichorien delikate Blätter treiben, die in den Städten einen guten Absatz fanden. Vilmorin, 1883

Schweizer Sorten

In der Genbank befinden sich 17 Salatmuster, davon drei Salatsorten mit direktem Bezug zur Schweiz: St. Blaise (NE) mit 6 unterschiedlichen Akzessionen, Brune de Genève und Grasse de Morges mit jeweils nur einer Akzession. Bei *Cichorium* finden sich unter den 19 Mustern keine Sorten mit direktem Bezug zur Schweiz.

Chicorée à grosse racine de Brunswick.

Chicorée à grosse racine de Magdebourg.

Ch. à grosse racine de Bruxelles (Witloof).

XI NACHTSCHATTENGEWÄCHSE – SCHATTEN UND LICHT

Oben: Tomate, Fuchs ~1550; Mitte: Kartoffel, Clusius 1588;
unten: Alraune; Keramikfragment, 7,5 × 13,5 cm. ~1352–1336 v. Chr.
Brooklyn Museum New York.

Die Kartoffel *(Solanum tuberosum)* und die Tomate *(Solanum lycopersicum)* gehören zu den Nachtschattengewächsen (Solanaceae) und zur gleichen Gattung *(Solanum)*. Der Name *Solanum* kann verwandt sein mit dem lateinischen *sol* = Sonne, kann aber auch mit dem lateinischen *solari* verwandt sein, was «trösten/lindern» bedeutet und auf Heilwirkungen hinweist. Der Name Nachtschatten ist der Name der Familie und der Name für zwei ihrer Vertreter: Schwarzer Nachtschatten *(Solanum nigrum)* und Grosser oder Doller Nachtschatten *(Atropa bella-donna)*, besser bekannt als Tollkirsche (Mattioli 1563). Der Name könnte sich auf die Farbe der dunklen Beeren beziehen, aber auch auf die Vergrösserung der Pupille durch die Giftwirkung des Atropins.

Beide, die Kartoffel und die Tomate, hatten in Europa als Kulturpflanzen einen schwierigen Start. Die ersten Abbildungen der Tomate erscheinen nach 1550, Bilder der Kartoffel 40 Jahre später am Ende des 16. Jahrhunderts. Die Kartoffel wurde im Vergleich zum Mais sehr spät akzeptiert, aber dennoch deutlich früher als die Tomate, die erst ab 1900 eine grössere Verbreitung fand. Die Sortenvielfalt der Kartoffel stieg ab 1800 sprunghaft an, die der Tomate ab 1850.

Die Gattung *Solanum* der Nachtschattengewächse ist in der Schweiz noch vertreten, u.a. durch: Bittersüsser Nachtschatten *(Solanum dulcamara)*, eine perennierende, krautige, rankende Pflanze, Bilsenkraut *(Hyoscyamus niger)*, Gemeiner Stechapfel *(Datura stramonium)* und Tabak (*Nicotiana* sp.). Die Familie Nachtschattengewächse kennt viele giftige Pflanzen.

Schlechte Presse

Der italienische Arzt und Botaniker Andrea Pietro Mattioli war der Erste, der im Jahr 1544 die Tomate, nach einer Beschreibung der Aubergine, in einem kurzen Satz erwähnte. Die Art und Weise, wie die Tomate in die wissenschaftliche Literatur eingeführt wurde, war schlecht für den Ruf der Tomate. Der Hinweis findet sich in dem Buch «Di Pedacio Dioscoride Anazarbeo Libri Cinque Della història, & materia medicinale». Die berühmte «Materia medica» von Dioskorides war Jahrhunderte das Standardwerk für Heilkräuter. Das änderte sich mit der Neuzeit, als die einheimische Flora inventarisiert und verglichen wurde mit den in der «Materia medica» behandelten Pflanzen. Sie wurde überarbeitet und ergänzt. Zehn Jahre später veröffentlichte Mattioli die lateinische Übersetzung, im Jahr 1563 erschien die deutsche Version.

Die Aubergine kam nicht in der «Materia medica» vor, sie erreichte aus Ostindien kommend im 8. Jahrhundert das östliche Mittelmeer und im 10. Jahrhundert die Iberische Halbinsel (Chauvet 2018). Mattioli sah sich vor die Frage gestellt, wo er die Aubergine einreihen sollte. Die Reihenfolge der Heilpflanzen in Mattiolis Buch ist nicht willkürlich; ähnlich erscheinende Pflanzen werden miteinander behandelt. Die Nachtschattengewächse gab es bereits als Gruppe, zu dieser zählte Mattioli:

1. Solatro hortolano, *Solanum nigrum*, Schwarzer Nachtschatten
2. Solatro Halicacabo, *Physalis alkekengi*, Blasenkirsche, Lampionblume
3. Solatro somnifero. *Withania somnifera*, Winterkirsche
4. Solatro furioso, *Atropa bella-donna*, Tollkirsche
5. Doricino, *Datura stramonium*, Stechapfel
6. Mandragora, *Mandragora officinarum*, Gemeine Alraune

Mattioli entschied, dass die Aubergine und mit ihr die Tomate der Alraune am nächsten stehen. In einem Anhang zur Alraune führt Mattioli beide ein. Der Grund dafür: Die Früchte der Alraune haben grosse Ähnlichkeit mit jenen der Aubergine und der Tomate. Sie sind 5–40 mm gross, können so gross sein wie Eier und werden bei der Reife gelb bis orange-gelb. Sie sind saftig und essbar. Die Alraune wurde in der Antike als Aphrodisiakum, als Narkotikum, schmerzstillendes Mittel und teilweise als halluzinogene Droge genutzt (de.wikipedia.org, 05.11.2024). Die Alraune ist eine Pflanze des Mittelmeeres, sie wächst auf trockenen, sandigen Standorten. Sie war als Heilpflanze sehr geschätzt und galt als Zauberpflanze.

Mattioli behandelt die Aubergine als Erstes, und weil die Tomate, die gerade aus Amerika kam, Ähnlichkeiten mit der Aubergine hat, wird sie 1544 (S. 327) als eine der Aubergine ähnliche Art ebenfalls erwähnt.

«Portansi i tempi nostri d'un altra specie in Italia stiacciate come le mele rose, e fatte à spicchi, di colore prima verdi, e come son mature, di color d'oro, lequali pur si mangiano nel medesimo modo.»

Die neue Art ist abgeflacht, wie ein rosa Apfel, gerippt, anfänglich grün und bei der Reife golden, sie wird ähnlich wie die Aubergine zubereitet. In der Ausgabe von 1554 (S. 479) beschreibt Mattioli die Frucht als rund, abgeflacht, gerippt, goldartig *(aureum)*, rot *(vero rubeum)* und nennt sie *Mala aurea* und pomi d'oro (1554), was zum italienischen *pomodoro* und zum deutschen Goldapfel wurde. Die Bezeichnungen *mele (mala)* und *pomo* werden im Sinne von apfelartig verwendet. Die tatsächlich enge Verwandtschaft von Aubergine und Tomate nutzen die Gemüsezüchter. Sie bieten Tomatenunterlagen an, auf denen sowohl Aubergine- als auch Tomatenreisser gepfropft werden können.

Die Aubergine, Melongena oder Melanzane genannt, war in Italien bekannt, sie wurde ähnlich wie Pilze zubereitet. Sie hatte aber in medizinischen Kreisen – zu Unrecht – einen schlechten Ruf. Der berühmte Arzt und Gelehrte Avicenna (980–1037) warnte vor einem übermässigen Gebrauch der Aubergine. In der deutschen Übersetzung von Hansch (1563) heisst es bezogen auf Avicenna: «dann so man ihr oft isset, bringen sie böse cholerische Feuchtigkeit, Blähung, Hauptweh, Schwermütigkeit, und Verstopfung.»

Quasi als Beleg für diese Aussage weist Mattioli auf den zweiten Namen der Aubergine hin: *Mala insana*, was so viel wie «verrückter Apfel» oder «Wahnsinns-Apfel» bedeutet. *Mala insana* ist eine Verfremdung der ursprünglichen Bezeichnung für Aubergine: «Melantzana».

Weder die Italiener noch die Spanier oder Portugiesen sind krank geworden von der Aubergine und der Tomate, sie nutzten beide Früchte, trotzdem war weiter nördlich ihr Ruf geschädigt. Gerard (1997) fand die Frucht zu wenig nahrhaft, und dann folgt die vernichtende Bemerkung, sie sei unbrauchbar und verdorben (Gerard 1597). Gleich anschliessend aber die Bemerkung, dass die Italiener die Tomaten in Fleischsaucen verwenden.

Die Aubergine hiess nicht nur *mala insana*, sondern auch *pommes d'amours*. Ein Name, der auch für die Tomate verwendet wurde (Mattioli 1586), *Poma amoris*, Liebesapfel. Das kann ein Hinweis auf die von Dioskorides erwähnte Wirkung von Mandragora als Aphrodisiakum sein, aber auch ein Hinweis auf die biblische Geschichte von Adam und Eva und den Apfel. Der Erdapfel ist allerdings nicht zum Liebesapfel aufgestiegen.

Die Nähe zur Gemeinen Alraune hat abgefärbt auf die Beurteilung der Tomate und die ihr entgegengebrachte Skepsis. Die bezog sich auf den typischen Tomatengeruch und die Nähe zu den anderen Nachtschattenarten.

Abb. 1 Aubergine *(Solanum melongena)* und Tomate *(Solanum lycopersicum)*. Mattioli (1544) führte die Tomate als neue Sorte ein, die der Aubergine ähnlich ist. Mattioli, 1590

Abb. 2 Gemeine Alraune *(Mandragora officinarum)*. Mattioli (1544) beschreibt ausführlich die Gemeine Alraune und danach als verwandte Art die Aubergine. Die Ähnlichkeiten beziehen sich auf die Früchte. Die Früchte der Alraune werden mit der Zeit gelb. Wikimedia Commons, H. Zell, CC BY-SA 3.0

Abb. 3 Blühende Gemeine Alraune. Wikimedia Commons, H. Zell, CC BY-SA 3.0

Schatten der Nacht

Im 16. Jahrhundert heissen zwei Pflanzen Nachtschatten: der Schwarze Nachtschatten (*Solanum nigrum*) und der Grosse Nachtschatten oder Dollkirsche (*Atropa bella-donna*). Mattioli (1563) warnt aus eigener Erfahrung vor der Tollkirsche:

> «[...] So man die Beere isset, machen sie denselbem menschen so fast doll und unsinnig, als hett in der Teufel besessen, ober bringen in ja in eine tieffen unüberwindlichen schlaff. Und ich habs selbs erfaren, das ettliche knaben, so diese Beere für Weinbeere gessen haben, gestorben sindt, dann sie haben ein schön und artig ansehen, darmit sie einen unwissenden leycht locken und reyzen, werden derhalben zu Venedig Herba bella donn, das ist schöne frau genandt. Lateinisch solanum maius.»

Nicht klar ist, wie man den Namen Nachtschatten verstehen soll – ob damit die dunkle Farbe der Beeren von *S. nigrum* gemeint war? Brunfels (1534, S.96) schreibt, dass das Kraut als Mittel gegen Hexerei verwendet wird: «Dis kraut würt auch sonst gebraucht, wider die schade die die hexen den leuten zufügen, und das uff mancherley weisse, nach gelegenheit des wirderfarenden schades, nicht on sonderliche supersticion, und magia. Würt deshalb in sonderheyt Nachtschatt genannt.»

Nachtschatten, Schatten der Nacht, Liebesapfel. Paradeiser – eine Familie mit dunklen und hellen Seiten.

Tomoffel und Karmate

Die Kartoffel und die Tomate sind eng miteinander verwandt. Man hat versucht, aus beiden eine neue Kulturpflanze herzustellen, die sowohl marktfähige Knollen als auch marktfähige Früchte liefert. Es gibt zwei Möglichkeiten, die beiden miteinander zu verbinden. Bei der ersten Methode werden je eine Zelle der Kartoffel und der Tomate miteinander verschmolzen. Dazu werden die Zellwände enzymatisch aufgelöst, danach kann man die verbleibenden Protoplasten miteinander verschmelzen. Das führt zu einer Verdopplung der Chromosomenzahl. Die so kreierte Pflanze wächst zwar, kann aber keine fruchtbaren Samen bilden. Die zweite Möglichkeit ist das Pfropfen, auch Veredeln genannt. Diese Technik erwähnte bereits Poiteau im Jahr 1833 in der Zeitschrift «Le bon Jardinier». Dazu pfropft man die Tomate auf die Kartoffel nach der Methode Tschudy (1819).

A KARTOFFEL – VERSCHMÄHT ODER RETTER IN DER NOT

Kartoffel *(Solanum tuberosum)*. Blüte und Blütenknospen der Sorte Ratte, auch bekannt als Acht-Wochen-Nüdeli. Die 5 Kronblätter sind miteinander verwachsen, die massiven Pollensäcke der Staubblätter bilden eine Röhre, eine Narbe ragt heraus.

Urtümliche Knollen der alten Kartoffelsorte Paarli. Die Farbabstufungen von rötlich nach gelblich zeigen den Wachstumsverlauf der Knollen. Die gelblichen Stellen sind zuletzt entstanden, an der Basis der rötlichen Stellen sieht man die «Nabelschnur», die Verbindung mit der Mutterpflanze

Die Kartoffel erreichte aus Amerika kommend spätestens 1562 Teneriffa und von dort ging es nach Spanien, Wien, Antwerpen, Ende des 16. Jahrhunderts fand sie den Weg nach England und Irland. In Irland wurde die Kartoffel im Laufe des 17. Jahrhunderts zur Hauptkultur.

Die Geschichte der Kartoffel ist in mehreren Hinsichten aussergewöhnlich. Eine wichtige Rolle spielt die einfache vegetative Vermehrung über die Knollen, mit dem Nachteil, dass die Knollen im Laufe der Jahre Viruskrankheiten ansammeln und die Erträge um bis zu 40 % zurückgehen können. Eine weitere wichtige Rolle spielt der Solaningehalt der Kartoffel. Solanin ist ein giftiges Alkaloid und kann bereits in kleinen Mengen zu einem Kratzen im Hals und zu Verdauungsbeschwerden führen. In grösseren Mengen ist Solanin tödlich.

Die rein vegetative Vermehrung der Kartoffel verhinderte zunächst die Entstehung einer grossen Sortenvielfalt. Spät, um 1770, fing man an zu experimentieren mit der Vermehrung über Samen. Das führte bald zu einer unüberschaubaren Vielfalt an Formen, Farben, Kochtypen und Sorten. Anlass dieser Versuche war die Degeneration des Pflanzgutes. Man hat beobachtet, dass aus Samen gezogene Pflanzen gesunde Blätter bilden und frei von Krankheiten sind. Eine weitere wichtige Beobachtung war, dass Kartoffeln, die in rauen Lagen angebaut wurden, nicht degenerierten. Diese beiden Beobachtungen begünstigten die Züchtung von Kartoffeln durch Kreuzungen und die Produktion von Saatkartoffeln in den küstennahen Regionen oder im Berggebiet. Den Grund für diese Beobachtungen kannte man zunächst nicht. Es brauchte fast 200 Jahre, bis man erkannte, dass Blattläuse Viren übertragen, die Pflanzen krank machen können.

Es waren widrige Umstände, wie die Knechtung der Iren durch die Briten, und Hungersnöte, die dazu führten, dass die Kartoffel als Hauptnahrungsmittel akzeptiert wurde. Zwischen der wissenschaftlichen Beschreibung der Kartoffel durch Bauhin im Jahr 1596 und der Nutzung der Kartoffel als Grundnahrungsmittel in den ersten Regionen der Schweiz zum Ende des 17. Jahrhunderts lagen 100 Jahre. Zuallererst wurde die Kartoffel in der Zentralschweiz akzeptiert. Hier litt der Getreidebau unter den hohen Niederschlagsmengen, eine Anbausicherheit war nicht gegeben. Die Kartoffel setzte sich auf den kleinen Höfen mit Selbstversorgungswirtschaft schneller durch als auf den grösseren Betrieben des Mittellandes.

Die ersten Kartoffeln stammten aus den Anden. Sie wurden im 19. Jahrhundert nach und nach durch Kartoffeln aus Chile – von der Insel Chiloé – verdrängt. Die Verbreitung der Kraut- und Knollenfäule in den 1840er-Jahren führte zu einer Welle von Neuzüchtungen.

Nur gerade 11 Landsorten blieben der Schweiz erhalten. Sie waren alle stark mit Viren befallen. Sobald das Pflanzgut aber virusfrei gemacht war, stiegen die Erträge. In der Regel versteht man unter einer Landsorte eine Kulturpflanze, die sich an eine Landschaft angepasst hat. So eine Sorte verfügt über Resistenzen gegen lokale Krankheiten und Schädlinge. Bei den Kartoffeln trifft diese Definition so nicht zu. Entweder eignet sich eine Sorte für eine Landschaft oder nicht. Eine Anpassung findet nur dann statt, wenn Kartoffeln aus Samen gezogen werden und anschliessend die beste Pflanze ausgelesen und weitergezogen wird. Aus bestehenden Sorten können trotzdem durch Mutationen Landsorten hervorgehen. Ein Beispiel für eine mutierte Sorte ist Fläckler. Sie ist aus der rotschaligen Sorte Désirée hervorgegangen, die Schale von Fläckler ist gelbbraun mit rötlich lilafarbenen Flecken.

Die Gestalt

Kartoffeln sind krautige Pflanzen, die über 1 m hoch werden können. Ihre Standfestigkeit ist gering. Der Stängel ist vierkantig, die Blattränder setzen sich als Leisten am Stängel fort. Insgesamt wirken die Pflanzen blattbetont, das Laub ist das auffälligste. Die Kartoffel bildet unterirdische Ausläufer, Stolonen genannt, an diesen entstehen die Knollen.

Die wechselständig stehenden Blätter sind unpaarig gefiedert, kurzstielig. Die Teilblätter sind leicht bis stark behaart, oft von unterschiedlichster Form und Grösse. Die grösseren, früher veranlagten Teilblätter besitzen eigene Blattstiele, sind zwischen 2–10 cm lang und 1–6 cm breit. Sie sind eiförmig bis länglich eiförmig und an der Spitze zugespitzt bis stark zugespitzt. Die kleineren Teilblätter besitzen eine stumpfere Spitze, sie haben eine eher herzförmige Basis, sind meist ei- bis kreisförmig. Die Vielfalt der Blattformen ist bei den Kartoffeln sehr gross, dazu kommen Unterschiede in Behaarung, Farbe und Konsistenz.

Abbildung 2 gibt einen Einblick in das Formenspektrum der Blätter. Das Parli-Blatt ist relativ klein, klar gefiedert, mit Zwischenfiedern. Der Schwerpunkt der Blattgestalt liegt im oberen Bereich, die Silhouette ist umgekehrt eiförmig. Bei den anderen Blättern verschiebt sich der Schwerpunkt zur Mitte des Blattes hin, die Blätter sind üppiger. Das Blatt der Sorte Prättigau ist sehr üppig, breit, die Fiederblättchen überlappen einander. Der Fiederungsvorgang ist gehemmt, was an der extrem breiten Endfieder mit den drei Blattspitzen zu sehen ist. Das Blatt der dritten Sorte ist lang, kräftig gefiedert. Die Blätter sind gewölbt, weil die Blattfläche kräftiger gewachsen ist als die Blattränder. Die oberen Fiederblätter überdecken sich stark, der Endfieder hebt sich kaum hervor.

Die Blüten stehen in trugdoldenförmigen Blütenständen, sie ragen gerade noch aus dem Blattbereich heraus. Die Kelchblätter sind an der

Basis miteinander verwachsen. Der Kelch ist 5-lappig und hat einen Durchmesser von 1,5–2 cm. Die Kronblätter sind stärker miteinander verwachsen, die Krone ist in der Regel doppelt so lang wie der Kelch und hat einen Durchmesser von 3,5–4 cm, es gibt aber auch Blüten mit kleineren Kronblättern. Die Kronblattfarbe variiert zwischen Weiss, Rosa, Blau und Violett. Die Staubblätter entspringen dem inneren Rand der Blütenkrone. Die Staubbeutel sind kompakt, massiv, eng zusammen-

Abb. 1 Die ursprünglicheren Sorten zeichnen sich durch ein aufrechtes, stängelbetontes Wachstum aus, die modernen Formen unter den Landsorten sind kürzer und zeigen ein blattbetontes, breitwüchsiges Wachstum.

Abb. 2 Kartoffelblätter, Blattoberseite. Von links nach rechts: Parli, Blattlänge 21 cm; Prättigauer, 23 cm und Maikönig 31 cm. Parli hat 4 Paar Fiederblättchen und eine Endfieder, Prättigauer hat 3 Paare, das Endblatt setzt zur Fiederung an, schaffte es aber nicht. Maikönig hat 5 Fiederpaare und wuchert vor sich hin.

gerückt, eine Röhre bildend, sie sind aber nicht miteinander verwachsen. Die Narbe schiebt sich durch diese Röhre hindurch. Die Befruchtung findet vorwiegend durch Hummeln statt. Die Blüten scheiden keinen Nektar ab, die Hummeln ernähren sich vom Blütenstaub. Die oberständige Frucht besteht aus zwei miteinander verwachsenen Fruchtblättern, die zu einer gelblichen bis blaugrünen, zweikammrigen Beere werden (siehe Abb. 6 und 8).

Die Spitze eines Kriechsprosses (Stolon) ist hakenförmig gekrümmt, dadurch ist die empfindliche Vegetationsspitze beim Eindringen in die Erde geschützt. Kartoffelknollen sind Sprossen, die sich verdickt haben. Bei der Knollenbildung verdickt sich die Spitze kurz hinter dem Vegetationspunkt. Mit der Zeit stellt der Vegetationspunkt das Wachstum ein. Das Dickenwachstum hält noch eine Weile an, sodass die Vegetationsspitze schliesslich in einer leicht grubenartigen Vertiefung der Knolle liegt. Im Längsschnitt sind die verschiedenen Elemente der Kartoffel erkennbar, die Lilafärbung durch Anthocyan ist bei der Sorte 'Blaue Schweden' in den verschiedenen Gewebetypen unterschiedlich ausgeprägt. Klar erkennbar sind: das Nabelende, das Mark, die Rinde und im Grenzbereich von Rinde und Mark die ursprüngliche Wachstumszone, das Kambium mit den Gefässbündeln. Es ist gut erkennbar, wie ein Auge von Gefässbündeln versorgt wird.

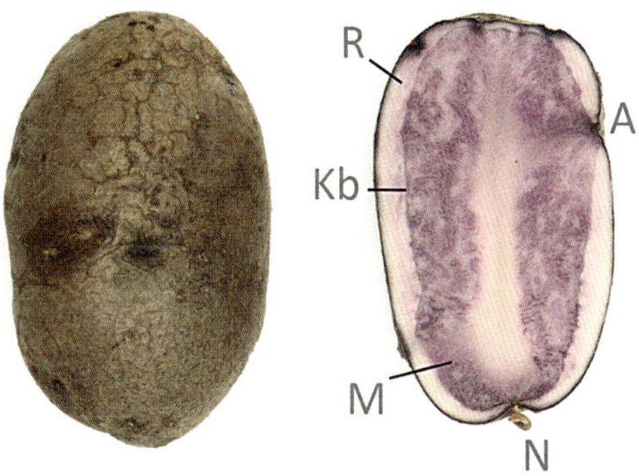

Abb. 3 Knollenbildung. Die unterirdisch wachsenden Sprossen krümmen ihre Sprossspitze hakenförmig, dadurch bleibt der Vegetationspunkt geschützt. Bei der Knollenbildung verdickt sich der Stängelteil hinter dem Vegetationspunkt. Dünne Wurzeln entspringen den Stolonen.

Abb. 4 Kartoffelknolle Sorte Blaue Schweden. A Auge; Kb Kambiumschicht mit Gefässbündeln; M Mark; N Nabelende, mit einem Rest des Stolons und R Rinde. Foto: ProSpecieRara, Bearbeitung: Peer Schilperoord

Abb. 5 Nahaufnahme austreibender Augen: links Parli, rechts Tenna

Jede Knolle besitzt mehrere Augen. Die Augen sind für die Sortenbestimmung wesentlich. Das Ende, das der Mutterpflanze zugewendet ist, heisst Nabelende. Beim Austrieb im Frühling wächst an der gegenüberliegenden Seite der Knolle die Endknospe als Erstes. Sie wächst senkrecht hinauf und bildet den ersten Luftspross. Während ein Weizenkorn bei der Einlagerung maximal 15 % Wasser enthält, ist der Wassergehalt bei den Kartoffeln mit 78 % gut fünfmal so hoch. Getreidekörner brauchen Feuchtigkeit zum Keimen, die Kartoffel bringt diese mit. Kartoffeln sind nur Monate, Getreide jedoch jahrelang haltbar.

Die Entstehungsgeschichte der Kartoffel

Die Kartoffel ist im südlichen Teil der peruanischen Anden vor ca. 10 000 Jahren aus Wildpflanzen kultiviert worden. Die Anbaugebiete der Kartoffeln in Peru und Bolivien reichen von der Küste bis zu den Hochebenen in 3000–4000 m Höhe. In den Hochebenen werden die Kartoffeln in den Monaten Oktober und November gesetzt. Die Haupternte erfolgt von April bis Juni, die frühesten Sorten werden schon im Februar geerntet. Die späten Sorten stehen insgesamt acht Monate auf dem Feld. Ganz anders sieht es in den küstennahen Regionen aus: Hier gibt es mehrere Ernten pro Jahr, die Bevölkerung der Küste bevorzugt früh reifende Sorten. Nördlich von Peru in Mexiko und südlich, in der gemässigten Küstenregion Chiles, haben sich ebenfalls Kulturformen der Kartoffel etabliert. Chile ist das zweite Zentrum der Sortenvielfalt der Kartoffel.

Verbreitung der Kartoffeln in der Schweiz

Man kann bei der Geschichte der Kartoffel in der Schweiz fünf Phasen unterscheiden.

Die 1590er-Jahre: Die Kartoffel wird in Basel beschrieben (Bauhin, 1596), die ersten Rezepte werden in England veröffentlicht (Gerard, 1597).

Das 17. Jahrhundert: Man kennt die Kartoffel zwar, verwendet sie aber noch nicht als Nahrungspflanze.

Das 18. Jahrhundert: Die Kartoffel wird im Laufe dieses Jahrhunderts in der ganzen Schweiz akzeptiert und geschätzt, die Sortenvielfalt ist sehr gering. Ende des Jahrhunderts nahm die Vielfalt sprunghaft zu. Ab 1772 wurden nicht mehr nur die Knollen für die Vermehrung verwendet, sondern man entdeckte die Vielfalt an Formen und Farben, die in den Samen schlummerten.

Das 19. Jahrhundert: Chilenische Herkünfte lösten die peruanischen Herkünfte ab. Verheerende Kraut- und Knollenfäulnis-Epidemien in den 1840er-Jahren regten die Forschungstätigkeit in ganz Europa und die Suche nach resistenten Sorten an. Die Sortenfrage war für die gerade gegründeten landwirtschaftlichen Schulen ein wichtiges Thema.

Das 20. Jahrhundert: Moderne ausländische Zuchtsorten lösen die alteingesessenen Sorten und die alten Sorten des 19. Jahrhunderts ab. Zuchtfirmen übernehmen in Europa die Arbeit von privaten Züchtern.

16. Jahrhundert

Die erste bekannte farbige Abbildung der Kartoffel war im Besitz des französischen Botanikers Carolus Clusius (1526–1609). Er hat das Bild 1589 erhalten, zusammen mit zwei Knollen und einer Beere. Das Bild (Abb. 6) zeigt einen rosa blühenden Spross mit zwei kleinen Knollen mit tief liegenden Augen. Dieses Bild ist der urtümlichen Sorte Parli aus Graubünden sehr ähnlich. Die Knollenform, die Gestalt der Blätter sowie die Grundfarbe der Blüten stimmen überein (siehe Abb. 2 und 9). Bauhin (1596) beschrieb eine dunkelviolett blühende, spät reifende Sorte mit dunkelrotschaligen, weissfleischigen Knollen und gab der Kartoffel ihren wissenschaftlichen Namen *Solanum tuberosum*. Linné hat den Namen von Bauhin übernommen. Ein Herbarbeleg der beschriebenen Pflanze ist erhalten geblieben (Abb. 7). Es handelt sich wohl um den ältesten Beleg einer Kartoffel. Von Bauhin stammt ein Holzschnitt mit weiteren Details (Abb. 8).

Abb. 6 Eine der ersten Abb. der Kartoffel aus dem Jahr 1588. Die Gesamtgestalt, die Blätter, die Blütenfarbe und die Knollen haben viel Ähnlichkeit mit der alten Bündner Sorte Parli. Die Blüte links ist weisslich, die rechte Blüte ist rosa angehaucht. Die Farbintensität der Blütenblätter ist beim Öffnen am stärksten, nachher verblasst die Farbe. Foto mit freundlicher Genehmigung von: Museum Plantin-Moretus / Prentenkabinet, Antwerpen – UNESCO, Werelderfgoed MPM.TEK.516

Abb. 7 *Solanum tuberosum esculentum C B Pappas Americanum.* Herbarbeleg von Caspar Bauhin. *Tuberosum esculentum* heisst «essbare Knolle», Bauhin wusste, dass man die Knollen essen kann. Die Stängelblätter gleichen jenen in Abb. 6. © Universität Basel, Herbaria Basel, Herbarium Caspar Bauhin, B15-075.1, CC BY-SA 4.0

Abb. 8 Kartoffelpflanze, Knolle, Blüten und Beere. Wir sehen an der Knolle rechts oben das Sprossen eines Auges. An der Pflanze links ist unmittelbar unter der Hauptachse die Mutterknolle zu erkennen. Die Abb., ursprünglich von Bauhin, wurde öfter verwendet, so auch bei Tabernaemontani et al., 1731

Abb. 9 Kartoffelblüte, Parli aus Wiesen. Die Sorte Parli, die mind. 200 Jahre lang vegetativ vermehrt wurde, zeigt verkümmerte Pollensäcke, viele Blüten fallen vorzeitig ab. Sobald Organe oder andere Strukturen längere Zeit nicht gebraucht werden, können sie verkümmern.

1597 erschien in London eine Beschreibung des Apothekers Gerard (1545–1612). Die Farbe der Blüte fand Gerard schwer zu beschreiben, es war ein helles Purpur, mit einem leichten Anflug von Gelb, wie wenn Purpur und Gelb vermischt worden wären. Die Knollen waren unterschiedlich, manche rund, manche eiförmig, manche länger, andere kürzer. Gerard beschreibt verschiedene Zubereitungsarten der Kartoffel, was belegt, dass die Kartoffel bereits damals, wenigstens in England, als Nahrungspflanze akzeptiert war.

«Man isst die Kartoffeln in Asche geröstet; manche tunken die gerösteten und geschälten in Wein: andere kochen sie lieber mit Pflaumen und essen sie so. Wieder andere machen einen Saus mit Öl, Weinessig und Salz, ein jeder nach seinem Gusto; unabhängig wie sie zubereitet sind, sie beruhigen, ernähren und kräftigen den Körper, sie verleihen körperliche Lust, und das mit Gier.»

17. bis 18. Jahrhundert

Solanin

Es brauchte fast 100 Jahre, bis die Kartoffel in der Schweiz nicht nur angebaut, sondern auch gegessen wurde. Ein Grund für die zögerliche Akzeptanz waren sicherlich schlechte Erfahrungen mit unreifen Kartoffeln mit hohem Solaningehalt. Solaninvergiftungen kamen früher häufig vor, vor allem in Form eines schweren Magens und Übelkeit. Erste Vergiftungserscheinungen des Alkaloids wie Brennen und Kratzen im Hals, Durchfall und Übelkeit treten beim Menschen nach der Aufnahme von 25 mg Solanin auf. Bei fortgesetzter Solanin-Aufnahme kommt es zu Benommenheit, Angstzuständen, Schweissausbrüchen, Atemnot, Bewusstlosigkeit und Krämpfen. Eine Dosis von 400 mg Solanin kann tödlich sein. Das Brennen im Hals wurde im 18. Jahrhundert als Zeichen minderwertiger Kartoffeln verstanden. So berichtete ein unbekannt gebliebener Autor über seine Erfahrungen mit dem Kartoffelanbau in Württemberg (N. N. 1770):

> «Güte der Erdäpfel hängt ab von dem erdsaft und allen denjenigen umständen, welche die reifung vollkommen machen, so dass das mehlichte wesen seine gehörige beschaffenheit erlangt. Um der ersten ursache willen schmecken Erdäpfel aus einem ausgetrockneten weyher (see, teich) in den ersten jahren nach der austrockung gemeiniglich herbe; und um der andern ursache willen waren die Erdäpfel des jahrs 1763. in unsern gegenden meistens übel zu essen, weil man im halse ein brennen davon empfände. [....]»

Solanin zerfällt bei der Zubereitung nicht, sondern geht teilweise in das Kochwasser über, da es bei hohen Temperaturen wasserlöslich ist. Aus den Kartoffeln geht durch Kochen rund ein Drittel, durch Braten rund die Hälfte des Solanins verloren. Bei Bratkartoffeln geht das Solanin in das Bratfett über. Der Solaningehalt kann durch Abschneiden von grünen Stellen und Keimen weiter verringert werden. Da die grüne Farbe vom Chlorophyll stammt und dessen Zunahme nicht direkt mit der Biosynthese des Solanins zusammenhängt, können auch nicht verfärbte Kartoffeln eine erhöhte Solanin-Konzentration aufweisen (Wikipedia, Solanin, 19.01.2009). Moderne Speisekartoffeln enthalten aber nur noch sehr geringe Mengen Solanin, Industriekartoffeln können höhere Gehalte aufweisen.

Hunger

Der Botaniker und Paläontologe Oswald Heer (1809–1883) beschreibt, wie die Kartoffel bereits 1697 nach Glarus gekommen ist (Heer, Blumer-Heer), aus Irland mitgebracht von dem Kaufmann Jakob Strub:

> «Es ist bemerkenswerth, dass einem Glarner die Ehre zukommt, die Erdäpfel in die Schweiz eingeführt zu haben. Zwar hatte der Botaniker Kasp. Bauhin in Basel schon im J. 1590 die Kultur dieser Pflanze anempfohlen; allein sie geriethen wieder gänzlich in Vergessenheit, bis Jakob Strub von Schwanden, einer jener Kaufleute, welche alljährlich Handelsfahrten nach Holland und Irland unternahmen, diese grösste Gabe der neuen Welt um das Jahr 1697 von Irland mit nach Hause brachte. Da die bei uns unter dem Namen der Altröthen oder althiesigen bekannten Erdäpfel unstreitig die ältesten sind, sind sie wohl noch die Abkömmlinge jener von Strub aus Irland gebrachten Knollen, und da auch in den benachbarten Kantonen sie unter demselben Namen, seit den ersten Zeiten der Kartoffelkultur (im Kanton Zürich seit 1740) angebaut werden, wird es nicht unwahrscheinlich, dass mit dieser Sorte der Erdäpfelbau von Kanton Glarus aus sich über die umliegenden Gegenden verbreitet habe. Obwohl nun die Kartoffeln schon zu Ende des 17. Jahrhunderts in unser Land kamen, dauerte es doch noch eine sehr lange Zeit, bis ihre Kultur allgemein wurde. Bis zum Jahre 1770 war es nur eine Gartenpflanze, deren Ausbreitung viele Vorurtheile und vom Jahre 1750 an den reichen Verdienst an Baumwollengespinnst und durch Fruchtbarkeit herbeigeführte wohlfeile Zeit verhinderten. Als dann aber der Verdienst wieder abnahm, mit dem Jahre 1770 ein rauer und unfruchtbarer Jahrgang kam und in Folge dessen, namentlich im Frühling 1771, die Theurung und Hunger bei uns, wie in der ganzen Schweiz, auf einen sehr hohen Grad gestiegen war, da machte die Kartoffelkultur auch bei uns grosse Fortschritte und wurde immer mehr zur Feldfrucht. Sie verdrängte die Getreidearten von unsern Aeckern und ebenso grossentheils die Gespinnstpflanzen (Hanf und Flachs), welche früher stark angebaut worden waren. [...]»

Im Jahr 1702 soll die Kartoffel im Berner Oberland angebaut worden sein (Egli, Koller 1993), aus dem Jahr 1716 gibt es einen Beleg für den Anbau im Entlebuch (Peter 2008). Um 1730 war die Kartoffel für die Bevölkerung von Brienz und Umgebung ein wichtiges Nahrungsmittel. Samuel Engel 1772, Patrizier und Ökonom, schrieb:

> «Es ist sich zu wundern, dass da in Sachsen und einigen andern deutschen Provinzen, diese frucht erst seit 30 jahren gebaut worden, schon vor mehr als 40 selbige in der Schweiz, selbst in den bergländern, ganz wohl bekannt ware; wie ich dann selbst 1730 zu Brienz gesehen, dass man deren so viel gepflanzet, dass man im frühling immer noch den benachbarten Unterwaldnern hat überlassen können, ja dass sie solche schon, durch erfahrung belehrt, in scheiblein zerschnitten, gedörrt, auf der mühle gemahlen, und das mehl sowohl zu brodt als zu brey gebraucht.»

Bei der Akzeptanz der Kartoffel als Nahrungsmittel gab es erhebliche regionale Unterschiede. Die Kartoffeln setzten sich in den Kantonen Bern und Glarus wesentlich früher durch als in Graubünden oder im benachbarten Tirol. Zwar sind bereits 1717 in Marschlins in Graubünden Kartoffeln angebaut worden (Ulysses von Salis Marschlins 1811), doch konnte sich die Frucht damals nicht durchsetzen. Die Kartoffel wurde in regenreicheren Gegenden, in denen der Getreidebau erschwert war, aus Gründen der Ernährungssicherheit schneller akzeptiert (Pfister 1985).

Der Kartoffelanbau bedeutete auch mehr Ernährungssicherheit für Tagelöhner und Kleinbauern in jenen Gegenden, in denen traditionell viel Getreide angebaut wurde. Sie hatten meist zu wenig Land, um sich selbst mit Getreide zu versorgen; mit dem Anbau von Kartoffeln konnten sie ihren Selbstversorgungsgrad erhöhen. Für die grossen Getreidebauern war die Kartoffel dagegen nicht interessant, da sich Getreide viel bequemer lagern, transportieren und verkaufen liess. Dazu kommt, dass die wichtigsten Getreidebaugegenden für den Kartoffelanbau eher zu trocken waren. Erst die Bewässerungs-, Lagerungs- und Transportsysteme des 20. Jahrhunderts erlaubten, den Kartoffelanbau auch in Getreidebaugegenden auszudehnen. Die Grenzlinie zwischen jenen Regionen, die die Kartoffel früh akzeptierten, und Regionen, die dazu länger brauchten, fällt in etwa mit dem sogenannten Röstigraben zusammen. Diese bedeutende kulturhistorische Grenzlinie gab es in der Schweiz allerdings schon lange vor Einführung der Kartoffel.

Sortenversuche

Die erste ausführliche Abhandlung der europäischen Kartoffelsorten verfasste Samuel Engel (1772a, 1772b). Anlass für seine Studie war die Hungersnot von 1770–1771. Engel liess sich aus verschiedenen Ländern Europas Kartoffeln schicken. Schlussendlich standen ca. 60 Herkünfte und Sorten bei ihm im Anbau. Seine Arbeit hat dazu beigetragen, dass die Vielfalt in den schweizerischen Gärten zunahm, die Vielfalt in Europa war grösser als in der Schweiz. Einige Passagen aus der Arbeit von Engel (1772a):

> «Hier muss ich mich in etwas aufhalten; dann obschon in unserm lande nur drey davon bekannt sind: eine lange weisse, denne eine lange und eine rothe runde[42], so muss ich doch noch von andern reden. [...]
> Wenn man glauben wollte, es seyen nur änderungen von gleichen sorten oder gattungen, so würde man sich gröstentheils irren, denn sehr viele sind selbst in kraut und stengel, deren form und farbe, sonderlich aber in der blüthe (blust) unterschieden; es finden sich nemlich schneeweisse, schlechtweisse, aschgraue, flachsblustfarbe, bleich purpurfarbe, rosenfarbe, und schöne blaue, welches nothwendig ungleiche sorten anzeigen muss, zumal auch eine, obwohl nicht so vielfältige ungleichheit in der früchten sich zeiget; ausser den weissen, die doch ungleich, und den sowohl bleich als dunkelrothen, finden sich graue, gelblichte, violfarbe (violinbraun) mit schwärzlichter haut, inner marbriert (marmeriert), die einten ganz glatt und die augen klein, oft kaum sichtbar, andere die augen tief, theils mit einer erhöhung gleich einer schuppe,

42 Von den fünf irischen Sorten war eine lang, nierenförmig, früh und weiss. Eine andere war rund, ertragreich und rot. Mniszek bezeichnet die kurze, späte Sorte als ertragreicher.

andere sehr hökericht, andere an einem orte lang, am anderen rund, und dergleichen mehr.

Ich war sonderlich darauf bedacht, um so frühzeitige als möglich zu haben, in überlegung, dass gewöhnlich die zeit zwischen ende des winters bis nach der erndte diejenige sey, da die lebensmittel am seltensten; das getreide ist bey vielen meist aufgezehrt, und selbst nach der erndte sind die feldarbeiten so stark und häufig, dass man nicht einmal die nöthige zeit zu dreschen hat; wenn also durch frühe Erdäpfel geholfen werden könnte, solches zu einer ungemeinen erleichterung dienen würde.

Alle weissen, auch die unsrigen, sind frühzeitig, oder doch früh essbar. Ich mache diesen unterscheid, weil viele davon frühe, im heumonat, oft schon vorher, früchte ansetzen, und von da an speise verschaffen; die Engländer sind so sehr darauf begierig (erpicht), dass, sobald sie deren finden von nur einer nuss gross, sie alsobald davon speisen ...

Wahr ist, dass wenn man diese so jung zur speise gebraucht, die meisten durch den geschmak (kust) verrathen, dass sie noch nicht zeitig, andere aber ziemlich gut, noch andere erst im august und gar im herbstmonatfrüchte ansetzen[43], daher letzten sommer 1772 wiederfahren, das welsche bauren, die gehört, dass verschiedene herren schon nach Jakobstag[44] deren zur speise ausgegraben, ein gleiches haben thun wollen; als sie aber an den ihrigen nichts gefunden, haben sie lächerlich geschlossen, sie werden gar nichts bringen und haben sie ausgezogen.»

Die Beschreibung von Sorten mit kleinen, kaum sichtbaren Augen zeigt, dass es unter den Landsorten bereits Typen gab, die später bevorzugt angebaut wurden. Oder anders gesagt: Es gab schon unter den Landsorten moderne Typen.

Gesundung

In England machte man die Erfahrung, dass in höheren Gegenden und vor allem im Südwesten Schottlands gewisse Krankheiten nicht auftraten und sich diese Gegenden deshalb für die Produktion von Saatkartoffeln eigneten (Glendinning 1983). Im 18. Jahrhundert war das in der Schweiz noch kein Thema. Eine andere Möglichkeit zur Gesundung der Kartoffeln ist das «Äugeln». Brienz (600 m ü. M.) im Kanton Bern ist einer der ersten namentlich genannten Orte, wo regelmässig Kartoffeln angebaut wurden. Pfarrer Johannes Rudolf Nöthiger (1778) beschreibt in seiner topografischen Beschreibung des Brienzersees die angebauten Sorten, die damals vermutlich bereits seit 50 Jahren in Anbau standen.

43 Die späte Veranlagung der Knollen weist auf Sorten hin, die lange Nächte brauchen als Impuls für die Knollenbildung (PS).

44 25. Juli (PS).

> «Die Erdäpfel sind hier nur von gemeiner und inländischer Art, runde und langlechte; und zwar frühe weisse und spate rothe; erstern werden in Mitte Merzen gestekt und um Johanni ausgegraben, gegessen und die letzten davon noch einmal gestekt und im Herbst mit den übrigen eingekellert; sind aber wie bekannt, nicht so gut und schmakhafft als die andern – die werden in Mitte und zu Ende Aprils gepflanzet; der Saamen darzu wird nicht immer von ganzen Erdapfeln genommen, sondern oft und von denen gespiesenen, da man nemlich von jedem das oberste Aug abhauet und den Winter hindurch im Sand im Keller aufbehält, da es dann keimet und zum Saamen dienet; ja viele steken keine Augen, sondern nur die abgehauenen grünen Keime, wovon oft die schönsten Erdapfel wachsen. Sie werden hier in Gruben von einem halben Schuh tief und einem Schuh weit voneinander gestekt, ein Scholle magere Dünger von Schafe, Geiss oder Schwein darauf gelegt und mit Erde wieder zugedekt; wann sie ins Kraut gewachsen, wol gehäufelt, und dann zu verschiedenen malen fleissig gegähtet [...] Im Oktober werden sie gegraben, und zwar alles kniend, mit kleinen Gähthaulein, die kleinen von den grössern gesondert und auf Haufen in Keller geschüttet; die kleinen samt den grössten, die oft weit über ein Pfund im Gewicht halten. Zur Mästung der Schweine, die mittelmässigen aber zur Speise gebraucht. [...]»

Das Besondere dieser Beschreibung ist einerseits das zweimalige Stecken und Ernten der frühen Sorte, anderseits die Beschreibung des Äugelns. Dabei steckt man bloss ein Auge, das noch schlafend ist oder bereits austreibt. Samuel Engel erwähnte auch schon die Möglichkeit der Vermehrung durch Kartoffelstücke und Augen. Durch dieses Verfahren kann man die Kartoffeln gesunden bzw. gesund erhalten. Denn das Problem bei Kartoffeln sind Viruskrankheiten, die mit dem Fruchtfleisch übertragen werden. Schneidet man das meiste Fruchtfleisch weg und setzt nur die Augen, dann kann man den Befall verringern. Die heranwachsenden Kartoffeln haben ein gesünderes Laub, die Stauden sind üppiger, die Knollen werden zwar nicht so gross, sind dafür gesund und eignen sich ausgezeichnet als Saatkartoffeln für das nächste Jahr.

H. Schinz (1846) empfiehlt in seiner Monografie des Kartoffelbaues ebenfalls das Äugeln:

> «Zumal in hohen Berggegenden oder bei eintretendem Mangel an Lebensmitteln werden oft, im Laufe des Winters, die noch schlafenden Keime aus den Kartoffeln ausgestochen ehe man diese kocht. (Man bewerkstelligt dies am leichtesten mit einem Apfelhöhler, dem kleinen löffelartigen Instrument, mit welchem bei Anfertigung der Apfelschnitze die Kernenhülsen ausgestochen werden.) Wenn diese Keime sorgsam abgetrocknet, dünn gespreitet, an einem trockenen frostfreien Ort aufbewahrt werden, so liefern sie einen sehr schätzenswerthen gesunden Saamen. Man thut alsdann mehrere Augen (zwei bis drei) in eine nicht tiefe Stufe einlegen, wo man sonst eine Knolle zur Saat verwendet hätte, und dieselben unmittelbar von der Aussaat im Wasser, je nachdem sie länger trocken gelegen, einweichen und etwas aufquellen lassen, und dann mit Gypsmehl oder Kalkstaub abtrocknen. Man kann diese Aussaat

wesentlich unterstützen, wenn man gut vorbereitete Düngererde (Dammerde), Erde von Ameisenhaufen, Oelkuchenmehl, Kohlenlaub, Malzkeime, vorzüglich Asche, im feuchten Boden etwas zerhacktes Stroh (Häckerling), und im trockenen Sandboden Moos von feuchten Wiesen, fein zerkleinerten Torf, handvollweise in die Stufen legt. Mit solcher Vorsorge sichert man eine halbe Erndte, man kann sie sogar auf 7/10 bringen. [...]»

19. Jahrhundert – Explosion der Vielfalt

Samuel Engel stellte in der Schweiz Versuche an mit der Saat von Samen aus den Kartoffelbeeren. Er hat erfahren, wie man sich in England gezwungen sah, nachdem die Kartoffeln «ausgeartet» waren, sie neu aus den Samen zu ziehen. Die Verwendung der Samen führte in England Ende des 18. und Anfang des 19. Jahrhunderts zu einem sehr starken Anstieg der Sortenvielfalt (Glendinning 1983). Ähnliches passierte auf dem Kontinent. Das Besondere der Kartoffel ist die verborgene Formen- und Farbenvielfalt. Diese steckt als genetisches Potenzial in den Pflanzen, kommt aber nur zur Geltung, wenn statt Knollen Samen für die Anzucht verwendet werden. Dann erweist sich das Erbgut der Kartoffel als Wundertüte, mit einer grossen Formen- und Farbenvielfalt. Die Société Impériale d'Agriculture de France zählte 1810 bereits 110 Sorten (Rouselle 1996). Oswald Heer (1843), Botaniker und Direktor des botanischen Gartens in Zürich, testete Anfang der 1840er-Jahre 140 Sorten, darunter 40 schweizerische und 100 holländische, englische und deutsche.

Sorten aus Chile ersetzen jene aus Peru

Eine zweite grosse Wende im Kartoffelsortiment setzte Anfang des 19. Jahrhunderts ein, als die andigenen Herkünfte zunehmend durch ertragreichere chilenische Herkünfte aus der Gegend von Chiloé, einer Insel im Süden Chiles, ersetzt wurden. Chiloé liegt mit 42° fast auf dem gleichen Breitengrad wie Rom. Alle modernen Sorten gehen auf diese ertragreicheren chilenischen Herkünfte zurück. Es ist denkbar, dass einige Landsorten noch zur andigenen Gruppe gehören, der grösste Teil dürfte aber von chilenischen Kartoffeln abstammen. Ames und Spooner (2008) konnten anhand von Herbarbelegen und mittels DNA-Analysen von Chloroplasten nachweisen, dass spätestens ab 1811 eine Verdrängung der peruanischen (andigenen) Herkünfte durch die chilenischen stattfand. Gemäss dieser Studie gehörte eine Landsorte, die 1849 in Celerina (bei St. Moritz) gesammelt wurde, noch zur andigenen Gruppe und eine andere, die 1846 in Aarau gesammelt wurde, zur chilenischen (Ames, Spooner 2008). Andigen bedeutet nicht automatisch, dass die eingeführten Kartoffeln aus dem Hochland Perus stammen (Spooner 2010). Das Verbreitungsgebiet erstreckt sich von den küstennahen Regionen bis auf die Hochplateaus der Anden.

Die Kraut- und Knollenfäulnis in den 1840er-Jahren, die in Irland zur Hungersnot führte, war für die internationale Forschergemeinschaft Anlass, sich intensiv mit der Sortenfrage zu befassen. Die Kraut- und Knollenfäule ist auch heute noch ein ernsthaftes Problem beim Kartoffelanbau.

Neue, ausländische Sorten wurden bis in abgelegene Täler angebaut, wie auch ein Bericht im «Calender romontsch» (1880) belegt. Um 1880 gab es in Graubünden die folgenden ausländischen Sorten: Early rose; Bisquit; Redskin flourball und die Sächsische Zwiebelkartoffel. Die Sorte Early Rose ist in der Genbank erhalten. Sie kommt ursprünglich aus den USA, wo sie seit 1867 bekannt ist.

20. Jahrhundert

Im Verlauf des 20. Jahrhunderts wurden die Landsorten vermehrt durch moderne Zuchtsorten ersetzt. Eine grosse Rolle spielten dabei die Saatzuchtgenossenschaften, die landwirtschaftlichen Schulen und die Forschungsinstitute, die Sortenprüfungen organisierten. Einen guten Überblick über die Vielfalt zeigen Erhebungen Anfang der 1930er-Jahre, die von Albert Volkart angeregt wurden. Hier ein Zitat aus dem Bericht, den Hans Thomann (1874–1959) (1932) für Graubünden erstellte. Nachdem er das Klima in den verschiedenen Höhenlagen beschrieben hatte, kommt er zu den Kartoffelsorten:

> «Diesbezüglich finden wir im Kanton eine bunte Musterkarte. Wo die Landwirte, was ja in Graubünden für die Mehrzahl der Pflanzer zutrifft, lediglich für den eigenen Bedarf Kartoffeln bauen, behalten sie eine ihnen passende Sorte so lange als möglich. Auch ist die Tatsache wohl unbestritten, dass manche Sorten im Höhenklima ausdauernder sind, d. h. sich weniger rasch abbauen als in der Ebene. [...]
> Die älteste im Kanton Graubünden gepflanzte Sorte ist die sogen. ‹Wiesner›, so in Davos geheissen, weil die Davoser sie von Wiesen beziehen. Andere Namen derselben Sorte sind: ‹Pfafi› oder ‹Parli› (Schams), ‹Faveli› (Heinzenberg), ‹Vieläugler› (Safien), ‹Häusler› (Prättigau). Auch den Namen ‹Tannzapfen› habe ich scherzweise schon gehört. Die letzte Bezeichnung ist eigentlich recht zutreffend, denn es sind rote, lange, mit aussergewöhnlich vielen tiefliegenden Augen versehene Knollen. Die Sorte wird meist nur auf kleiner Fläche für den eigenen Bedarf gepflanzt, und zwar speziell um als gedämpfte Kartoffel auf den Tisch zukommen. Für diesen Zweck gebe es keine bessere Sorte, die Knollen schmecken wie Kastanien.
> Diese ‹Vieläugler›, die mit ihren vielen tiefliegenden Augen einen recht primitiven Eindruck macht, habe ich nur im Rheingebiet angetroffen. Im Unterengadin findet man eine blauschalige Sorte (Knolle rundlich mit tiefliegenden Augen), die als ‹alte Engadiner› bezeichnet wird und die älteste Sorte des Tales sein soll. [...]»

Prof. Albert Volkart fasste 1942 den Stand der Kartoffelzüchtung in der Schweiz zusammen. Zunächst weist er auf die Tätigkeit der Vereinigung Schweizerischer Versuchs- und Vermittlungsstellen für Saatkartoffeln (V.S.V.V.S) hin, die jährlich Sortenprüfungen durchführt. Dann geht er auf fehlgeschlagene Versuche der vergangenen Jahrzehnte ein und kommt zu der Schlussfolgerung:

> «Alle diese Anläufe zur Gewinnung neuer Sorten sind aber im Sande verlaufen. Die neuen Sorten wurden rasch viruskrank und befriedigten dann nicht mehr.
> Wir haben auch keine eigentlichen alten Landsorten der Kartoffeln, die dank besonderer Eigenschaften sich im Vergleich mit den ausländischen Sorten hervortun würden. Sie sind fast alle verschwunden: der ‹Bodensprenger›, ‹Fulenbacher›, ‹Brienzer›, ‹Roster› usw. oder führen in abgelegenen Tälern noch ein dürftiges Dasein, auch da bedroht von den neuen Sorten. So haben

> sich noch erhalten die alten ‹weissen Einsiedler›, die ‹Gugeli-Schecken› aus der Gegend von Oschwand, die aber vielleicht auch schon verschwunden sind, die ‹roten Oberwalliser› und die alten interessanten Sorten der ‹Paarli› von Wiesen (Graubünden) und die ‹Bormini› im Puschlav, die wir nun durch Anbauversuche zu erhalten suchen. Sie sind eben nicht abbaufester als die fremden Sorten und befriedigen auch in verschiedenen anderen Richtungen nicht. […]»

Rudolf Rüti (1946), Lehrer an der landwirtschaftlichen Schule Plantahof, war für eine Bereinigung der Vielfalt. Während des Zweiten Weltkrieges wurden die ertragreichsten Sorten gefördert. Er schrieb: «Die Kartoffeln setzten sich noch vor einem Jahrzehnt aus einem sehr grossen Sortiment zusammen. In einer Untersuchung aus dem Jahre 1930 stellt Dr. Hans Thomann in 25 Betrieben nicht weniger als 25 Sorten fest, neben vielen unbekannten. […] Nachdem nun während dem Krieg von der Saatzuchtgenossenschaft immer nur wenige Sorten vermehrt und vermittelt wurden, kommt man nach und nach zu einer erwünschten Bereinigung.»

Die staatlich geprüften Saatkartoffeln waren gesünder und schon deswegen ertragreicher. In den höheren Regionen, wo der Virusdruck gering war, blieben mehr alte Sorten erhalten.

Nutzung

In der Literatur findet man früh Hinweise auf die unterschiedliche Nutzung der Sorten. So beschreibt Pupikofer (1837) für den Thurgau: «Man baut mehre Spielarten an; für den Tisch sehr häufig die rothe rauhhäutige, die gelbe rauhhäutige und die Aeugstler, weniger häufig die Zuckerkartoffel und die blaue Kartoffel; für das Vieh den Bodensprenger, Korsikaner u.a. Die langweisse Kartoffel, Nudeln, scheinen dem Boden besonders gut zuzusagen und ihres Geschmacks wegen sowohl, als wegen der Ergiebigkeit zum Hausgebrauche sich zu empfehlen.»

Der polnische Edelmann Michael Georg Mniszek, der einige Jahre in der Schweiz wohnhaft war, zeigt, wie vielseitig die Kartoffeln eingesetzt wurden. Mniszek (1764):

> «Diese Nahrung hat den vorzug, dass sie auf vielfältige weise genossen werden kan. Die holländer lassen sie mit ein weinig salz kochen, und essen sie gemeinlich mit frischer oder geschmolzener butter, die bloss oder mit senf vermischt gebraucht wird. Sie schneiden sie auch oft, nachdem sie gekocht sind, in scheiben, und lassen sie in der pfanne mit zwiblen braten. Die Irrländer und die Pohlen, die einen starken gebrauch in verschiedenen landesgegenden davon machen, kochen sie mit rindfleisch, hammelfleisch und schweinenfleisch. Sie essen sie auch in milch gekocht, oder zerrieben. Man lässt sie auch auf der glut braten, und isst sie mit frischer butter. Einiche schneiden sie, anstatt des brodtes in kalte milch. Man kocht sie auch mit wein ab, wie die fische. Man isst sie auch als salat, und macht gute torten davon. In den zweytenstüke dieser sammlungen von 1762. wird einer art von faden aus weich gekochten Erdäpfeln gedacht, die getröcknet, auch nach verlangen ganze jahre aufbehalten werden, und mit milch gekocht einen eben so guten brey ausmachen, als der von reiss oder haberkerne.»

Im letzten Abschnitt wird die industrielle Verwertung vorweggenommen. Was macht man bei einem Ernteüberschuss? Haltbar sind die Kartoffeln nicht und so muss man sie verarbeiten und in veredelter Form konservieren.

> «Für die armen können sie in unfruchtbaren und theuren zeiten ein vortrefliches erholungsmittel abgeben. Diese können wirkliches brodt daraus verfertigen, und dieses geschieht auf zweyerley weise. Nach der ersten macht man die Erdäpfel zu mehl. Man schneidet sie zu diesem ende in kleinen stükgen, die man im ofen bey gemässigter hitze abdörrt, und lässt sie hierauf mahlen. Aus diesem mehl, mit einem vierten theil rokenmehls vermischt, und auf gewöhnliche weise geknettet, verfertiget man ein essbares brodt. Zieht man den Erdäpfeln, ehe sie zerschnitten sind die haut ab, so wird das brodt schmakhafter, und noch besser, wenn man nur einen theil von Erdäpfeln zu drey theilen getreides nihmt.»

Die Sorten der Genbank

In der nationalen Samenbank werden Landsorten erhalten. Alle Sorten, die für die Schweiz eine besondere Bedeutung hatten, werden jedes Jahr in Maran bei Arosa angebaut. So werden insgesamt 59 Sorten erhalten, darunter 7 Landsorten aus der Schweiz (11.10.2024). Vor einigen Jahren zählte man statt 7 noch 24 Landsorten. Bei genauerer Prüfung zeigte sich, dass es Sorten gab, die unter verschiedenen Namen in die Samenbank aufgenommen worden waren, und auch solche, die sich nachträglich als alte Zuchtsorten herausstellten. Alle Sorten, die eine gewisse Bedeutung erlangt haben und auf der Sortenliste waren, werden seit 1932 konsequent jedes Jahr in Maran bei Arosa angebaut. Die Sammlung der Landsorten in Arosa ist ProSpecieRara zu verdanken.

Eigenschaften der Knollen

Die Unterschiede zwischen den Landsorten sind vielfältig. Ihre Eigenschaften reichen von festkochend, ziemlich festkochend über ziemlich mehlig bis stark mehlig. Das Fachpanel der Fachstelle Sensorik der Zürcher Hochschule für angewandte Wissenschaften (ZHAW) befasste sich mit dem Geschmack (Bongartz, Klauser 2013). Die Geschmacksnuancen reichen von maroniartig, nussig, maisartig, grün, malzartig, kohlartig, buttrig, erdig, zitronig, süss bis säuerlich. So ist die alte Sorte Roosevelt eher säuerlich mit maisartigen Aromen, die an Maroni erinnern. Die Sorte Parli zeichnet sich aus durch «ausgeprägt nussige Noten ergänzt durch grüne, maisartige und kohlartige Aromaeindrücke».

Die Sorte Vitelotte Noire dagegen hat «ein intensives Aroma, das an Maroni erinnert, und ist wenig säuerlich im Geschmack. Im Mundgefühl ist diese Sorte trocken und schwach adstringierend im Nachgeschmack.» Für alles gibt es spezielle Verwendungszwecke und Zubereitungsarten. Die Prättigauer Müsli zum Beispiel zerkochen sehr schnell, sie eignen sich schlecht für Gschwellti, dafür ausgezeichnet für Kartoffelstock. Acht-Wochen-Nüdeli (= Ratte) sind festkochend und aromatisch und eignen sich sowohl für Salat als auch für Gschwellti. Die frühe Kartoffelsorte Guarda (= Christa) ist eine hervorragende Ofenkartoffel. Man kann sie gut schneiden, in einem Test wurden zudem ihre goldgelbe Farbe und ihr würziger Geschmack gelobt.

Abb. 10 Auswahl von schweizerischen Kartoffellandsorten. ProSpecieRara, Bearbeitung: Peer Schilperoord

Blaue Veltliner

Blaue Ludiano

Blaue Emmensteg

Blauschalige Bristen

Lilaschalige Uetendorf

Röseler

Wiesner aus Wiesen

Wiesner aus Zillis

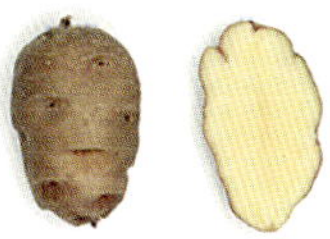
Parli

Fläckler

Vriner

Lauterbrunnen

Safier

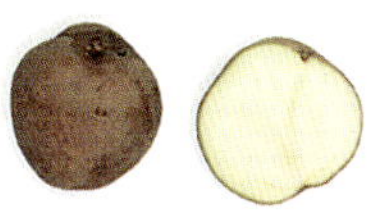
Rote Lötschentaler

Weisse Lötschentaler

Mittelfrühe Lötschentaler

Safier

Guarda

Virgule Béroche

Acht-Wochen-Nudeli

Sorten mit tief liegenden Augen wie Parli schält man am besten erst nach dem Kochen. Die Schale lässt sich dann leicht abziehen. Die stärkereichen Kartoffeln, wozu auch die Safier gehört, eignen sich für Maluns oder Micluns, ein Bündnergericht, bei dem die Kartoffeln zunächst gekocht und anschliessend zerkrümelt und unter ständigem Rühren in der Bratpfanne mit Butter goldgelb gebraten werden. Zusammen mit Apfelmus gibt das eine wunderbare Kombination. Der Maikönig (= Weltwunder) diente früher auch zur Herstellung von Maluns.

Bei den leicht kratzigen Sorten (Blaue Veltliner und Röseler) kann es sein, dass diese einen leicht erhöhten Solaningehalt aufweisen. Das Kratzige kann sich nach eigenen Erfahrungen mit der Lagerung verlieren. Der Solaningehalt der Sorten wurde nicht bestimmt.

Sanierung der Sammlung

Die Anfälligkeit von Kartoffeln für Viruskrankheiten wie Blattrollkrankheit, Mosaikkrankheit und Eisenfleckigkeit kann die Erträge stark reduzieren. Insbesondere die Blätter werden in Mitleidenschaft gezogen, sie sind missgebildet und assimilieren weniger, wodurch die Pflanze weniger Stärke in den Knollen einlagert. Die Knollen bleiben klein, es sind Mindererträge um bis zu 40 % möglich.

Bei der Erhaltung der Sorten für die Genbank stand an erster Stelle die Beseitigung der in den Kartoffeln vorhandenen Viruskrankheiten. Einige Sorten waren mit fünf von sechs bekannten Virusarten infiziert (Lê, Cong-Linh 2007). Die Virusfunde zeigen, dass das Wissen, wie man Virusbefall reduzieren kann, nicht (mehr) vorhanden war. Eine wichtige Rolle der Samenbank ist die Herstellung von virusfreiem Material, das für Vermehrungszwecke verwendet werden kann. Da die Kartoffelknollen recht gross sind und nicht einfach zu lagern, hat man alternative Techniken entwickelt, um die Sorten zu erhalten. Dabei werden drei verschiedene Techniken angewendet: die Herstellung von kleinen Pflanzen, von kleinen Knollen und von Gewebekügelchen.

Das virusfreie Basismaterial geht an die St. Gallische Saatzucht, die beim Landwirtschaftlichen Zentrum in Flawil (LZSG) stationiert ist. Hier findet unter speziellen Netzen, die sämtliche Insekten fernhalten, die Viren übertragen können, eine Vermehrung statt. Das Erntematerial steht danach für den Alpengarten in Arosa-Maran zur Verfügung sowie für die feldmässige Vermehrung.

Alpengarten Arosa-Maran

Die Versuchsanlage in Maran (Wüthrich 2008) oberhalb von Arosa, auf 1800 m ü. M., spielt eine besondere Rolle bei der Erhaltung der Kartoffelsorten. Sie wurde 1931 von der damaligen Forschungsanstalt Zürich-Oerlikon in Betrieb genommen. Offiziell eröffnet wurde sie am 30. Juni 1932 durch Prof. Volkart sowie durch Friedrich Traugott Wahlen, den damaligen Direktor der Forschungsanstalt Zürich-Oerlikon und späteren Bundesrat. Die Anlage diente der Sortenprüfung. 1932 erschien die erste offizielle Sortenliste der Schweiz.

Abb. 11 Kartoffeln können als Mikroknöllchen aufbewahrt werden. Die Knöllchen sind ca. 1 cm gross. Lê, Cong-Linh, Agroscope Changins

Abb. 12 Die Kartoffeln können auch als kleine Pflänzchen aufbewahrt werden. Lê, Cong-Linh, Agroscope Changins

Abb. 13 Blick auf den Sortengarten in Maran, oberhalb von Arosa. 19.08.2010

B TOMATE – DAS WUCHERNDE PARADIES

Tomate *(Solanum lycopersicum)*, Malus aurea, Pomum luteum (Rippentomate), Pomum, rubrum, Pomum croceum (Safrangelb), Goldt äpffelkraut. Die Abb. zeigt 4 verschiedene Sorten: die gerippte Riesentomate, die grosse rote, die grosse gelbe Tomate und eine dunkelgrün-hellgrün gestreifte Sorte. Die rote Tomate unten links hat die Form eines Apfels. *Malus* und *pomum* sind Synonyme, hier in der Bedeutung von apfelförmig. Die Pflanzen wuchsen bei Fuchs im Garten. Die Abb. entstand 1549–1555(–1561) (Baumann et al., 2001). Fuchs, © ÖNB Wien: Codex 11122: 161

Eine Besonderheit der Kartoffel und der Tomate ist, dass sie als einjährige krautige Pflanzen Beeren bilden. In der Regel finden wir Beeren an mehrjährigen, verholzenden Gewächsen. Die Beeren der Tomate und der Kartoffel sind einander ähnlich, als Kulturpflanze betont die Tomate die Frucht, die Kartoffel, die in der ersten Beschreibung den lateinischen Namen *Solanum tuberosum esculentum* bekam, betont die essbare Knolle. Die Beeren der Kartoffel sind sehr giftig, jene der Tomate *(S. lycopersicum)* nur wenig, und das Gift wird bei der Reife abgebaut. Das lateinische *lycopersicum* hat mit der Tomate nicht direkt zu tun. *Lycopersicum* setzt sich zusammen aus *lykos* = Wolf und *persicum* = Pfirsich. Als die Tomate nach Europa kam, gab es die irrtümliche Meinung, dass Galen (129 bis ~216) diese Pflanze bereits beschrieben hatte als ägyptische Pflanze mit gelblichem Saft und widerlich starkem aromatischen Geruch (Genaust 1983). Zwar fehlte der gelbliche Saft, aber der Geruch der Tomatenpflanze wurde als unangenehm empfunden.

Die Geschichte der Tomate fängt für Europa im 16. Jahrhundert an. Spanier brachten die Frucht aus Mexiko nach Europa. Für die Azteken war die Tomate eine wichtige Kulturpflanze. Der Name Tomate kommt von *tumatl* oder *tomatl* und ist ein übergeordneter Begriff für Beeren mit vielen Samen und saftigem Fruchtfleisch. *Tomatl* wurde verwendet für die Tomatillo *(Physalis philadelphica)* wie auch für die Tomate. Die Tomatillo (kleine Tomate) ist verwandt mit der Lampionblume *(Physalis alkekengi)* und der Andenkirsche *(Physalis peruviana)*. Die Wildpflanzen der Tomate *(Solanum pimpinellifolium)* wachsen in Ecuador und Peru, zwischen den Anden und dem Ozean. In Mexiko ist die Vielfalt an Kulturformen am grössten (Chauvet 2018), man geht davon aus, dass sie vor allem hier kultiviert wurde.

Zur Geschichte der Tomate

Die Geschichte der Tomate wird immer wieder neu geschrieben. Die Wildtomate *(Solanum pimpinellifolium)* wächst im Westen Südamerikas. *Pimpinellifolium* heisst «bibernelleblättrig» nach den Blättern der Grossen Bibernelle. Aus der kleinfrüchtigen wilden Pflanze ging zunächst eine kirschgrosse Tomate (*S. lycopersicum* var. *cerasiforme*) hervor. Dieses Ereignis soll vor 78 000 Jahren in Ecuador stattgefunden haben, lange vor der Domestizierung. Rafzard et al. (2020) schätzen, dass die Kulturpflanze selbst ca. 5000 v. Chr. in Mexico entstanden ist. Die Unsicherheit darüber, ob das stimmt, ist gross, es würde die Entstehung um einige Jahrtausende früher ansetzen als bis jetzt angenommen (en.wikipedia.org, 09.11.2024). Die Schwierigkeit bei der Datierung ist, dass die Tomate kaum archäobotanische Spuren hinterlässt. Die einzigen verwertbaren Spuren, die weiter in der Zeit zurückreichen, befinden sich in der DNA der alten Sorten, und diese wird intensiv untersucht. Die Grösse der peruanischen Wildtomate *(S. pimpinellifolium)* lässt sich relativ schnell vergrössern, wie der Pflanzengenetiker Hans Stubbe (1902–1989) gezeigt hat. In einem 16 Jahre dauernden Experiment züchtete er aus den etwa 1 cm grossen Früchten Früchte von mehreren Zentimetern Grösse (Körber-Grohne 1995).

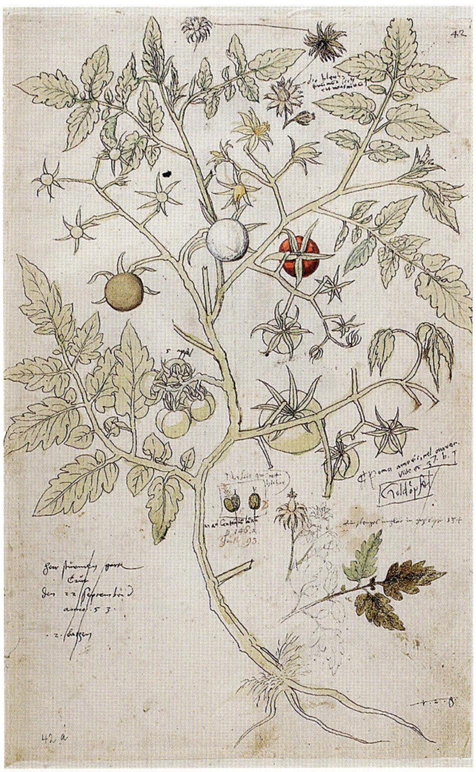

Abb. 1 Riesentomate, grosse gerippte Tomate, Querschnitt durch eine Tomate mit Samen und Blattstudien. Gessner, 1553. © Universitätsbibliothek Erlangen-Nürnberg, MS 2386 1, S. 52

Abb. 2 Grosse Tomate (Goldäpfel) und eine kleine rote, eine gelbliche und eine cremefarbene Tomate. Die Blüten haben 5 bis viele Kelchblätter bzw. bis 10 Kronblätter. Conrad Gessner, 1553. © Universitätsbibliothek Erlangen-Nürnberg MS 2386 1, S. 60

Die Gestalt

Die Tomatenpflanze kann einjährig oder auch ausdauernd sein. Die Stängel wachsen zunächst hinauf, ohne Stütze legen sie sich auf den Boden. Sie hat keine Ranken, man muss sie anbinden. Die Blätter sind gefiedert, ansatzweise doppelt gefiedert. Die Haare können ein- oder mehrzellig sein, die mehrzelligen besitzen eine drüsige Spitze, hier wird der typische Geruch freigesetzt. Die Blütenrispen können bis zu 15 Blüten, bei der Johannisbeertomate gar bis zu 25 Blüten bilden. Die Zahl der gelben Kronblätter variiert, die ursprüngliche Zahl von fünf Kelch-, Kron- und Staubblättern und zwei Fruchtblättern kann bei den gerippten Tomaten erhöht sein. Die Staubbeutel sind ähnlich wie bei der Kartoffel zu einer Röhre verwachsen. Der Griffel schaut bei den Kulturpflanzen in der Regel nicht aus der Staubblattröhre heraus. Die Blüten sind auf die Befruchtung durch Hummeln angewiesen. Die Selbstbefruchtungsrate bei den Kulturpflanzen ist hoch. Sie wird erhöht, weil der Griffel bei den meisten Sorten nicht aus der Staubbeutelröhre herausragt.

Der oberständige Fruchtknoten besteht ursprünglich aus zwei miteinander verwachsenen Fruchtblättern. Die Früchte sind zweikammrig. Die Züchtung auf grosse Früchte führte zu überdurchschnittlich grossen Blütenanlagen, mit einer erhöhten Zahl an Kelch-, Kron-, Staub- und Fruchtblättern. Zählt man die Rippen der Riesentomaten, dann kann man auf die Zahl der beteiligten Fruchtblätter und die Zahl der Kammern schliessen.

Die im Handel erhältlichen Früchte sind zwischen 1,5 und 12 cm gross. Die roten Früchte enthalten mehr Lycopin als die blassroten, bei den gelben fehlt das Lycopin. Die Früchte enthalten viele Samen. Das gelartige Gewebe zwischen den Samen wird von der samentragenden Ausbuchtung gebildet.

Eine wichtige Kulturmassnahme bei der Tomate ist das Geizen. Beim Geizen werden Seitentriebe entfernt. Wenn sie weiterwachsen, würden weitere Seitentriebe und Rispen gebildet werden. Durch das Entfernen der Seitentriebe gehen Nährstoffe nicht in die Seitentriebbildung, sondern in die Fruchtbildung der bereits vorhandenen Rispen. Das Entfernen der Seitentriebe fördert die Durchlüftung, was den Pilzbefall reduziert. Auch reift die Tomate umso besser, je mehr Licht sie bekommt. Ähnliche Massnahmen kennt man aus dem Obst- und Rebbau. Die Tomate hat die Neigung zum Wuchern, was man auch an den Riesentomaten sehen kann.

Abb. 3 Tomatenblüte. Die einzeln stehenden Staubfäden bilden mit den Pollensäcken eine Röhre. Die Narbe ragt aus der Röhre heraus, was für Kulturpflanzen eher untypisch ist. Insekten, die Blütenstaub fressen, bewirken die Bestäubung. Wikimedia Commons, Vinayaraj, CC BY-SA 4.0

Abb. 4 Riesentomate Monte rosa, von der Seite und von oben. Die Narbe der Griffel ist als Strich erkennbar. Diese Frucht hat 17 Kammern.

Abb. 5 Querschnitte durch eine Rispentomate, eine Rippentomate Monte rosa und die grüne, chaotisch gestaltete Sorte Cabomar

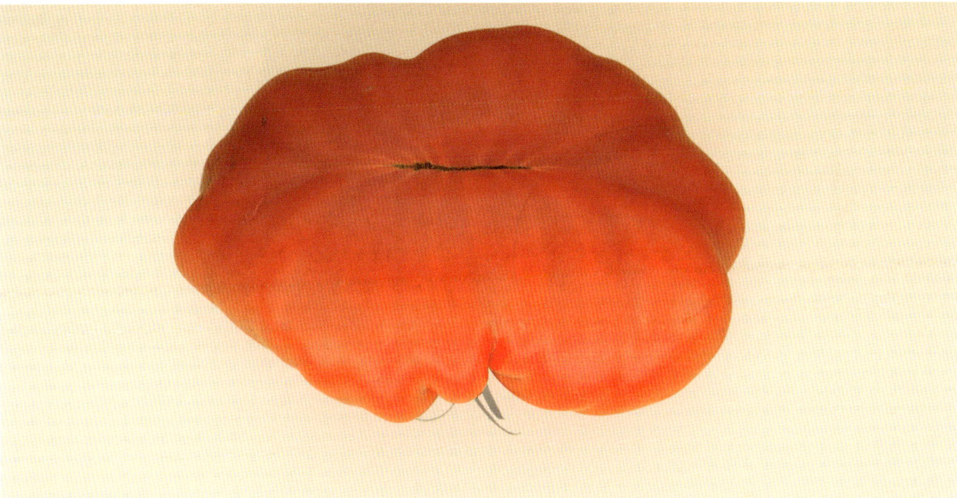

Die Neuzeit und die Explosion der Vielfalt

Mattioli erwähnte 1544 die Tomate das erste Mal. Ein unbekannter Botaniker legte um 1550 in Italien ein Herbarblatt mit einer Tomate an. Das Blatt wird in Naturalis in Leiden aufbewahrt. Der Botaniker hat sich die Mühe gemacht, sogar die Frucht zu präparieren, die Fruchtschale ist Teil des Belegs. Aus dieser Zeit stammen die ersten Abbildungen, so von Fuchs (nicht genau datiert, zwischen 1549–1561), Gessner (1553) und Oellinger (1553). Oellinger malt gerippte gelbe *(Poma Amoris maiora Lutea)* und rote Tomaten *(Mala aurea, Poma amoris)*, dazu auch kleinere gelbe Tomaten *(Poma Amoris Minora Lutea)*. Die gerippten Tomaten zählen zu den Riesentomaten. Die kleinen gelben sind im Vergleich zu den Rippentomaten klein, sie haben die Grösse unserer Fleischtomaten. Fuchs lässt eine grosse, gerippte, grünliche Tomate malen sowie grosse gelbe und rote Tomaten und eine grosse gestreifte. Gessner malt eine grosse gerippte Tomate, eine grosse gelbe Tomate und drei kleinere, die rot, weisslich und gelb sind. Die Blüten werden exakt abgebildet und man sieht, wie unterschiedlich die Zahl der Kelch- und Kronblätter sein kann. Von Anfang an ist eine grosse Vielfalt vorhanden, grösser als bei den Kartoffeln, was damit zusammenhängt, dass die Kartoffel nicht gesät, sondern vegetativ vermehrt wurde, und die Tomate nur über die Samen vermehrt werden kann.

Nach dem wenig berauschenden Empfang der Tomate in den kalten Gefilden verschwindet sie aus dem Gedächtnis, die Schweizer Autoren Rhagor (1639) und König (1706) erwähnen die Tomate nicht. In Frankreich erscheinen 1787 (Grace) in einer Ausgabe von «Le bon jardinier», einem Almanach für den Gemüsebau, der 1755 zum ersten Mal herauskam, ein paar Zeilen über die Tomate. Grace erwähnt eine grosse und eine kleine Sorte. Um 1800 bekommt die Tomate in Frankreich viel Aufmerksamkeit durch Grimod de la Reynière (1757–1837), einen bekannten französischen Gastronomen, der behauptet: «Durch Tomatensauce wird das mittelmässigste Fleisch zum Leckerbissen» (Settegast 1909). Die Ausgabe von «Le bon Jardinier» im Jahr 1809 (Launay) enthält noch keine neuen Informationen. In der Ausgabe von 1833 (Poiteau) werden mehr Sorten erwähnt: die grosse rote, die kleine rote, die kleine gelbe, die birnenförmige und die kirschförmige Tomate. Vilmorin (1855) unterscheidet mindes-

Abb. 6 Eine früh blühende, grosse, rote Tomate. Diese sehr kurze Sorte eignete sich in Frankreich nicht nur für le Midi, sondern auch für das kühlere Paris, auffallend ist der tiefe Fruchtansatz. Vilmorin, 1891. Herbarbeleg einer um 1550 in Italien gewachsenen Tomate mit Stängel, Blatt und Blüten und sogar der Haut einer Frucht. Naturalis Leiden

Abb. 7 Tomate, baumförmig. Vilmorin, 1891

Tomate rouge naine hâtive.
Plante réd. au douzième.

Tomate à tige raide de Laye.
Plante réd. au douzième; fruit au tiers.

tens 6 Varietäten: rote und gelbe grosse Tomaten (7–10 cm Durchmesser), eine frühe grosse rote, eine pflaumengrosse rote, eine birnenförmige, gelbe kirschgrosse Tomate und weitere, die er nicht namentlich erwähnt. In dieser Zeit explodiert die Vielfalt, 1883 unterscheidet er bereits 13 Sorten und von jeder Sorte mehrere Varietäten. Neu hinzugekommen: eine grosse frühe kurze, eine grosse glatte, eine baumartige, weitere Sorten von rosa bis violett reifend sowie die kleinfrüchtige Johannisbeertomate. Die gerippten Tomaten, die 1550 zu den ersten gehörten, finden keine Erwähnung. Benary (1901) bietet in seinem Katalog 53 Sorten an. Um 1900 ist die Tomate allgemein akzeptiert, denn, so Settegast (1909), «heute fehlt die Tomate zu keiner Jahreszeit in den Markthallen, der beste Beweis, dass sie bereits unentbehrlich geworden ist.»

Die Zahl der Tomatensorten ist explodiert, sie geht heute in die Tausende. Suanjak et al. (2014) porträtieren in ihrem «Lexikon der alten Gemüsensorten» 96 Sorten, die Kartoffel kommt auf 72 Sorten.

Hybridsaatgut

Die erste Hybridsorte 'Single cross' kam 1946 auf den Markt, bald darauf folgten weitere. Der grosse Umbruch im Sortiment fing in den 1970er-Jahren an. Bai (2007) beschreibt die verschiedenen Schritte in der Geschichte der Hybridzüchtung. In den ersten 10 Jahren wurde auf Ertrag gezüchtet, in der zweiten Phase in den 1980er-Jahren ging es um die Transportfähigkeit und Haltbarkeit in den Läden. Die Qualität der konventionellen Tomaten war schlecht, es war die Rede von Wasserbomben. Die Saatgutfirmen reagierten: In den 1990er-Jahren wurde vermehrt auf Geschmack gezüchtet, nach der Jahrtausendwende auf Inhaltsstoffe. Die Veredlungsfirmen produzieren in einem hart umkämpften Markt, alle 5 Jahre werden die Sorten ausgewechselt (Bai 2007). Der Arbeitsaufwand für die Herstellung von Hybridsaatgut bei der Tomate ist sehr hoch, es braucht viel Handarbeit, um die beiden Elternsorten miteinander zu kreuzen. Hybridsaatgut wird in Zentralamerika, Indien und Kenia produziert, die Kosten für die Arbeit sind hier gering.[45]

Der Markt für samenfeste Sorten brach in den 1980er-Jahren zusammen. Ein Teil der Hobbygärtner blieb den selbstbefruchtenden und samen-

45 www.walterreeves.com, 241109

festen Sorten treu. Diese sind in der Regel weicher und aromatischer. Sie brauchen, weil sie sofort verzehrt werden, keine harte Schale und müssen nicht nachreifen.

Die Sorten der Genbank

In der Genbank befinden sich 56 Sorten. Ich begrenze mich auf die Sorten, die noch in den 1980er-Jahren von der Forschungsanstalt in Changins aufgenommen wurden: Zürcher Original, Rheinland's Ruhm, Coeur de boeuf, Merveille d'Amerique, Berner Rose, Belle de Bretagne, Orange à gros fruits, Jaune golden sunrise, San Marzano, De Paudex, Belle du marché und Küsnachter. Rheinland's Ruhm wurde 1980 in die Sammlung aufgenommen. Spender war die Firma A. Grosjean aus Chêne-Bougeries bei Genf. Die Sorten Berner Rosen und Belle de Bretagne kamen von der Firma Besson & Decroux.

In der Literatur wurde Zürcher Original 1904 ein erstes Mal erwähnt. Rheinland's Ruhm ging 1925 aus einer Kreuzung von Geisenheimer und Lukullus in Niederdollendorf im Rheinland hervor. Die Berner Rose stammt wahrscheinlich aus Gönningen in Baden-Württemberg. De Paudex ist eine schweizerische Sorte, die Herr Guex, Marktfahrer, gezüchtet hat (Suanjak et al. 2014). Je nach Saatgutproduzent verändert sich eine Sorte relativ schnell und muss nicht mehr der ursprünglichen Form entsprechen.

Veredlung durch Halbierung

Die Tomate gehört zu den weltweit wichtigsten Gemüsepflanzen. Der Handel mit Sämereien war im 19. Jahrhundert international, Sorten gingen von Europa nach England, nach Kalifornien und kamen wieder zurück. Der Anbau in Gewächshäusern, die fast überall erstellt werden können, schuf die Voraussetzung für die bodenunabhängige, klimaunabhängige Verbreitung der Tomate.

Schaffen es alte Sorten zurück in den Gewerbsgemüsebau? Die Technik des Pfropfens könnte den Anbau alter Sorten erleichtern; man kennt sie aus dem Obst- und Rebbau, sie ist für den Erwerbsanbau von Tomaten eine tragende Säule geworden. Als Unterlage dient eine Sorte mit einem starken Wurzelsystem und mit Resistenzen gegen bodenbürtige Schädlinge und Krankheiten. Hat man diese Sorte, dann braucht man ihre Fähigkeiten nicht in andere Sorten einzukreuzen. Die Römer kannten bereits das Pfropfen. Tschudy (1819) war der Erste, der krautige Pflanzen erfolgreich pfropfte, darunter die Tomate. Es sind mehrere Unterlagen im Angebot, die Versuche am FibL mit ProSpecieRara und Genbanksorten fanden mit der F1-Hybride Emperador RZ F1 statt. (RZ steht für die Firma Rijk Zwaan, sie hat 4000 Angestellte in 30 Ländern.) Die Unterlage eignet sich auch für Auberginen. Zum Pfropfen wird die Unterlage unterhalb der Keimblätter abgeschnitten. Ein weiterer Vorteil der Kombipflanze ist, dass die Pflanzen früher Früchte tragen, als wenn sie nicht gepfropft werden.

Die Tomate ist eine der ersten Sorten, die vollkommen unabhängig von der Aussenwelt, bodenlos, produziert werden. Das Ziel von einigen Zuchtfirmen ist es, den Anbau ohne Pestizide, mithilfe von Nützlingen, zu realisieren. Es wird aber noch eine Weile dauern, bis die Paradiesler in einer paradiesischen Umgebung aufwachsen, ohne Pestizide, ohne Krankheiten und mit einer Qualität, die den besten Qualitäten des Freilandanbaus ebenbürtig ist.

ZUSAMMENFASSUNG

Grosse Schritte

- Der erste und grösste Schritt in der Entwicklung der Kulturpflanzen war die erste Saat, die das Sesshaftwerden der Menschheit ermöglichte, ca. 10 000 v. Chr.
- Der zweite Schritt, die leise Revolution, war der gezielte Einsatz der Leguminosen zur Verbesserung des Bodens. Die Entdeckung der Knöllchenbakterien fand 1901 Jahre später statt.
- Der dritte Schritt, die laute Revolution, war die industrielle Herstellung des Kunstdüngers im Jahr 1913. Die Kunstdüngerwirtschaft entwickelte sich neben der biologischen Wirtschaft und wurde dominant.
- Der vierte Schritt war die Einführung der Hybridsorten in den 1980er-Jahren, Standardisierung der Ernteprodukte und Zäsur für die Genbanken. Es gibt keine Genbank für Hybridsorten.
- Der fünfte Schritt, der erst gemacht wird, ist die Entwicklung von Hightech-Gewächshäusern, die zu Pflanzenfabriken heranwachsen.

Sortenentwicklung im 20. Jahrhundert

- Aus den vielfältigen Landsorten wurden gegen Ende des 19. und zu Beginn des 20. Jahrhunderts die besten Linien ausgelesen. Als mit der Auslesezucht keine Verbesserungen mehr möglich waren, fing man ab 1917 an zu kreuzen, um aus der neu erzeugten Vielfalt wieder auslesen zu können.
- Die biologischen Sorten wurden nach dem Zweiten Weltkrieg vollends verdrängt durch ertragreichere Kunstdüngersorten. Es gab keine Züchtung für die biologische Landwirtschaft, die biologische Landwirtschaft wurde marginalisiert.
- Die Gemüsesorten waren von Anfang an weniger regional gebunden als die Ackerpflanzen. Gemüse kann man auch dort anbauen, wo die Samengewinnung nicht möglich ist. Der Handel mit Gemüsesämereien gehört zum Gemüse hinzu.
- Bei den Gemüsesorten, die ein höheres Düngungsniveau haben, änderte sich die Situation mit der Einführung der Hybridsorten. Die Hybridsorten wurden für Grossbetriebe entwickelt und dienten der Vereinheitlichung der Bestände. Die Ernte konnte in einem Durchgang erfolgen und der Anteil an marktfähiger Ware erhöhte sich.
- Die Gemüsezüchtung an den Forschungsanstalten und in den Saatguthandelsfirmen wurde ab 1980 nach und nach eingestellt. Der finanzielle Aufwand für eine schweizerische Hybridzüchtung war zu hoch.
- Die Züchtung für die biologische Landwirtschaft (Acker- und Gemüsebau) setzt um 1980 ein.

Die Geschichte der Sammlung

- Der Anfang der Genbanksammlung stellt die Gründung der Forschungsanstalten in der französischsprachigen und in der deutschsprachigen Schweiz dar. Ab 1900 gibt es Zuchtprogramme für mehrere Kulturen. Die Zahl der Zuchtprogramme nimmt in den darauffolgenden Jahrzehnten ab.
- Die Genbanksammlung ist zunächst eine Gebrauchssammlung, sie ist mehr Samenbank als Genbank. Seit den 1980er-Jahren ist die vorhandene Sammlung gesichert und wird im Laufe der darauffolgenden Jahre ergänzt.
- Die erste klassische Erhaltungssammlung ist die Dinkelsammlung, die zwischen 1908 und 1943 entsteht. Aus den Jahren 1908–1935 bleiben ausgelesene Linien erhalten. Die

Sammlung in den Jahren 1935–1943 hat als Ziel, eine grösstmögliche Vielfalt zu erhalten.
- Die erste On-farm-Erhaltung währte von 1935–1963.
- Während des Zweiten Weltkrieges bis in die 1960er-Jahre werden alte Maissorten und im Berggebiet Muster von alten Gersten- und Weizensorten gesammelt.
- Ab 1980 wird Zuchtmaterial aus der Gemüsezüchtung in Changins eingelagert.
- Die Weizen- und Gerstensammlung von Reckenholz wird 1983 in die Sammlung von Changins integriert.
- Die Dinkelsammlung von Reckenholz wird 1988 in die Sammlung von Changins integriert.
- Die Sammlung der Ackerkulturen konnte nach 2000 mit Schweizer Herkünften aus ausländischen Genbanken ergänzt werden.
- Die Kartoffelsammlung ab 1932 umfasst die Sorten, die für die Schweiz von Bedeutung waren, sie wurde ab 1982 von ProSpecieRara ergänzt.
- Anfang des 21. Jahrhunderts ist die Phase des intensiven Sammelns für die Schweiz abgeschlossen. Es sind kaum noch neue Zugänge zu erwarten.

Wünsche

- Die Entwicklung der Kulturpflanzen zeigt, dass mit der zunehmenden Spezialisierung der Gesellschaft eine zunehmende Differenzierung im Sortensortiment einhergeht. Die ursprünglichen, noch wildpflanzenähnlichen Sorten sind Allzwecksorten/Generalisten. Aus diesen entstehen Spezialsorten, bei denen eine Eigenschaft betont wird. Die erste erfolgte Spezialisierung war der Wechsel von Öllein zu Faserlein im 4. Jahrtausend v. Chr.
- Der Wunsch nach Grösse führt zu schwereren Körnern, Früchten, Knollen.
- Beim Wurzelgemüse gibt es eine Entwicklung von der ursprünglich verdickten Pfahlwurzel zu konisch verdickten, stumpfen Formen mit der Kugelform als Endform. An der Kugelform können sich die Wurzel, der Stängel und der Übergang zwischen Wurzel und Stängel, das Hypokotyl, beteiligen, so geschehen bei der Rande und dem Kohlrabi.
- Die Vorliebe für den süssen Geschmack führte zu eigenen Sorten, so geschehen bei der Erbse, der Beete, der Pastinake und dem Mais.
- Die Vorliebe für zartes Gemüse führte schon früh zum Bindegemüse, zur Kopfbildung und später zum Brüsseler.
- Der Wunsch, überall Kulturpflanzen anbauen zu können, führte zu einer ganzen Reihe von züchterischen Anpassungen an die vorherrschenden lokalen natürlichen Bedingungen. Das Anbaugebiet wurde dadurch erweitert.

All diese Wünsche findet man als Sorten in der Genbanksammlung – die Genbanksammlung als Sammlung wahr gewordener Wünsche.

ANHANG: QUELLEN

Vorgeschichte des Buches

Das Buch schlägt den Bogen von den ersten archäobotanischen Funden bis zur Gegenwart. Eine grosse Hilfe beim archäobotanischen Teil war die Unterstützung durch Stefanie Jacomet und Christoph Brombacher vom Institut für Integrative und Prähistorische und Naturwissenschaftliche Archäologie (IPNA) in Basel. Das Institut hat viele Abbildungen zur Verfügung gestellt.

Die historischen Recherchen zur Geschichte der Kulturpflanzen starteten im Rahmen eines INTERREG Projektes Graubünden, Süd- und Nordtirol. Andrea Heistinger recherchierte den Gemüseteil und der Verfasser den Ackerbauteil. Die Recherchen sind nicht als eine eigenständige Publikation, sondern als Materialiensammlung veröffentlicht worden (Schilperoord, P.; Heistinger, A. 2013).

Die historischen Recherchen konnten fortgeführt werden durch die Arbeiten an der Schriftenreihe «Kulturpflanzen in der Schweiz» von 2011–2021. Dazu wurde das Getreidearchiv, das damals noch in der Forschungsanstalt für Agrarökologie und Landwirtschaft Zürich-Reckenholz untergebracht war, inventarisiert (Schilperoord 2006a, 2006b, 2006c). Das Getreidearchiv ist umgezogen und befindet sich im Schweizerischen Bundesarchiv, Bern.

Dioskurides und Karl der Grosse

Die Wiener Ausgabe der Dioskurides gehört zu den bedeutendsten Schriftstücken der Welt und war eine wichtige Quelle für dieses Buch. Es handelt sich um eine illustrierte Handschrift der Spätantike aus dem Jahr 512 n. Chr. Der Inhalt der Textsammlung reicht zurück in vorchristliche Zeiten. Inhaltlich ist der «Codex medicus graecus» eine pharmakologisch-zoologische Sammelhandschrift. Den Codex gibt es als Faksimile-Ausgabe, herausgegeben von der Akademischen Druck- und Verlagsanstalt (Dioscorides 1998–1999) mit einem Kommentar von Otto Mazal im zweiten Band. Der Codex ist ein unschätzbares Quellenwerk für die frühbyzantinische Kunstgeschichte, die Geschichte der antiken Naturwissenschaften und die byzantinische Kulturgeschichte des frühen 6. Jahrhunderts. Ein grosser Teil umfasst ein Kompendium von Arzneipflanzen. Da fast jede Nahrungspflanze auch Heilpflanze sein kann, finden sich in dem Codex viele Nahrungspflanzen. Die Abbildungen stammen von mehreren Illustratoren, sie sind teils realistisch, teils abstrakt und nicht immer klar einer Art zuzuordnen. Der Autor der Texte Dioskurides Pedanios (~40–90 n. Chr.) stammte aus Anazarbos in der türkischen Provinz Adana; ein alter Name für Anazarbos ist Caesarea. Er war Militärarzt und lebte etwa zur gleichen Zeit wie Plinius der Ältere. Dioskurides' Werk «De materia medica» greift auf wichtige vorchristliche pharmakologische Werke zurück, die zum Teil zwei Jahrhunderte vorher erschienen sind.

Eine weitere wichtige Schrift ist die Landgüterverordnung von Karl dem Grossen. Sie schreibt vor, welche Pflanzenarten auf seinen Gütern angebaut werden sollten. Die «Capitulare de villis vel curtis imperii» ist um 800 erlassen worden (Strank und Meurers-Balke 2008). Nicht immer ist klar, welche Art gemeint sei; die «Capitulare» enthält weder Beschreibungen noch Illustrationen.

Von Ärzten für Ärzte – Kräuterbücher

Die Literatur, die vor dem 18. Jahrhundert erschienen ist, lässt sich grob in zwei Kategorien einteilen: auf der einen Seite die medizinisch ausgerichteten Kräuterbücher, auf der anderen Seite ab 1600 die agronomisch ausgerichteten Bücher. Die Kräuterbücher handeln von Heilpflanzen und Heilmitteln, dazu gehören wie bei Dioskurides auch Kulturpflanzen. Die Verfasser der Kräuterbücher hatten untereinander enge Kontakte. Die Werke werden mit jeder neuen Ausgabe umfangreicher und detaillierter. Autoren, die ich für die Recherche öfter konsultiert habe:

- Otto Brunfels (1488–1534). Brunfels, Otto (1532–1537): «Contrafayt Kreüterbuch» (mit naturgetreuen Abb. v. Hans Weiditz), 2 Bände.
- Leonhart Fuchs (1501–1566). Er veröffentlichte eine Reihe von Büchern, angefangen 1542 mit «De historia stirpium commentarii insignes». Dieses Buch war revolutionär, weil Fuchs seine eigenen Beobachtungen mit hervorragenden Abbildungen kombinierte. Von Fuchs sind viele Originale erhalten geblieben, die als Vorlage für Holzdrucke in Büchern dienten. Diese Originale sind oft detailreicher als die zum Teil kolorierten Drucke (Baumann et al. 2001).
- Andrea Mattioli (1501–1578), italienischer Arzt und Botaniker. Er befasste sich zunächst ausführlich mit Dioskurides. 1544 erschien in italienischer Sprache sein «Commentarii, in libros sex Pedacii Dioscoridis Anazarbei, de medica materia». 10 Jahre später (1554) erschien die lateinische Version und 1563 die erste deutsche Version in der Übersetzung von Georgicum Handsch: «New Kreüterbuch».
- Tabernaemontanus (1522–1590) alias Theodor Jacobus verfasste 1590 einen Bildband «Eicones plantarum» mit 2255 Pflanzenholzschnitten. Zu erwähnen ist auch sein «Neuw und vollkomenlich Kreuterbuch» von 1591.
- Johannes Bauhin (1541–1613) setzte die Arbeit von Tabernaemontanus fort. Er konnte sein eigenes Hauptwerk «Historia plantarum universalis» nicht selbst vollenden. Die drei Bände des Werkes erschienen 1650 lange nach seinem Tod. Mitautoren waren: Heinrich Cherler, Dominicus Chabrey und F. L. von Graffenried. Die Pflanzen in diesen Büchern sind in der Regel so gut beschrieben und gezeichnet, dass man die Art erkennen kann. Dazu kommen einige Hinweise auf Varietäten und ihre Nutzung. Oft wurde auf die Bilder von Fuchs zurückgegriffen.
- Caspar Bauhin (1560–1624) veröffentlichte ein nicht bebildertes Buch «Phytopinax» 1596. Der «Phytopinax» ist ein Literaturverzeichnis, eine Bibliografie von den einzelnen Arten. Caspar Bauhin hat auch an der überarbeiteten Version des Kräuterbuches von Tabernaemontanus mitgewirkt.

Mattioli lebte in Italien und in Tschechien, Tabernaemontanus im Elsass, Fuchs in Süddeutschland (Tübingen) und Norditalien. Schweizer Autoren wie Caspar Bauhin, Johannes Bauhin und Heinrich Cherler kannten sich in der Schweiz und in der Literatur gut aus. Sie nahmen Bezug aufeinander, zitierten einander und verwendeten zum Teil die gleichen Druckvorlagen oder kopierten sie.

Von Praktikern für Praktiker – landwirtschaftliche Literatur

Plinius der Ältere (23/24–79 n. Chr.) schrieb eine ausführliche Arbeit zur Naturkunde, mit viel Platz für die Landwirtschaft (Bostock 1855). Danach vergingen mehrere Jahrhunderte, bis im 16. Jahrhundert die Landwirtschaft wieder genauer behandelt wird.

- Dodoens (1516/17–1585) verfasste 1554 sein «Cruydt-Boeck». Das Buch ist eine Kombination von Kräuterbuch und Beschreibung lokaler landwirtschaftlicher Praktiken. Dodoens berücksichtigte die Autoren der Antike wie Plinius und die Werke seiner Zeit. Sein «Cruydt-Boeck» war lange Zeit ein Standardwerk.
- Clusius (1526–1609) übersetzte das Werk von Dodoens auf Französisch (1557). Der Londoner Chirurg und Botaniker John Gerard (1545–1612) übersetzte das Werk ins Englische (1597) und ergänzte es. Dodoens be-

schreibt eingehend die Vielfalt an Sorten, die in den Gärten und auf den Äckern gepflanzt wurden. Besonders wertvoll ist die überarbeitete und erweiterte Ausgabe von 1644, sie zählt 1367 Abbildungen (Clusius et al. 1644).

- Olivier de Serres (1539–1613) war der erste moderne Agronom der Neuzeit. Er schrieb als Praktiker für Praktiker. Geboren wurde er in Villeneuve de Berg, Ardèche, im Rhonetal. De Serres leitete in der Nähe von Montélimar, gut 110 km nördlich von Arles, das Musterlandgut Le Pradel, das er 1558 erworben hatte. Le Pradel war um 1600 ein bedeutendes innovatives landwirtschaftliches Zentrum. Heute ist das Landgut Le Pradel ein Museum und Zweigstelle einer Agrarwirtschaftsschule. De Serres ist der Verfasser von «Le théatre d'agriculture et mesnage des champs», auf Deutsch «Kompendium Landwirtschaft und Ackerbau». In diesem Buch beschreibt er die verschiedenen Betriebszweige der Landwirtschaft, vom Obstbau bis zum Gemüsebau, bis zur Viehzucht. Die erste Auflage erschien 1600. Dieses Nachschlagewerk wurde in den nächsten 200 Jahren immer wieder neu aufgelegt, die letzte Ausgabe erschien 1804 als Reprint mit vielen Ergänzungen.
- Daniel Rhagor (1577–1648) war ein grosser Bewunderer von de Serres. Rhagor war Mitglied des Berner Grossen Rates, er war aber auch Landvogt in Gottstatt (1612) und später Landvogt in Thorberg (1625). Er war ein Kenner der neueren Gartenbauliteratur und erfahrener Praktiker. Als Landvogt beobachtete und experimentierte er mit Nutzpflanzen und stand mit Züchtern in ganz Europa in Kontakt. Rhagor publizierte die erste deutschsprachige Anleitung für Obst-, Gemüse- und Rebbau in der Schweiz. Sein Buch «Pflanz-Gart» erschien 1639.
- Emanuel König (1658–1731) setzte die Arbeit von Rhagor mit dem Buch «Georgica Helvetica curiosa» (1706) fort. Im Wesentlichen ergänzt König, wie er in seiner Vorrede betont, die Darstellungen von Rhagor, die noch immer gültig seien. Die Ergänzungen betreffen den Ackerbau, die Pflege der Wiesen, die Pflege der kleinen Zwerg-Bäume wie Spalier- und Buschbäume, die es zur Rhagors Zeiten noch kaum gab.

Die ökonomische Gesellschaft

Die ökonomische Gesellschaft von Bern spielte eine wichtige Rolle bei der Weiterentwicklung der Landwirtschaft, insbesondere des Ackerbaus und der Viehwirtschaft. Ein berühmtes Mitglied und zeitweise Präsident der Gesellschaft war Albrecht von Haller (1708–1777). Er war der Erste, der verschiedene Getreidearten und Varietäten beschrieb. Es waren die Missernten von 1771 und 1772, die von Haller dazu bewegten, sich im fortgeschrittenen Alter dem Getreide zu widmen. Ein grosses Problem bei der Verbesserung der Landwirtschaft war die mangelhafte Beschreibung und verwirrende Namensgebung der vielen Getreidearten und -sorten. Die Praktiker und Wissenschaftler konnten sich beim Austausch ihrer Erfahrungen kaum verständigen.

Nicolas Charles Seringe, Botaniker

Während Albrecht von Haller ursprünglich Arzt war, menschliche Anatomie und Chirurgie lehrte und sich nebenher als Botaniker betätigte (in Göttingen richtete er den botanischen Garten ein), widmete sich der Franzose Nicolas Seringe (1776–1858) als einer der Ersten ausschliesslich der Botanik. Er führte die Arbeit von Albrecht von Haller fort, arbeitete mehrere Jahrzehnte in der Schweiz, unterrichtete von 1801 bis 1820 in Bern und von 1820 bis 1830 in Genf, anschliessend leitete er den botanischen Garten in Lyon. Er befasste sich sowohl mit Kultur- als auch mit Wildpflanzen. 1818 erschien seine «Monographie des Céréales» in Bern, 1841 «Céréales euopéennes» mit exakten Abbildungen von Gerste und Roggen. Wie Caspar

Bauhin und Albrecht von Haller hatte auch Seringe ein Herbar angelegt.

Rudolf Kull

Eine wichtige Quelle für die Situation in der zweiten Hälfte des 19. Jahrhunderts ist das Lehrbuch «Der praktische Gemüsebau» von Rudolf Kull, 1871 erschienen. Geburts- und Sterbejahr von Rudolf Kull sind nicht bekannt. Er war Handelsgärtner auf der Tanneck in Muri bei Bern, Mitglied der Ökonomischen Gesellschaft und Mitglied in mehreren in- und ausländischen Gartenbauvereinen, bspw. der k. Central-Gartenbaugesellschaft von Frankreich.

Kull kannte nicht nur die Gemüsekataloge, sondern wusste aus eigener Erfahrung: «[...] auch der ausgedehnte und lebhafte Verkehr mit praktischen, in verschiedenen und in klimatischer Beziehung sehr abweichenden Gegenden wohnenden Gemüsegärtnern, lieferte mir manch werthvollen Rath und manch treffliche Anweisung [...]»

Für die Geschichte der Gemüsesorten in der Schweiz ist das Buch von grosser Bedeutung. Rudolf Kull zeigt mit seinen Sortenempfehlungen auch die Bedeutung des Auslandes für den Gemüsebau in der Schweiz.

Kataloge

Die ersten Kataloge entstehen im 18. Jahrhundert, so in Frankreich ab 1755 «Le Bon Jardinier», ein Almanach, gegründet vom französischen Agronomen Alletz Pons-Augustin (1703–1785). Etwas später erscheint 1766 die erste Ausgabe des berühmten Katalogs der Firma Vilmorin. Die Saatguthandels- und Saatgutproduktionsfirma Vilmorin war bereits 1743 gegründet worden. Im selben Jahr erschien ein erstes Blatt, in dem Sämereien und Vögel angeboten wurden (fr.wikipedia.org, 28.11.2023). Die Vilmorins waren engagierte Samenproduzenten, Agronomen, Botaniker und Händler. Die beiden Kataloge aus den Jahren 1856 und 1883 geben zudem Auskunft über die Geschichte mancher Sorten. Mithilfe der Kataloge lässt sich feststellen, wann Sorten zum ersten Mal angeboten wurden.

Der älteste Katalog für Gemüsepflanzen in der Schweiz, den ich im Rahmen der vorliegenden Recherchen gefunden habe, stammt aus dem Jahr 1783. Er erschien in Form eines Inserates in der Graubündner Zeitschrift «Der Sammler. Eine gemeinnützige Wochenschrift für Bündten». Die angeführten Sorten stammen vom Samenhändler Ziegerer in Meienfelt.

Im 19. Jahrhundert etablierte sich der internationale Gemüsesamenhandel. In ganz Europa gab es Samenhändler und Samenproduzenten, die auch gegenseitig ihre Sorten ausprobierten und weiterentwickelten. Eine Handelsfirma mit starkem Bezug zur Schweiz war die Firma Benary. Sie wurde 1843 von Ernst Benary in Erfurt gegründet. Ernst Benary (1819–1893) ging nach seiner Ausbildung in einem Gartenbaubetrieb in Erfurt auf Wanderschaft, die ihn nach Frankfurt am Main, nach Metz, nach Paris und nach London führte. 1843 verfasste er ein Preisverzeichnis für Blumenzwiebeln und Blumen- und Gemüsesämereien. Erfurt wurde in Deutschland zu einer Wiege der kommerziellen Saatguterzeugung (de.wikipedia.org. 28.11.2023).

Aktuelle Übersichtswerke

Eine immer grösser werdende Reihe von Gartenbüchern befasst sich mit der Vielfalt der Gemüsesorten. Darunter sind solche, die diese Vielfalt mit hervorragenden Abbildungen dokumentieren und dazu animieren, Gemüse selbst anzubauen. Der Verein Arche Noah und der Verein ProSpecieRara haben auf diesem Gebiet Grosses geleistet. Bartha-Pichler und Zuber (2002); Heistinger (2004, 2013); Suanjak et al. (2014) haben reich illustrierte Bücher veröffentlicht. Allerdings kommt die Entstehungsgeschichte der Kulturpflanzen und ihrer Vielfalt in diesen Büchern oft zu kurz.

Einige wenige Bücher befassen sich speziell mit der Geschichte der Kulturpflanzen. Zu nennen sind «Nutzpflanzen in Deutschland» von Udelgard Körber-Grohne (1995); «Domestication of Plants in the old World» von Daniel Zohary et al. (2012); «Histoire de légumes des origine à l'orée du XXIe siècle» von Michel Pitrat und Claude Foury (2015) und von Michel Chauvet das umfangreiche und reich illustrierte Buch «Encyclopédie des plantes alimentaires» (2018).

Morphologie

Für die morphologischen Beschreibungen konnte ich zurückgreifen auf die jetzt vergriffene Arbeit von Werner Rauh «Morphologie der Nutzpflanzen» (1950) und auf meine eigenen Kenntnisse der Morphologie der Pflanzen. Die botanischen Beschreibungen in Wikipedia sind gut, sie charakterisieren die Pflanzen aber zu wenig. Aus diesem Grund lege ich in diesem Buch einen besonderen Wert auf das Vergleichen der Pflanzen.

LITERATURVERZEICHNIS

Abbo, S. et al. (2013): *On the ‹lost› crops of the neolithic Near East*. Journal of experimental botany 64 (4), S. 815–822. DOI: 10.1093/jxb/ers373

Abebe, T. et al. (2009): *Comparative Transcriptional Profiling Established the Awn as the Major Photosynthetic Organ of the Barley Spike While the Lemma and the Palea Primarily Protect the Seed*. Plant Gen 2 (3), S. 247–259

Åberg, E. (1946): *Classification of Barley Varieties Grown in the United States and Canada in 1945*. Technical Bulletin (907), S. 1–190

Abrouk, M. et al. (2018): *High-throughput genotyping of the spelt gene pool reveals patterns of agricultural history in Europe*. Preprint. DOI: 10.1101/481424

Achard, F. C. (1809): *Die europäische Zuckerfabrikation aus Runkelrüben*. Leipzig: J. C. Hinrichs

Aeby, P. et al. (2006): *Ackerbau*. 8. Aufl. Zollikofen: Landwirtschaftliche Lehrmittelzentrale

Agten, N. (2001): *Lötschentaler Ackerbohne*. In: Naturforschende Gesellschaft Oberwallis (NGO) (Hg.): Traditionelle Nutztiere und Kulturpflanzen im Oberwallis. Visp: Rotten Verlag, S. 171–178

Akeret, Ö. (2005): *Plant remains from a Bell Beaker site in Switzerland, and the beginnings of Triticum spelta (spelt) cultivation in Europe*. Vegetation History and Archaeobotany (14), S. 279–286

Akeret, Ö.; Geith-Chauvière, I. (2011): *Les macrorestes végétaux*. Archéologie Neuchâteloise (47), S 311–321

Ames, M.; Spooner, D. M. (2008): *DNA from herbarium specimens settles a controversy about origins of the European potato*. American Journal of Botany, 92 (2), S. 252–257

Anonym (1770): *Bewährte Art die Erdäpfel vortheilhaft zu bauen*. Abhandlungen und Beobachtungen durch die oekonomische Gesellschaft zu Bern gesammelt, 11 (4), S. 118–142

Anonym (1783): *Nachricht für Gartenliebhaber*. Der Sammler. Eine gemeinnützige Wochenschrift für Bündten. Zehntes Stück. 5. ter Jahrg

Antolin, F.; Schibler, J. (2018): *Domestikationsgeschichte: Domestikation der wichtigsten altweltlichen Kulturpflanzen und Haustiere*. Skript IPNA, Basel

Aragosti, A. et al. (1985): *Gaio Plinio Secondo, Storia Naturale. III. Botanica. 2. Libri 20–27*. Torino: Giulio Einaudi Editore

AuBuchon-Elder, T. et al. (2020): *Sterile spikelets contribute to yield in Sorghum and related grasses*. The Plant cell 32 (11), S. 3500–3518. DOI: 10.1105/tpc20.00424

Bai, Yuling; Lindhout, Pim (2007): *Domestication and Breeding of Tomatoes: What have We Gained and What Can We Gain in the Future?* Annals of Botany 100: 1085–1094

Banga, O. (1963a): *Main Types of the Western Carotene Carrot and Their Origin*. Zwolle, W. E. J. Tjeenk Willink

Banga, O. (1963b): *Origin and Distribution of the western cultivated carrot*. Genetica Agraria (XVII)

Banga, O. (1957a): *Origin of the european cultivated carrot*. Euphytica 6, 54–63

Banga, O. (1957b): *The development of the original european carrot material*. Euphytica 6, 64–76

Bansi, H. et al. (1811): *Landwirtschaftliche Beschreibung des Oberengadins*. Der Neue Sammler 6 (4), S. 289–318

Bär, A. (1939): *Das Pitztal, eine landeskundliche Untersuchung*. Veröffentlichungen des Museums Ferdinandeum (18 Sonderdruck)

Bartha-Pichler, B.; Zuber, M. (2002): *Haferwurzel und Feuerbohne. Alte Gemüsesorten – neu entdeckt*. Aarau: AT-Verlag

Bauhin, C. (1596): *Phytopinax seu enumeratio plantarum*. Basilea: Sebastianum Henricpetri

Bauhin, Johannes; Cherler, Heinrich; Chabrey, Dominicus; Graffenried F. L. von (1650): *Historia Plantarum Universalis*. 3 Bände. Yverdon

Baumann, B. et al. (2001): *Die Kräuterbuch-Handschrift des Leonhart Fuchs*. Stuttgart: Eugen Ulmer

Beijerinck, M. W. (1901): Über *oligonitrophile Mikroben*. Centralblatt für Bakteriologie, Parasietenkunde, Infektionskrankheiten und Hygiene. Abteilung II, Vol. 7, 561–582

Benary, E. (1875): *Haupt-Saamen-Verzeichnis*. Erfurt: G. A. König

Benary, E. (1876–1886): *Album Benary I–VIII*. Erfurt, Ernst Benary

Benary, E. (1901): *Hauptverzeichnis*. Erfurt

Bergfjord, C. et al. (2010): *Comment on «30,000-year-old wild flax fibers»*. Science 328 (5986), 1634. DOI: 10.1126/science.1186345

Bernard, O. (1781): *Ueber den Anbau und die Benutzung des Türkenkorns, auch Maitz, Welschkorns, indianisch Korns*. Der Sammler, 3, S. 83–105

Bertsch, F.; Bertsch, K. (1949): *Geschichte unserer Kulturpflanzen*. Stuttgart: Wissenschaftliche Verlagsgesellschaft M. B. H.

Biancardi, E. et al. (2012): *Beta maritima. The origin of beets*. New York: Springer Science + Business Media, LLC

Blatter, R. et al. (2002): Spelt-*specific alleles in HMW glutenin genes from modern.* Theor Appl Genet (104), S. 329–337

Blatter, R. et al. (2004): *About the origin of European spelt (Triticum spelta* L.). Theor Appl Genet (108), S. 360–367

Boiz, A. (1763): *Oekonomische Beschreibung des Kirchspieles Kerzers.* Abhandlungen und Beobachtungen durch die oekonomische Gesellschaft zu Bern gesammelt, Jg. 4, H. 1, S. 69–89

Bongartz, A.; Klauser, E. (2013): *Alte Kartoffelsorten im Blick der Sensorik.* Lebensmittel-Technologie (5), S. 12–13

Bostock, J.; Riley, H. T. (1855): *Plin the elder, Naturalis Historia [The natural history].* H. G. Bohn, London

Bothmer, R. von et al. (2003): *The domestication of cultivated barley.* In: Hintum, Theo van et al. (Hg.): *Diversity in barley.* (Hordeum vulgare). 1. Aufl. Amsterdam, Boston: Elsevier

Brandolini, A.; Brandolini, A. (2001): *Classification of Italian maize (Zea mays L.) germplasm.* Plant Genetic Resources Newsletter (126), S. 1–11

Braun-Blanquet, J. (1951): *Flora raetica advena.* Chur: Naturforschende Gesellschaft Graubünden

Braun-Blanquet, J. (1970): *Zur Kenntnis der inneralpinen Ackerunkrautgesellschaften der rätischen Alpen im Rahmen ihrer Gesamtverbreitung.* Vierteljahresschr. Naturf. Ges. Zürich 115 (3), S. 323–341

Braungart, R. (1891): *Die Imperialgerste (Hordeum distichon* L., *var. erectum Schübl).* Deutsche landwirtschaftliche Presse 18 (19), S. 173–174

Braungart, R. (1914): *Die Südgermanen.* 2 Bände. Heidelberg: Carl Winters Universitätsbuchhandlung

Brewster, J. L. (2008): *Onions and other vegetable alliums.* Crop production science in horticulture series, 15. 2nd ed. Cambridge, MA: CABI North American Office. ISBN 978-1-84593-399-9

Brittain, M. (1988): *Leeks – the long and the short of it.* Grower 110 (3), 20–23

Brockmann-Jerosch, H. (1907): *Die Flora des Puschlav und ihre Pflanzengesellschaften.* Diss. Bot. Mus. d. E.T.H. Leipzig: Engelmann

Brombacher, C.; Jacomet, S. (1997): *Ackerbau, Sammelwirtschaft und Umwelt: Ergebnisse archäobotanischer Untersuchungen.* Monographien der Kantonsarchäologie Zürich (20), S. 220–229

Brombacher, C.; Vandorpe, P. (2012): *Untersuchungen zu Wirtschaft und Umwelt aus der mittelneolithischen Fundstelle von Zizers GR-Friedau.* Antiqua (50), S. 95–104

Brown, W. L. (1983): *H. A. Wallace and the development of Hybrid Corn.* The annals of Iowa. 47 (2), 167–179

Brunfels, O. (1532–1537): *Contrafayt Kreüterbuch.* 2 Bände. Strasszburg: Hans Schotten

Brunfels, O. (1534): *Kreuterbuch contrafeyt.* Strasszburg: Schott

Carlen, C.; Vonmoos, R. (2001): *Getreide.* In: Naturforschende Gesellschaft Oberwallis (NGO) (Hg.): *Traditionelle Nutztiere und Kulturpflanzen im Oberwallis.* Visp: Rotten Verlag, S. 89–104

Chauvet, M. (2018): *Encyclopédie des plantes alimentaires.* Paris, Editions Belin

Christ, H. (1923): *Zur Geschichte des alten Bauerngartens in der Schweiz und angrenzender Gegenden.* 2. Aufl. Basel: Verlag Benno Schwabe & Co.

Christensen, S. et al. (2011): *AFLP analysis ofgenetic diversity in leafy kale (Brassicaoleracea* L. *convar. acephala (DC.) Alef.) landraces, cultivars and wild populations in Europe.* Genet Resour Crop Evol 58 (5), S. 657–666. DOI: 10.1007/s10722-010-9607-z

Civáň, P. et al. (2013): *Reticulated Origin of Domesticated Emmer Wheat Supports a Dynamic Model for the Emergence of Agriculture in the Fertile Crescent.* PLOS ONE November 2013 | Vol. 8 | Issue 11 | e81955

Clément-Mullet, J. J. (1866): *Le livre de l'agriculture d'Ibn-alAwam.* Paris, A. Franck

Clusius, C.; Dodoens, R. et al. (1644): *Cruydt-boeck Remberti Dodonaei.* Antwerpen: Balthasar Moretus

Croenen, G. (2006): *De oorkonden van de familie Berthout 1212–1245.* Koninklijke comissie voor geschiedenis, Brussel

Cubero, J. I. (Hg.) (2002): *El libro de Agricultura de Al Awam.* Consejería de Agricultura y Pesca, Junta de Andalucía

Daléchamps, J. (1587): *Historia generalis plantarum.* Lugduni: Rovilius. http://mdz-nbn-resolving.de/urn:nbn:de:bvb:12-bsb11200275-7

Das, S. et al. (2019): *Beyond Bird Feed. Proso Millet for Human Health and Environment.* Agriculture 9 (3), S. 64. DOI: 10.3390/agriculture9030064

Dioscorides, Pedanius (1998): *Der Wiener Dioskurides. Glanzlichter der Buchkunst 8,1.* Graz: Akademische Druck- und Verlagsanstalt

Dioscorides, Pedanius (1999): *Der Wiener Dioskurides Teil 2. Glanzlichter der Buchkunst 8,2.* Graz: Akademische Druck- und Verlagsanstalt

Dioskurides, P. (512): *Codex Vindobonensis* Med. Gr. I oder *Codex Aniciae Julianae*

Dodoens, R. (1554): *Cruydt-Boeck.* Antwerpen: Jan van der Loe

Dodoens, R. (1563): *Cruydeboeck.* Antwerpen: Jan vander Loe

Dodoens, R. (1583): *Stirpium historiae pemptades sex.* Antverpiae: Ex officina Christophori Plantini

Dodoens, R. et al. (1644): *Cruydt-boeck.* Antwerpen: de Plantijnsche Druckerije van Balthasar Moretus

Dodoens, R.; de l'Écluse, C.; Carolus, C. (1557): *L'histoire des plantes.* Antwerpen: de l'Imprimerie de Jean Loë

Downey, R. K. (2016): *Brassica crops (Brassica species).* Safety Assessment of Transgenic Organisms in the Environment (5). DOI: 10.1787/9789264253018-6-en

Duffus, C. M.; Cochrane, M. P. (1993): *Formation of the barley grain. Morphology, physiology, and biochemistry.* In: Alexander W. MacGregor und Rattan S. Bhatty (Hg.): *Barley. Chemistry and technology.* St. Paul, Minn.: American Association of Cereal Chemists, S. 31–72

Dumonthay, J. (1941): *Nos meilleures variétés de légumes.* Revue horticule Suisse. S. 183–186

Dumonthay, J. (1973): *Genève Maraîchére au cours des siècles.* Genève: Madame L. Jornod Anières, la Société Migros

Dvorak, J. et al. (2012): *The Origin of Spelt and Free-Threshing Hexaploid Wheat.* Journal of Heredity 103 (3), S. 426–441

Eckhard J. et al. (1996): *Praktische Landschaftspflege. Grundlagen und Massnahmen.* Stuttgart: Ulmer

EFSA (European Food Safety Authority) (2011): *Scientific Opinion on the substantiation of a health claim related to barley beta-glucans and lowering of blood cholesterol ...* (EC) No 1924/2006. EFSA Journal 9 (12), S. 2470

EFSA (European Food Safety Authority) (2010): *Scientific Opinion on the substantiation of a health claim related to oat beta glucan and lowering blood cholestero ...* (EC) No 1924/2006. EFSA Journal 8 (12), S. 1885

Egli, H.-R.; Koller, H. (1993): *Eine Kartoffelflur aus dem 18. Jahrhundert im Berner Oberland.* Zeitschrift für Agrargeschichte und Agrarsoziologie, 41 (1), S. 44–65

Eidgenössisches Statistisches Amt (1943): *Bodenbenützung 1939 und Ackerbau 1940–43 in der Schweiz.* Statistische Quellenwerke der Schweiz (134)

Engel, S. (1772a): *Anweisung und Nachricht über den Erdäpfel-Bau, sonderlich von denen in den Jahren 1771 und 1772.* Abhandlungen und Beobachtungen durch die oekonomische Gesellschaft zu Bern gesammelt, 13 (1), S. 2–94

Engel, S. (1772b): *Anweisung und Nachricht über den Erdapfelbau, mit deren Nutzen. Zweyter Theil.* Abhandlungen und Beobachtungen durch die oekonomische Gesellschaft zu Bern gesammelt, 13 (2), S. 82–129

Engelhard, J. F. L. (1840): *Statistisch-historisch-topographische Darstellung des Bezirks Murten.* Bern: Haller

Enggist, A. (2014): *Buchweizen Sortenversuch der HAFL Zollikofen und Agroscope Reckenholz.* Referat Semester- und Bachelorarbeit. HAFL, Zollikofen

Epstein, E. (2005): *Silicon in agriculture: a historical review.* In: Federal University of Uberlandia / Brazil (Hg.): *III Silicon in agriculture conference.* Uberlândia, Federal University of Uberlândia, S. 8–11

Eschholz, T. W. (2008): *Genetic diversity and relationships of Swiss Flint maize (Zea mays L. ssp. mays) landraces.* Tönning: Der Andere Verlag (Diss. ETH, 17715)

Etoh, T.; Simon, P. W. (2002): *Diversity, fertility and seed production of garlic.* In: Rabinowitch, H. D. and Currah, L. (Hg.): *Allium Crop Science: Recent Advances.* CAB International, Wallingford, UK, S. 101–117

Fachagentur Nachwachsende Rohstoffe e. V. (FNR) (2012). *Sorghumhirsen.* FNR Bestell-Nr. 569

Feldman, M.; Kislev, M. E. (2007): *Domestication of emmer wheat and evolution of free-threshing tetraploid wheat.* Israel Journal of Plant Sciences 55, 207–221

Finan, J. J. (1950): *Maize in the great herbals.* Waltham, Massachusetts, Chronica Botanica Company

Ford, R. H. (2000): *Inheritance of kernel color in corn: explanations & investigations.* The american biology teacher, 62 (3), S. 181–188

Forgeot, E. & Cie. (1882): *Prix courant de graines.* Printemps 1882, Paris

Fossati, D.; Brabant, C. (2003): *Die Weizenzüchtung in der Schweiz. Das Programm der Eidgenössischen Forschungsanstalten.* Agrarforschung 10 (111–12), S. 447–458

Franscini, S. (1835): *Gemälde der Schweiz. Heft 18. Der Canton Tessin.* St. Gallen und Bern: Huber und Compagnie

Franscini, S.; Hagnauer, G. (1829): *Stefano Franscini's Statistik der Schweiz.* Aarau, Heinrich Remigius Sauerländer

Freyenmuth, J. C. (1827): *Nachricht über den Flachsbau und die Bereitung der Leinwand in der östlichen Schweiz.* Neue Alpina 2, S. 275–315

Frick, M.; Hebeisen, T. (2005): *Mohn als alternative Ölpflanze.* Agrarforschung 12 (1), S. 4–9

Fritsch, R. et al. (2001): *Allium vavilovii M. Popov et Vved. and a new Iranian species are the closest among the known relatives of the common onion A. cepa L. (Alliaceae).* Genet Resour Crop Evol 48 (4), S. 401–408. DOI: 10.1023/A:1012034931024

Fröleke, H. et al. (2018): *Einführung in die Ernährungslehre.* Neustadt an der Weinstrasse: Neuer Umschau Buchverlag GMbH

Fuchs, L. (1542): *De historia stirpium commentarii insignes.* Basel: Isingrin
Fuchs, L. (1543): *New Kreüterbuch.* Basel: Isingrin
Fuchs, L. (1549): *Den nieuwen Herbarius, dat is, dboeck van den cruyden.* Basel: Isingrin
Fuchs, L. (1563): *New Kreuterbuch, in welchem nit allein die gantz histori.* Basel: Isingrin
Baumann, B.; Baumann, H.; Baumann-Schleihauf, S. (2001): *Die Kräuterbuchhandschrift des Leonhart Fuchs.* Verlag Eugen Ulmer, Stuttgart
Fuchs, L. Manuskript. *Commentarii de historia stirpium opera filii Friderici Fuchs.* Codex 11117–11125
Genaust, H. (1983): *Etymologisches Wörterbuch der botanischen Pflanzennamen.* Basel-Boston-Stuttgart: Birkhauserverlag
Gerard, J. (1597): *The herball of generall historie of plants.* John Norton, London
Germer, R. (1989): *Die Pflanzenmaterialien aus dem Grab des Tutankhamon.* Hildesheim: Gerstenberg
Gessner, C. (1555–1565): *Historia plantarum* – Universitätsbibliothek Erlangen-Nürnberg MS 2386. 2
Gessner, C. (1555–1565): *Historia plantarum* – Universitätsbibliothek Erlangen-Nürnberg MS 2386. 1
Gladis, T.; Hammer, K. (2001): *Nomenclatural notes on the Brassica oleracea group.* Gen. Res. Crop Evol. 48, 1, 7–11
Gladis, T.; Hammer, K. (2003): *Die Brassica-oleracea-Gruppe.* Lennestaddt: Schriften des Vereins zur Erhaltung der Nutzpflanzenvielfalt 1
Glendinning, D. R. (1983): *Potato introductions and breeding up to the early 20th century.* New Phytol. (94), S. 479–505
Glur, J. (1835): *Roggwyler Chronik, oder: historisch-topographisch-statistische Beschreibung von Roggwyl im Ober-Aargau.* Amts Aarwangen, Cantons Bern. Zofingen
Goldman, I. L.; Navazio, J. P. (2008): *Table Beet.* In: Jaime Prohens und Fernando Nuez (Hg.): *Handbook of plant breeding* (1). New York: Springer S.219-238
Goldstein, W. et al. (2019): *Breeding maize under biodynamic-organic conditions for nutritional value and N efficiency/N2 fixation.* Open Agriculture (4), S. 322–345
Grace, M. de (1787): *Le bon Jardinier, Almanach.* Paris: Eugene Onfroy
Grace, M. de (1788): *Le bon Jardinier. Almanach.* Paris: Eugene Onfroy
Hädrich, J. (2010): *Randensichtung 2010.* Artha Samen Sortengarten Bio-Schwand (NAP 03-85)
Hädrich, J. (2017): *Zichorien Sichtung 2017.* Projektbericht 05-MAP-P85
Hädrich, J. (2005): *Sichtung von Karottenakzessionen 2005.* NAP 02-37
Haeckel, E. (1866): *Generelle Morphologie der Organismen. Allgemein Grundzüge der organischen Formen-Wissenschaft, mechanisch begründet durch die von Charles Darwin reformirte Descendenz-Theorie.* Bd. 2, Berlin, S. 286
Hager, K. (1916): *Erhebungen über die Verbreitung der wildwachsenden Holzarten im Vorderrheintal.* Bern: Buchdruckerei Büchler
Hager, K. (1919): *Flachs und Hanf und ihre Verarbeitung im Bündner Oberland.* Schuler
Haller, A. de (1775): *Genera, species et varietates cerealium. Sermo I.* Novi commentarii Societatis Regiae Scientiarum Gottingensis (5), S. 1–23
Haller, A. de (1776): *Genera, species et varietates cerealium. Sermo II.* Novi commentarii Societatis Regiae Scientiarum Gottingensis (6), S. 1–22
Haller, A. von (1782): *Beschreibung der Geschlechter, Arten und Spielarten des Getreydes.* Neue Sammlung physisch-ökonomischer Schriften (2) 2–95
Hanelt, P.; Mansfeld, R. (2001): *Mansfelds encyclopedia of agricultural and horticultural crops.* Berlin: Springer
Hausmann, F. Freiherr von (1852): *Flora von Tirol.* Innsbruck: Wagner'schen Buchhandlung
Heer, O. (1843): *Landwirthschaftliche Bemerkungen auf einem Ausflug in die Alpen.* Schweizerische Zeitschrift für Land- und Gartenbau, 1 (9; 10; 11), S. 137–146; 177–183; 194–201
Heer, O. (1865): *Die Pflanzen der Pfahlbauten.* Naturforschende Gesellschaft Zürich (68)
Heer, O. (1865): *Über den Flachs und die Flachskultur im Altertum.* Neujahrsblatt der Naturforschenden Gesellschaft in Zürich 74, 1872
Heer, O.; Blumer-Heer, J. J. (1846): *Der Kanton Glarus.* Historisch-geographisch-statistisches Gemälde der Schweiz (7), S. 1–665
Heistinger, A. (2001): *Die Saat der Bäuerinnen. Saatkunst und Kulturpflanzen von Bäuerinnen in Südtirol.* Innsbruck: Ed. Löwenzahn
Heistinger, A. (2013): *Handbuch Bio-Gemüse.* Innsbruck: Löwenzahnverlag
Hepper, F. N. (1990): *Pharaoh's flowers, the botanical treasures of Tutan-khamun.* London: Her Majesty's Stationary Office
Hermann, A. (1965): *Haber und Bosch: Brot aus Luft – Die Ammoniaksynthese.* Physikalische Blätter, 21 (4) S. 168–171
Hillmann, G. C. (1978): *On the origin of domestic rye – Secale cereale.* Anatolien studies (28), S. 157–174
Hiltbrunner, J. et al. (2012): *Körnersorghum – eine in der Schweiz noch unbekannte, interessante Ackerkultur.* Agrarforschung Schweiz 3 (11–12): 524–531
Historisches Lexikon der Schweiz. *Hafer.* 20/11/2007. www.hls-dhs-dss.ch/textes/d/D27663.php

Holaus, K. (2015): *Interreg Projekt «Gene-Save» – Teilbericht Mohn.* In: Siegfried de Rachewiltz, S. de; Rauchegger, A. und Ganner, C. (Hg.): *Papaver Mohn. Der Mohn in Mythologie, Volksmedizin, Speise- und Sachkultur Tirols* (Schriften des Landwirtschaftsmuseums Brunnenburg), S. 156–169

Hosch, S.; Jacomet, S. (2004): *Ackerbau und Sammelwirtschaft. Ergebnisse der Untersuchung von Samen und Früchten.* In: Stefanie Jacomet, Urs Leuzinger und Jörg Schibler (Hg.): *Die jungsteinzeitliche Seeufersiedlung Arbon/Bleiche 3.* Umwelt und Wirtschaft. [Frauenfeld]: Departement für Erziehung und Kultur des Kantons Thurgau (Archäologie im Thurgau, 12), S. 112–157

Host, N. T. (1809): *Icones et descriptiones graminum Austriacourm.* Bd. 4. Vindobonau: A. Schmidt

Hunt, H. et al. (2018): *Genetic evidence for a western Chinese origin of broomcorn millet (Panicum miliaceum).* The holocene, 28 (12), S. 1968–1978

Hunt, H. V. et al. (2008): *Millets across Eurasia: Chronology and context of early record of the genera Panicum and Setaria from archaeological sites in the Old World.* Vegetation History and Archaeobotany 17/Suppl. 1, 5–18

Iltis, H. H. (1986): *Maize Evolution and Agricultural Origins.* In: Soderstrom, Thomas R.; Hilu, Khidir W. et al.: Grass systematics and evolution. Washington, D.C.: Smithonian Institution Press

Iltis, H. H. (2000): *Homeotic sexual translocations and the origin of Maize (Zea mays, Poaceae)* Economic botany, 54 (1), S. 7–42

Iorizzo, M. et al. (2013): *Genetic structure and domestication of carrot (Daucus carota subsp. sativus) (Apiaceae).* American Journal of Botany 100 (5), S. 930–938. DOI: 10.3732/ajb.1300055

Irniger, M.; Kühn, M. (1997): *Hanf und Flachs. Ein traditioneller Rohstoff in der Wirtschaft des Spätmittelalters und der Frühen Neuzeit.* Traverse (4), S. 100–113

Jacomet, S. (1998): *Einige weitere Schlüsse aus den bronzezeitlichen Pflanzenspektren.* Jahrbuch der Schweizerischen Gesellschaft für Ur- und Frühgeschichte, Bd. 81, S. 167–170

Jacomet, S. (1999): *Ackerbau und Sammelwirtschaft während der Bronze- und Eisenzeit in den östlichen Schweizer Alpen.* In: Universitätsforschungen zur prähistorischen Archäologie (55), S. 231–244

Jacomet, S. (2007): *Neolithic plant economies in the northern Alpine Foreland from 5500–3500 cal BC.* Colledge, S. und Conolly, J. (Hg.): The origins and spread of domestic plants in southwest Asia and Europe. Walnut Creek, CA, London: Left Coast Press; University College London Institute of Archaeology Publications, S. 221–258

Jacomet, S.; Schibler, J. (2014): *Domestikationsgeschichte: Domestikation der wichtigsten altweltlichen Kulturpflanzen und Haustiere.* Vorlesungs-Manuskript, IPNA, Basel

Jacomet, S.; Karg S. (1996): *Ackerbau und Umwelt der Seeufersiedlungen von Zug-Sumpf im Rahmen der mitteleuropäischen Spätbronzezeit.* In: Marlise Wunderli (Hg.): Die spätbronzezeitlichen Ufersiedlungen von Zug-Sumpf, Bd. 1. Zug: Kantonales Museum für Urgeschichte. S. 199–303; 365–368

Jacomet, S.; Karg, S. (1996): *Ackerbau und Umwelt der Seeufersiedlungen von Zug-Sumpf im Rahmen der mitteleuropäischen Spätbronzezeit.* In: Kantonales Museum für Urgeschichte Zug (Hg.): Die spätbronzezeitlichen Ufersiedlungen von Zug-Sumpf 1. S. 199–303

Jacomet, S.; Leuzinger, U.; Schibler, J. (Hg.) (2004): *Die jungsteinzeitliche Seeufersiedlung Arbon/Bleiche 3. Umwelt und Wirtschaft.* Archäologie im Thurgau, 12. Frauenfeld: Departement für Erziehung und Kultur des Kantons Thurgau

Jankovská, V. (2011): *The middle ages in pollen-analytical research on the territory of the czech republic.* Bulletin of Geography (4), S. 47–70

Jenny, M. et al. (1999): *Vom Artenschutzprojekt zur erfolgreichen Nischenproduktion: das Emmer-Einkorn-Projekt.* Mitteilungen der Naturforschenden Gesellschaft Schaffhausen, 44. DOI: doiorg/10.5169/seals-584920

Jeroch, H. et al. (2008): *Ernährung landwirtschaftlicher Nutztiere: Ernährungsphysiologie, Futtermittelkunde, Fütterung.* UTB 8180, Stuttgart: Ulmer

Kamula, S.A. et al. (1994): *The plasmalemma surface area exposed to the soil solution is markedly reduced by maturation of the exodermis and death of the epidermis in onion roots.* Plant, Cell and Environment (17), S. 1183–1193

Karg, S. (2013): *Vom Saatgut zum Stoff.* Archäologie in Deutschland (3), S. 62–63

Karg, S. (2015): *Reflexionen über die Kultur- und Anbaugeschichte des Leines (Linum usitatissimum) während des 4.–2. Jt. B.C. im Alpenvorland.* A. Rast-Eicher und A. Diedrich (Hg.): Neolithische Gewebe und Geflechte des Kantons Zürich. (Zürcher Monographien zur Denkmalpflege, 46), S. 27–31

Karg, S. (2022a): *Flax seeds from Neolithic and Bronze Age pile-dewelling sites in Europe.* Praehistorische Zeitschrift 97, 1, 90–109

Karg, Sabine (2022b): *Lein, Geschichte einer Kulturpflanze.* Brandenburgisches Amt für Denkmalpflege, Zossen OT Wünsdorf. ISBN 978-3-947219-05-6

Khedim, T. et al. (2020): *Tracking the evolutionary history of the Allium ampeloprasum L. complex (section Allium) provides evidence of the contribution of North African diploids to the formation of allopolyploid horticultural groups.* Genet Resour Crop Evol 67 (7), S. 1885–1904. DOI: 10.1007/s10722-020-00948-x.Khedim et al. 2020

Kiffmann, R. (1952): *Morphologie und Systematik der landwirtschaftlichen bedeutsamen Wicken (Vicia-) und Linsen (Lens) Arten.* Z. Acker- und Pfl. Bau 94, S. 422–479

Kleijer, G.; Schori, A.; Schierscher-Viret, B. (2012): *Die nationale Genbank von Agroscope ACW gestern, heute und morgen.* Agrarforschung Schweiz 3 (9), S. 408–413

Kleis, R. (2020): *De logica achter wortelvormen.* Wageningen World, 3, 32–33

Klerk, P. de et al. (2015): *Pollen and macrofossils attributable to Fagopyrum in western Eurasia prior to the Late Medieval.* Palaeogeography, Palaeoclimatology, Palaeoecology 440, S. 1–21

Knapp, E. (1958): *Beta Rüben.* In: R. Roemer und W. Rudorf (Hg.): Handbuch der Pflanzenzüchtung. Berlin: Paul Parey, S. 196–284

Kobel, F. (1982): *Die Gemüsezüchtungen der Eidg. Forschungsanstalt Wädenswil.* Der Gemüsebau 2: 15–17; 5: 21–23

Koblet, R. (1965): *Der landwirtschaftliche Pflanzenbau.* Reihe der experimentellen Biologie, Bd. 16. Basel: Birkhäuser

König, E. (1706): *Georgica Helvetica curiosa.* Basel: König sen.

Körber-Grohen, U. (1995): *Nutzpflanzen in Deutschland.* Hamburg: Nikol

Kranz, A. R. (1973): *Wildarten und Primitivformen des Roggens (Secale* L.). Fortschritte der Pflanzenzüchtung, Heft 3

Kubiak-Martens, L. (1999): *The plant food component of the diet at the late Mesolithic (Ertebolle) settlement at Tybrind Vig, Denmark. Vegetation History and Archaeobotany* 8 (1), S. 117–127

Kull, R. (1871): *Der praktische Gemüsebau.* Bern: J. Dalp'schen Buchhandlung

Kull, R. (1876): *Der praktische Gemüsebau.* 2. Aufl. Bern: Dalp

Kumar, M. et al. (2015): *Molecular breeding in Brassica for salt tolerance* Front. Plant Science, 6: 688. DOI: 10.3389/fpls.2015.00688

Kvavadze, E. et al. (2009): *30,000-year-old wild flax fibers.* Science 325 (5946), S. 1359. DOI: 10.1126/science.1175404

Kvavadze, E. et al. (2010): *Response to Comment on «30,000-Year-Old Wild Flax Fibers».* Science 328 (5986), S. 1634. DOI: 10.1126/science.1187161

Lambert, J. & Söhne (1909): *Preis-Verzeichnis 1909*

Läng, R.; Fuchs, R. (2001): *Vom Leinsamen zum Leinenfaden.* Anleitung zum Flachsanbau. R. Läng Meiringen

Launay, M. de (1809): *Le bon Jardinier, Almanach.* Paris: Onfroy

Lê, Cong-Linh (2006): *Conservation des ressources génétiques des pommes de terre et petits fruits en Suisse.* Rapport 2006. PAN 02-11 et 02-234. Nyon (NAP, 02-234)

Lehmann, H. (1940): *Der deutsche Buchweizenanbau und seine Entwicklung in den letzten 100 Jahren.* Dissertation. Universität, Bonn

Leidlmair, A. (1958): *Bevölkerung und Wirtschaft in Südtirol.* Innsbruck: Universitätsverlag Wagner

Lengler, E.; Bieler, C. (1999): *Capuns.* Chur: Verlag Desertina

Lenz, H. O. (1859): *Botanik der alten Griechen und Römer.* Gotha: Verlag E. F. Thienemann

Leuzinger, U.; Rast-Eicher, A. (2011): *Flax processing in the Neolithic and Bronze Age pile-dwelling settlements of eastern Switzerland.* Veget Hist Archaeobot 20 (6), S. 535–542. DOI: 10.1007/s00334-011-0286-2

Linnemann, Ludger; Schmidt, Dorian (2015): *Abschlussbericht – Charakterisierung von verschiedenfarbigen Wurzeln der Möhre (daucus carota L)* Forschungsring e.V. Darmstadt

Lippmann, E. O. von (1925): *Geschichte der Rübe (Beta) als Kulturpflanze.* Berlin: Julius Springer

Liu, C. et al. (2024): *Phenotypically wild barley shows evidence of introgression from cultivated barley.* DOI: 10.1101/2024.07.01.601622

Loskutov, I. G. (2008): *On evolutionary pathways of Avena species.* Genet Resour Crop Evol (55), S. 211–220

Luginbühl, C. (2013): *Traditioneller Schlafmohnanbau in der Schweiz – eine Literaturstudie.* Agroscope Reckenholz-Tänikon ART. NAP-PGREL 04-NAP-P76-1

Lund, S.; Kiærskou, H. (1884): *En monografisk Skildring af Havelaakens, Rybsens og Rapsens Kulturformer.* Om Landbrugets Kulturplanter. 4; 89–197

Lusser, K. F. (1834): *Der Kanton Uri, historisch, geographisch, statistisch geschildert.* Gemälde der Schweiz, St. Gallen und Bern: Huber und Compagnie

Lustenberger, R. et al. (1977): *Über den Anbau und die Verarbeitung von Buchweizen (Fagopyrum sagittatum, Gilib).* Schweizerische Landwirtschaftliche Monatshefte (55), S. 275–294

Mac Key, J. (1966): *Species relationship in Triticum.* Hereditas (Supplement 237–276)
Maggioni, L. (2015): *Domestication of Brassica oleracea L.* Doctoral Thesis No. 2015:74. Acta Unversitatis Agriculturae Sueciae
Maggioni, L. et al. (2017): *Domestication, diversity and use of Brassica oleracea L.* Genet Resour Crop Evol. Publ. 28.04.2017. DOI:10.1007/s10722-017-0516-2
Mansfeld, R. (1950): *Das morphologische System der Saatgerste.* Der Züchter, H. 20, S. 8 ff.
Marin, C. H.; Bansi, H.; Fried, U. (1808): *Versuche mit Getreidearten. a. Tartarischer Buchweizen, b. Sommerfäsen, c. Rigaischer Flachssaamen.* Der Neue Sammler 4 (2), S. 111–115
Martinet, G. (1902): *De l'amelioration des plantes cultivées.* In: Hermann Kraemer (Hg.): Forschungen auf dem Gebiete der Landwirtschaft. Festschrift zur Feier des siebenzigsten Geburtstages von prof.dr. Adolf Kraemer. Frauenfeld: J. Huber, S. 283–294
Martinet, G. (1907): *Expériences sur la sélection des céréales.* Tirage à part de l'Annuaire agricole de la Suisse
Matsuoka, Y. et al. (2002): *A single domestication for maize shown by multilocus microsatellite genotyping.* PNAS, 99 (9), S. 6080–6084
Matthioli, P. A. (1554): *Petri Andreae Matthioli commentarii in libros sex Pedacii Dioscoridis Anazarbei, de medica materia.* Venetiis: Vincentius Valgrisius
Mattioli, P. A. (1544): *Di Pedacio Dioscoride Anazarbeo libri cinque.* Venetiis: Vincetius Valsgrsisius
Mattioli, P. A. (1554): *Commentarii, in libros sex pedacii dioscorideis anazarbei, de medica materia.* Venetiis: Vincentium Valgrisium
Mattioli, P. A. (1563): *New Kreüterbuch.* Prag: Melantrich von Auentin und Valgriss
Mattioli, P. A. (1586): *Kreutterbuch.* Franckfort am Mayn: Feyerabend und Dack
Mattioli, P. A. (1590): *Kreutterbuch.* Francfort am Mayn
Mattmüller, M.; Dubler, A. M. *Dinkel.* Historisches Lexikon der Schweiz, 23.09.2010
Mayr, E. (1928): *Die Getreidelandsorten und der Getreidebau im Salzachtal und seinen Nebentälern.* Forschungsber. d. Bundesanstalt für Pflanzenbau
Mayr, E. (1934): *Die Bedeutung der Alpinen Getreidesorten für die Pflanzenzüchtung und Stammesforschung.* Zeitschrift f. Pflanzenzüchtung (19), S. 195–228
Mayr, E. (1954): *Die Getreidebauzonen, Anbau- und Erntezeiten und die Fruchtfolgen in Kärnten.* In: Festschrift Aichinger (2)
Mendel, G. J. (1865): *Versuche über Pflanzenhybriden.* Vortrag. In: Verhandlungen des Naturforschenden Vereins Brünn. Band 4, S. 3–47
Meyer von Knonau, G. (1835): *Der Kanton Schwyz.* Historisch-geographisches-statistisches Gemälde der Schweiz. H. 5, St. Gallen und Bern: Huber und Compagnie
Miedaner, T. (2014): *Kulturpflanzen: Botanik – Geschichte – Perspektiven.* Berlin–Heidelberg: Springer
Miedaner, T.; Longin, F. (2012): *Unterschätzte Getreidearten. Einkorn, Emmer, Dinkel & Co.* Clenze: Agrimedia
Milatz, R. (1970): *Kriterien der Getreidearten einschliesslich Mais und ihre Bewertung zur Sortenidentifizierung.* Verband Deutscher Pflanzenzüchter e.V. Bonn
Mniszek, Michael Georg (1764): *Abhandlung von den Erdäpfeln. Abhandlungen und Beobachtungen durch die oekonomische Gesellschaft zu Bern gesammelt,* 5 (2), S. 4–23
Monheim, F. (1951): *Beobachtungen über die Getreidegrenze und Feldsysteme der französischen und schweizer Hochalpen.* Erdkunde (5), S. 157–165
Morell (1799): *Ueber den Anbau der Runkelrübe.* Der schweiz. Republikaner von Escher und Usteri 3, S. 283–284
Moser, P. (2003): *Züchten, säen, ernten. Agrarpolitik, Pflanzenzucht und Saatgutwesen in der Schweiz.* Baden: hier + jetzt
N. N. (1783): *Nachricht für Gartenliebhaber.* Der Sammler, 5 (10), S. 75–76
N. N. (1834): *Rapport de la Société des sciences naturelles du Canton de Vaud.* Actes de la Société Helvétique des Sciences Naturelles 19, S. 63
N. N. (1782): Der Sammler 4, S. 34
N. N. (1783): *Nachricht für Gartenliebhaber.* Der Sammler 5 (10), S. 75–76
Näf, A. (1914): *Der Anbau* der *Feldfrüchte und Futterpflanzen.* Aarau: Emil Wirz
Näf, A. (1943): *Die Entwicklung des Saatzuchtwesens in der Schweiz und seine Bedeutung für den inländischen Getreidebau.* Berichte der Schweizerischen Bot. Ges. 53A, 44–61
Näf, J. C. (1819): *Topographische und ökonomische Beschreibung des Emmenthaless. Der gemeinnützige Schweizer,* Bd. III Neuenburg (Neocomum) (2)
Nöthiger, J. R. (1778): *Phisisch-topograph. Beschreibung des Brienzer-Sees* Buch, Standort: Burgerbibliothek Bern
OECD (2016): *Consensus Document on the Biology of Sorghum (Sorghum bicolor (L.) Moench).* OECD

ANHANG

Environment, Health and Safety Publications. Series on Harmonisation of Regulatory Oversight in Biotechnology, No. 62

Oehler, E. (1950): *Die Züchtung der Getreidearten und die Produktion und Anerkennung von Getreidesaatgut in der Schweiz.* Wiesbaden: Druckwerstätten Koehler & Hennemann

Oellinger, G. (1553): *Magnarum Medicinae parium herbaiae et zographieae imagines.* UER MS 2362

Ohnishi O.; Asano N. (1999): *Genetic diversity of Fagopyrum homotropicum, a wild species related to Common Buckwheat.* Genet Resour Crop Evol 46: 389–398

Ohnishi, O. (1993): *Population genetics of cultivated common buckwheat, Fagopyrum esculentum Moench. VII.* Jpn. J. Genet. (68), S. 303–316

Ohnishi, O. (1998a): *Search for the wild ancestor of buckwheat I.* Fagopyrum 15, S. 18–28

Ohnishi, O. (1998b): *Search for the wild ancestor of buckwheat III.* Economic botany 52 (2), S. 123. DOI: 10.1007/BF02861199

Ohnishi, O. (2004): *On the origin of cultivated buckwheat.* Proceedings of the 9th International Symposium on Buckwheat, Prague. S. 16–21

Ohtsuka, I. (1998): *Origin of the central European spelt wheat.* In: A. E. Slinkard (Hg.): Proc 9th Int Wheat Genet Symposium, S. 303–305

Onodera, I. (1917): *Chemical studies on rice blast.* J. Sci. Agric. Soc., 180, 606–617

Owen, R. (1843): *Lectures on the comparative anatomy and physiology of the invertebrate animals, delivered at the Royal college of surgeons, in 1843.* London: Longman, Brown, Green, and Longmans

Özkan, H. et al. (2011):*Geographic distribution and domestication of wild emmer wheat (Triticum dicoccoides).* Genetic Resources and Crop Evolution 58/1, 11–53

Pammer, Gustav und Ranninger, Rudolf (1928): *Der rationelle Getreidebau:* Wien: Julius Springer Verlag

Paravicini, E. (1928): *Die Bodennutzungssysteme der Schweiz in ihrer Verbreitung und Bedingtheit.* Petermanns geographische Mitteilungen, Ergänzungsheft 200

Pedrussio, P. (1955): *Il grano Sarceno e la sua coltivazione nel brusiese.* Almanacco dei Grigioni, 1955 (37), S. 123–125

Peratoner, G. (2014): *Phänotypische und agronomische Beschreibung der Südtiroler Buchweizenlandsorten.* Versuchsbericht. Land- und Forstwirtschaftliches Versuchszentrum Laimburg. BLW-ab-09-1. Auer

Percival, J. (1974): *The wheat plant.* Duckworth. Redwood burn limited

Peter, R. (2007): *Early vigour of Swiss Maize landraces (Zea mays L.) in cool environments.* Diss. ETH, Nr. 17398 . www.research-collection.ethz.ch/handle/20.500.11850/150205

Peter, R. (2008): *Kartoffel.* Historisches Lexikon der Schweiz. www.hls-dhs-dss.ch/textes/d/D13858.php

Pfeifer, W. et al. (1993): *Etymologisches Wörterbuch des Deutschen.* www.dwds.de/wb/wb-etymwb

Pfister, C. (1985): *Bevölkerung, Klima und Agrarmodernisierung* 1525–1860. 2. Aufl., Haupt Verlag, Bern

Pitrat, M.; Foury, C. (2015): *Histoire de légumes des origine à l'orée du XXIe siècle.* Versailles: Éditions Quae

Poiteau, A.; Vilmorin (1833): *Le bon Jardinier, Almanach pour l'année 1833.* Paris: Audot

Pray, L.; Zhaurova, K. (2008): *Barbara McClintock and the discovery of jumping genes (transposons).* Nature education, 1 (1): 169

Prjanischnikow, D. N. (1930): *Spezieller Pflanzenbau. Der Anbau der Landwirtschaftlichen Kulturpflanzen.* Nach der Siebenten Russischen Auflage. Berlin, Heidelberg: Julius Springer

Proskowetz, E. von (1895): *Über die Culturversuche mit Beta im Jahre 1894.* Österreichische-Ungarische Zeitschrift für Zuckerindustrie und Landwirtschaft (32), S. 227–275

Proskowetz, E. von (1896): *Über die Culturversuche mit Beta im Jahre 1895.* Österreichische-Ungarische Zeitschrift für Zuckerindustrie und Landwirtschaft (33), S. 711–766

Pulver, E. E. (1956): *Von der Dreizelgenordnung zur Bernischen Kleegraswirtschaft.* Diss. ETHZ. www.research-collection.ethz.ch/bitstream/handle/20.500.11850/135105/eth-33927-01.pdf

Pupikofer, J. A. (1837): *Der Kanton Thurgau. historisch, geographisch, statistisch geschildert. Historisch – geographisch – statistisches Gemälde der Schweiz 17*

Rachewiltz, S. de; Rauchegger, A.; Ganner, C. (Hg.) (2015): *Papaver Mohn. Der Mohn in Mythologie, Volksmedizin, Speise- und Sachkultur Tirols.* Schriften des Landwirtschaftsmuseums Brunnenburg

Rapin, J. (1941): *Einheimische Oelpflanzen: Raps – Mohn.* Freiburg CH: Paulusdruckerei

Rauh, W. (1994): *Morphologie der Nutzpflanzen.* Reprint der 2. Aufl. 1950. Heidelberg, Quelle & Meyer

Razifard, Hamid et al. (2020): *Genomic evidence for complex domestication history of the cultivated tomato in Latin America.* Molecular Biology and Evolution. 37 (4): 1118–1132

Rebourg, C. et al. (2003): *Maize introduction into Europe: the history reviewed in the light of molecular data.* Theor Appl Genet, H. 106, S. 895–903

Rey C. et al. (1974): *Stades repères de 'l'oignon de semis.* Revue Suisse de Viticulture, Arboriculture et horticulture (6), S. 101–104

Rhagor, D. (1639): *Pflanz-Gart.* Bern: Stephan Schmid

Richter, P. (1901): *Notice sur les jardiniers maraîchers de Plainpalais: aux XIXe* siècle. Association des maraîchers de Genève

Rigert, E. et al. (2005): *Die Epi-Rössener Siedlung von Sevelen SG-Pfäfersbüel.* Jahrbuch der Schweizerischen Gesellschaft für Ur- und Frühgeschichte (88), S. 41–86

Rikli, M. (1909): *Die Arve in der Schweiz:* Basel: Georg & Cie. (T.1-2). Online verfügbar unter http://www.biodiversitylibrary.org/item/52833

Romeiras, M. M. et al. (2016): *Evolutionary and Biogeographic Insights on the Macaronesian Beta-Patellifolia Species (Amaranthaceae) from a Time-Scaled Molecular Phylogeny. PloSone* 11 (3), e0152456

Rometsch, S. (2009): *Pisum sativum subsp. biflorum. Etude de cas pour une espèce sauvage menacée.* Hg. v. CPC-SKEK. Nyon

Rousselle, P. (1996): *La pomme de terre.* Institut National de la Recherche Agronomique, Paris

Rüti, R. (1946): *Der Ackerbau im Kanton Graubünden.* 50 Jahre landwirtschaftliche Schule Plantahof 1896–1946

Ryff, W. H. (1554): *Confectbuch und Hausapothek.* Frankfurt

Salis Marschlins, C. U. von (1811): *Etwas über die Geschichte und Verbreitung der Kartoffeln.* Der Neue Sammler, 6 (1), S. 92–96

Salis, R. von (1781): *Von der Melga oder dem Rohrhirse, Indianischen Hirse, auch Sorgo.* Der Sammler 3 (1), S. 73–75

Schäfer, W.; Flechsig, J. (1973): *Das Getreide – eine Waren- und Sortenkunde.* Hamburg: Alfred Strothe Verlag

Schellenberg, H. C. (1900): *Graubündens Getreidevarietäten* Berichte der Schweizerischen Botanischen Gesellschaft (9), S. 45–72

Schibler, W. (1911): *Ackerbau und Bauerntum in der Landschaft Davos: Buchdruckerei Davos AG*

Schiemann, E. (1932): *Pfahlbauweizen – Historisches und Phylogenetisches.* Z. f. Pfl.-zucht (17), S. 36–54

Schilperoord, P. (2006a): *NAP 02-231 Dokumentation alpiner Kulturpflanzen. Durchsicht des Maisarchivs.* www.pgrel.admin.ch/pgrel-srv/public/file/download/1004767?contentType=0&linkedObjectId=1000453

Schilperoord, P. (2006b): *NAP 02-231 Inhaltsverzeichnis Getreidearchiv.* www.pgrel.admin.ch/pgrelsrv/public/file/download/1004768?contentType=0&linkedObjectId=1000454

Schilperoord, P. (2006c): *NAP 02-231 Getreidearchiv – Die Bedeutung des Getreidearchivs der Forschungsanstalt für Agrarökologie und Landwirtschaft Zürich Reckenholz.* www.pgrel.admin.ch/pgrel-srv/public/file/download/1004769?contentType=0&linkedObjectId=1000455

Schilperoord, P. (2011): *Metamorphosen im Pflanzenreich.* Stuttgart: Freies Geistesleben

Schilperoord, P. (2012): *Beitrag zur Geschichte der Kulturpflanzen – 1. Getreide.* Schweiz, Nord- und Südtirol. www.berggetreide.ch/Geschichte_Kulturpflanzen/ Kulturpflanzengeschichte_1_Getreide.pdf

Schilperoord, P. (2012): *Beitrag zur Geschichte der Kulturpflanzen – 2. Mais.* Alvaneu Dorf. www.berggetreide.ch/Archiv

Schilperoord, P. (2012): *Beitrag zur Geschichte der Kulturpflanzen – 3. Kartoffel.* Alvaneu Dorf. www.berggetreide.ch/Archiv.html

Schilperoord, P. (2020): *Sieben Getreide.* Dürnau: Kooperative Dürnau

Schilperoord, P. (2013–2021) Schriftenreihe Kulturpflanzen der Schweiz. Alvaneu: Verein für alpine Kulturpflanzen

Erhältlich auf Deutsch oder Französisch unter:
www.researchgate.net/profile/Peer-Schilperoord
www.helveticat.ch Peer Schilperoord

Schilperoord, P. (2013): *Plantes cultivées en Suisse – L'épeautre.* DOI: 10.22014/978-3-9524176-1-4.1

Schilperoord, P. (2013): *Plantes cultivées en Suisse – L'orge.* DOI: 10.22014/978-3-9524176-9-0.1

Schilperoord, P. (2013): *Plantes cultivées en Suisse – Le blé.* DOI: 10.22014/978-3-9524176-3-8.1

Schilperoord, P. (2014): *Plantes cultivées en Suisse – Pomme de terre.* DOI: 10.22014/978-3-9524176-7-6.1

Schilperoord, P. (2014): *Plantes cultivées en Suisse – Le maïs.* DOI: 10.22014/978-3-9524176-5-2.1

Schilperoord, P. (2017): *Plantes cultivées en Suisse – La fève commune des champs.* DOI: 10.22014/97839524176-e4

Schilperoord, P. (2017): *Plantes cultivées en Suisse – Le sarrasin.* DOI: 10.22014/97839524176-e8

Schilperoord, P. (2017): *Plantes cultivées en Suisse – L'avoine.* DOI: 10.22014/97839524176-e10

Schilperoord, P. (2017): *Plantes cultivées en Suisse – Le pavot.* DOI: 10.22014/97839524176-e2

Schilperoord, P. (2017): *Plantes cultivées en Suisse – Le seigle.* DOI: 10.22014/97839524176-e6

Schilperoord, P. (2018): *Plante cultivées en Suisse – Le pois*. DOI: 10.22014/97839524176-e14
Schilperoord, P. (2018): *Plantes cultivées en Suisse – Le lin*. DOI: 10.22014/97839524176-e12
Schilperoord, P. (2019): *Plantes cultivées en Suisse – La bette (rave) (Beta vulgaris)*
Schilperoord, P. (2020): *Plantes cultivées en Suisse – L'engrain, l'amidonnier, le blé poulard*
Schilperoord, P. (2020): *Plantes cultivées en Suisse – Les millets: le millet commun, le millet des oiseaux et le millet à balai (Panicum, Setaria, Sorghum)*
Schilperoord, P. (2021): *Plantes cultivées en Suisse – Le chou (Brassica oleracea)*
Schilperoord, P. (2013): *Kulturpflanzen in der Schweiz – Dinkel*. DOI: 10.22014/978-3-9524176-0-7.1
Schilperoord, P. (2013): *Kulturpflanzen in der Schweiz – Gerste*. DOI: 10.22014/978-3-9524176-8-3.1
Schilperoord, P. (2013): *Kulturpflanzen in der Schweiz – Weizen*. DOI: 10.22014/978-3-9524176-2-1.1
Schilperoord, P. (2014): *Kulturpflanzen in der Schweiz – Kartoffel*. DOI: 10.22014/978-3-9524176-6-9.1
Schilperoord, P. (2014): *Kulturpflanzen in der Schweiz – Mais*. DOI: 10.22014/978-3-9524176-4-5.1-6.1
Schilperoord, P. (2017): *Kulturpflanzen in der Schweiz – Ackerbohne*. DOI: 10.22014/97839524176-e3
Schilperoord, P. (2017): *Kulturpflanzen in der Schweiz – Buchweizen*. DOI: 10.22014/97839524176-e7
Schilperoord, P. (2017): *Kulturpflanzen in der Schweiz – Hafer*. DOI: 10.22014/97839524176-e9
Schilperoord, P. (2017): *Kulturpflanzen in der Schweiz – Mohn*. DOI: 10.22014/97839524176-e1
Schilperoord, P. (2017): *Kulturpflanzen in der Schweiz – Roggen*. DOI: 10.22014/97839524176-e5
Schilperoord, P. (2018): *Kulturpflanzen in der Schweiz – Erbse*. DOI: 10.22014/97839524176-e13
Schilperoord, P. (2018): *Kulturpflanzen in der Schweiz – Flachs*. DOI: 10.22014/97839524176-e11
Schilperoord, P. (2019): *Kulturpflanzen in der Schweiz – Beete (Beta vulgaris)*
Schilperoord, P. (2020): *Kulturpflanzen in der Schweiz – Emmer, Einkorn, Rauweizen*
Schilperoord, P. (2020): *Kulturpflanzen in der Schweiz – Hirsen – Rispen-, Borsten- und Besenhirse*
Schilperoord, P. (2021): *Kulturpflanzen in der Schweiz – Kohl (Brassica oleracea)*
Schilperoord, P.; Heistinger, A. (2013): *Kulturpflanzen der Schweiz, Süd- und Nordtirol. Literaturstudie*. 20.03.2013. DOI: 10.13140/RG.2.2.4754.1844
Schinz, H. (1846): *Monographie des Kartoffelbaues*. J. J. Christen, Aarau und Thun
Schlatter, T. (1895): *Die Einführung der Kulturpflanzen in den Kantonen St. Gallen und Appenzell*. Jahresber. St. Gall. Naturwiss. Ges. 1891/92, 1893/94
Schlatter, T. (1915): *Die Pflanzenwelt St. Gallens*. Die Stadt St. Gallen und ihre Umgebung, S. 71–147. Fehr'sche Buchhandlung, St. Gallen
Schlumbaum, A. et al. (1998): *Coexistence of tetraploid and hexaploid naked wheat in a Neolithic lake dwelling of Central Europe: evidence from morphology and ancient DNA*. Journal of Archaeological Science (25), S. 1111–1118
Schneider, F. (1958): *Züchtung der Beta Rüben*. In: R. Roemer und W. Rudorf (Hg.): Handbuch der Pflanzenzüchtung, Berlin: Paul Parey
Schnyder von Wartensee, F. X. (1788): *Erbsen und Bohnen*. Höpfners Magazin für die Naturkunde 1 (2), S. 45–50
Schnyder von Wartensee, F. X. (1787): *Ueber die Geschlechter, Arten und Spielarten des Getreides, welche im Kanton Luzern gemeiniglich angepflanzt werden*. Magazin für die Naturkunde Helvetiens 1, S. 35–71
Seringe, N. C. (1818): *Monographie des Céréales de la Suisse*. Bern: L. A. Haller
Seringe, N. C. (1818): *Mélanges botaniques, ou recueil d'observations, mémoires, et notices sur la botanique*. Volume 1. Berne
Seringe, N. C. (1841): *Céréales européennes*. Ann. Soc. Agric. Lyon (5)
Serres, O. de (1605): *Théâtre d'agriculture et mesnage des champs*. 3. Aufl. Paris: Jamet Métayer
Serres, O. de (1804): *Le théâtre d'agriculture et mesnage des champs*. Paris: L'imprimerie et dans la libraire de madame Huzard
Settegast, H. (1909): *Illustriertes Handbuch des Gartenbaus*. Leipzig: J. J. Arnd
Simmonds, N. W. (1986): *Evolution of crop plants*. Harlow: Longman
Smith, A. F. (1994): *The tomato in America: early history, culture, and cookery*. Columbia: University of South Carolina Press
Smith, L. B.; King, G. J. (2000): *The distribution of BoCAL-a alleles in Brassica oleracea is consistent with a genetic model for curd development and domestication of the cauliflower*. Molecular Breeding, vol. 6, S. 603–613
Smýkal, P. et al. (2014): *The role of the testa during development and in establishment of dormancy of the legume seed*. Frontiers in plant science 5, S. 351. DOI: 10.3389/fpls.2014.00351
Snogerup, S. et al. (1990): *Brassica sect. Brassica (Brassicaseae). Taxonomy and Variation*. Willdenowia, Bd. 19, H. 2, S. 271–365
Spooner, D. M. et al. (2010): *Ecogeography of ploidy variation in cultivated potato*. American Journal of Botany, 97 (12), S. 2049–2060

Sprengel, K. (1822): *Theophrast's Naturgeschichte der Gewächse.* Altona: Johann Friedrich Hammer

Sprünglin, J.; Tscharner, B. (1762): *Topographische und ökonomische Beschreibungen von dem Hasslethal; von dem Münsterthale.* Abhandlungen und Beobachtungen durch die oekonomische Gesellschaft zu Bern gesammelt 3 (4), S. 127–181

Stähli, H. (1944): *Der Ackerbau im Kanton Bern.* Bern: Verbandsdruckerei AG Bern

Stebler, F. G. (1900): *Der rationelle Futterbau.* 4. Aufl. Berlin: Paul Parey

Stebler, F. G. (1913): *Sonnige Halden am Lötschberg.* Jahrbuch des S.A.C. 49. Faksimile, 3. Aufl., 1993, Visp: Verlag neue Buchdruckerei

Stebler, F. G. (1993a): *Sonnige Halden am Lötschberg.* Faksimile-Ausgabe. 3. Aufl. Visp: Verlag neue Buchdruckerei

Stebler, F. G. (1993b): *Die Vispertaler Sonnenberge.* Faksimile-Ausgabe. 3. Aufl. Visp: Verlag neue Buchdruckerei

Steffenson, B. (2010): *Contribution of Swiss Barley Germplasm for Disease Resistance in North American Barley Cultivars.* Powerpointpräsentation, Agroscope, Nyon

Steinmüller, J. R. (1804): *Beschreibung der schweizerischen Alpen und Landwirthschaft* (2). Winterthur: Steinerischen Buchhandlung

Stolz, O. (1930): *Zur Geschichte der Landwirtschaft in Tirol.* Tiroler Heimat (3), S. 93–139

Strank, K. J.; Meurers-Balke, J. (2008): *Obst Gemüse und Kräuter Karls des Grossen.* Mainz: von Zabern

Suanjak, M. et al. (2014): *Das Lexikon der alten Gemüsesorten.* Aarau: AT Verlag AZ Fachverlage

Sulzer, J. C. (1772): *Kurz gefasstes Gartenbüchlein.* Zürich: Bürkischer Druckerei

Tabernaemontani, D. J. T. (1591): *Neuw und vollkomenlich Kreuterbuch.* Frankfurt am Main: Nicolaum Bassaeum

Tabernaemontani, D. J. T. et al. (1731): *Kräuter-Buch.* Offenbach am Mayn, J. L. Konigs

Tabernaemontani, J. T.; Bauhinum, C.; Bauhinum, H. (1614): *Neu vollkommen Kräuter-Buch.* 3 Bände. Basel: Johann Ludwig Königs

Tabernaemontani; Bauhinum C.; Bauhinum H. (1664): *New vollkommen Kräuterbuch.* Basel: Jacob Werenfels, Johann Königs

Tabernaemontanus, J. T. (1588): *Kräuterbuch.* Frankfurt

Tabernaemontanus, T. J. (1590): *Eicones plantarum:* Francofurti ad Moenum: Nicolaus Bassaeus

Tabernaemontanus. J. T. (1591): *Neuw und vollkomenlich Kreuterbuch.* Frankfurt am Main: Nicolaum Basseum

Thomann, H. (1932): *Der Kartoffelbau in Graubünden.* Landwirtschaftliche Schule Plantahof Landquart / Graubünden Jahresbericht 1931–32 (35), S. 55–86

Troll, W. (1954): *Praktische Einführung in die Pflanzenmorphologie, erster Teil: der vegetative Aufbau.* Jena: VEB Gustav Fischer Verlag

Trommsdorff, J. B. (1812): *Die Apothekerkunst in ihrem ganzen Umfange nach alphabetischer Ordnung. Dritter Band N-S.* Erfurt: Henningsschen Buchhandlung

Tscharner, N. E. (1760): *Abhandlung von dem Hanfe.* Sammlungen von landwirthschaftlichen Dingen 1, S. 200–238

Tschiffeli, J. R. (1763): *Nachricht von dem sehr nützlichen Anbaue des Moorhirses.* Abhandlungen und Beobachtungen durch die oekonomische Gesellschaft zu Bern gesammelt 4 (1)

Tschiffeli, J. R. (1760): *Anleitung zu dem Flachsbau: ein freyer Auszug aus den Dublinischen Abhandlungen.* Sammlungen von landwirthschaftlichen Dingen 1 (1), S. 175-190

Tschiffeli, J. R. (1760): *Anleitung zu dem Flachsbau.* Sammlungen von landwirthschaftlichen Dingen 1 (2), S. 428–443

Tschiffeli, J. R. (1761): *Von den verschiedenen Arten der Gerste und ihrer Pflanzung bey uns.* Sammlungen von landwirthschaftlichen Dingen 2 (4)

Tschiffeli, J. R. (1762): *Bericht von dem Flachs-Bau.* Abhandlungen und Beobachtungen durch die oekonomische Gesellschaft zu Bern gesammelt 3 (3), S. 191–208

Tschiffeli, J. R. (1763): *Fernere Gedanken von dem nutzen eines vermehrten Flachsbaues im kanton Bern.* Abhandlungen und Beobachtungen durch die oekonomische Gesellschaft zu Bern gesammelt 4 (2), S. 121–132

Tschiffeli, J. R. (1764): *Nachricht, von dem Buchweizen oder Heidenkorn, Fagopyrum vulgare erectum Tournefortii.* Abhandlungen und Beobachtungen durch die oekonomische Gesellschaft zu Bern gesammelt 5 (1), S. 76–79

Tschudy, C. (1819): *Essai sur la greffe de l'herbe, des plante et des arbres.* Metz: Antoine

U.S. Agriculture (1999): *Grain Fungus Creates Financial Distress for North Dakota Barley Producers.* RCED-99-59, Mar 22, 1999

VEN Verein zur Erhaltung der Nutzpflanzenvielfalt e. V.: *Gemüse des Jahres 2005*

VEN Verein zur Erhaltung der Nutzpflanzenvielfalt e. V.: *Gemüse der Jahre 2007/2008*

Vilmorin, A. (1855): *Plantes potagères.* Paris: Félix Malteste

Vilmorin, A. (1880): *Les meilleurs blés.* Paris: Marchands Grainiers

Vilmorin, A. (1883): *Les Plantes potagères.* Paris: Vilmorin-Andrieux & Cie.
Vilmorin-Andrieux (1855, 1856): *Description des plantes potagères.* Paris: Vilmorin-Andrieux & Cie.
Vilmorin-Andrieux (1856): *Description des plantes potagères.* Paris: Vilmorin-Andrieux et cie
Vilmorin-Andrieux (1891): *Les plantes potagères. Déscription et culture des principaux légumes des climats tempérés.* Paris: Vilmorin-Andrieux & Cie.
Vilmorin-Andrieux (1903, 1904): *Les plantes potagères. Déscription et culture des principaux légumes des climats tempérés.* Paris: Vilmorin-Andrieux & Cie.
Vogl-Lukasser, B. et al. (2007): *Erfahrungswissen über Lokalsorten traditioneller Kulturarten in Ost- und Nordtirol.* Hg. v. Institut für Ökologische Landbau. Universität für Bodenkultur. Wien
Volkart, A. (1902): *Dreifelder- und Egertenwirtschaft in der Schweiz.* Forschungen auf dem Gebiete der Landwirtschaft. Festschrift zur Feier des 70. Geburtstages von Prof. Dr. Adolf Kraemer, S. 366–404
Volkart, A. (1905): *Die Bekämpfung der Fritfliege.* Schweiz. Landwirtsch. Zeitschrift 33, S. 245–247
Volkart, A. (1905): *Getreidebau und Getreidehandel.* Aufsatz entstanden um 1905, erhalten im Getreidearchiv
Volkart, A. (1912): *Die Zukunft unseres Getreidebaues.* Mitteilungen der Gesellschaft schweizer Landwirte (7), Sonderdruck
Volkart, A. (1928): *Die Getreidezucht in der deutschen Schweiz.* Sonderdruck aus der Festschrift der landw. Schule Strickhof
Volkart, A. (1942): *Die Aufgaben der Pflanzenzüchtung in der Schweiz.* Aarg. Bauern- und Bürgerzeitung, H. 70/73, 13. und 20. Juni
Vonmoos, R. (2001): *Sortengarten Erschmatt – Biologische Vielfalt in den Walliser Bergen.* In: Naturforschende Gesellschaft Oberwallis (NGO) (Hg.): Traditionelle Nutztiere und Kulturpflanzen im Oberwallis. Visp: Rotten Verlag, S. 179–183
Vouette, I. (2007): *Millet, Panis, Sarrasin, Mais et Sorgho.* Histoir. Université Paris-Diderot – Paris VII
Wagner, S. (1943): *Der heutige Stand der Getreidezüchtung in der Schweiz und Vorschläge für deren Ausbau.* Berichte der Schweizerischen Botanischen Gesellschaft 53A
Wagner, S. (1956): *Vom Bergroggen zum Cadi.* Mitteilungen für die Schweizerische Landwirtschaft, S. 169–172
Wahlen F. T.; Bolens G. (1937): *Die Beschreibung der schweizerischen Weizensorten (Trit. vulg. Vill.).* Landw. Versuchsanstalt Zürich-Oerlikon und Eidg. Samenuntersuchungs- und Versuchsanstalt Lausanne Mont-Calme: Verbandsdruckerei A. G.
s^Wahlen, F. T.; Bolens, G. (1939): *Massnahmen zur Förderung des Pflanzenbaues mit besonderer Berücksichtigung des Versuchswesens.* Landw. Jahrb. der Schweiz 1938 (Separatdruck)
Wahlen, F. T.; Wagner S. (1934): *Sortenanbauversuche mit Silomais.* Landwirtschaftliches Jahrbuch der Schweiz (Separatdruck)
Währen, M. (1985): *Die Entwicklungsstationen vom Korn zum Brot im 5. und 4. Jahrtausend.* Getreide, Mehl und Brot (12), S. 373–379
Wellinger, R. et al. (2006): *Karotten: Anbau, Erntezeitpunkt und Lagerung.* Agrarforschung 13 (10): 412–417
Wüthrich, R. et al. (2008): *NAP 03-31 Forschungsbericht, Anhang A, morphologische Beschreibung.* www.pgrel.admin.ch/
Xueli, A. et al. (2005): *Genetic diversity of European spelt wheat (Triticum aestivum ssp. spelta L. em. Thell.) revealed by glutenin subunit variations at the Glu-1 and Glu-3 loci.* Euphytica (146), S. 193–201
Yan Y. et al. (2003): *HMW and LMW glutenins alleles among putative tetraploid and hexaploid European spelt wheat (Triticum spelta L.) progenitors.* Theor. Appl. Genet. (107), S. 1321–1330
Yang, N. et al. (2023): *Two teosintes made modern Maize.* Science 382 (6674). DOI: 10.1126/science.adg8940
Zeller, O. (1983): *Blütenknospen – Verborgene Entwicklungsprozesse im Jahreslauf.* Stuttgart: Urachhaus
Zewdie, Y. et al. (2005): *The first genetic linkages among expressed regions of the garlic genome.* Journal of the American Society for Horticultural Science 130, 569–574
Zhao, Z. (2011): *New Archaeobotanic Data for the Study of the Origins of Agriculture in China.* Current Anthropology 52, S4, S. 295–306
Ziegler, K. E.: *Popcorn.* In: White, P. J.; Johnson, L. A. (Hg.) (2003): *Corn. Chemistry and technology.* AACC, 783–809. St. Paul; Minnesota
Ziegler-Jöns, A. (1989): *Gas-exchange of ears of cereals in response to carbon dioxide and light.* Planta 178 (2), S. 164–175
Zohary, D. et al. (2012): *Domestication of plants in the Old World.* 4. Aufl. Oxford: Oxford University Press
Zoller, H. et al. (1996): *Pollenanalysen. The History of Vegetation and Land Use in the Lower Engadine (Switzerland): Pollen Record of the last 13'000 years.* Scientific Research in the Swiss National Park, H. 86
Zollinger, Ch. und R. (2013): *Die Wistenlacher Zwiebel.* Zeitpunkt 128, S. 58–59

Zollinger, R. (2009): *NAP 03-86 Sichtung von Lauchakzessionen 2008–2009*. www.pgrel.admin.ch/pgrel/#/

Zollinger, R. (2012): *Die Wistenlacher-Zwiebel wieder entdeckt und vor dem Aussterben gerettet*. Sichtung und Sanierung von Gemüse 04-NAP-P86, Agroscope Changins-Wädenswil ACW, Wädenswil, Schweiz

Zollinger, R. (2013): *Sichtung von Zwiebeln (Allium cepa div. var.) 2012–2013*. 04-NAP P-86 www.pgrel.admin.ch

Zollinger, R. (2014): *Sichtung von Eschalotten Allium cepa aggregatum group 2014*. 04-NAP P-86 www.pgrel.admin.ch

MANUSKRIPTE

Dioskurides ÖNB Wien

Dioskurides, Pedanios (ca. 512): *Codex Vindobonensis* Med. Gr. I oder Codex Aniciae Julianae

Fuchs ÖNB Wien

Fuchs, L. Manuskript. *Commentarii de historia stirpium opera filii Friderici Fuchs*. Codex 11117–11125

Gessner Universitätsbibliothek Erlangen-Nürnberg

Gessner, C. (1555–1565): *Historia plantarum* – Universitätsbibliothek Erlangen-Nürnberg MS 2386.2

Gessner, C. (1555–1565): *Historia plantarum* – Universitätsbibliothek Erlangen-Nürnberg MS 2386.1

ARCHIVE

Archiv Oekologische Gesellschaft

N.N. (1766): Burgerbibliothek Bern, Archiv Oekologische Gesellschaft 45/(21) – Q3/B.14

Getreidearchiv

Signatur: E7255-03. Eidgenössische Forschungsanstalt für Agrarökologie und Landbau Zürich-Reckenholz: Getreidearchiv (1996–2006), 1907–2007. Erschlossen über das Findmittel des Archivs für Agrargeschichte: AfA-Nr. 295 Forschungsanstalt Agroscope Reckenholz-Tänikon (Getreidearchiv). www.db-agrararchiv.ch/downloads/findmittel/295Findmittel.pdf

DANK

Dieses Buch hat eine lange Vorgeschichte und wurde, im Nachhinein betrachtet, durch eine Vielzahl von Personen und Institutionen ermöglicht.

An erster Stelle danke ich meiner Frau Andrea für ihr Mittragen, Mitdenken und Mitarbeiten.

Der gemeinnützige Verein für alpine Kulturpflanzen mit seinen Mitgliedern unterstützte die Projekte finanziell. Sein Status als juristische Person machte es möglich, Sponsoren zu finden, die nur gemeinnützige Organisationen unterstützen. Ich danke den beiden langjährigen Vorstandsmitgliedern Ueli Heinrich und Roni Vonmoos sowie Chloé Berli als Nachfolgerin von Ueli Heinrich.

Der Direktor des Bündner Naturmuseums, Jörg P. Müller, hat wesentlich dazu beigetragen, dass die Ausstellung über alpine Kulturpflanzen zustande kam.

Der Getreidezüchter Padruot Fried machte den Start der Schriftenreihe durch seine Empfehlung möglich.

Philipp Holzherr von ProSpecieRara verdanke ich wichtige Informationen und Abbildungen für die Gemüsearten.

Dem Archäobotaniker Christoph Brombacher danke ich für seine Hilfe bei dem archäobotanischen Teil.

Philipp Streckeisen danke ich für seinen Input als Getreidezüchter.

Die Archäobotanikerin Stefanie Jacomet half durch ihre Fürsprache, die Finanzierung der Arbeit an diesem Buch sicherzustellen.

Ein besonderer Dank geht an das Amt für Landwirtschaft und Geoinformation des Kantons Graubünden und an die Stiftung Soliva. Durch ihre finanzielle Unterstützung war es möglich, weitere Sponsoren zu finden.

Ich danke allen Personen, die – sei es mit Bildern, sei es durch Kommentare oder durch Gegenlesen – über die Jahre die Projekte und jetzt das vorliegende Buch ermöglicht haben.

VERDANKUNGEN

«Kulturpflanzen der Schweiz – Sortenvielfalt und historisches Erbe» hat eine lange Vorgeschichte, dazu gehören die Ausstellung «Kulturpflanzen der Alpen» (2001–2005) und die Schriftenreihe «Kulturpflanzen in der Schweiz» (2011–2022). Ohne die Unterstützung für diese Projekte hätte das vorliegende Buch nicht entstehen können. Ich danke den folgenden Sponsoren und auch jenen, die nicht erwähnt werden möchten.

- Amt für Landwirtschaft und Geoinformation, Kanton Graubünden (alle Projekte)
- Amt für Natur und Umwelt, Kanton Graubünden (Schriftenreihe)
- Bundesamt für Landwirtschaft BLW (Schriftenreihe)
- Bündner Bauernverband (Ausstellung «Kulturpflanzen der Alpen»)
- Bündner Heimatschutz (Ausstellung «Kulturpflanzen der Alpen»)
- Erziehungs-, Kultur- und Umweltschutzdepartement des Kantons Graubünden (Ausstellung «Kulturpflanzen der Alpen»)
- Graubündner Kantonalbank (Schriftenreihe)
- Interregg II und III (Ausstellung «Kulturpflanzen der Alpen»)
- Kulturrat des Kantons Wallis (Ausstellung «Kulturpflanzen der Alpen»)
- Leaderprojekt Italien (Ausstellung «Kulturpflanzen der Alpen»)
- Loterie Romande (gesamte Schriftenreihe)
- Lotteriefonds Kanton Zürich (Schriftenreihe)
- Lotteriefonds Thurgau (Schriftenreihe)
- Migros Kulturprozent (Ausstellung «Kulturpflanzen der Alpen»)
- Naturforschende Gesellschaft Graubünden (Ausstellung «Kulturpflanzen der Alpen»)
- Schweizer Berghilfe (Ausstellung «Kulturpflanzen der Alpen»)
- Schweizer Verband der Raiffeisenbanken (Ausstellung «Kulturpflanzen der Alpen»)
- Soliva Stiftung (alle Projekte)
- Sophie und Karl Binding Stiftung (Ausstellung «Kulturpflanzen der Alpen»)
- Stiftung für sozial-kulturelle Bestrebungen (Ausstellung «Kulturpflanzen der Alpen»)
- Swisslos Aargau (Schriftenreihe)
- Swisslos Basel-Landschaft (Schriftenreihe)
- Swisslos Basel-Stadt (Schriftenreihe)
- Swisslos Bern (Schriftenreihe)
- Swisslos Thurgau (Schriftenreihe)
- Swisspatat (Schriftenreihe)
- Verein für alpine Kulturpflanzen (alle Projekte)
- Verein zur Förderung anthroposophischer Institutionen (Schriftenreihe)

Autor und Verlag danken den folgenden Institutionen für die finanzielle Unterstützung zur Herausgabe dieser Publikation:

- Lotteriefonds des Kantons Luzern
- Swisslos Fonds des Kantons Solothurn
- Lotteriefonds des Kantons Thurgau
- Stiftung Soliva
- Verein für alpine Kulturpflanzen

BILDNACHWEIS

Ajani Yousef, Botanisches Institut, Universität Mainz 88
Archäologischer Dienst Graubünden 15
Archiv für Agrargeschichte 59 links
Artha Samen 322, 336, 336
Bauhin 252 unten rechts
Beat Bäumler 240 oben links
E. Benary 213
Brooklyn Museum New York 355 unten
Otto Brunfels 335
Harry Burton, Grifith Institute, University of Oxford 209
Conservatoire et Jardin botaniques, Genève 107 unten
Mario del Curto 62 unten
Joseph M. DiTomaso, Univerity of California – Davis Bugwood.org 345 unten, 346 oben
Dodoens 289 unten links, 291 unten, 351 rechts unten
Simon Dörr, Getreidezüchtung Peter Kunz 246 links
Dumonthay 299
Andreas Eichenberger, Kantonales Museum für Urgeschichte(n) Zug 178 unten
Andrea Enggist 226 oben
Tobias Escholz 194
E. Forgeot & Cie. 315
Ori Fragman-Sapir 94 (drei Fotos)
Niklas Freitag 184 unten links
Leonhart Fuchs 211 rechts, 332, 350 oben
Getreidearchiv 59 rechts, 62 Mitte, 125 unten, 128 unten, 142 oben, 151 oben und Mitte, 167, 189, 192, 195
Getreidezüchtung Peter Kunz 127 links
Goethe und Schiller Archiv 33 links
GRIN Germplasm Resources Information Network USDA-ARS 75, 143 rechts
Corina Hochholdinger, Rätisches Museum Chur 275 oben
H. H. Iltis/Peer Schilperoord 186 rechts
IPNA Integrative Prähistorische und Naturwissenschaftliche Archäologie Universität Basel 101, 102 rechts unten, 123 oben, 136, 162, 178 links und rechts, 241, 250 links, 263, 274 unten
Lucy Kubiak-Martens 328 rechts
Cong-Linh Lê, Agroscope Changins 64, 376
Stefan Lefnaer, flora.lefnaer.com, CC BY-SA 4.0 175 links und rechts
Evelyn Lengler 333 unten
Ludger Linnemann, Archiv Kultursaat e. V. 310 unten, 313
Carolyn Luginbühl 278
Lund und Kiærskou 289 unten rechts, 290 unten, 292 oben rechts und unten, 299 unten
V. I. Mackevic 309, 310 oben rechts
Mattioli 206, 207 oben, 252 oben rechts, 311, 351 rechts, 358 oben
Mattioli, Camerarius 350 unten, 353 rechts, 354 oben
Yvonne Mühleis, Landesamt für Denkmalpflege, Regierungspräsidium Stuttgart 257
Karl-Josef Müller 163
Rahel Müller 197 links, 215
Herbier Muséum Paris 107 oben rechts
Museum Plantin-Moretus, Collectie Stad Antwerpen 355 Mitte, 365 oben links
Nationale Genbank PGREL 111, 214 unten
Naturalis Leiden 382
ÖNB Wien 42, 190, 211 links und Mitte, 229, 242, 250, 252 oben links, 275 unten links, 288 oben, 289 oben, 291 oben, 293 links, 308, 331, 333 oben, 346 unten und Mitte, 355 oben, 378
Roland Peter 194
Proskowetz 327 oben rechts
ProSpecieRara 319 links, 320, 321
ProSpecieRara/Peer Schilperoord 363, 375
Hans Ramseier, HAFL 268
Werner Rauh 201, 330 links
Badri Rehda, Archäologischer Dienst des Kantons Bern 102 oben rechts
Rey et al. 199
Rijksmuseum Amsterdam 218 unten, 312
Robinson 317
Julia Scher, Federal Noxious Weeds Disseminules, USDA APHIS PPQ 159 oben rechts

Peer Schilperoord 2, 21, 23 rechts, 24, 25, 28 rechts, 30, 31, 33 rechts, 44, 45, 47, 54, 62 oben, 69, 74, 80 rechts, 82, 83, 85 oben und unten, 87, 90, 95, 96 oben und unten rechts, 97, 103, 107, 108, 109, 119, 120, 122, 127 rechts, 128 oben, 131, 132, 133, 134, 145, 146 links und Mitte, 147, 148, 149 rechts, 150 rechts, 151 unten, 156, 157, 158, 159 (links, Mitte, unten), 160 links, 170, 171 Mitte, 175, 176, 179, 180, 182, 183, 184 oben und unten rechts, 185 links, 186 links und Mitte, 187, 188, 194, 197 rechts, 199, 200, 203, 205, 208, 221, 222, 224, 225, 226 Mitte und unten, 227, 231, 232, 233, 236, 238, 240, 241 unten, 243, 245, 247, 248 links und rechts, 249 Mitte und Mitte links, 252 unten links, 254, 259, 264 links, 269, 270, 271, 272, 273, 274 oben, 279, 282, 283, 284, 294, 295, 299 Mitte, 300, 303, 305, 306, 307, 323, 326, 327 oben links und unten, 328 links, 330 rechts, 339, 341 obere drei, 342, 343, 345 oben, 347 rechts, 360, 362, 363 oben und unten, 365 unten, 377, 381

Schweizerisches Sozialarchiv Sozarch 267 rechts

Simon 310 unten

Brian Steffenson 144, 189

Daniel Steiner, Amt für Archäologie Thurgau 102 links

Swisstopo 254

Tabernaemontanus 107 oben links und Mitte, 164 links, 179 oben, 180 links und Mitte, 353 links, 365 Mitte

Christian Tepper, Museum August Kestner, Hannover 347 links

Wilhelm Troll 248 Mitte

Tschiffeli 264 rechts, 267 links

UB Basel, UBH Bot 138, 150, 164 unten rechts, 297, 365 oben rechts

Universitätsbibliothek Erlangen-Nürnberg, Gessner Historia plantarum 23 links, 275 unten rechts, 288 unten, 290 oben, 292 oben links, 293 rechts, 351 links, 379

Universitätsbibliothek Göttingen 107 Mitte, 125 oben

Vilmorin 214 oben. 319 rechts, 354 unten, 382

Virtueller Sortengarten, www.sortengarten.ethz.ch 95, 96 unten links und unten Mitte, 135, 149 links, 160 Mitte und rechts

Roni Vonmoos 141, 146 rechts, 249 oben, unten rechts und unten, 256

Wikimedia Commons

PD: Alfred: 85; Uncaught: 207 unten; Mariana Ruiz LadyofHats: 245;

CC BY-SA 3.0: MBhufford: 185 rechts; H. Zell: 358 (unten beide);

CC BY-SA 4.0: Maxxl2: 261; Stefan Lefnaer: 341 unten; Vinayaraj: 380

Verlag Freies Geistesleben 80

Robert Zollinger 218 oben, 246 rechts

REGISTER

Personenregister

Sachregister

Peer Schilperoord (geb. 1956) studierte an der landwirtschaftlichen Universität in Wageningen (NL) Biologie. Seit 1982 ist er in Graubünden wohnhaft. Er betreute als Biologe 1982–2020 Schau- und Versuchsgärten im Schweizer Berggebiet. 1989–2000 war er Geschäftsführer der Genossenschaft Gran Alpin. Seine Arbeitsschwerpunkte sind die Geschichte der Kulturpflanzen in der Schweiz und Pflanzenmorphologie.

1. Auflage: 2025

ISBN 978-3-258-08390-2

Umschlag, Gestaltung und Satz: pooldesign.ch, CH-Zürich
Lektorat: Grit Zacharias, D-Leipzig

Umschlagabbildungen
Vorne: Binkel (*Triticum aestivum* subsp. *aestivum*), Obersaxen. Foto: Peer Schilperoord
Hinten: Zwei Rauweizen-Varietäten, Tabernaemontanus, 1590 (siehe Seite 107);
Schlafmohn. Foto: Peer Schilperoord

Wir drucken mit mineralölfreien Farben und verwenden FSC®-zertifiziertes Papier. FSC® sichert die Nutzung der Wälder gemäß sozialen, ökonomischen und ökologischen Kriterien.

Gedruckt in Estland

FSC
www.fsc.org
MIX
Papier | Fördert gute Waldnutzung
FSC® C129413

Diese Publikation ist in der Deutschen Nationalbibliografie verzeichnet.
Mehr Informationen dazu finden Sie unter http://dnb.dnb.de.

Der Haupt Verlag wird vom Bundesamt für Kultur für die Jahre 2021–2025 unterstützt.

Wir verlegen mit Freude und großem Engagement unsere Bücher. Daher freuen wir uns immer über Anregungen zum Programm und schätzen Hinweise auf Fehler im Buch, sollten uns welche unterlaufen sein. Falls Sie regelmäßig Informationen über die aktuellen Titel im Bereich Natur & Garten erhalten möchten, folgen Sie uns über Social Media oder bleiben Sie via Newsletter auf dem neuesten Stand.

Haupt Verlag AG
Falkenplatz 14
CH-3012 Bern
herstellung@haupt.ch
www.haupt.ch

Verantwortlich in der EU (GPSR):
Brockhaus Kommissionsgeschäft GmbH
Kreidlerstr. 9
DE-70806 Kornwestheim
haupt@brocom.de